ArcGIS软件与应用 第2版

主　编 吴建华　逯跃锋

副主编 余梦娟　舒志刚　韦朋杰　邓 琦　袁蓉婧

参　编 张 婷　刘 野　尤一铭　冯 晨　刘 硕　张神鹰

電子工業出版社
Publishing House of Electronics Industry
北京•BEIJING

内 容 简 介

地理信息科学专业是一门集地理学、计算机、遥感技术和地图学于一体的学科。目前，我国开设地理信息科学专业及测绘地理信息技术专业的院校超过200所，均开设了GIS软件与应用类的课程。

ArcGIS是主流GIS软件之一本书精选地理信息系统中的基础而重要的内容，主要包括ArcGIS软件介绍、地图数据显示与浏览、地图标注与注记、GIS空间数据选择与查询、坐标系统和投影、地图编辑、空间数据处理、GIS空间分析、地图符号化与制图等。

本书适合ArcGIS的初学者，也可以作为地理信息科学等相关专业“GIS软件与应用”课程的教材。

本书配有教学课件和相关实验数据，读者可登录华信教育资源网（www.hxedu.com.cn）免费注册后下载。

图书在版编目（CIP）数据

ArcGIS软件与应用 / 吴建华，逯跃锋主编. —2版. —北京：电子工业出版社，2019.1
ISBN 978-7-121-25864-0

I. ①A… II. ①吴… ②逯… III. ①地理信息系统－应用软件 IV. ①P208

中国版本图书馆CIP数据核字（2018）第296485号

责任编辑：田宏峰
印　　刷：三河市良远印务有限公司
装　　订：三河市良远印务有限公司
出版发行：电子工业出版社
　　　　　北京市海淀区万寿路173信箱　　邮编：100036
开　　本：787×1092　1/16　印张：23.5　　字数：600千字
版　　次：2017年3月第1版
　　　　　2019年1月第2版
印　　次：2024年1月第17次印刷
定　　价：69.00元

凡所购买电子工业出版社图书有缺损问题，请向购买书店调换。若书店售缺，请与本社发行部联系，联系及邮购电话：（010）88254888，88258888。

质量投诉请发邮件至zlts@phei.com.cn，盗版侵权举报请发邮件至dbqq@phei.com.cn。

本书咨询联系方式：tianhf@phei.com.cn。

序

吴建华和逯跃锋老师主编的《ArcGIS 软件与应用》（第 2 版），是我见到的以 ArcGIS 软件平台作为教学内容的最新教材书稿。自从 ArcGIS 的前身 Arc/Info 被引入国内到现在，已经将近三十年的历史了。其间以 ArcGIS 为核心内容的各种教材有很多，比较有影响、被许多高校作为 GIS 教材和主要教学参考书而被广泛采用的也有不少。吴建华和逯跃锋老师《ArcGIS 软件与应用》（第 2 版）的成稿的确是比较晚一些，但也有其“后发优势”，从内容选择、章节编排，到内容与教学安排相匹配的一些特定设计等方面，由于有了其他“前辈”作为参照和比较对象，也就具备了不少可圈可点之处。其中，与教学进程相配套且在多个章节中设计的实例中融合了“迭代与协同的思想”，通过反复迭代，可使读者熟练掌握 ArcGIS 软件应用功能。我本人认为，“协同思想培养”是其最大的亮点。“把一个贴近现实的实践任务划分成多个子任务，将学生分组后，给每组分发子任务，每组完成指定的区域或专题任务，组内任务还可以继续划分。在完成任务期间，各组还要在工作技术标准、工作时间、联合作业等方面与其他小组协同，在任务完成后，由协同小组组长、其他各组组长及老师对组和个人成绩进行评定。”吴建华老师还就此教学理念和实践撰写了专题论文《基于迭代与协同思想的“GIS 软件与应用”教学研究》。

以本书为教材的“GIS 软件与应用”课程是培养 GIS 工程应用人才的重要基础课程之一。其目标是帮助已经学习了 GIS 基本原理课程并开始接触 GIS 软件的初学者实现从软件认知到功能应用，再到综合与创新应用。而在实际的工程实施过程中，通常都是以项目组的形式进行人员组织和协同工作的。因此，学生在学习 GIS 软件与应用的过程中，除了要很好地结合应用场景的需求，掌握好软件功能的使用，还要建立协同意识，熟悉协同工作的模式以及在此过程中时常遇到的与协作相关的问题，树立牢固的协同思想和理念，培养并掌握协同工作的能力，可以说是“GIS 软件与应用”教学最大的“软收获”。吴建华老师尤其注重这一点，从而构成了本书的一个重要的亮点。这也是我认为本书值得推荐给大家的一个重要理由。

本书内容涉及的 ArcGIS 最新版本是 10.4，而 ArcGIS 10.5 已于 2007 年正式发布。对于一本教材的编写工作而言，吴老师与新技术的跟踪和成书效率已经是非常高了。ArcGIS 10.5 在架构和功能上，较前面的版本有了不少的跃升。主要体现在：全新的分级授权模式；全新的 i3S 三维标准；全新的大数据分析处理；高效的实时大数据分析处理；全新专业级影像生产工具集；全新的空间数据挖掘产品；Portal to Portal 的协作共享新模式；新一代服务器 ArcGIS Enterprise；跨平台的开发产品 ArcGIS Runtime等。这些内容，不仅仅是软件功能上的增加或增强，而且涉及软件架构的变化和代表 GIS 技术最新发展趋势的创新内容。建议读者可以从本书作者设立的微信公众号和 ESRI 中国的官网及微信等相关服务平台上关注并获取有关的学习资料，作为“GIS 软件与应用”课程学习的进阶内容补充。

ESRI 中国信息技术有限公司
副总裁　首席咨询专家
蔡晓兵

前　言

地理信息科学专业（Geographic Information Science）原名地理信息系统专业（Geographic Information System，GIS）。2012 年，在教育部印发的《普通高等学校本科专业目录（2012 年）》中，在地理科学类专业中，地理信息系统专业已改为地理信息科学专业。地理信息科学是新兴的一门集地理学、计算机、遥感技术和地图学于一体的学科。地理信息系统技术已广泛应用于资源调查、环境评估、灾害预测、国土管理、城市规划、邮电通信、交通运输、军事公安、水利电力、公共设施管理、农林牧业、统计、商业金融等几乎所有领域。

2014 年 1 月 22 日，国务院办公厅以国办发〔2014〕2 号印发《国务院关于促进地理信息产业发展的意见》，标志着发展地理信息产业已成为国家战略，充分彰显地理信息这一战略性新兴产业的重要地位和作用。《国家地理信息产业发展规划（2014—2020 年）》指明，到 2020 年，我国地理信息产业总产值将超过 8000 亿元，成为国民经济发展新的增长点。目前，市场上呈现出 GIS 人才供不应求的现象，因此，迫切需要培养大量综合型、创新型、实战型 GIS 专业工程人才。

目前，我国开设地理信息科学（本科）专业及测绘地理信息技术（专科）专业的院校超过 200 所，均开设了 GIS 软件与应用类的课程。“GIS 软件与应用”课程是我校地理信息科学专业的一门专业主干课，主要学习主流 GIS 软件——ArcGIS 的基本原理与应用操作方法，是培养 GIS 工程人才的重要基础课程之一。通过 ArcGIS 软件的实际操作，使学生进一步理解 GIS 的基本概念并掌握其应用技术，为将来从事地理信息系统的应用、开发与研究打下良好的基础。在我校，本课程每周 4 节课，共 64 课时，安排在大二下学期。老师讲授应用背景、相关概念及上机演示操作。学生验证与实践。一方面，由于当前一些受欢迎的实践类 GIS 软件应用教材适合作为参考书，而不是很适合设定课时的教材；另一方面，由于 ArcGIS 软件体系的变化、产品的更新换代，迫切需要编写一本简单易懂、知识内容新颖的适合普通本科、专科学生课堂教学或社会工作人员的兼具基础性和实践性的“GIS 软件与应用”类教材。

本书精选地理信息系统中的基础而重要的内容，按照 64 个教学课程量对教材进行编排，全面介绍最新的 ArcGIS 软件体系结构，清晰地介绍相关概念，分章节由简到难、由单一到综合地详细介绍软件功能的应用操作方法，阐述该功能应用的实际场景，强调在教学进程中总体上运用迭代思想，即本节课需要融入上一次课或前几次课所学的技能技巧，通过平时的综合训练使得学生具有综合运用所学技能解决实际问题的能力，并且在上课过程中强调协同思想的培养。通常把一个贴近现实的实践任务划分成多个子任务，将学生分组后，给每组分发子任务，每组完成指定的区域或专题任务，组内任务还可以继续划分，在完成任务期间，各组还要在工作技术标准、工作时间、联合作业等方面与其他小组协同，在任务完成后，由协同小组组长、其他各组组长及老师对组和个人成绩进行评定。利用协同思想达到以下目标：

- 让学生明白标准与规范的重要性；

- 提高学生的项目分工、管理与协作能力；
- 提高学生适应未来工作的能力。

本书以江西师范大学地理与环境学院吴建华老师多年的“GIS 软件与应用”课程授课提纲及教学内容为蓝本进行设计，由吴建华、逯跃锋任主编，余梦娟、舒志刚、韦朋杰、邓琦、袁蓉婧任副主编，参编人员包括张婷、刘野、尤一铭、冯晨、刘硕、张神鹰，最后由吴建华统稿。全书分为 9 章：第 1 章为 ArcGIS 软件介绍（建议 4 课时），学习了解 ArcGIS 的起源与发展，最新的 ArcGIS 产品体系结构以及核心的 ArcGIS 产品；第 2 章为地图数据显示与浏览（建议 6 课时），使学生认识 ArcMap 的界面，了解 ArcGIS 的数据格式，学会对地图数据的一些简单基本的操作；第 3 章为地图标注与注记（建议 6 课时），包括分类标注、地类图斑分数型标注、地下管线管径标注、道路名称标注、等高线标注、标注转注记、注记编辑等；第 4 章为 GIS 空间数据选择与查询（建议 4 课时），包括空间选择、根据空间位置查询属性、根据属性查找空间实体、空间属性联合查询、长度和面积查询、坐标定位、要素超链接设置和查看等；第 5 章为坐标系统和投影（建议 4 课时），包括地理坐标系统、投影坐标系统、坐标系统及投影变换在桌面产品中的应用等内容；第 6 章为地图编辑（建议 8 课时），包括图形编辑、属性编辑、拓扑编辑等内容；第 7 章为空间数据处理（建议 10 课时），包括矢量数据空间校正、栅格数据地理配准、影像裁剪、数据转换、地图数字化等内容；第 8 章为空间分析（建议 14 课时），包括矢量数据的空间分析（如缓冲区分析、网络分析）、栅格数据的空间分析（如距离制图、栅格计算）、三维分析等内容；第 9 章为地图符号化与制图（建议 8 课时），包括点、线、面要素符号化、制图表达、创建符号和符号库、地图整饰与地图打印输出等内容。对于书中标注*的章节内容，建议由学生课后自学或以作业的形式完成。考虑到 ArcGIS for Desktop 在 ArcGIS10.2、ArcGIS10.3、ArcGIS10.4 的三个版本中变化内容很小以及版本的稳定性，本书的实验操作在 ArcGIS10.2 和 ArcGIS10.3 中测试完成，提供的实验数据可以满足不同 ArcGIS 版本的应用需求，便于不同教学条件下的教学。

由于时间仓促和编者水平有限，书中错误与不妥之处在所难免，敬请读者批评指正。批评和建议请致信wjhgis@126.com。也请读者关注微信公众号 wiGIS，编者将在微信平台定期发布本书的勘误、读者的意见及建议等，订阅用户可获取与本教材相关的 PPT 和教学视频。

最后衷心感谢参与本书编写的全体成员和对本书出版提出宝贵意见的专家，感谢曾经鼓励、支持和帮助过我的领导与组织，易智瑞（中国）信息新技术有限公司的张聆经理一直关注本书的编写，并提出了宝贵建议，在此也特别感谢。

本书受到江西师范大学第二批“正大学子”创新人才培育计划项目“GIS 拔尖创新人才实验班”、江西省普通本科高等学校卓越工程师培养计划试点专业项目“卓越 GIS 工程师计划”（江西师范大学地理信息科学专业）、国家自然科学基金（41561084、41201409）、山东省自然科学基金（ZR2014DL001）资助，在此也表示衷心的感谢！

本书第 1 版于 2017 年 3 月出版，目前已经被多所高校选为教材，得到了广大读者的好评。在第 2 版的修改过程中得到了凌青、刘易同学的帮助，在此也表示感谢！

吴建华

2018 年 8 月于江西师范大学方荫楼

目　　录

第1章

ArcGIS 软件介绍

本书主要讲述 ArcGIS for Desktop 中的 ArcMap、ArcCatolog、ArcToolbox、ArcScene 等软件中的功能应用方法，但是作者认为初学者有必要了解当前最新的 ArcGIS 产品体系结构，以及核心的 ArcGIS 产品，以便总体上对 ArcGIS 进行认知，避免盲人摸象，也便于日后进一步深入学习 ArcGIS 软件。本章主要内容如下:

- ArcGIS 的起源与发展;
- ArcGIS10.4 体系结构;
- ArcGIS for Desktop;
- ArcGIS Pro;
- ArcGIS for Server;
- ArcGIS Online;
- ESRI CityEngine;
- ArcGIS 开发产品。

1.1 ArcGIS 的起源与发展

1.1.1 ESRI 简介

提到 ArcGIS 产品，我们不得不提到一家伟大的致力于地理信息系统技术的公司——美国环境系统研究所公司（Environmental Systems Research Institute，Inc.），简称 ESRI 公司，由数字地图教父、GIS 行业先驱和技术领导者——杰克·丹杰蒙德（Jack Dangermond）于 1969 年创办，总部设在美国加州雷德兰兹（RedLands）市，是世界最大的地理信息系统技术提供商。在全美各地都设有办事处，世界各主要国家均设有分公司或者代理，全球员工总数超过 4000 名。其商业合作伙伴计划，在全球有超过 2000 个领域开发商、咨询服务商、增值代理及数据提供商，与分布在 80 个国家的国际代理一起，构成了 ESRI 公司强大的技术支持与服务网络。多年来，ESRI 公司始终将 GIS 视为一门科学，并坚持运用独特的科学思维和方法，紧跟 IT 主流技术，开发出丰富而完整的产品线。公司致力于为全球各行业的用户提供先进的 GIS 技术和全面的 GIS 解决方案。ESRI 公司的多层次、可扩展、功能强大、开放性强的 ArcGIS 解决方案已经迅速成为提高政府部门和企业服务水平的重要工具。全球 200 多个国家超过百万用户正在使用 ESRI 公司的 GIS 技术，以提高他们组织和管理业务的能力。在美国 ESRI 被认为是紧随微软、Oracle 和 IBM 之后，美国联邦政府最大的软件供应商之一。

ESRI 官方网站（http://www.ESRI.com/products#alpha-list）[1]（2016 年 9 月 27 日查询）上公布的产品包括：

ArcGIS Platform
AppStudio for ArcGIS
ArcGIS 3D Analyst
ArcGIS API for JavaScript
ArcGIS Data Interoperability
ArcGIS Data Reviewer
ArcGIS Defense Solutions
ArcGIS Earth
ArcGIS Editor for OpenStreetMap
ArcGIS Engine
ArcGIS Enterprise
ArcGIS Enterprise Extensions
ArcGIS Explorer Desktop
ArcGIS for AutoCAD
ArcGIS for Aviation: Airports
ArcGIS for Aviation: Charting
ArcGIS for Defense
ArcGIS Desktop
ArcGIS Desktop Extensions
ArcGIS for Developers
ArcGIS for Electric Utilities
ArcGIS for Emergency Management
ArcGIS for Gas Utilities
ArcGIS for Telecommunications
ArcGIS for Water Utilities
ArcGIS GeoAnalytics Server
ArcGIS GeoEvent Server
ArcGIS Geostatistical Analyst
ArcGIS Image Server
ArcGIS Maps for Adobe Creative Cloud
ArcGIS Maps for Office
ArcGIS Maps for Power BI
ArcGIS Network Analyst
ArcGIS Online
ArcGIS Pro
ArcGIS Publisher
ArcGIS Runtime SDKs
ArcGIS Schematics
ArcGIS Spatial Analyst
ArcGIS Tracking Analyst
ArcGIS Workflow Manager
ArcPad
ArcReader
CityEngine
Collector for ArcGIS
Community Maps Program
Esri Defense Mapping
Esri Demographics
Esri Developer Network (EDN)
Esri Geoportal Server
Esri Maps for IBM Cognos
Esri Maps for MicroStrategy
Esri Maps for SharePoint
Esri Production Mapping
Esri Redistricting
Esri Reports
Esri Roads and Highways
Esri S-57 Viewer
Explorer for ArcGIS
Full Motion Video
GeoCollector
GeoPlanner for ArcGIS
Insights for ArcGIS
Living Atlas of the World
Navigator for ArcGIS
Open Data
Operations Dashboard for ArcGIS
Story Maps
StreetMap Premium for ArcGIS

ArcGIS for INSPIRE
ArcGIS for Local Government
ArcGIS for Maritime: Bathymetry
ArcGIS for Maritime: Charting
ArcGIS for Parks & Gardens
ArcGIS for Personal Use
ArcGIS for State Government
Configurable Apps
Content
Data Appliance for ArcGIS
Districting for ArcGIS
Drone2Map for ArcGIS
Esri Business Analyst
Esri Community Analyst
Survey123 for ArcGIS
Tapestry Segmentation
Web AppBuilder for ArcGIS
WMC Client for ArcGIS
Workforce for ArcGIS
World Geocoder

ESRI 公司每年在美国举行全球用户大会，该会议是世界上最大的地理信息系统（GIS）技术相关行业从业者的盛会。自 1997 年起，通常每年 7 月前后在美国加州圣地亚哥会议中心，为期 1 周左右。第一届 ESRI 用户大会于 1981 年在雷德兰兹市 ESRI 总部举行，当时仅有 15 位用户[2]。2016 年的用户大会，来自全球 138 个国家和地区的超过 16000 人参加了本次会议。会议主题是“GIS——开启更加智能的世界（GIS—Enabling a Smarter World）”，历时 5 天，通过 300 场主题会议，450 小时的技术培训，13 场会前研讨会，还有众多路演、演讲、实验活动，来揭示 GIS 如何帮助人们创建一个更加智能的世界。

1.1.2　ArcGIS 产品历史

1981 年 ESRI 发布了它的第一套商业 GIS 软件——ArcInfo 软件，它可以在计算机上显示诸如点、线、面等地理特征，并通过数据库管理工具将描述这些地理特征的属性数据结合起来。ArcInfo 被公认为第一个现代商业 GIS 系统。

1986 年，PC ArcInfo 的出现是 ESRI 软件发展史上的又一个里程碑，它是为基于 PC 的 GIS 站设计的。PC ArcInfo 的出现标志着 ESRI 成功地向 GIS 软件开发公司转型。

1992 年，ESRI 推出了 ArcView 软件，它使人们用更少的投资就可以获得一套简单易用的桌面制图工具。ArcView 在刚刚出现的头六个月就在全球销售了 1 万套。同年，ESRI 还发布了 ArcData，它用于发布和出版商业的、即拿即用的、高质量数据集，用户可以更快地构建和提升他们的 GIS 应用。今天这套程序已经被改进为 Geographic Network 系统。ArcCAD 也是在 1992 年推出的，它的出现使用户可以在 CAD 环境下使用 GIS 工具。

在 1995 年，为了满足了 B2B 市场的需要，ESRI 推出了 SDE，这样空间数据和表格数据可以同时存储在商业的关系型数据库管理系统（DBMS）中。同时，ESRI 还推出了 Business MAP 及相关产品，可满足 B2C 市场的需求。

在 20 世纪 90 年代中期，ESRI 公司的产品线继续增长，推出了基于 WindowsNT 的 ArcInfo 产品，MapObjects（基于软件开发的地图和 GIS 组件）、Data Automation Kit（DAK）和 AtlasGIS 也在同一时间推出。这样 ESRI 公司的产品线就可以为用户的 GIS 和制图需求提供多样的选择。ERSI 公司也在世界 GIS 市场中占据了领先地位。

1997 年，ESRI 计划用 COM 组件技术将已有的 GIS 产品进行重组。之后更是进行了上百人/年的投入，终于在 1999 年的 12 月，发布了 ArcInfo 8，同时也推出了 ArcIMS，这是当时第一个只要运用简单的浏览器界面，就可以将本地数据和 Internet 上的数据结合起来的 GIS 软件。

2001 年的 4 月 ESRI 开始推出 ArcGIS 8.1，它是一套基于工业标准的 GIS 软件家族产品，提供了功能强大的并且简单易用的完整的 GIS 解决方案。ArcGIS 是一个可拓展的 GIS 系统，提供了对地理数据的创建、管理、综合、分析能力，ArcGIS 还为单机和基于全球分布式网络的用户提供地理数据的发布能力。

2004 年 4 月，ESRI 推出了新一代 9 版本 ArcGIS 软件，为构建完善的 GIS 系统，提供了一套完整的软件产品。9 版本中包含了两个主要的新产品：在桌面和野外应用中嵌入 GIS 功能的 ArcGIS Engine 和为企业级 GIS 应用服务的中央管理框架 ArcGIS Server。

2010 年，ESRI 推出 ArcGIS 10。这是全球首款支持云架构的 GIS 平台，在 Web 2.0 时代实现了 GIS 由共享向协同的飞跃；同时 ArcGIS 10 具备了真正的 3D 建模、编辑和分析能力，并实现了由三维空间向四维时空的飞跃；真正的遥感与 GIS 一体化让 RS+GIS 价值凸显[3]。

2013 年 7 月 30 日（美国时间）正式发布了 ArcGIS 10.2。该产品是 ESRI 又一个新的里程碑。在 ArcGIS 10.2 中，ESRI 充分利用了 IT 技术的重大变革来扩大 GIS 的影响力和适用性。新产品在易用性、对实时数据的访问，以及与现有基础设施的集成等方面都得到了极大的改善。用户可以更加轻松地部署自己的 Web GIS 应用，大大简化了地理信息探索、访问、分享和协作的过程，感受新一代 Web GIS 所带来的高效与便捷。该产品的亮点及新特性如下。

（1）ArcGIS Online 诸多功能新突破，迈进真正云 PaaS 平台。

- 新增在线分析工具，提供六大类空间分析功能；
- 支持第三方切片地图服务等更多服务类型；
- 推出全新的 ArcGIS for Developers 站点；
- 支持多个 shapefile 文件发布托管的要素服务；
- 支持 Oauth2.0 协议。

（2）Portal for ArcGIS 正式纳入 ArcGIS 产品体系，开启企业级 GIS 应用新模式。

- 集中内网资源，组织内快速分享；
- 多种业务数据结合免费底图，简单快速制图；
- 为组织用户托管 GIS 服务；
- 与 ESRI Map for Office 集成，实现业务数据快速上图与分享；
- 可结合私有云 GIS 环境，成为私有云门户。

（3）ArcGIS for Server 具备大数据实时分析和处理能力。

- 全新的 GeoEvent Processor 具有实时数据处理分析能力；
- 通过集成使 Portal for ArcGIS 具备服务托管能力；
- 采用全新站点模型，智能支持云架构；
- 提供即拿即用的备份/恢复站点信息功能；
- 可直接编辑关系型数据库中原生的空间数据。

（4）开发工具，让 GIS 应用遍地开花。

- 灵活多样的扩展能力，提供覆盖主流桌面、Web 和移动终端的全方位扩展功能；
- 新增 ArcGIS Runtime for OS X/Windows Store/Qt 三大产品；
- ArcGIS 移动产品重磅出击，大力支持离线编辑和分析；
- 三大 Web API（JavaScript/Silverlight/Flex API）各显其能，共同推进敏捷 Web 开发；
- 云中开发者站点提供一体化的资源入口，开源社区 GitHub 上共享了大量的应用示例。

（5）桌面应用，从未停止过的增强。

- ArcGIS for Desktop 质量和性能全面提升，大数据支持能力彰显；
- ArcGIS 三维可以共享 3D Web 场景，并与 CityEngine 深度集成；
- ArcGIS 影像扩展栅格类型，实现国产卫星影像的支持。

2014 年 12 月 10 日（美国时间），ArcGIS 10.3 正式发布。ArcGIS 10.3 隆重推出以用户为

中心（Named User）的全新授权模式，超强的三维“内芯”，革新性的桌面 GIS 应用，可配置的服务器门户，即拿即用的 App，更多应用开发新选择，数据开放新潮流，为构建新一代 Web GIS 应用提供了更强有力的核“芯”支持。产品的亮点及新特性如下。

（1）以用户为中心（Named User）的授权模式。ArcGIS 10.3 采用了全新授权模式——Named User，即从“许可机器”转向“许可用户”。一旦用户成为许可用户（Named User），无论用户在任何地方、任何时间，都可以通过任意设备随时随地的访问所拥有的地图、应用、数据及各种分析能力。这使得 ArcGIS 的能力，能够根据用户的需要，灵活地延展到各个地方。

（2）最强 3D“内芯”。ArcGIS 10.3 采用全新的 3D“内芯”，支持全球、区域、城市、建筑内部多种尺度的 3D 场景创建，支持桌面、平板、手机等多种终端设备上 3D 可视化与共享。ArcGIS 10.3 将 3D 集成到地理设计过程中，基于规则快速构建 3D 场景。ArcGIS 10.3 的真 3D 的空间分析工具，进一步加深了我们对现实世界的认识。ArcGIS 10.3 使得在 ArcGIS 平台中分享 3D 内容更加简单和便捷。

（3）革新性的桌面 GIS 应用——ArcGIS Pro。ArcGIS Pro 是 ArcGIS 10.3 中全新推出的一款桌面 GIS 产品，它采用超强的 3D“内芯”，极大增强了 ArcGIS 的二三维能力，延续了 ArcGIS 在空间处理、影像 GIS 一体化的强大功能。ArcGIS Pro 采用全新的 Named User 授权模式，加深了与云端的无缝对接，为 GIS 专家随时随地多设备协同工作提供了极大的便利。ArcGIS Pro 采用全新的 Ribbon 界面风格和多窗口支持，操作方便，更富人性化。ArcGIS Pro 是 ArcGIS 桌面 GIS 应用的崭新未来。

（4）可配置的服务器门户。Portal for ArcGIS 10.3 作为 ArcGIS 10.3 for Server 中重要的组成部分，为服务器提供了一个灵活可配置的前端，使用户可以轻松地发现和使用地图。所有的 ArcGIS App，如 Explorer for ArcGIS、Collector for ArcGIS 及 Operations Dashboard for ArcGIS，都可以便捷地通过前端门户访问服务器端的资源。

（5）即拿即用的 App。在 ArcGIS 10.3 中，App 已成为 ArcGIS 平台的重要组成部分，也成为用户访问平台的重要入口。ESRI 将陆续推出更多的跨行业的通用应用 App，如 Operations Dashboard for ArcGIS、Collector for ArcGIS 和 Explorer for ArcGIS。ESRI 也将推出大量的 App，与世界领先的商业系统进行无缝集成，如 Microsoft Office、IBM Cognos、Microsoft Strategy、SAP 和 Salesforce。ESRI 合作伙伴也会推出更多面向行业或特定业务的应用，在 ArcGIS Marketplace 上供用户下载使用。

（6）Web AppBuilder 使 App 创建更简单。Web AppBuilder for ArcGIS 是 ArcGIS 10.3 中新推出的一款产品，提供了可视化的配置页面，通过直观的配置方式，零代码快速生成，可扩展并适配多种设备的 Web GIS 应用，使得在组织中定制轻量级的 Web GIS 应用更加简单和快捷。

（7）更多应用开发新选择。在 ArcGIS 10.3 中，ESRI 持续改进 ArcGIS 平台的应用开发模式，提供更多的开发选择。SDK、API 和其他开发工具，不断提升以支持开发出更符合当前计算平台的应用。ArcGIS 10.3 进一步整合 ArcGIS Runtime SDK，采用统一的内核和一致的接口进行设计，让开发者们无论选择哪个平台，都能快速上手，开发出功能一致的 GIS 应用，并方便地部署到设备上。另外，Web AppBuilder for ArcGIS 生成的应用代码提供直接下载，开发者可以根据需要对应用进行扩展和定制。

（8）Open Data 数据开放正当时。在 ArcGIS 10.3 中，ESRI 推出了全新的 Open Data 产品。基于 Open Data，政府/企业可定制专门的网站，为公众提供权威的数据。政府作为权威数据提

供者，可将公众关注的权威数据，借助 Open Data 来公开；公众可以在 ArcGIS 平台中使用政府公开的资源，政府部门也可以通过 Open Data 来更好地了解社区所关注的焦点问题[4]。

2016 年年初，ArcGIS 10.4 全新发布，带来了全新可视化功能及体验、企业级 GIS 优化，以及众多令人难以释手的 App，ArcGIS 10.4 带来众多惊喜的同时，在打造新一代 Web GIS 平台之路上稳步升级。产品的亮点及新特性如下。

（1）平台内容升级。新一代 Web GIS 平台提供了 3D、实时数据、海量影像等更丰富的内容，ArcGIS 10.4 为了 Web GIS 华丽升级，在上述内容的基础上更是贴心地推出了矢量切片、3D 局部场景、移动地图包、新的影像能力。

（2）平台能力升级。新一代 Web GIS 的最大特点，是为了让每一个人通过任何终端，能够随时随地使用 ArcGIS 的功能，而分析工具是 GIS 最核心的功能，以前这些都只能在 ArcGIS Online 上体验。现在，我们在本地的 Web GIS 系统中都可以使用，这是 Web GIS 平台一个非常重要的升级。Portal for ArcGIS 新增空间分析能力，支持国产达梦数据库，集成了 R 统计算法。

（3）平台入口升级。一系列新的或者改进的 App 随着 ArcGIS 10.4 一起发布，使用这些 App 可以在办公室里更智能、更快速地做出决策，最大化地提升外业工作的效率，更容易与组织成员或者大众用户分享观点和视角。例如，使用 Drone2Map for ArcGIS（beta）创建 3D 点云，使用 Workforce for ArcGIS、Navigator for ArcGIS、Survey123 for ArcGIS 和 Collector for ArcGIS 实现联合的外业作业。

（4）平台安全和稳健性升级。

- 简化的本地和云端高可用部署：ArcGIS 10.4 提供更加简单的方式配置 Portal，从而维持性能、减少单点故障、减小宕机时间，并提供检测站点故障，同时结合新的灾难恢复工具，提升了新一代 Web GIS 平台的灵活性和稳定性。
- 新增 Web GIS 平台灾难恢复工具：Portal for ArcGIS 提供全新灾备工具，用来备份 Web GIS 部署。备份文件可用来恢复 Server 站点或者 Web GIS 部署，也可将其复制到备份、可联网的部署机器上，以便在主部署机器出现故障时能及时恢复。
- ArcGIS for Server 站点支持只读模式：ArcGIS for Server 10.4 站点现在可以开启只读模式，该模式可以保护站点中的数据、图层和服务，不会由于被无意或者恶意篡改而影响到员工和客户对这些资源的访问与使用。

（5）平台安装部署升级。若用户想在本地的多台 GIS 服务器上自动安装 ArcGIS for Server，并且这些 Server 都在单一站点集群中，或者搭建一个实时 GIS 配置或一个完整的 Web GIS 配置，那么可以使用 ArcGIS Cookbook，实现 Web GIS 平台的无人值守式一键安装[5-6]。

1.2　ArcGIS10.4 体系结构

ArcGIS 是 ESRI 公司集 40 余年地理信息系统（GIS）咨询和研发经验，奉献给用户的一套完整的 GIS 平台产品，具有强大的地图制作、空间数据管理、空间分析、空间信息整合、发布与共享的能力。ArcGIS 本身不是一个 GIS 应用软件，而是 ESRI 的 GIS 产品家族体系的总称，其中的每个产品都是依据特定需求而设计的。

ArcGIS 产品随着版本的升级，产品日益丰富，其体系结构也在不断发生变化。在“新一代 Web GIS”应用模式中，资源和功能都进一步得到整合，GIS 服务的提供者以 Web 的方式提供资源和功能，而用户则采用多种终端随时随地访问这些资源和功能。在这种模式下，GIS

平台变得更加简单易用、开放和整合，使得 GIS 被组织机构所有人使用成为现实，为 Web GIS 赋予了全新的内涵。ArcGIS 平台倡导“One ArcGIS”的理念，不再受限于软件产品与功能级别，而是更加注重应用模式及应用架构，从“系统”到“人”，更好地实现对业务中“人”的支撑，是构建新一代 Web GIS 应用模式的重要支撑，也是实现整个组织机构空间信息互联互通的基础。ArcGIS 平台由三大关键部分组成，即应用（App）、门户（Portal）和服务器（Server），如图 1.1 所示，它们是构建新一代 Web GIS 应用模式的关键部分。ArcGIS 不断完善与改进平台，形成以 Named User 为纽带，三大组成部分有机结合的全方位支撑平台，全面打造可落地的新一代 Web GIS。

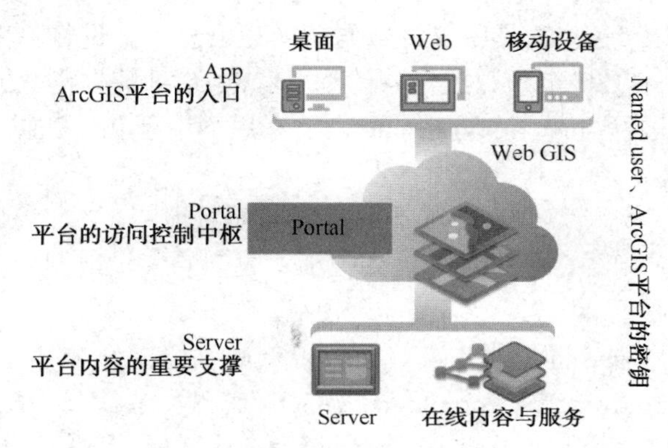

图 1.1　ArcGIS 平台体系结构[6]

Named User：Named User 是登录新一代 Web GIS 平台的密钥。作为平台唯一标识，Named User 天然形成用户身份验证屏障，充分保障平台安全，并且使得用户私有内容隐秘无扰。授权用户与授权机器两种模式互为补充，适合不同场景下的用户需求，一经认证，Named User 将一路随之同行，用户随时随地使用 ArcGIS 平台成为现实。

应用（App）：用户访问 ArcGIS 平台的入口，不管是 GIS 专家还是普通 GIS 人群，都可通过 App 访问 ArcGIS 平台提供的内容。GIS 专家使用 ArcGIS for Desktop 和 ArcGIS Pro 专业型 App 制作地图、模型和工具；业务人员、决策者和公众可在不同终端使用 Collector for ArcGIS、Operations Dashboard for ArcGIS、Explorer for ArcGIS、ESRI Maps for Microsoft Office 等通用型 App，轻松接入 ArcGIS 平台，获取地图和 GIS 资源，并基于最新的数据进行辅助决策。另外，结合业务需求，合作伙伴为用户提供了多款实用的业务型 App。

门户（Portal）：ArcGIS 平台的访问控制中枢，是用户实现多维内容管理、跨部门协同分享、精细化访问控制，以及便捷地发现和使用 GIS 资源的渠道。门户（Portal）包括公有云门户 ArcGIS.com，以及本地环境中的组织门户 Portal for ArcGIS。门户可通过聚合多种来源的数据和服务创建地图，例如聚合自有的数据、ESRI，以及 ESRI 合作伙伴提供的数据等，制作的地图可供用户调用。

服务器（Server）：Server 包括 ArcGIS for Server、Content 和 Services。服务器是 ArcGIS 平台内容的重要支撑，为平台提供丰富的内容和开放的标准支持，它是空间数据和 GIS 分析能力在 Web 中发挥价值的关键，负责将数据转换为 GIS 服务（GIS Service），通过浏览器和多种设备将服务带到更多人身边。在新一代 Web GIS 建设模式中，用户通过门户与服务器进行交互，获取和使用内容和资源。

1.3 ArcGIS for Desktop

ArcGIS for Desktop 是 ESRI 公司的 ArcGIS 产品家族中的桌面端软件产品，是为 GIS 专业人士提供的用于信息制作和使用的工具。利用 ArcGIS for Desktop，可以实现任何从简单到复杂的 GIS 任务。ArcGIS for Desktop 包括了高级的地理分析和处理能力，提供了强大的编辑工具、完整的地图生产过程，以及无限的数据和地图分享体验。主要功能包含以下诸多方面。

（1）空间分析：ArcGIS for Desktop 本身包含数以百计的空间分析工具，而且还集成了 R 语言这个强大的统计分析工具。通过 R 语言扩展的空间分析工具极大地增强了 ArcGIS for Desktop 的空间分析能力。这些工具可以将数据转换为信息，并进行许多自动化的 GIS 任务。

（2）数据管理：支持 130 余种数据格式的读取、80 余种数据格式的转换，用户可以轻松集成所有类型的数据并进行可视化和分析。提供了一系列用于几何数据、属性表、元数据的管理、创建及组织的工具。

（3）制图和可视化：无须复杂设计就能够生产高质量地图，在 ArcGIS for Desktop 中可以使用大量的符号库、简单向导、预定义的地图模板、成套的大量地图元素和图形、高级的绘图工具、图形、报表、动画要素，以及综合的专业制图工具。

（4）高级编辑：使用强大的编辑工具，可以降低数据的操作难度并形成自动化的工作流。高级编辑和坐标几何（Coordinate Geometry，COGO）工具能够简化数据的设计、导入和清理，支持多用户编辑，可使多用户同时编辑 Geodatabase，这样便于部门、组织及外出人员之间进行数据共享。

（5）地理编码：从简单的数据分析，到商业和客户管理的分布技术，都有地理编码的广泛应用。使用地理编码地址，可以显示地址的空间位置，并识别出信息中事物的模式。通过在 ArcGIS for Desktop 进行简单的信息查看，或使用一些分析工具，就可以实现这些功能。

（6）地图投影：ArcGIS for Desktop 具有诸多投影和地理坐标系统的选择，可以将来源不同的数据集合并到共同的框架中，用户可以轻松融合数据、进行各种分析操作，并生产出极其精确、具有专业品质的地图。

（7）高级影像：ArcGIS for Desktop 有许多方法可以对影像数据（栅格数据）进行处理，可以使用它作为背景（底图）分析其他数据层；也提供了有效处理大规模影像数据处理的方案——镶嵌数据集；还可以将不同类型、规格的数据应用到影像数据集，或参与分析。ArcGIS for Desktop 支持无插件加载多种主要国产卫星类型数据集，支持无人机影像和多维数据集。

（8）数据分享：在 ArcGIS for Desktop 中，用户不用离开 ArcMap 界面就可以充分使用 ArcGIS Online 或 Portal for ArcGIS 中的资源，如导入底图、搜索数据或要素；也可以共享数据到 ArcGIS Online 或 ArcGIS for Server 服务器中，实现公开或私有的数据分享。

（9）可定制：在 ArcGIS for Desktop 中，可使用 Python、.NET、Java 等语言通过 Add-in 或调用 ArcObjects 组件库的方式来添加和移除按钮、菜单项、停靠工具条等，能够轻松定制用户界面，或者使用 ArcGIS Engine 开发定制 GIS 桌面应用。

根据用户的伸缩性需求，可将 ArcGIS for Desktop 分为三个不同层次功能水平的产品——ArcGIS for Desktop 基础版、ArcGIS for Desktop 标准版、ArcGIS for Desktop 高级版，这三个软件产品可单独购买。基础版提供了综合性的数据使用、制图、分析，以及简单的数据编辑和空间处理工具。标准版在基础版的功能基础上，增加了对 Shapefile 和 Geodatabase 的高级编辑和管理功能。高级版是一个旗舰式的 GIS 桌面产品，在标准版的基础上，扩展了复杂的 GIS

分析功能和丰富的空间处理工具。ArcGIS for Desktop 主要的应用程序包括 ArcMap、ArcCatalog、ArcToolbox、ArcGlobe、ArcScene、ModelBuilder、扩展模块等。

1.3.1 ArcMap

ArcMap 是 ArcGIS for Desktop 的核心应用程序，其界面如图 1.2 所示，它把传统的空间数据编辑、查询、显示、分析、报表和制图等 GIS 功能集成到一个简单的可扩展的应用框架上。ArcMap 提供两种类型的操作界面——地理数据视图和地图布局视图。在地理数据视图中，能对地理图层进行符号化显示，分析和编辑 GIS 数据集；在地图布局视图中，可以处理地图的版面，包括地理数据视图，以及比例尺、图例、指北针等地图元素。

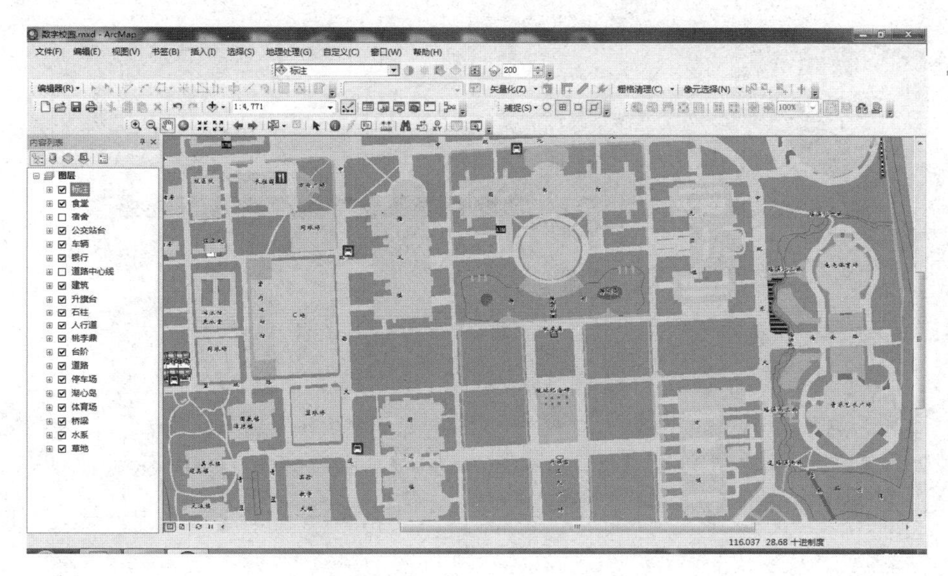

图 1.2 ArcMap 界面

1.3.2 ArcCatalog

ArcCatalog 是地理数据的资源管理器，用于组织和管理所有 GIS 数据，其界面如图 1.3 所示，它包含一组用于浏览和查找地理数据、记录和浏览元数据、快速显示数据集，以及为地理数据定义数据结构的工具，可帮助用户组织和管理所有的 GIS 信息，如地图、数据集、模型、元数据、服务等。ArcCatalog 包括了下面的功能：

- 浏览和查找地理数据；
- 创建各种数据类型；
- 记录、查看和管理元数据；
- 定义、输入和输出 Geodatabase 数据模型；
- 在局域网和广域网上搜索和查找的 GIS 数据；
- 管理运行于 SQL Server Express 中的 ArcSDE Geodatabase；
- 管理文件类型的 Geodatabase 和个人类型的 Geodatabase；
- 管理企业级 Geodatabase，支持大型关系数据库，如 DB2、Informix、SQL Server（包括 SQL Azure）、Netezza、Oracle、PostgreSQL 及国产的达梦数据库；

- 管理多种 GIS 服务；
- 管理数据互操作连接。

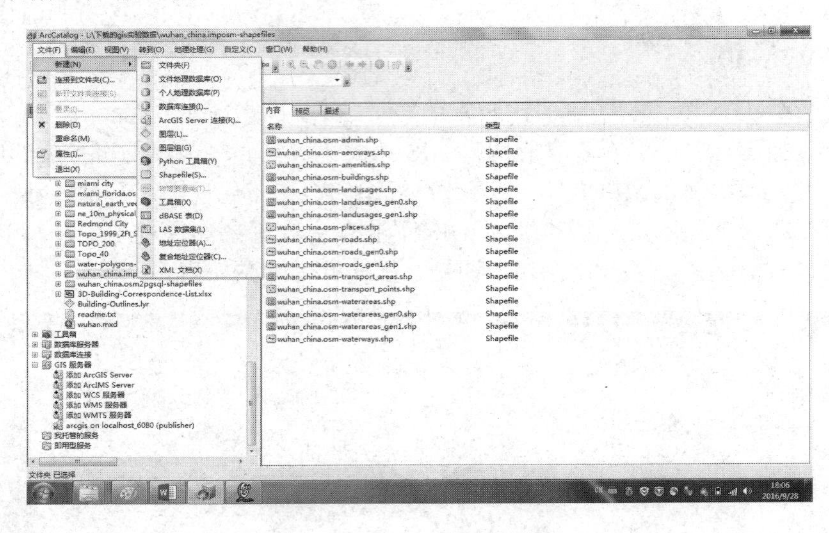

图 1.3　ArcCatalog 界面

1.3.3　ArcToolbox

ArcToolbox 是一个地理数据处理工具的集合，功能强大，涵盖数据处理、转换、制图、分析等多方面的功能，其界面如图 1.5 所示。善于利用 ArcToolbox 提供的工具集，能够让用户的空间处理工作事半功倍。在 ArcCatalog、ArcMap、ArcScene 、ArcGlobe 中单击【】按钮即可进入 ArcToolbox。

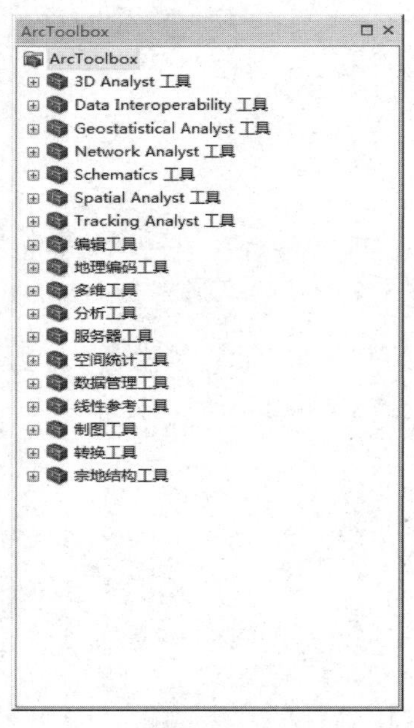

（a）ArcToolbox 主界面

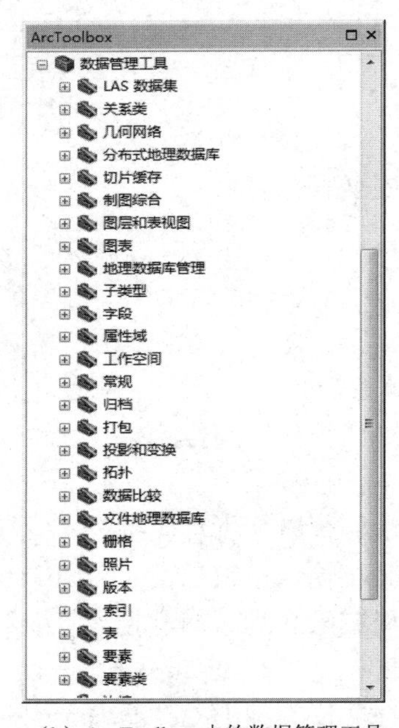

（b）ArcToolbox 中的数据管理工具

图 1.4　ArcToolbox 界面

1.3.4 ArcGlobe

ArcGlobe 是 ArcGIS for Desktop 中 3D 分析扩展模块中的一个部分，提供了全球地理信息的连续、多分辨率的交互式浏览功能，其界面如图 1.5 所示。像 ArcMap 一样，ArcGlobe 也是使用 GIS 数据层来显示 Geodatabase 和所有支持的 GIS 数据格式中的信息的，ArcGlobe 具有地理信息的动态 3D 视图。ArcGlobe 将图层放在一个单独的内容表中，将所有的 GIS 数据源整合到了一个通用的球体框架中，它能进行数据的多分辨率显示，使数据集能够在适当的比例尺和详细程度上可见。ArcGlobe 交互式地理信息视图使 GIS 用户整合并使用不同 GIS 数据的能力大大提高，而且在三维场景下可以直接进行三维数据的创建、编辑、管理和分析。ArcGlobe 创建的 Globe 文档可以使用 ArcGIS for Server 将其发布为服务，通过 ArcGIS for Server 球体服务（Globe Service）向众多 3D 客户端提供服务，例如 ArcGlobe 以及 ESRI 提供的免费浏览器 ArcGIS Explorer Desktop。

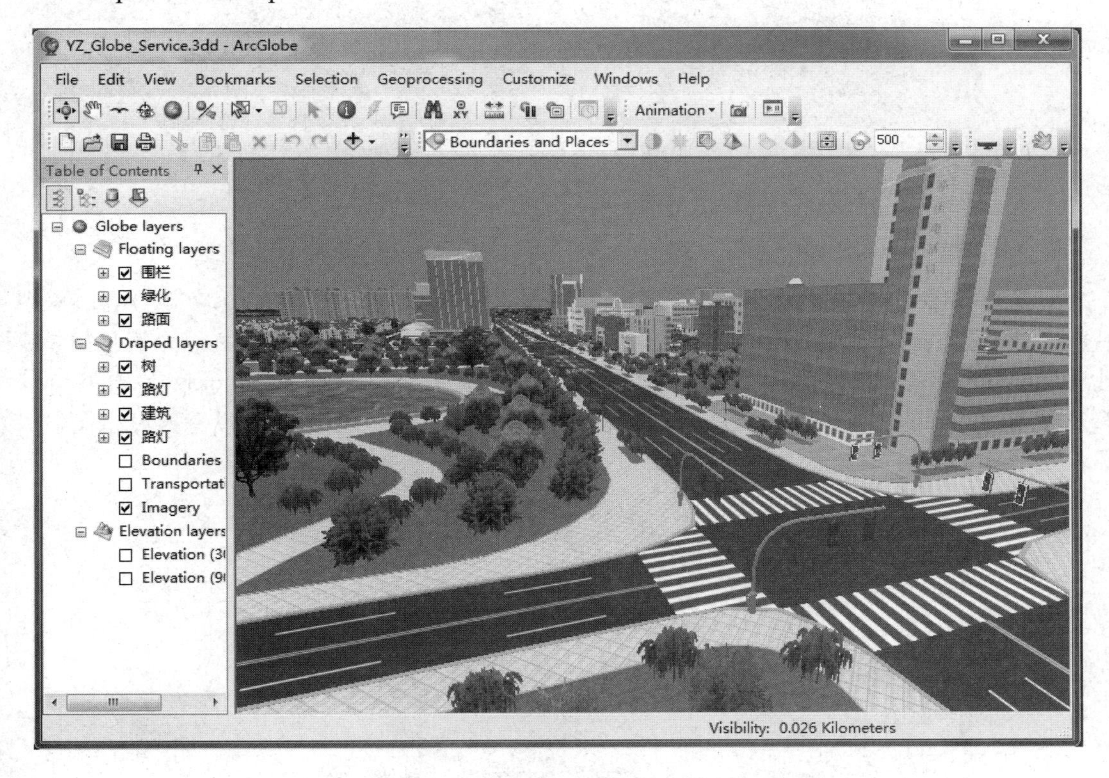

图 1.5　ArcGlobe 界面

1.3.5 ArcScene

ArcScene 是 ArcGIS Desktop 中专门用于显示与分析三维数据的独立程序。ArcScene 的功能包括浏览三维数据、创建表面、进行表面分析、模拟三维飞行等，其界面如图 1.6 所示。ArcScene 可以看成 ArcGlobe 的一个子集，它们都依赖于 ArcGIS 的 3D 分析模块。ArcScene 是一个适合展示三维透视场景的平台，可以在三维场景中漫游并与三维矢量、栅格数据进行交互，适合小场景的 3D 显示和分析。ArcScene 基于 OpenGL，支持 TIN 数据显示。显示场景时，ArcScene 会将所有数据加载到场景中，矢量数据以矢量形式显示。

图 1.6　ArcScene 界面

1.3.6　ModelBuilder

ModelBuilder（模型构建器）是数据建模工具（见图 1.7），它为设计和实现 ArcGIS 中各种数据处理提供了一个图形化的建模环境。模型是以流程图的形式表示的，这个流程由（数据处理）工具和数据组成。整个数据处理过程按流程图先后执行，类似于电子政务中的工作流，都是顺序、并行的，都有数据输入和数据输出，不同的是 ModelBuilder 没有人员和权限、办理时限等。

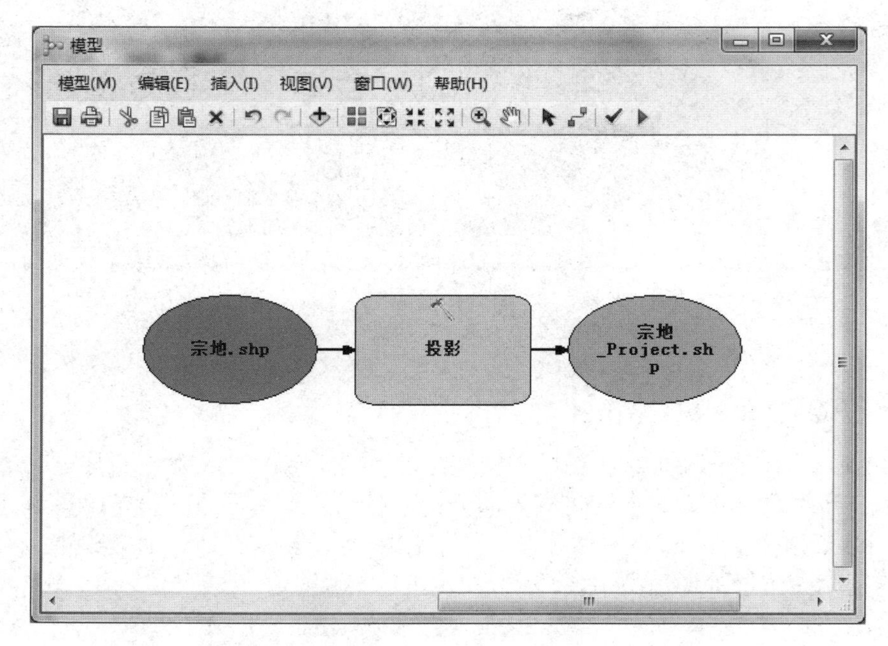

图 1.7　ModelBuilder 界面

1.3.7　扩展模块

ArcGIS for Desktop 提供了一系列的扩展模块，使得用户可以实现高级分析功能，如栅格空间处理和 3D 分析功能。根据功能，这些模块通常被划分为三类。

- 分析类：ArcGIS 3D Analyst、ArcGIS Spatial Analyst、ArcGIS Network Analyst、ArcGIS Geostatistical Analyst、ArcGIS Schematics、ArcGIS Tracking Analyst、Business Analyst Online Reports Add-in。
- 生产类：ArcGIS Data Interoperability、ArcGIS Data Reviewer、ArcGIS Publisher、ArcGIS Workflow Manager、ArcScan for ArcGIS、Maplex for ArcGIS。
- 解决方案类：ArcGIS Defense Solutions、ArcGIS for Aviation、ArcGIS for Maritime、ESRI Defense Mapping、ESRI Production Mapping、ESRI Roads and Highways。

1.4　ArcGIS Pro

ArcGIS Pro 是一款全新的桌面应用程序（见图 1.8），它改变了桌面 GIS 的工作方式，以满足新一代 Web GIS 应用模式。Pro 是专业的意思，这就决定了 ArcGIS Pro 是为专业从事 GIS 工作人士设计的应用软件，如 GIS 工程师、科研人员、地理设计人员、地理数据分析师等，而且，ArcGIS Pro 采用 Ribbon 界面风格，给这些专业用户带来全新的用户体验。当然，功能上也是毫不逊色的。ArcGIS Pro 作为一个高级的应用程序，可以对来自本地、ArcGIS Online 或者 Portal for ArcGIS 的数据进行可视化、编辑、分析，同时，实现了二三维一体的数据可视化、管理、分析和发布。此外，ArcGIS Pro 是原生 64 位应用，支持多线程处理，极大地提高了软件性能。

图 1.8　ArcGIS Pro 主界面

ArcGIS Pro 的功能特色表现在以下方面。

1. 全新架构和界面

ArcGIS Pro 采用极简的 Ribbon 界面风格，让与当前任务相关的功能按钮平铺在菜单面板中，从而降低软件使用的难度；同时，ArcGIS Pro 允许打开多个地图窗口和多个布局视图，方便使用者快速地在任务间进行切换。ArcGIS Pro 采用原生 64 位应用程序架构，支持多线程，在使用更大内存的同时还可以更充分地利用 CPU 的计算资源，可以更快地完成数据的可视化和任务的计算处理。此外，也支持 GPU 加速，进一步提升了用户使用体验。

2. 工程项目管理

ArcGIS Pro 以工程项目的形式组织和管理工作中所用到的资源。一个工程可以包括地图文档、布局视图、图层、数据表、任务、工具，以及对服务器、数据库、文件夹、符号库的链接。当然，也可以访问和使用组织内部 Portal 或 ArcGIS Online 中的资源。另外，在工程内部可以通过浏览或搜索关键字的方式找到和添加所想要的资源。

此外，工程支持按工程模板的方式创建，按照这种方式创建的工程，其工程的初始设置沿用了模板的设置信息，如文件夹链接、服务器链接等。

3. 数据可视化管理

ArcGIS Pro 在 ArcMap 或 ArcScene 中可以加载和显示 2D 或 3D 数据，并可以创建多个 2D 或 3D 地图且能同时打开，以及二三维地图的关联同步。此外，在多个 2D 或 3D 地图中，可以同时加载同一图层，其符号化效果可保持一致。ArcGIS Pro 提供了丰富的 2D 和 3D 数据编辑工具，可以创建图层和要素、添加属性信息、数据更新，以及符号化渲染等。ArcGIS Pro 新增高级符号功能（基于规则的 3D 符号渲染方式），即通过调用 CityEngine 的规则包，规则驱动根据属性批量实时地生成 3D 模型，从而实现 2D 和 3D 数据的同步编辑，当 2D 要素发生改变，对应的 3D 模型也随之改变。

4. 地理处理分析

ArcGIS Pro 提供了一系列地理处理分析工具，用户可以按照自己的需求选择使用这些工具，可自动完成分析任务并得到分析结果，只须选择输入数据源，指定结果输出路径，设置参数即可执行分析。同时，ModelBuilder 提供了可视化的处理分析流程搭建工具，可将不同的工具组合以完成复杂的地理处理分析工作流任务。另外，ArcGIS Pro 提供了基于 Python 的 ArcPy API，可以使用脚本调用分析工具，也可以融入自己的算法实现基于业务的空间分析。除了与桌面对应的分析处理工具，在 ArcGIS Pro 中还提供了 Task 任务文件，它是一个预先配置好的工作流程，将软件操作和处理按步骤流程组合在一起，以完成某项任务，它极大地标准化了工作流程，提高了工作效率。任务文件可以进行再编辑，以不断地优化工作流程；同时也可以将任务文件在组织成员之间分享，使得组织成员按照统一的标准，高效协同地完成工作任务。

5. 协同工作

协同工作是 ArcGIS Pro 的重要能力，使用者可以把数据、分析结果、地图、文件，甚至整个工程在组织内部进行共享，方便多部门协同工作；也可以将图层和地图发布为 Web Layer、WebMap、WebScene，通过浏览器或移动设备就可以轻松访问和使用地图资源。ArcGIS Pro 1.2 中除了 1.1 版本中的 Globe Scene 场景的发布，还支持投影坐标系下局部场景的发布。局部场景的发布提供了在投影坐标系下展示区域和局部数据的最好方式。

6．矢量切片的创建

矢量切片是一种利用协议缓冲（Protocol Buffers）技术的紧凑二进制格式用来传递信息。矢量切片利用一些新技术来动态地控制可交互的地图展示方式，这种新技术可以让个人在移动端或者浏览器端自定义地图样式。在最新的 ArcGIS Pro 1.2 版本中支持矢量切片的创建，并可以把创建好的切片包上传到 Portal for ArcGIS 上可以直接在 Portal for ArcGIS 中发布成服务，并可以各个端上调用，也可以通过 JS API 使用发布好的服务。

1.5　ArcGIS for Server

ArcGIS for Server 通过帮助用户在组织机构内搭建 ArcGIS 平台来实现 Web GIS 应用模式，这种部署方式使得组织机构里的每个人都能够随时随地使用任何设备来发现、创建和分享 GIS 内容。ArcGIS for Server 可运行在云中基础设施、本地私有或者虚拟的环境里，并能够与现有的 IT 基础设施和企业安全系统共同工作。从概念上讲，ArcGIS for Server 包括三层——服务（Services）层、访问（Access）层和 App 层，如图 1.9 所示。

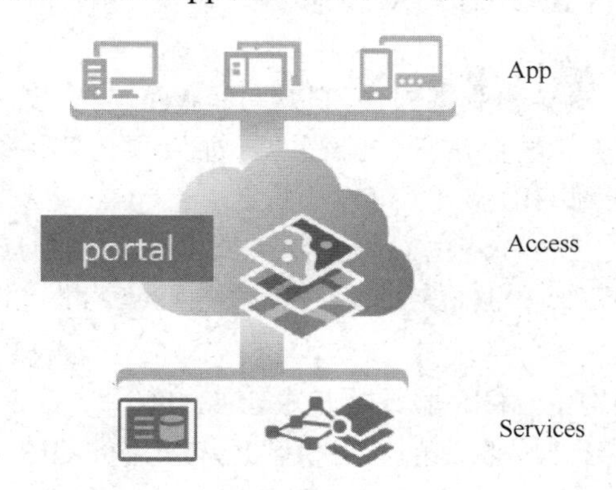

图 1.9　ArcGIS for Server 的三层 Web GIS 概念模型

服务层（Service）：包括 GIS 服务器，GIS 服务器使得 GIS 资源能够以 Web 服务的方式分享。

访问层（Access）：包括门户（如 Portal for ArcGIS，它包含在 ArcGIS for Server 标准版和高级版中，提供以地图为核心的内容协作，可以部署在自己的基础设施中（内部部署或在云中部署），通过该门户可以获取 GIS 的内容，同时，门户也是连接组织机构中用户和 GIS 服务器提供的资源及工具的一个界面友好的网站。通过门户，用户可以搜索和发现 GIS 资源，创建新的地图、使用应用模板，甚至还可以通过即拿即用的应用程序构建工具（Web AppBuilder）来创建 Web 应用而无须代码编程。门户可以帮助管理组织机构中的 GIS 资源，并使资源更加安全，访问更加便利。

App 层：包括一系列即拿即用的、可运行在 Web 端和移动端的 App，还包括面向通用业务系统（如 Microsoft Office、SharePoint、IBM Cognos、Dynamic CRM、Microsoft Strategy 和 SAP）的插件。

这三层共同组成了 Web GIS 模式，并且三层都包含在 ArcGIS for Server 中。另外，开发者也可以使用 ArcGIS REST API 和 ArcGIS Runtime SDK 来开发自定义的 App。

ArcGIS for Server 的用户包括：

（1）专业用户。专业用户可以使用 ArcGIS for Server 作为工作平台，以共享地图数据、业务流程和应用功能的形式来发布他们的成果，同样他们也可以使用其他专业用户发布的服务。通常，专业用户使用 ArcMap、ArcCatalog 和 ArcGlobe 等应用程序来创建要发布到站点的 GIS 资源，如地图和地理数据库等。

（2）ArcGIS for Server 站点管理员。ArcGIS for Server 站点需要一个管理员来安装软件、配置 Web 应用程序，以及调整站点以获取最佳性能。ArcGIS for Server 站点管理员可以使用 ArcGIS for Desktop 或 ArcGIS for Server 来管理站点，管理员可以寻求开发人员的帮助或自己学习脚本技巧，从而通过 ArcGIS REST API 自动执行管理任务。

（3）ArcGIS for Desktop 内容创建者和发布者。ArcGIS for Desktop 内容创建者使用 ArcMap、ArcCatalog 和 ArcGlobe 等应用程序来创建要发布到站点的 GIS 资源。在将资源发布到服务器的过程中，这些应用程序也可以起到辅助作用。

（4）应用开发人员。专门从事应用开发的人员可以应用专业用户发布的服务来创建或者定制应用，而不必深刻理解 GIS 知识。ArcGIS for Server 提供了一个丰富的应用开发环境，包括 Web 端的应用开发包 ArcGIS Javascript API，以及多种移动端开发包，如 Android SDK、iOS SDK、.Net SDK 等。

（5）领导和业务人员。领导和业务人员可以借助 Web GIS 技术将 ArcGIS for Server 提供的 GIS 功能和应用结合到他们的日常工作流程中，如果与业务系统整合度很强，业务人员或许都不会意识到他们正在应用 GIS 技术。

（6）IT 管理员。IT 管理员可以应用 GIS 服务并将其集成到更广的 IT 领域，以支持多种多样的业务流程。例如，GIS 可以和派单管理系统、财务系统、供应链管理系统、商业智能系统等完美结合。

在 ArcGIS for Server 架构中，GIS 服务器是最核心的组件。GIS 服务器用于托管 GIS 服务，每一个 GIS 服务都代表着位于服务器上的、可供客户端使用的 GIS 资源（如地图、定位器或地理数据库链接）。根据 ArcGIS for Server 提供的服务类型，可将其功能概括为以下几点。

（1）支持具有空间能力的数据库。ArcGIS for Server 可对包含在空间类型的商业数据库中的空间数据进行直接操作，通过 ArcGIS for Server 可以将数据发布为成多种类型的服务，以供桌面、Web 浏览器和移动设备等各种终端访问。

（2）空间数据管理。ArcGIS for Server 通过两种级别的地理数据库来管理空间数据，它们基于相同的 ArcGIS Geodatabase 模型（工作组级和企业级）。管理员可以对发布的地理数据实现抽取、检入/检出（Check-in/Check-out）以及复制等管理操作。

（3）创建和管理 GIS Web 服务。ArcGIS for Server 提供多种遵循 REST、SOAP 及 OGC 标准的 Web 服务，包括二三维地图服务、矢量切片服务、影像服务、要素服务、地理处理服务等多种服务类型，并支持使用 Server Object Extention（SOE）和 Server Object Interceptors（SOI）进行服务自定义扩展，用来满足用户的不同需求。通过 Web 服务向桌面端、Web 端和移动端提供丰富 GIS 功能。

（4）Web 地图应用程序。ArcGIS for Server 支持使用 ArcGIS Online 或 Portal for ArcGIS 中内嵌的应用程序模板和 Web AppBuilder for ArcGIS 来快速创建 Web 应用程序；同时支持开发人员使用 ArcGIS API for JavaScript 来创建自定义的 Web 应用程序。

（5）移动应用程序。ArcGIS for Server 支持 iOS、Android 等主流移动平台。开发人员可以使用相应的开发工具包创建自定义移动应用。

（6）以地图为核心的内容管理（Portal）。ArcGIS for Server 通过 Portal for ArcGIS 为用户提供一个可定制的站点，可在自己的 IT 基础设施中部署实施。Portal for ArcGIS 提供了使用 ArcGIS for Server 服务和资源的前端页面，集成了地图浏览器及制图工具，并可以搜索和查询 GIS 资源。

（7）影像处理和分析。ArcGIS for Server 具有影像服务发布和高效处理影像的能力，让影像及影像产品能被更多的应用使用。影像服务能发布单个影像，也可以发布镶嵌数据集中的影像集合。

（8）在线编辑。利用 ArcGIS for Server 可以将存储在企业级空间数据库或原生关系数据库中的空间和属性数据发布为要素服务，然后在桌面端、Web 端或者移动端进行在线数据编辑。

（9）可视化 3D 内容。3D 视图能表达地形的高低起伏，或者像树、建筑物、地下地质情况等三维要素的范围。另外，对量化的 GIS 内容，如人口、温度或者相对出现的事件等，进行 3D 控件的展示会显著提高效率。ArcGIS for Server 支持两种类型的 Web 服务来实现 3D 可视化——Scene Service 和 Global Service。

（10）空间分析和地理处理。ArcGIS for Server 提供了基于服务器的分析和地理处理，包括矢量和栅格分析、3D 和网络分析；还支持通过 ArcGIS 创建的地理处理模型、脚本和工具。

（11）实时数据处理分析。通过 GeoEvent Processor 的扩展，ArcGIS for Server 能够在 GIS 应用中接入实时数据，可以连接常见传感器，如车载 GPS 设备、移动设备及社交媒体供应商，提供了一组卓越的实时过滤、处理及分析能力，用户可以有效监控重要事件、位置、操作阈值等，并对此进行紧急响应。

1.6 ArcGIS Online

ArcGIS Online 是基于云的协作式平台，允许组织成员使用、创建和共享地图、应用程序及数据，以及访问权威性底图和ArcGIS 应用程序。通过 ArcGIS Online，可以访问 ESRI 的安全云，在其中可将数据作为发布的 Web 图层来进行创建、管理和存储。由于 ArcGIS Online 是 ArcGIS 系统的组成部分，用户还可以利用它来扩展 ArcGIS for Desktop、ArcGIS for Server、ArcGIS Web API 和 ArcGIS Runtime SDK 的功能。ArcGIS Online 主界面如图 1.10 所示，其网站地址为http://www.arcgis.com。

使用 ArcGIS Online，用户可使用和创建地图，访问即用型图层和工具，作为 Web 图层发布数据、协作和共享，使用任何设备访问地图，使用 Microsoft Excel 数据制作地图，自定义 ArcGIS Online 网站，以及查看状态报告。ArcGIS Online 还可作为平台来构建基于位置的自定义应用程序，可发布场景包中的托管场景图层。场景图层支持使用缓存切片集合对 3D 数据地图进行快速可视化。具体功能如下。

1．通过地图探究数据

ArcGIS Online 提供交互式地图和场景，允许整个组织探究、了解和使用地理数据；访问即用型地图，并使用自己的数据对其进行丰富以探究模式、答案，以及社区与世界的关系；使用地图查看器中所含的分析工具来探寻新模式、寻找适宜地点、在地理层面上丰富数据、了解附近信息并汇总数据。

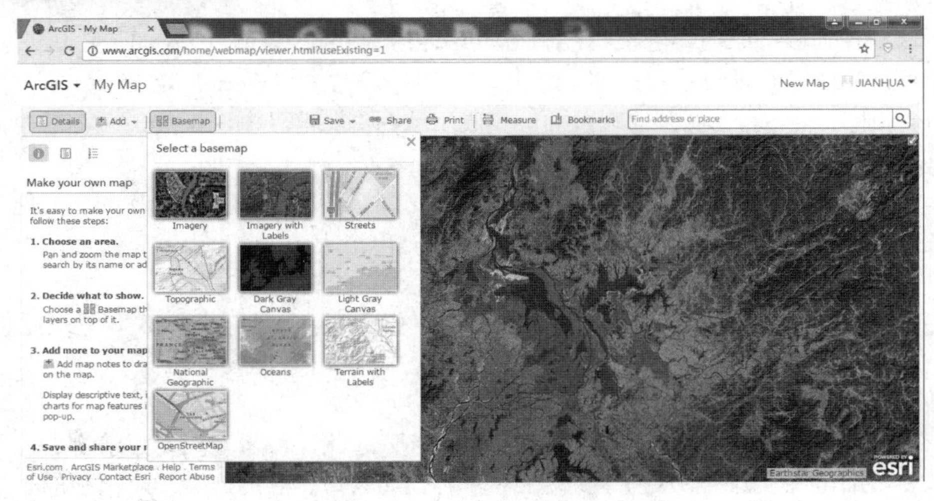

图 1.10　ArcGIS Online 界面

2．创建地图和应用程序

ArcGIS Online 包含创建地图和应用程序所需要的所有工具。使用地图查看器，可访问底图图库，也可访问用于添加自有数据或图层的工具。ArcGIS Online 支持多图层底图，可添加 shapefile、电子表格数据、KML 文件、OGC WMS 和 WMTS 服务、矢量图层、geoRSS 文件和 GPS 文件，并使用其他用户共享的数据和地图创建混合地图。还可以访问用于创建可发布到 ArcGIS Online 的应用程序的即用型工具，根据场景创建 3D 可配置 Web 应用程序，新创建的应用程序可用于比较、可视化和展示场景。

3．协作和共享

通过共享内容（该内容与常见活动相关）实现与组织数据的交互，可建立仅通过邀请加入的私有组，或者对所有人开放的公共组；还可通过将其嵌入 Web 网页、博客、Web 应用程序，以及通过社交媒体来共享地图。ArcGIS Online 中具有多个布局不同的即用型可配置 Web 应用程序模板可供选择，仅需几个步骤且无须编程，即可发布具有动态地图特点且任何人都可通过浏览器访问的 Web 应用程序。

4．将数据发布为 Web 图层

可以将要素和地图切片作为 Web 图层发布到 ArcGIS Online。由于这些 Web 图层都托管在 ESRI 的云中并且按需动态缩放，因此这样可使用户的内部资源得到释放。可将图层添加至 Web、桌面和移动应用程序，并可允许其他用户使用这些图层；也可直接通过 ArcGIS for Desktop、ArcGIS Pro 或 ArcGIS Online 网站发布数据而无须安装自己的服务器，并可与组织内的其他成员共享这些数据，使他们可以将地图图层或地理处理工具添加到自己的地图和应用程序中。

ArcGIS Online 提供对矢量切片图层的支持，可以使用 ArcGIS Pro 1.2 将矢量切片图层作为托管切片图层发布到 ArcGIS Online。这些切片图层可显示在地图查看器中并用于通过可配置应用程序发布的 Web 应用程序。ArcGIS Online 支持切片图层样式更新，以便创建各种地图和应用程序。矢量切片与影像切片相似，但矢量切片会存储数据的矢量表达。对矢量切片进行客户端绘制，允许矢量切片图层根据地图的目的进行自定义，并驱动动态交互制图。切片访问性能和矢量绘制的结合使切片能够适应任意的显示分辨率。

5．管理用户的 ArcGIS Online 组织

ArcGIS Online 包含的工具和设置不但允许组织管理员自定义主页，还可以作为整体来管理用户的组织，这包括配置网站、邀请成员并确定他们的访问角色、管理内容和组，以及设置安全策略，可参考http://video.arcgis.com/iframe/1339/000000/width/960/1。

6．利用 ArcGIS 应用程序

ArcGIS Online 包括多种可配置的桌面即用型应用程序，可帮助用户与组织中的地图和数据进行交互。

- 使用ArcGIS Pro来创建和使用桌面上的空间数据；
- 使用Collector for ArcGIS收集和更新字段中的数据；
- 使用ArcGIS Maps for Office创建电子表格数据的交互式地图；
- 使用ESRI Maps for SharePoint创建组织数据的地图；
- 使用Explorer for ArcGIS在任意设备上查找、分析和共享地图；
- 使用Operations Dashboard for ArcGIS监控活动和事件；
- 使用ESRI Configurable Apps创建自己的 Web 应用程序；
- 使用Web AppBuilder for ArcGIS通过即用型微件创建基于地图的应用程序，并使用可配置的主题自定义外观；
- 使用地图故事向受众传递地图故事并激发其灵感；
- 通过ArcGIS Solutions获得以行业为重点的应用程序；
- 使用ArcGIS Open Data配置自己的开放式数据站点。

7．访问其他资源

作为组织成员，可以访问ArcGIS Marketplace，以查找由 ESRI 合作伙伴和分销商发布的应用程序。开发者也可以访问 ArcGIS Web API、ArcGIS Runtime SDK 和ArcGIS for Developers中的其他工具，以构建基于位置的应用程序。

8．访问 ArcGIS Online

用户可通过 Web 浏览器、移动设备、桌面地图查看器，以及 ArcGIS 系统的其他组件（如 ArcGIS 应用程序和 ArcGIS for Desktop）来访问 ArcGIS Online。通过加入组织并使用组织账户登录，可以看到组织的自定义网站视图，并可以访问组织的权威数据及其他地理空间内容，用户可以使用这些数据创建地图和应用程序。通过组织账户，还可以与组织的其他成员共享工作成果、参与到各种组中和保存自己的工作成果。

如果组织启用了对站点的匿名访问，则无须登录便可访问共享给普通公众的任何资源。例如，组织可能将在 ArcGIS Online 中创建的一组地图和应用程序嵌入到自己的网站中，并与普通公众共享这些资源。

访问 ArcGIS Online 的另一种方法是使用公共账户。公共账户可用于使用和创建地图并与其他用户进行共享。用户可使用其 Facebook 或 Google 凭据创建新的 ArcGIS 公共账户并用其社交网络账户登录 ArcGIS Online 及其他 ESRI 网站。公共账户仅适用于非商业用途。

1.7　ESRI CityEngine

ESRI CityEngine 是三维城市建模的首选软件，适用于数字城市、城市规划、轨道交通、

电力、建筑、国防、仿真、游戏开发和电影制作等领域。ESRI CityEngine 提供了全新的三维建模技术——程序规则建模，用户可以使用二维数据快速、批量、自动地创建三维模型，并实现了“所见即所得”的规划设计，这样，既可减少项目投资成本，也可缩短三维 GIS 系统的建设周期。另外，ESRI CityEngine 与 ArcGIS 的深度集成，可以直接使用 GIS 数据来驱动模型的批量生成，这样就保证了三维数据精度、空间位置和属性信息的一致性。同时，还提供了如同二维数据一样更新的机制，可以快速完成三维模型数据和属性的更新，提升了可操作性和效率。ESRI CityEngine 的界面如图 1.11 所示。

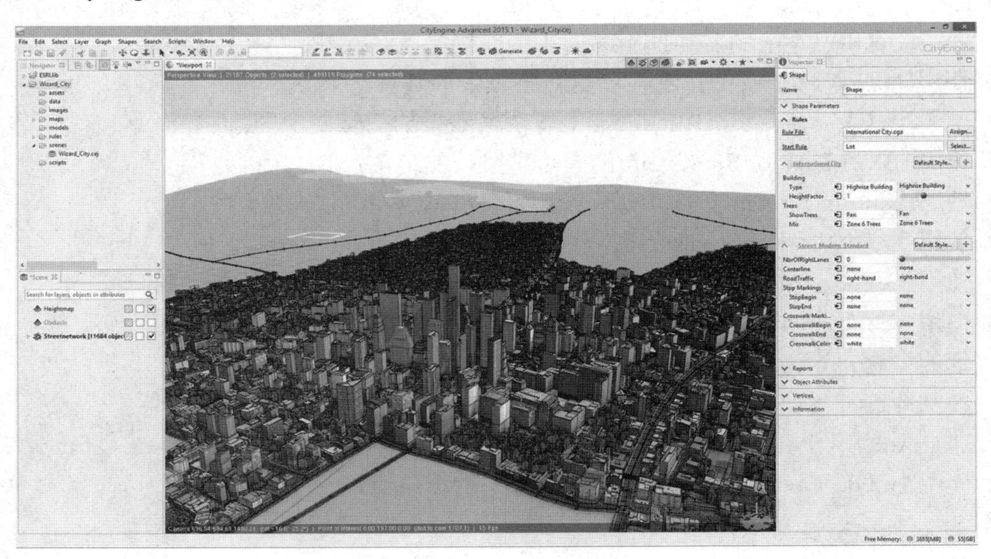

图 1.11　CityEngine 界面

CityEngine 的主要功能如下。

（1）基于规则批量建模。直接拖放规则文件到需要建模的 GIS 数据，模型将自动批量生成。这种方式代替了烦琐的逐一建模过程，极大提高了建模速度。

（2）动态城市规划设计。通过属性参数面板调整道路宽度、房屋高度、房顶类型、贴图风格等属性，或与模型直接交互实现城市动态的规划与设计，并得到可即时的设计结果。

（3）三维数据编辑与更新。CityEngine 完全支持 ESRI 的 File GDB 数据的导入、导出，同时也支持 Multipatch 模型数据导入 CityEngine 并直接进行三维编辑和属性更新，省去了中间环节，实现了从地理数据库中来到地理数据库去。

（4）三维场景共享。制作好的场景发布为*.3ws 场景，并可上传到 ArcGIS Online 供决策或者公众浏览。基于 WebGL 技术，无须插件即可支持大多数的浏览器；同时也可以把*.3ws 放在网络服务器上，通过简单的配置即可实现 CityEngine 场景的发布；还可以把*.3ws 文件以条目的形式上传到 Portal 上，实现组织内部的共享。

1.8　ArcGIS 开发产品

1.8.1　ArcGIS Runtime

ArcGIS Runtime 作为新一代的轻量级开发产品，它提供了多种 SDK，可以使用 Android、

iOS、Java、Mac OS X（Objective-C/Swift）、.NET、Qt（C++/QML）等语言及其相应的开发环境快速地构建地图应用，并将应用程序部署在 Windows、Mac、Linux、Android、iOS 和 Windows Phone 六大平台上。ArcGIS Runtime 提供了以下丰富的 GIS 功能。

- 支持本地数据，包括本地矢量数据和栅格数据；
- 支持在线数据和离线数据，在线可以使用 ArcGIS for Server、ArcGIS Online 等在线资源；离线可以使用本地数据包，包括 TPK、MPK、GPK、GCPK 等；
- 地图 2D 和 3D 显示，使用新的渲染引擎，大大提高了地图浏览的速度；
- 符号化展示，支持静态和动态模式的符号图层（Graphics Layer）；
- GPS 位置追踪，既可连接 GPS 设备进行实时定位追踪，也支持本地 GPS 文件的位置回放；
- 客户端在线的数据编辑和同步功能；
- 支持地理处理工具；
- 支持地理编码和反地理编码；
- 支持空间分析、网络分析及 3D 分析；
- 支持 Windows、Linux、Mac OS X 等环境；
- 支持 Android、iOS 和 Windows Phone 等移动设备；
- 支持离线的数据分析（网络分析、地理编码分析和查询）；
- 支持对 Portal for ArcGIS 的访问。

ArcGIS Runtime 由 ArcGIS Runtime SDK 组成，ArcGIS Runtime SDK 是开发人员用来开发 GIS 应用的，里面包含了 ArcGIS Runtime API、帮助文档、丰富的开发控件，以及部署工具，主要包含以下 6 种 ArcGIS Runtime SDK。

- ArcGIS Runtime SDK for Android；
- ArcGIS Runtime SDK for iOS；
- ArcGIS Runtime SDK for Java；
- ArcGIS Runtime SDK for .NET；
- ArcGIS Runtime SDK for OS X；
- ArcGIS Runtime SDK for Qt。

ArcGIS Runtime 为开发者提供了很多即拿即用的开发控件，开发人员使用这些丰富的控件能够快速地开发出外观漂亮、功能强大的 ArcGIS Runtime 应用。除了 ArcGIS Runtime 自身的控件，ESRI 在 Github 上还提供了丰富的控件工具集，如 ArcGIS Runtime SDK for .NET Toolkit、ArcGIS Runtime SDK for Qt 的开源控件，这些工具集可以用来帮助开发人员构建 GIS 应用。ArcGIS Runtime 为开发者提供了众多的实例，如数据编辑、查询、地理处理、网络分析等，这一系列的实例都可以得到源码，开发者只须要修改其中的数据源就可以实现想要的功能。

1.8.2 ArcGIS Engine

在许多应用中，用户需要通过定制应用或者在现有应用中增添 GIS 逻辑来实现对 GIS 的需求，而这些应用程序常常运行在 Windows 或 Linux 上，ArcGIS Engine 则被用来建立这样一些应用程序。ArcGIS Engine 是 ArcObjects 组件跨平台应用的核心集合，它提供多种开发的接口，可以适应.NET、Java 和 C++等开发环境。开发者可以使用这些组件来开发与 GIS 相关的

地图应用，应用程序可以建立并且部署在 Windows 和 Linux 等通用平台上，这些应用程序包括从简单的地图浏览到高级的 GIS 编辑程序。

ArcGIS Engine 包含有两个部分。

（1）ArcGIS Engine 开发工具包（ArcGIS Engine Developer Kit）：是由开发人员来开发客户化应用程序的一系列工具，这个工具包是 EDN 软件协议的一部分。

（2）ArcGIS Engine 运行时（ArcGIS Engine Runtime，在 ArcGIS 10.1 中改名为 ArcGIS Engine）：是一组包含 ArcGIS Engine 核心组件的工具以及扩展模块，它能够为最终用户提供一个运行 ArcGIS Engine 开发的应用程序的环境；ArcGIS Engine 运行时是根据部署的软件数量而独立销售的运行时许可。安装有 ArcGIS for Desktop 的计算机允许运行需要 ArcGIS Engine 运行时的应用程序，因此 ArcGIS for Desktop（基础版、标准版或高级版）的用户可以运行由 ArcGIS Engine 开发的程序。其他想要使用由 ArcGIS Engine 开发的应用程序的用户则必须购买并安装 ArcGIS Engine 运行时软件。

ArcGIS Engine 的功能如下。

- ArcGIS Engine 可以开发嵌入式应用：例如，在我们的业务系统中嵌入相关的 GIS 功能，或者在字处理文档和电子表格中嵌入 GIS 功能，比如在 Excel 中添加地图控制功能。
- ArcGIS Engine 10.3.1 提供了更加强大 Server 扩展功能——Server Object Interceptor（SOI），在 ArcGIS Engine 10.4 中升级为 Server Object Interceptor（SOI）chaining，即允许用户在一个服务上同时运行多个 SOI 任务。
- ArcGIS Engine 可以开发独立的 GIS 应用，如开发一个独立的 GIS 数据入库系统。
- ArcGIS Engine 可以和 ENVI 集成，实现 GIS 和遥感的一体化应用，如土地利用变化监测系统。
- ArcGIS Engine 支持在平板电脑上进行开发，并具备高级编辑功能，侧重于 GIS 字段编辑的轻量级应用程序。
- ArcGIS Engine 可以根据用户需求开发出含有专业 GIS 功能的应用，如包含网络分析、空间分析、3D 分析等。
- ArcGIS Engine 可以作为 ArcGIS for Server 或者 ArcGIS Online 的客户端，可以访问 SOAP 或者 REST 方式的服务。
- 有了 ArcGIS Engine，开发人员就可以更灵活性地开发出自己想要的 GIS 应用程序。开发人员可以使用 NET、C++或者 Java 等众多交互式开发环境来建立独有的应用程序，或者将 ArcGIS Engine 嵌入现有的软件中来专门处理 GIS 应用。GIS 客户端可以从简单的浏览器访问过渡到专业的 GIS 桌面端。

第2章

地图数据显示与浏览

本章的学习目的主要是使读者认识 ArcMap 的界面、了解 ArcGIS 的数据格式、掌握对地图数据的一些简单基本操作，如打开地图文件、放大地图、缩小地图、平移地图、添加图层、控制图层是否可见等，具体内容如下：

- 预备知识；
- mxd 地图文件；
- 图层管理；
- 地图浏览；
- 设置地图可见的比例范围；
- 图层属性；
- 属性表；
- 修复数据源；
- 数据导出；
- 浏览元数据；
- 导出地图。

2.1　预备知识

2.1.1　ArcMap 主窗体介绍

ArcMap 是 ArcGIS for Desktop 的核心应用程序。它把传统的空间数据编辑、查询、显示、分析、报表和制图等 GIS 功能集成到了一个简单的可扩展的应用界面上。ArcMap 主窗体界面如图 2.1 所示。

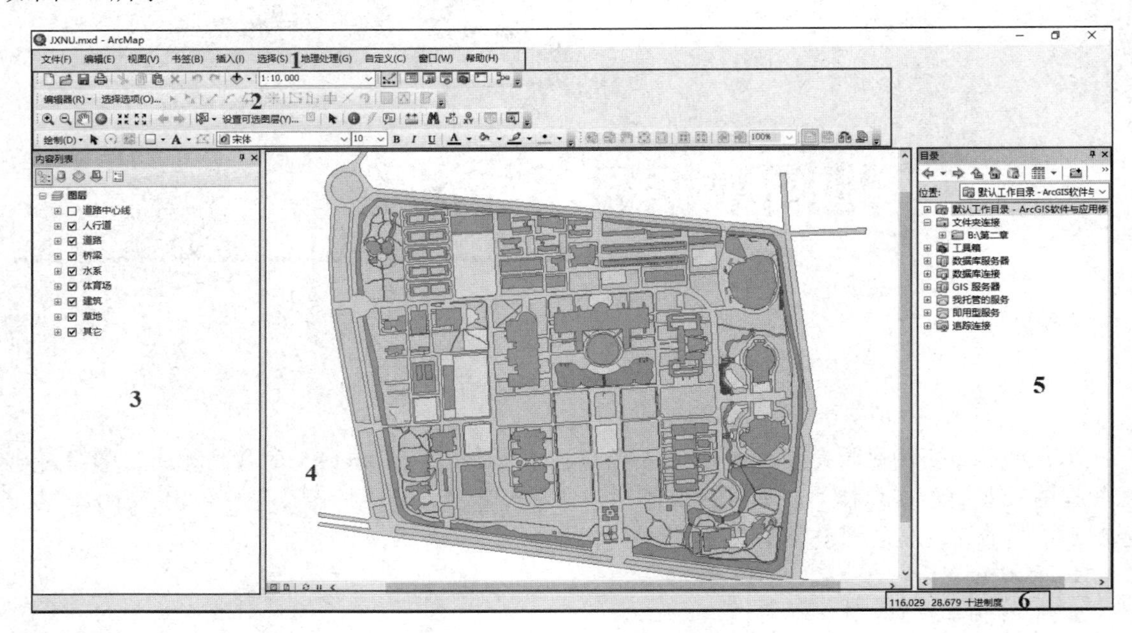

图 2.1　ArcMap 主窗体界面

主菜单栏（见图 2.1 中的区域 1）：在主菜单栏中，可以选择需要使用的功能菜单。

工具条（见图 2.1 中的区域 2）：工具条是按照一定功能逻辑划分的一组功能按钮的组合，在工具条空白处单击鼠标右键可选择需要使用的工具条。

内容列表（见图 2.1 中的区域 3）：内容列表用来显示地图文档所包含的数据框、图层、地理要素、地理要素的符号、数据源等内容。

地图显示区（见图 2.1 中的区域 4）：该区域提供数据视图和布局视图两种方式来显示地图。数据视图能对地理图层进行符号化显示、分析和编辑 GIS 数据集；布局视图可以处理地图的版面，包括地理数据视图和比例尺、图例、指北针等地图元素。

目录窗口（见图 2.1 中的区域 5）：目录窗口提供了一个包含文件夹和地理数据库的树视图，文件夹用于整理 ArcGIS 文档和文件；地理数据库用于整理 GIS 数据集。

状态信息栏（见图 2.1 中的区域 6）：用于显示鼠标的位置坐标及功能操作的状态等信息。

2.1.2　ArcGIS 数据格式

1．Shapefile 格式

Shapefile 是一种用于存储地理要素的几何位置和属性信息非拓扑的矢量数据结构格式，

是可以在 ArcGIS 中使用和编辑的一种空间数据格式。Shapefile 是通过存储在同一项目工作空间，且使用特定文件扩展名的三个或更多文件来定义地理要素的几何和属性的。这些文件主要包括：

- shp：用于存储要素几何（点坐标）的主文件，必需文件。
- shx：用于存储要素几何索引的索引文件，必需文件。
- dbf：用于存储要素属性信息的 dBASE 表，必需文件。
- prj：用于存储坐标系统信息的文件。
- xml：ArcGIS 的元数据文件，用于存储 Shapefile 中数据的相关描述信息。

几何与属性是一对一的关系。这种关系基于记录编号。dBASE 文件中的属性记录必须与主文件中的记录采用相同顺序。此外，Shapefile 中的属性字段的最大名称长度为 10 个字符。

2．Geodatabase 数据格式

Geodatabase 是 ArcInfo 8 引入的一个全新的空间数据模型，是建立在 DBMS 之上的统一的、智能化的空间数据库。所谓统一，是指 Geodatabase 之前所有的空间数据模型不能在同一个模型框架下，对 GIS 通常所处理和表达的地理空间要素（如矢量、栅格、三维表面、网络、地址等）进行统一的描述。而 Geodatabase 做到了这一点。所谓智能化，是指在 Geodatabase 模型中，地理空间要素的表达较之以往的模型更接近于我们对现实事物对象的认识和表述方式。Geodatabase 中引入了地理空间要素的行为、规则和关系，当处理 Geodatabase 中的要素时，对于基本的行为和必须满足的规则，我们无须编程；对于特殊的行为和规则，可以通过要素的方式来扩展进行客户化定义，这是其他空间数据模型都做不到的。

Geodatabase 数据模型使现实世界的空间数据对象与其逻辑数据模型更为接近。目前有三种 Geodatabase 结构：Personal Geodatabase、File Geodatabase、基于 SDE 的 Enterprise Geodatabase。

Personal Geodatabase（个人地理数据库）：是基于 Geodatabase 数据模型的一种数据格式，地图数据实际被存储在微软的 Access 数据库的.mdb 文件中，这种方法受到存储空间（最多 2 GB）和操作系统的限制（只能在 Windows 系统上）。

File Geodatabase（文件地理数据库）：将不同类型的 GIS 数据集放在一个文件夹下，数据的存储空间取决于计算机存储器的大小。ArcGIS 推荐用 File Geodatabase 方式来存储和管理本地文件。

基于 SDE 的 Enterprise Geodatabase：SDE 的中文意思是空间数据库引擎（spatial Database Engine），属于 ESRI 公司 ArcGIS 系列产品，通过它可以将空间数据存储到 SQL Server 或 Oracle 等商用数据库中，主要起中间作用，通过它也可将空间数据库从 SQL Server 或 Oracle 中读取出来，组织为 ArcGIS 可识别的方式。该数据库支持海量的、连续的 GIS 数据管理，支持多用户的并发访问、长事务处理（Long Transaction）和版本管理。

2.2　mxd 地图文件

在 ArcGIS 中，以 mxd 作为扩展名的文件是地图文件（也称为地图文档），一个地图文件里包含一到多个图层，里面保存有每个图层的名称、符号、颜色、字体、标注、注记、数据显示范围、数据源信息等，也可以说是地图状态的配置文件。

2.2.1 新建文件

操作步骤如下。

（1）打开 ArcMap，在其主菜单中单击【文件】→【新建】，如图 2.2 所示。

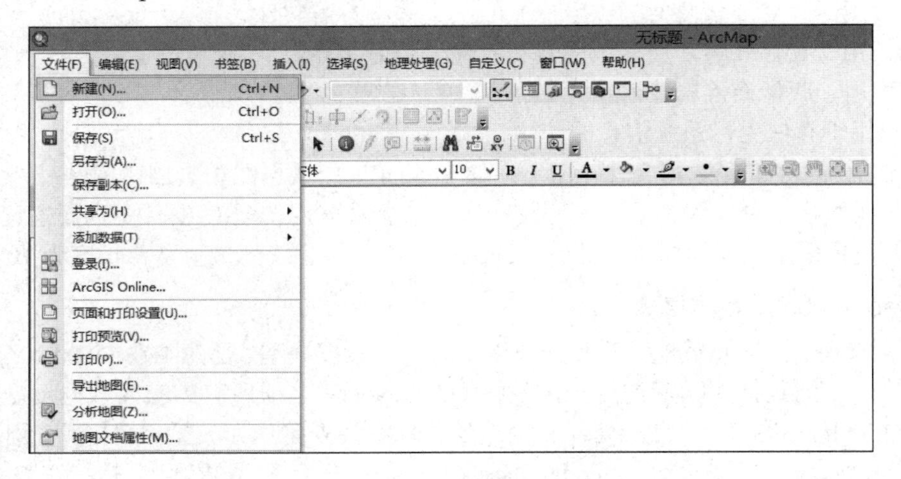

图 2.2 新建菜单

（2）单击【新建】菜单出现【新建文档】窗口，如图 2.3 所示。在树状图中选择【新建地图】→【我的模板】，然后在【我的模板】中选择【空白地图】，默认的地理数据库为“C:\Users\××××\Documents\ ArcGIS\Default.gdb”，单击【确定】按钮后，即可生成一个新的地图文件。在新建文档窗口中提供许多地图模板，可以根据需要选择即可。

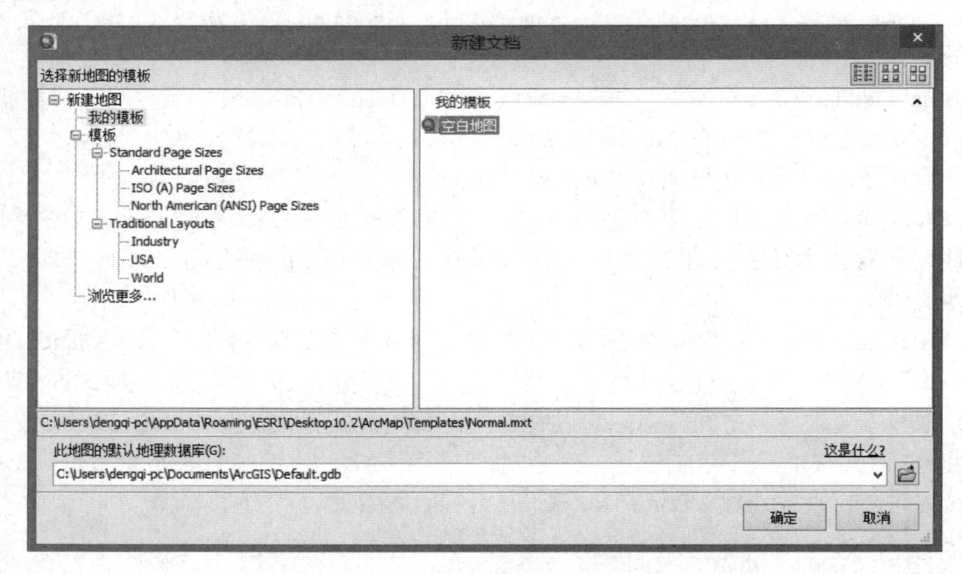

图 2.3 【新建文档】窗口

2.2.2 打开文件

如图 2.4 所示，在主菜单中单击【文件】→【打开】，弹出【打开】窗口，如图 2.5 所示，单击选择需要加载的“JXNU.mxd”地图文件（在“…\第二章”路径下），单击【打开】按钮。

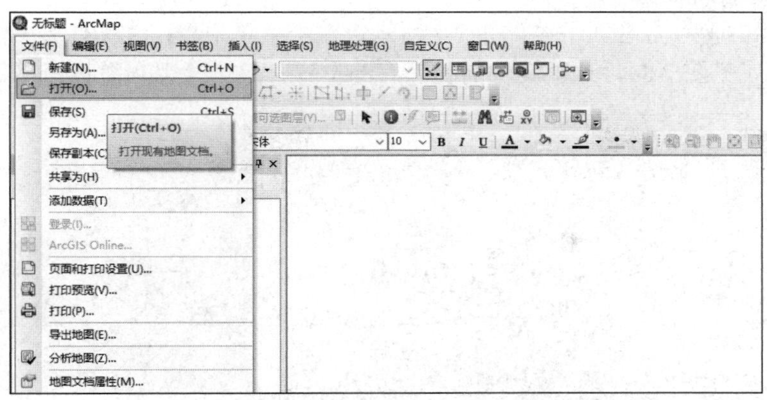

图 2.4　打开菜单

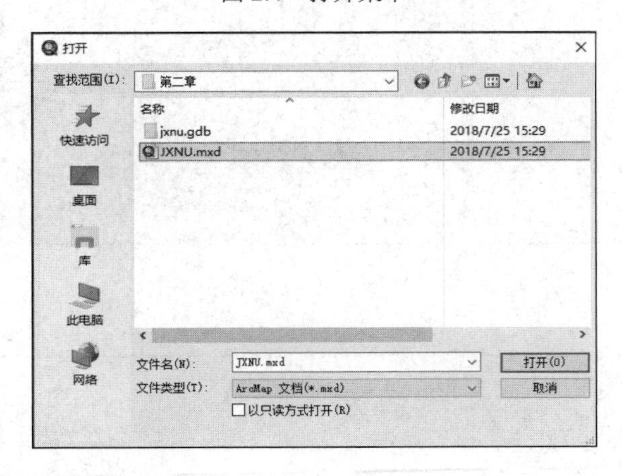

图 2.5　打开地图文件

2.2.3　保存与另存为

（1）如图 2.6 所示，在主菜单中单击【文件】→【保存】即可保存修改后的文件。若当前地图文档为新建的地图文档，即文档从未保存过，在单击【文件】→【保存】时，则会弹出【另存为】窗口进行保存。

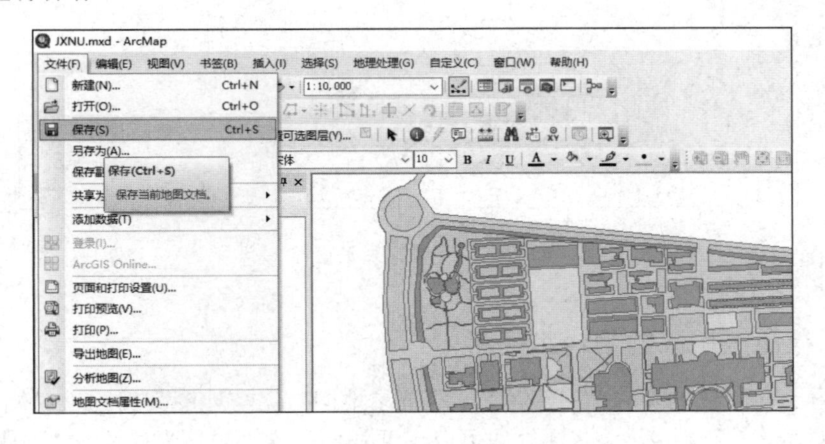

图 2.6　保存菜单

（2）另存为的保存方法如下：如图 2.7 所示，在主菜单中单击【文件】→【另存为】出现【另存为】窗口（见图 2.8），选择文件需要保存的位置，单击【保存】按钮即可。

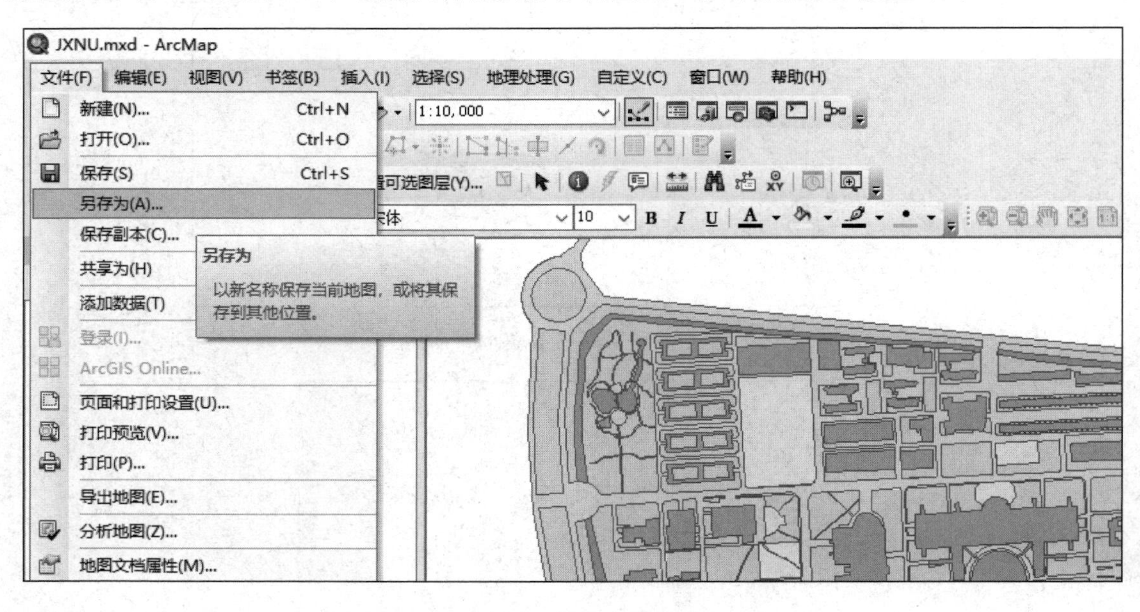

图 2.7　另存为菜单

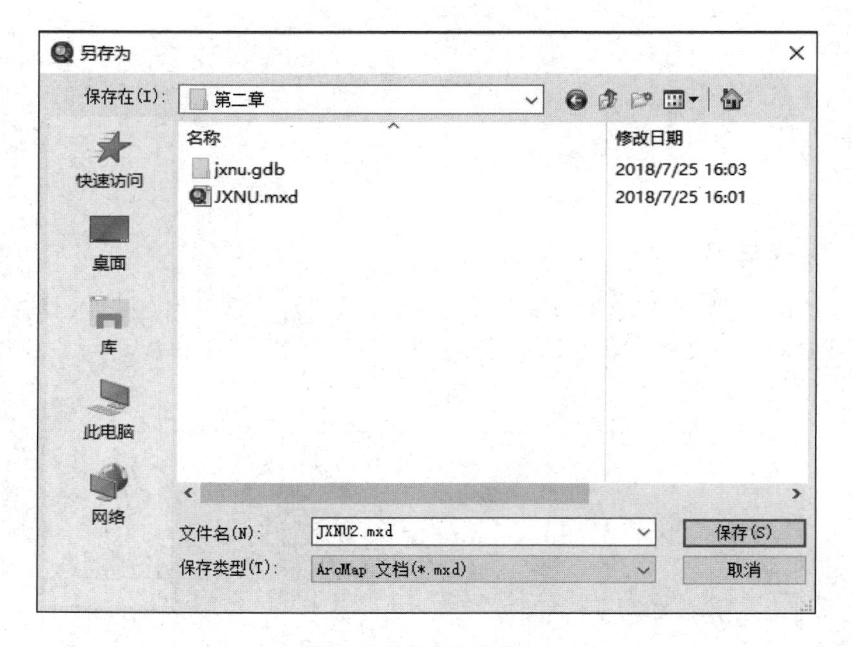

图 2.8　【另存为】窗口

2.2.4　存储数据源的相对路径名

该功能用于存储数据源的相对路径名，即记录地图数据与地图文件的相对位置关系，而不记录地图数据存储的绝对路径，这样处理可以保证在地图文件位置发生变化且与地图数据位置保持相对不变的情况下，地图文件中的图层不会丢失。设置方法如下：如图 2.9 所示，单击【文件】→【地图文档属性】，弹出【地图文档属性】窗口，如图 2.10 所示，在该窗口中勾选【存储数据源的相对路径名】复选框，然后单击【确定】按钮即可。

JXNU.mxd - ArcMap
文件(F)
编辑(E)
视图(V)
书签(B)
插入(I)
选择(S)
地理处理(G)
自定义(C)
窗口(W)
帮助(H)
新建(N)... Ctrl+N
打开(O)... Ctrl+O
保存(S) Ctrl+S
另存为(A)...
保存副本(C)...
共享为(H)
添加数据(T)
登录(I)...
ArcGIS Online...
页面和打印设置(U)...
打印预览(V)...
打印(P)...
导出地图(E)...
分析地图(Z)...
地图文档属性(M)...
1:10,000

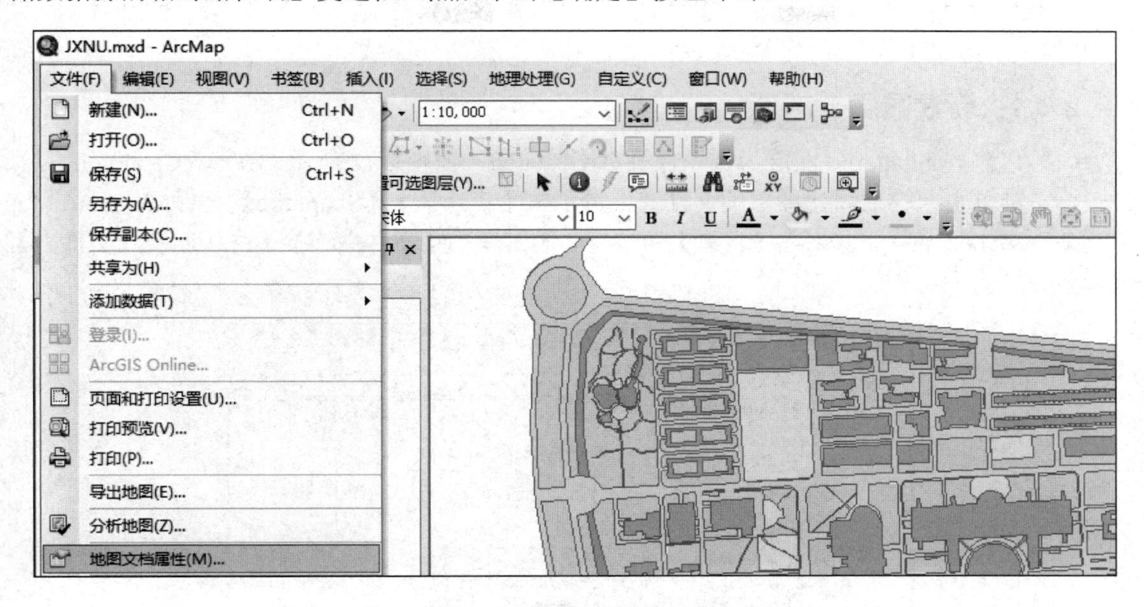

图 2.9　地图文档属性菜单

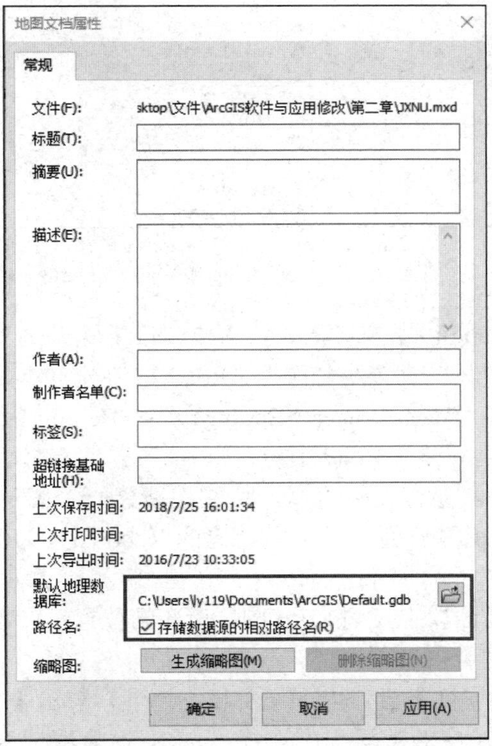

地图文档属性
常规
文件(F): sktop\文件\ArcGIS软件与应用修改\第二章\JXNU.mxd
标题(T):
摘要(U):
描述(E):
作者(A):
制作者名单(C):
标签(S):
超链接基础地址(H):
上次保存时间: 2018/7/25 16:01:34
上次打印时间:
上次导出时间: 2016/7/23 10:33:05
默认地理数据库: C:\Users\ly119\Documents\ArcGIS\Default.gdb
路径名: 存储数据源的相对路径名(R)
缩略图: 生成缩略图(M) 删除缩略图(N)
确定
取消
应用(A)

图 2.10　【地图文档属性】窗口

2.3 图层管理

图层管理用于图层的控制，包括图层的新建、添加、删除、图层顺序调整、图层是否可见等功能。

2.3.1 新建图层

（1）以新建 Shapefile 图层为例，打开 ArcCatalog，如图 2.11 所示，在 ArcCatalog 的目录树中，右键单击要存放新建图层的文件夹，再单击【新建】→【Shapefile】；也可以在 ArcMap 工具条中单击目录工具，在【目录】窗口中，右键单击【文件夹连接】→【连接到文件夹】，选择要存放新图层的文件夹。

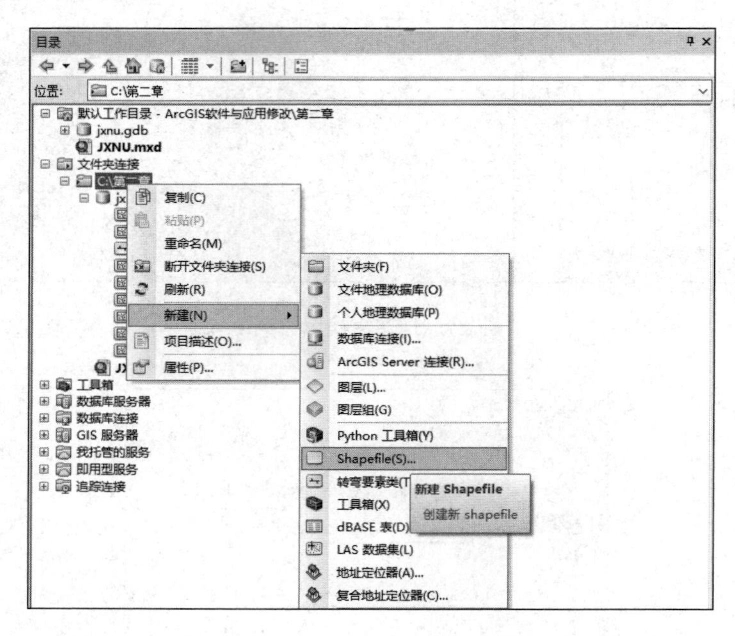

图 2.11　在 ArcCatalog 中新建 Shapefile

（2）弹出【创建新 Shapefile】窗口，如图 2.12（a）所示，选择要新建的要素类型，在这里，要素类型选择“折线”，修改文件名称为“Road”。在空间参考一栏中，单击【编辑】按钮后，【投影坐标系】选择“Gauss kruger→Beijing1954→Beijing 1954 3 Degree GK CM 117E”，单击【确定】按钮即可得到新建的 Road 图层。

GIS 数据不仅有图形，还有属性信息，往往在新建一个图层后，需要为这个图层配置属性，如名称、长度和面积等属性。以上面新建的 Road 图层为例，给图层创建一个 Name 属性字段。

（1）在 ArcMap 的目录面板中找到 Road 图层所在的位置，右键单击 Road 图层，选择【属性】，弹出【Shapefile 属性】窗口。

（2）单击【Shapefile 属性】窗口中的【字段】选项，单击【字段名】所在列的空白处，输入字段名称“Name”，对应的数据类型选择“文本”，完成属性字段名“Name”的创建，如图 2.12（b）所示。

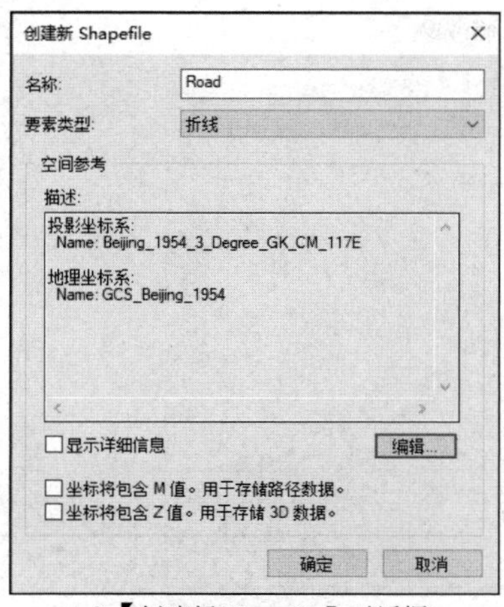

（a）【创建新 Shapefile】对话框

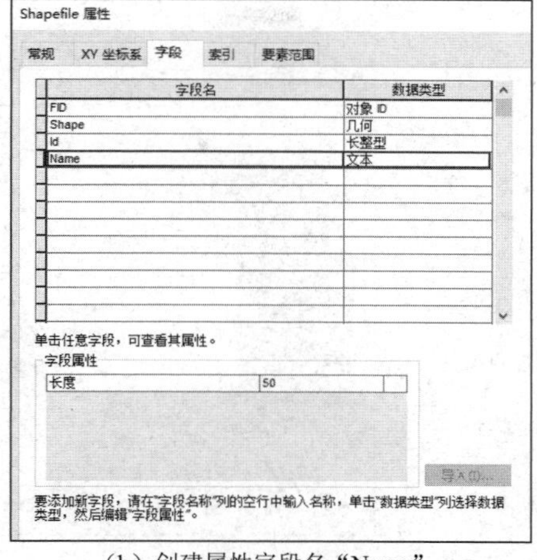

（b）创建属性字段名“Name”

图 2.12　【Shapefile】对话框

2.3.2　添加图层

添加图层至少有以下四种方式。

（1）单击工具条上的【添加数据】按钮选择需要添加的文件（按住 Ctrl 键可选择多个文件），如图 2.13 所示。

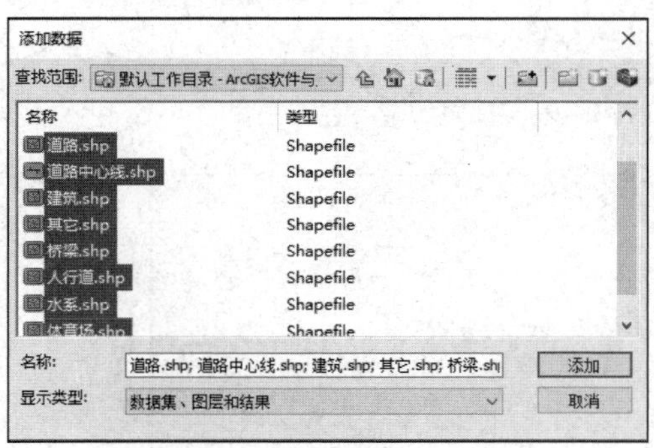

图 2.13　添加数据

（2）单击主菜单中【文件】→【添加数据】→【添加数据】，如图 2.14 所示，选择需要添加的文件（按住 Ctrl 可选择多个文件），如图 2.15 所示。

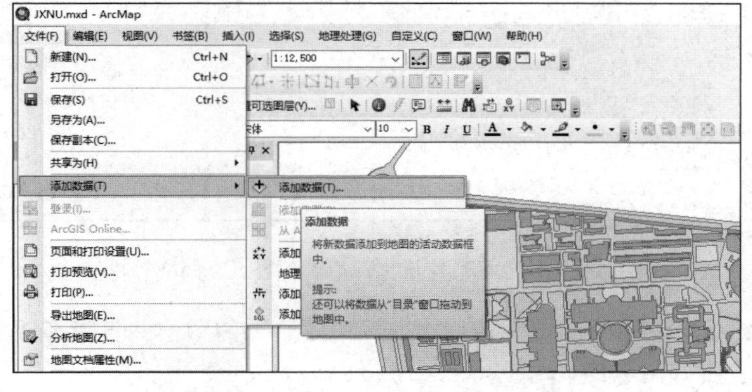

图 2.14　单击主菜单中的【添加数据】

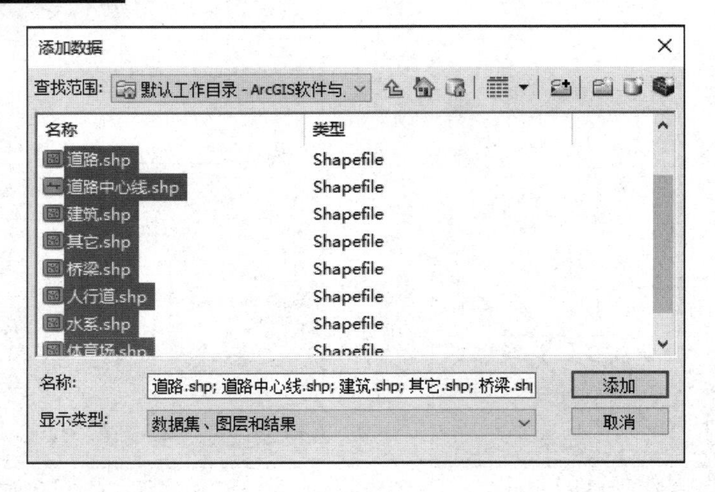

图 2.15　选择多个文件

（3）如图 2.16 所示，在存放数据的文件夹中，将选中的 Shapefile 文件直接拖放到 ArcMap 的【内容列表】中也可实现图层的添加，添加后如图 2.17 所示。

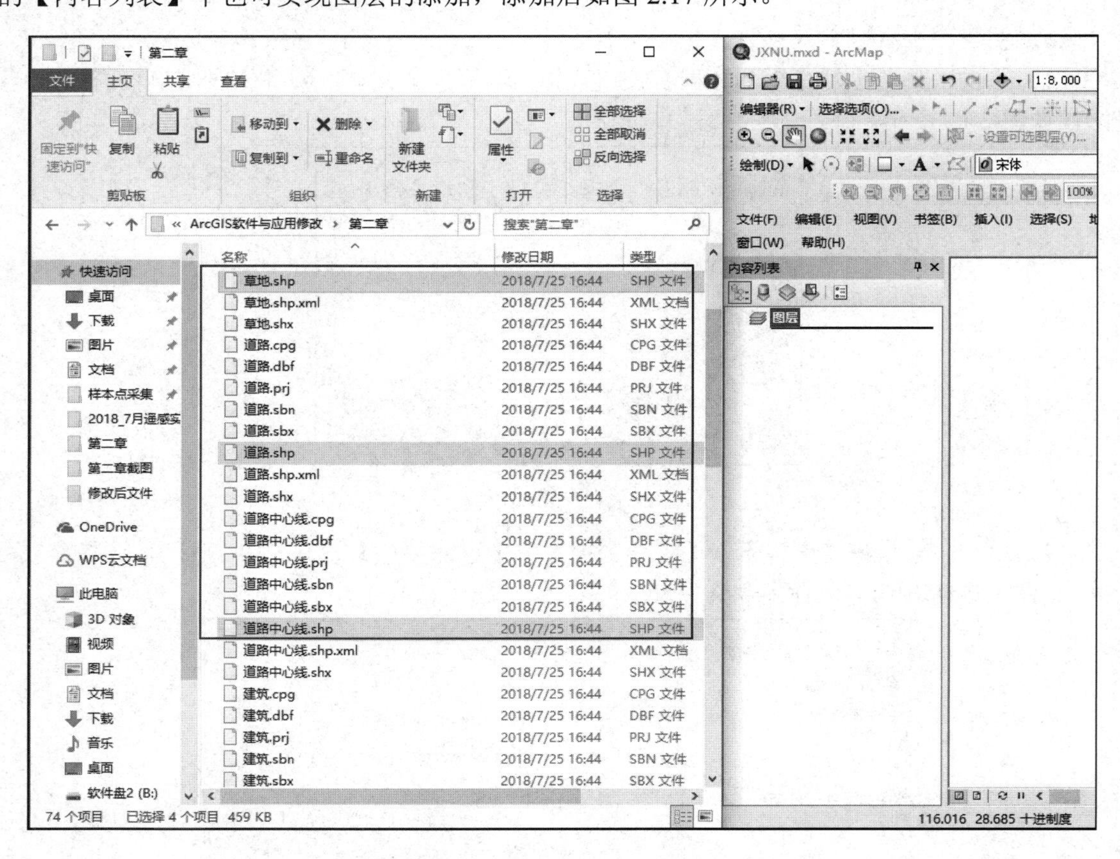

图 2.16　选择要进行拖放的文件（*.shp）

（4）如图 2.18 所示，在【目录】窗口中，选中要添加的图层并直接拖放到 ArcMap 的【内容列表】中，拖放后如图 2.19 所示。

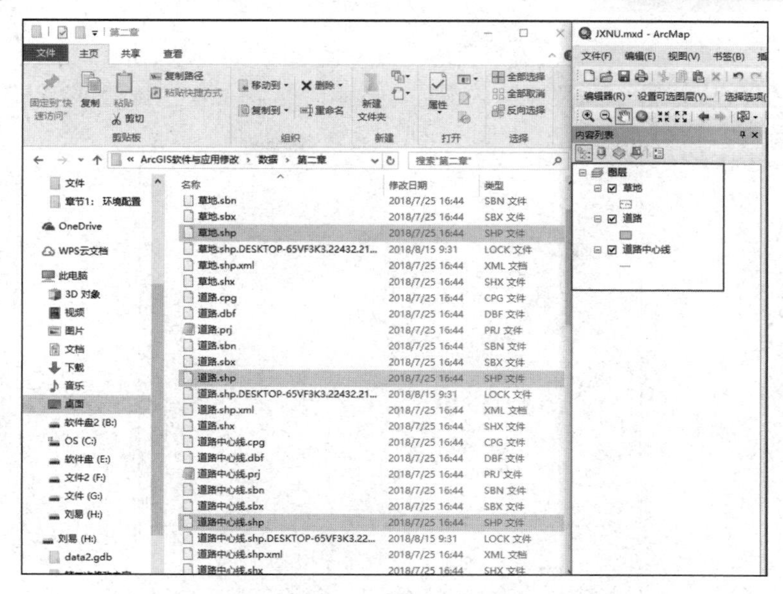

图 2.17　从文件夹中添加图层

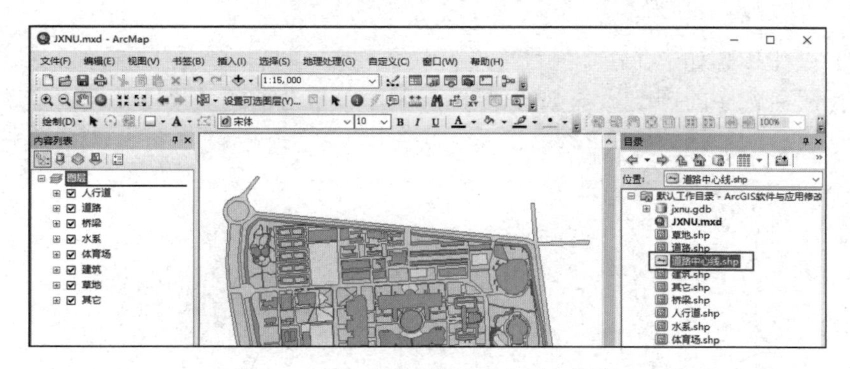

图 2.18　从【目录】窗口中添加图层

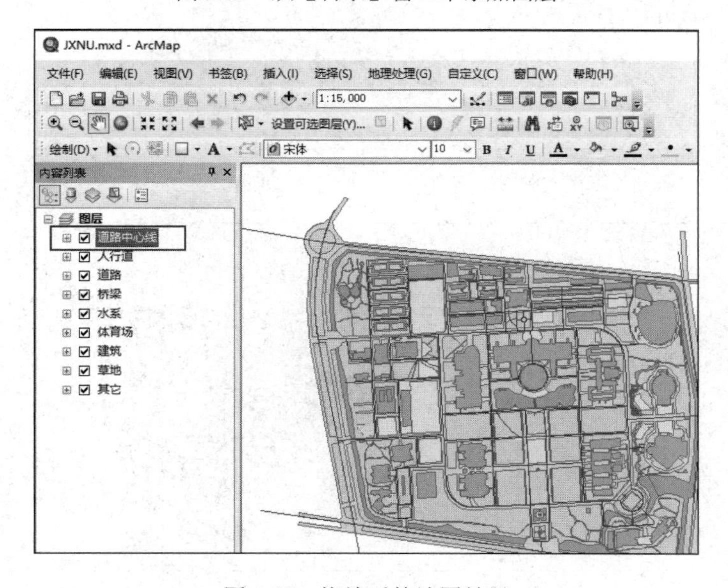

图 2.19　拖放后的地图效果

2.3.3　删除图层

右键单击【内容列表】中需要删除的图层，在弹出的菜单中单击【移除】即可删除该图层。该操作不会删除源数据，如图 2.20 所示。

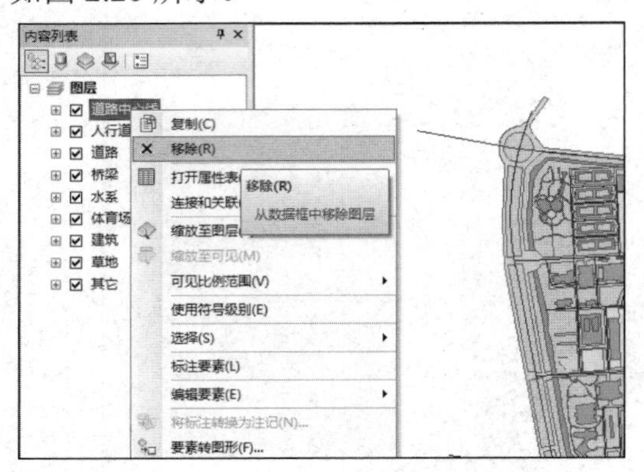

图 2.20　删除图层

2.3.4　图层顺序调整

该功能的操作步骤如下：在【内容列表】中单击某一图层，按住鼠标左键将其拖放到目标位置即可进行图层顺序的调整。图 2.21 是图层顺序调整之前的效果图，将“道路中心线”图层拖放到最顶层后的效果如图 2.22 所示。

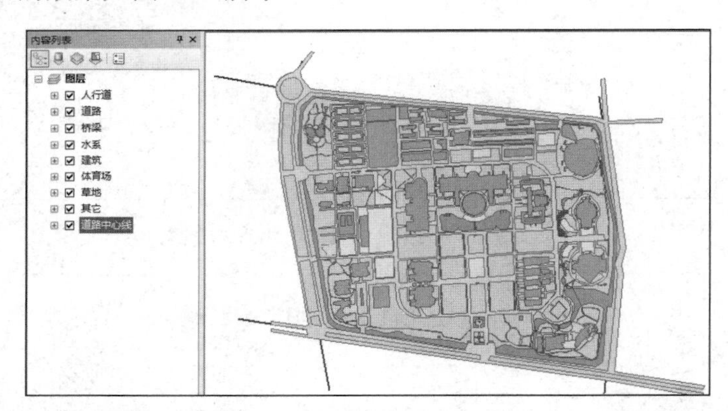

图 2.21　图层顺序调整之前的效果

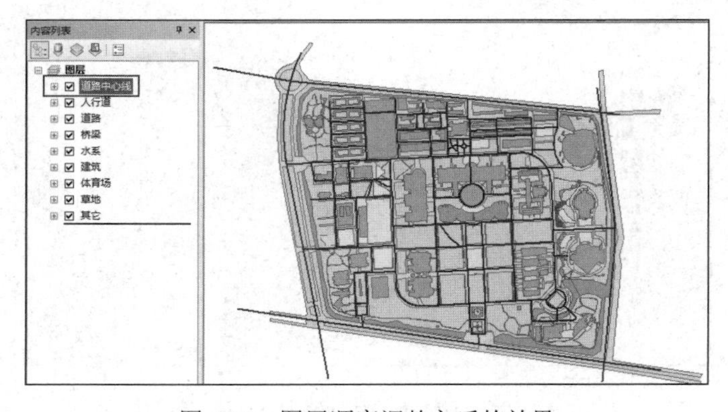

图 2.22　图层顺序调整之后的效果

2.3.5　图层是否可见

【内容列表】中的图层复选框被勾选时该图层可见，如图 2.23 所示，当取消勾选时该图层不可见，如图 2.24 所示。

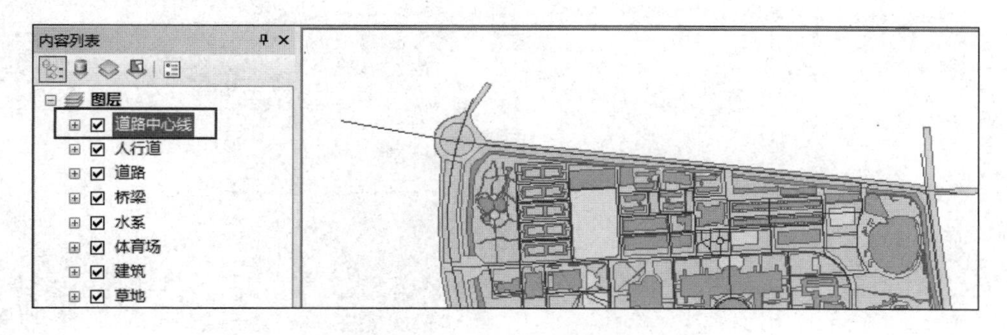

图 2.23　勾选“道路中心线”图层

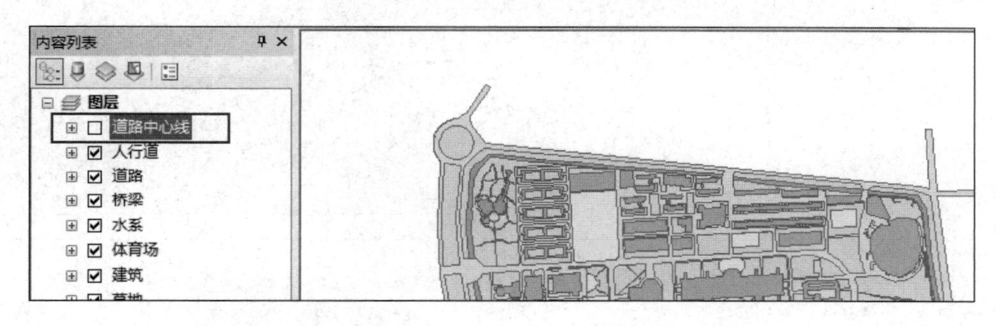

图 2.24　取消勾选“道路中心线”图层

2.4　地图浏览

本节主要介绍用于地图浏览的基本工具，包括放大、缩小、平移、全图显示、前一视图、后一视图、鹰眼、书签等。其中，放大、缩小、平移、全图显示、前一视图、后一视图等功能集成在【工具】工具条中，如图 2.25 所示。

图 2.25 【工具】工具条

放大：通过单击该按钮或以拉框的方式可放大地图。

缩小：通过单击该按钮或以拉框的方式可缩小地图。

平移：单击该按钮后，可以通过拖动来平移地图；双击该按钮可重新定位和放大地图。

全图显示：缩放至地图的全图范围，在默认情况下是活动数据框中所有数据的范围。

前一视图：单击该按钮可以返回到地图的前一视图。

后一视图：单击该按钮可以前进到下一视图。

鹰眼：使用一个矩形框来查看当前地图总体范围。矩形框区域就是当前显示的地图区域，拖动矩形框可以改变当前地图显示的位置；改变矩形框的大小，可以改变当前地图的显示区域

大小，从而起到导航的作用。单击主菜单栏中的【窗口】→【总览】，如图 2.26 所示，在弹出的【图层总览】窗口的数据视图中，通过拖动方框进行地图导航。

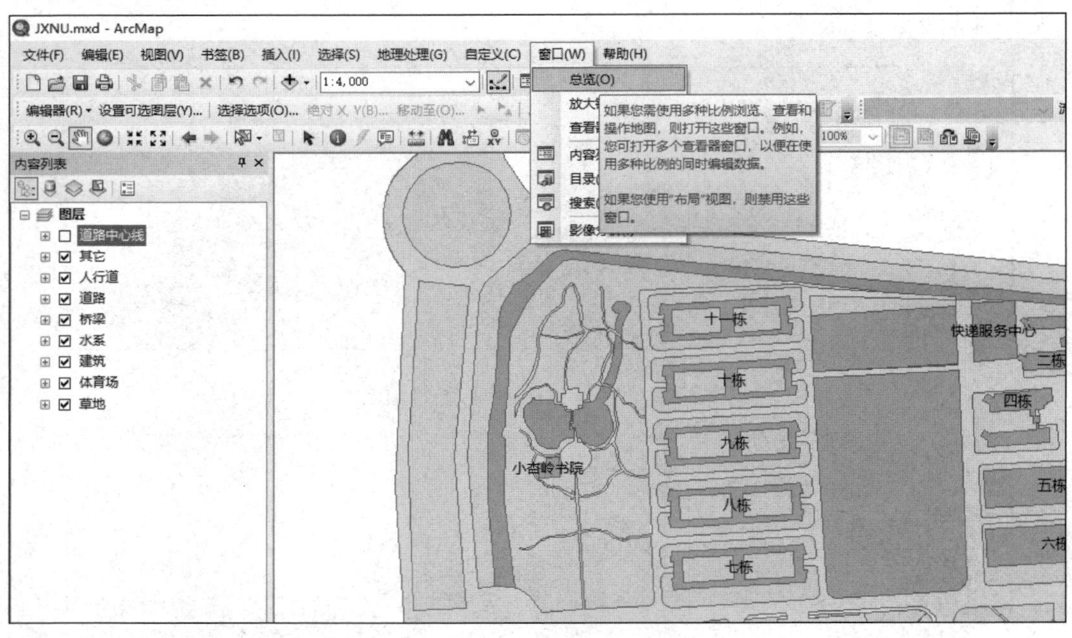

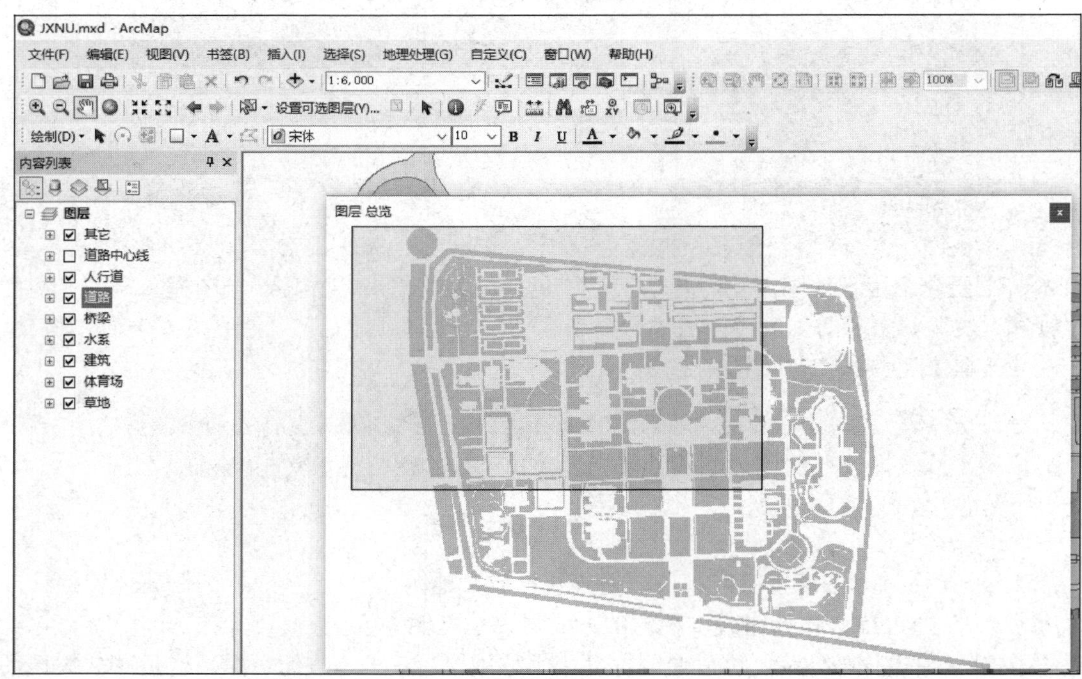

图 2.26　总览菜单窗口

书签：书签可用于记录工作中的地图区域或感兴趣的地图区域。例如，可以创建一个标识某区域的书签，当用户在地图其他区域进行平移或缩放时，可通过访问这个书签轻松返回到这个被标识的区域。用户可以创建书签、移除书签、定位至书签标记的地理位置等。

（1）创建书签：单击主菜单【书签】→【创建书签】，如图 2.27 所示，弹出【创建书签】对话框，在对话框中输入书签的名称后单击【确定】按钮。例如，对图书馆比较感兴趣，当把图书馆移到地图区域显示后，可创建一个名为“图书馆”的书签（见图 2.28）；又如，对方荫楼比较感兴趣，可依据上面的方法创建一个名为“方荫楼”的书签。

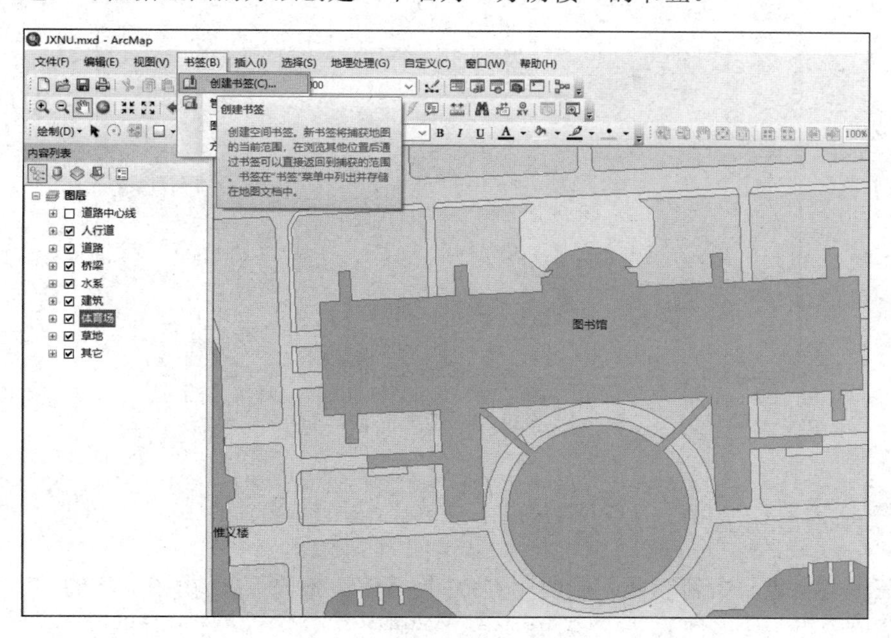

图 2.27　创建书签

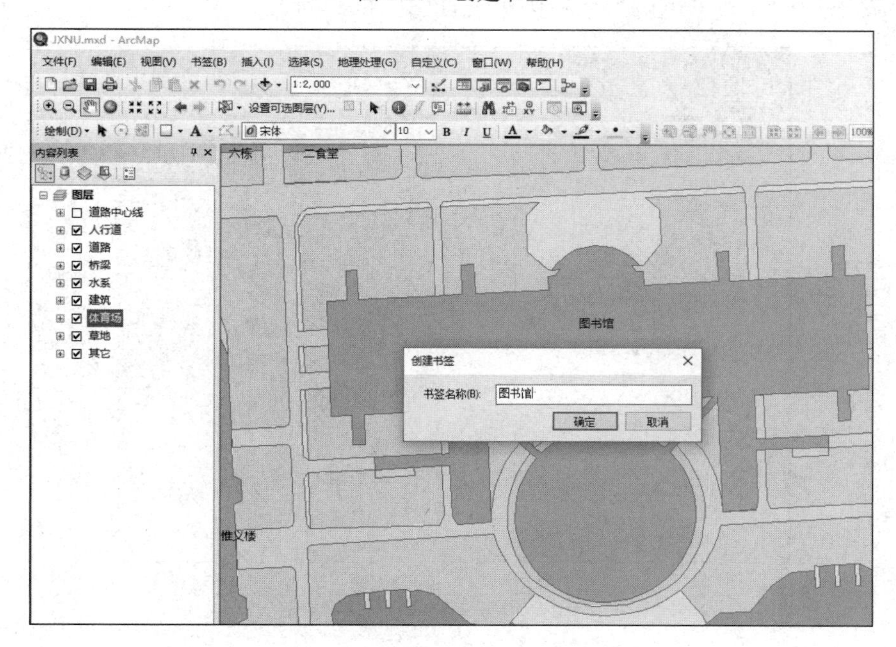

图 2.28　书签名称

（2）管理书签：主要包括创建书签、移除书签、缩放至书签、平移至书签等，如图 2.29 所示，功能相对简单，在此不再详述。

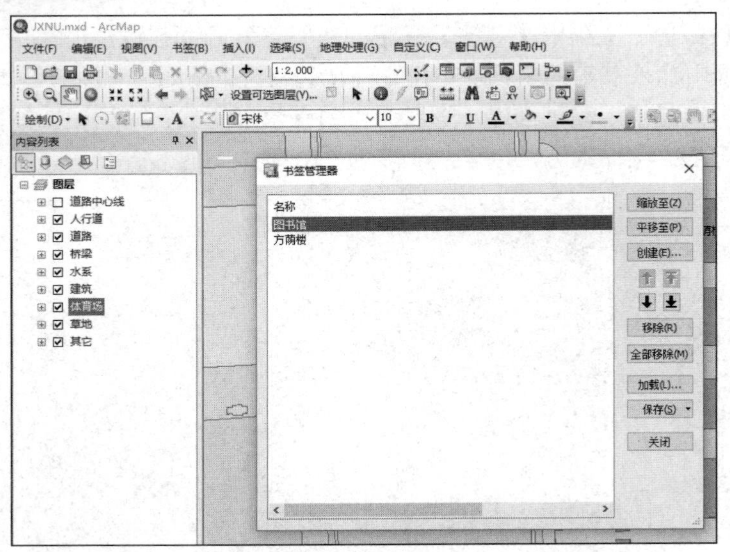

图 2.29　管理书签

2.5　设置地图可见的比例范围

比例范围是指定用于显示此图层的比例范围。操作步骤如下：右击图层下的“道路中心线”，在弹出的菜单中单击【属性】，如图 2.30 所示，在弹出的【图层属性】对话框（见图 2.31）中，在【常规】标签下的【比例范围】一栏中可进行比例范围的设置。

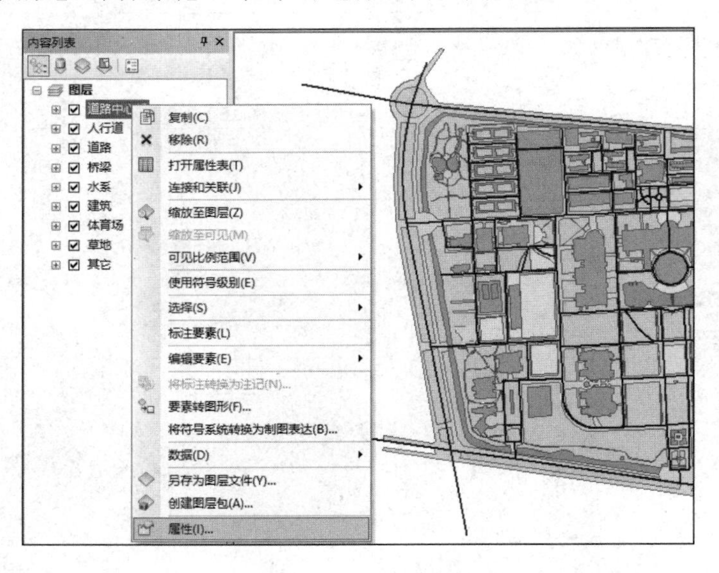

图 2.30　图层属性菜单

也可先在工具条中的【地图比例】中设置地图比例，然后在【内容列表】中右击想要设置比例范围的图层（这里以“道路中心线”图层为例），在弹出的菜单中单击【可见比例范围】（见图 2.32），然后单击【设置最小比例】或【设置最大比例】。

图 2.31　【图层属性】对话框

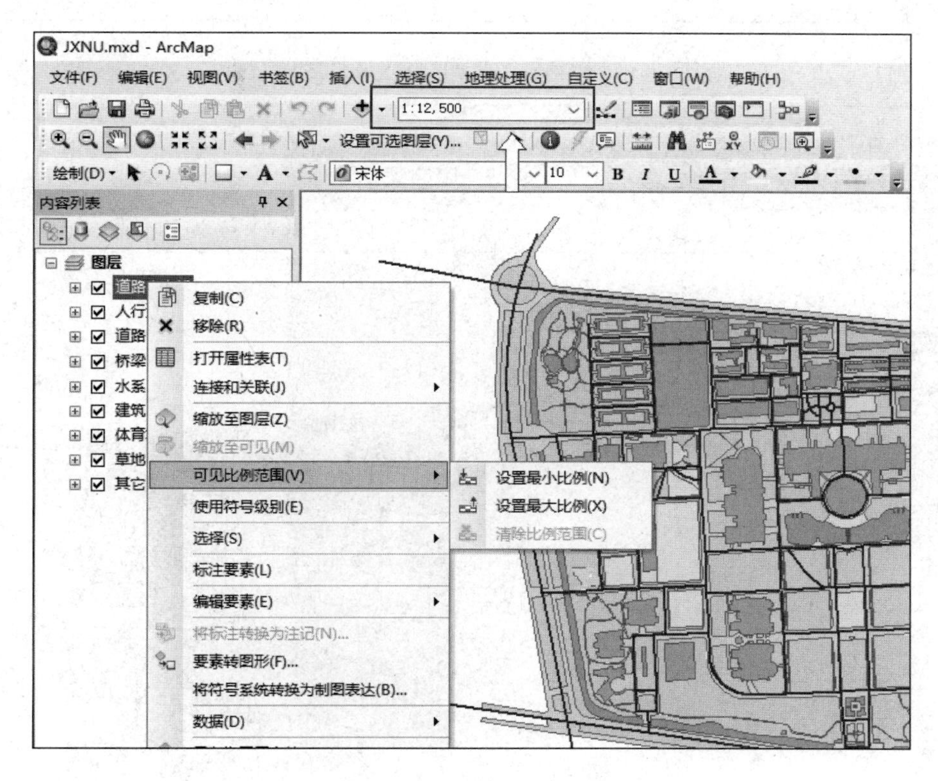

图 2.32　设置可见比例范围

实例演示：把“道路中心线”的最小比例设置为 1:15000，最大比例设置为 1:200，当缩放比例超过该比例范围时“道路中心线”将自动隐藏，如图 2.33 到图 2.37 所示。

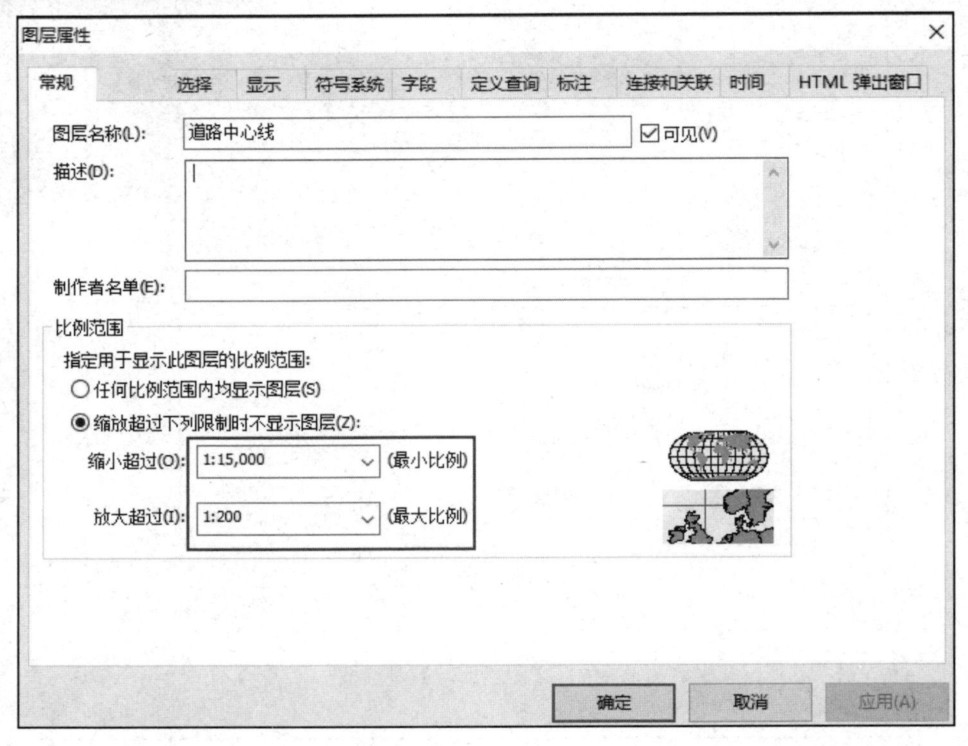

图 2.33　设置比例大小

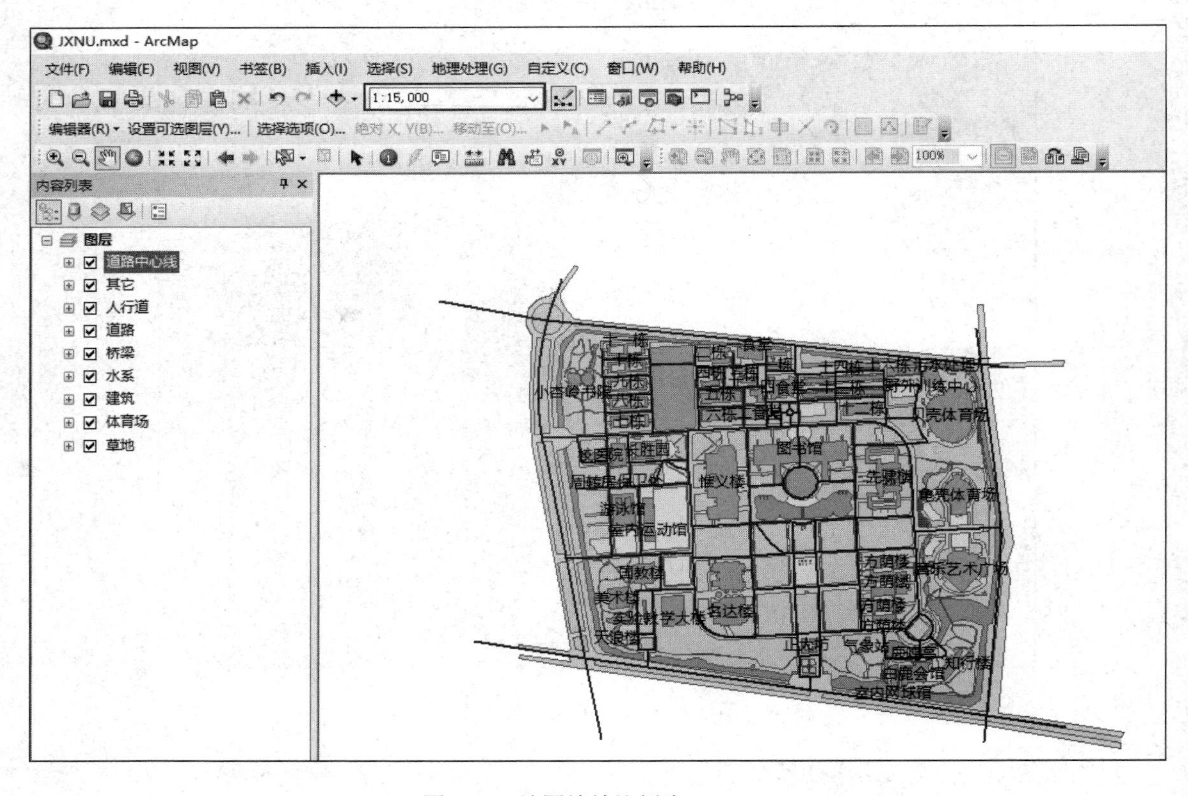

图 2.34　地图缩放比例为 1:15000

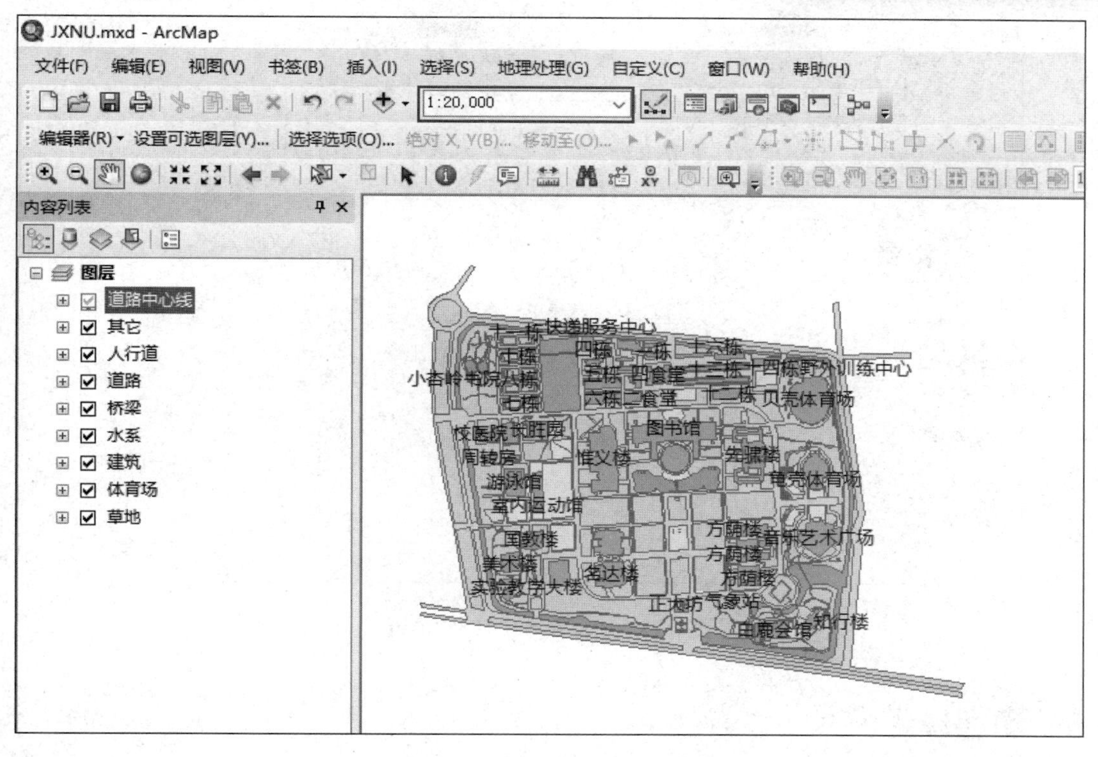

图 2.35　地图缩放比例为 1:20000

图 2.36　地图缩放比例为 1:200

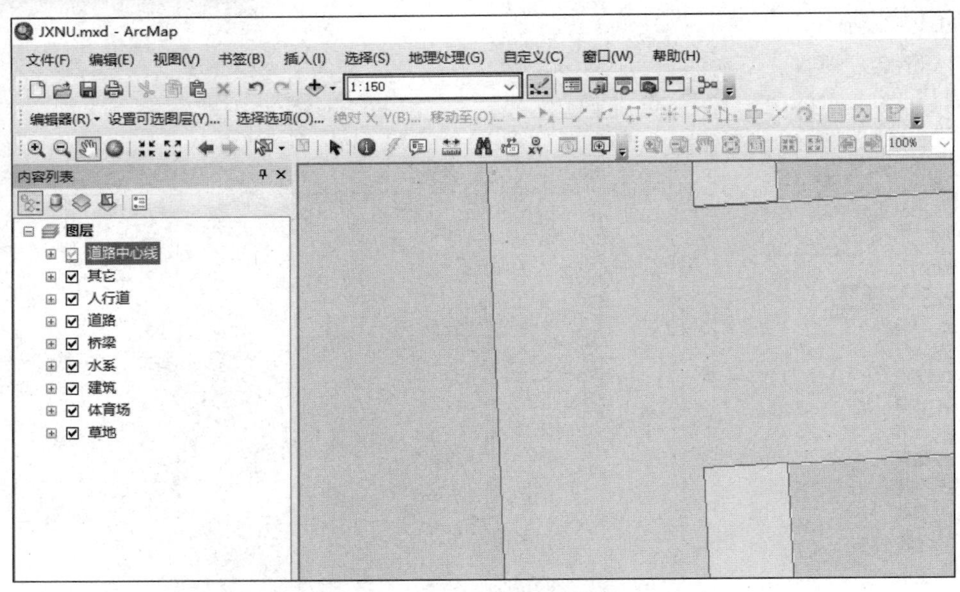

图 2.37　地图缩放比例为 1:150

2.6　图层属性

图层属性功能用于显示图层的属性，在【内容列表】中右击图层“建筑”，在弹出的菜单中单击【属性】，如图 2.38 所示，弹出【图层属性】对话框，如图 2.39 所示。

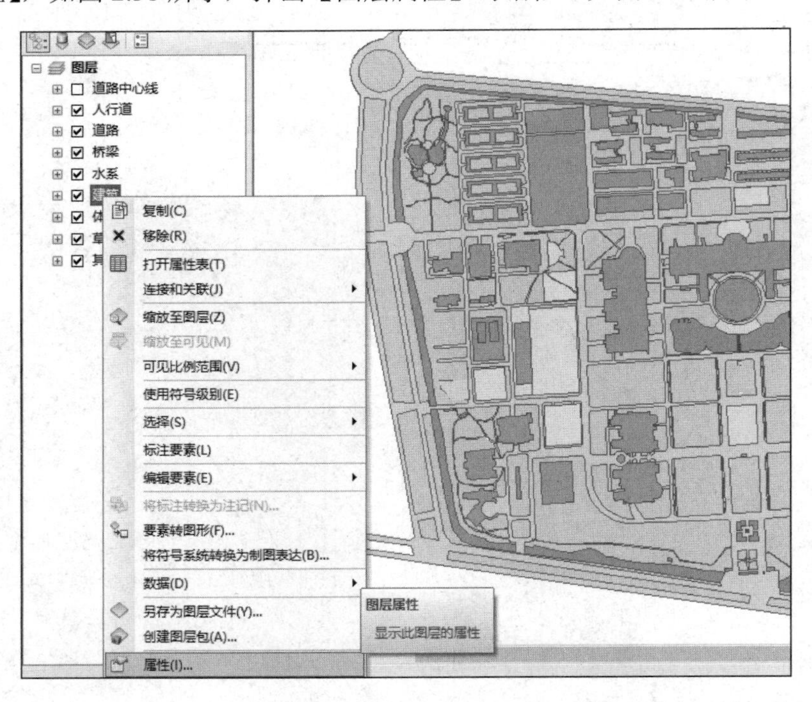

图 2.38　“建筑”图层属性

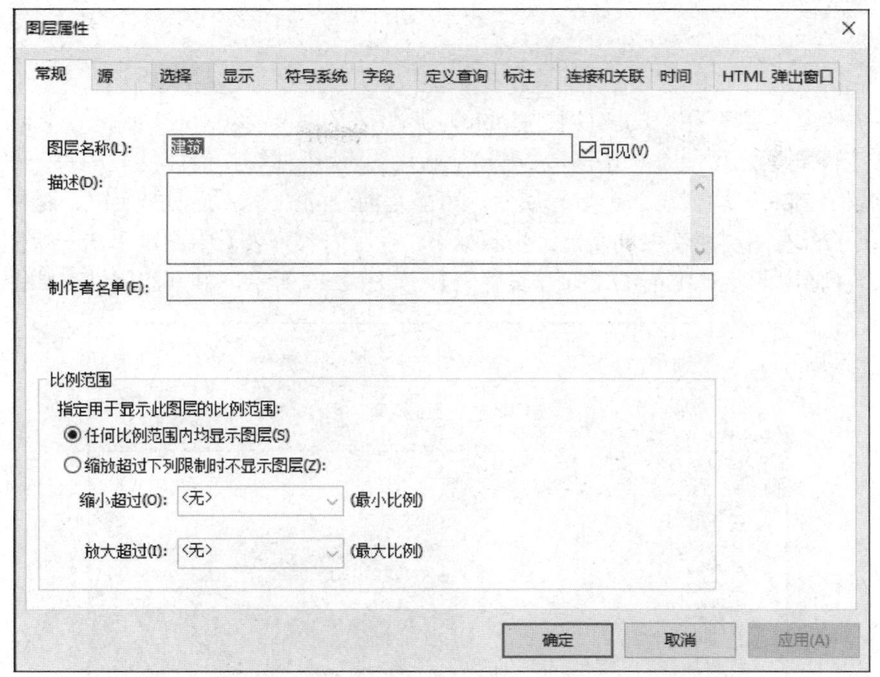

图 2.39 “建筑”图层的【图层属性】对话框

以下是对【图层属性】对话框中各选项卡的简要描述。

（1）常规：用于记录图层描述、设置制作者名单并指定与比例范围相关的绘制属性。

（2）源：允许查看数据的范围，可以在该选项卡中查看并更改数据源。

（3）选择：允许设置特定图层中的要素在被选中时高亮显示，可以使用“选择选项”的默认设置，也可以自定义显示所选要素的符号和颜色。

（4）显示：控制地图在视图中移动时的数据显示方式，选项包括使图层透明、添加“地图提示”和超链接，以及恢复被排除的要素。

（5）符号系统：提供用于分配地图符号和渲染数据的选项，这些选项包括使用一种符号绘制所有要素，使用比例符号，使用基于属性值的类别，以及使用基于属性的数量、色带或图表，或使用制图表达规则和符号。

（6）字段：用来设置有关属性字段的特征，也可以创建别名、格式化数值，并将字段设为不可见。一个重要的方面是为可见字段设置别名，从而使要素属性更便于用户使用。

（7）定义查询：用于查询在图层中使用的要素子集，单击【定义查询】中的【查询构建器】按钮，在弹出的【查询构建器】对话框中，可以创建一个表达式来查询特定要素。

（8）标注：可以打开图层标注、构建标注表达式、管理标注类，以及为标注的放置和符号系统设置标注选项，也可以使用标注管理器为地图中的所有图层设置标注属性。

（9）连接和关联：连接表是通过两个表的公共属性或字段将一个表的字段追加到另一个表中的；而关联表只是在两个表间定义一个关系，关联的数据不会像连接表那样追加到图层的表中，但在使用该图层的属性时可以访问到关联的数据。

（10）时间：用来指定时间感知型图层的时间属性。

（11）HTML 弹出窗口：用来指定在单击要素显示有关信息时生成弹出窗口的方式。

2.7 属性表

地图中每个图层都有相应的属性表（Table）。属性表的每一行（Row）或每一个记录（Record）均代表一个空间要素，可能是一条河流、一个城市、一片森林等；而属性表的每一列（Colum）或每一个字段（Field）均代表一个专题属性，可能是河流的流速、城市的人口、森林的面积等。ArcMap 提供了查看图层属性表的功能，步骤如下：在【内容列表】中右键单击一个图层（如“建筑”图层），在弹出的菜单中单击【打开属性表】，如图 2.40 所示，打开的属性表如图 2.41 所示。

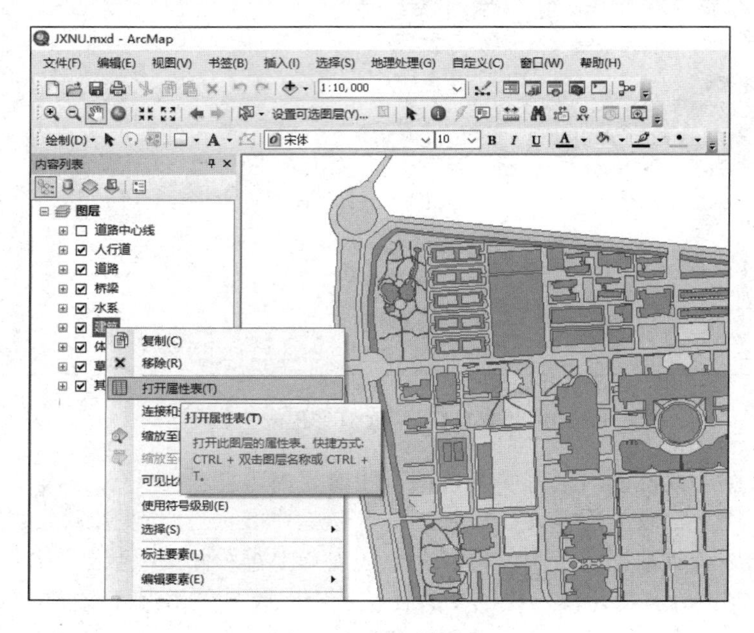

图 2.40 打开属性表

表

建筑

FID	Shape *	Shape_Leng	Shape_Area	Name
0	面	1700.936155	17420.500532	方荫楼
1	面	1192.512027	19231.763785	名达楼
2	面	1971.618037	36571.149287	图书馆
3	面	951.022723	23409.285878	惟义楼
4	面	372.417942	5474.767238	室内运动
5	面	2073.654756	14739.047845	先骕楼
6	面	53.194033	141.359423	
7	面	55.101801	164.100508	
8	面	39.213182	93.837573	
9	面	221.72881	1721.06146	室内网球
10	面	372.416653	5651.039048	白鹿会馆
11	面	457.90029	3819.996639	知行楼
12	面	8.025929	3.48366	
13	面	38.844633	23.695245	正大坊
14	面	100.589452	248.521869	
15	面	200.894274	2451.24096	快递服务
16	面	367.892693	1973.651581	二栋
17	面	379.887893	2077.670041	四栋
18	面	353.122114	4933.536095	四食堂
19	面	346.872386	5145.166323	六栋
20	面	197.77164	2302.407073	二食堂
21	面	271.513955	2103.0804	十六栋
22	面	311.209314	2024.522173	十五栋
23	面	392.769848	2120.094595	一栋

图 2.41 属性表

在属性表中，不仅可以查看要素的各项属性，还有一些其他的功能，如“添加字段”“字段赋值”“统计”“创建报表”等，都是比较常见的功能。下面以“建筑”图层的属性表为例进行详细介绍。

1．添加字段

可以通过属性表中的“添加字段”功能为要素创建属性字段。

（1）打开图层的属性表，单击属性表左上角的【表选项】→【添加字段】，弹出【添加字段】对话框（见图 2.42）。

pe_Leng	Shape_Area	Name
1700. 936155	17420. 500532	方荫楼
1192. 512027	19231. 763785	名达楼
1971. 618037	36571. 149287	图书馆
951. 022723	23409. 285878	惟义楼
372. 417942	5474. 767238	室内运动
2073. 654756	14739. 047845	先骕楼
53. 194033	141. 359423	
55. 101801	164. 100508	
213182	93. 837573	
. 72881	1721. 06146	室内网球
416653	5651. 039048	白鹿会馆
. 90029	3819. 996639	知行楼
8. 025929	3. 48366	
38. 844633	23. 695245	正大坊
100. 589452	248. 521869	
200. 894274	2451. 24096	快递服务
367. 892693	1973. 651581	二栋
379. 887893	2077. 670041	四栋
353. 122114	4933. 536095	四食堂

图 2.42　打开添加字段

（2）【添加字段】对话框中可以设置字段的“名称”“类型”“字段属性”。其中，“类型”选项包括短整型、长整型、浮点型、双精度、日期和文本（见图 2.43）；“字段属性”的整型数据可以设置“精度”，浮点型和双精度类型的数据可以设置“精度”和“小数位数”，文本类型的数据可以设置“长度”，日期类型的数据没有字段属性。

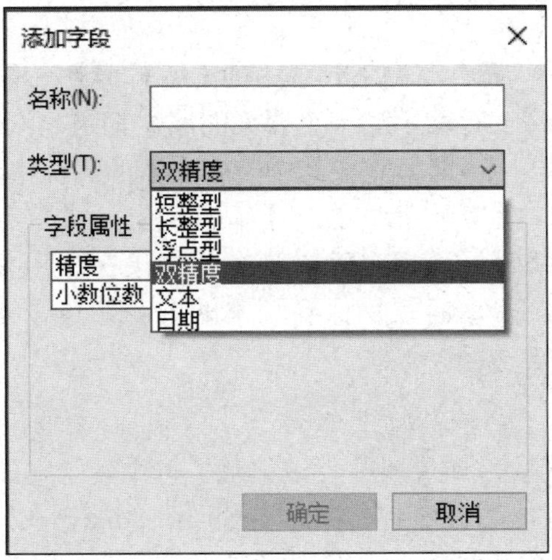

图 2.43　【添加字段】对话框

（3）【字段属性】中的“精度”表示字段的长度，也就是字段所允许的最大位数，可以限制字段值的范围。设置好各项内容后，可单击【确定】按钮完成字段的创建。其中要注意的是，在编辑状态下无法在属性表中添加字段，只有停止编辑后才可以添加字段。

2．字段赋值

新创建的属性字段没有属性值，往往需要给字段赋予属性值。

（1）打开“建筑”图层的属性表，添加一个名称为“单位”的属性字段，类型设置为“文本”，创建完成后属性表多出一列属性，如图 2.44 所示。

表

建筑

FID	Shape *	Shape_Leng	Shape_Area	Name	单位
0	面	1700.936155	17420.500532	方荫楼	
1	面	1192.512027	19231.763785	名达楼	
2	面	1971.618037	36571.149287	图书馆	
3	面	951.022723	23409.285878	惟义楼	
4	面	372.417942	5474.767238	室内运动	
5	面	2073.654756	14739.047845	先骕楼	
6	面	53.194033	141.359423		
7	面	55.101801	164.100508		
8	面	39.213182	93.837573		
9	面	221.72881	1721.06146	室内网球	
10	面	372.416653	5651.039048	白鹿会馆	
11	面	457.90029	3819.996639	知行楼	
12	面	8.025929	3.48366		
13	面	38.844633	23.695245	正大坊	
14	面	100.589452	248.521869		
15	面	200.894274	2451.24096	快递服务	
16	面	367.892693	1973.651581	二栋	
17	面	379.887893	2077.670041	四栋	
18	面	353.122114	4933.536095	四食堂	
19	面	346.872386	5145.166323	六栋	
20	面	197.77164	2302.407073	二食堂	
21	面	271.513955	2103.0804	十六栋	
22	面	311.209314	2024.522173	十五栋	

0 (0 / 59 已选择)

建筑

图 2.44　为属性表添加属性字段

（2）保持属性表打开的状态，单击工具条中的【编辑器】→【开始编辑】，进入编辑状态，如图 2.45 所示。属性表中每一行表示的一个要素的属性记录，双击其中一行的“单位”属性单元格，输入“江西师范大学”，即可完成其中一个要素的属性字段赋值，如图 2.46 所示。

（3）完成字段赋值后，在工具条中单击【编辑器】→【保存编辑内容】即可保存刚刚赋值的结果；单击【停止编辑】可退出编辑状态，如果在退出编辑前未保存编辑的内容，则会弹出【保存】对话框，并询问是否保存编辑的内容，单击【是】按钮可以在退出编辑的同时保存编辑的内容。

3．统计

建筑物一般具有面积属性，如果属性表中记录了每个建筑物的面积，则可进行汇总统计。

（1）打开“建筑”图层的属性表，右键单击 Shape_Area，在弹出的菜单中选择【统计】，如图 2.47 所示，在弹出的【统计数据 建筑】对话框中，“总和”值即建筑物面积总和，如图 2.48 所示。

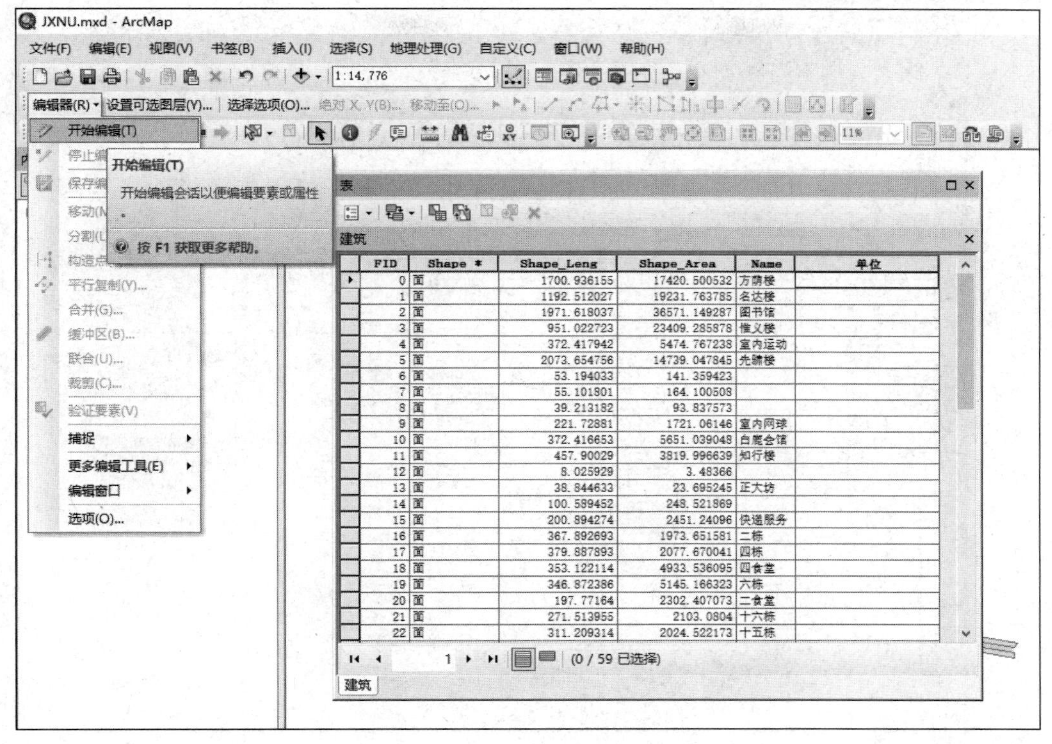

图 2.45　开始编辑

表

建筑

FID	Shape *	Shape_Leng	Shape_Area	Name	单位
0	面	1700.936155	17420.500532	方荫楼	江西师范大学
1	面	1192.512027	19231.763785	名达楼	
2	面	1971.618037	36571.149287	图书馆	
3	面	951.022723	23409.285878	惟义楼	
4	面	372.417942	5474.767238	室内运动	
5	面	2073.654756	14739.047845	先骕楼	
6	面	53.194033	141.359423		
7	面	55.101801	164.100508		
8	面	39.213182	93.837573		
9	面	221.72881	1721.06146	室内网球	
10	面	372.416653	5651.039048	白鹿会馆	
11	面	457.90029	3819.996639	知行楼	
12	面	8.025929	3.48366		
13	面	38.844633	23.695245	正大坊	
14	面	100.589452	248.521869		
15	面	200.894274	2451.24096	快递服务	
16	面	367.892693	1973.651581	二栋	
17	面	379.887893	2077.670041	四栋	
18	面	353.122114	4933.536095	四食堂	
19	面	346.872386	5145.166323	六栋	
20	面	197.77164	2302.407073	二食堂	
21	面	271.513955	2103.0804	十六栋	
22	面	311.209314	2024.522173	十五栋	

0　(0 / 59 已选择)

建筑

图 2.46　属性字段赋值

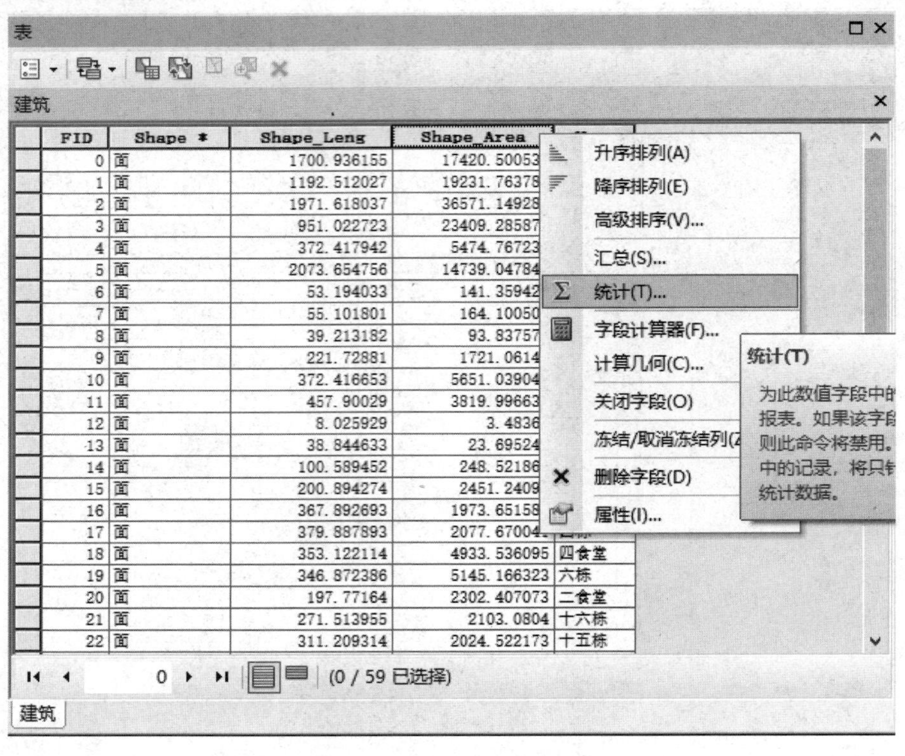

FID	Shape *	Shape_Leng	Shape_Area	
0	面	1700.936155	17420.50053	
1	面	1192.512027	19231.76378	
2	面	1971.618037	36571.14928	
3	面	951.022723	23409.28587	
4	面	372.417942	5474.76723	
5	面	2073.654756	14739.04784	
6	面	53.194033	141.35942	
7	面	55.101801	164.10050	
8	面	39.213182	93.83757	
9	面	221.72881	1721.0614	
10	面	372.416653	5651.03904	
11	面	457.90029	3819.99663	
12	面	8.025929	3.4836	
13	面	38.844633	23.69524	
14	面	100.589452	248.52186	
15	面	200.894274	2451.2409	
16	面	367.892693	1973.65158	
17	面	379.887893	2077.67004	
18	面	353.122114	4933.536095	四食堂
19	面	346.872386	5145.166323	六栋
20	面	197.77164	2302.407073	二食堂
21	面	271.513955	2103.0804	十六栋
22	面	311.209314	2024.522173	十五栋

图 2.47　打开【统计】对话框

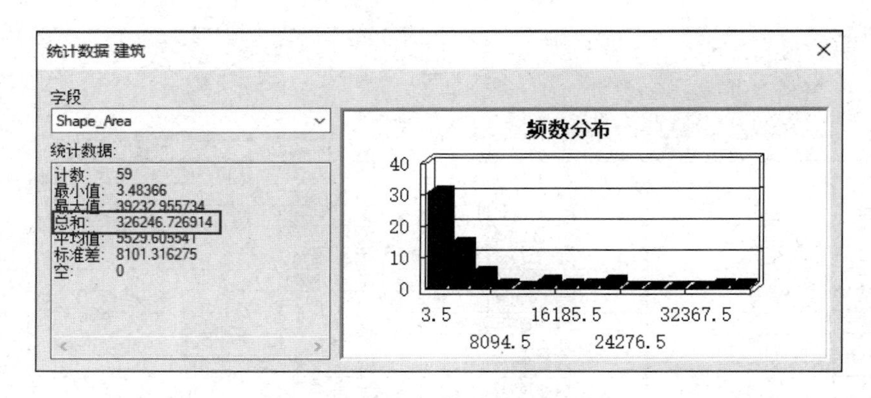

图 2.48　【统计数据 建筑】对话框

4．创建报表

属性表提供了创建报表的功能，可以将属性信息以报表的形式展现出来。具体操作如下。

（1）打开图层的属性表，单击属性表左上角的【表选项】→【报表】→【创建报表】，如图 2.49 所示，弹出【报表向导】对话框。

（2）在【报表向导】对话框中的【图层/表(L)】选项中选择“建筑”，在【可用字段】选项中依次双击“Name”和“Shape_Area”，作为报表中要显示的字段，如图 2.50 所示。

（3）依次单击【下一步】按钮可进行其他设置，最后单击【完成】按钮，弹出报表，如图 2.51 所示，单击左上角的【编辑】按钮可对报表进行编辑。

图 2.49　打开创建报表

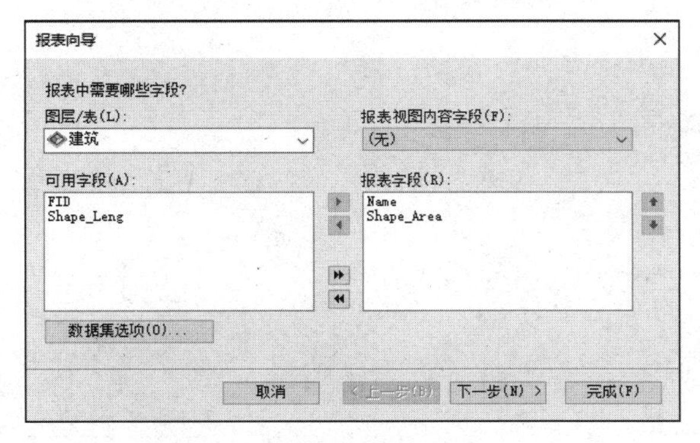

图 2.50 【报表向导】对话框

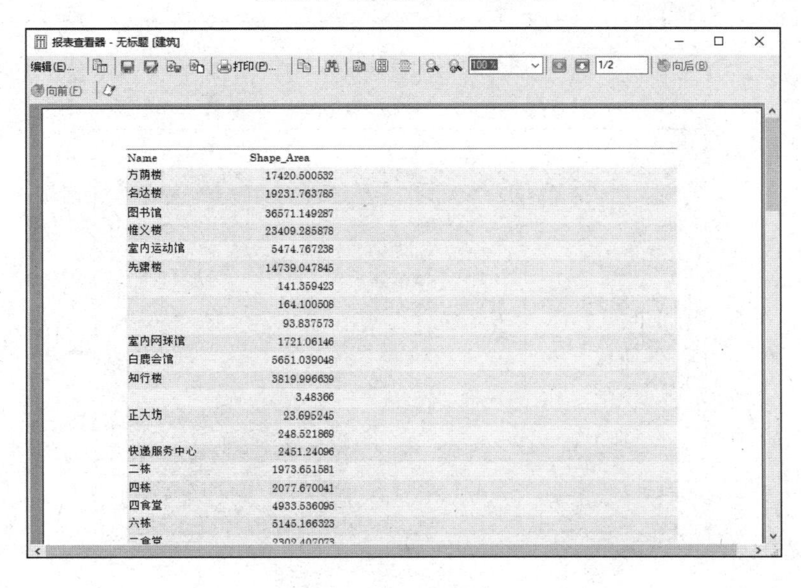

图 2.51　报表

2.8 修复数据源

如果地图数据绝对路径或相对路径发生了变化，当再次打开地图文件时，【内容列表】中的图层会出现丢失现象，表现为图层名称左侧出现一个红色的感叹号，如图 2.52 所示。在这种情况下，我们就需要修复数据源。操作步骤如下：在【内容列表】中，右击数据源出现错误的图层，在弹出的菜单中选择【数据】→【修复数据源】，在弹出的【数据源】对话框（见图 2.53）中选择待修复图层的源图层，单击【添加】按钮完成修复，效果如图 2.54 所示。

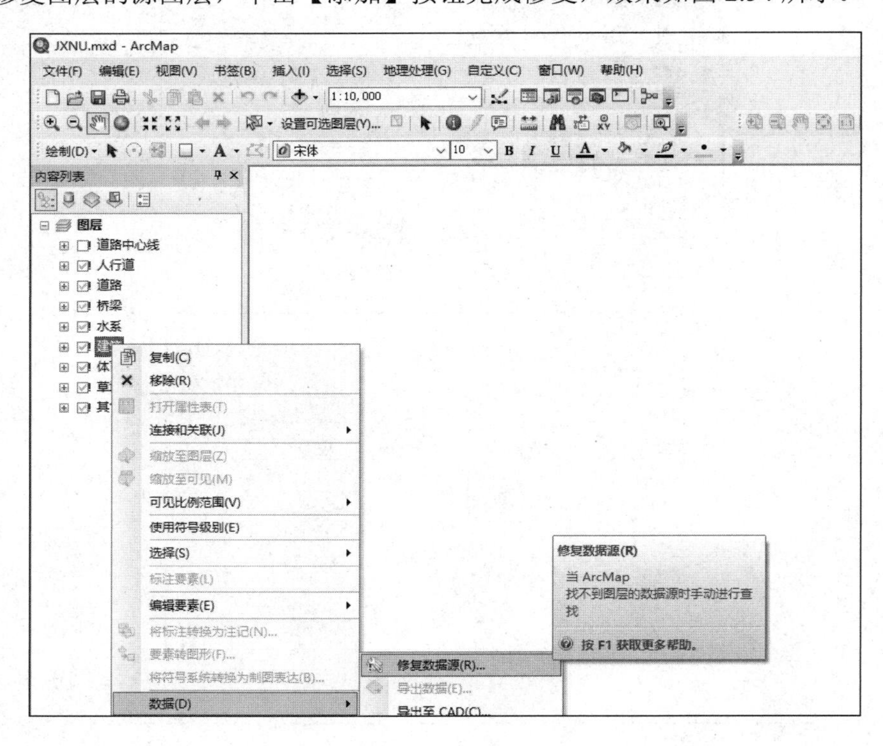

图 2.52　选择修复数据源

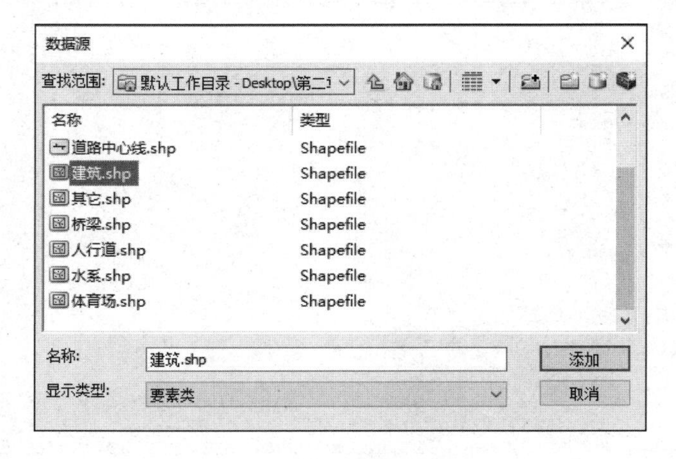

图 2.53　【数据源】对话框

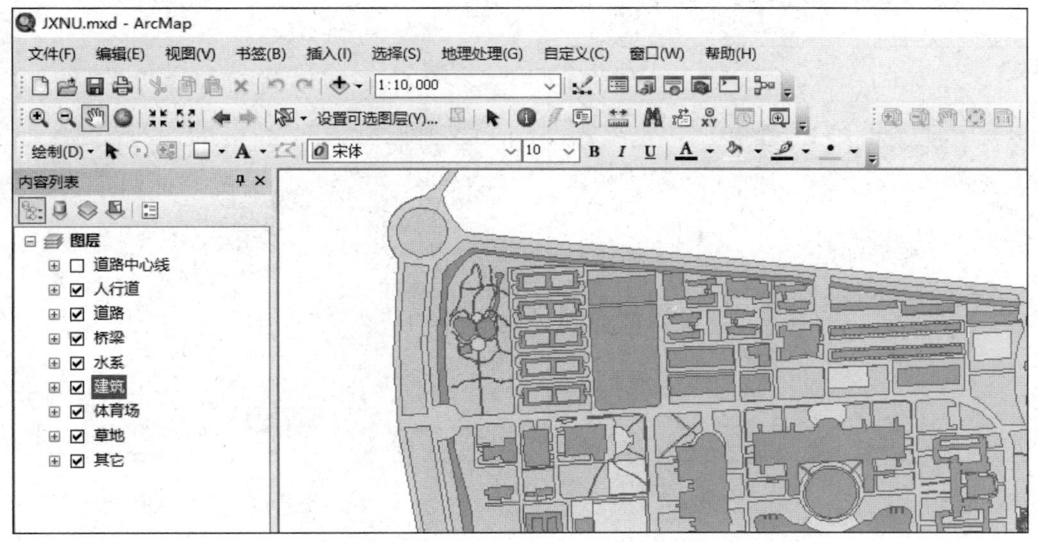

图 2.54　数据源被修复后的效果

2.9　数据导出

数据导出功能可以选择某一图层中的部分数据或整个图层的所有数据，并以 Shapefile 或地理数据库要素类的形式进行保存。操作步骤如下：在【内容列表】中右击要导出数据的图层，在弹出的菜单中单击【数据】→【导出数据】，如图 2.55 所示，在弹出的【导出数据】对话框中，单击按钮选择存放数据的文件位置并为导出的数据命名（见图 2.56）（注：保存类型选择 Shapefile），单击【保存】按钮，如图 2.57 所示，最后单击【确定】按钮即可完成操作。

图 2.55　导出数据

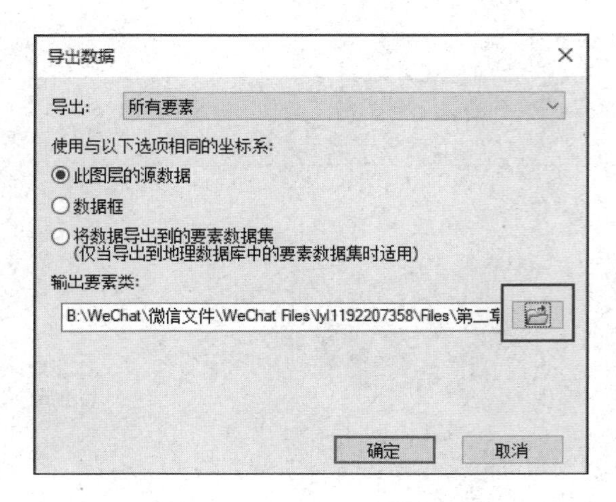

图 2.56 【导出数据】对话框

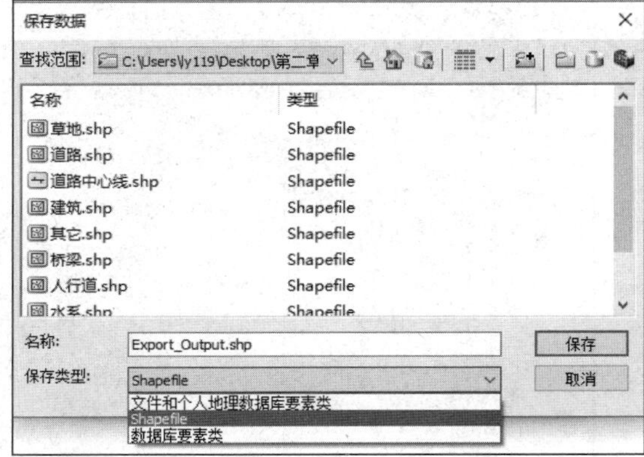

图 2.57 数据名称及保存类型

2.10 浏览元数据

该功能可以查看所选图层或属性表数据源的项目描述。在【内容列表】中右击“建筑”图层，在弹出的菜单中依次单击【数据】→【查看项目描述】，如图 2.58 所示，弹出【数据源项目描述-建筑】对话框，如图 2.59 所示。

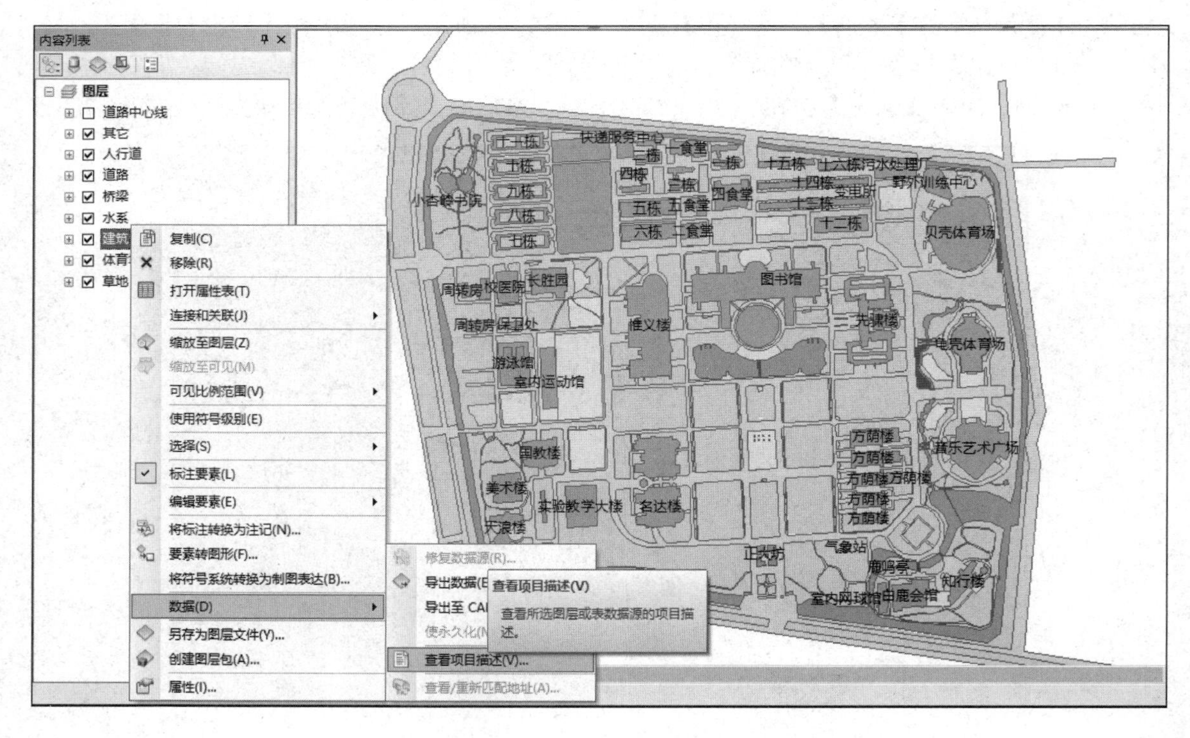

图 2.58 查看项目描述

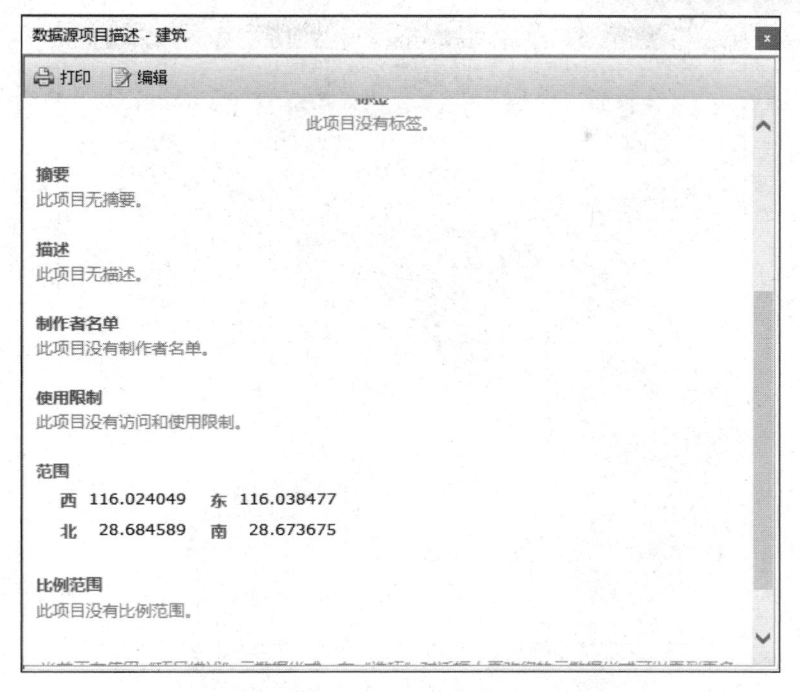

图 2.59 【数据源项目描述-建筑】对话框

2.11　导出地图

导出地图功能可以将地图导出为 JPG、BMP、PNG、EPS 或 PDF 等格式的文件，比较常用的格式为 JPG 或 BMP，当 ArcMap 查看地图的方式处于“数据视图”时，如图 2.60 所示，将导出当前地图显示的范围。设置导出图片格式为 BMP，效果如图 2.61 所示。

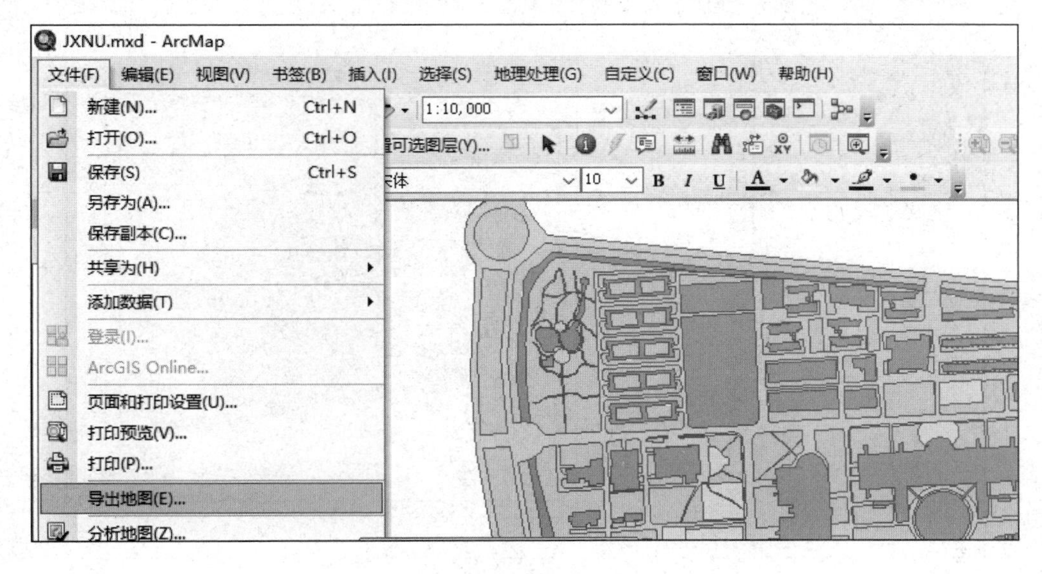

图 2.60　数据视图

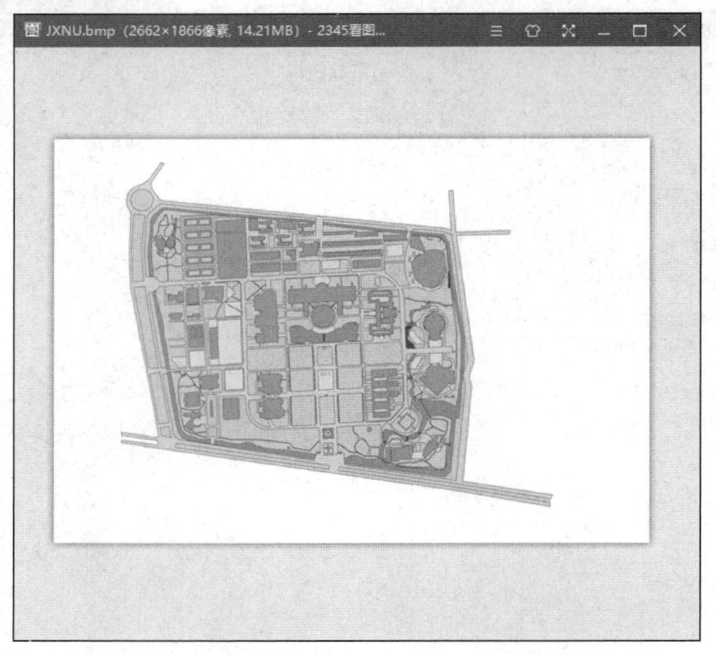

图 2.61　在数据视图下导出地图后的效果

当 ArcMap 查看地图的方式处于“布局视图”时，如图 2.62 所示，将导出整个页面布局，如图 2.63 所示。

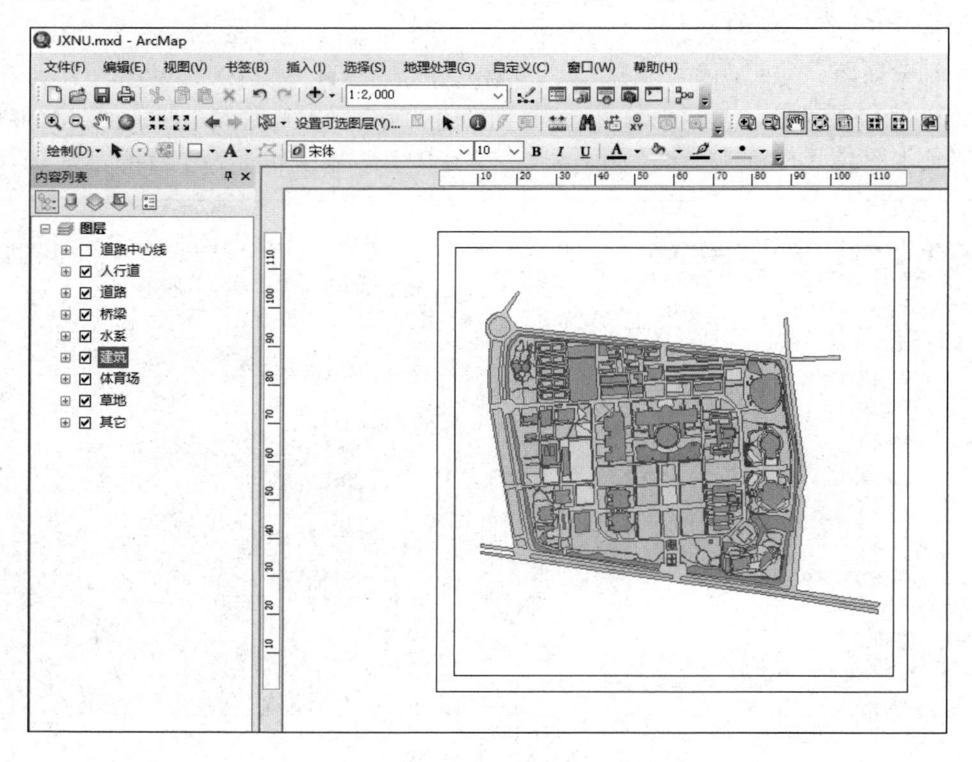

图 2.62　布局视图

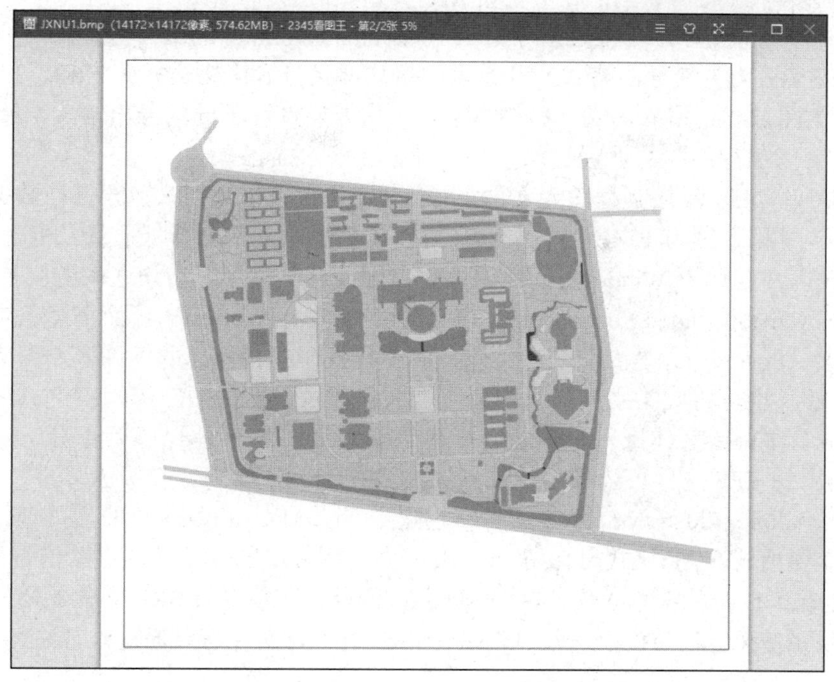

图 2.63　在布局视图下导出地图的效果

导出地图的操作步骤如下：单击主菜单栏中的【文件】→【导出地图】，弹出【导出地图】对话框，对地图的文件名、保存类型及分辨率进行设置，最后单击【保存】按钮，如图 2.64 所示（注：分辨率越高，导出的地图越清晰）。

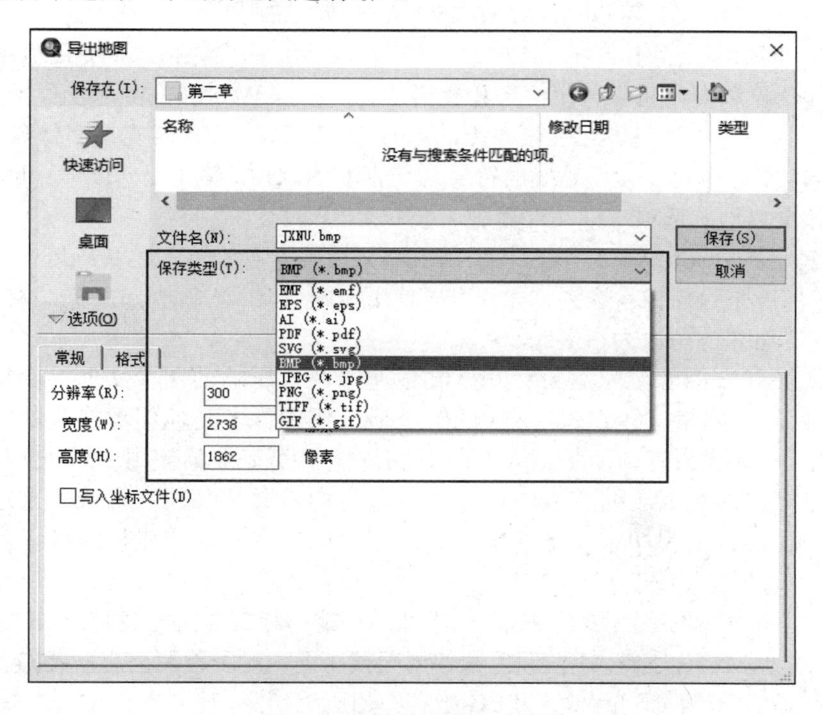

图 2.64 【导出地图】对话框

从图 2.64 中可以看到，可将地图导出为 10 种符合行业标准的文件格式。其中，EMF、EPS、AI、PDF 和 SVG 为矢量导出格式，既包含矢量数据又包含栅格数据；BMP、JPEG、PNG、TIFF 和 GIF 为图像导出格式，属于栅格图形文件格式。针对不同的导出格式，展开图 2.64 中“选项”功能可以进行不同的设置。以下是对导出格式的描述。

（1）EMF（Windows 增强型图元文件）：EMF 既包含矢量数据又包含栅格数据，非常适合嵌入 Windows 文档，因为 EMF 的矢量部分可以调整大小，不会降低质量。但是，由于 EMF 不支持字体嵌入并且属于 Windows 的专用格式，因此并不常用于用户之间的交换格式。

（2）EPS（Encapsulated PostScript）：EPS 文件将通过 PostScript 页面描述语言描述矢量对象和栅格对象。PostScript 是高端图形文件、制图和打印的行业标准，许多绘图应用程序都可编辑 EPS 文件，也可将此类文件作为图形置于大多数页面布局的应用程序中。从 ArcMap 中导出的 EPS 文件支持字体嵌入，即使用户尚未安装 ESRI 字体也可以查看正确的符号。从 ArcMap 中导出的 EPS 文件可以通过设置 CMYK 值或 RGB 值来定义颜色。

（3）AI（Adobe Illustrator）：AI 文件特别适用于 Adobe Illustrator 的后处理，还适用于发布时使用的交换格式。AI 格式可保留 ArcMap 内容列表中的大多数图层。但是导入 ArcMap 的 Adobe Illustrator 文件格式并不支持字体嵌入，因此尚未安装 ESRI 字体的用户可能无法使用正确的符号系统来查看 AI 文件。从 ArcMap 中导出的 AI 文件可以通过设置 CMYK 值或 RGB 值来定义颜色。

（4）PDF（便携文档格式）：PDF 文件可在不同的平台中查看和打印，并且始终如一，常用于在 Web 上分发文档，现在属于文档交换的 ISO 官方标准。在许多图形应用程序中均可编辑 PDF 文件，并会保留地图的地理配准信息、注记、标注和要素属性等数据。从 ArcMap 中导出的 PDF 支持嵌入字体，因此即使用户尚未安装 ESRI 字体也可以正确地显示符号，从 ArcMap 中导出的 PDF 文件可以通过设置 CMYK 值或 RGB 值来定义颜色。

（5）SVG（可伸缩矢量图形）：SVG 是一种基于 XML 的文件格式，专门适用于在 Web 上进行查看。SVG 可以同时包含矢量信息和栅格信息，某些 Web 浏览器可能需要安装插件才能查看 SVG 文件（较早的浏览器可能根本无法查看 SVG 文件）。SVG 支持字体嵌入，即使用户尚未安装 ESRI 字体也可以使用正确的符号系统查看 SVG 文件。ArcMap 也可以生成压缩的 SVG 文件，如果启用此选项，则文件后缀名会变为*.svgz。

（6）BMP（Microsoft Windows 位图）：BMP 文件属于简单的本地 Windows 栅格图像，可以使用多个位深度来存储像素数据，并且可以使用无损 RLE 方法进行压缩。BMP 图像通常比 JPEG 或 PNG 等格式的图像大很多。

（7）JPEG（联合图像专家组）：JPEG 文件属于经过压缩的图像文件，支持 24 位颜色，是 Web 上流行的使用格式。JPEG 文件的大小通常要比许多其他图像格式的文件小很多。但是，JPEG 压缩算法会有损质量，大多数地图图像中都不推荐使用 JPEG 文件，因为线绘图及文本或图标图形会因压缩产生的伪影而变得模糊。通常 PNG 格式才是地图图像的首选。从 ArcMap 的数据视图中导出 JPEG 时，还将同时生成一个坐标文件，可用于地理配准栅格数据。

（8）PNG（可移植网络图形）：PNG 属于通用型栅格格式，可在各种 Web 浏览器上显示，并且还可插入其他文档，支持 24 位颜色并使用无损压缩。对于地图而言，PNG 通常是最佳的栅格格式，因为无损压缩可防止产生 JPEG 格式中的压缩伪影，使文本和线始终清晰可辨。PNG 文件还具有定义透明颜色的功能，在 Web 浏览器中图像的一部分可显示为透明，使背景、图

像或颜色可以透过图像显示。从 ArcMap 的数据视图中导出 PNG 文件时，也将同时生成一个坐标文件，可用于地理配准栅格数据。

（9）TIFF（标记图像文件格式）：TIFF 文件最适合导入图像编辑应用程序，同时它也属于一种常用的 GIS 栅格数据格式，但是却无法通过 Web 浏览器在本地查看这些文件。从数据视图中导出的 TIFF 文件支持在 GeoTIFF 标记中或在独立的坐标文件中存储地理配准信息，以便用于栅格数据。

（10）GIF（图形交换格式）：GIF 文件属于 Web 中使用的、旧的栅格格式。GIF 无法显示 256 种以上的颜色（每像素 8 位），并且使用的是可选的无损 RLE 压缩或 LZW 压缩方法，因此此类文件的大小比其他格式的文件要小。与 PNG 类似，GIF 文件也具有定义透明颜色的功能。从 ArcMap 的数据视图中导出 GIF 时，还将同时生成一个坐标文件，可用于地理配准栅格数据。

第3章 地图标注与注记

地图作为一种信息载体，需具备良好的可视化效果。为了使地图中的信息更利于传达，提高地理信息的可视化效果，在制图的过程中需要添加一定的文本信息来标注地图中的地理要素。标注（Label）和注记（Annotation）是地图中重要的文本显示类型。标注是一种自动放置的基于要素属性字段的文本，只能用于为地理要素添加描述性文本。标注会在漫游和缩放后按照当前地图比例尺下的最佳位置重画，因为动态创建的标注被作为某个图层的属性存储，改变设置，诸如等级分类、符号或者标注位置，将影响图层中的标注。注记可用来描述特定要素或向地图中添加常规信息。与标注一样，可以使用注记为地图要素添加描述性文本，或仅仅是手动添加一些文本来描述地图上的某个区域。但与标注不同的是，每条注记都存储自身的位置、文本字符串及显示属性。与标注相比，注记为调整文本外观和文本放置提供了更大的灵活性，可以选择单条文本来编辑其位置与外观。ArcGIS 中的注记可以由标注转换而来，当前的比例尺将被作为参考比例尺。注记要素总是以参考比例尺规定的尺寸显示的。本章内容包括：

（1）地图标注：标注显示控制、单个属性字段标注、组合多个属性字段标注、分类标注、地类图斑分数型标注、地下管线标注、道路名称标注、等高线标注。

（2）地图注记：地图注记的功能、地图注记的分类、地图注记的定位、地图注记的设计原则、标注转注记、注记编辑。

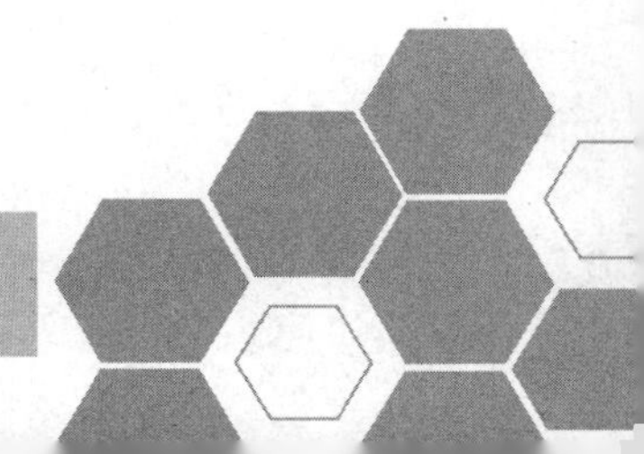

3.1　地图标注

地图标注功能可为图层中的地理要素标注相应属性字段信息或其他基于属性字段信息的字符串信息，用于说明要素的名称、编号、数量、类型等。

3.1.1　标注显示控制

下面以标注“JXNU.mxd”地图文件中“建筑”的名称信息为例，操作步骤如下。

（1）打开“JXNU.mxd”地图文件（位于“…\第三章\标注”）。

（2）在【内容列表】中右击“建筑”图层，在弹出的菜单中单击【标注要素】菜单，如图 3.1 所示。此时【标注要素】菜单上的复选框被勾选，地图上显示出“建筑”图层默认的“Name”字段的属性信息，如图 3.2 所示。再次单击【标注要素】菜单，则可取消勾选【标注要素】菜单上的复选框，“建筑”图层的标注将被取消显示，变为不可见。

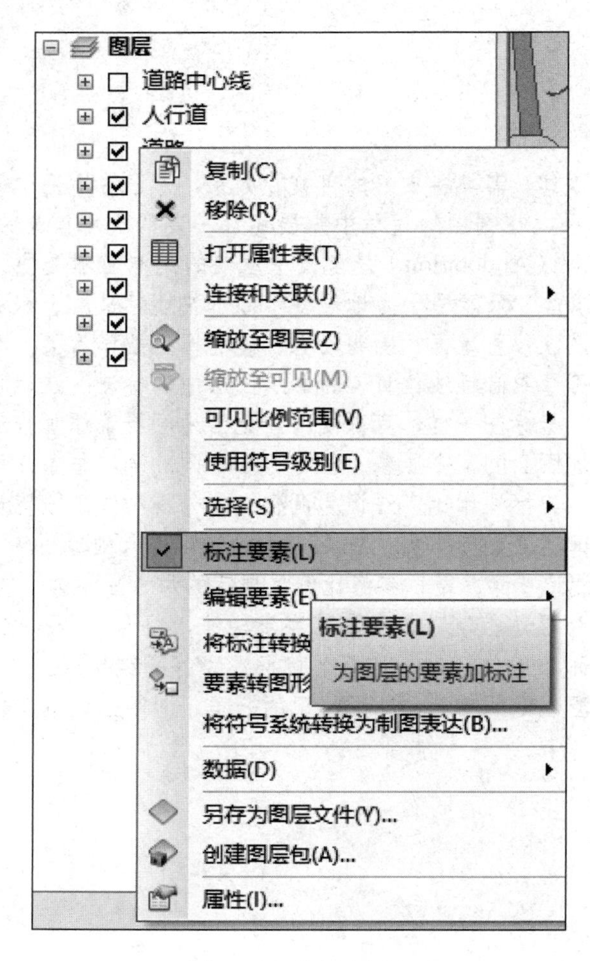

图 3.1　勾选标注要素

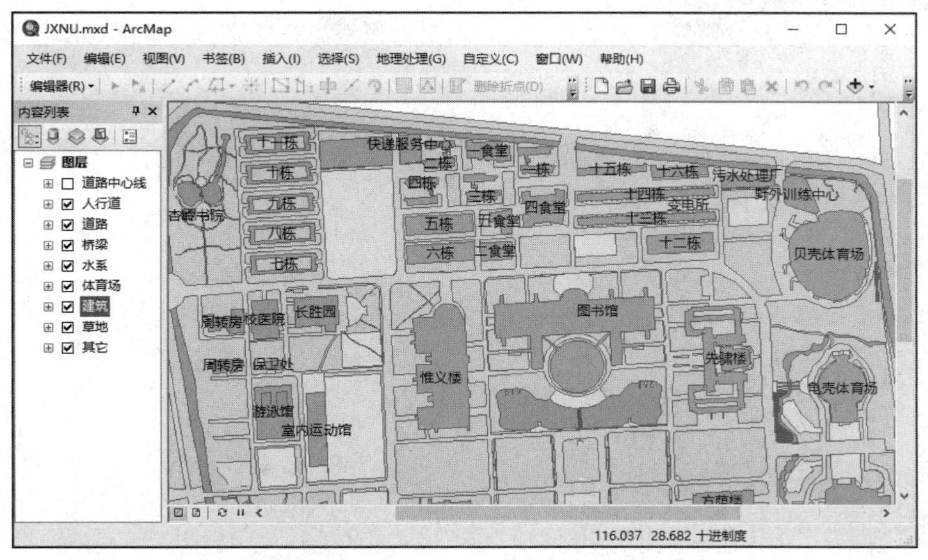

图 3.2　显示标注结果

3.1.2　单个属性字段标注

该功能用于在地图上标注某一图层中单个属性字段信息。下面以标注“建筑”图层的“Name”字段信息为例，操作步骤如下。

（1）在 ArcMap 中打开“JXNU.mxd”地图文件（位于“…\第三章\标注”路径下）。

（2）右击【内容列表】中的“建筑”图层，在弹出的菜单中单击【属性】→【图层属性】，在弹出的对话框中单击【标注】标签切换到【标注】选项卡，勾选【标注此图层中的要素】，如图 3.3 所示。

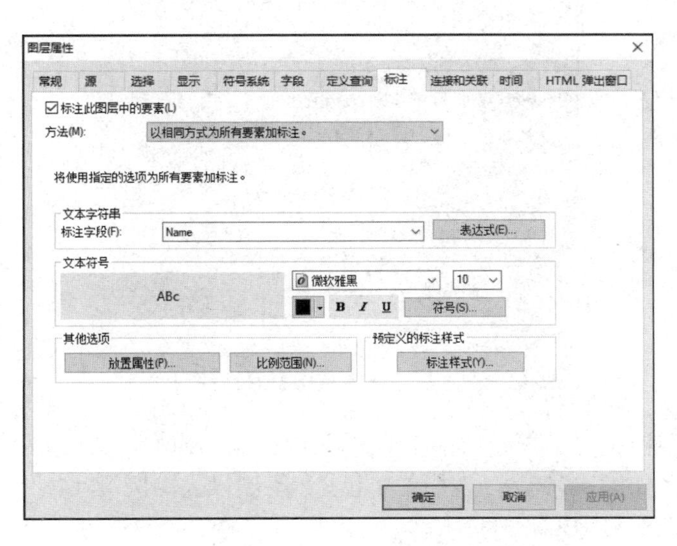

图 3.3　【标注】选项卡

（3）单击【标注】选项卡中的【方法】下拉列表，选择“以相同方式为所有要素加标注”。

（4）单击【标注字段】下拉列表，选择“Name”。

（5）单击【符号】按钮后，在【符号选择器】对话框中设置字符的字体、颜色及大小等，如图 3.4 所示。

图 3.4 【符号选择器】对话框

（6）依次单击【符号选择器】对话框中的【确定】按钮、【图层属性】对话框中的【确定】按钮即可。然而，当地图缩小到一定程度时，标注就会显得过于拥挤，这时候就需要设置标注可见的比例范围，从而可提升地图的整体重绘性能。单击【标注】选项卡中【比例范围】按钮打开【比例范围】对话框，如图 3.5 所示。

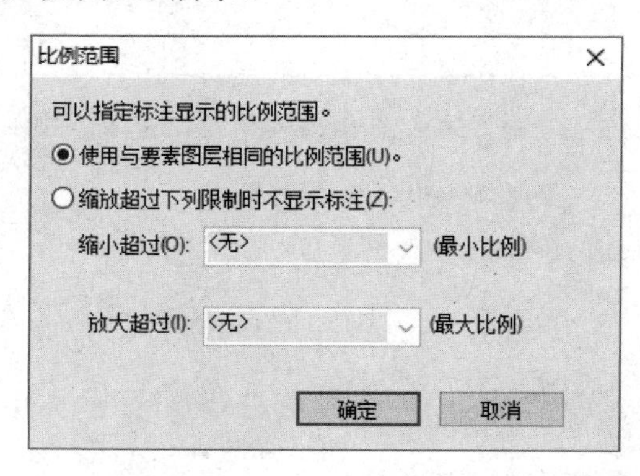

图 3.5 【比例范围】对话框

（7）在【比例范围】对话框中选中【缩放超过下列限制时不显示标注】，在【缩小超过】中填写最小比例尺（如 1:20000），在【放大超过】中填最大比例尺（如 1:100），单击【确定】按钮返回【图层属性】对话框。

（8）单击【图层属性】中的【确定】按钮，完成“建筑”图层“Name”字段信息的标注。当地图可见比例小于 1:20000 或者大于 1:100 时，标注不会显示，如图 3.6 所示；地图可见比例在 1:20000 和 1:100 之间时标注才会显示，如图 3.7 所示。

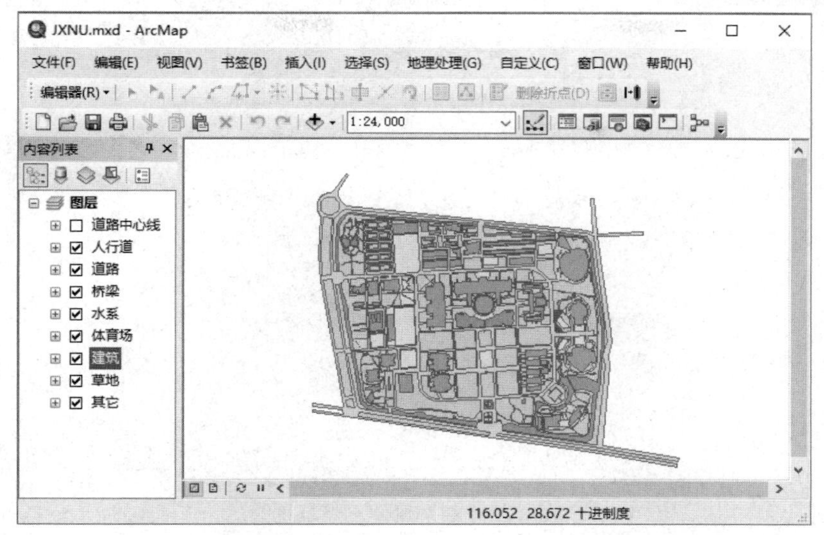

图 3.6　地图可见比例不在比例范围内的标注结果

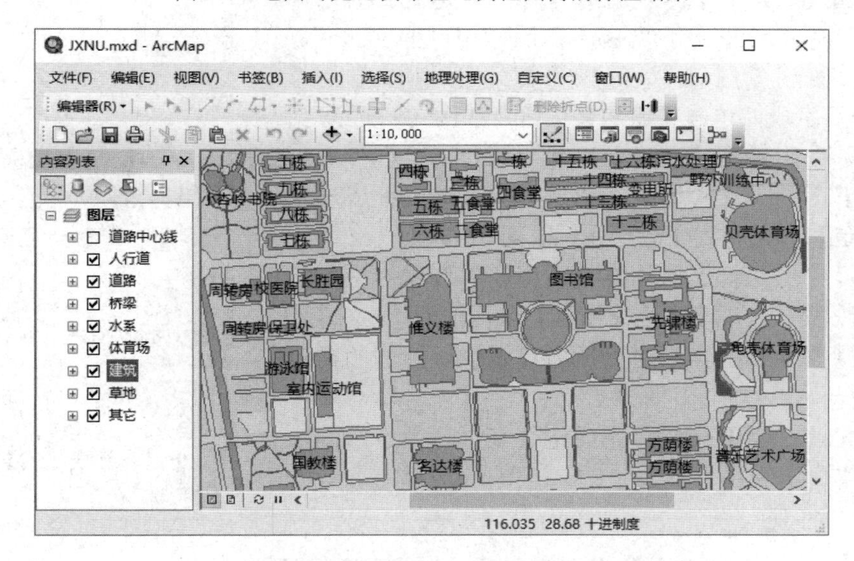

图 3.7　地图可见比例在比例范围内的标注结果

3.1.3　组合多个属性字段标注

ArcGIS 可以利用多个属性字段来标注地图要素。下面以“…\第三章\标注”路径下的地图数据为例介绍如何组合“Name”和“Shape_Area”两个字段对“建筑”图层进行标注，操作步骤如下。

（1）打开“JXNU.mxd”地图文件。

（2）关闭显示建筑的标注，右击“建筑”图层，在弹出的菜单中单击【属性】→【图层属性】，在打开的对话框单击【标注】标签。

（3）如图 3.8 所示，勾选【标注此图层中的要素】复选框。

（4）单击【标注】选项卡中的【方法】下拉列表，选择“以相同方式为所有要素加标注”。

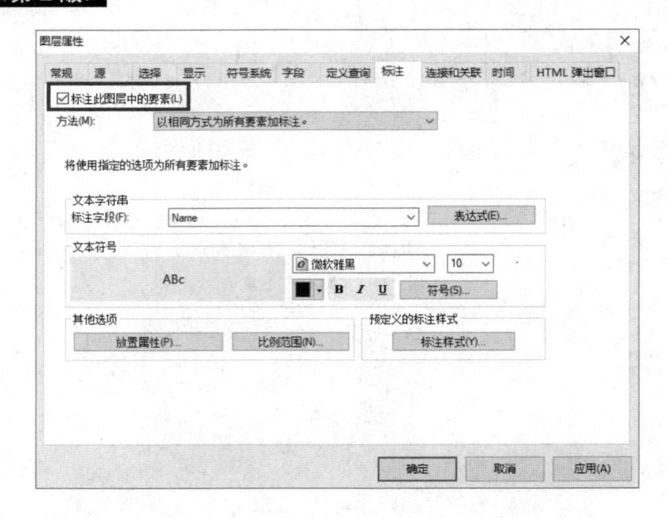

图 3.8 【图层属性】对话框

（5）单击【表达式】按钮打开【标注表达式】对话框。由于【标注字段】选中了“Name”字段，因此“Name”字段已经添加到了【表达式】的文本框中，单击“Shape_Area”字段，单击【追加】按钮，如图 3.9 所示，另外也可以手动输入表达式“[NAME] & " " & [Shape_Area]”，单击【验证】按钮进行验证，验证成功后单击【确定】按钮回到【图层属性】对话框。

（6）在【图层属性】对话框的【标注】选项卡中单击【符号】按钮，打开【符号选择器】对话框。

（7）在【符号选择器】对话框内可以设置标注的样式，或者选择预定义的标注样式。

（8）单击【确定】按钮，完成组合多个属性字段的标注，其结果如图 3.10 所示。

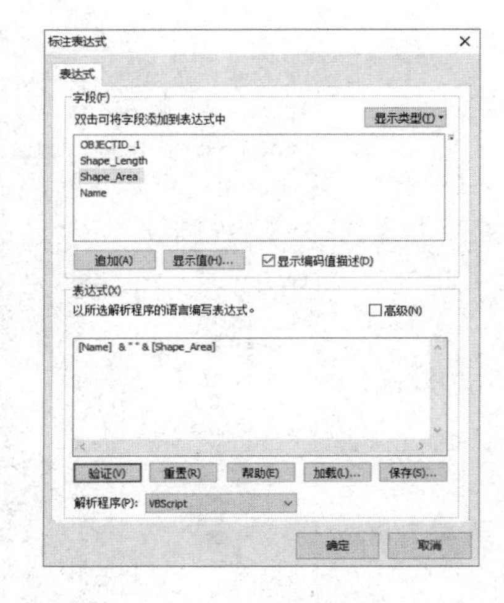

图 3.9 【标注表达式】对话框

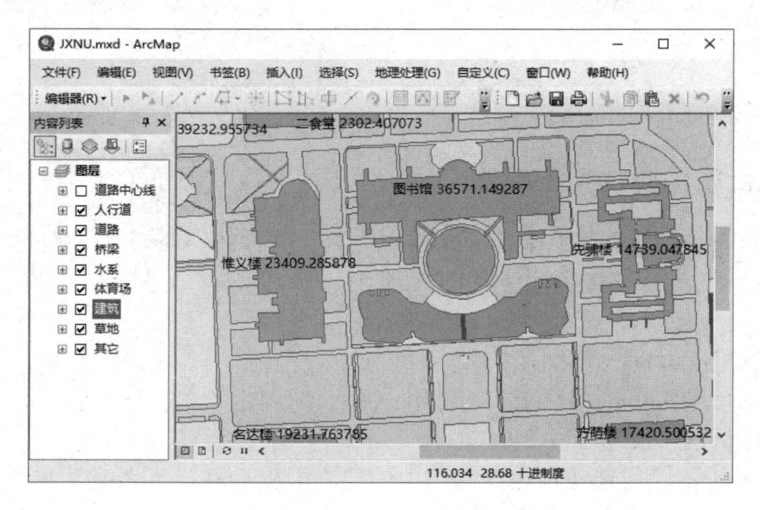

图 3.10 多个属性字段标注的结果

3.1.4　分类标注

分类标注是指将图层中的地理要素分成多种类别分别进行标注。其目的是为了限制某些要素的标注或指定不同的标注字段、符号、比例范围、标注优先级等。在下面的操作实例中把“图书馆”归为一个子类，其他建筑归为另一个子类，具体如下。

（1）打开“JXNU.mxd”地图文件（位于“...\第三章\标注”路径下）。

（2）首先定义一个新要素类“图书馆”，在【内容列表】中右击“建筑”，在弹出的菜单中单击【属性】→【图层属性】，在弹出的对话框中单击【标注】标签，切换到【标注】选项卡，在【方法】下拉列表框中选择“定义要素类并且为每个类加不同的标注”项，如图 3.11 所示。

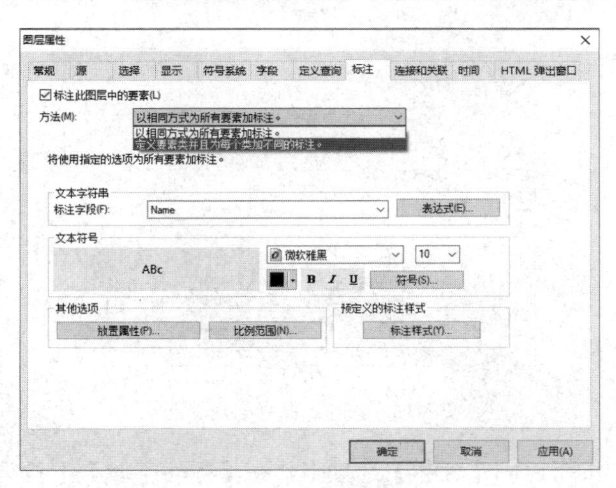

图 3.11　定义要素类

（3）单击【添加】按钮，在弹出的【输入新的类名称】中输入“图书馆”，如图 3.12 所示，单击【确定】按钮。

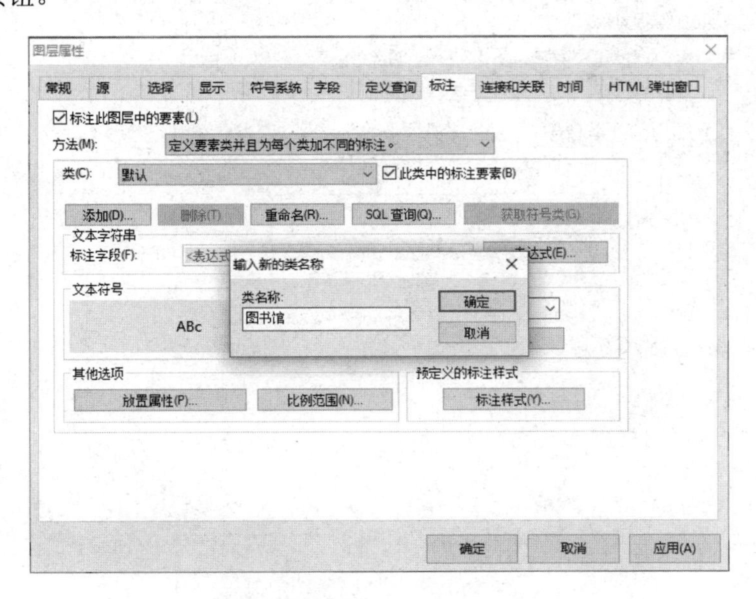

图 3.12　输入新的类名称

（4）单击【SQL 查询】按钮打开【SQL 查询】对话框。

（5）在【SQL 查询】对话框中利用运算符来构建一个表达式，以标识想要标注的新要素类“图书馆”，双击“Name”字段，单击【=】按钮，单击【获取唯一值】按钮，双击“‘图书馆’”属性值，如图 3.13 所示。

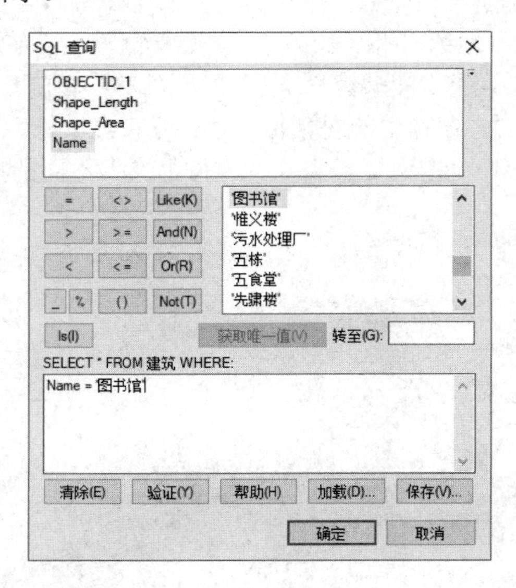

图 3.13 【SQL 查询】对话框

（6）单击【确定】按钮返回【标注】选项卡，在【标注字段】下拉列表中选择用于标注的字段“Name”，如图 3.14 所示。

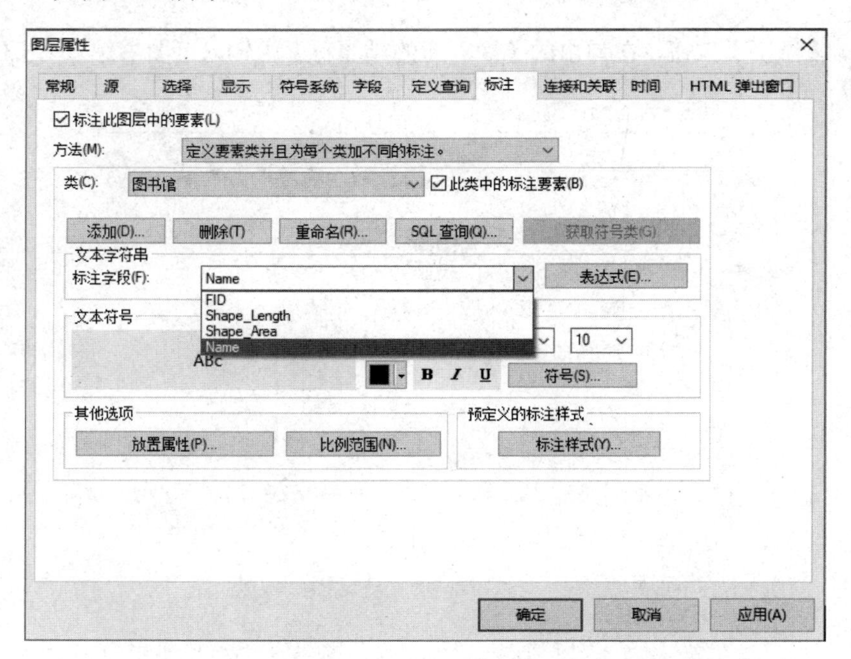

图 3.14 “选择标注”字段

（7）勾选“图书馆”子类的【此类中的标注要素】复选框，如图 3.15 所示。

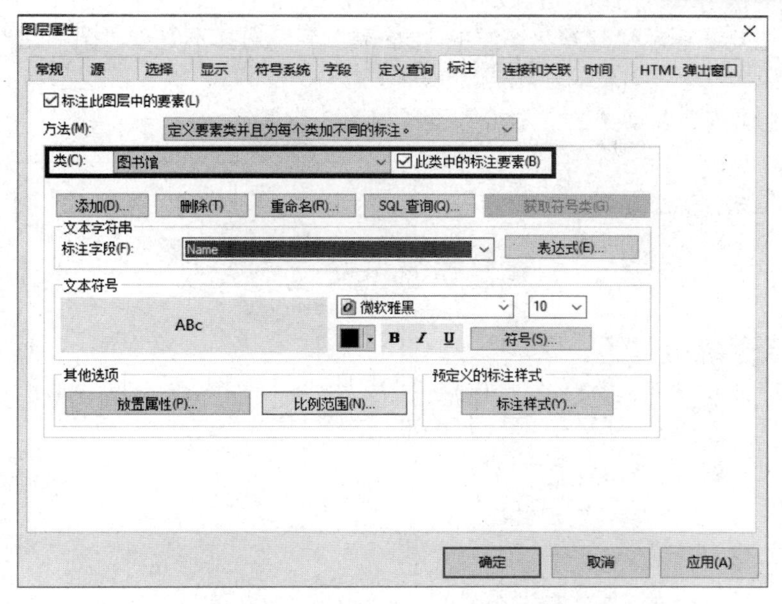

图 3.15　勾选“图书馆”子类中的标注要素

（8）设置标注要素文本的颜色和字体。单击【文本符号】中的【符号】按钮，打开【符号选择器】对话框，如图 3.16 所示，设置文本的样式，设置完成之后，单击【确定】按钮。

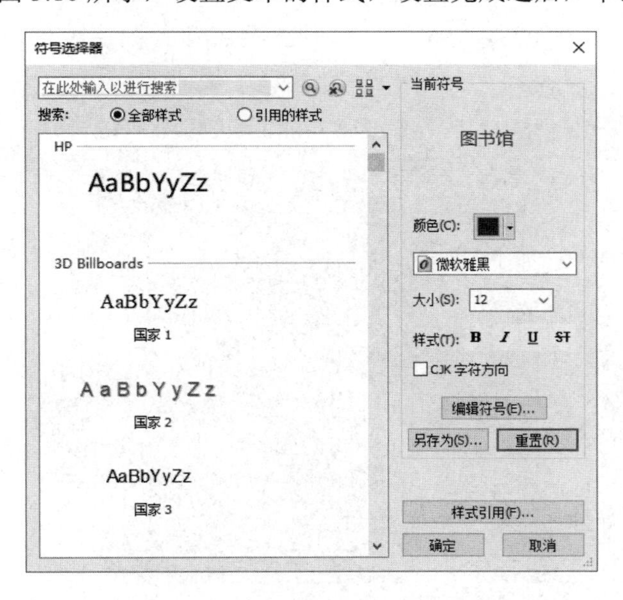

图 3.16 【符号选择器】对话框

（9）为了使其他建筑的标注区别于图书馆的标注，需要把所有其他建筑归为另一个要素类。步骤类似，单击【标注】选项卡中的【添加】按钮，在弹出的【输入新的类名称】中输入“其他建筑”，单击【确定】按钮。

（10）单击【SQL 查询】按钮，在【SQL 查询】对话框中双击“Name”，单击【< >】按钮，单击【获取唯一值】按钮，双击“图书馆”，如图 3.17 所示，其中“<>”运算符表示不等

于，这条 SQL 语句表示从“建筑”图层的“Name”字段选择不等于“图书馆”的要素，单击【确定】按钮。

（11）“其他建筑”要素类的文本符号设置如图 3.18 所示。

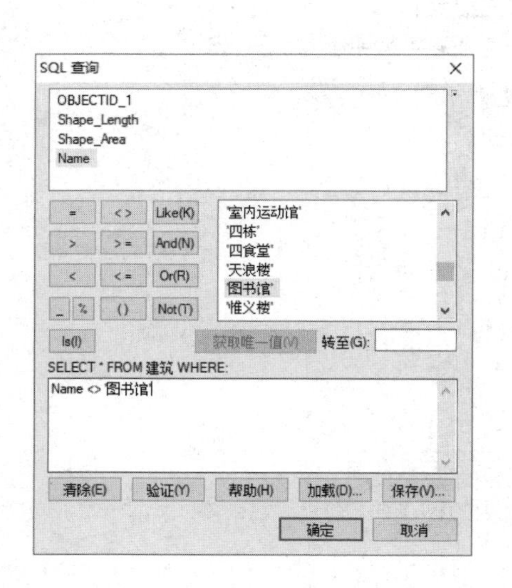

图 3.17 【SQL 查询】对话框

图 3.18 设置“其他建筑”的标注文本符号

（12）单击【确定】按钮后，“建筑”的分类标注结果如图 3.19 所示。

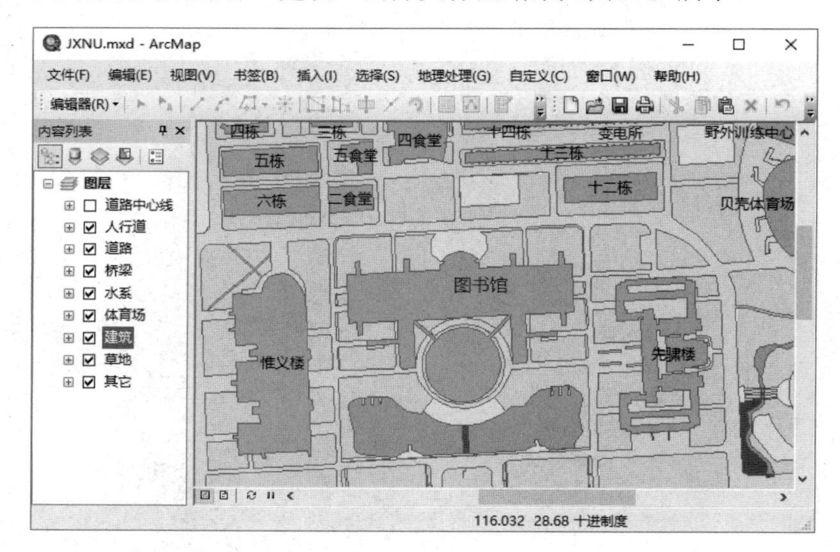

图 3.19 分类标注结果

3.1.5 地类图斑分数型标注

下面的例子显示了如何利用“ID”（编号）和“DLBM”（地类编码）两个字段以分数的形式对土地利用类型数据中的地类图斑进行标注。

（1）打开地图文件“DLTB.mxd”（位于“...\第三章\地类图斑标注”路径下）。

（2）在【内容列表】中右击“地类图斑”图层，在弹出的菜单中单击【属性】→【图层属性】，在打开的【图层属性】对话框中单击【标注】标签切换到【标注】选项卡。

（3）勾选【标注此图层中的要素】复选框以打开标注的显示。

（4）单击【标注】选项卡中的【方法】下拉列表，选中“以相同方式为所有要素加标注”。

（5）单击【表达式】按钮打开【标注表达式】对话框，如图 3.20 所示，在表达式内输入表达式“"<UND>" & " " & [ID] & " " & "</UND>" & vbNewline & [DLBM]”，其中<UND>表示下画线，在“<UND></UND>”内输入分子的字段，vbNewline 表示换行，再输入分母的字段。单击【验证】按钮，验证成功后再单击【确定】按钮，回到【图层属性】对话框。

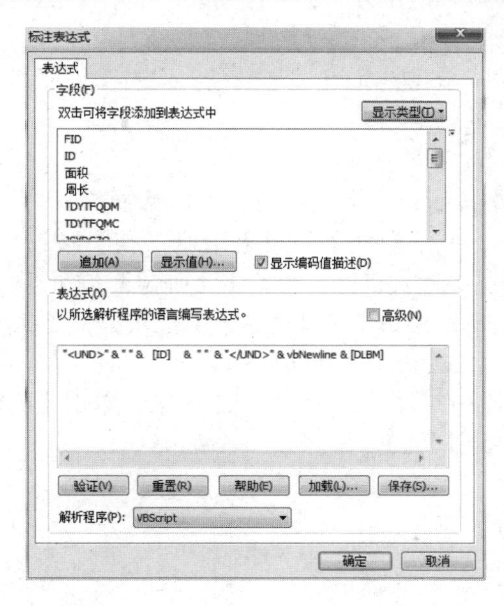

图 3.20　地类图斑标注表达式

（6）单击【文本符号】中的【符号】按钮，设置文本样式。

（7）单击【确定】按钮后，标注结果如图 3.21 所示。

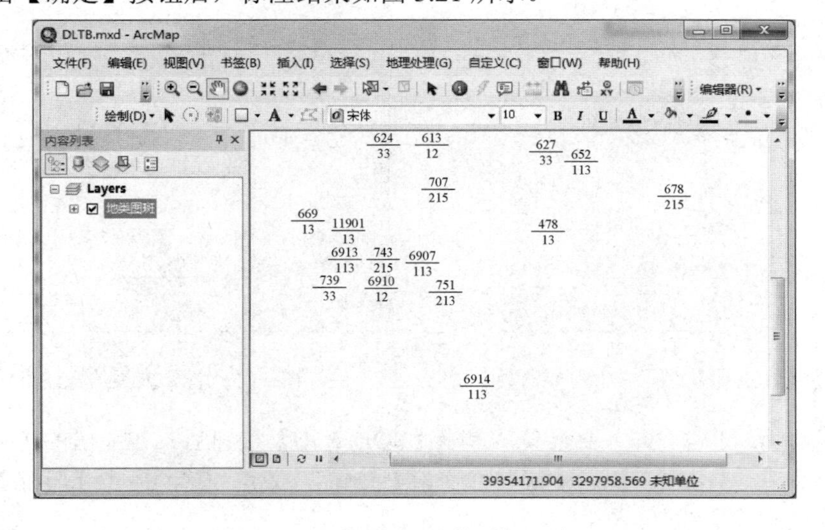

图 3.21　地类图斑分数型标注结果

3.1.6 地下管线标注

以下是对地下管线进行标注的实例，其中用到了组合多个属性字段标注和分类标注的方法，操作步骤如下。

（1）打开地图文件“Pipe.mxd”（位于“...\第三章\管线标注”路径下）。

（2）右击“管线”图层，在弹出的菜单中单击【属性】→【图层属性】，在打开的【图层属性】对话框中单击【标注】标签切换到【标注】选项卡。

（3）勾选【标注此图层中的要素】复选框以打开标注的显示。

（4）单击【标注】选项卡中的【方法】下拉列表，选中“定义要素类并且为每个类加不同的标注”。

（5）单击【添加】按钮，在弹出的【输入新的类名称】对话框中输入“管”，并单击【确定】按钮。

（6）取消选择默认的标注分类复选框。

（7）单击【SQL 查询】按钮打开【SQL 查询】对话框。

（8）双击“GJ”字段，单击【< >】→【获取唯一值】按钮，双击“0”，单击【验证】按钮，如图 3.22 所示，确认表达式正确后，单击【确定】按钮返回【图层属性】对话框。

（9）在【图层属性】对话框中，单击【表达式】按钮打开【标注表达式】对话框，在【表达式】框内编写表达式“"Ø" & [GJ]”。“GJ”字段表示“管径”，这个表达式表示标注“GJ”管径字段，并在管径前加上“Ø”符号，如图 3.23 所示。单击【验证】按钮，验证成功之后，单击【确定】按钮返回【图层属性】对话框。

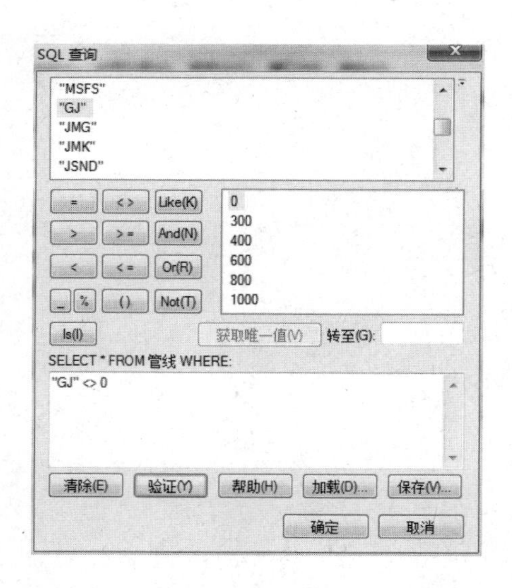

图 3.22 【SQL 查询】选择“管”要素类

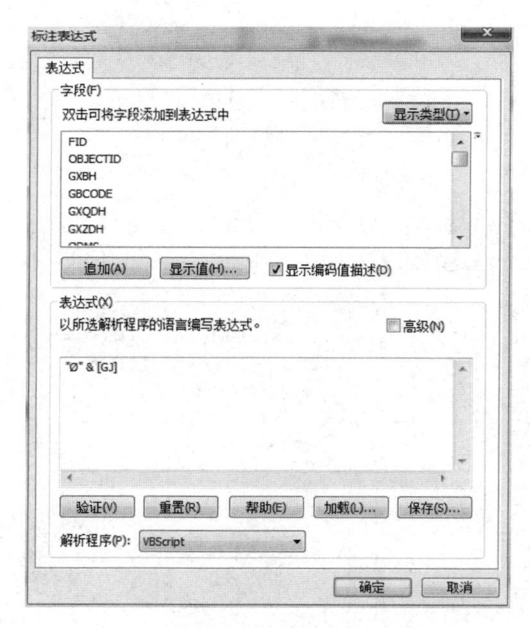

图 3.23 管要素类的标注表达式

（10）类似地，创建“渠”要素类，单击【SQL 查询】按钮后，在弹出的【SQL 查询】对话框中双击“GJ”，单击【=】→【获取唯一值】按钮，双击“0”，单击【验证】按钮，验证成功后，单击【确定】按钮。

（11）在【图层属性】对话框中单击【表达式】按钮，在【表达式】框内编写“渠”要素类的标注表达式“"W×H:" & [JMK] & "×" & [JMG]”。JMG 字段表示截面高；JMK 字段表示截面宽。单击【验证】按钮，验证成功后，单击【确定】按钮，返回【图层属性】对话框，再单击【确定】按钮后标注结果，如图 3.24 所示。

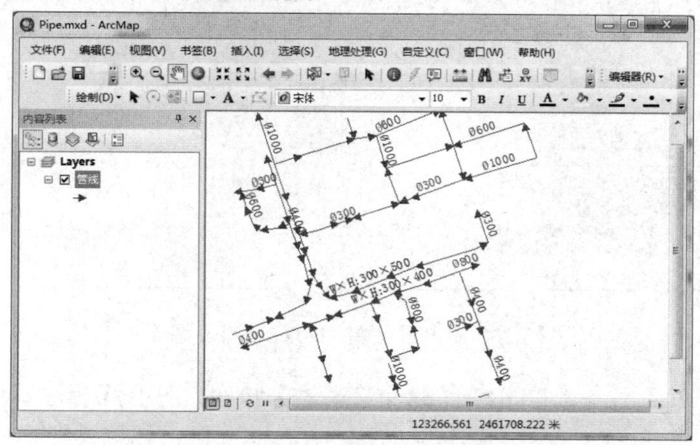

图 3.24　管线标注结果

3.1.7　道路名称标注

本节介绍使用 Maplex 标注引擎来设置道路名称标注。

（1）打开“道路标注.mxd”地图文档（位于“...\第三章\道路标注”路径下）。

（2）打开道路的标注显示，并将注字段设为“NAME”。

（3）由于许多道路是由好几条单独的线要素组成的，因此很多不必要的标注会被放置在地图上，如图 3.25 所示。这样的问题在道路标注的时候是很常见的。为避免此类问题，可以利用 Maplex 标注引擎将对组成道路要素的多条线段进行组合，将其视为一整条长的线要素，这样就可以只为整条道路放置标注，而不是为其中的每一条线段都放置标注。使用 Maplex 标注引擎可以避开道路交汇点来放置标注。

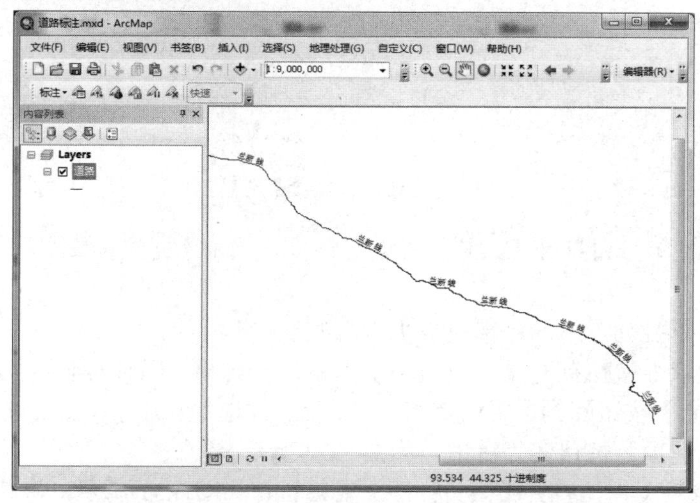

图 3.25　在使用 Maplex 标注引擎前

（4）右击 ArcMap 菜单栏空白处，在弹出的菜单中勾选【标注】，【标注】工具条会显示在菜单栏中，单击【标注】工具条上的【标注】→【使用 Maplex 标注引擎】，如图 3.26 所示。

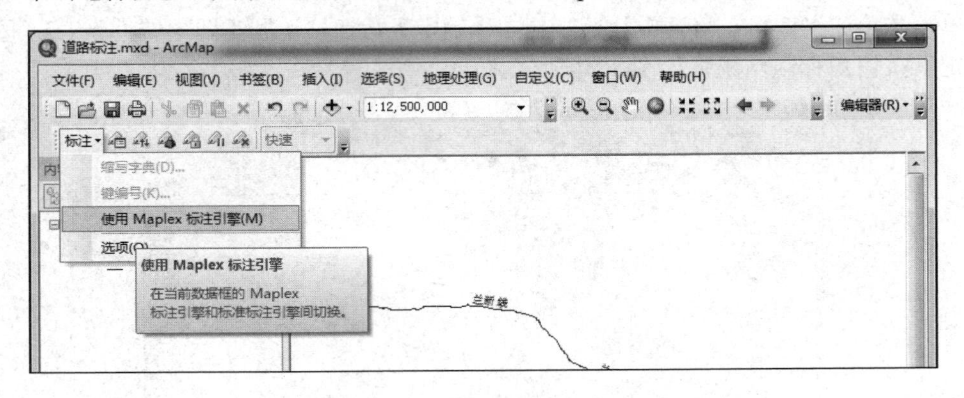

图 3.26　打开【使用 Maplex 标注引擎】

（5）在【标注】工具条上单击【标注管理器】按钮，打开【标注管理器】对话框，如图 3.27 所示。

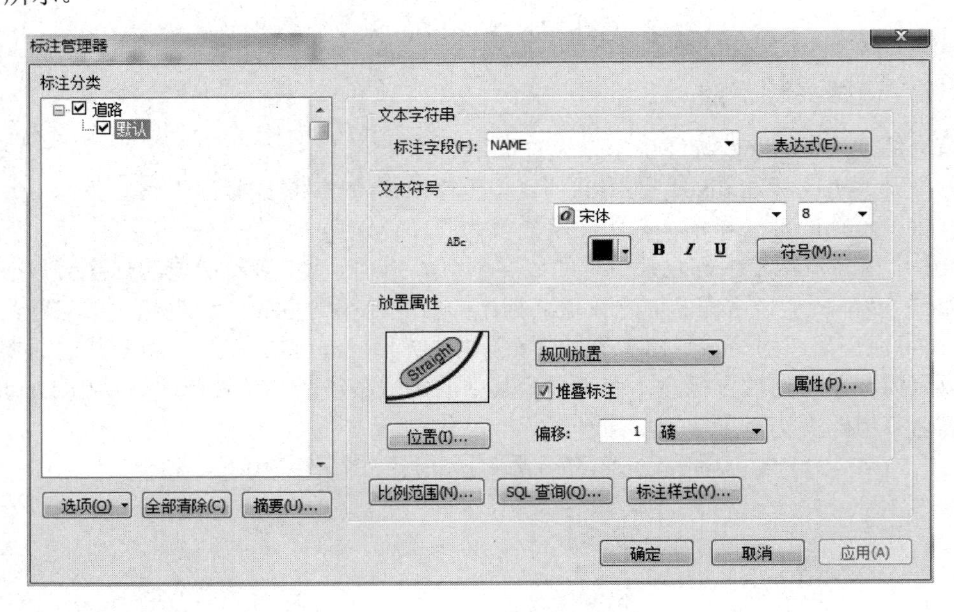

图 3.27　【标注管理器】对话框

（6）单击【属性】按钮打开【放置属性】对话框，单击【标注位置】标签切换到【标注位置】选项卡。

（7）选中常规下拉列表中的“街道放置”，如图 3.28 所示。

（8）单击【位置】按钮打开【位置选项】对话框，选择“弯曲偏移”，如图 3.29 所示。

（9）单击【确定】按钮回到【放置属性】对话框，勾选【展开字符】复选框，可以看到【展开字符】右侧的【选项】按钮变为可用，如图 3.30 所示。

（10）单击【选项】按钮打开【字符间距】对话框，如图 3.31 所示，将最大值设为“1000”后单击【确定】按钮。

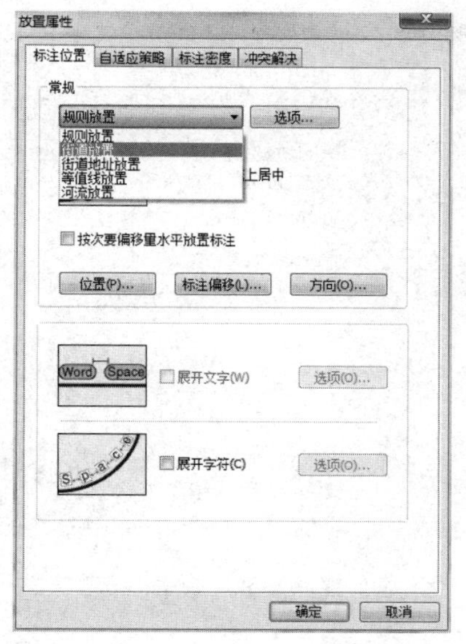

图 3.28　街道放置

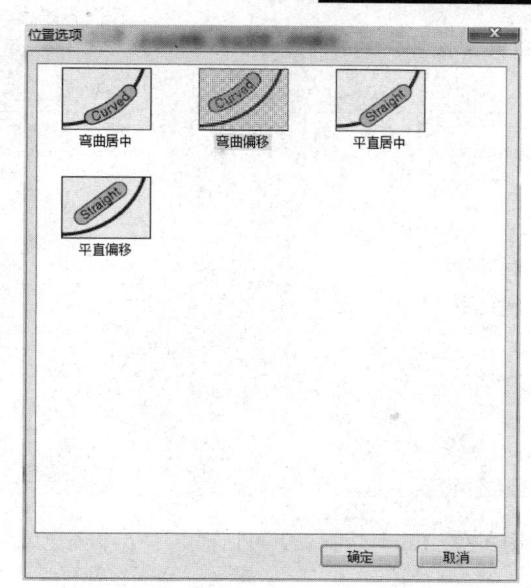

图 3.29 【位置选项】对话框

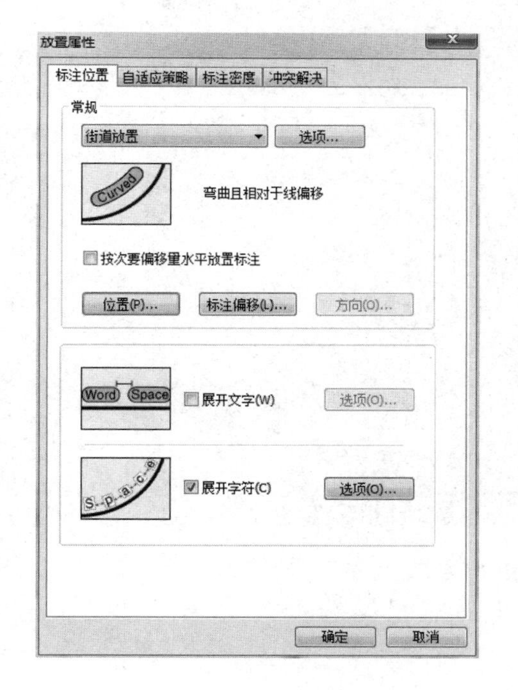

图 3.30　展开字符

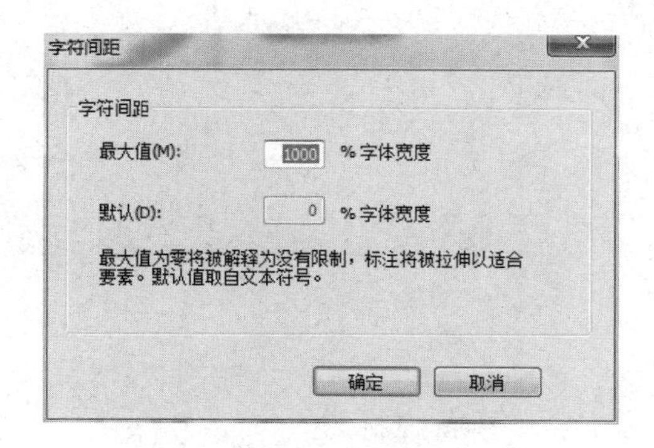

图 3.31　设置字符间距最大值

（11）在【标注管理器】对话框中单击【符号】按钮打开【符号选择器】对话框，如图 3.32 所示。

（12）单击【符号选择器】中的【编辑符号】按钮打开【编辑器】对话框，在【常规】选项卡中，设置文本符号的字体、字号及颜色等。

（13）单击【掩膜】标签切换到【掩膜】选项卡，在【样式】中选择【晕圈】，如图 3.33 所示。

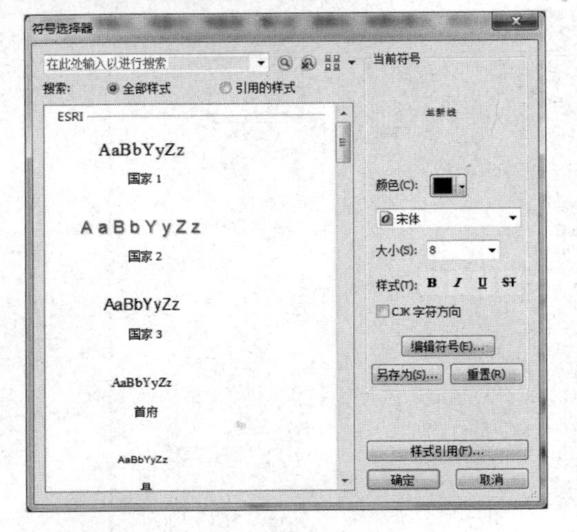

图 3.32 【符号选择器】对话框

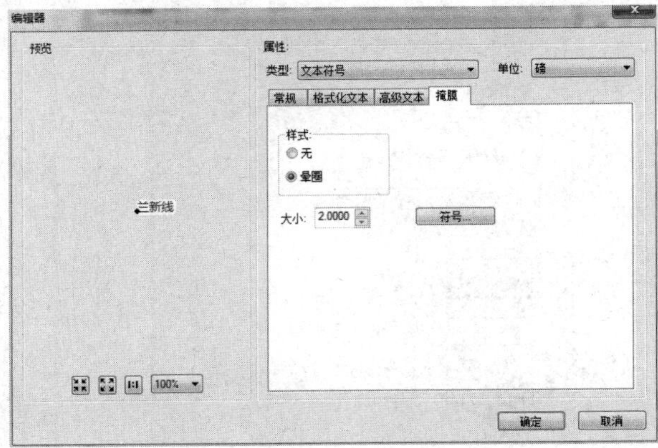

图 3.33 【掩膜】选项卡

（14）单击【确定】按钮关闭所有对话框后可完成道路标注，标注结果如图 3.34 所示。

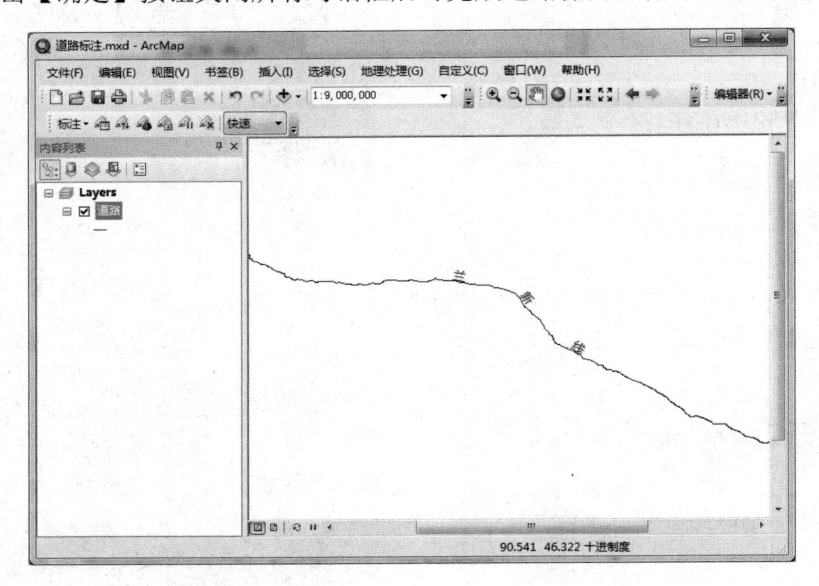

图 3.34 道路标注结果

3.1.8 等高线标注

等高线标注的操作步骤如下。

（1）在 ArcMap 中打开“...\第三章\等高线标注”路径下的“等高线.mxd”地图文件，如图 3.35 所示。

（2）右击【内容列表】中的【图层】弹出菜单。

（3）在弹出的菜单中单击【属性】→【数据框 属性】，打开【数据框 属性】对话框，单击【常规】标签切换到【常规】选项卡，在【标注引擎】下拉列表中选择“Maplex 标注引擎”，单击【确定】按钮，如图 3.36 所示。

（4）右击“等高线”图层，在弹出的菜单中单击【属性】→【图层属性】，打开【图层属性】对话框。

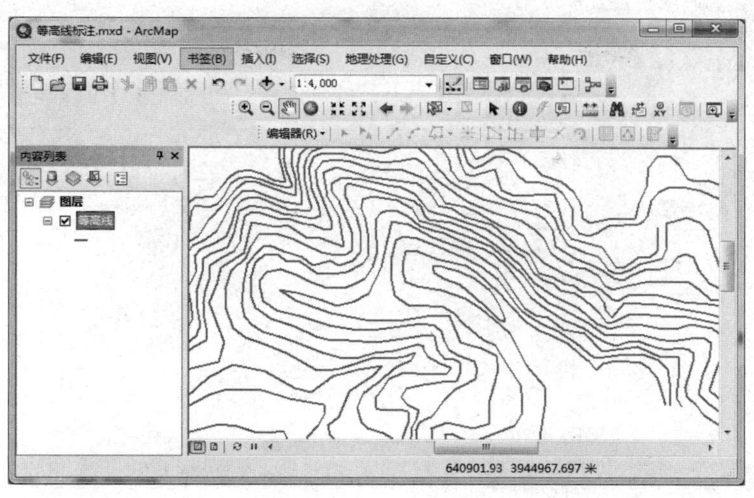

图 3.35 等高线标注前

（5）在【图层属性】对话框中单击【标注】标签切换到【标注】选项卡，勾选【标注此图层中的要素】复选框，在【标注字段】的下拉列表中选择“Elevation”。

（6）单击【符号】按钮打开【符号选择器】对话框。

（7）单击【符号选择器】对话框中的【编辑符号】按钮打开【编辑器】对话框，切换到【掩膜】选项卡，在【样式】中选择【晕圈】，单击【确定】按钮。

（8）单击【确定】按钮回到【图层属性】对话框，在【标注】选项卡中单击【放置属性】按钮，打开【放置属性】对话框，单击【标注位置】标签切换到【标注位置】选项卡，在【常规】的列表框中选择“等值线放置”，单击【确定】按钮，如图 3.37 所示。

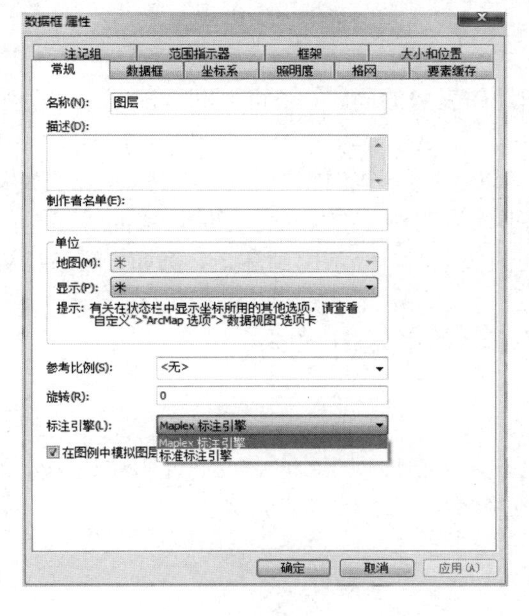

图 3.36 打开 Maplex 标注引擎

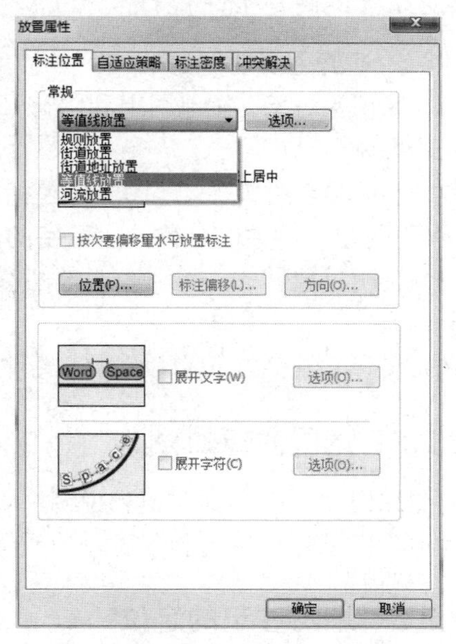

图 3.37 选择等值线放置

（9）单击【确定】按钮关闭所有对话框，等高线标注的结果如图 3.38 所示。

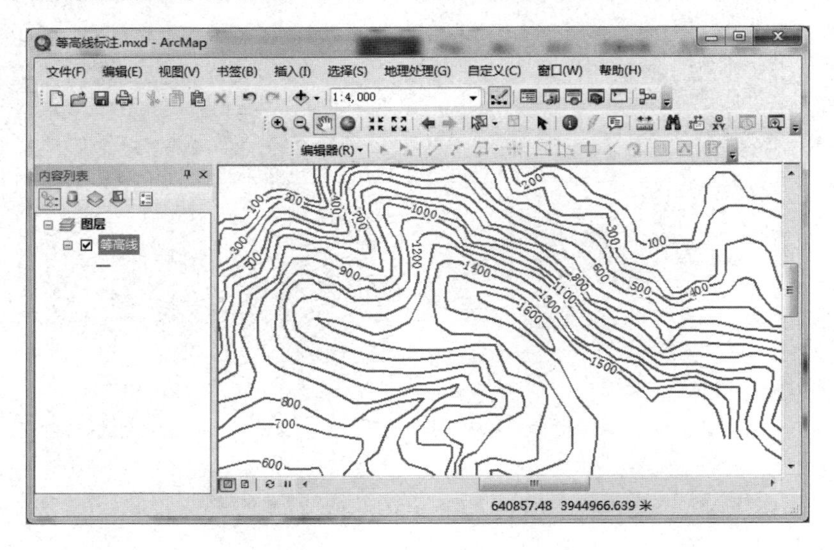

图 3.38　等高线标注结果

3.2　地图注记

地图注记是指用于注明地图对象的名称、指示地图对象的属性，以及描述对象间关系的各种文字、数字等。与标注相同的是，注记也是对地图要素进行描述的文本，但不同的是，使用注记，位置、文本字符串和显示属性均可存储在一起并可单独编辑。由于可以选择单条文本进行编辑，注记为调整文本外观和文本放置提供了灵活性。

3.2.1　地图注记的功能

地图注记的主要功能如下。

（1）标识各对象。在地图中利用符号标识地图表象的同时，还可以利用注记来注明各个地图对象的名称。

（2）指示对象的属性。地图注记包括文字，以及对象的各种说明注记，例如，以“水”“气”“松”等说明地图对象的名称，以数字的注记形式说明对象的宽度、深度、比高等。

（3）表明对象间的关系。表明地图对象间的关系时，经常用到注记，例如，暖温型褐土及栗钙土草原。

（4）转译功能。注记可以利用文字将地图符号的意义表达出来。

3.2.2　地图注记的分类

地图注记主要有名称注记和说明注记。名称注记指地理事物的名称，说明注记又分文字和数字两种，用于补充说明制图对象的质量或数量属性。

3.2.3　地图注记的定位

良好的注记定位能够加强地图的视觉平衡，注记在地图上的排列方式主要有 4 种。

- 水平字列：平行于南北图廓。
- 垂直字列：垂直于南北图廓。
- 雁行字列：字符连线与注记物走向平行，成直线，字直立。
- 屈曲字列：字符连线与注记物走向平行，成自然弯曲，字不直立。

3.2.4　地图注记的设计原则

地图注记的设计一般遵循以下原则。

- 注记字体要具有明显性、差异性、习惯性。
- 注记字的大小要在一定程度上反映被注记对象的重要性和数量等级。
- 注记字的颜色要强化分类效果和区分层次，以达到加强分类概念的作用。
- 注记字的间隔要在某种程度上隐含所注记对象的分布特征（如点、线、面）。
- 注记字位，即注记放置的位置，要能够明确显示被注记的对象。

3.2.5　标注转注记

标注文本的位置可动态变化，但是不能被编辑，而注记文本可以被选择移动并编辑，为了精确控制文本在地图中的放置位置，需要将标注转换为注记。除此之外，每个注记文本的显示属性（字体、大小、颜色等）也可以被编辑。根据注记的存储位置，ArcGIS 中的注记可以分为地理数据库注记和地理文档注记。地理数据库注记以注记要素类的形式存储在地理数据库中。如果选择地理数据库注记，则需决定是创建标准注记要素还是关联要素的注记要素。地图文档注记存储在地图文档内的一个注记组中。可从任何具有地理数据库、Coverage、Shapefile 或 CAD 要素类数据源的图层中将标注转换为注记组。下面通过两个例子来分别说明如何将标注转换为地理数据库注记和地图文档注记。

1. 将标注转换为地理数据库注记

下面是将“JXNU.mxd”地图文件（位于“...\第三章\标注”）中的“建筑”的标注转换为地理数据库注记的操作步骤。

（1）打开“JXNU.mxd”地图文件，该地图文件已经对“建筑”要素进行了标注，效果如图 3.39 所示，标注字段为“Name”字段。

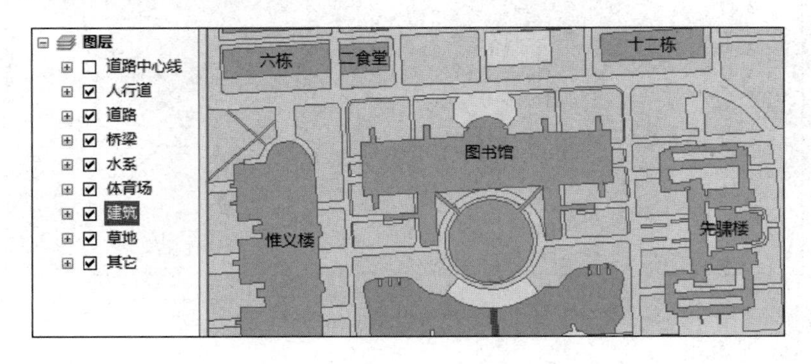

图 3.39　标注效果图

（2）为确保当前地图比例与现有要素类的制图输出比例尺匹配，在工具条的比例框中将当前地图比例设置为 1:2000。

（3）右击“建筑”，在弹出的菜单中单击【将标注转换为注记】，如图 3.40 所示，打开【将标注转换为注记】对话框。

（4）在【将标注转换为注记】对话框的【存储注记】区域中选中【在数据库中】，并且指定创建注记的要素为【所有要素】，取消选中【要素已关联】，单击打开文件夹图标，设置注记存储的地理数据库路径（这里选择“... \第三章\标注\注记.mdb”）及注记图层名称，如图 3.41 所示。

（5）确保已勾选【将未放置的标注转换为未放置的注记】。

（6）单击【转换】按钮，完成操作，结果如图 3.42 所示。

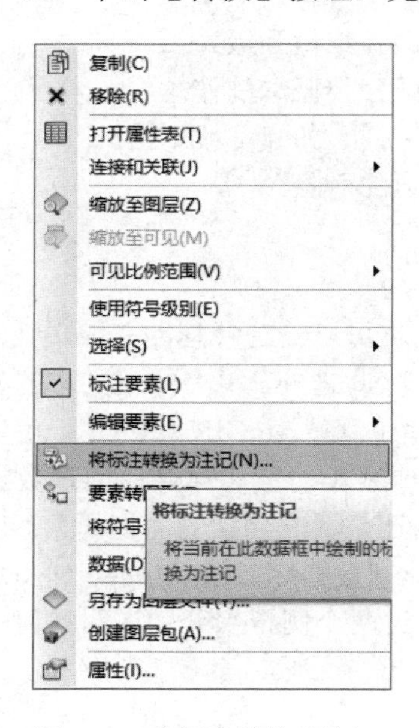

图 3.40　将标注转换为注记

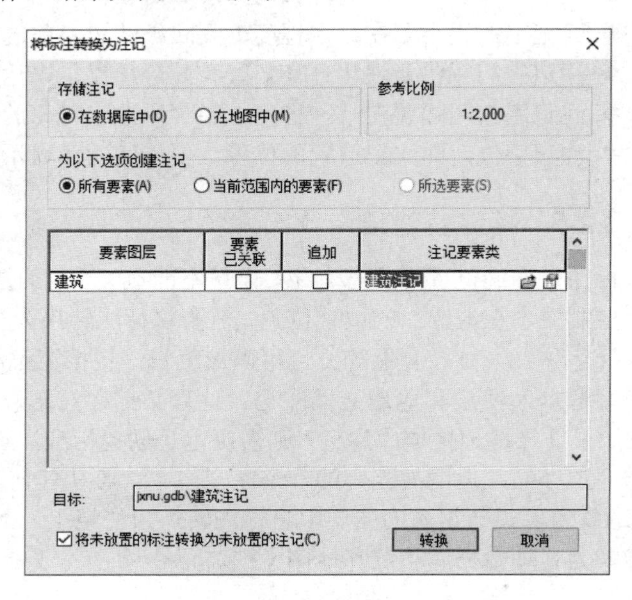

图 3.41　【将标注转换为注记】对话框

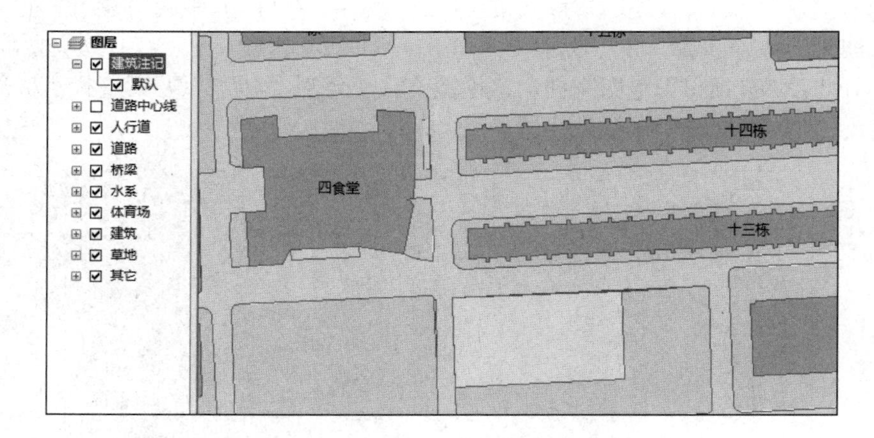

图 3.42　标注转为地理数据库注记

2．将标注转换为地图文档注记

将“JXNU.mxd”地图文件中的“建筑”图层的标注转换为地图文档注记，其操作步骤如下。

（1）标注“建筑”的“Name”字段属性，并将当前地图比例设置为 1:2000。

（2）在【内容列表】中右击“建筑”，在弹出的菜单中单击【将标注转换为注记】，打开【将标注转换为注记】对话框。

（3）在【存储注记】区域内选中【在地图中】，指定要创建注记的要素为【所有要素】，如图 3.43 所示。

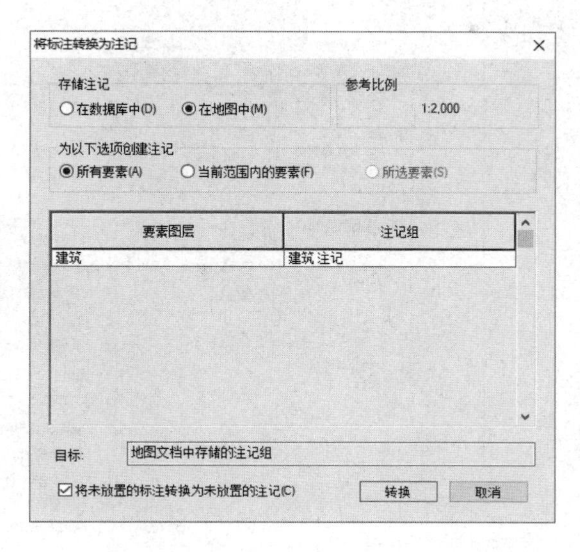

图 3.43　将标注转换为地图文档注记

（4）单击【转换】按钮，完成操作，结果如图 3.44 所示。

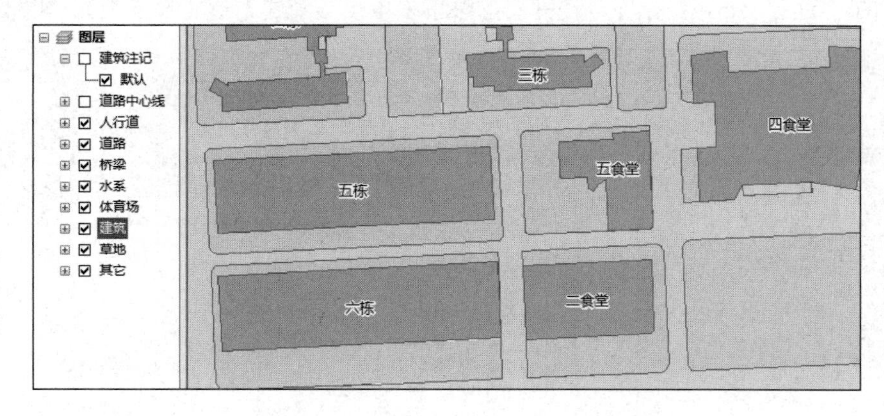

图 3.44　标注转地图文档注记结果

3.2.6　注记编辑

每个注记文本要素都具有符号系统，其中包括字体、大小、颜色及其他任何文本符号属性。使用 ArcMap 中的编辑工具来编辑注记，可完成调整大小、颜色、移动和旋转等编辑任务。下面以编辑道路注记的例子来说明如何进行注记编辑。

1．创建注记类

（1）打开“注记编辑.mxd”地图文件（位于“…\第三章\注记编辑”路径下）。

（2）在 ArcCatalog 目录树中右击数据库存放的目录，在弹出的菜单中单击【新建】→【文件地理数据库】，如图 3.45 所示，创建名为“注记.gdb”的地理数据库。

图 3.45 新建注记类地理数据库

（3）右击“注记.gdb”数据库，在弹出的菜单中单击【新建】→【要素类】，如图 3.46 所示。

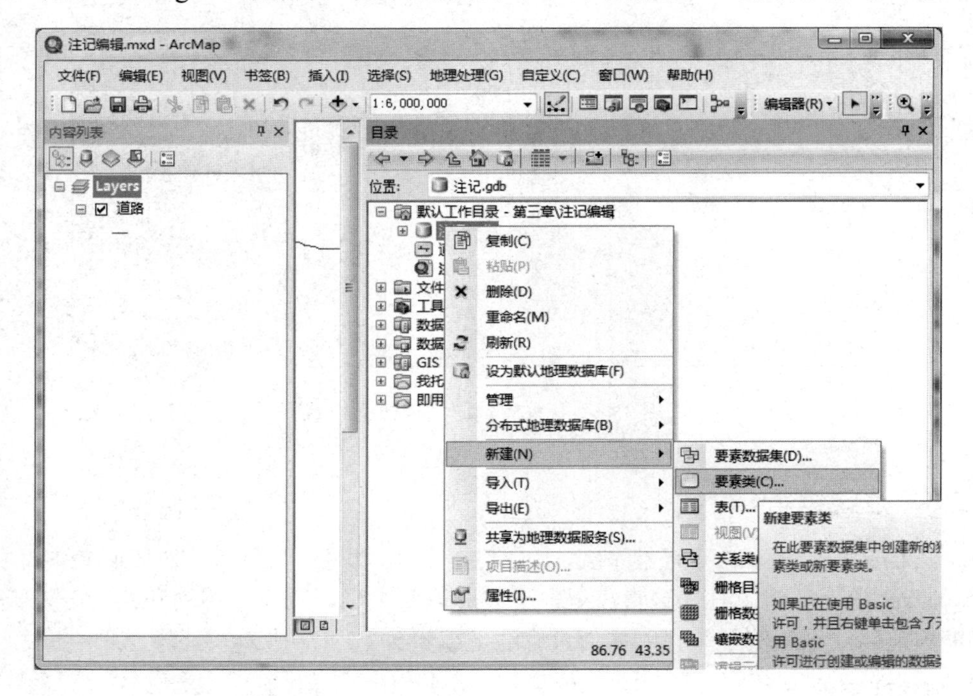

图 3.46 新建要素类

（4）在弹出的【新建要素类】对话框中填写新建要素的名称和别名，如图 3.47 所示，在【此要素类中所存储的要素类型】下拉列表中选择【注记要素】。

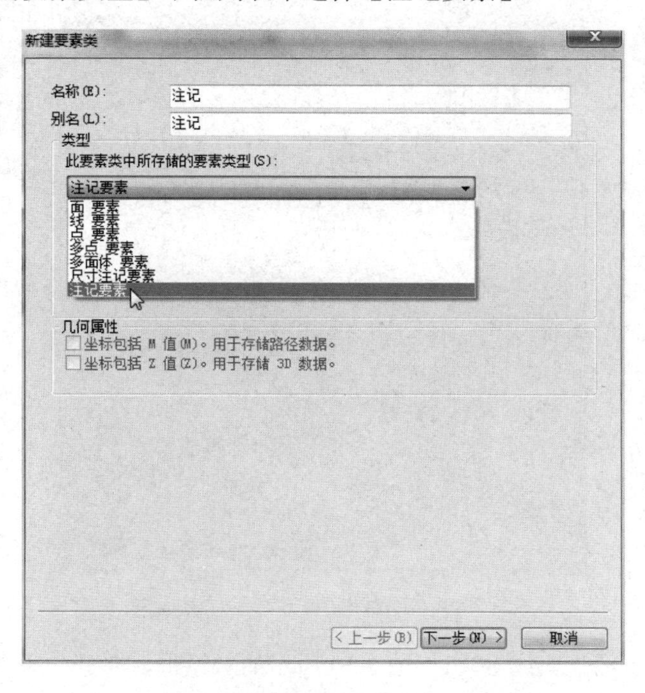

图 3.47　【新建要素类】对话框

（5）单击【下一步】按钮设置坐标系，如图 3.48 所示，再单击【下一步】按钮设置容差。

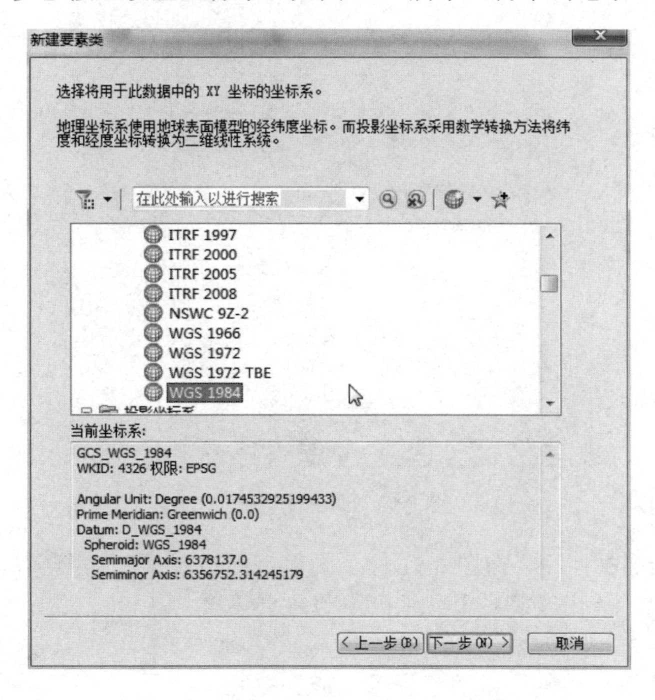

图 3.48　设置注记的坐标系

（6）单击【下一步】按钮，如图 3.49 所示，设置【参考比例】，此参考比例应为注记正常显示时的比例尺，然后在【地图单位】下拉列表中选择地图单位。

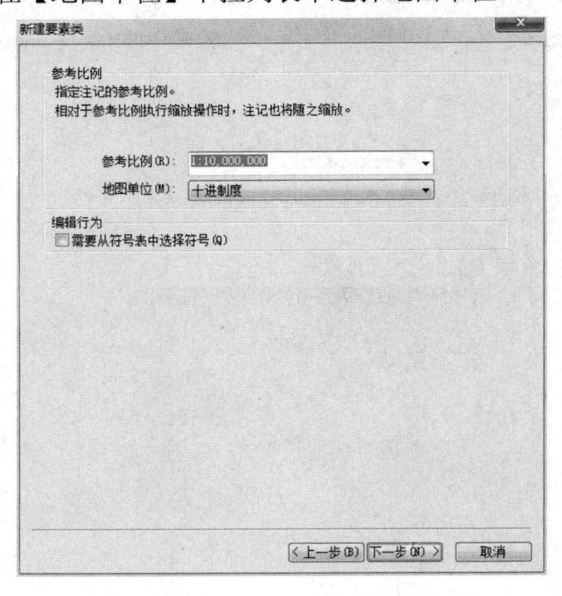

图 3.49　设置注记要素类的参考比例

（7）单击【下一步】按钮，弹出如图 3.50 所示的对话框，在其中设置注记属性。

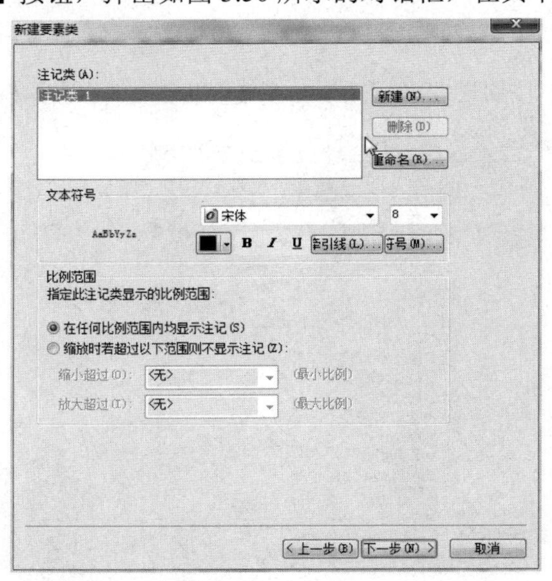

图 3.50　设置注记属性

（8）单击【重命名】按钮，在图 3.51 所示的对话框中对注记类进行重命名，单击【确定】按钮回到设置要素类的【注记属性】对话框。

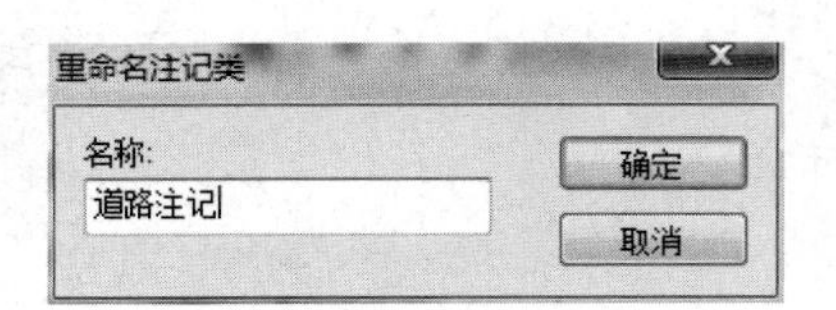

图 3.51　重命名注记类

（9）单击两次【下一步】按钮后单击【完成】按钮，完成注记类的创建，如图 3.52 所示。

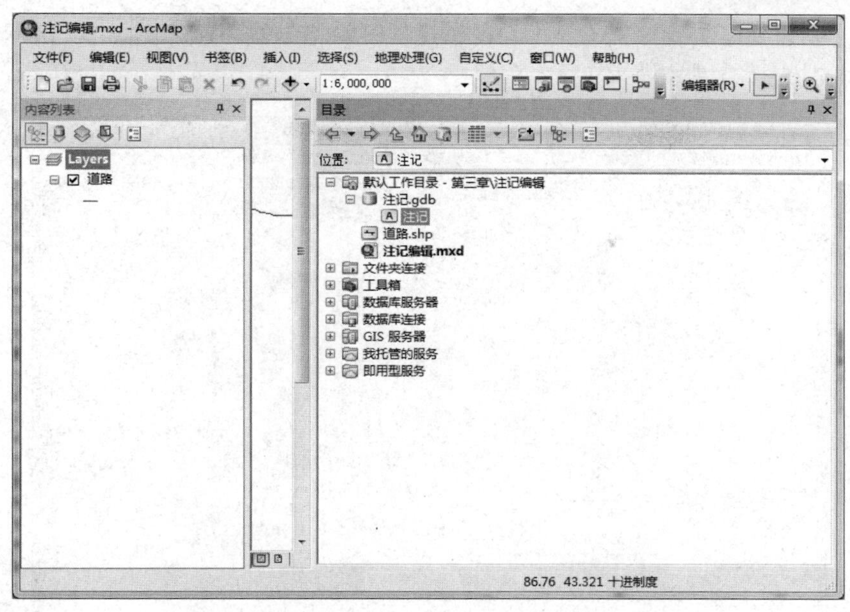

图 3.52　完成注记要素的创建

2．添加注记

完成注记类的创建后可开始添加注记，操作步骤如下。

（1）右击“注记”图层，单击【编辑要素】→【开始编辑】。

（2）单击【编辑器】工具条中的【创建要素】按钮，打开【创建要素】窗口，在【创建要素】窗口中单击“道路注记”，如图 3.53 所示。

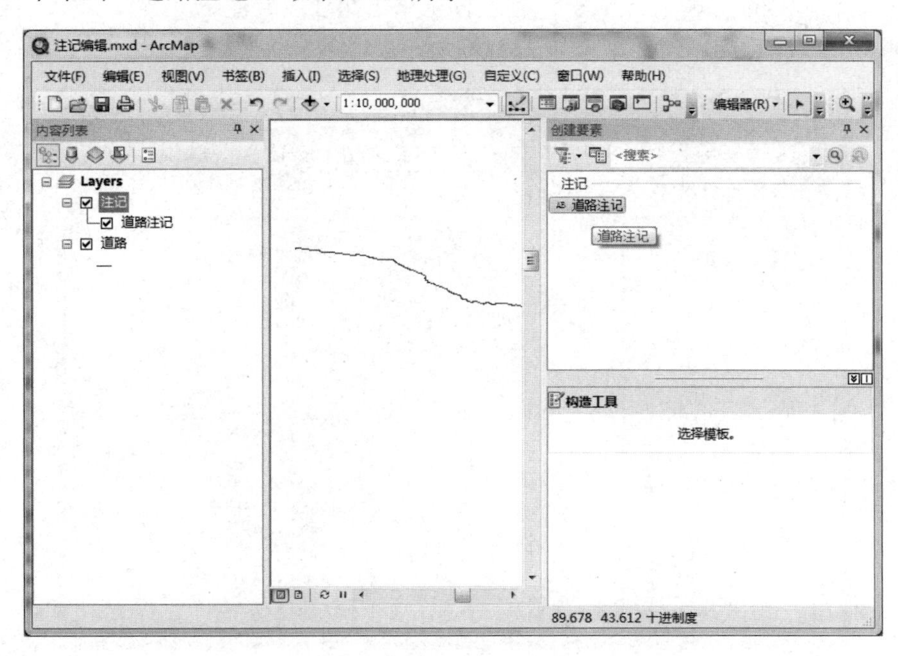

图 3.53　选择注记模板

（3）在【创建要素】窗口的右下角单击【展开窗格】按钮，如图 3.54 所示，在【构造工具】的列表中选择【水平对齐】。

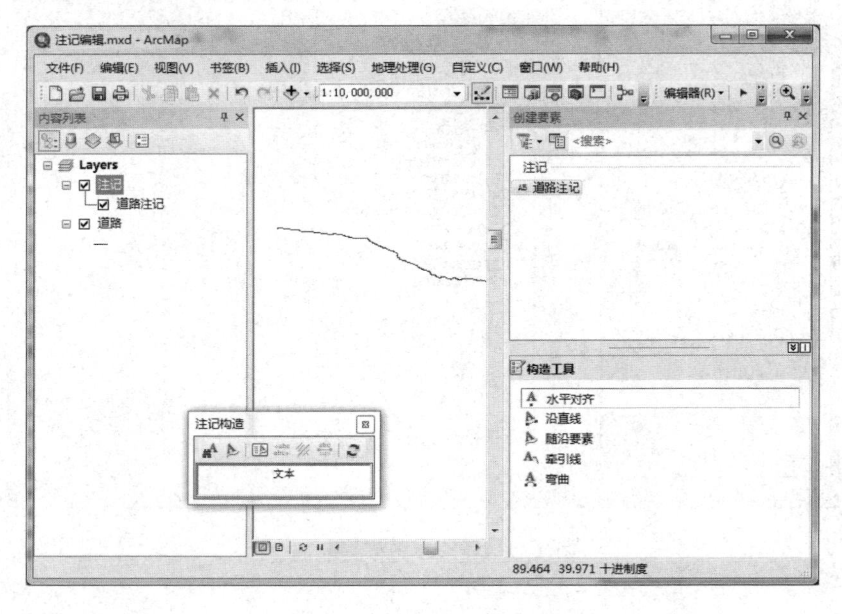

图 3.54　选择构造工具

（4）如图 3.55 所示，在【注记构造】对话框中的文本框内输入新注记要素的文本。

图 3.55　输入注记文本

（5）将鼠标放至【数据视图】框中，鼠标指针变为“+”字形，并显示上一步中输入的文本“兰新线”，在地图上单击想要放置注记的位置，即可完成注记的创建，结果如图 3.56 所示。

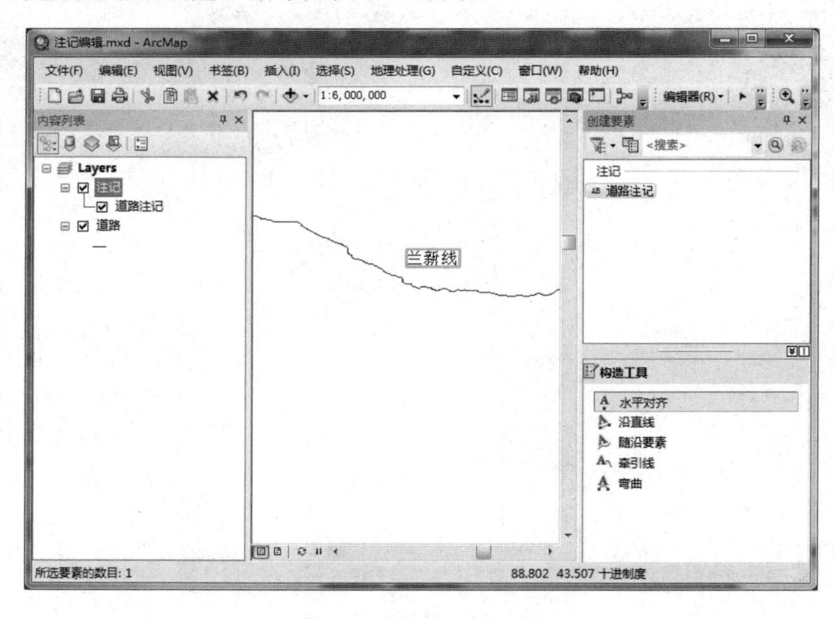

图 3.56　创建水平注记结果

3．移动注记

这里利用前面创建的注记示范移动注记的操作步骤。

（1）直接移动注记。使用【编辑器】工具条中【编辑工具】或【编辑注记工具】选择注记后拖动鼠标，即可将注记拖动到指定位置，如图 3.57 所示。

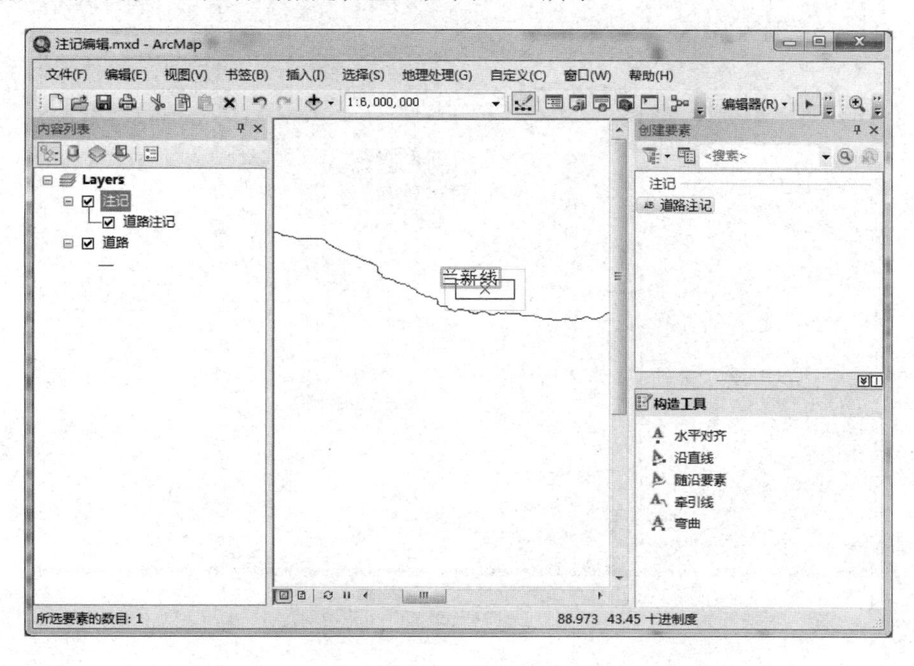

图 3.57　移动注记

（2）随要素移动注记。单击【编辑器】工具条上的【编辑注记工具】，选择要移动的注记“兰新线”，右击要随沿的道路要素，在弹出的菜单中单击【随沿此要素】菜单，如图 3.58 所示。

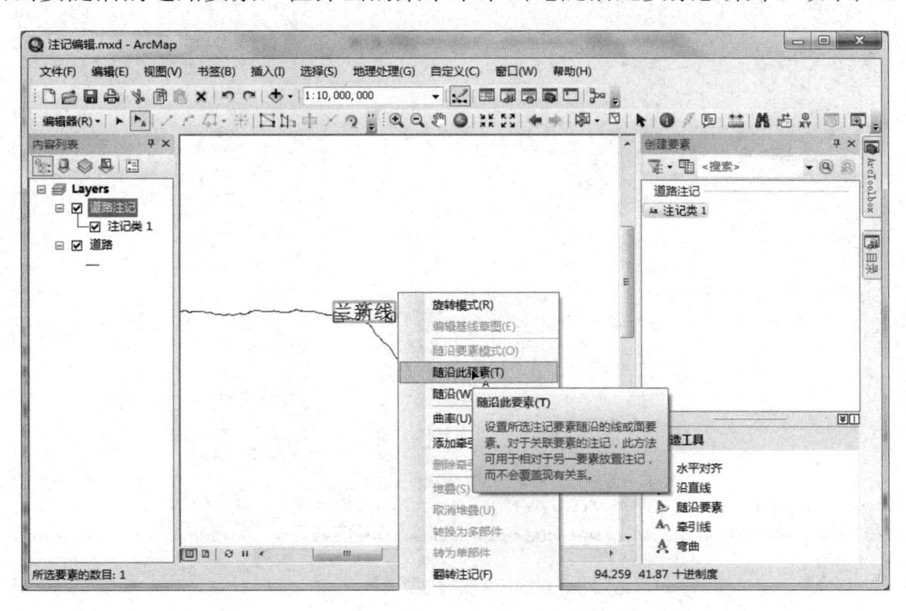

图 3.58　随要素移动注记

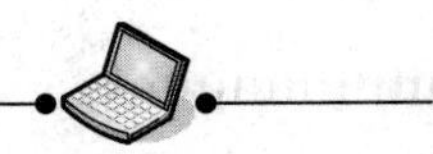

4．调整字体样式

接下来对注记的字体样式进行调整，步骤如下。

（1）单击【编辑器】工具条上的【编辑工具】▶，选择要调整的注记文本，如图 3.59 所示。

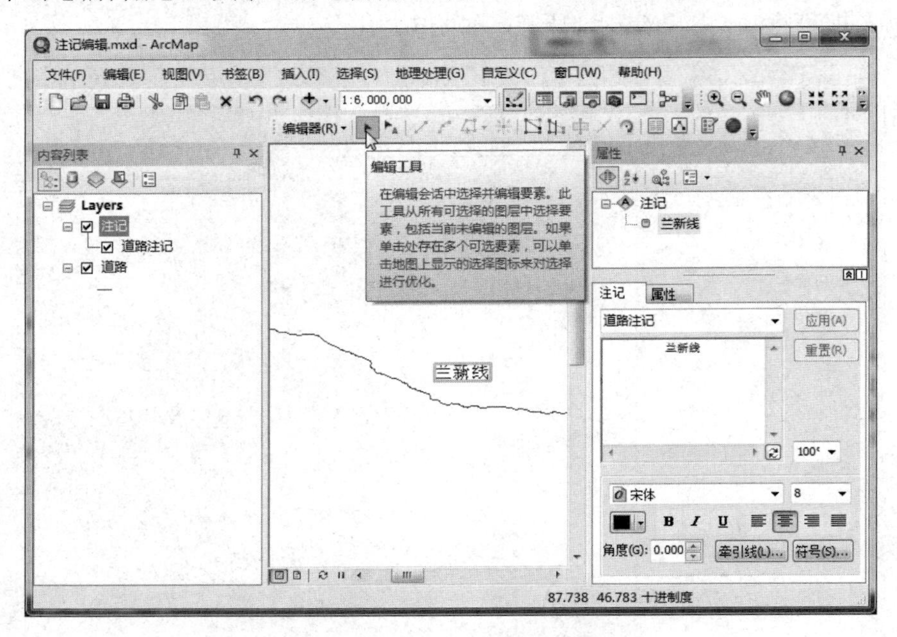

图 3.59　选择要调整的注记文本

（2）右击“兰新线”注记，在弹出的菜单中单击【属性】菜单，如图 3.60 所示。

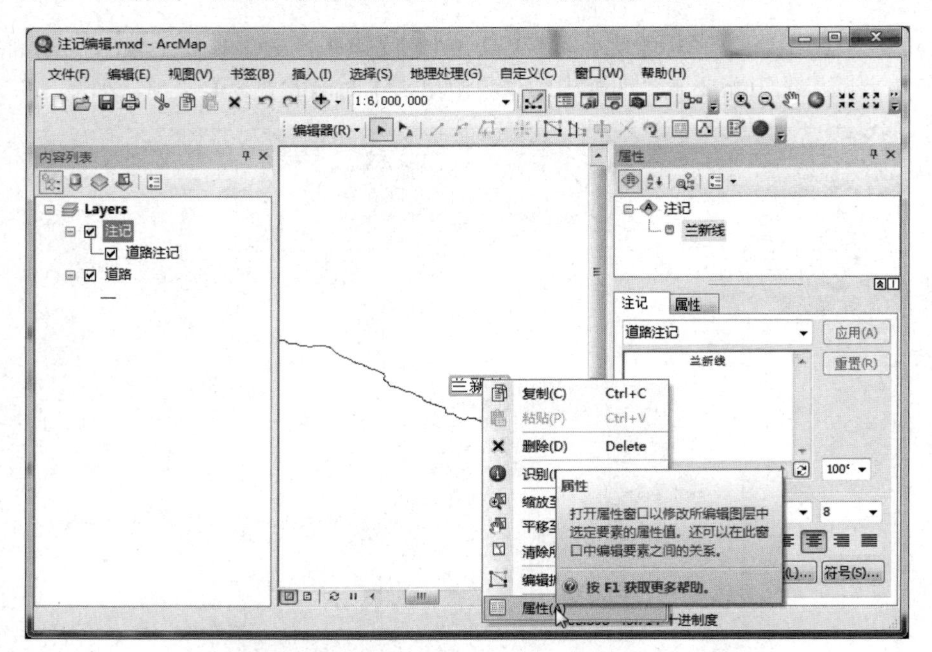

图 3.60　单击【属性】菜单

（3）单击【注记属性】对话框内的【符号】按钮，弹出如图 3.61 所示的【符号选择器】对话框，即可调整注记的字体样式、颜色及大小。

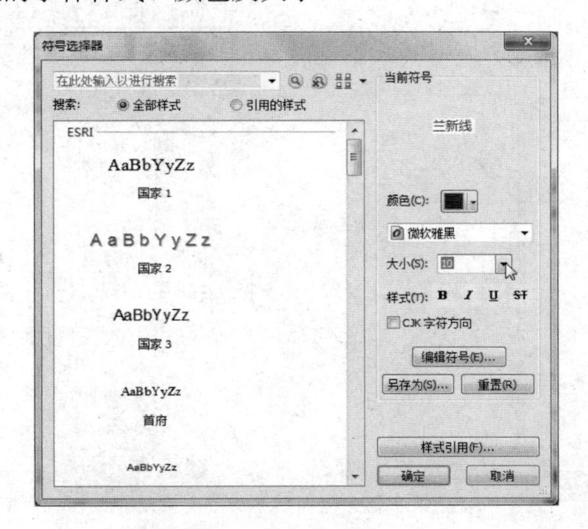

图 3.61 【符号选择器】对话框

（4）单击【确定】按钮回到【注记属性】对话框，单击【应用】按钮，字符调整后如图 3.62 所示。

图 3.62　注记文本的字体调整后的结果

5．旋转注记

旋转注记的操作步骤如下。

（1）选择要旋转的注记“兰新线”，单击【编辑器】工具里中旋转工具，这时鼠标指针变成样式，如图 3.63 所示。

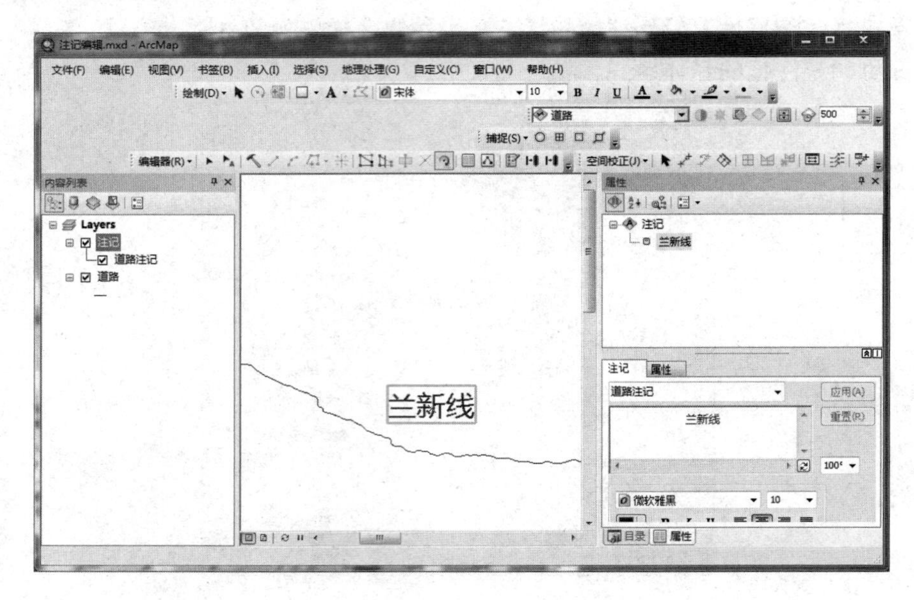

图 3.63　旋转工具

（2）选中注记“兰新线”进行旋转，如图 3.64 所示。

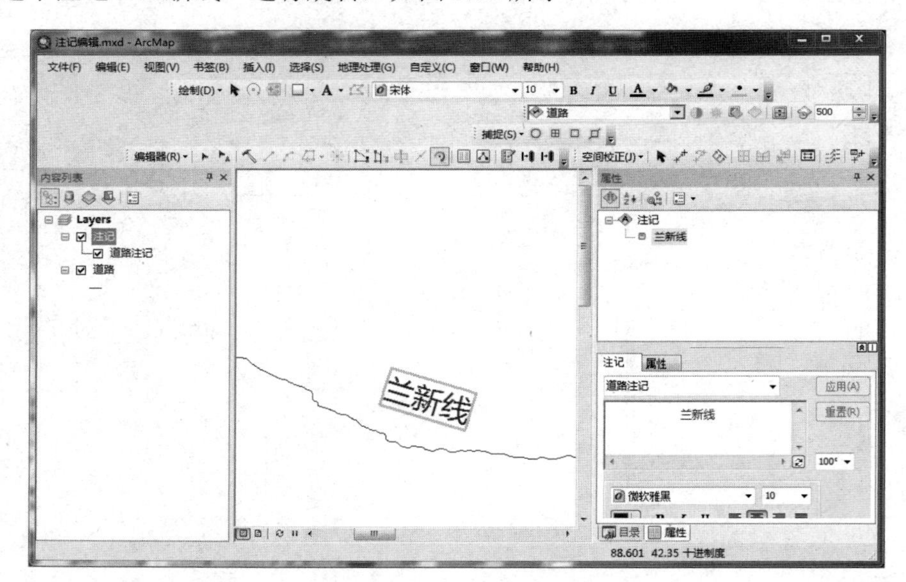

图 3.64　旋转注记

6. 删除注记

删除注记有两种方法。

（1）在【属性】窗口中删除：如图 3.65 所示，右击【属性】窗口中的“兰新线”注记，在弹出的菜单中单击【删除】菜单即可删除注记。

（2）在地图上删除：如图 3.66 所示，在地图上选择“兰新线”，直接按键盘上的 Delete 键，或者右击选择的注记文本，在弹出菜单中单击【删除】菜单即可删除注记。

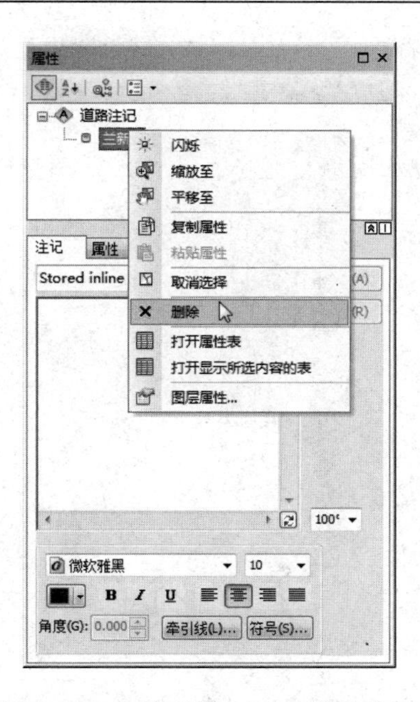

图 3.65　在【属性】窗口中删除注记

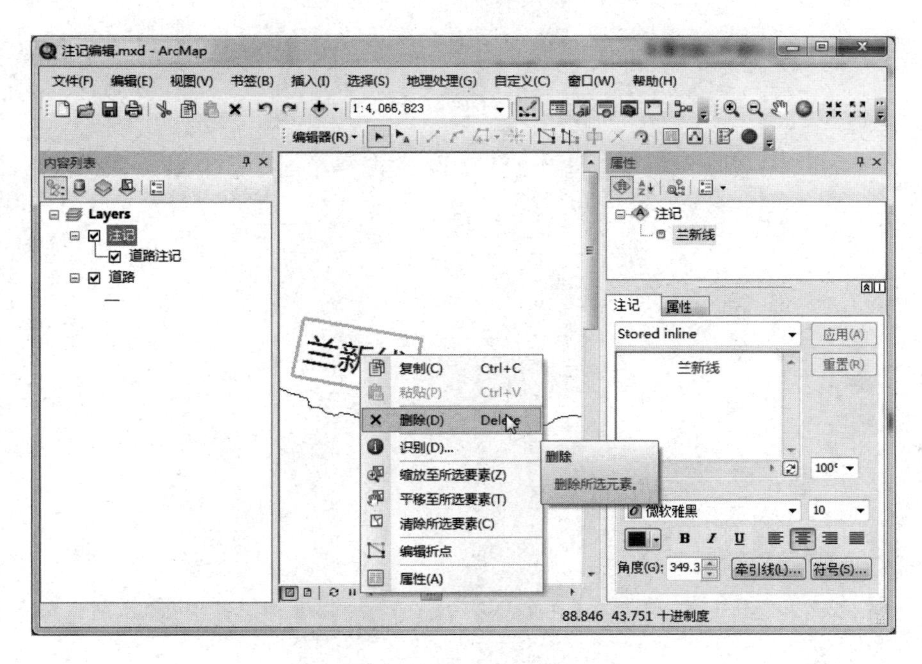

图 3.66　在地图上删除注记

第4章

GIS 空间数据选择与查询

空间数据的选择与查询是地理信息系统的一项重要功能，查询是用户与系统交互的途径，它可以向人们提供地理空间、时间空间相关的空间数据，或者是与其相关的属性数据。本章具体内容包括：

- 空间选择；
- 根据空间位置查询属性；
- 根据属性查找空间实体；
- 空间属性联合查询；
- 长度和面积查询；
- 坐标定位；
- 要素超链接设置和查看；
- 计算江西省范围内的公路总长度。

4.1 空间选择

空间选择是指选择单个或者多个要素，空间选择是 ArcGIS 的基本操作，同时也是进行空间分析的前提。本节介绍的内容包括：

- 通过属性选择；
- 通过位置选择；
- 通过图形选择；
- 设置可选图层；
- 交互式选择方式；
- 清除选择的要素；
- 选择统计；
- 选择选项设置。

4.1.1 通过属性选择

在通过要素的属性值来选择要素时，如果要素较多，并且需要选择特定的要素，则可通过属性选择，建立 SQL 语句，方便快速地选择到要素。操作步骤如下。

（1）在“...\第四章\GIS 空间数据选择与查询”路径下，打开地图文档“jx.mxd”。

（2）在菜单栏中单击【选择】→【按属性选择】，如图 4.1 所示，弹出【按属性选择】对话框。

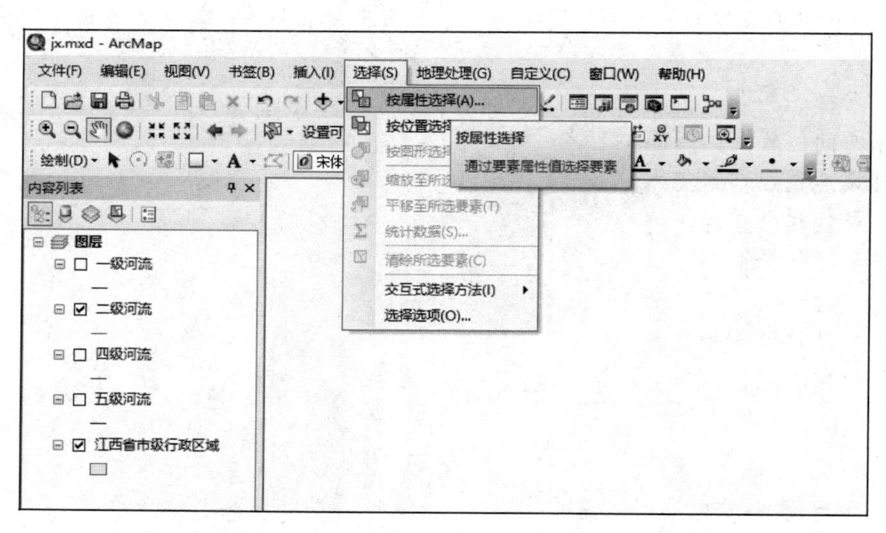

图 4.1 按属性选择位置

（3）在弹出的对话框中，在【图层】下拉列表选择“二级河流”；在【方法】下拉列表选择“创建新选择内容”；在【方法】下拉列表下面的列表框中双击“NAME”，单击【=】按钮，单击【获取唯一值】按钮，将显示出该字段的所有值；单击“'赣江'”，则会在【SELECT * FROM 二级河流 WHERE】的文本框中显示建立的 SQL 语句“"NAME" = '赣江'”，如图 4.2 所示。

（4）单击【验证】按钮，验证 SQL 语句是否正确，如果验证有误，则进行修改；如果验证正确，则单击【确定】按钮，“赣江”要素将在地图上高亮显示，对话框消失。

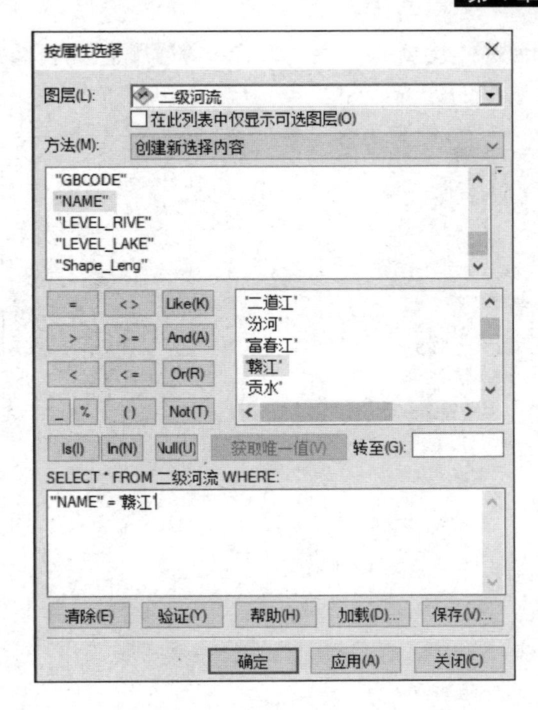

图 4.2 【按属性选择】对话框

4.1.2　通过位置选择

依据要素相对于源图层中要素的位置，可从一个或多个目标图层中选择要素。下面以“选择赣江经过的江西省市级行政区域”为例进行介绍，操作步骤如下。

（1）在“...\第四章\GIS 空间数据选择与查询”路径下，打开地图文档“jx.mxd”。

（2）通过【按属性选择】对话框在地图上将“赣江”选中。

（3）在菜单栏中单击【选择】→【按位置选择】，如图 4.3 所示，弹出【按位置选择】对话框。

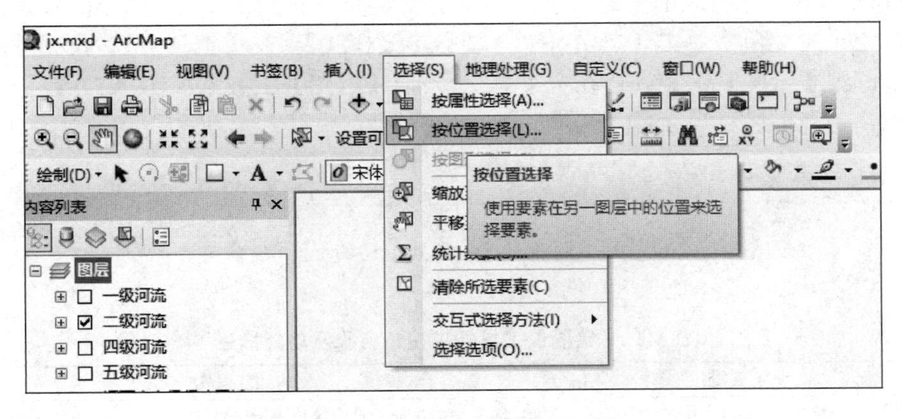

图 4.3　选择【按位置选择】菜单

（4）在弹出的对话框中，在【选择方法】下拉列表选择“从以下图层中选择要素”，从【目标图层】列表框中选择“江西省市级行政区域”，在【源图层】下拉列表选择“二级河流”，选

中【使用所选要素】，在【目标图层要素的空间选择方法】下拉列表选择“与源图层要素相交”，取消【应用搜索距离】复选框的选择，如图 4.4 所示。

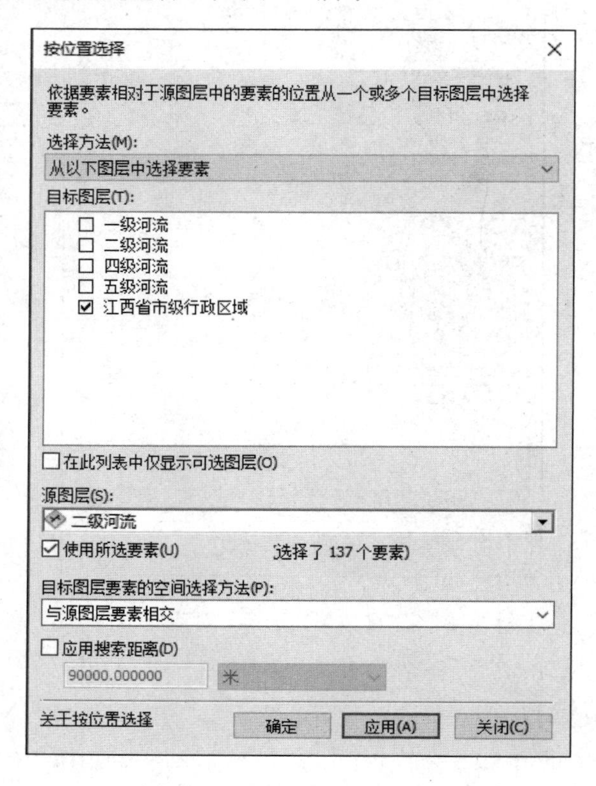

图 4.4 【按位置选择】对话框

（5）单击【确定】按钮，则赣江经过的市将被选择并高亮显示。

4.1.3 通过图形选择

从可选图层中选择与地图上绘制图形相交的要素时，首先需要使用绘图工具绘制选择图形。在 ArcMap 主菜单中单击【自定义】→【自定义模式】，在【工具条】列表下将【绘图】复选框选中，则【绘图】工具条将在主菜单上显示。【绘图】工具条如图 4.5 所示，每个功能按钮的名称及功能描述见表 4.1。

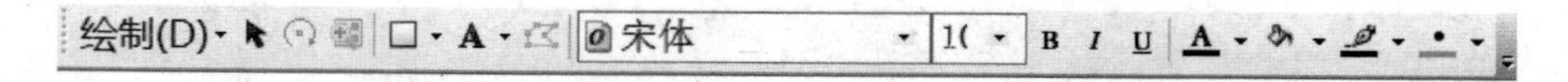

图 4.5 【绘图】工具条

表 4.1 【绘图】工具条中按钮名称及功能描述

图 标	名 称	功 能 描 述
绘制	绘制	包含地图文档注记工具、操作图形工具等
(选择图标)	选择	选择、调整和移动放置到地图上的文本、图形和其他元素
(旋转图标)	旋转	旋转所选文本或图形，但无法旋转地图元素。按下快捷键 A 会弹出【角度】对话框，可以指定需旋转的角度

续表

图　　标	名　　称	功 能 描 述
	缩放至所选要素	缩放至当前所选文本、图形或地图元素
	矩形	包括矩形、面、圆、椭圆等工具，单击后可在地图上绘制图形
A	文字	通过输入添加文字
	编辑折点	编辑所选面、线或曲线的折点
宋体	字体和字号	设置文本的字体类型和大小
B	粗体	设置粗体
I	斜体	设置斜体
U	下画线	切换下画线字体
A	字体颜色	设置字体颜色
	填充颜色	设置填充颜色
	线颜色	设置线颜色
	注记颜色	设置注记颜色

下面介绍按图形选择要素的具体步骤。

（1）在“...\第四章\GIS 空间数据选择与查询”路径下，打开地图文件“jx.mxd”。

（2）单击【绘图】工具条中的【□】按钮，在下拉列表中选择“矩形”，在地图显示窗口中给要选择的要素上画一个矩形。

（3）保持矩形处于选中状态，单击菜单栏【选择】→【按图形选择】，和矩形相交的要素均被选中且高亮显示。

4.1.4　设置可选图层

当加载图层过多，并且希望在特定的图层上选择要素时，可以通过设置可选图层来实现。具体步骤如下。

（1）单击菜单栏【自定义】→【自定义模式】，弹出【自定义】对话框，在对话框中选择【命令】选项卡，在【类别】列表中选择【选择】，在【命令】的列表中选择【设置可选图层】，如图 4.6 所示。

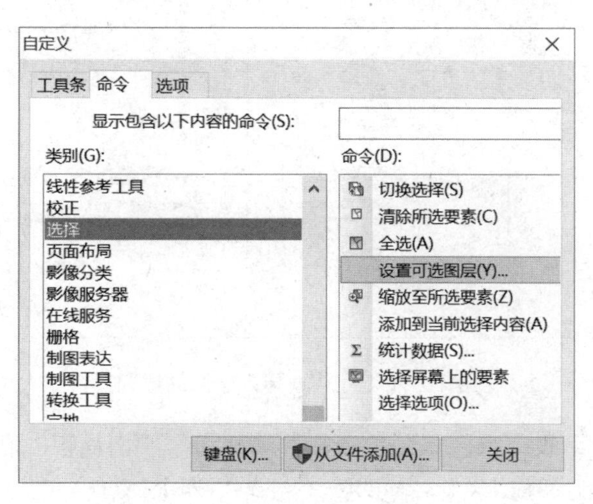

图 4.6　设置可选图层

（2）用鼠标左键按住【设置可选图层】，将其拖放到任一工具条中，如拖放到【编辑器】工具条中，如图 4.7 所示。

图 4.7 【设置可选图层】的位置

（3）单击【设置可选图层】按钮，弹出【设置可选图层】对话框，勾选需要选择要素的图层，如图 4.8 所示。

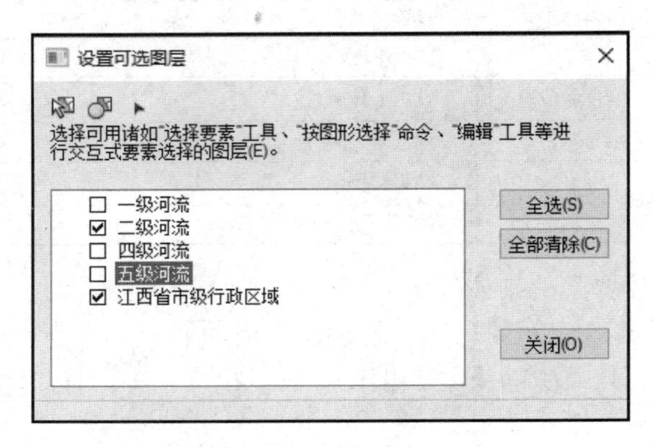

图 4.8 【设置可选图层】对话框

4.1.5 交互式选择方式

在菜单栏中单击【选择】，在下拉菜单中选中【交互式选择方法】，有四种交互式选择方法，分别是：创建新选择内容、添加到当前选择内容、从当前选择内容中移除、从当前选择内容中选择，如图 4.9 所示。

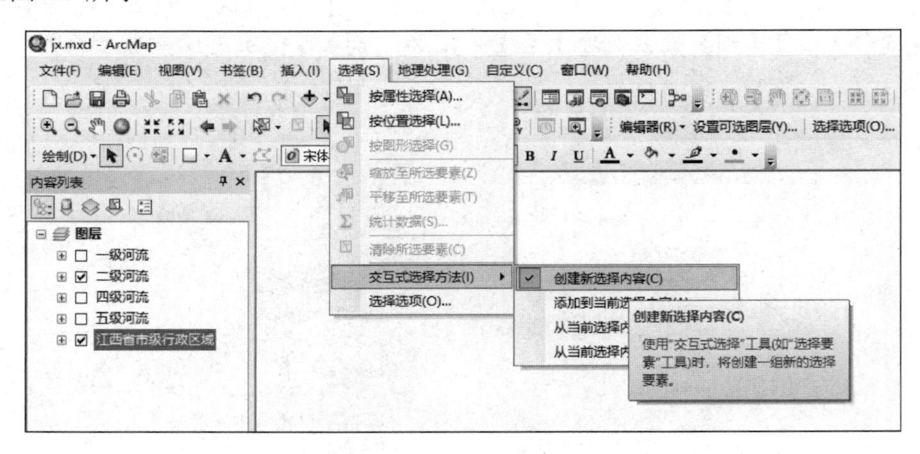

图 4.9 【交互式选择方法】的位置

这里以"在江西省市级行政区域图中选择'赣州市'、'南昌市'和'吉安市'，然后取消'赣州市'的选择"为例，介绍交互式选择，具体步骤如下。

（1）在"...\第四章\GIS 空间数据选择与查询"路径下，打开地图文档"jx.mxd"。

（2）利用【按属性选择】对话框，在“江西省市级行政区域”中选择“赣州市”、“南昌市”和“吉安市”，设置如图 4.10 所示。

（3）单击【确定】按钮，在“江西省市级行政区域”中，“赣州市”、“南昌市”和“吉安市”被选中，高亮显示。

（4）选择交互式选择方法为从当前选择内容中移除。

（5）利用【按属性选择】对话框取消“赣州市”的选择，如图 4.11 所示。

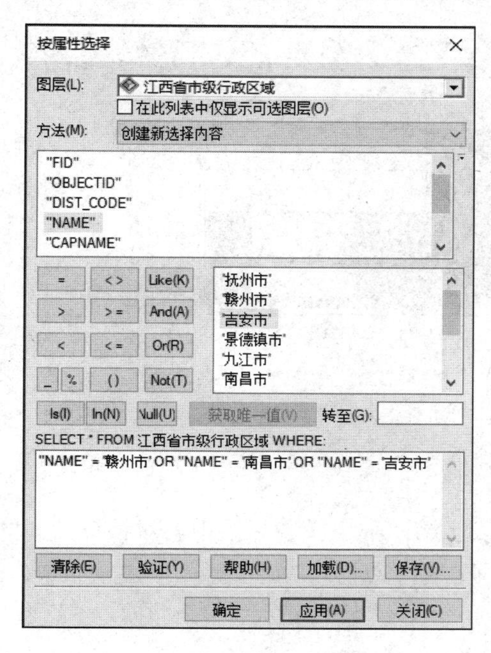

图 4.10　设置参数

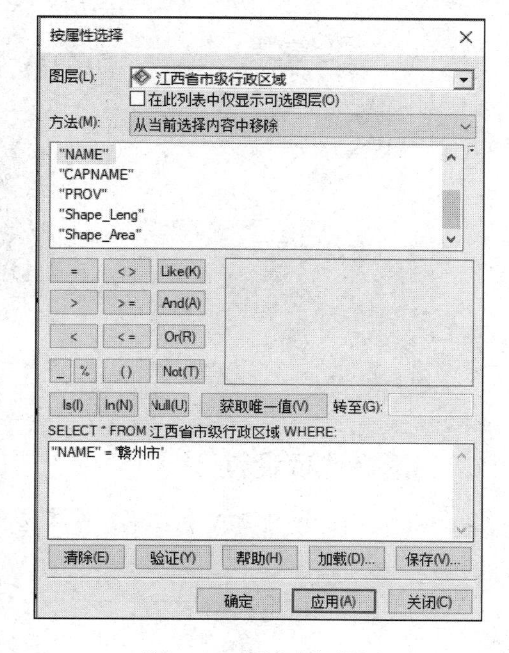

图 4.11　取消选择设置

（6）单击【确定】按钮，“赣州市”被移除。

4.1.6　清除选择的要素

在菜单栏中单击【选择】→【清除所选要素】，则之前被选中的要素均被取消选择，如图 4.12 所示。

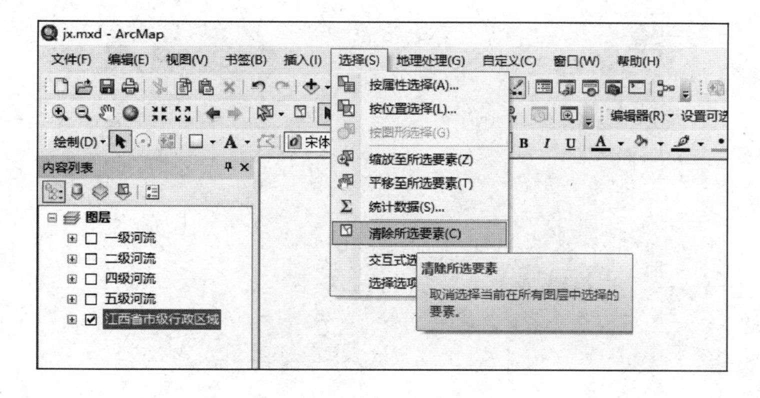

图 4.12　【清除选择要素】的位置

4.1.7 选择统计

在 ArcMap 中加载“…\第四章\GIS 空间数据选择与查询”中的“公路 clip”图层。在该图层中所有要素都被选择的情况下，在菜单栏单击【选择】→【统计数据】，弹出【所选要素的统计结果】对话框，在【图层】的下拉列表中选择“公路 clip”；在【字段】的下拉列表中选择“公路长度，则在【统计数据】信息栏中显示统计结果，包括计数、最小值、最大值、总和、平均值、标准差等，如图 4.13 所示。

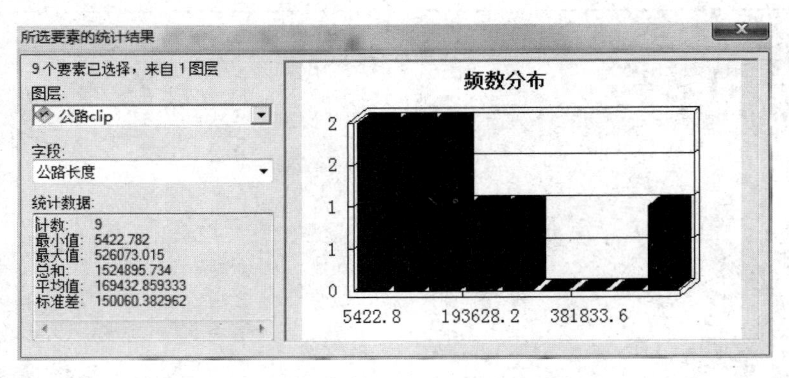

图 4.13 统计结果

4.1.8 选择选项设置

在 ArcMap 主菜单中单击【选择】→【选择选项】，弹出【选择选项】对话框，如图 4.14 所示。

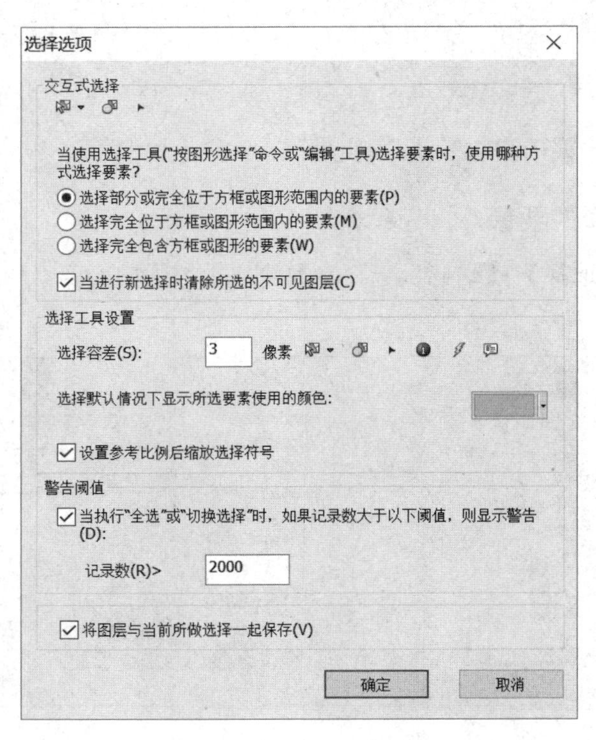

图 4.14 【选择选项】对话框

（1）设置【交互式选择】方式。在这里有三种方式可供选择，包括【按矩形选择】、【按图形选择】及【编辑工具】。

（2）设置容差。指定选择要素时作为选择容差使用的像素数，3～5 的像素值效果通常较好。像素计数太小可能无法满足需要，因为很难精确定位和选择要素。但是，像素半径过大又会导致选择不准确。

（3）设置警告阈值。当选择要素数目大于给定阈值时，提示警告。

4.2　根据空间位置查询属性

在 ArcMap 中可以通过直接单击要素来查询要素属性。【识别】工具的位置如图 4.15 所示。

图 4.15 【识别】工具的位置

具体步骤如下。

（1）在“...\第四章\GIS 空间数据选择与查询”路径下，打开地图文件“jx.mxd”。

（2）单击上述工具条中的【识别】按钮，鼠标指针将变成可识别样式。

（3）单击需要查询的要素时，则弹出该要素的属性；如果需要多选，可拉框进行选择。查询结果如图 4.16 所示。

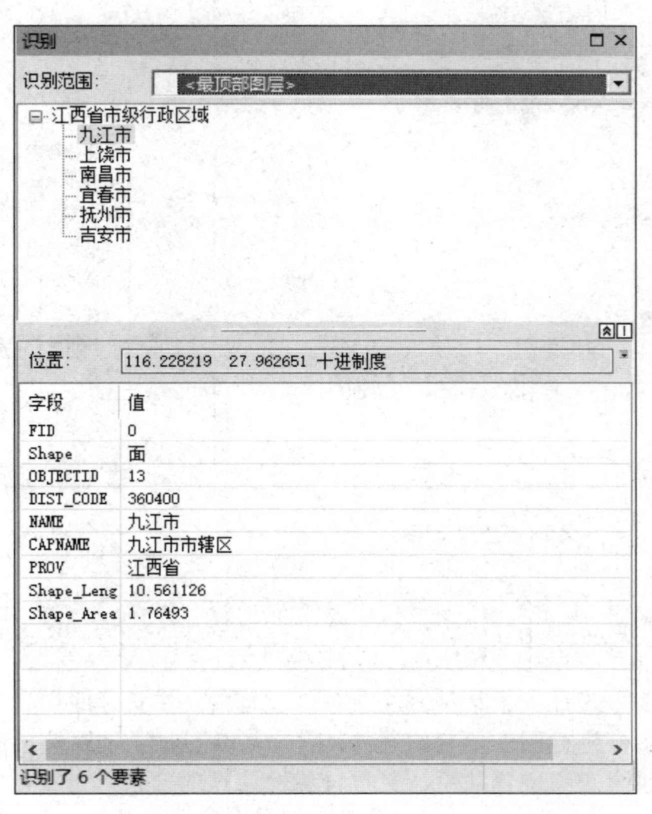

图 4.16　识别结果

4.3 根据属性查找空间实体

ArcMap 提供了根据属性查找空间实体的【查找】工具，具体位置如图 4.17 所示。

图 4.17 【查找】工具的位置

操作步骤如下。

（1）在“...\第四章\GIS 空间数据选择与查询”路径下，打开地图文件“jx.mxd”。

（2）单击工具条中的【查找】按钮，弹出【查找】对话框，选择【要素】选项卡。

（3）在【查找】的下拉列表中输入要查询的要素，这里以“赣州”为例；在【范围】下拉列表中选择“所有图层”；在【搜索】选项下选中【所有字段】。单击【查找】按钮，即可显示所有含“赣州”的值及其所在的图层和字段，如图 4.18 所示。单击【新建搜索】按钮，则可清空之前的选择，可重新输入要查询的要素。

（4）在【右键单击行以显示快捷菜单】列表框中，右键单击其中某一行，可显示快捷菜单，如图 4.19 所示，可以执行相关的操作。

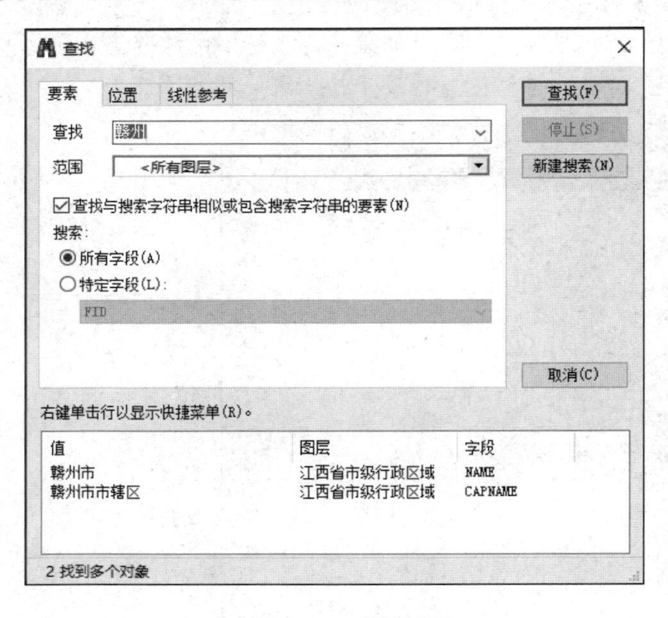

图 4.18 查找结果

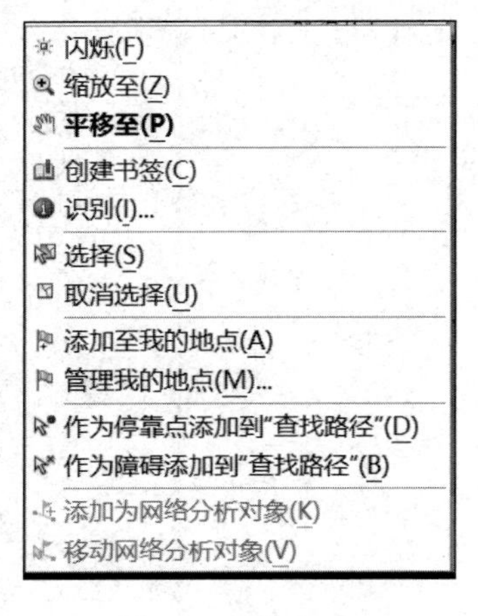

图 4.19 快捷菜单

4.4 空间属性联合查询

前面介绍的查询方式是依据某种方法或条件进行的，在实际应用过程中，有可能需要综合应用上述方法或条件进行图形要素的选择，因此可以同时通过属性条件和空间位置进行查询，查询条件中既包含空间位置关系，又包含属性信息的要求，可利用 ArcMap 分步实施或编程实现。

本节通过“查询赣州市内长度大于 1 km 的五级河流”和“查询流经江西省带‘昌’字的县级行政区域的四级河流”两个实例来介绍空间属性联合查询，具体步骤如下。

例 1：查询赣州市内长度大于 1 km 的五级河流。

（1）在“...\第四章\GIS 空间数据选择与查询”路径下，打开地图文件“jx.mxd”。

（2）通过【按属性选择】对话框选择“赣州市”，再通过【按位置选择】对话框，选择赣州市范围内的五级河流，设置如图 4.20 所示。

（3）单击【确定】按钮，赣州市内的所有五级河流均被选中并高亮显示。

（4）选择交互式选择方法为从当前选择内容中选择。

（5）通过【按属性选择】选择长度大于 1 km 的河流，设置如图 4.21 所示。

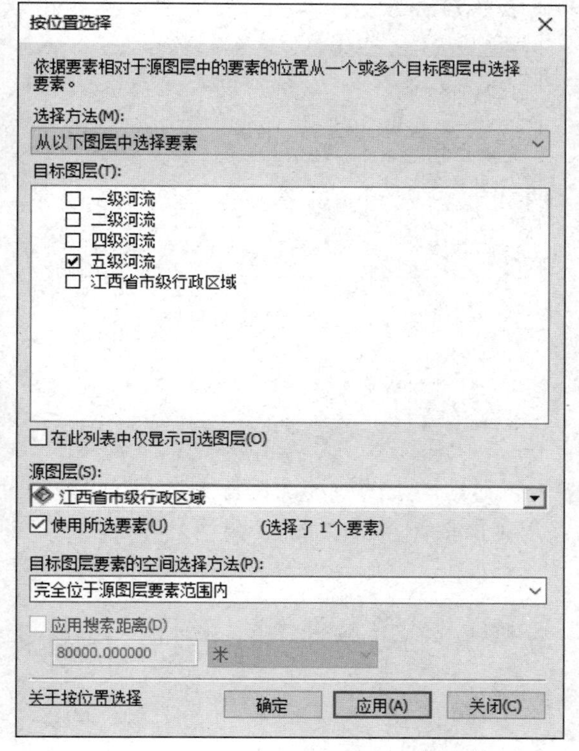

图 4.20　按位置选择河流设置

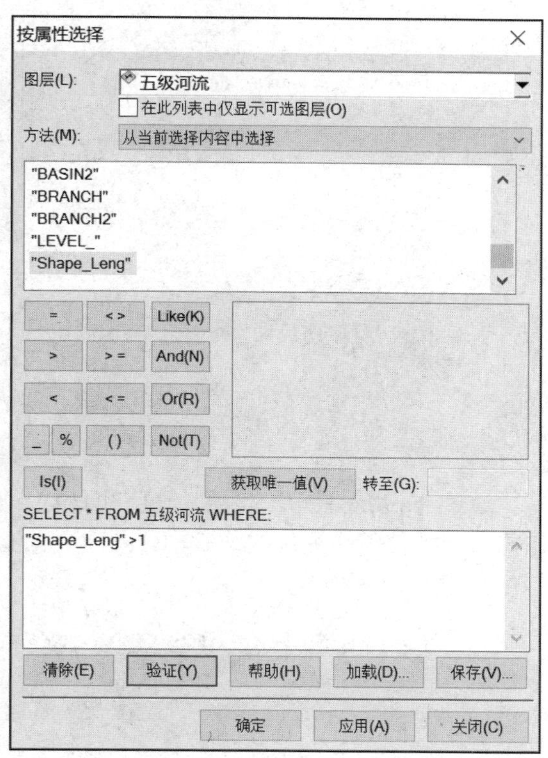

图 4.21　按属性选择设置

（6）单击【确定】按钮，赣州市内长度大于 1 km 的河流被选中并高亮显示。

例 2：查询流经江西省带“昌”字的县级行政区域的四级河流。

（1）在“...\第四章\GIS 空间数据选择与查询”路径下，将“江西省县级行政区域”数据加载至地图显示区。

（2）在菜单栏中单击【选择】→【按属性选择】，对话框中参数设置如图 4.22 所示，单击【确定】按钮关闭对话框，带“昌”字的县级行政区域高亮显示。

（3）通过【按位置选择】对话框选择流经带“昌”字的县级行政区域的四级河流，参数设置如图 4.23 所示。

（4）单击【确定】按钮，符合要求的四级河流将被选中。

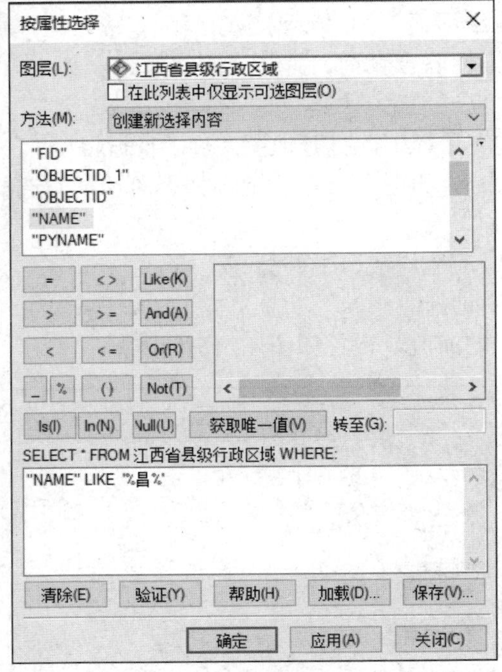

图 4.22　按属性选择带“昌”字的县

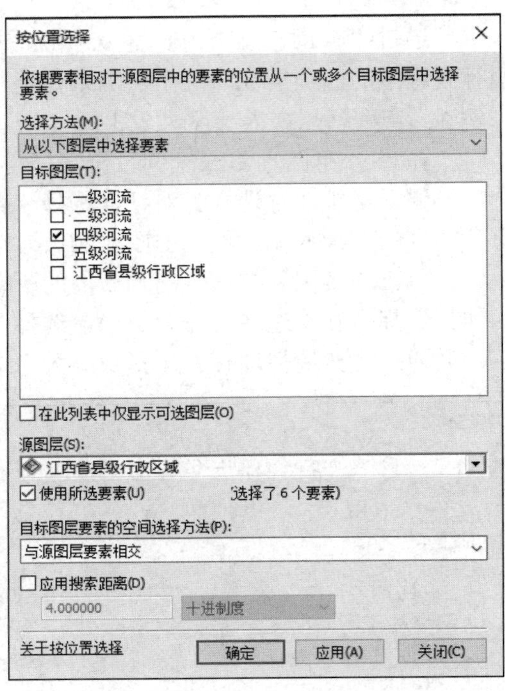

图 4.23　按位置选择设置

4.5　长度和面积查询

通过 ArcMap 提供的测量长度和面积工具，可以对地图上的线和面进行测量。有两种测量方式：一种是手动测量线或者面，另一种是直接单击所要测量的要素。【测量】工具的位置如图 4.24 所示。

图 4.24　【测量】工具的位置

单击【测量】按钮，打开【测量】对话框，如图 4.25 所示，对话框中每个功能按钮的名称及功能描述见表 4.2。

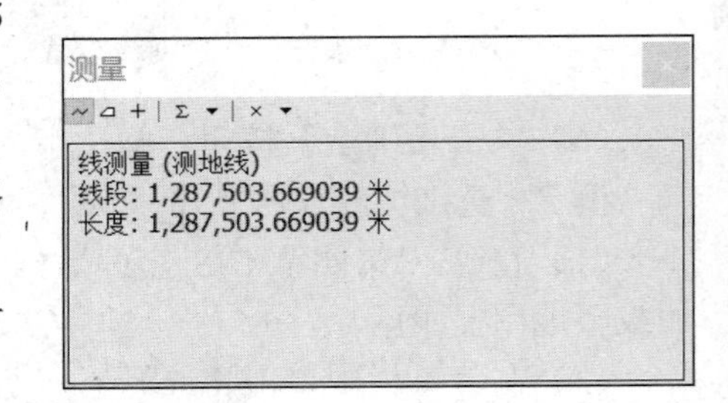

图 4.25　【测量】对话框

交互式测量步骤如下。

（1）在“...\第四章\GIS 空间数据选择与查询”路径下，打开地图文档“jx.mxd”。

（2）单击工具条上【测量】按钮，弹出【测量】对话框。

（3）单击【测量线】按钮 ~ 或者【测量面积】按钮 ⏢ ，单击【显示总计】按钮 Σ 。

（4）在地图上草绘所需形状。

（5）在结束线或面的绘制时，双击鼠标，测量值便会显示在【测量】对话框中，如图 4.26 所示（补充说明：地图在投影坐标系下才可以进行面积量算）。

表 4.2　测量按钮详解

图　标	名　称	功 能 描 述
～	测量线	通过手动画线来测量所画线的距离
▱	测量面积	通过手动画面来测量所画面的面积，如果数据框使用的不是投影坐标系，则该选项不可用
+	测量要素	单击某要素可测量其长度（线）、周长和面积（面或注记）或 X、Y 位置（点要素）。如果数据框使用的不是投影坐标系，则面要素测量选项不可用
Σ	显示总计	计算连续测量值的总和
▼	选择单位	设置距离和面积的测量单位。默认情况下，测量单位设置为地图单位
×	清除并重置	清除并重置测量结果
▼	选择测量类型	设置测量线距离的测量类型。“平面”在投影坐标系中是默认设置，而“测地线”在地理坐标系中是默认设置

注：图标按对话框的顺序介绍，第 5 个和第 7 个图标一样。

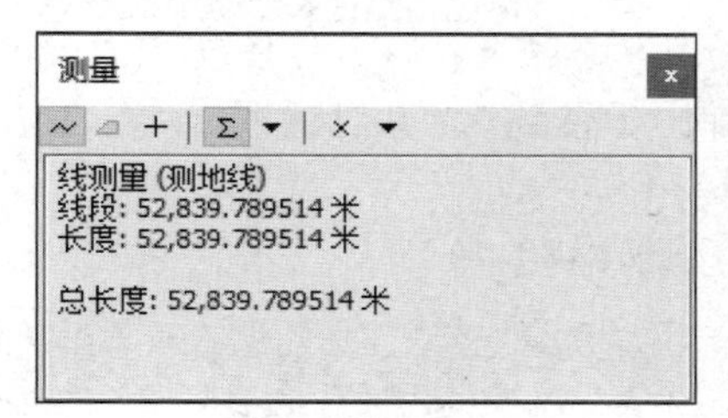

图 4.26　测量结果

测量要素步骤如下。

（1）在“...\第四章\GIS 空间数据选择与查询”路径下，打开地图文件“jx.mxd”。

（2）单击工具条上的【测量】按钮，弹出【测量】对话框。

（3）单击【测量要素】按钮 +，单击【显示总计】按钮 Σ。

（4）单击某个要素可以查看其测量值，如图 4.27 所示。

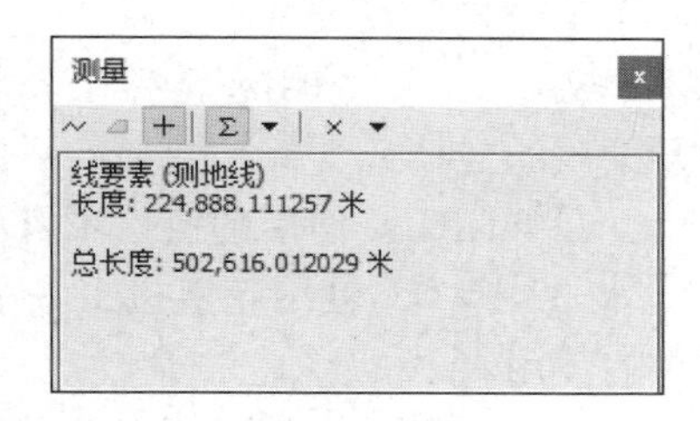

图 4.27　测量要素

4.6　坐标定位

浏览地图时，有时需要在指定数据附近进行平移和缩放，以研究不同的区域和要素，这时可以使用【转到 XY】工具输入 X、Y 坐标并导航至该坐标位置。【转到 XY】工具的位置如图 4.28 所示。

图 4.28 【转到 XY】工具的位置

单击【转到 XY】按钮，打开【转到 XY】对话框，如图 4.29 所示，对话框中每个功能按钮的名称及功能描述见表 4.3。

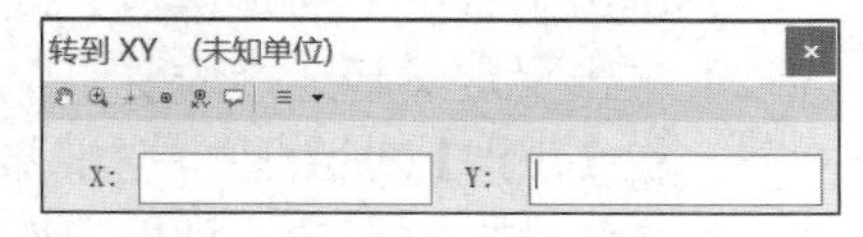

图 4.29　坐标定位工具

表 4.3　坐标定位按钮详解

图　标	名　称	功能描述
	平移至	平移至某位置
	缩放至	缩放至某位置
	闪烁	闪烁显示某位置
	添加点	在某位置处绘制点
	添加注释点	在标注有位置坐标的位置处绘制点
	添加注释	绘制注释，使其指向该位置并显示位置坐标
	最近	返回到曾在本会话中输入过的位置
	单位	选择输入坐标时使用的单位

坐标定位步骤如下。

（1）在“…\第四章\GIS 空间数据选择与查询”路径下，打开地图文档“jx.mxd”。

（2）单击工具条上的【转到 XY】按钮，弹出【转到 XY】对话框。

（3）设置输入单位，输入要查询点的坐标。

（4）根据需要选择【闪烁】、【添加点】、【添加注释】等。

4.7　要素超链接设置和查看

超链接可用于访问与要素关联的文档或网页。在使用超链接之前必须先对其进行定义，超链接可定义三种类型。

（1）文档：使用超链接工具单击要素时，将在合适的应用程序（如 Microsoft Excel）中打开关联的文档或文件。

（2）URL：使用超链接工具单击要素时，将在 Web 浏览器中启动关联的网页。

（3）脚本：使用超链接工具单击要素时，要素值将发送到脚本，此选项可启用对自定义行为的使用。

ArcGIS 提供了两种添加超链接的方法：一是利用属性字段添加；二是在【识别】对话框中添加。

利用属性字段添加超链接步骤如下。

（1）在“...\第四章\GIS 空间数据选择与查询”路径下，打开地图文件“jx.mxd”。

（2）右键单击要设置超链接属性的图层，然后选择【属性】。

（3）选择【图层属性】对话框上的【显示】选项卡，如图 4.30 所示。

（4）勾选“使用下面的字段支持超链接”。

（5）选择超链接使用的字段名，以及链接类型（文档、URL 或脚本）。如果选择使用脚本，则可以单击【编辑】按钮以使用 JScript 或 VBScript 来编写脚本，最后单击【确定】按钮。

在【识别】对话框中添加超链接步骤如下。

（1）单击工具条上的【识别】按钮。

（2）单击要定义超链接的要素。

（3）在【识别】对话框中右击该要素，在弹出的菜单中单击【添加超链接】，如图 4.31 所示。

（4）指定期望的超链接目标，如图 4.32 所示，在【添加超链接】对话框中选择【链接到文档】，链接路径为“…\第四章\ GIS 空间数据选择与查询\赣州市风景图.jpg”，最后单击【确定】按钮完成设置。

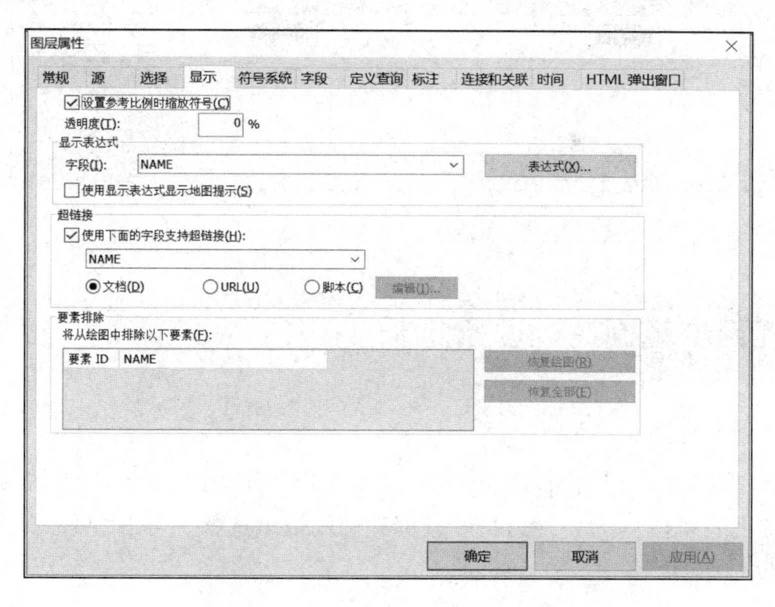

图 4.30 【图层属性】对话框

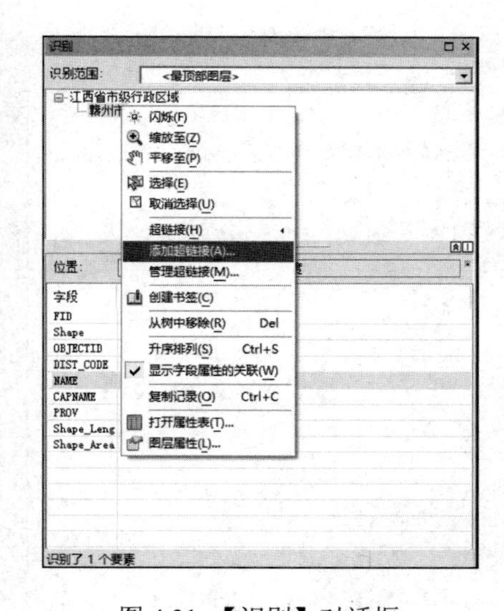

图 4.31 【识别】对话框

图 4.32 设置超链接

使用超链接步骤如下。

（1）在工具条上，单击【超链接】按钮，随即鼠标指针将变为闪电形状。

（2）将鼠标指针移动至目标要素，会弹出信息框显示该要素的超链接信息，单击目标要素可访问该超链接，跳转至浏览器页面。

（3）如果为某个要素指定了多个超链接，当使用超链接工具单击此要素时，ArcMap 将弹出一个【超链接】对话框，以列表形式显示所有的超链接，选中某个超链接，再次单击【跳转】按钮，则会跳转至该超链接，如图 4.33 所示。

图 4.33　选择超链接

4.8　计算江西省范围内的公路总长度

4.8.1　背景与目的

在日常工作或生活中，人们通常需要知道某区域内某地理要素的数量、面积、长度等。本节将围绕计算江西省范围内的公路总长度来展开空间数据选择、导出数据、地图裁剪、地图投影等相关功能的综合训练。

4.8.2　任务

在公路图层中裁剪出江西省行政区范围内的公路数据，统计出江西省范围内的公路总长度。

4.8.3　操作步骤

以“…\第四章\计算江西省范围内公路总长度\计算江西省范围内公路总长度.mxd”为实验数据进行实验步骤说明。

（1）打开“计算江西省范围内公路总长度.mxd”地图文件。

（2）在 ArcMap 主菜单中依次选择单击【选择】→【按位置选择】，弹出【按位置选择】对话框，在对话框中进行相关设置，如图 4.34 所示，单击【应用】按钮，与江西省相交的公路要素被选择。单击【关闭】或【确定】按钮关闭【按位置选择】对话框。

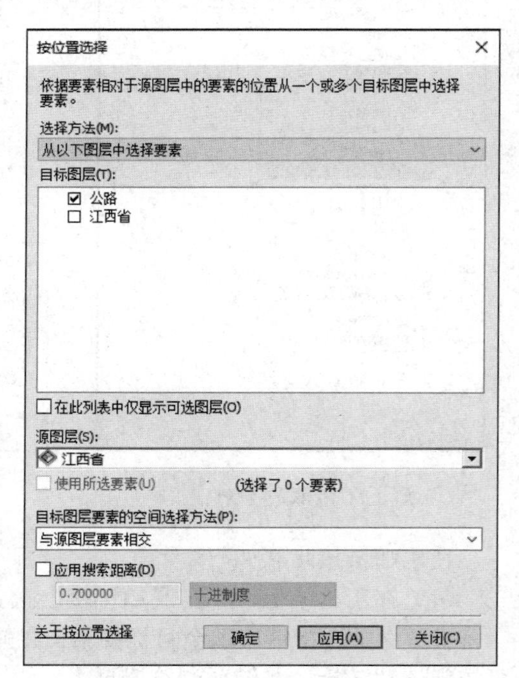

图 4.34　按位置选择公路要素

（3）将选中的“公路”要素导出为一个新图层。步骤为：右击【内容列表】中的“公路”图层，在弹出的菜单中依次单击【数据】→【导出数据】，弹出【导出数据】对话框，并进行相关设置，如图 4.35 所示。

（4）由于“江西省”图层采用的是 GCS_WGS_1984 地理坐标系，“选中的公路”图层采用的是 GCS_User_Defined 的地理坐标系，为了后面的公路长度计算，需要对这两个图层进行

地图投影，即将其转换为投影坐标系（地理坐标系下无法进行几何计算）。步骤为：在 ArcToolbox 工具箱中依次单击【数据管理工具】→【投影和变换】→【要素】→【投影】，弹出【投影】对话框并进行相关设置，如图 4.36 所示。

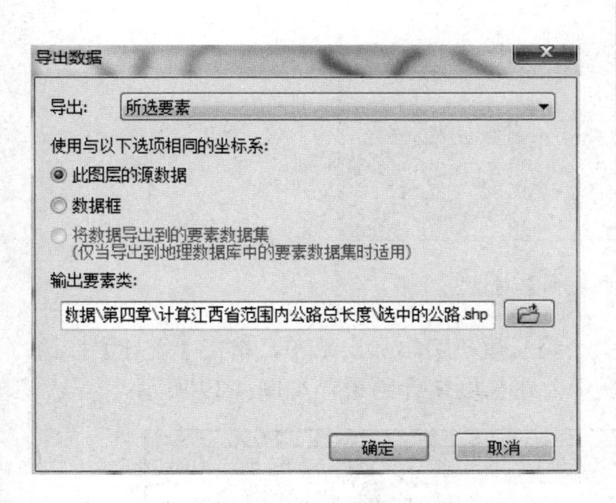

图 4.35　导出选择的公路要素

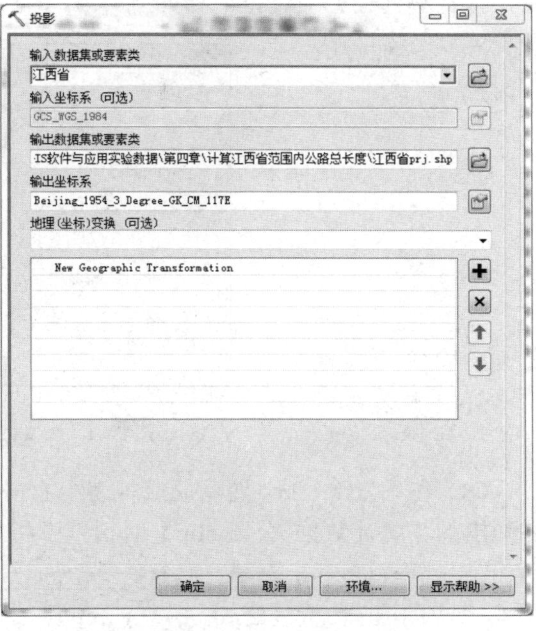

图 4.36　对“江西省”图层进行投影

单击【确定】按钮，完成对“江西省”图层的投影，投影后的图层名称为“江西省 prj”，按类似方法对“选中的公路”图层进行投影，投影后的图层名称为“选中的公路 prj”。

（5）利用 ArcToolBox 中分析工具中的裁剪工具裁剪出江西省境界范围内的公路。步骤为：在 ArcToolbox 工具箱中依次单击【分析工具】→【提取分析】→【裁剪】，弹出【裁剪】对话框并做相关设置，输出的要素名称为“选中的公路 prj”，如图 4.37 所示，单击【确定】按钮，完成裁剪。

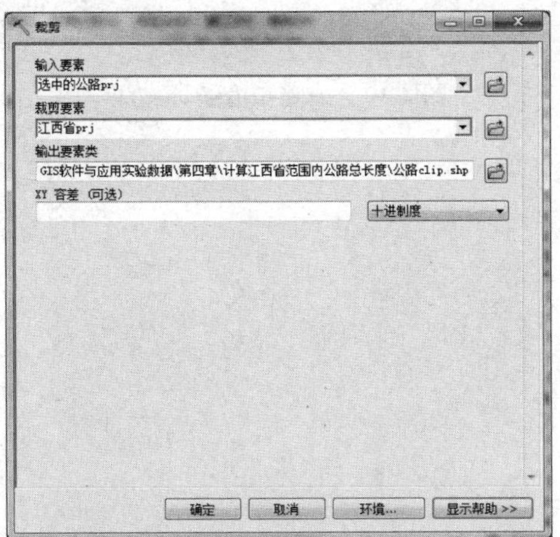

图 4.37　【裁剪】对话框

（6）在“公路 clip”图层的属性表中新增属性字段，其中，字段名称为公路长度，类型为浮点型，精度为 10，小数位数为 3。

（7）在“公路 clip”图层的属性表中右击“公路长度”字段弹出菜单，单击【计算几何】，弹出【计算几何】对话框，如图 4.38 所示，单击【确定】按钮，即可完成公路长度的计算。

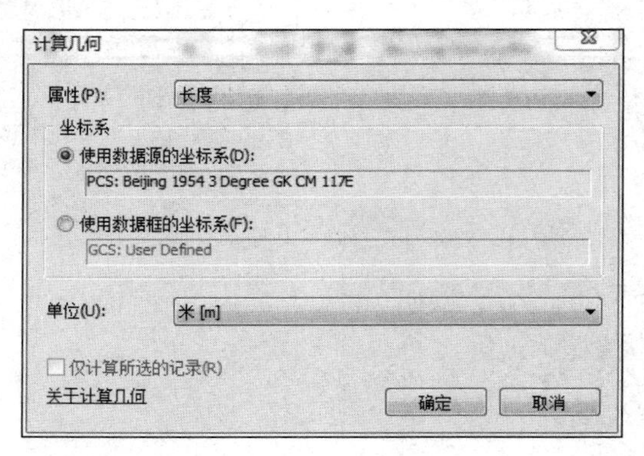

图 4.38 【计算几何】对话框

（8）在“公路 clip”图层的属性表中右击“公路长度”字段弹出菜单，单击【统计】按钮，在弹出的【统计数据 公路 clip】对话框中将显示公路长度统计结果，如图 4.39 所示。

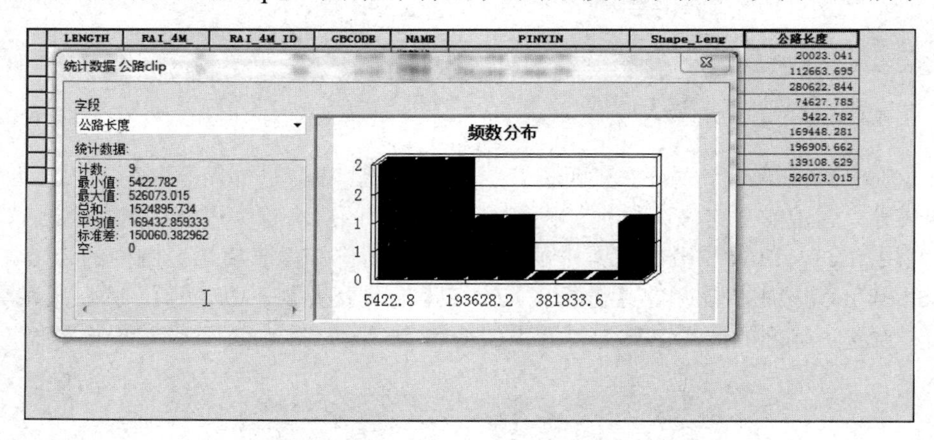

图 4.39 公路长度统计结果

第5章

坐标系统和投影

GIS 处理的是空间信息，而所有对空间信息的量算与分析都是基于某个坐标系统的，因此 GIS 中坐标系统的定义是 GIS 系统的基础，没有坐标系统的地理数据在生产应用过程中是毫无意义的，正确定义 GIS 系统的坐标系非常重要。坐标系统又可分为两大类：地理坐标系和投影坐标系。本章的具体内容包括：

（1）GIS 坐标系统定义的基础。

- 地球椭球体；
- 大地基准面；
- 地图投影。

（2）地理坐标系。

（3）投影坐标系。

（4）坐标系统和投影变换在桌面产品中的应用。

- 动态投影；
- 坐标系统描述；
- 投影变换。

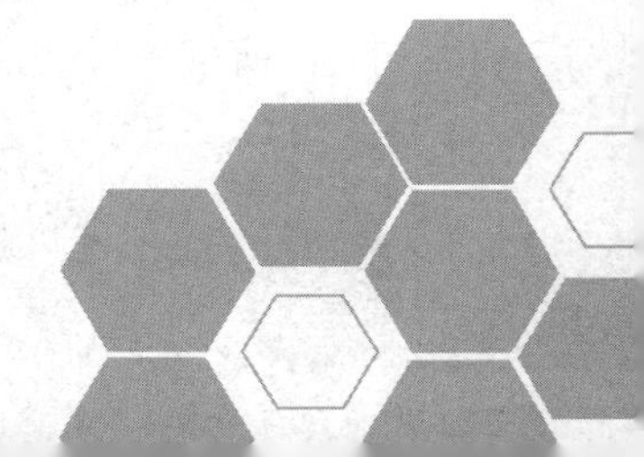

5.1 GIS 坐标系统定义的基础

ArcGIS 中坐标系统的定义主要由基准面和地图投影两组参数确定，基准面的定义则由特定椭球体及其对应的转换参数确定，因此，欲正确理解 GIS 坐标系统，必须先弄清地球椭球体（Ellipsoid）、大地基准面（Datum）及地图投影（Projection）三者的基本概念及其之间的关系。

5.1.1 地球椭球体

众所周知，我们的地表是凹凸不平的，而对于地球测量而言，地表是一个无法用数学公式表示的曲面，这样的曲面不能作为测量和制图的基准面。假想一个扁率极小的椭圆，绕大地球体短轴旋转所形成的规则椭球体称之为地球椭球体。地球椭球体表面是一个规则的表面，可以用数学公式表示，所以在测量和制图中就用它替代地表，因此就有了地球椭球体的概念。

地球椭球体有长半径和短半径之分，长半径（a）即赤道半径、短半径（b）即极半径。$f=(a-b)/a$ 为椭球体的扁率，表示椭球体的扁平程度。由此可见，地球椭球体的形状和大小取决于 a、b、f。因此，a、b、f 被称为地球椭球体的三要素。对地球椭球体而言，其围绕旋转的轴称为地轴。地轴的北端称为地球的北极，南端称为南极；过地心与地轴垂直的平面与椭球面的交线是一个圆，这就是地球的赤道；过英国格林威治天文台旧址和地轴的平面与椭球面的交线称为本初子午线。以地球的北极、南极、赤道和本初子午线等作为基本要素，即可构成地球椭球面的地理坐标系。可以看出地理坐标系是球面坐标系，以经度/纬度来表示地面点位的位置，因为度不是标准的长度单位，不可用其直接量测长度和面积。

地理坐标系以本初子午线为基准（向东、向西各分了 180°），之东为东经，其值为正，之西为西经，其值为负；以赤道为基准（向南、向北各分了 90°），之北为北纬，其值为正，之南为南纬，其值为负。

5.1.2 大地基准面

大地基准面是利用特定椭球体对特定地区地球表面的逼近，因此每个国家或地区均有各自的大地基准面。椭球体与基准面之间的关系是一对多的关系，也就是说，基准面是在椭球体基础上建立的，但椭球体不能代表基准面，同样的椭球体能定义不同的基准面。

把地球椭球体和基准面结合起来看，如果把地球比做“马铃薯”，表面凹凸不平，而地球椭球体就好比一个“鸭蛋”，那么按照前面的定义，基准面就定义了怎样拿这个“鸭蛋”去逼近“马铃薯”的某一个区域的表面，X、Y、Z 轴进行一定的偏移，并各自旋转一定的角度，大小不适当的时候就缩放一下“鸭蛋”，这样通过如上的处理必定可以很好地逼近地球某一区域的表面。

我们通常称说的北京 1954 坐标系、西安 1980 坐标系实际上是采用了两个不同的大地基准面。我国参照苏联，从 1953 年起采用克拉索夫斯基椭球体建立了北京 1954 坐标系。1978 年采用国际大地测量协会推荐的 1975 地球椭球体（IAG75）建立了西安 1980 坐标系。2008 年 3 月，由国土资源部正式上报国务院《关于中国采用 2000 国家大地坐标系的请示》，并于 2008 年 4 月获得国务院批准。自 2008 年 7 月 1 日起，中国全面启用了 2000 国家大地坐标系，这是我国当前最新的国家大地坐标系，英文名称为 China Geodetic Coordinate System 2000，英文缩写为 CGCS2000，它的原点位于地球质量中心，是一种全球地心坐标系。WGS1984 基准面采

用 WGS84 椭球体，它是地心坐标系，即以地心作为椭球体中心，目前 GPS 测量数据多以 WGS1984 基准面为基准。

5.1.3　地图投影

地球椭球体的表面是一个曲面，而我们日常生活中的地图及量测空间通常是二维平面，因此在地图制图和线性量测时首先要考虑如何把曲面转化成平面。由于球面上任何一点的位置是用地理坐标（λ，φ）来表示的，而平面上的点的位置是用直角坐标（X，Y）或极坐标（r，φ）来表示的，所以要采用一定的方法将地球表面上的点转换到平面上，这种转换过程称为地图投影。依据投影面的不同可分为方位投影、圆柱投影和圆锥投影，在这三种投影中，由于几何面与球面的关系位置不同，又分为正轴、横轴和斜轴三种。按照变形性质可将投影分为等角投影（Conformal Projection）、等积投影（Equal Area Projection）、等距投影（Equidistant Projection）、等方位投影（True-direction Projection）。实际应用中往往根据实际需求（例如，海上航行时要求地图方位不变，国土面积统计时要求面积不变等，另外与制图区域的大小、地图比例尺也有关系）选择某种投影方法。

我国各种大、中比例尺地形图采用了高斯-克吕格（Gauss-Kruger）投影，它是一种等角横切圆柱投影。德国数学家、物理学家、天文学家高斯（Carl Friedrich Gauss，1777—1855）于 19 世纪 20 年代拟定，后经德国大地测量学家克吕格（Johannes Kruger，1857—1928）于 1912 年对投影公式加以补充，故称为高斯-克吕格投影。

设想用一个圆柱横切于球面上投影带的中央经线，按照投影带中央经线投影为直线且长度不变，以及赤道投影为直线的条件，将中央经线两侧一定经差范围内的球面正形投影于圆柱面，然后将圆柱面沿过南北极的母线剪开展平，即可获高斯-克吕格投影平面。高斯-克吕格投影后，除中央经线和赤道为直线外，其他经线均为对称于中央经线的曲线。高斯-克吕格投影没有角度变形，在长度和面积上变形也很小，中央经线无变形，自中央经线向投影带边缘，变形逐渐增加，变形最大处在投影带内赤道的两端。按一定经差将地球椭球面划分成若干投影带，这是高斯-克吕格投影中限制长度变形的最有效方法。分带时既要控制长度变形使其不大于测图误差，又要使带数不致过多以减少换带计算工作量，据此原则可将地球椭球面沿子午线划分成经差相等的瓜瓣形地带，以便分带投影。通常按经差 6° 或 3° 分为六度带或三度带。六度带自 0° 子午线起每隔经差 6° 自西向东分带，带号依次编为第 1、2、…、60 带。三度带是在六度带的基础上分成的，它的中央子午线与六度带的中央子午线和分带子午线重合，即自 1.5° 子午线起每隔经差 3° 自西向东分带，带号依次编为第 1、2、…、120 带。

我国的经度范围是西起 73° 、东至 135° ，可分成 11 个六度带，各带中央经线依次为 75° 、81° 、87° 、…、117° 、123° 、129° 、135° ；也可分为 22 三度带。我国大于或等于 1 : 50 万的大中比例尺地形图多采用六度带的高斯-克吕格投影，三度带的高斯-克吕格投影多用于大比例尺 1 : 1 万测图。

高斯-克吕格投影按分带方法各自进行投影，故各带坐标成独立系统。以中央经线投影为纵轴 X，赤道投影为横轴 Y，两轴交点即为各带的坐标原点。为了避免横坐标出现负值，高斯-克吕格投影在北半球投影中规定将坐标纵轴西移 500 km 当成起始轴。由于高斯-克吕格投影的每一个投影带坐标都是对本带坐标原点的相对值，所以各带的坐标完全相同，为了区别某一坐标系属于哪一带，通常在横轴坐标前加上带号，如（4231898 m，21655933 m），其中 21 即为带号。高斯-克吕格投影及分带示意图如图 5.1 和图 5.2 所示。

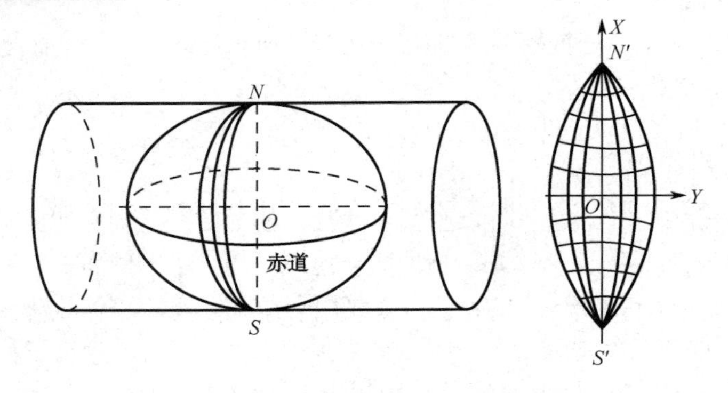

图 5.1　高斯-克吕格投影示意图

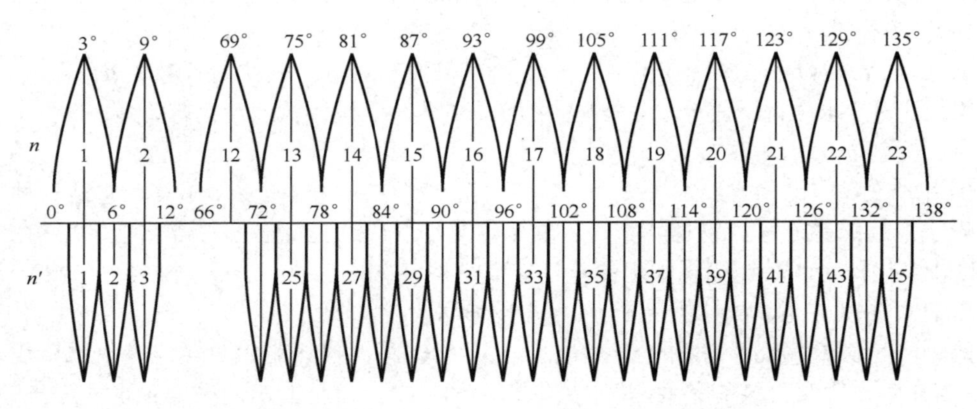

图 5.2　高斯-克吕格投影三度带和六度带示意图

我国常用的两大投影坐标系为北京 1954 坐标系和西安 1980 坐标系，在 ArcGIS 中，各有四种不同的命名方式。

（1）Beijing 1954 3 Degree GK CM 75E：北京 1954 坐标系，三度带法，中央经线在东经 75°，横坐标前不加带号。Xian 1980 3 Degree GK CM 75E：西安 1980 坐标系，三度带法，中央经线在东经 75°，横坐标前不加带号。

（2）Beijing 1954 3 Degree GK Zone 25：北京 1954 坐标系，三度带法，分带号为 25，横坐标前加带号。Xian 1980 3 Degree GK Zone 25：西安 1980 坐标系，三度带法，分带号为 25，横坐标前加带号。

（3）Beijing 1954 GK Zone 13N：北京 1954 坐标系，六度带法，分带号为 13，横坐标前不加带号；Xian 1980 GK CM 75E：西安 1980 坐标系，六度带法，中央经线在东经 75°，横坐标前不加带号。

（4）Beijing 1954 GK Zone 13：北京 1954 坐标系，六度带法，分带号为 13，横坐标前加带号。Xian 1980 GK Zone 13：西安 1980 坐标系，六度分带法，分带号为 13，横坐标前加带号。

其中 GK 是高斯-克吕格，CM 是中央子午线，Zone 是分带号，N 表示不显示带号。值得注意的是：命名中含经度的横坐标前都不加带号，命名中含带号的横坐标前都加带号，但是特殊情况是，如果带号后加了 N，则横坐标前不加带号。

我国小于 1∶50 万比例尺的地形图采用正轴等角割圆锥投影，又称为兰勃特正形圆锥投影（Lambert Conformal Conic Projection）。

5.2　地理坐标系

建立了参考地球椭球体或大地基准面后，便可在参考地球椭球体上定义一系列的经线和纬线来构成经纬网，通过经纬度即可确定地面上的点位。地理坐标系就是指用经纬度表示地面点位的球面坐标系。经度和纬度值通常以（十进制）度、分、秒为单位。在大地测量学中，地理坐标系中的经纬度有三种描述：即天文经纬度、大地经纬度和地心经纬度（在 GIS 中常用大地经纬度和地心经纬度）。

1．天文经纬度

天文经度在地球上的定义，即本初子午面与过观测点的子午面所夹的二面角；天文纬度在地球上的定义，即过某点的铅垂线与赤道平面之间的夹角。天文经纬度是通过地面天文测量的方法得到的，以大地水准面和铅垂线为依据，精确的天文测量成果可作为大地测量中定向控制及校核数据之用。

2．大地经纬度

地面上任意一点的位置，也可以用大地经度 L、大地纬度 B 表示。大地经度是指过参考地球椭球面上某一点的大地子午面与本初子午面之间的二面角，大地纬度是指过参考地球椭球面上某一点的法线与赤道面的夹角。大地经纬度以地球椭球面和法线为依据，在大地测量中得到了广泛应用。地图学中常采用大地经纬度。

3．地心经纬度

地心，即参考地球椭球体的质量中心。地心经度等同于大地经度，地心纬度是指参考地球椭球面上的任意一点和椭球体中心连线与赤道面之间的夹角。地理研究和小比例尺地图制图对精度要求不高，故常把椭球体当成正球体看待，地理坐标采用地球球面坐标，经纬度均用地心经纬度。

5.3　投影坐标系

投影坐标系是根据某种映射关系，将地理坐标系中由经纬度确定的球面坐标投影到二维平面上所使用的坐标系。投影坐标系实质上是平面坐标系，在该坐标系中，我国的地图单位通常为米。在 ArcGIS 产品中，定义投影坐标系的参数结构如表 5.1 所示（参数值以 Beijing_1954_3_Degree_GK_CM_102E 投影坐标系为例）。

表 5.1　Beijing_1954_3_Degree_GK_CM_102E 投影坐标系的定义参数

参　数	描　述	值
Projection	投影	Gauss_Kruger
False_Easting	东向偏移	500000.0
False_Northing	北向偏移	0.0
Central_Meridian	中央经线	102.0
Scale_Factor	比例因子	1.0
Latitude_Of_Origin	纬度原点	0.0

续表

参　数	描　述	值
Linear Unit	线性单位	Meter（1.0）
Geographic Coordinate System	地理坐标系	GCS_Beijing_1954
Angular Unit	角度单位	Degree（0.0174532925199433）
Prime Meridian	本初子午线	Greenwich（0.0）
Datum	大地基准面	D_Beijing_1954
Spheroid	椭球体	Krasovsky_1940
Semimajor Axis	长半轴	6378245.0
Semiminor Axis	短半轴	6356863.018773047
Inverse Flattening	反向扁率	298.3

从参数中可以看出，投影坐标系必定会有地球坐标系（Geographic Coordinate System）。投影所需要的必要条件是：

（1）任何一种投影都必须基于一个地球椭球体。

（2）将球面坐标转换为平面坐标的过程（投影过程），简单地说，投影坐标系是地理坐标系+投影过程。

5.4　坐标系统和投影变换在桌面产品中的应用

缺少坐标系统的 GIS 数据是不完善的，在桌面产品中正确地定义坐标系统，以及进行投影变换的操作是非常重要的。当空间数据没有定义坐标系统或原来定义得不对，可以定义或调整坐标系统描述。当不同来源、不同坐标系统的空间数据要在一起使用、相互参照时，就要进行坐标转换，如果涉及不同的地图投影，就要进行投影变换。在了解坐标系统和地图投影的定义，以及之间的内在联系后，接下来着重介绍坐标系统和投影变换在桌面产品 ArcMap、ArcCatalog、ArcToolBox 中的主要应用。

5.4.1　动态投影

所谓动态投影，是指改变 ArcMap 中的数据框架（Data Frame）的空间参考或者对后加入 ArcMap 中的数据进行投影变换。

ArcMap 的数据框架的坐标系统默认为第一个加载到当前数据框架的那个图层的坐标系统，后加入的数据如果和当前数据框架的坐标系统不同，则 ArcMap 会自动进行投影变换，把后加入的数据投影变换到当前坐标系统下显示，但此时图层数据所存储的坐标值并没有改变，只是显示的地理要素的形态发生了变化，因此将这种投影变换过程称为动态投影，这种投影是一种临时性变换。

实例操作：利用两组数据“县界_Project.shp”和“江西省行政区划范围.shp”来进行一个动态投影的实验。其中，“县界_Project.shp”数据采用 Beijing_1954_3_Degree_GK_CM_117E 坐标系，将其在 ArcMap 中打开，方法如图 5.3 所示。

“江西省行政区划范围.shp”数据为 GCS_WGS_1984 坐标系，将其在 ArcMap 中打开图 5.4 所示。

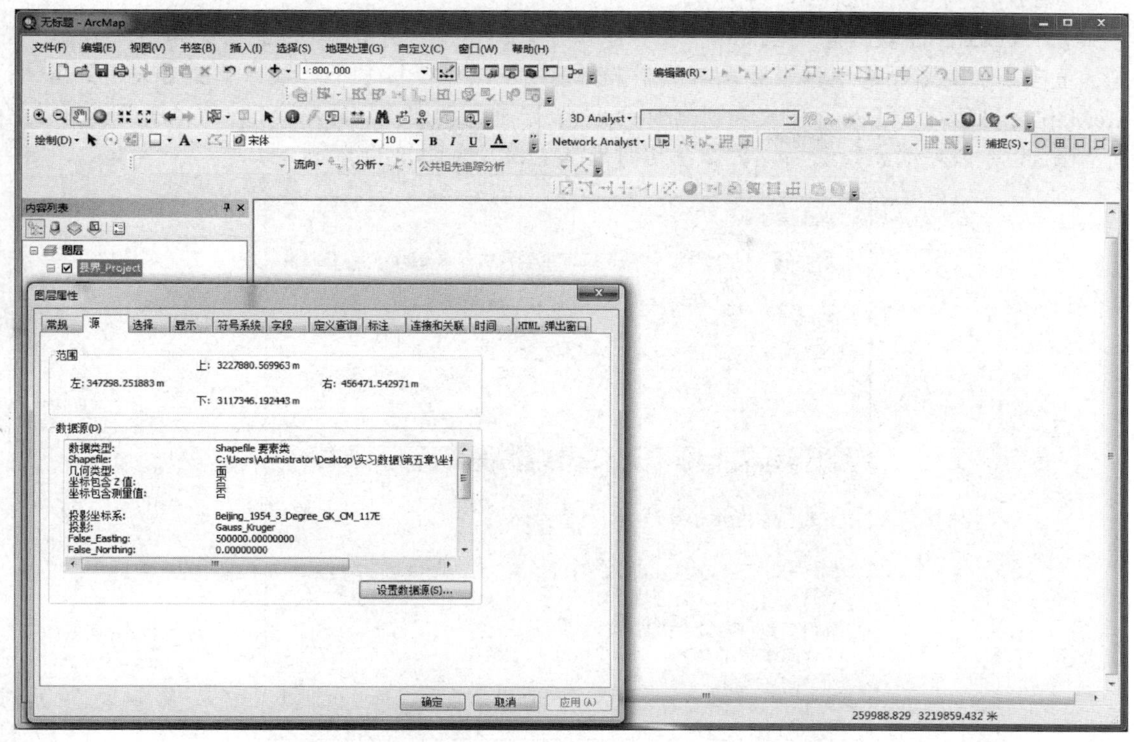

图 5.3 “县界_Project”要素的几何形态

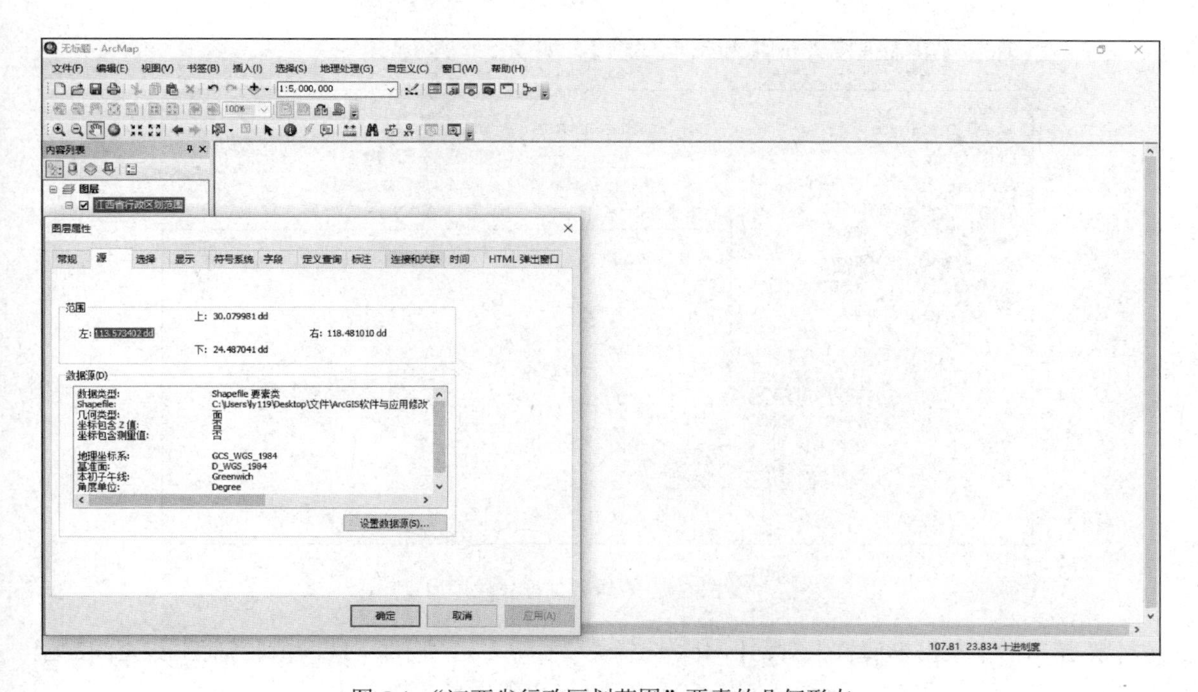

图 5.4 “江西省行政区划范围”要素的几何形态

操作步骤如下。

（1）打开 ArcMap，在“…\第五章\动态投影”路径下，先加载“县界_Project.shp”要素，

再加载“江西省行政区划范围.shp”要素，会弹出【地理坐标系警告】对话框（见图 5.5），提示正在添加的数据的地理坐标系与数据框所使用的地理坐标系不一致。单击【关闭】按钮，ArcMap 会自动对“江西省行政区划范围.shp”数据进行动态投影，ArcMap 对“江西省行政区划范围.shp”做完动态投影后，数据在几何形态上将发生明显的改变。

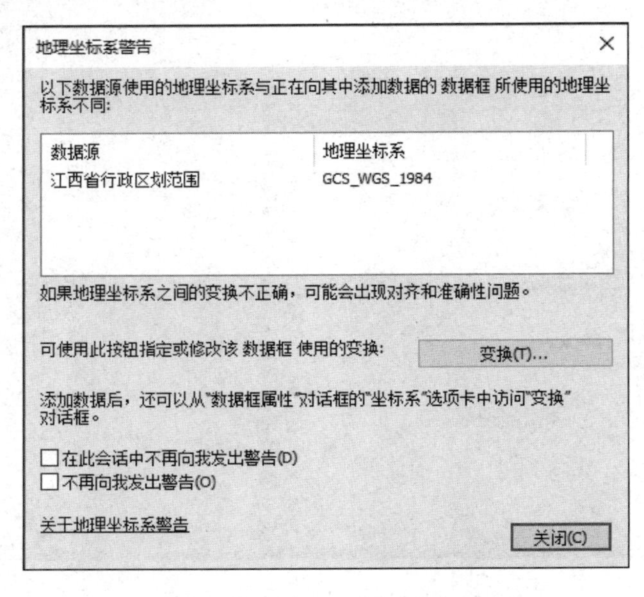

图 5.5 【地理坐标系警告】对话框

（2）单击主菜单【视图】→【数据框属性】，如图 5.6 所示。

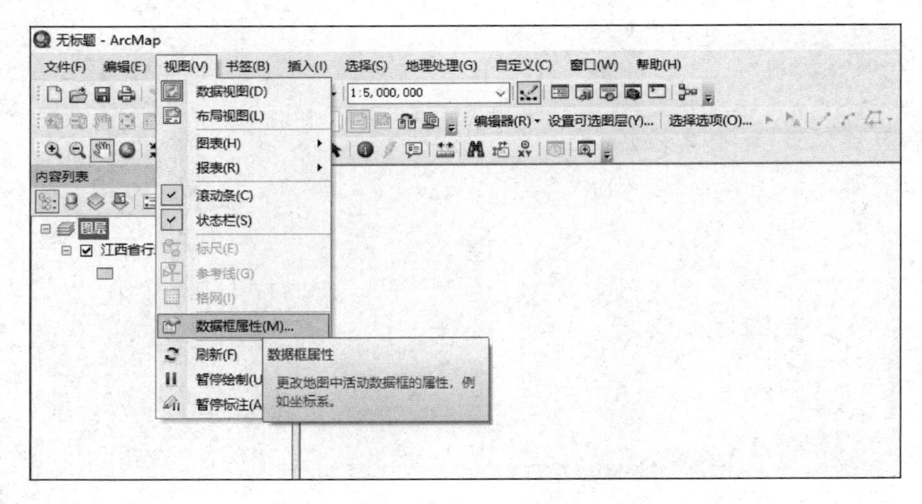

图 5.6 查看数据框属性

在弹出的【数据框属性】对话框中，选择【坐标系】选项卡，可以看到当前工作空间的坐标系统为 Beijing_1954_3_Degree_GK_CM_117E 投影坐标系，如图 5.7 所示。

（3）反之，在 ArcMap 中先加载“江西省行政区划范围.shp”数据后再加入“县界_Project.shp”数据，ArcMap 可以对“县界_Project.shp”数据进行动态投影。

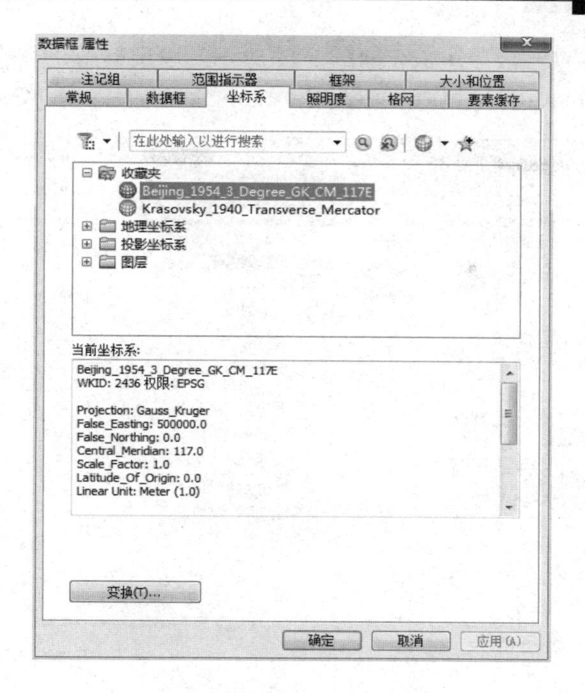

图 5.7 【数据框 属性】对话框

5.4.2　坐标系统描述

图 5.8 【连接到文件夹】对话框

在数据没有定义坐标系统或原来定义的坐标系统不对的情况下，可以在 ArcCatalog 中给数据定义或调整坐标系统描述，相当于给数据贴上标签。但是在 ArcCatalog 中修改坐标系统改的仅仅是一个标签，数据文件中所存储数据的坐标值并没有真正地投影到所更改的坐标系统下，而只是把数据坐标系统信息都写入后缀名为.prj 的文件当中。如果把该文件删除，在 ArcCatalog 中重新查看该图层的坐标信息时，会显示为“未知”。但是正确定义坐标系统描述非常重要，后来的使用都需要依赖这个标签，将来在进行临时变换、永久变换时，按修改后的坐标系统转换，会对转换结果产生实质性的影响，所以定义坐标系统描述前要清楚知道数据的源坐标系统，不能贴错标签。

实例操作：将 WGS 1984 地理坐标系数据“江西省行政区划范围.shp”定义为 Beijing_1954_3_Degree_GK_CM_ 117E 投影坐标系，操作步骤如下。

（1）打开 ArcCatalog，单击工具条中的【连接到文件夹】图标按钮，在弹出的【连接到文件夹】对话框选择数据所在的文件夹，如图 5.8 所示，在“…\第五章\坐标系统描述”路径下。

（2）右击“江西省行政区划范围.shp”图层，在弹出的菜单中单击【属性】，如图 5.9 所示。

（3）在弹出的【Shapefile 属性】对话框中选择【XY 坐标系】选项卡，可以看到数据当前的坐标系为“WGS 1984”，如图 5.10 所示。

（4）在图 5.11 中的【在此处输入以进行搜索】中搜索坐标系，如搜索“Beijing”，则只显

示名称包含“Beijing”的投影坐标系，如图 5.11 所示，双击树节点【投影坐标系】→【Gauss Kruger】→【Beijing 1954】就可以找到 Beijing_1954_3_Degree_GK_CM_117E 投影坐标系。

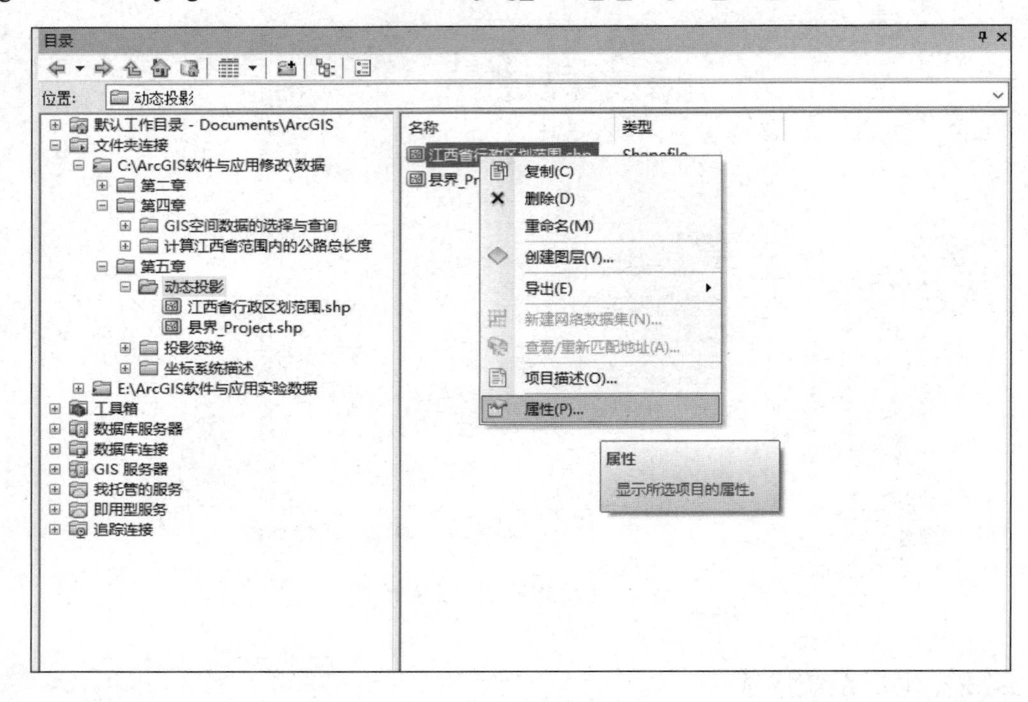

图 5.9 查看图层属性

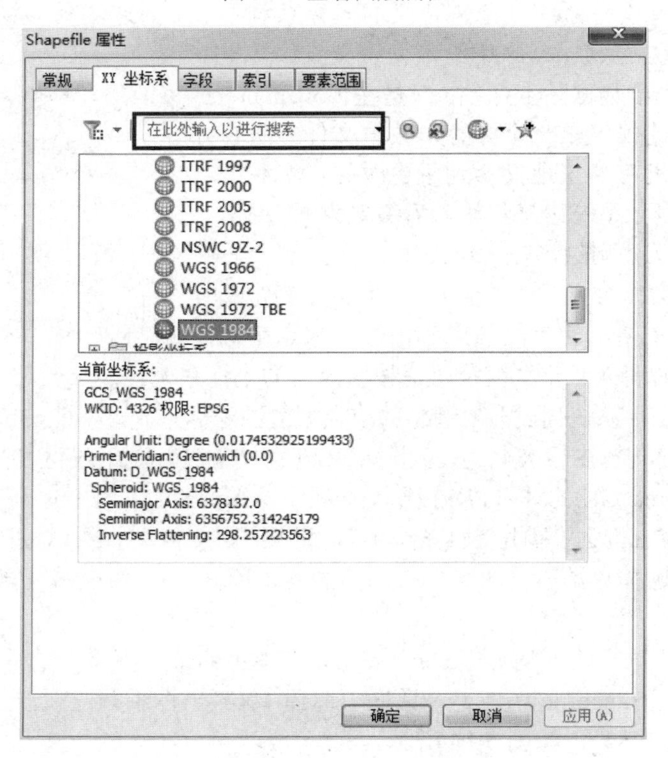

图 5.10 【Shapefile 属性】对话框

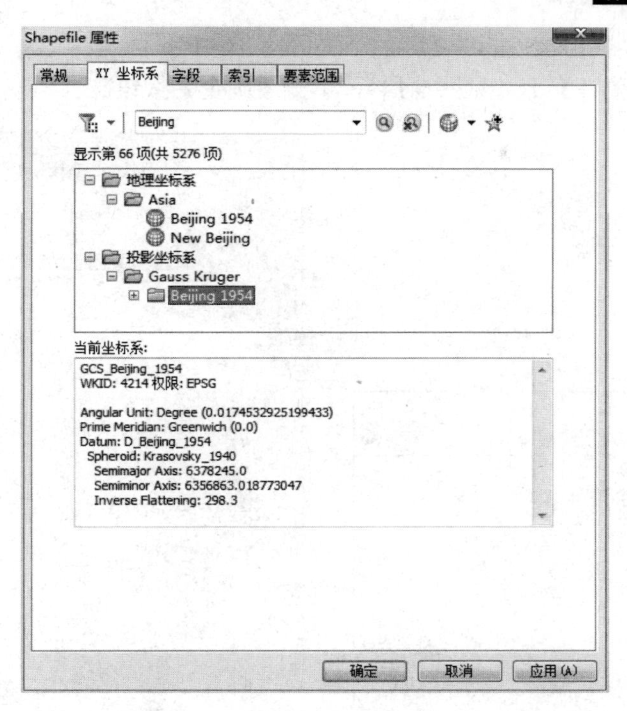

图 5.11　搜索坐标系

在【Shapefile 属性】对话框中可导入坐标系，如图 5.12 所示；这时在弹出的对话框中选择“县界_Project.shp”文件，单击【添加】按钮，如图 5.13 所示。

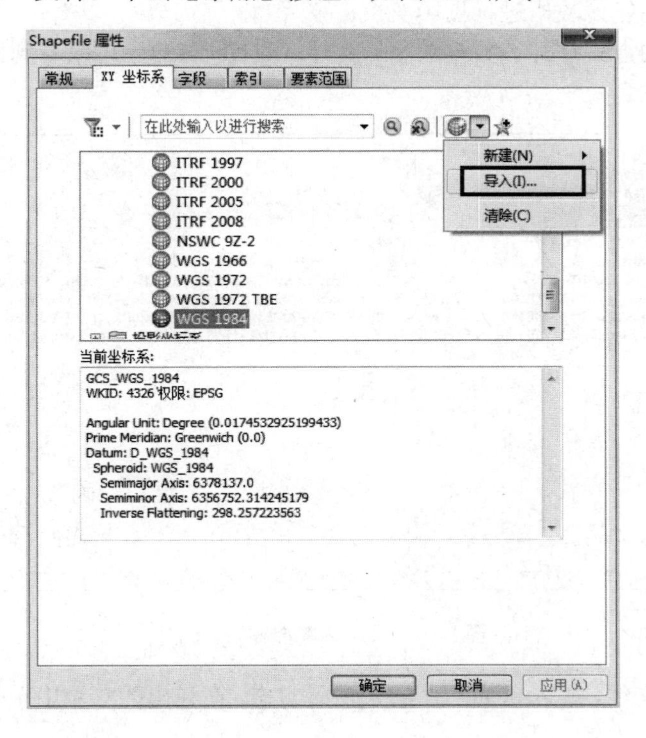

图 5.12　导入坐标系

可以看到，“县界_Project.shp”文件的“Beijing_1954_3_Degree_GK_CM_117E”投影坐标系统描述导入在【收藏夹】下（见图 5.14），单击【确定】按钮。

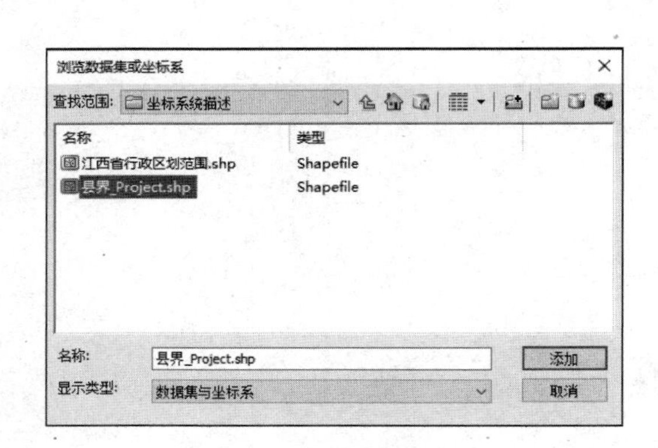

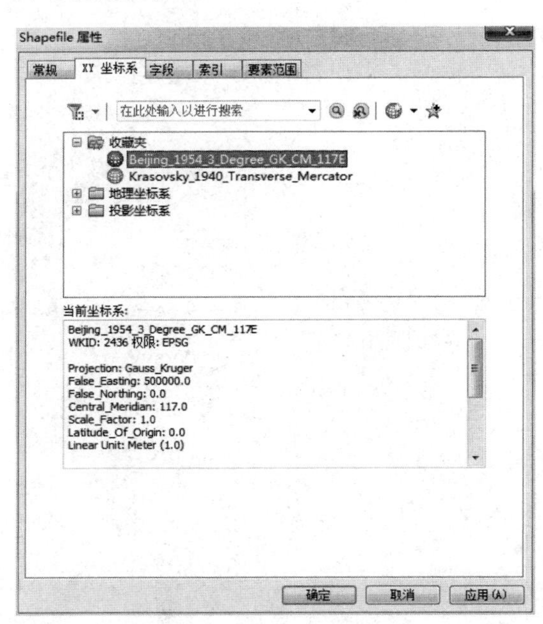

图 5.13　选择坐标系文件　　　　图 5.14　坐标系导入在收藏夹节点下

（5）单击 ArcCatalog 里的【预览】选项卡，可发现数据并没有发生形变，说明更改数据的坐标系统描述并不能使数据进行投影变换。

（6）以记事本的方式打开该数据的 prj 文件（见图 5.15），可以看到已经记录了更改后的坐标系统及详细参数。

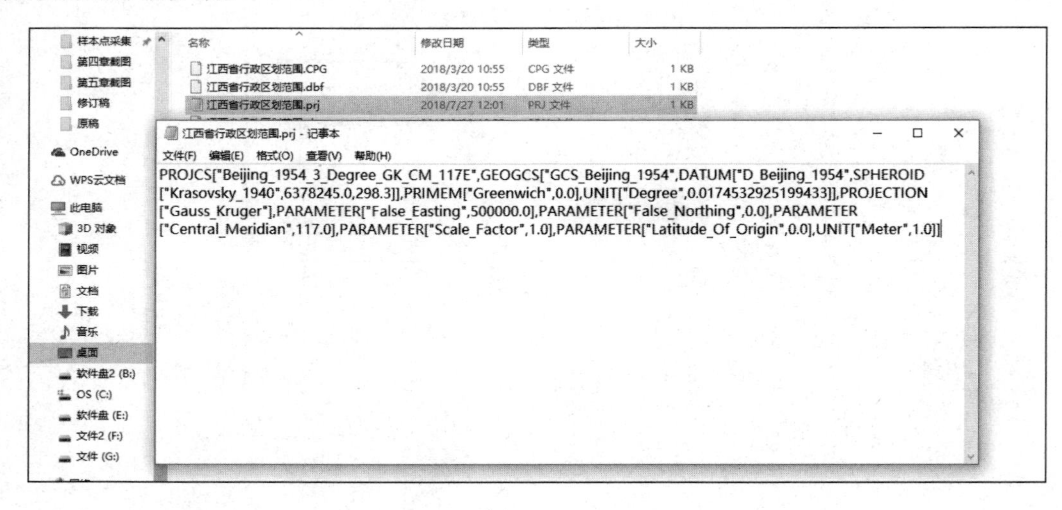

图 5.15　用记事本查看 prj 文件

（7）删除此 prj 文件，在 ArcCatalog 的空白处右击，在弹出的菜单中单击【刷新】，如图 5.16 所示。

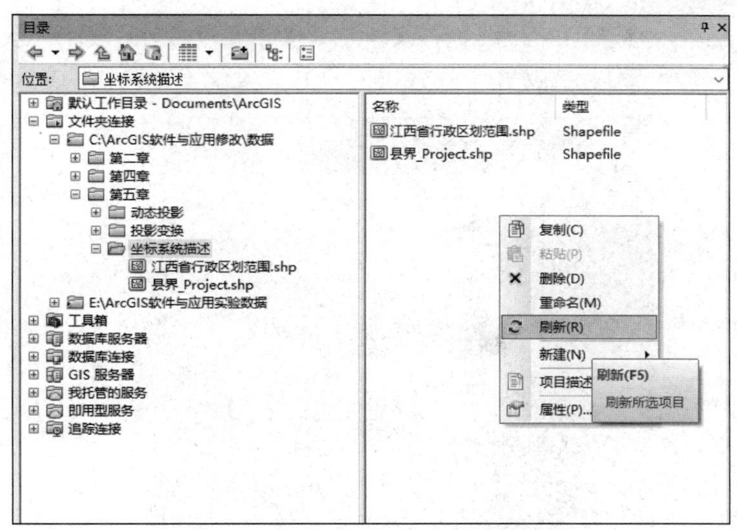

图 5.16　刷新文件

（8）查看该图层的属性，可以看到当前坐标系显示为“未知”，如图 5.17 所示。

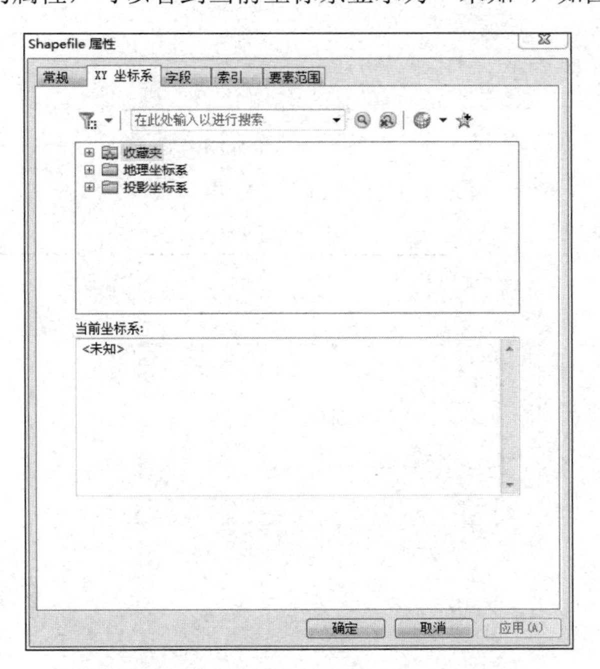

图 5.17　查看 Shapefile 的坐标系

由 5.1.3 节可知，北京 1954 坐标系和西安 1980 坐标系都是三度带或六度带的，如在【投影坐标系】→【Gauss Kruger】→【Beijing 1954】节点下，三度带坐标系有 Beijing 1954 3 Degree GK CM 114E、Beijing 1954 3 Degree GK CM 117E、Beijing 1954 3 Degree GK CM 120E。在实际工作中，如果测量的坐标数据为北京 1954 坐标系以 116° 为中央经线的分带坐标，但是定义坐标系的时候却没有以 116° 为中央经线的的坐标系可供选择，那怎么办呢？操作步骤如下。

（1）打开 ArcCatalog，右键单击任一数据，在弹出的菜单中单击【属性】菜单，在弹出的

【Shapefile 属性】对话框中选择【XY 坐标系】选项卡，单击【投影坐标系】→【Gauss Kruger】→【Beijing 1954】，右键单击任一坐标系，在弹出的菜单中选择【复制并修改】，如图 5.18 所示。

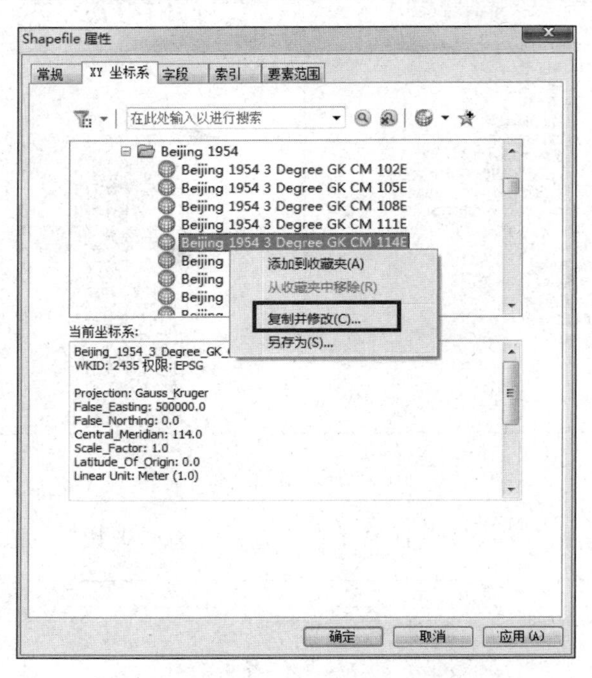

图 5.18　右键单击坐标系弹出的菜单

（2）将坐标系的参数“Central_Meridian”（中央子午线）改为“116”，“名称”改为“Beijing_1954_3_Degree_GK_CM_116E”，如图 5.19 所示。

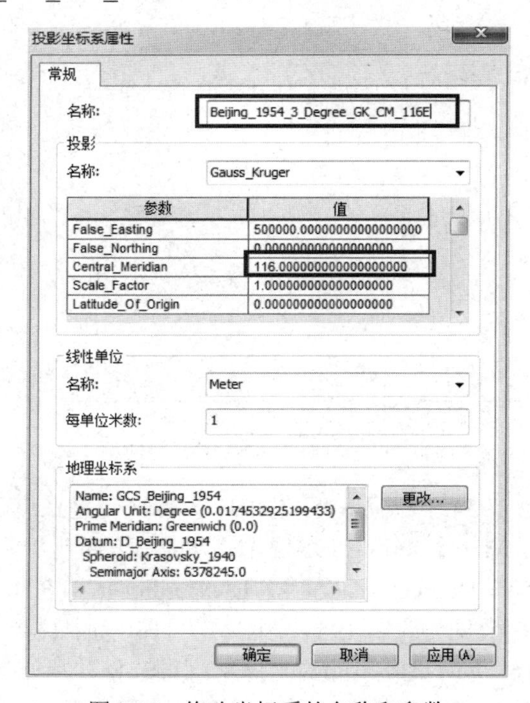

图 5.19　修改坐标系的名称和参数

（3）单击图 5.19 中的【确定】按钮，在“自定义”树节点下就有了“Beijing_1954_3_Degree_GK_CM_116E”投影坐标系，如图 5.20 所示。

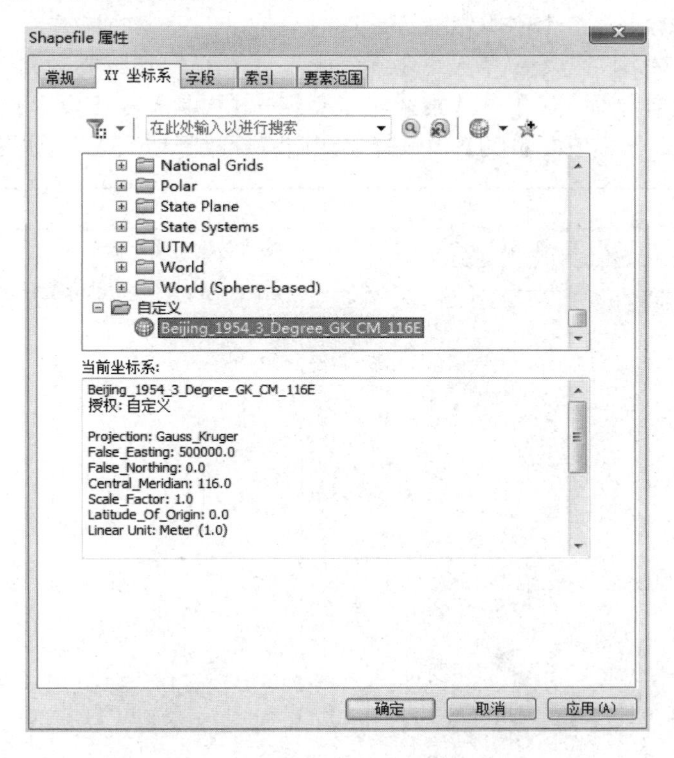

图 5.20　将坐标系添加到“自定义”树节点下

5.4.3　投影变换

真正的投影变换是一种永久性转换，会真正地改变数据的坐标值，在反复使用中不需要临时转换，节省计算时间，也不需要重复操作。在【ArcToolBox】→【数据管理工具】→【投影和变换】中提供了投影和变换工具集，在这个工具集下有几个工具最为常用，如图 5.21 所示。

（1）【定义投影】。

（2）【要素】→【投影】。

（3）【栅格】→【投影栅格】。

（4）【创建自定义地理（坐标）变换】。

当数据没有任何空间参考信息时，在 ArcCatalog 的坐标系统描述（XY 坐标系选项卡）中会显示为“未知”。这时如果要对数据进行投影变换就要先利用【定义投影】工具来给数据定义一个坐标系统，然后利用【要素】→【投影】或【栅格】→【投影栅格】工具来对数据进行投影变换。这里的【定义投影】工具与在 ArcCatalog 中给数据定义坐标系统的性质是一样的。下面结合实际工作中可能碰到的问题，给出了三个实例操作示范。

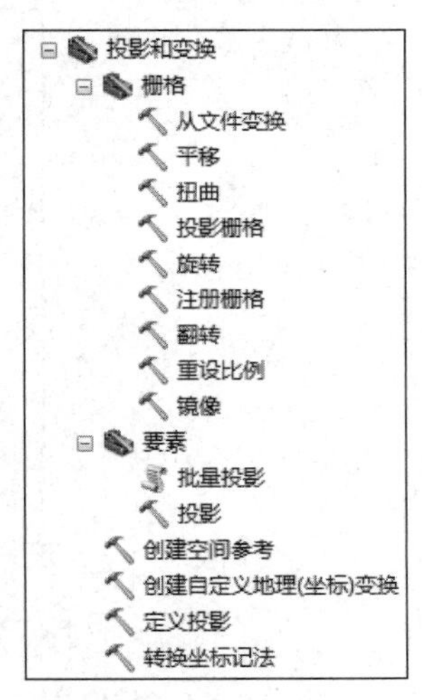

图 5.21　投影和变换工具集

实例操作 1：

将 WGS 1984 地理坐标系数据“江西省行政区划范围.shp”投影为 Beijing_1954_3_Degree_GK_CM_117E 投影坐标系，操作步骤如下。

（1）打开 ArcMap，在“…\第五章\投影变换”路径下，加载要素类“江西省行政区划范围.shp”，双击【数据管理工具】→【投影和变换】→【要素】→【投影】，在弹出的【投影】对话框中在【输入数据集或要素类】内选择“江西省行政区划范围”，如图 5.22 所示。

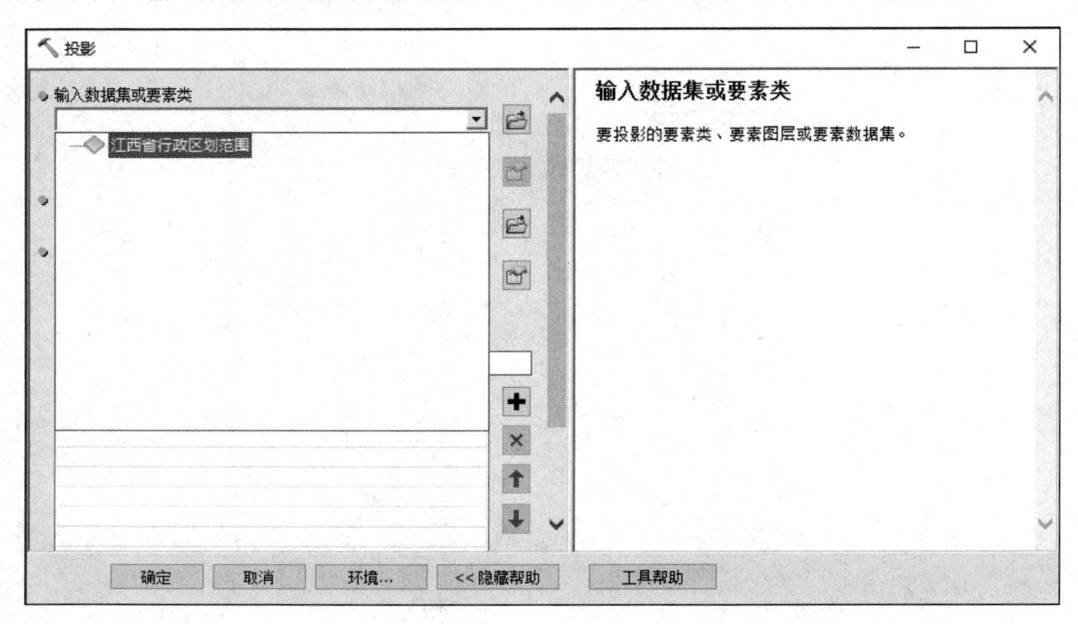

图 5.22　选择输入数据集或要素类

（2）指定输出要素的保存路径，名称定义为“江西省行政区划范围_Project.shp”，如图 5.23 所示，单击【保存】按钮后返回【投影】对话框。

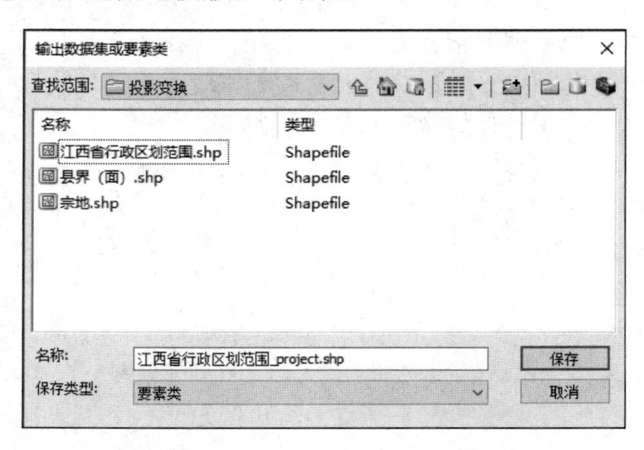

图 5.23　指定输出要素的保存路径和名称

（3）在【输出坐标系】中选择“Beijing_1954_3_Degree_GK_CM_117E”投影坐标系，所有参数设置如图 5.24 所示。

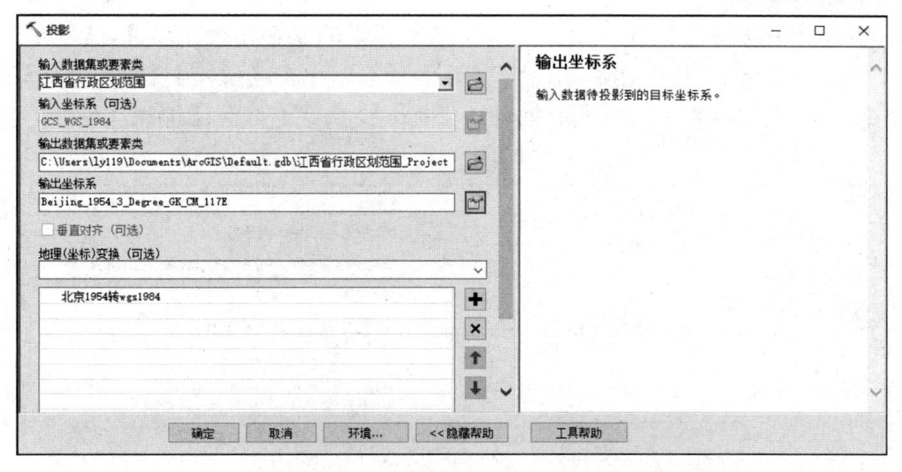

图 5.24　【投影】对话框的参数选取

（4）新建一个空白地图，添加“江西省行政区划范围_Project.shp”数据，可见数据在几何形态上发生了改变。在【内容列表】中右击“江西省行政区划范围_Project”图层，在弹出的菜单中单击【属性】菜单，在弹出的【图层属性】对话框中单击【源】标签，可见坐标系为“Beijing_1954_3_Degree_GK_CM_117E”投影坐标系（见图 5.25），说明数据发生了实质性的投影变换。

实例操作 2：

将 WGS 1984 地理坐标系数据“县界（面）.shp”转换为“Xian_1980_3_Degree_GK_CM_117E”投影坐标系，操作步骤如下。

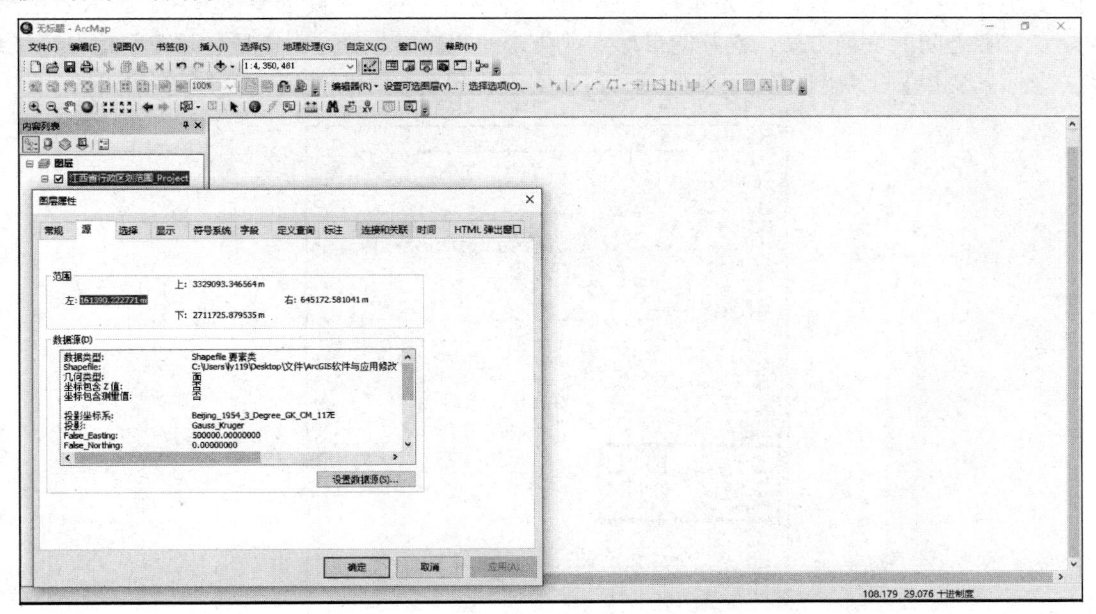

图 5.25　查看图层坐标系

（1）打开 ArcMap，在“…\第五章\投影变换”路径下，添加“县界（面）.shp”数据，双击【数据管理工具】→【投影和变换】→【要素】→【投影】，在弹出的【投影】对话框的【输

入数据集或要素类】选择“县界（面）”，指定输出要素的保存路径和名称，【输出坐标系】选择“Xian_1980_3_ Degree_GK_CM_117E”投影坐标系，单击【确定】按钮，会弹出错误提示框（见图 5.26）提示内容为“未定义的地理（坐标）变换。”，而且【地理（坐标）变换】参数前会显示绿色的圆点，表示此参数必须填写。

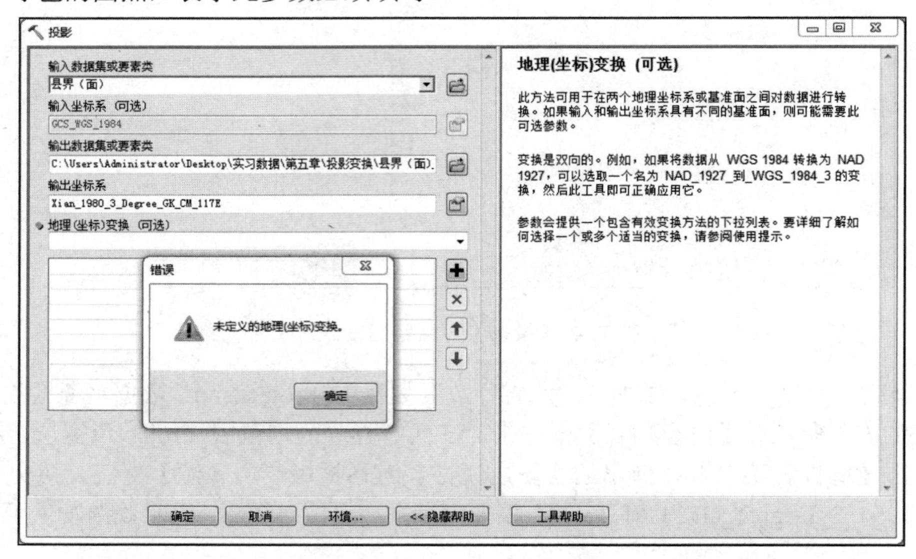

图 5.26 错误提示

点开【地理（坐标）变换】参数下的下拉列表，可以看到有 Beijing 1954 和 WGS 1984 之间的变换方法（见图 5.27），但是没有 Xian 1980 和 WGS 1984 之间的变换方法。若 ArcGIS 软件没有二者之间的变换方法，就不能自动实现投影间直接转换，这时需要使用【创建自定义地理（坐标）变换】工具自定义七参数或三参数实现投影变换，但前提是要知道参数值。

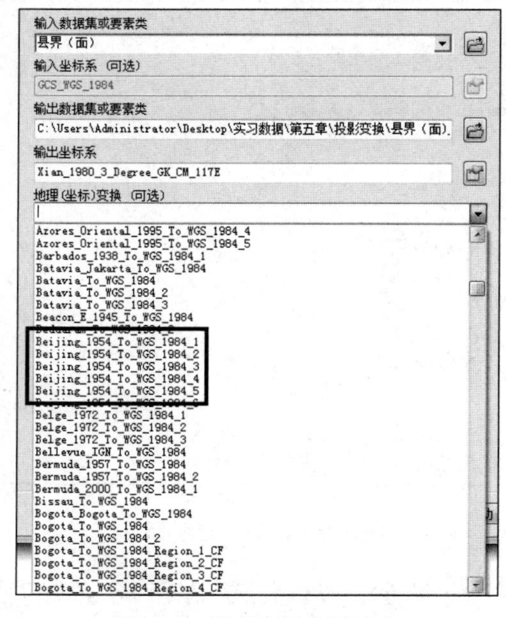

图 5.27 地理变换方法选取

（2）双击【数据管理工具】→【投影和变换】→【创建自定义地理（坐标）变换】，在弹出的【创建自定义地理（坐标）变换】对话框中，在【输入地理（坐标）变换名称】框中输入“WGS_1984_To_Xian_1980”，在【输入地理坐标系】框中输入“GCS_WGS_1984”，在【输出地理坐标系】框中输入“Xian_1980_3_Degree_GK_CM_ 117E”。在【自定义地理（坐标）变换】下的【方法】中选择“COORDINATE_FRAME”，然后输入参数，即平移参数、旋转角度和比例因子，单击【确定】按钮。这里只做一个示范（见图 5.28），需要根据实际情况选择合适的转换方法并设置相应的参数。

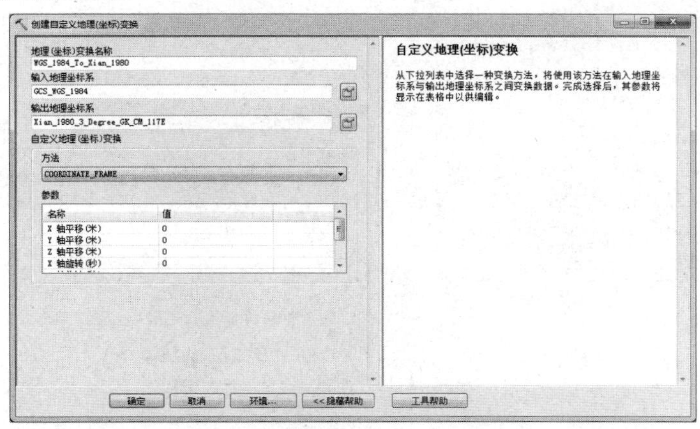

图 5.28 【创建自定义地理（坐标）变换】对话框

（3）再使用【要素】→【投影】工具，选择【输入坐标系】为“CGS_WGS_1984”，【输出坐标系】为“Xian_1980_3_Degree_GK_CM_117E”后，【地理（坐标）变换】参数下的列表框自动出现了刚才自定义的地理（坐标）变换（见图 5.29），这时候就能将数据从“CGS_WGS_1984”地理坐标系投影变换为“Xian_1980_3_Degree_GK_CM_117E”投影坐标系了。所创建的地理转换文件存储在“C:\Users\Administrator\AppData\Roaming\ESRI\Desktop10.2\ArcToolbox\CustomTransformations”路径下，文件扩展名为 .gtf，如需删除地理变换文件要在此路径下直接删除。

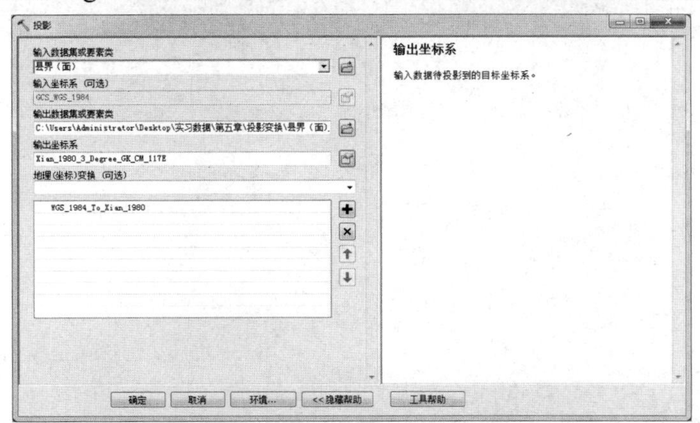

图 5.29　投影参数选取

由于数据保密原因，通常情况下我们不知道地理变换的参数值，也有一些方法，如控制点反算参数、动态投影、几何校准等可以实现不同地理坐标系之间的转换，但是这些方法误差可能比较大，其中动态投影方法的操作步骤如下。

（1）新建空白地图，在“…\第五章\投影变换”路径下，添加“县界（面）.shp”数据，单击菜单栏【视图】→【数据框属性】，在【数据框 属性】对话框中选择【坐标系】选项卡，选择“Xian 1980 3 Degree GK CM 117E”投影坐标系，如图 5.30 所示。

（2）单击图 5.30 中的【变换】按钮，弹出【地理坐标系变换】对话框（见图 5.31），可以看到 ArcMap 自动识别了【转换自】“GCS_WGS_1984”，【至】“GCS_Xian_1980”，单击【确定】按钮，返回【数据框 属性】对话框，再单击【确定】按钮。

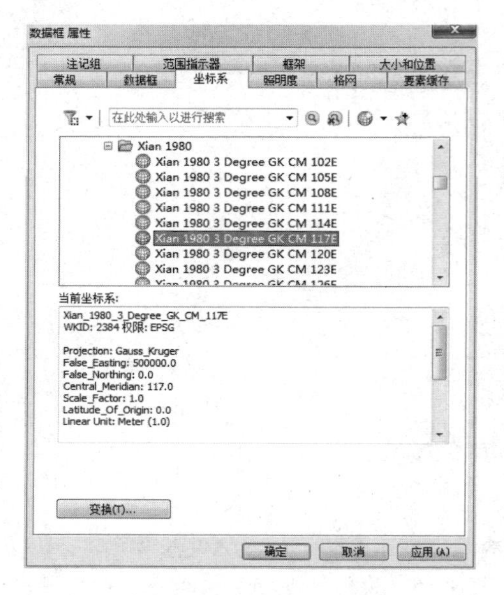

图 5.30　定义数据框坐标系

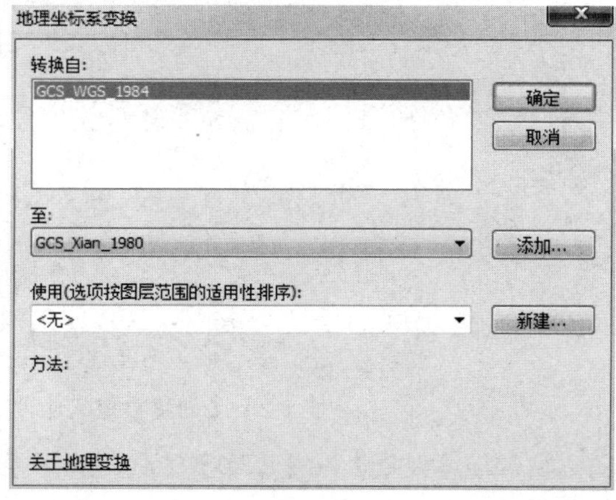

图 5.31　【地理坐标系变换】对话框

（3）右击【内容列表】中的“县界（面）”图层，在弹出的菜单中单击【数据】→【导出数据】，如图 5.32 所示。

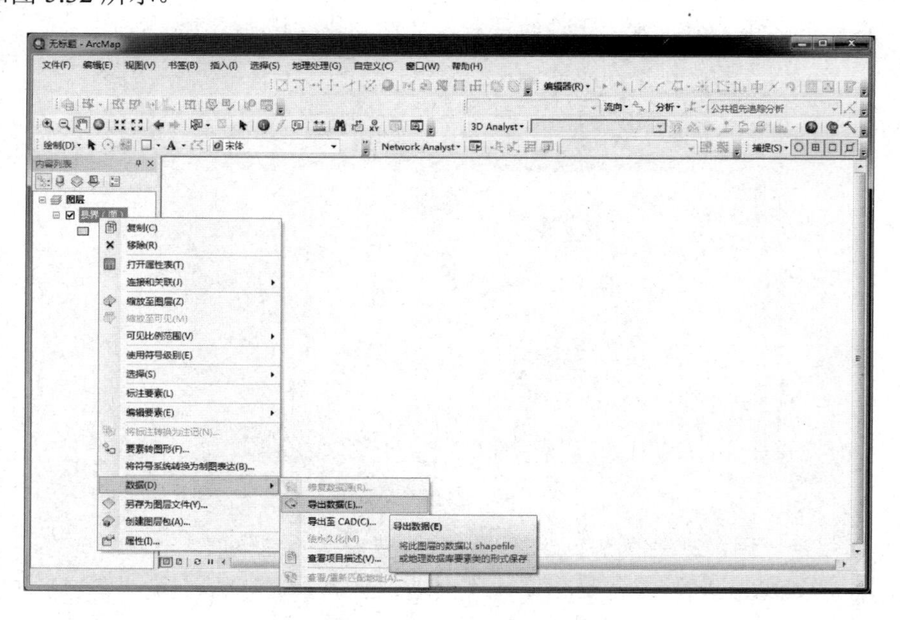

图 5.32　导出数据

（4）在弹出的【导出数据】对话框中，可以选择是按【此图层的源数据】的坐标系，还是按【数据框】的坐标系导出数据，这里选择【数据框】，如图 5.33 所示，单击【确定】按钮。

（5）在弹出的对话框（见图 5.34）中单击【是】按钮。

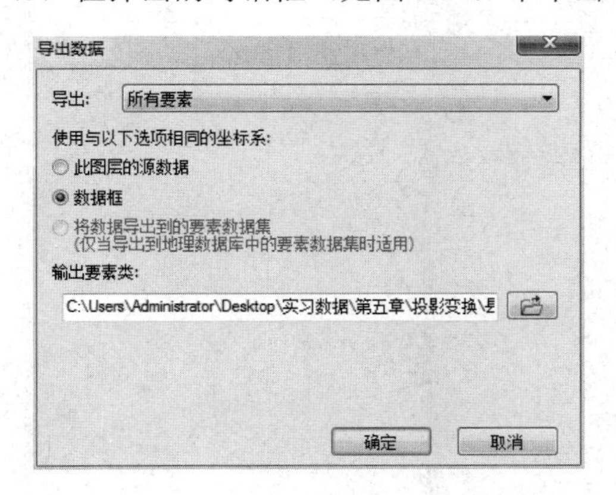

图 5.33　按数据框的坐标系导出数据

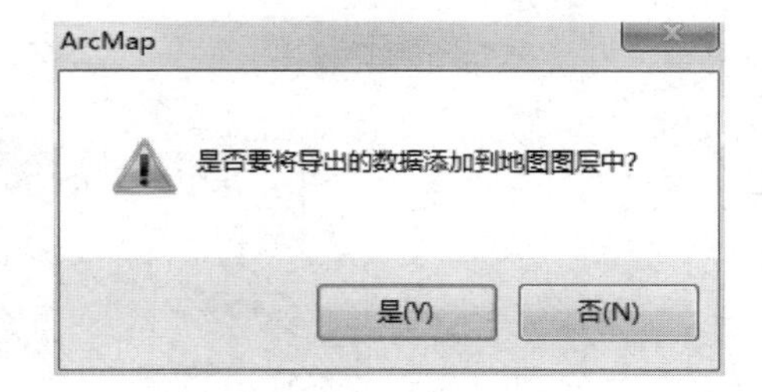

图 5.34　提示对话框

（6）可以看到导出的数据添加到了地图图层中，查看该图层的属性，坐标系为“Xian_1980_3_ Degree_GK_CM_117E”（见图 5.35）。

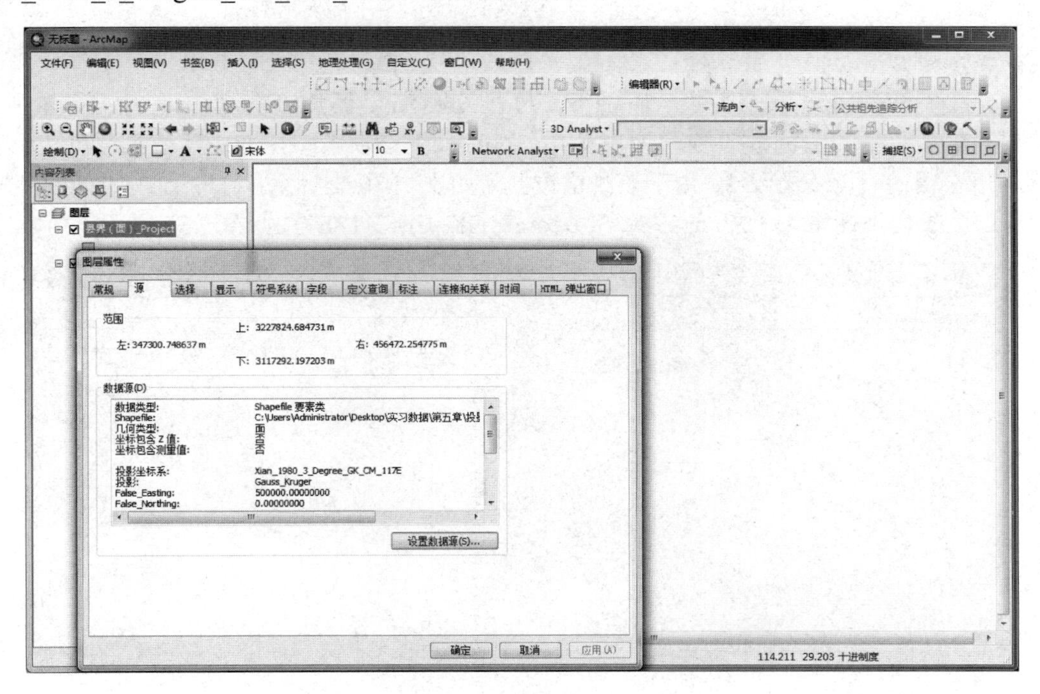

图 5.35　查看图层坐标系

实例操作 3：

利用一个未定义坐标系数据“宗地.shp”和 WGS 1984 地理坐标系数据“江西省行政区划范围.shp”进行投影变换实验。“宗地.shp”在 ArcMap 中打开后地图要素形态如图 5.36 所示，与“江西省行政区划范围.shp”显示不在同一范围内（实际上宗地位于江西省）。

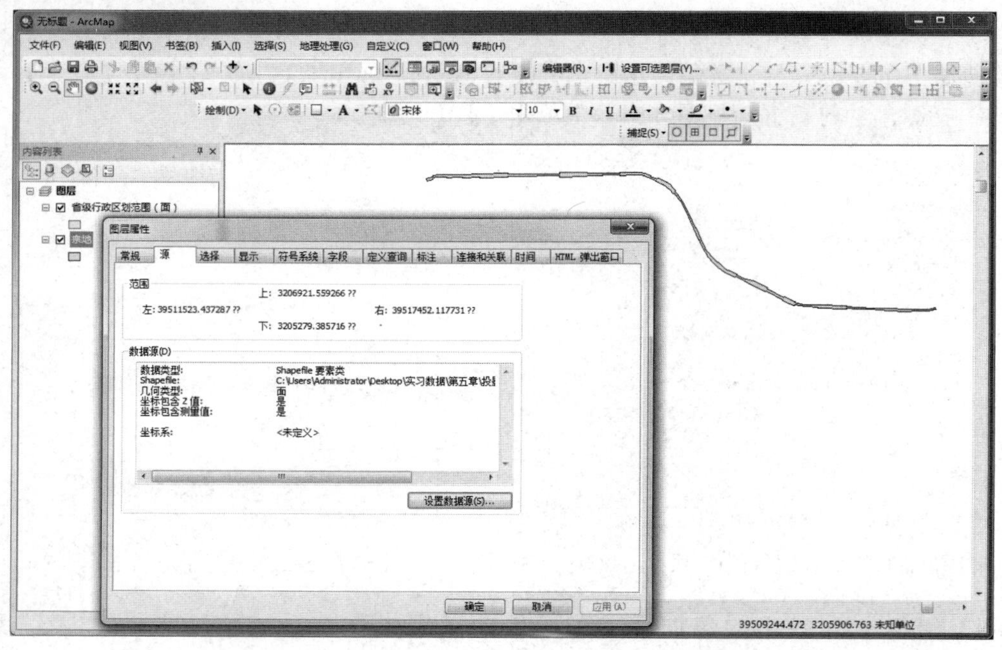

图 5.36 “宗地.shp”在 ArcMap 中打开后地图要素形态

操作步骤如下。

（1）在“…\第五章\投影变换”路径下，打开 ArcMap，添加“宗地.shp”数据，单击【标准工具】工具条中的图标按钮，弹出【ArcToolBox】活动窗口，双击【数据管理工具】→【投影和变换】→【定义投影】，由于该测量数据为西安 1980 坐标系以 117° 为中央经线的分带坐标，定义投影坐标系为“Xian_1980_3_Degree_GK_CM_117E”，如图 5.36 所示。

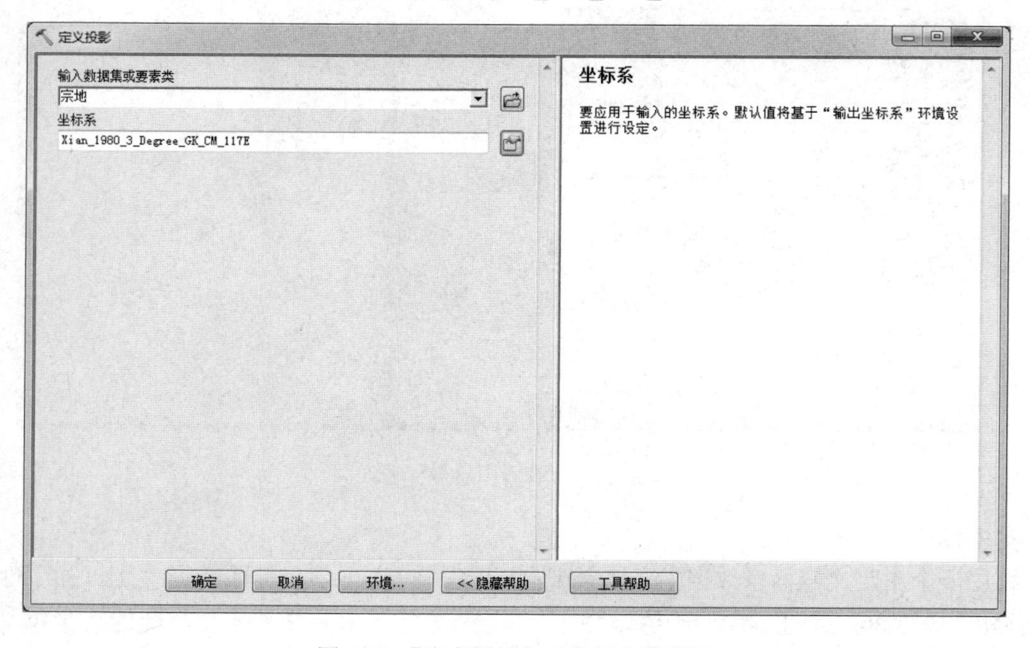

图 5.37 【定义投影】对话框参数设置

（2）双击【数据管理工具】→【投影和变换】→【要素】→【投影】，弹出【投影】对话框，在【输入数据集或要素类】框内选择“宗地”，指定【输出数据集或要素类】的保存路径和名称，在【输出坐标系】框内选择“GCS_WGS_1984”地理坐标系，如图 5.38 所示。

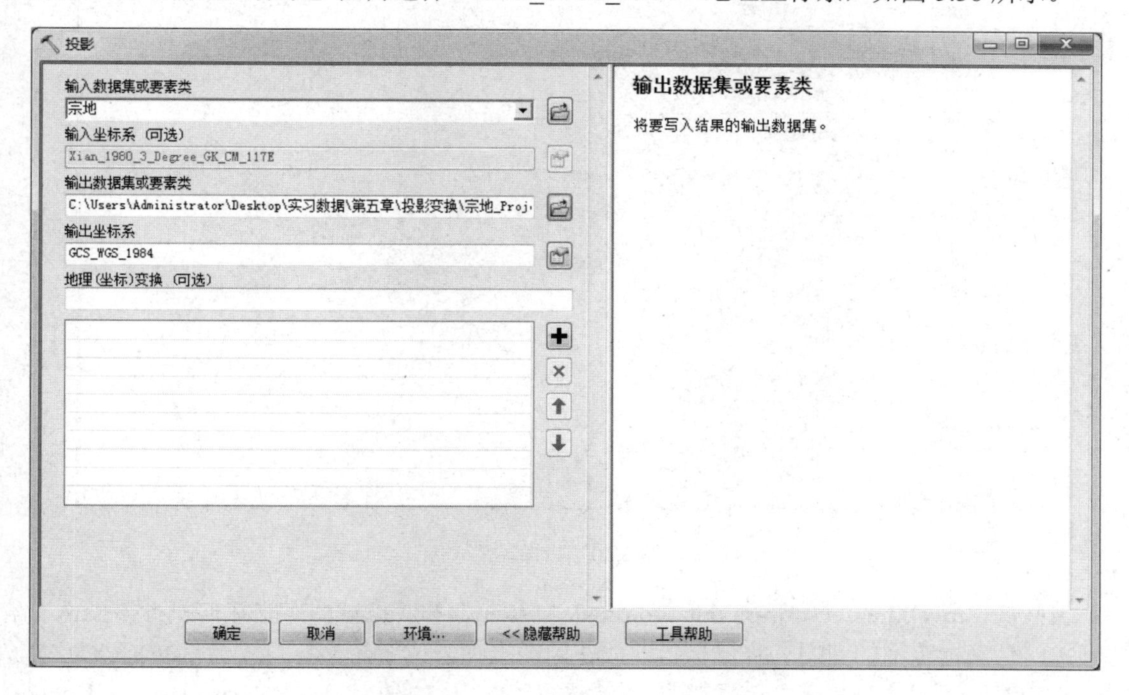

图 5.38　【投影】对话框参数设置

（3）单击图 5.38 中的【确定】按钮，发现界面右下角显示投影错误图标，如图 5.39 所示。单击该图标可查看报错详情，如图 5.40 所示。

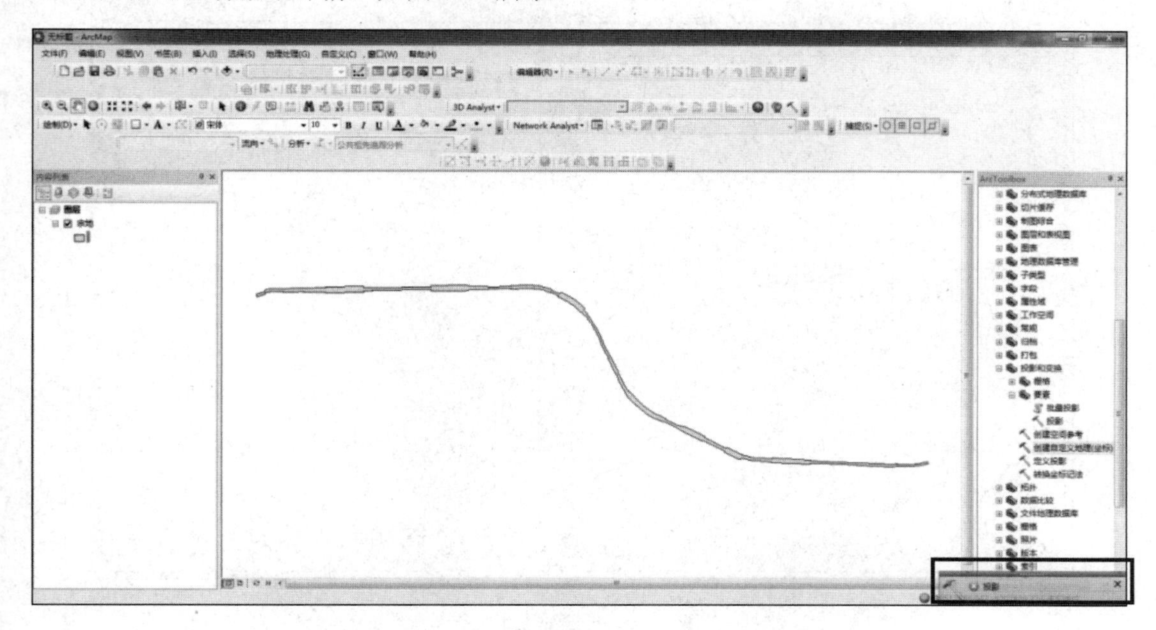

图 5.39　投影变换错误

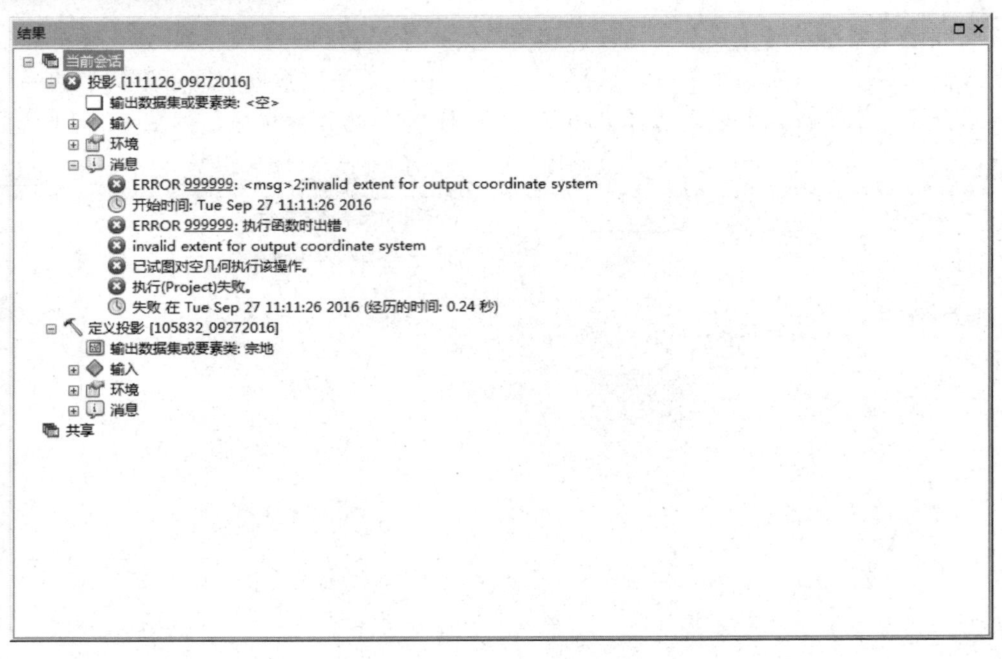

图 5.40　错误详情

（4）从“invalid extent for output coordinate system”和“已试图对空几何执行该操作”信息可知，是坐标范围的问题，将鼠标指针放在地图上任一位置，坐标形式为（39XXXXXX，YYYYYYY），可见横坐标前加上了带号，分带号为 39，从 5.1.3 节可知，“Xian_1980_3_Degree_GK_CM_117E”地理坐标系的横坐标前是不加带号的，应重新定义【坐标系】为“Xian_1980_3_Degree_GK_Zone_39”地理坐标系，如图 5.41 所示。

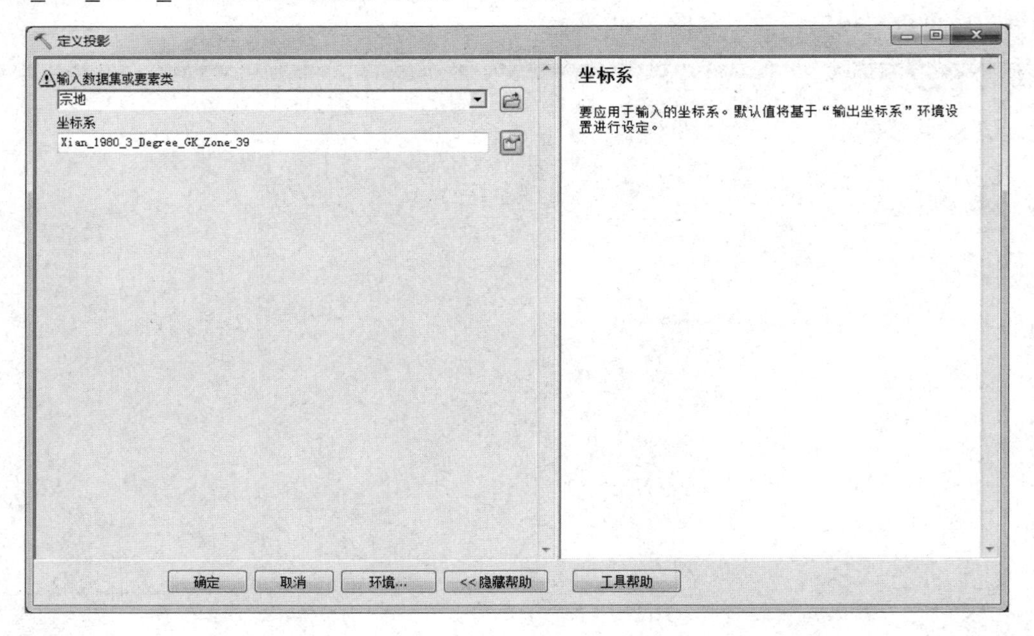

图 5.41　重新定义投影

（5）再投影至“GCS_WGS_1984”地理坐标系，如图 5.42 所示。

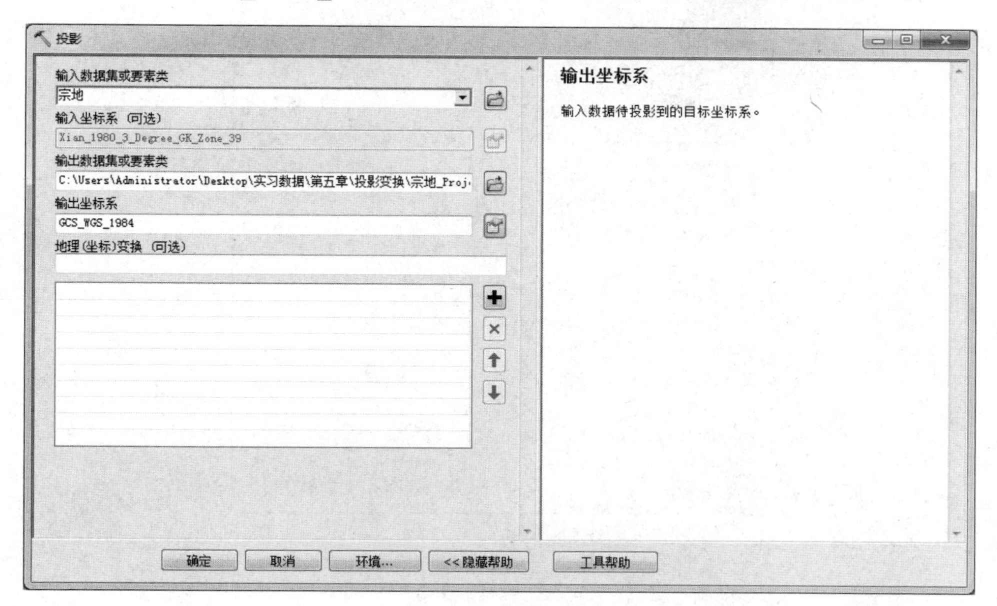

图 5.42　投影对话框

（6）新建一个空白地图，添加“江西省行政区划范围.shp”数据，并添加投影后的“宗地_Project.shp”数据，可见两组数据叠加到了一起（见图 5.43）。

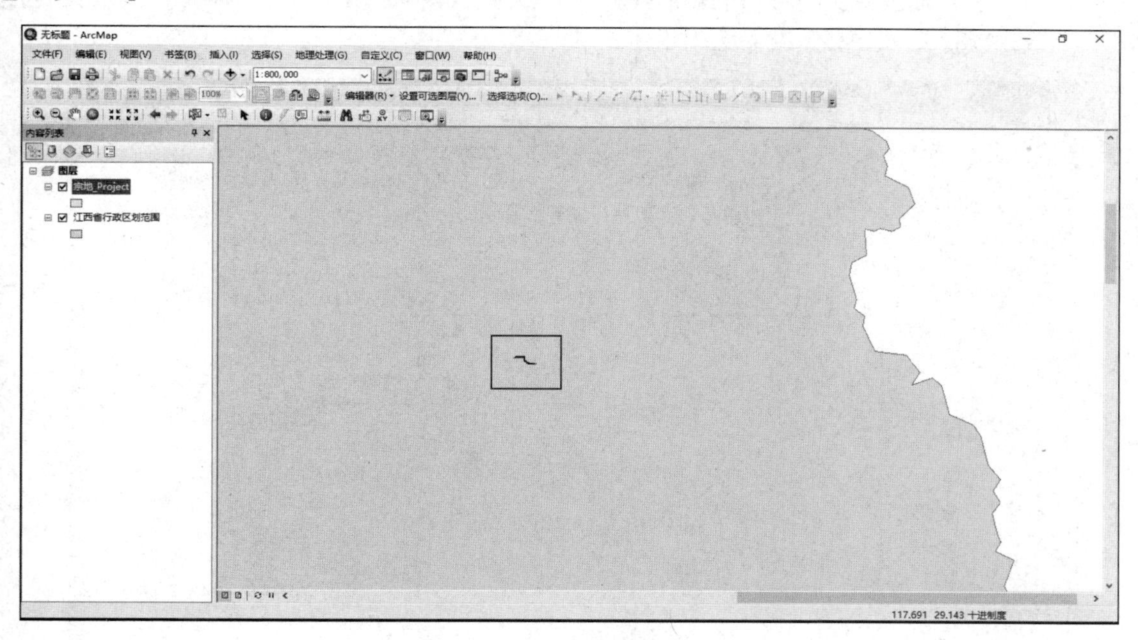

图 5.43　查看投影后的数据

在上述实验中的第一步定义投影时，如果想定义坐标系为“Xian 1980 3 Degree GK CM 117E”，可以在定义坐标系前将数据所有的横坐标减去 39000000，这样就可以去掉带号，操作如下。

（1）单击【编辑器】→【开始编辑】，此时菜单【移动】为灰色，如图 5.44 所示。

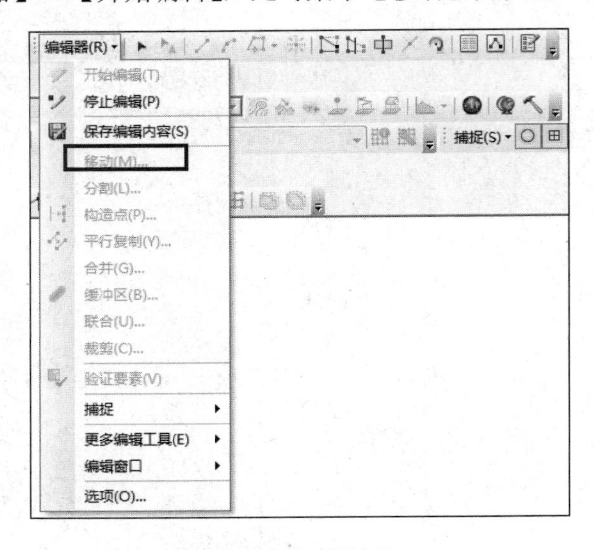

图 5.44　开始编辑

（2）单击【编辑】工具，选中图形，单击【编辑器】→【移动】，在弹出【增量 X、Y】对话框的左边文本框输入“–39000000”，如图 5.45 所示，按“Enter”键，然后停止编辑，在【内容列表】中右击“宗地”图层，在弹出的菜单中单击【缩放至图层】，将鼠标指针放在地图任一位置可见坐标去除了带号，坐标形式为（XXXXXX，YYYYYYY），此时再投影变换为 GCS_WGS_1984 地理坐标系就不会报错了。

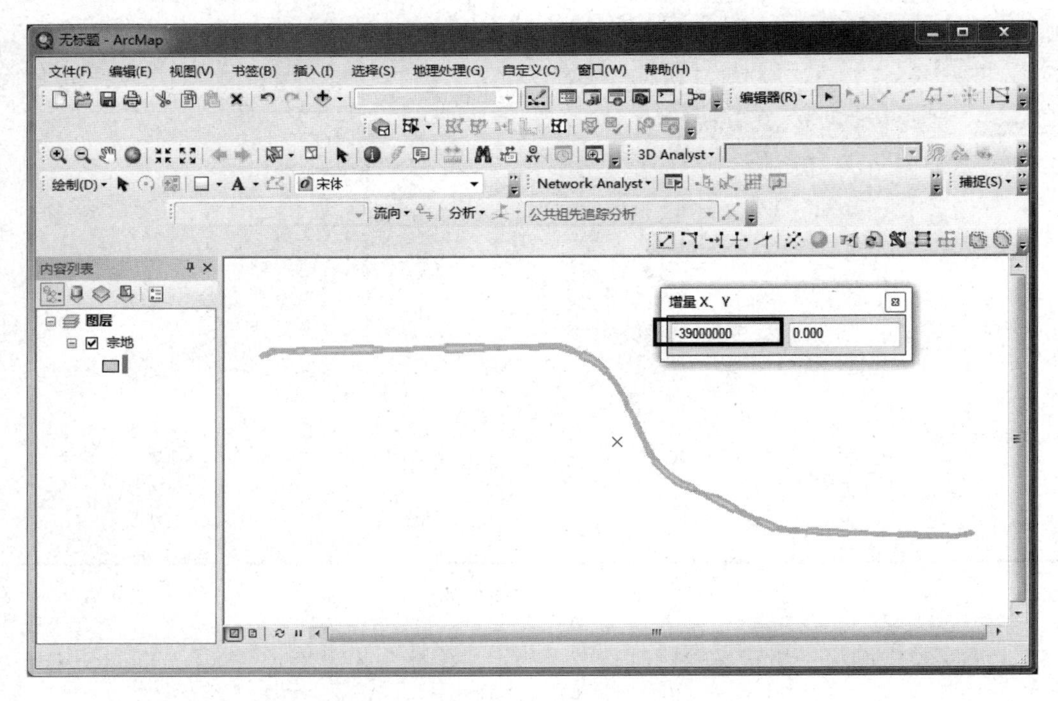

图 5.45　移动宗地要素

5.5　本章小结

通过本章学习，读者可了解到坐标系统分为两种。

（1）地理坐标系：为球面坐标系，以（十进制）度、分、秒为单位。

（2）投影坐标系：为平面坐标系，将地理坐标系中由经纬度确定的球面坐标投影到二维平面上，通常以米为单位。

ArcGIS 桌面产品中提供了三种投影方式。

（1）动态投影：是一种临时性的投影变换，在 ArcMap 中，数据框架的坐标系统默认为第一个加载进来的图层的坐标系统，后加入的数据如果和当前数据框架的坐标系统不同，则 ArcMap 会自动将其投影变换到当前坐标系统下显示，但数据所存储的坐标值并没有改变。

（2）坐标系统描述：相当于给数据贴上标签，在 ArcCatalog 中，可以给数据定义或调整坐标系统描述，但是数据文件中所存储数据的坐标值并没有真正地投影变换到所更改的坐标系统下，在将来进行临时变换、永久变换时，按修改后的坐标系统转换，会对转换结果产生实质性的影响。

（3）投影变换：是一种永久性转换，在 ArcToolBox 工具箱中，可以对数据进行投影变换，真正地改变数据的坐标值，在反复使用中不需要临时转换，节省计算时间，也不需要重复操作。

第6章

地图编辑

地图编辑就是对空间数据进行处理、修改和维护的过程。通常，采集的数据在几何图形和空间属性上往往存在不够完善或错误的地方，需要通过编辑对其进行修改和处理。空间数据编辑是 ArcGIS 软件的基本功能。本章具体内容包括:

- 图形编辑;
- 属性编辑;
- 拓扑编辑;
- 制作正方形网格。

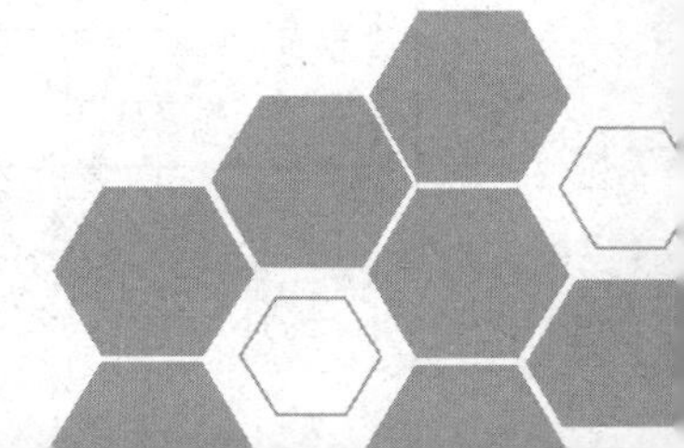

6.1 图形编辑

图形编辑主要是指通过【编辑器】、【高级编辑】工具条上功能菜单或按钮对地图中地理要素的几何图形进行编辑处理。本节介绍的内容包括：

- 启动与停止编辑；
- 捕捉设置；
- 创建点要素、线/弧要素、面要素；
- 折点编辑；
- 求中点、端点弧度和弧段、距离-距离、方向-距离、正切曲线段、追踪工具；
- 线要素分割、裁剪、延伸，面要素切割，合并、联合、拆分多部件要素；
- 移动、旋转、删除、缩放、复制要素；
- 修整、镜像、概化和平滑要素；
- 缓冲区。

本节以“…\第六章\地图编辑\校园地图编辑.mxd”为实验数据进行实验步骤说明。

6.1.1 启动与停止编辑

地图编辑操作需要在编辑会话中进行。在编辑会话期间，可以创建或修改矢量要素或表格属性信息。进行编辑时需要启动编辑会话，并在完成后结束编辑会话。编辑操作用于单个 ArcMap 数据框架中的单个工作空间。在编辑开始前，首先检查 ArcMap 主窗体中是否有【编辑器】工具条，若未显示【编辑器】工具条，首先要添加【编辑器】工具条。添加编辑工具的方法有三种。

（1）在标准工具条中单击【编辑器】按钮，打开【编辑器】工具条。

（2）单击主菜单【自定义】→【工具条】→【编辑器】，打开【编辑器】工具条。

（3）在工具条上单击鼠标右键，在弹出的菜单中单击【编辑器】菜单，打开【编辑器】工具条。

【编辑器】工具条如图 6.1 所示，每个功能按钮的名称及功能描述见表 6.1。

图 6.1 【编辑器】工具条

表 6.1 【编辑器】工具条的每个功能按钮名称及功能描述

图　标	名　称	功能描述
编辑器(R)▾	编辑器	编辑命令菜单
	编辑工具	在编辑会话中选择并编辑要素
	编辑注记工具	选择并编辑地理数据库注记要素
	直线段	创建直线
	端点弧段	创建圆弧工具，结束点在圆弧
	弧段	创建圆弧工具，结束点在端点
	中点	在线段的中点处创建点或折点

续表

图　标	名　称	功能描述
	追踪	通过追踪现有要素创建线段
	直角	绘制直角工具
	距离-距离	在距其他两点的特定距离处创建点或折点
	方向-距离	用已知点的方向和距离创建点或折点
	交叉点	在两条线的交叉处创建点或折点
	正切曲线段	创建与前一线段相切的圆弧
	贝塞尔曲线段	创建贝塞尔曲线要素
	点	向编辑草图添加点
	编辑折点	查看、选择及修改组成可编辑要素形状的折点和线段
	整形要素工具	通过在选定要素上构造草图整形线或面
	裁剪面工具	通过绘制线分割一个或多个选定的面要素
	分割工具	将选定的线要素分割为两个要素
	旋转 S 工具	交互式或按角度测量值旋转所选要素
	属性	打开属性窗口
	草图属性	打开编辑草图属性窗口
	创建要素	打开创建要素窗口

1．启动编辑

操作步骤如下。

（1）打开 ArcMap，在“…\第六章\地图编辑”路径下，打开“校园地图编辑.mxd”文件。

（2）在【编辑器】工具条中，单击【编辑器】→【开始编辑】启动编辑。

（3）启动编辑后，如果 ArcMap 中有多个数据源，则会弹出【开始编辑】对话框，如图 6.2 所示，用于选择工作空间。选择要编辑的工作空间，单击【确定】按钮关闭对话框。

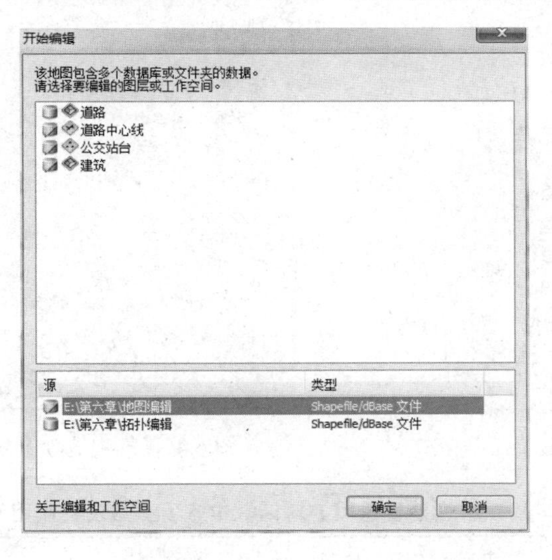

图 6.2 【开始编辑】对话框

开始编辑后可能会出现错误，如果图层列表中存在不可编辑图层或其他问题，ArcMap 将弹出对话框显示错误或警告信息，如表 6.2 所示。

表 6.2　开始编辑时可能发生的错误

状　态	描　述
错误	图层将不能启动编辑
警告	可以启动编辑，但可能无法编辑地图中的某些项
消息	提供有关在编辑时如何提高性能的建议，此消息不影响编辑

2．停止编辑

操作步骤如下。

（1）在编辑器工具条中，单击【编辑器】→【停止编辑】。

（2）如果对上次保存的编辑内容又进行了编辑，单击【是】按钮保存编辑内容，单击【否】按钮将会放弃编辑内容。

6.1.2　捕捉设置

在进行数据编辑时，一般先进行编辑环境的设置，如捕捉设置、选择设置、单位设置等，以提高数据编辑的效率和精度。通过捕捉功能，可以在创建彼此连接的要素时，使编辑操作更加精确、误差更小。开启捕捉功能后，当鼠标指针靠近边、折点和其他几何要素时，便会跳转或捕捉到这些要素，可以很容易地根据其他要素的位置定位要素。随着指针在地图中的移动，它将自动捕捉到点、端点、折点和边。

捕捉设置的步骤如下。

（1）在【编辑器】工具条中，单击【编辑器】→【捕捉】→【捕捉工具条】，弹出【捕捉】工具条，如图 6.3 所示。

（2）在【捕捉】工具条中，单击【捕捉】→【选项】，弹出【捕捉选项】对话框，如图 6.4 所示，对话框中的各项参数及其作用如表 6.3 所示。

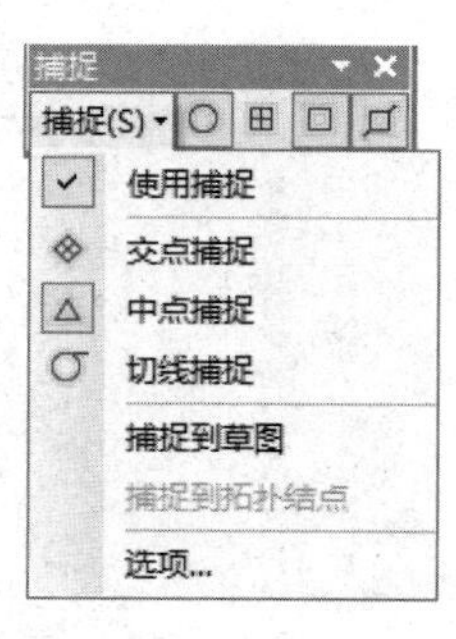

图 6.3 【捕捉】工具条

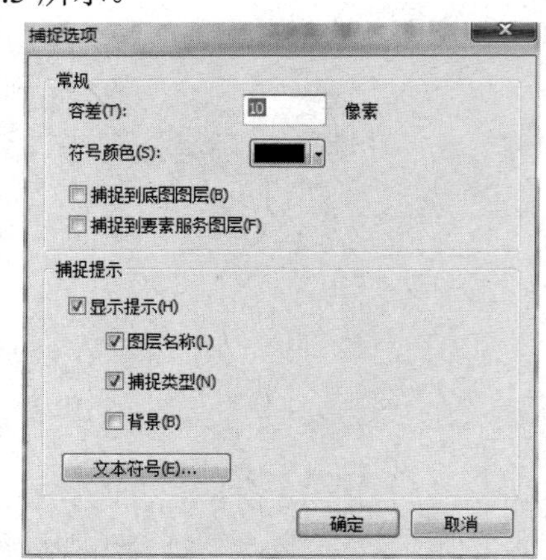

图 6.4 【捕捉选项】对话框

表 6.3 【捕捉选项】对话框中各项参数及其作用

选　项	说　明
容差	捕捉范围的大小，以像素为单位
符号颜色	设置捕捉符号的颜色
捕捉提示	进行捕捉时出现的提示，包括图层名称、捕捉类型和背景
文本符号	用于提示文本的颜色、字体、符号等

要注意的是，在使用捕捉功能时，如果【容差】设置的数值过小，在地图中捕捉要素时将无法使用捕捉功能。

6.1.3　创建点要素、线/弧要素、面要素

1．创建点要素

创建点要素共有两个构造工具：（点）和（线末端的点）。

（1）通过点构造工具创建点要素。点是可创建的最简单的要素。只需在【创建要素】窗口中单击“要素模板”，点构造工具便会自动激活。在地图上想要添加点的位置单击，也可以右击地图或使用捕捉功能在准确位置创建点。如图 6.5 所示，以创建一个“公交站台”点要素为例，其创建方法如下。

① 打开“校园地图编辑.mxd”文件，单击【编辑器】中的【开始编辑】→【内容列表】中的“公交站台”图层，单击【编辑器】下拉列表中的【编辑窗口】或单击【编辑器】工具条中的创建要素工具。

② 在【创建要素】窗口中单击要素模板【公交站台】，选择点构造工具，在大多数情况下，选择点要素模板后会自动激活该工具。

③ 单击地图创建点。即在地图上创建一个点，并且点处于选取状态，如图 6.5 所示。

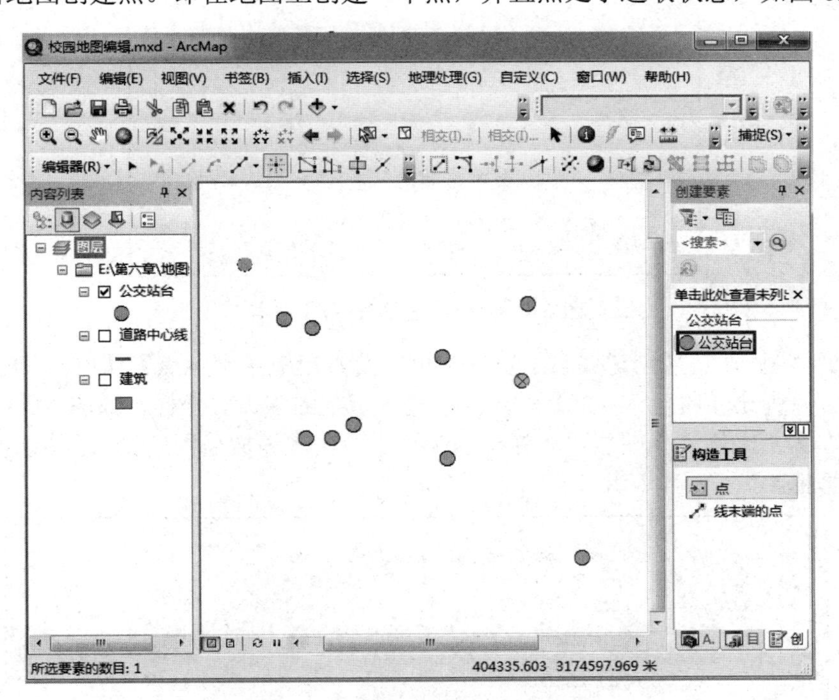

图 6.5　创建点要素

（2）在草绘的线的末端创建点要素。使用线末端的点构造工具可绘制一条线并在该线的末端创建一个点，步骤如下。

① 在【创建要素】窗口中单击要素模板【公交站台】，选择线末端的点构造工具。

② 根据需要单击地图创建草图线。若要使线具有特定的长度，可右击鼠标键选择【长度】，输入距离测量值，然后单击【添加折点】按钮。

③ 右击地图中的任意位置，然后单击【完成草图】按钮。完成草图后，将在线的最后一个折点位置处创建一个新点。该线只是临时草图，使用此工具时并未创建任何线要素。

创建的点要素往往需要指定其坐标位置，可通过【绝对 X，Y】、【移动至】和【编辑草图属性】这三种方法来创建具有指定坐标的点或者为创建的点要素指定具体坐标。

（1）用【绝对 X，Y】工具创建指定坐标点。该工具使用精确的 X、Y 测量值来创建点或折点，步骤如下。

①单击菜单栏中的【自定义】，在下拉菜单中单击【自定义模式】，打开【自定义】对话框，选择【命令】选项卡，在右上角空白框处输入关键字“绝对”，找到该工具，如图 6.6 所示。用鼠标左键将其拖入【编辑器】工具条中。

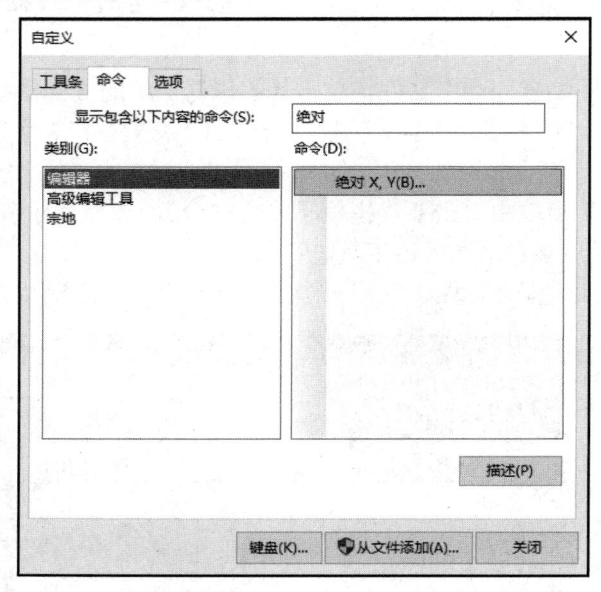

图 6.6　查找【绝对 X，Y】工具

② 启动编辑后，在【创建要素】窗口中单击要素模板【坐标点】，【绝对 X，Y】工具亮起时单击该工具弹出【绝对 X、Y】对话框，输入指定的 X、Y 坐标，如图 6.7 所示。在【内容列表】中右击“坐标点”图层，在弹出的菜单中单击【缩放至图层】，可以看到创建的坐标点显示在数据框中。

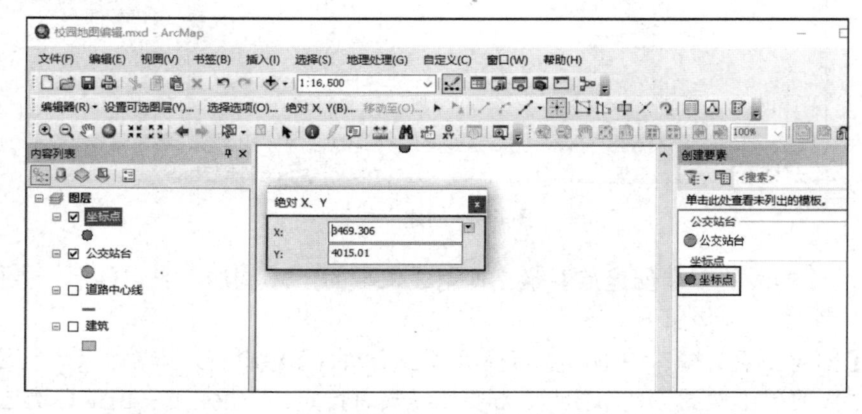

图 6.7　利用【绝对 X，Y】工具创建坐标点

③ 切换回编辑工具按钮，双击该坐标点进入【编辑折点】状态，单击【编辑器】工具条中的草图属性，如图 6.8 所示，可以看到该点的 X、Y 坐标正是刚刚指定的坐标值。

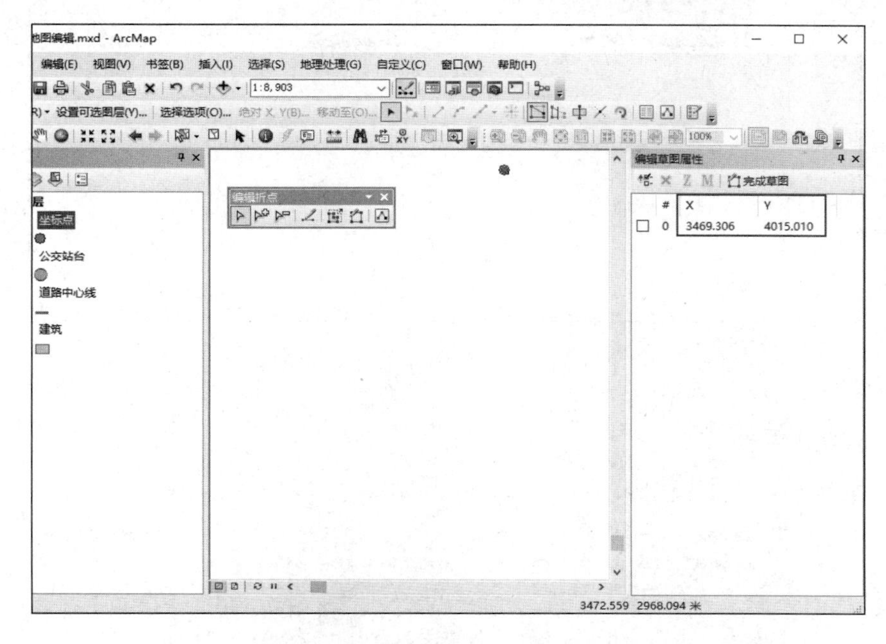

图 6.8　草图属性中查看点的坐标

（2）通过【移动至】工具可以将创建好的点要素移动至指定的坐标位置，步骤如下。

① 在【自定义模式】中找到【移动至】工具，将其拖入【编辑器】工具条中。

② 单击【编辑器】工具条中的【创建要素】工具，在窗口中选择要素模板【坐标点】，创建一个新的点要素。

③ 双击新建的点要素，进入【编辑折点】状态。此时【移动至】工具亮起（此时，也可右击该点要素，在弹出的快捷菜单中选择【移动至】菜单），单击该工具弹出【移动至】对话框，如图 6.9 所示，输入点的新坐标，回车确认后可将点移动到指定的位置。单击【编辑折点】工具条中的【完成草图】按钮，完成对点要素的编辑，如图 6.10 所示。

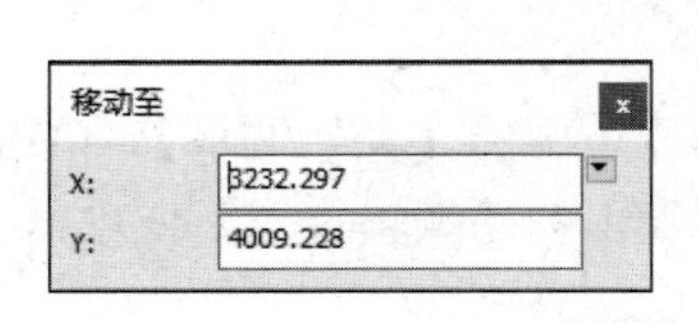

图 6.9 【移动至】对话框

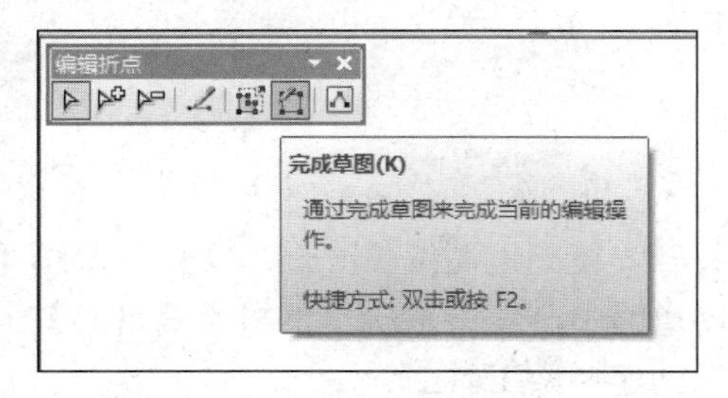

图 6.10　完成草图

（3）在【编辑草图属性】对话框中修改点坐标值，将点要素移动到指定位置。步骤如下。

① 单击【编辑器】工具条中的【草图属性】按钮，弹出【编辑草图属性】对话框。

② 双击点要素，进入编辑折点状态，这时可在【编辑草图属性】对话框中直接修改点的坐标，如图 6.11 所示。

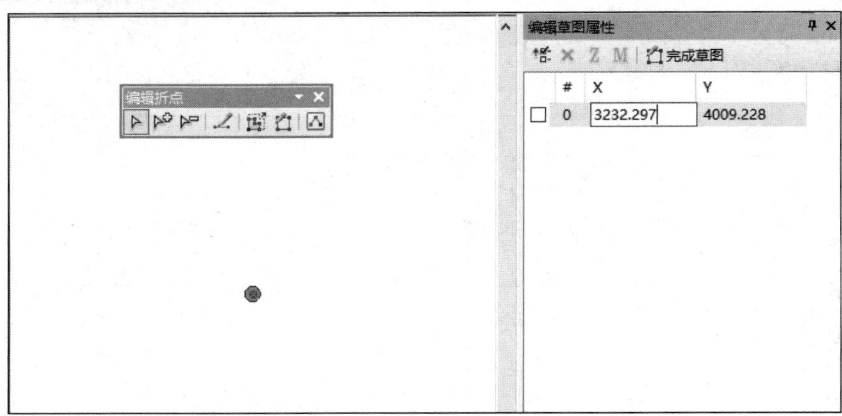

图 6.11 【编辑草图属性】对话框

2. 创建线/弧要素

如图 6.12 所示，以创建道路中心线为例，其创建方法如下。

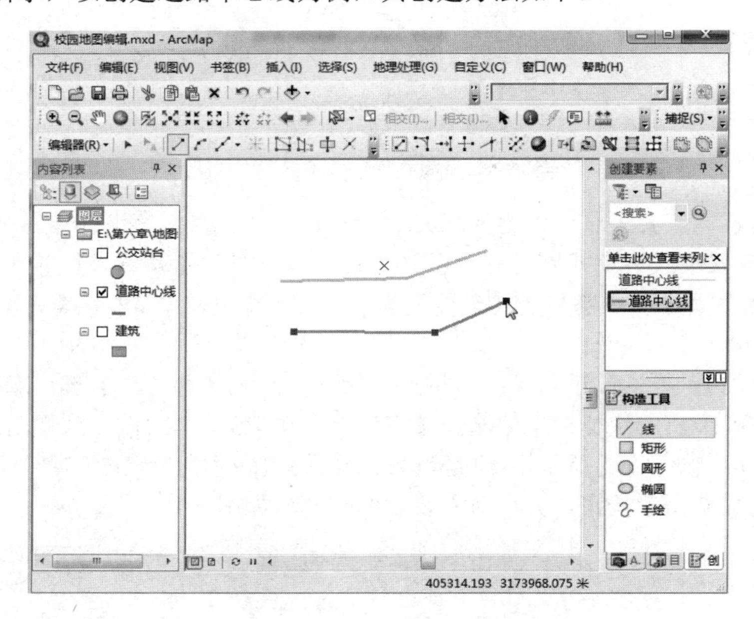

图 6.12 创建线要素

（1）打开“校园地图编辑.mxd”文件，单击【编辑器】中的【开始编辑】，单击【内容列表】中的“道路中心线”图层，单击【编辑器】下拉列表中的【编辑窗口】或单击【编辑器】工具条中的创建要素工具。

（2）在【创建要素】窗口中单击要素模板“道路中心线”，选择线/弧要素构造工具（见表 6.4），在地图上单击创建线/弧要素。

表 6.4 线/弧要素构造工具

图　标	名　称	描　述
/	线	绘制折线

续表

图　标	名　称	描　述
	矩形	拉框绘制矩形
	圆形	指定圆心和半径绘制圆形
	椭圆	指定椭圆圆心、长半轴和短半轴，绘制椭圆
	手绘	单击鼠标左键，移动鼠标绘制曲线

用不同的构造工具创建线要素。

① 创建线要素。在【构造工具】中选择“线”，在地图上单击放置折点的位置，可双击鼠标完成草图，也可右击选择【完成草图】来实现线要素的绘制，如图 6.12 所示。

② 创建矩形线要素。在【构造工具】中选择“矩形”构造工具，在地图上单击绘制第一个顶角的位置，拖动并单击鼠标右键设置矩形的绝对 X、Y，方向，长度，宽度，完成矩形线要素的绘制。【矩形】工具快捷键如表 6.5 所示。

表 6.5 【矩形】工具快捷键

键盘快捷键	编 辑 功 能
Tab	按 Tab 键可使矩形处于平直方向（以 90° 角垂直或水平），而不进行旋转，所创建的矩形都是平直的，再次按 Tab 键可取消此设置，便可创建具有旋转角度的矩形
A	设置拐角的 X、Y 坐标。建立矩形角度之后，可以设置第一个拐角的坐标或任意一个后续拐角的坐标
D	确定第一个拐角点后指定“方向”
L	设置矩形的长度
W	设置矩形的宽度
Shift	长按 Shift 键可创建正方形

③ 创建圆形线要素。在【构造工具】中选择“圆形”，在地图上单击确定圆心位置，拖动鼠标。绘制圆时，圆内将出现表示半径的直线，也可以单击鼠标右键或使用表 6.6 中的快捷键输入 X、Y 坐标或半径，单击地图完成圆形线要素的绘制。

表 6.6 【圆形】工具快捷键

键盘快捷键	编 辑 功 能
R	输入半径
A	输入中心点的 X、Y 坐标

④ 创建椭圆线要素。在【构造工具】中选择“椭圆”，在地图上单击确定椭圆圆心的位置，拖动鼠标分别设置长半径和短半径，也可以右击或使用表 6.7 中的快捷键设置椭圆的 X、Y 坐标，方向，半径等，单击完成椭圆线要素的绘制。

表 6.7 【椭圆】工具快捷键

键盘快捷键	编 辑 功 能
Tab	默认情况下【椭圆】工具从中心点向外创建椭圆。使用 Tab 键可变为从端点绘制椭圆，再次按下 Tab 键可取消此设置，变为从中心点创建椭圆
A	输入半径中心点（或端点）的 X、Y 坐标
D	设置完第一个点后指“方向”
R	输入长半径或短半径
Shift	长按 Shift 键可创建圆形（注：不是椭圆形）

⑤ 创建手绘线要素。在【构造工具】中选择“手绘”，单击地图开始手绘，手绘过程中不需要按住鼠标左键，可根据需要的形状拖动指针，单击一次地图以结束手绘并创建要素，无须像通常结束草图时那样执行双击。手绘线将自动平滑处理为贝塞尔曲线。【手绘】工具快捷键如表 6.8 所示。

表 6.8 【手绘】工具和快捷键

键盘快捷键	编 辑 功 能
M	通过在拖动时按住鼠标左键绘制手绘线。这对于 tablet 计算特别有用，因为允许在按下笔时进行数字化，在提起笔时停止数字化
空格键	捕捉到现有要素

3. 创建面要素

如图 6.13 所示，以创建一个面要素“建筑物”为例，其创建方法如下。

（1）打开“校园地图编辑.mxd”文件，单击【编辑器】中的【开始编辑】，单击【内容列表】中的“建筑”图层，单击【编辑器】下拉列表中的【编辑窗口】或单击【编辑器】工具条中的创建要素工具。

（2）在【创建要素】窗口中单击要素模板“建筑物”，选择面要素构造工具，在地图上单击创建面要素。

要素模板中提供了面、矩形、圆形、椭圆、手绘、自动完成面和自动完成手绘这七种构造工具。大部分工具的使用方法与线要素的创建方法相同，自动完成面和自动完成手绘这两种构造工具是通过与其他多边形要素围成的闭合区域自动完成面要素的创建的。

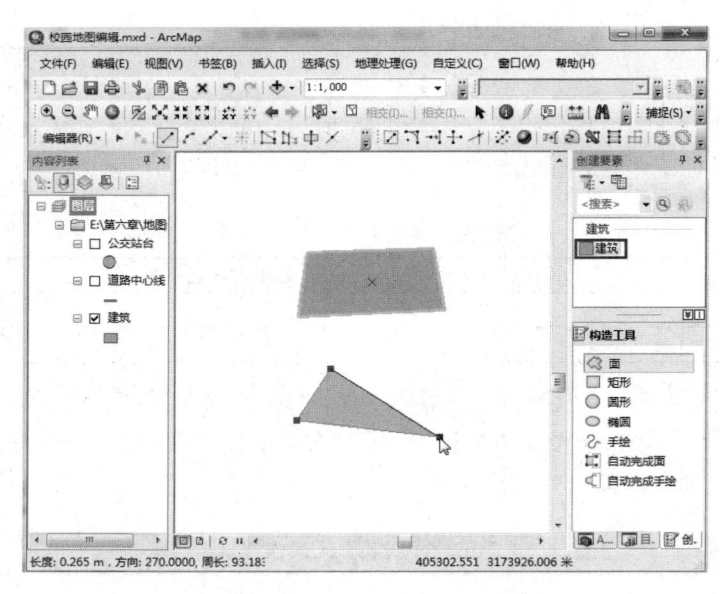

图 6.13 创建面要素

6.1.4 折点编辑

1. 显示折点信息

单击【编辑器】工具条上的【编辑】工具，双击要选择的要素，在地图中显示出折点且弹出【编辑折点】工具条，单击【编辑折点】工具条上的【草图属性】按钮→弹出【编辑草图属性】对话框。

可使用【编辑草图属性】对话框查看并编辑构成要素的折点的坐标、M 值和 Z 值，可通过在【编辑草图属性】对话框中选中相应复选框或在地图上双击折点来选择要修改的要素，如图 6.14 所示。

双击要素可以看到折点的颜色，其中红色的点为终止折点，绿色的点为起始折点或中间折点，而选中的折点由内部为白色，边界为绿色的折点表示。

2. 添加折点

单击【编辑器】工具条中的【编辑】工具，双击要编辑的要素，弹出【编辑折点】工具条，选择合适的方法添加折点，单击地图中的任意位置，然后单击【完成草图】如图 6.15 所示。空心的绿色折点为刚添加的折点。添加折点的方法有以下三种。

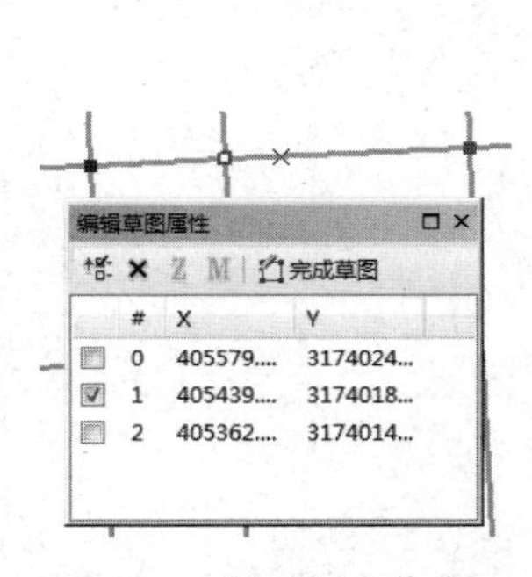

图 6.14　显示折点信息

图 6.15　添加折点

（1）单击【编辑折点】工具条中的【添加折点】工具，在地图上单击想要插入折点的位置即可。

（2）按住 A 键，在需要添加折点的位置单击即可添加折点。按住 A 键时，地图显示区出现【添加折点】工具，然后单击并拖动鼠标，可以插入该折点，同时也可以移动它。

（3）将指针移到想要添加折点的位置，单击鼠标右键，在弹出的菜单中单击【插入折点】即可完成插入折点操作。

3. 删除折点

单击【编辑器】工具条中的【编辑】工具，双击要编辑的要素，弹出【编辑折点】工具条，选择合适的方法删除折点，单击地图中的任意位置，再次单击【完成草图】可删除折点，如图 6.16 所示。

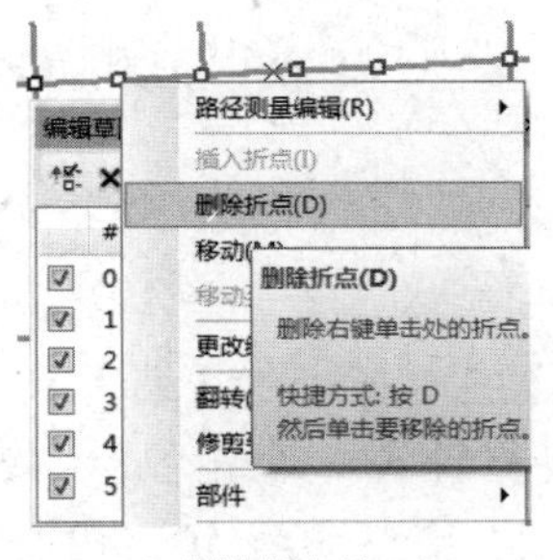

（a）删除折点前

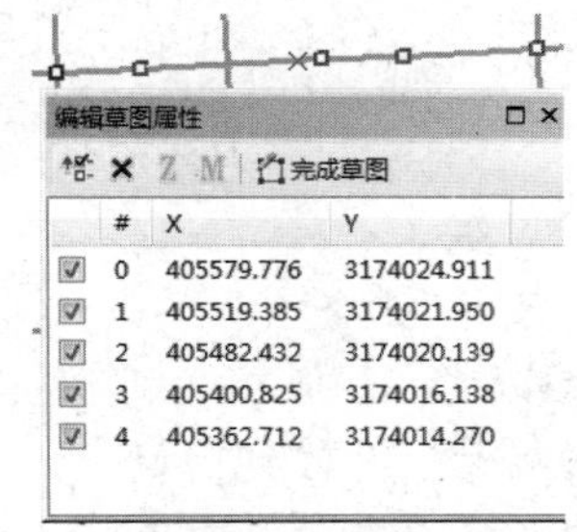

（b）删除折点后

图 6.16　删除折点

删除折点的方法有以下三种。

（1）单击【编辑折点】工具条上的【删除折点】工具，然后单击要删除的折点。

（2）按住 D 键，地图显示区上出现【删除折点】工具，移动鼠标指针，在地图上单击需要删除的折点即可实现折点的删除操作。

（3）将鼠标指针放置在折点上，直到指针变为移动指针，右击后在弹出的菜单中单击【删除折点】，如图 6.16(a)所示。

4．移动折点

（1）将折点直接拖动到任意位置。单击【编辑器】工具条上的【编辑】工具，双击要编辑的要素，将鼠标指针放到折点上，直到其变成移动指针，将其拖动到所需位置后双击地图完成草图，如图 6.17 所示。

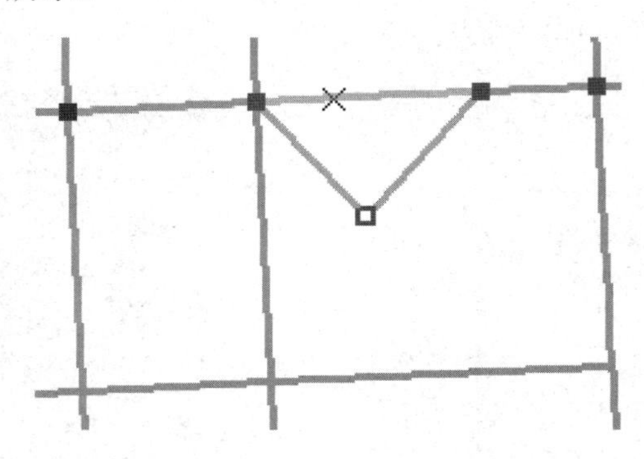

图 6.17　直接拖动移动折点

（2）将折点移动指定距离。单击【编辑器】工具条上的【编辑】工具，双击要编辑的要素，将鼠标指针放到折点上，直到其变成移动指针，单击鼠标右键，在弹出的菜单中单击【移动】，在弹出的【移动】对话框中，设置折点的移动距离都为 50，按 Enter 键，单击地图即可完成操作，效果如图 6.18 所示。

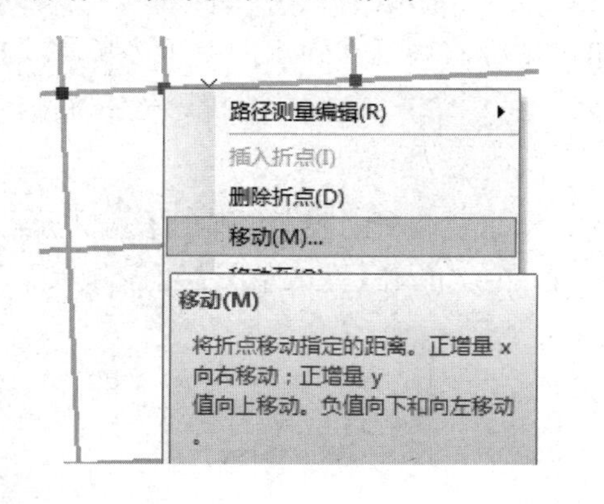

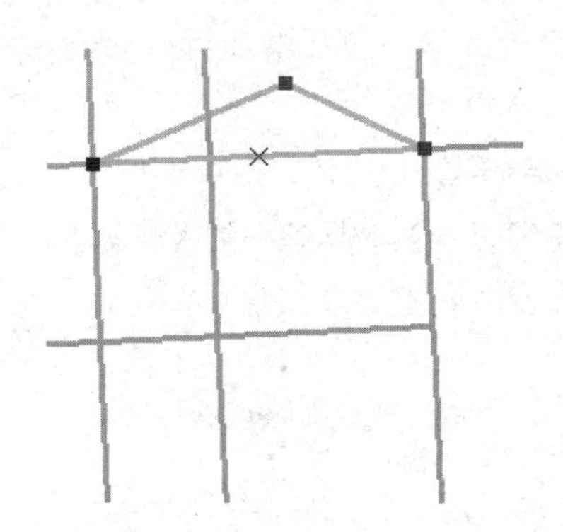

图 6.18　将折点移动指定距离

（3）将折点移动至精确 X、Y 位置。单击【编辑器】工具条上的【编辑】工具，双击要编辑的要素，将鼠标指针放到折点上，直到其变成移动指针，单击鼠标右键，在弹出的菜单中单击【移动至】→在弹出的【移动至】对话框中，将 X 移动至 405440 米，将 Y 移动至 3173922 米，按 Enter 键，单击地图即可完成操作，效果如图 6.19 所示。

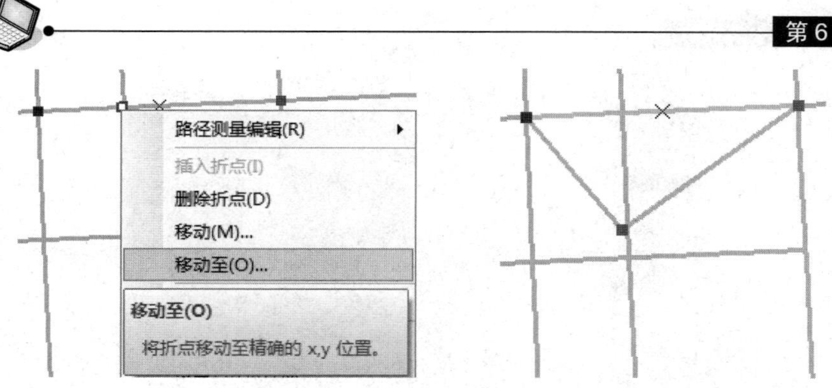

图 6.19 将折点移动至精确 X、Y 位置

（4）将折点捕捉移动到固定位置。单击【编辑器】工具条上的【编辑】工具，双击要编辑的要素，单击【捕捉】工具条上的【折点捕捉】，捕捉到地图中各个折点的位置，将鼠标指针放在要移动的折点上，拖动折点至目标折点的位置，如图 6.20 所示。

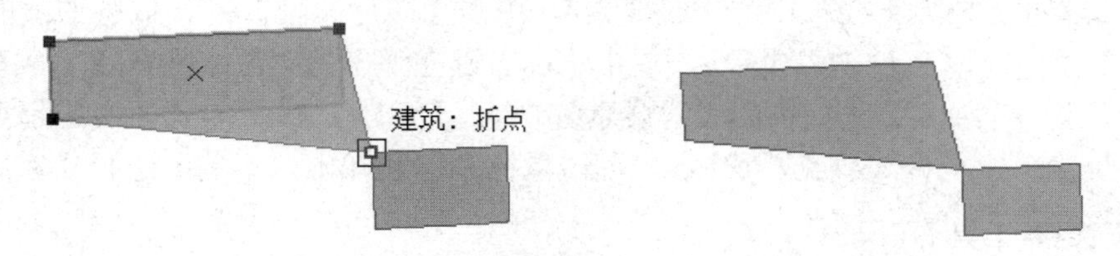

图 6.20 捕捉移动折点到固定位置

6.1.5 求中点、端点弧段和弧段、距离-距离、方向-距离、正切曲线段、追踪工具

1. 求中点工具

求中点工具可在线段的中点处创建点或折点。例如，在两栋教学楼固定点位 A、B 连线的中间位置修建一个花坛。其操作步骤如下。

（1）在【创建要素】窗口中选择点要素模板，然后单击【编辑器】工具条中的【求中点】工具。

（2）在地图中单击 A 点，将出现一条带有黑色空心方块的直线，如图 6.21 所示。

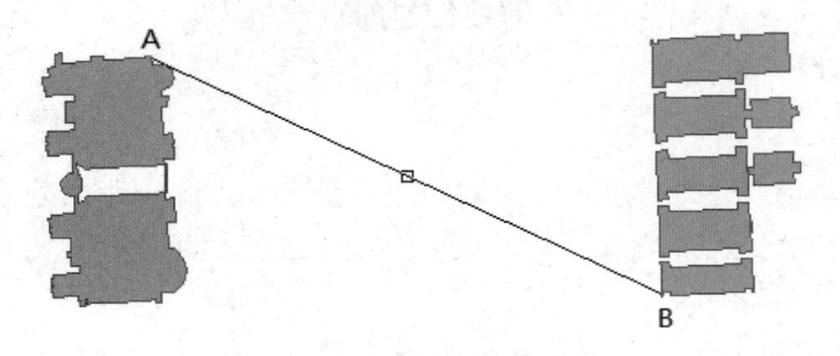

图 6.21 A、B 两点的连线

（3）单击地图中的 B 点，直线消失，黑色空心方块变成红色实心方块，表示线段 AB 的中点，如图 6.22 所示，完成直线中点的创建。

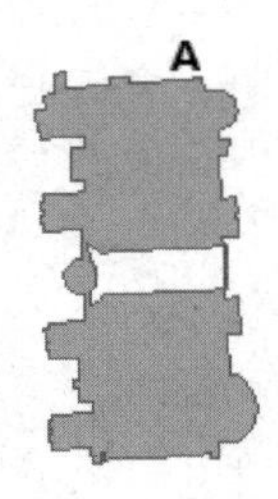

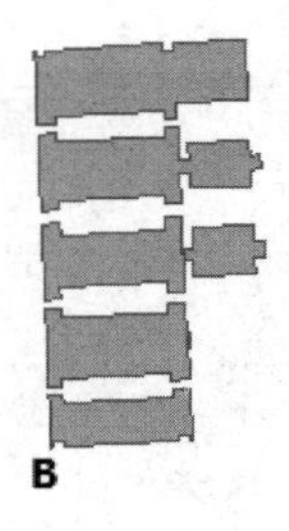

图 6.22 求中点

2. 端点弧段和弧段工具

端点弧段工具和弧段工具都是用来创建圆弧的，它们的不同之处在于：端点弧段工具是通过放置曲线的起点和终点，再定义半径来创建圆弧的；弧段工具是通过放置起点、半径，再放置终点来创建圆弧的。

（1）单击【创建要素】模板中的【线要素】，单击【端点弧段】，放置曲线的起点和终点，再定义半径（或按 R 键输入半径），单击鼠标右键在弹出的菜单中选择【完成草图】。

（2）单击【创建要素】模板中的【线要素】，单击【弧段】，放置曲线的起点并定义半径（或按 R 键输入半径），最后放置终点，单击鼠标右键在弹出的菜单中选择【完成草图】。

3. 距离-距离工具

距离-距离工具可在距其他两点的固定距离处创建点或折点。例如，在距 B 宿舍楼的 b 点 80 m 和 D 宿舍楼的 d 点 90 m 处设立一个公交站台。其操作步骤如下。

（1）在【创建要素】窗口中选择点要素模板，单击【编辑器】工具条中的【距离-距离】工具。

（2）单击地图中的 b 点，按 D 键或 R 键，在弹出的【距离】对话框中输入距离为 80 m，按 Enter 键，在地图中显示出一个以 b 点为圆心、半径为 80 m 的圆。

（3）单击地图中的 d 点，按 D 键或 R 键，在弹出的【距离】对话框中输入距离为 90 m，按 Enter 键，在地图中显示出一个以 d 点为圆心、半径为 90 m 的圆。

（4）如图 6.23 所示，两个圆的交点即要创建的点或折点，单击地图即可完成操作。

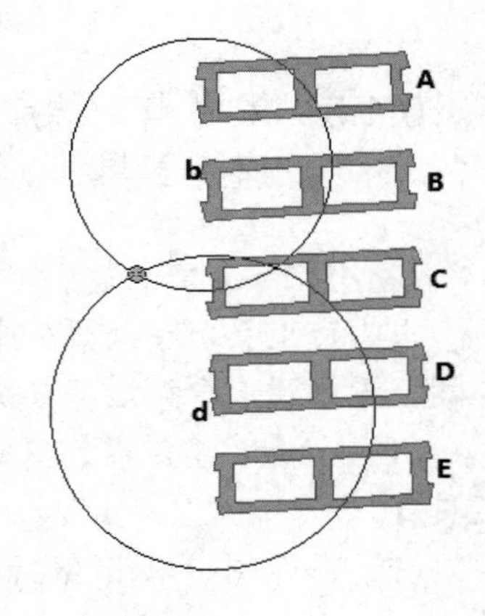

图 6.23 距离-距离

4. 方向-距离

方向-距离工具可在沿某一点开始的方向上且距另一点固定距离处创建点或折点。例如，在 C 和 D 两栋建筑之间设立一个报栏，要求报栏在 C 建筑 c 点的 45° 方向上，且距离 D 建筑的 d 点 150 m。其操作步骤如下。

（1）单击【编辑器】工具条中的【方向-距离】工具。

（2）单击地图上的 c 点，按 A 键弹出【方向】对话框，输入方向值为 45°，按 Enter 键，地图上出现一条角度为 45° 的直线。

（3）单击地图上的 d 点，按 D 键或 R 键弹出【距离】对话框，输入固定距离为 150 m，按 Enter 键，地图中显示出一个以 d 点为圆心、半径为 150 m 的圆。

（4）如图 6.24 所示，直线和圆的交点即所创建的点或折点，单击地图即可完成操作。

5．正切曲线段工具

正切曲线段用于创建与前一线段相切的圆弧。例如，学校要新建一个跑道，而跑道的直道和弯道的设计就可以使用【正切曲线段】工具。操作步骤如下：单击【编辑器】工具条中的【正切曲线段】工具，在地图上绘制一条直线段，再创建一条与其相切的圆弧，单击地图即可完成草图，如图 6.25 所示。

图 6.24　方向-距离　　　　图 6.25　正切曲线段

6．追踪工具

通过追踪现有要素可以快速创建线段或者面要素。操作步骤如下：单击【编辑器】工具条上的【追踪】工具，按 O 键弹出【追踪选项】对话框，设置相关参数后单击【确定】按钮，单击地图确定起始追踪点，沿着要素边界进行追踪，单击可结束追踪，从而完成草图，如图 6.26 所示。

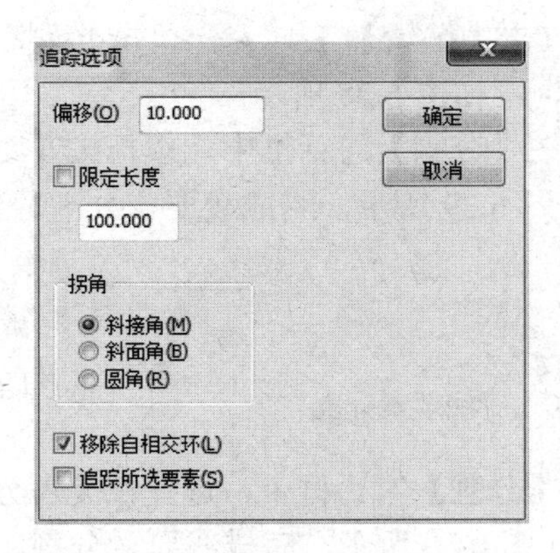

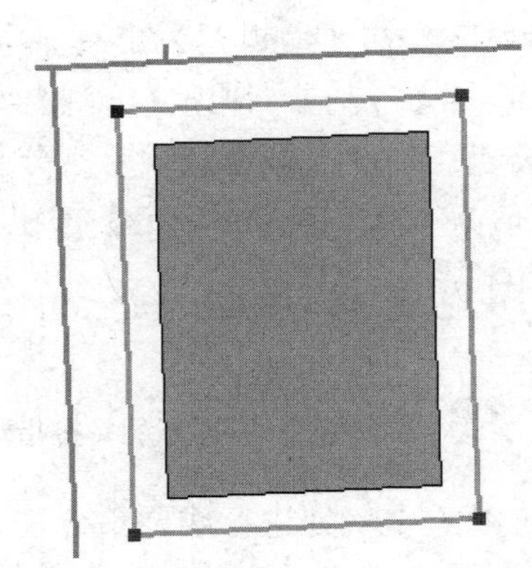

图 6.26　追踪

6.1.6　线要素分割、裁剪、延伸，面要素切割，合并、联合、拆分多部件要素

1．线要素分割

执行线要素分割操作会将一个现有的线要素分割为多个线要素，ArcMap 提供了多种对线要素进行分割的方法。

（1）手动分割线。使用分割工具可将一条线在指针单击位置手动分割为两条线。例如，当建成一条与某一道路相交的新道路后，可以使用分割工具将道路中心线分割为两个线要素。

操作步骤如下：单击【编辑器】工具条上的【编辑】工具，单击要进行分割的线要素，单击【分割】工具，将鼠标指针移动到线上，如图 6.27 所示，在需要分割的位置单击即可完成线要素分割。

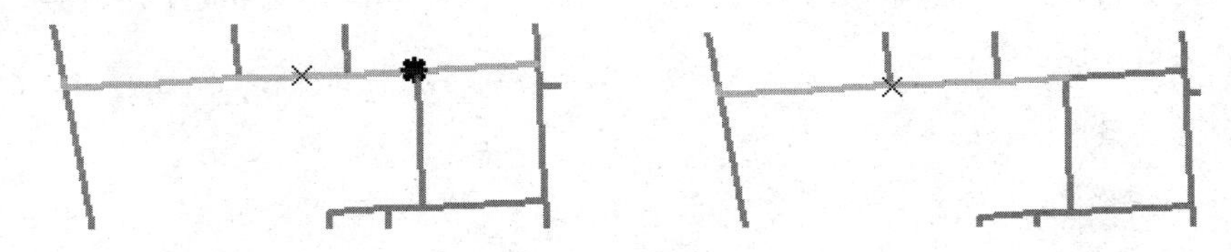

图 6.27 手动分割线

默认情况下，鼠标指针必须在要发生的分割的捕捉容差范围之内。按住 Ctrl 键可以覆盖此距离。

（2）使用分割命令进行线要素分割。通过使用指定的距离、百分比或分成相等部分等分割命令，选择从线的起点开始或从线的终点开始进行线要素分割。

例如，选定一个长度为 291.530 m 的线要素，依照不同的分割命名，采用 3 种不同的分割方法进行分割，其要求分别如下。

- 在距离起点 100 m 处进行线要素分割；
- 在总长度的 50%处进行线要素分割；
- 把线要素分成相等的 3 部分。

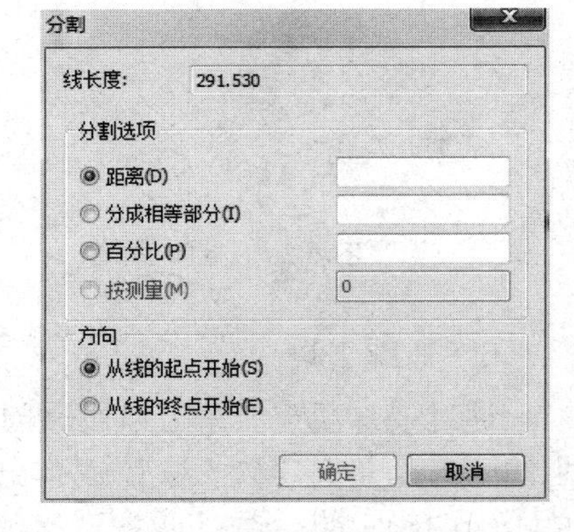

图 6.28 【分割】对话框

操作步骤如下：在【编辑器】工具条上，单击【编辑】工具，单击要分割的线要素，单击【编辑器】→【分割】，弹出【分割】对话框，如图 6.28 所示。

① 在距离起点 100 m 处进行线要素分割。在【分割】对话框中，选择按【距离】进行分割，输入距离值为 100，单击【确定】按钮，如图 6.29 所示，完成线要素分割。

图 6.29 按指定距离进行线要素分割

② 在总长度的 50%处进行线要素分割。在【分割】对话框中，选择按【百分比】进行分割，输入百分比值为 50，单击【确定】按钮，如图 6.30 所示，完成线要素分割。

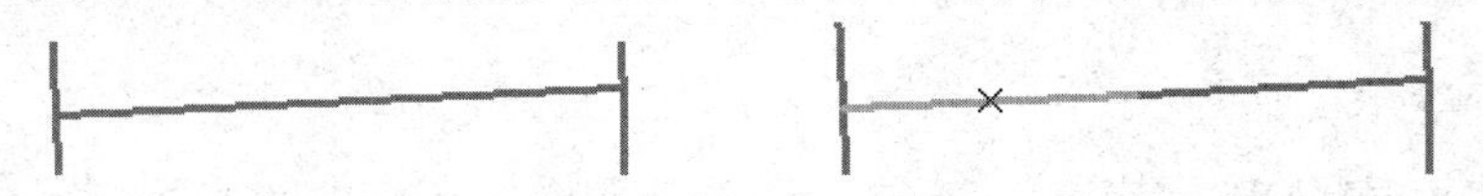

图 6.30 按百分比进行线要素分割

③ 把线要素分成相等的 3 部分。在【分割】对话框中，选择【分成相等部分】，输入的值为 3，单击【确定】按钮，如图 6.31 所示，完成线要素分割。

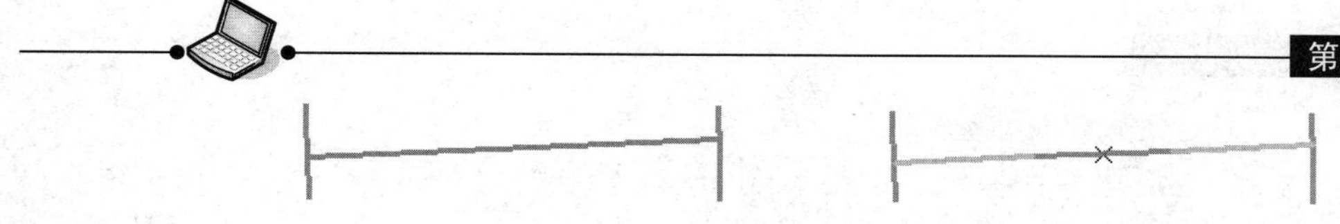

图 6.31　把线要素分成相等部分

2. 线要素修剪

线要素修剪可以将线修剪到指定长度，也可以将线修剪到与另一条线的交点处。

（1）将线修剪到特定长度。单击【编辑器】工具条中的【编辑】工具，在地图上双击要进行修剪的线，右击线的任意部分，在【高级编辑】工具条中单击【修剪到长度】，弹出【修剪】对话框，输入长度值为“150”（输入值为草图的新长度），按 Enter 键后单击地图中任意位置，即可完成线要素修剪，如图 6.32 所示。

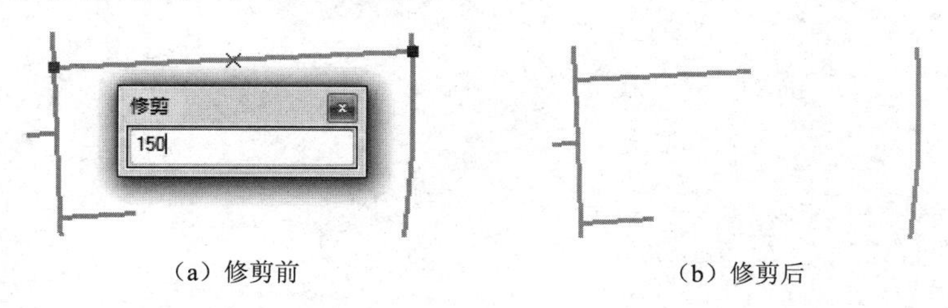

（a）修剪前　　（b）修剪后

图 6.32　线要素修剪（一）

（2）将线修剪到与另一条线的交点处。单击【编辑器】工具条上的【编辑】工具，单击 a 线，将其作为修剪 b 和 c 线的参考，如图 6.33（a）所示，单击【高级编辑】工具条中的【修剪】工具，单击要修剪的 b 和 c 线，单击的那一端将被修剪到与 a 线的交点处，如图 6.33（b）所示。

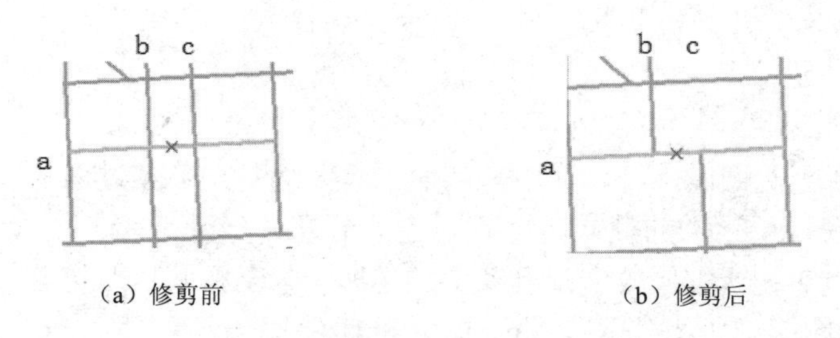

（a）修剪前　　（b）修剪后

图 6.33　线要素修剪（二）

3. 线要素延伸

可通过在现有草图的末端对新线段进行数字化处理来延伸线，也可以通过延伸工具将线延伸到与另一条线的交点。

（1）通过绘制草图延伸线。单击【编辑器】工具条上的【编辑】工具，在地图上双击要延伸的 b 线，弹出【编辑折点】工具条，单击【延续要素工具】，通过最后一个折点（默认情况下显示为红色）添加延伸线段，双击地图结束编辑，单击地图中任意位置即可完成草图，如图 6.34 所示。

（2）将线延伸到与另一条线的交点。单击【编辑器】工具条上的【编辑】工具，单击 a 线（a 线是 b、c、d 线将延伸到的线），单击【高级编辑】工具条中的【延伸】工具，分别单击 b、c、d 线的端点即可完成延伸操作，如图 6.35 所示。

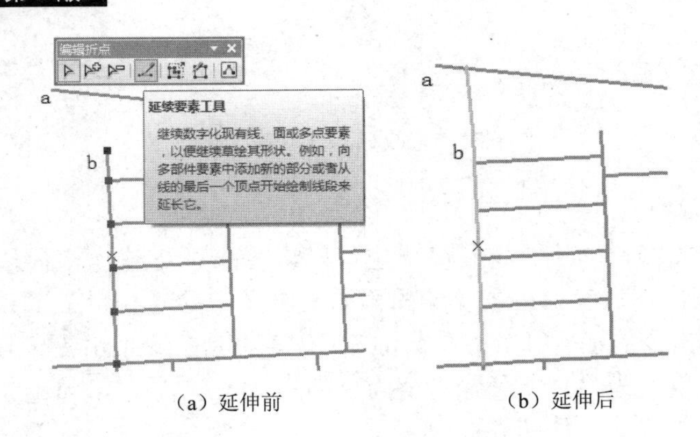

图 6.34　线要素延伸（一）

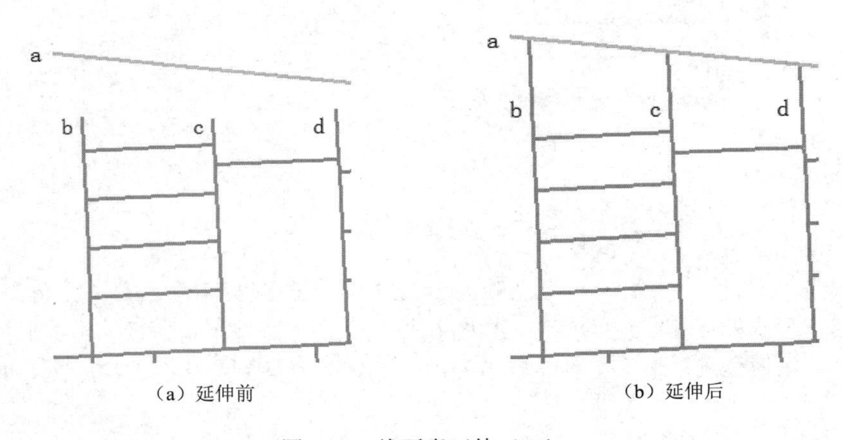

图 6.35　线要素延伸（二）

4．面要素分割

（1）剪切面。要分割面时，可以使用剪切面工具，绘制一条穿过面的线，该工具可更新现有要素的形状，并使用要素类的默认属性值创建一个或多个新要素。

操作步骤如下：单击【编辑器】工具条上的【编辑】工具，单击要分割的面，单击【剪切面】工具，在地图中根据需要创建一条完全切断原始面的线，双击地图完成草图，如图 6.36 所示。

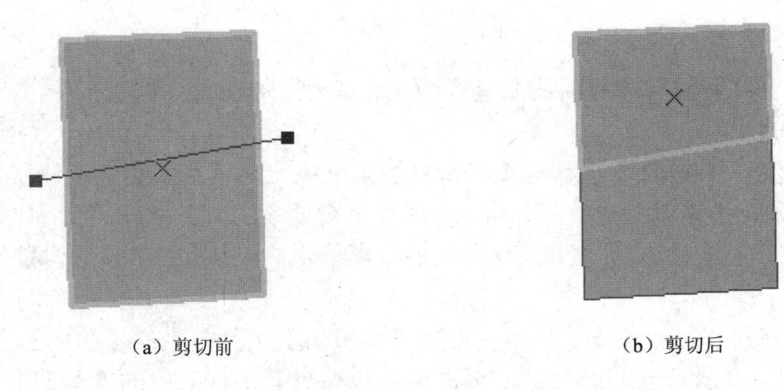

图 6.36　剪切面

（2）通过叠置要素分割面。如果有一条与面相交的线，可通过该线来分割面。例如，需要按道路来划分建筑物边界。操作步骤如下：单击【编辑器】工具条中的【编辑】工具 ，单击与面要素相交的线，单击【高级编辑】工具条上的【分割面】，在弹出的【分割面】对话框中，选择建筑作为存储新要素的图层，默认【拓扑容差】值为 0.001，单击【确定】按钮完成操作，如图 6.37 所示。

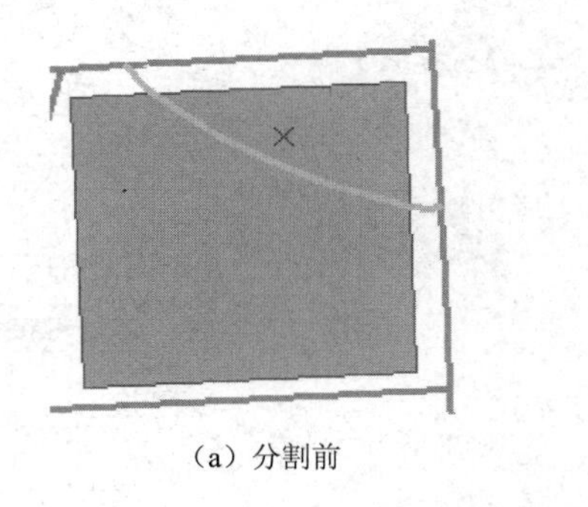

（a）分割前

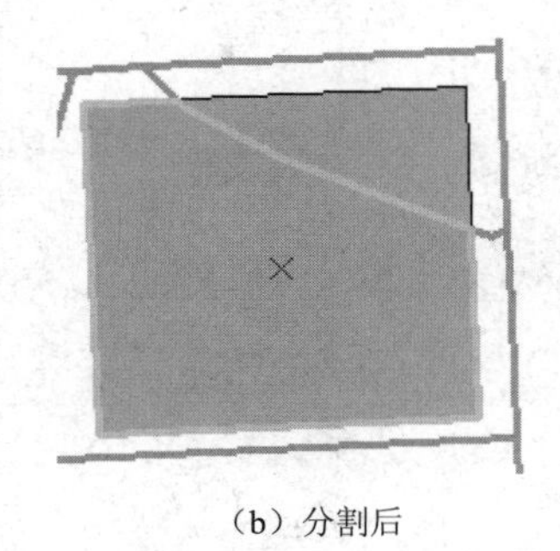

（b）分割后

图 6.37　分割面

5．合并

合并用于将同一图层中的所选要素合并为一个新要素。这些要素必须来自线图层或面图层。所选的要素不相邻时，将创建多部件要素。在合并操作过程中将对所选要素的属性信息进行编辑，新要素的属性将采用所保留的要素属性。

单击【编辑器】工具条上的【编辑】工具 ，选中要合并的多个要素，单击【编辑器】→【合并】，弹出【合并】对话框，在对话框中选择要保留属性的要素，单击【确定】按钮，完成要素合并操作，如图 6.38 所示。

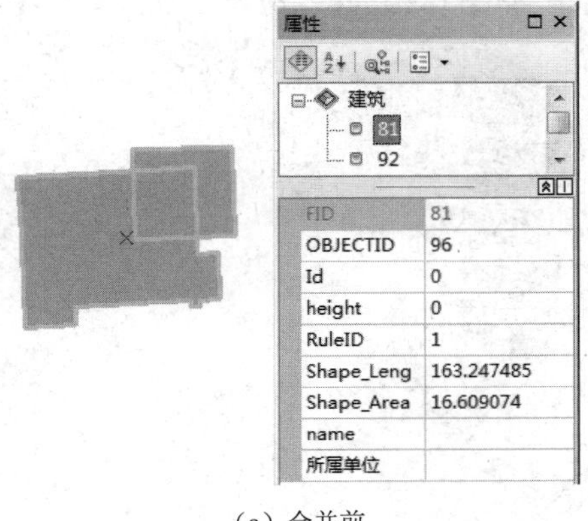

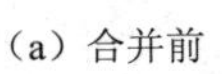

（a）合并前

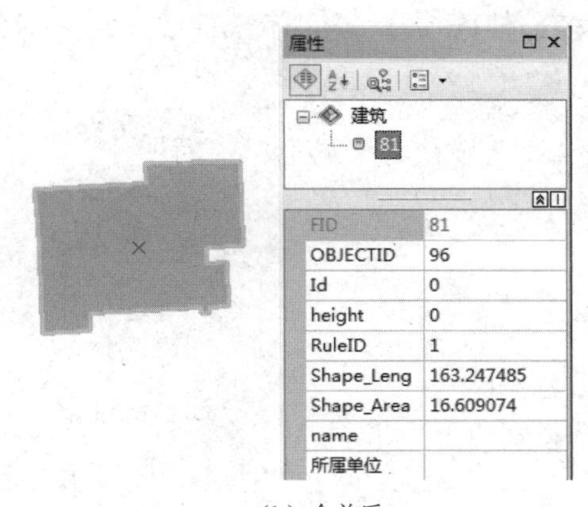

（b）合并后

图 6.38　合并

6．联合

联合用于将所选要素合并为一个新要素。所选要素可以来自不同图层，但图层的几何类型（线或面）必须相同。也可以通过联合命令，将不同图层中的不相邻要素合并为多部件要素。在联合操作过程中不会删除或编辑所选要素，新要素将采用所选模板和默认属性值来创建。

操作步骤如下：单击【编辑器】工具条上的【编辑】工具，单击要合并为一个要素的各个要素，单击【编辑器】→【联合】，弹出【联合】对话框，选择要从中创建新要素的目标，单击【确定】按钮完成操作，如图 6.39 所示。

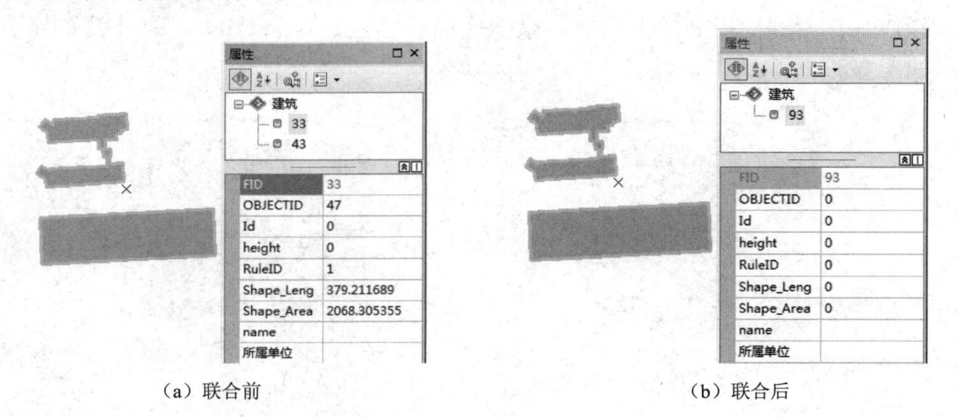

（a）联合前　　（b）联合后

图 6.39　联合

通过图 6.38 和图 6.39 可以看出，合并和联合的不同之处在于：合并是将选中的多个要素合并为一个新要素，但所选要素的属性发生了变化；而联合在操作过程中不会改变原要素的属性信息，只是将选中的多个要素合并为一个新要素，新要素将采用所选模板和默认属性值来创建。

7．拆分多部件要素

拆分多部件要素可将所选多部件要素拆分成单独的要素。操作步骤如下：在地图上选择多个要素进行合并或联合，创建一个多部件要素，如图 6.40（a）所示，然后单击【编辑器】工具条上的【编辑】工具，单击要进行拆分的多部件要素，单击【高级编辑】工具条上的【拆分多部件]要素】，多部件要素将被拆分为单个要素，如图 6.40（b）所示。

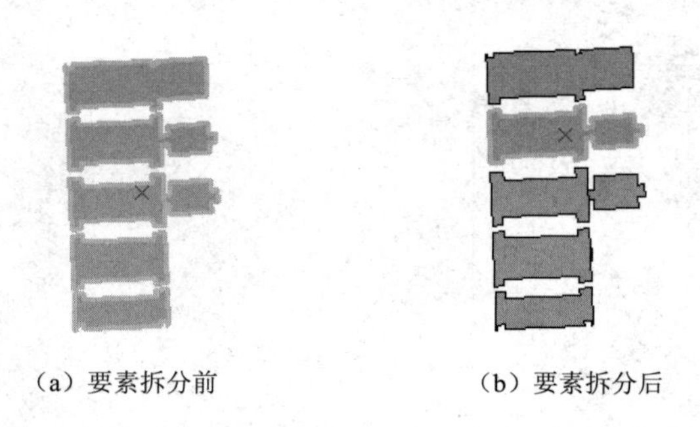

（a）要素拆分前　　（b）要素拆分后

图 6.40　拆分多部件要素

6.1.7　移动、旋转、删除、缩放、复制要素

1．移动要素

移动要素是指在地图上将选择的一个或多个要素进行移动。

（1）通过拖动来移动要素。拖动是移动要素最简单的方法，操作步骤如下。

① 单击【编辑器】工具条上的【编辑】工具。

② 单击选择要移动的一个或多个要素，按住 Shift 键可同时选择多个要素。

③ 将所选要素拖动到所需的位置。

（2）相对于当前位置移动要素（增量 X、Y）。通过指定 X、Y 坐标，将要素移动到精确位置，操作步骤如下。

① 单击【编辑器】工具条上的【编辑】工具。

② 单击选择要移动的一个或多个要素，按住 Shift 键可同时选择多个要素。

③ 单击【编辑器】→【移动】，弹出【增量 X、Y】对话框，输入所需增量 X、Y 距离，然后按 Enter 键，如图 6.41 所示。

（a）移动前　　（b）移动后

图 6.41　移动要素

2. 旋转要素

旋转要素是通过拖动鼠标指针或指定精确的旋转角度对所选要素进行旋转的操作，操作步骤如下。

（1）单击【编辑器】工具条上的【编辑】工具。

（2）单击选择要旋转的一个或多个要素，按住 Shift 键可同时选择多个要素。

（3）单击【编辑器】工具条上的【旋转】工具。

（4）在地图上的任意位置单击并拖动鼠标指针，将要素旋转到所需方向。按 A 键可设置精确的旋转角度，如图 6.42 所示。

（a）旋转前　　（b）旋转后

图 6.42　旋转要素

3. 删除要素

删除要素是指在地图中选择一个或多个要素（可来自不同的图层）并执行删除操作，将其从地图或数据库中移除，操作步骤如下。

（1）单击【编辑器】工具条上的【编辑】工具。

（2）单击选择要删除的一个或多个要素，按住 Shift 键可同时选择多个要素。

（3）单击工具条上的【删除】工具或在键盘上按 Delete 键，如图 6.43 所示。

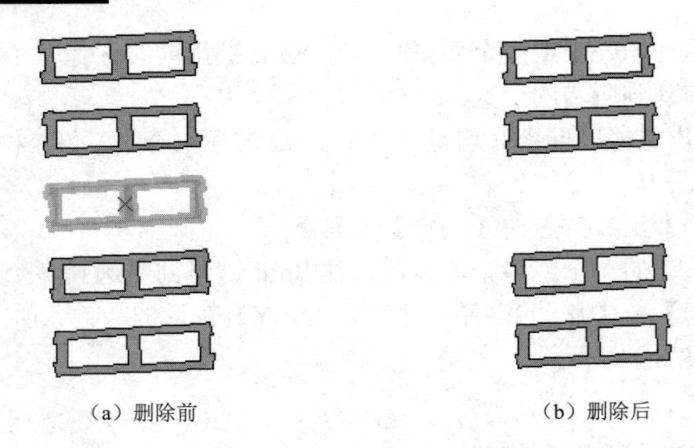

（a）删除前　　（b）删除后

图 6.43　删除要素

4．缩放要素

比例缩放工具是指将所选要素进行放大或缩小。比例缩放工具如果未出现在【编辑器】或【高级编辑器】工具条中，必须先调出来。在 ArcMap 主菜单栏中单击【自定义】→【自定义模式】，在弹出的【自定义】对话框中，在【命令】选项的左侧【类别】中单击【编辑器】选项，在右侧的对应窗口中，用鼠标拖动【比例】到【编辑器】工具条中，比例缩放工具就调出来了。

操作步骤如下。

（1）单击【编辑器】工具条上的【编辑】工具，选择要缩放的要素。

（2）单击【比例】工具，按 F 键，在弹出的对话框中设置【比例因子】，按 Enter 键即可实现要素的缩放；也可以按住鼠标左键直接拖动完成要素几何形态的缩放，如图 6.44 所示。

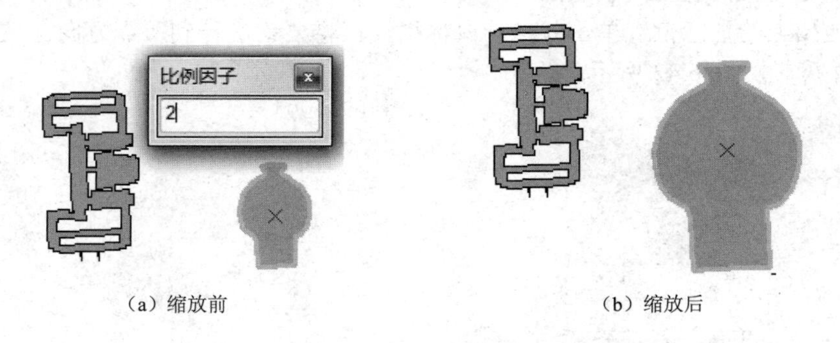

（a）缩放前　　（b）缩放后

图 6.44　缩放要素

5．复制要素

（1）简单复制要素。使用工具条中的【复制】和【粘贴】时，可将要素直接粘贴到所复制要素的上方。

操作步骤如下：单击【编辑器】工具条上的【编辑】工具，单击要复制的要素，单击工具条上的【复制】（或 Ctrl+C），单击工具条上的【粘贴】（或 Ctrl+V），在弹出的【粘贴】对话框中选择目标图层，单击【确定】按钮，完成复制操作，在原要素的位置复制出一个新要素。

（2）平行复制线要素。平行复制用于在指定距离处创建所选线要素的副本，可以选择将新线复制到所选线要素的左侧、右侧或两侧。

操作步骤如下：单击【编辑器】工具条上的【编辑】工具，单击要复制的线要素，单击【编辑器】→【平行复制】工具，弹出【平行复制】对话框，设置参数，单击【确定】按钮即可实现线要素的平行复制，如图6.45所示。

（3）使用复制命令复制要素。使用【高级编辑】工具条中的【复制要素】工具，可以在地图上任意位置单击粘贴并缩放要素，它还允许对不可编辑图层中的要素进行复制和缩放，以适合所编辑要素的范围。

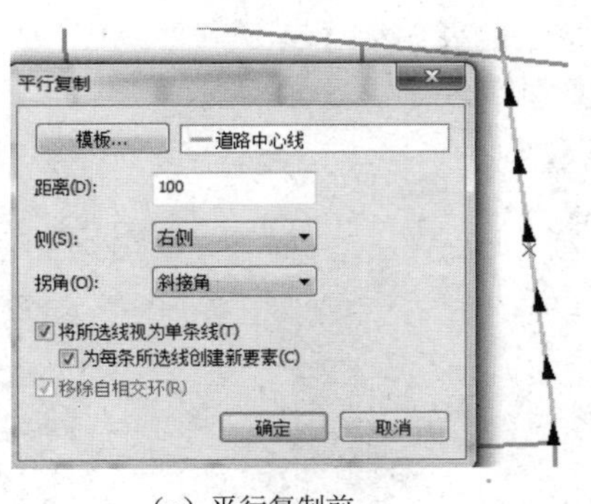

（a）平行复制前

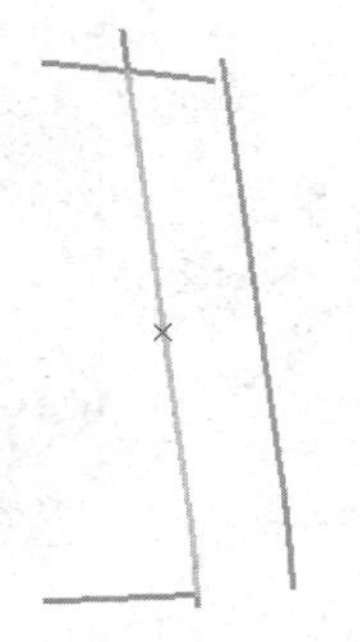

（b）平行复制后

图6.45 平行复制线要素

操作步骤如下：单击【编辑器】工具条上的【编辑】工具，单击要进行缩放的要素，单击【高级编辑】工具条上【复制要素】工具，单击要粘贴要素副本的位置，或在要缩放和粘贴要素的位置周围拖出一个框，弹出【复制要素工具】对话框，选择用来存储所粘贴要素的图层，单击【确定】按钮完成草图，如图6.46所示。

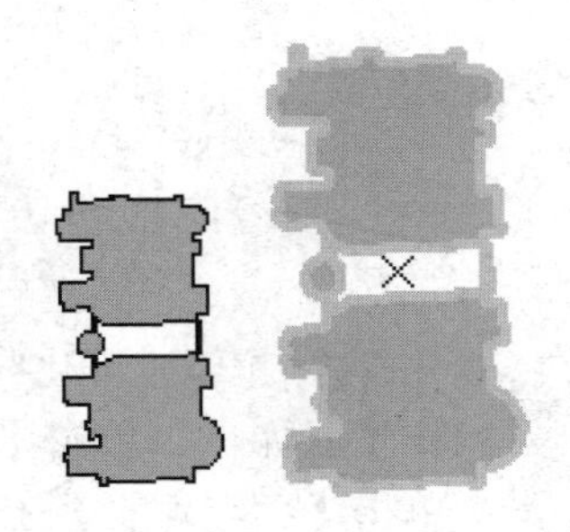

图6.46 复制并放大要素

6.1.8 修整、镜像、概化和平滑要素

1. 修整要素

修整要素工具可通过在所选要素上构建草图的方式，来对线要素或面要素进行修整。

操作步骤如下：单击【编辑器】工具条上的【编辑】工具，单击要修整的要素，在【编辑器】工具条上单击【整形要素】工具，单击地图创建一条线，实现要素的修整（草图必须与边相交两次或两次以上，才能实现修整），双击地图完成草图，如图6.47所示。

修整面时，如果草图的端点均在面的外部，要素将被切掉，如图6.47（a）和图6.47（b）所示；如果端点在面的内部，则形状将被添加至要素，如图6.47（c）和图6.47（d）所示。

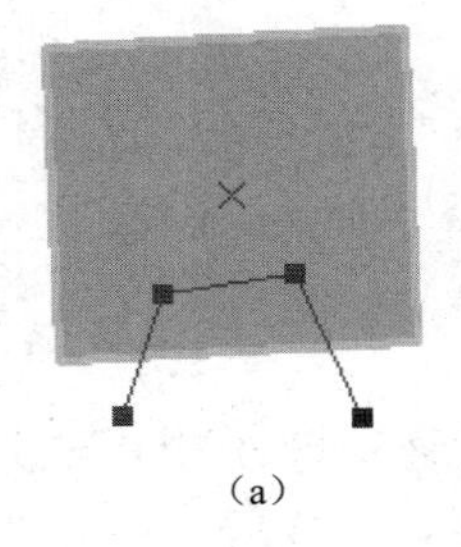

（a）

（b）

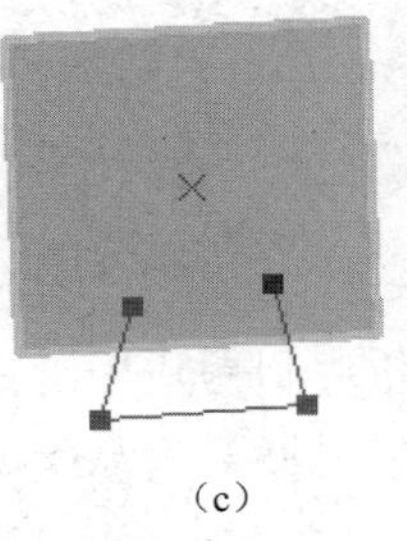

（c）

（d）

图6.47 修整要素

2．镜像要素

镜像要素是指在绘制线的另一侧创建选定要素的镜像图像副本。镜像要素工具如果未出现在【编辑器】或【高级编辑器】工具条中，必须先调出来。在主菜单栏单击【自定义】→【自定义模式】，弹出【自定义】对话框，如图 6.48 所示，在【命令】选项的左侧【类别】中单击【编辑器】选项，在右侧对应窗口中，用鼠标拖动【镜像要素】工具到【编辑器】工具条中。

操作步骤如下：单击【编辑器】工具条上的【编辑】工具，单击要素，在选定要素的一侧绘制一条线，即可创建要素的镜像图像副本，如图 6.49 所示。

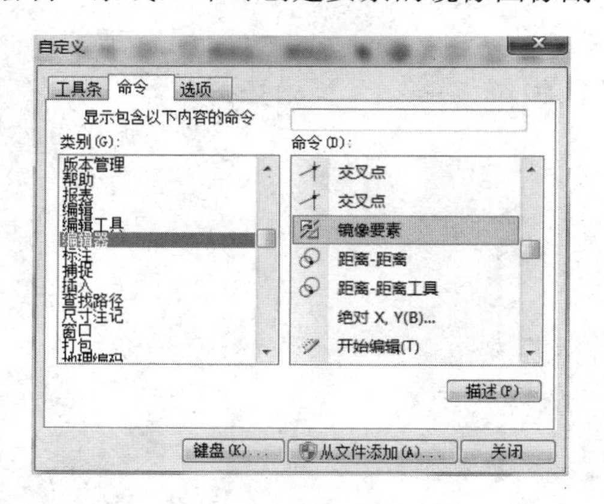

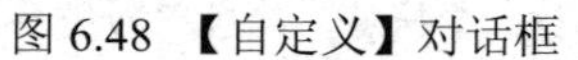
图 6.48 【自定义】对话框

图 6.49 镜像要素

3．概化

概化操作可以简化线或面要素的形状。

操作步骤如下：单击【编辑器】工具条上的【编辑】工具，选择要进行概化的线或面要素，单击【高级编辑】工具条中的【概化】，弹出【概化】对话框，设置最大允许偏移为“10”，单击【确定】按钮完成草图，效果如图 6.50 所示。

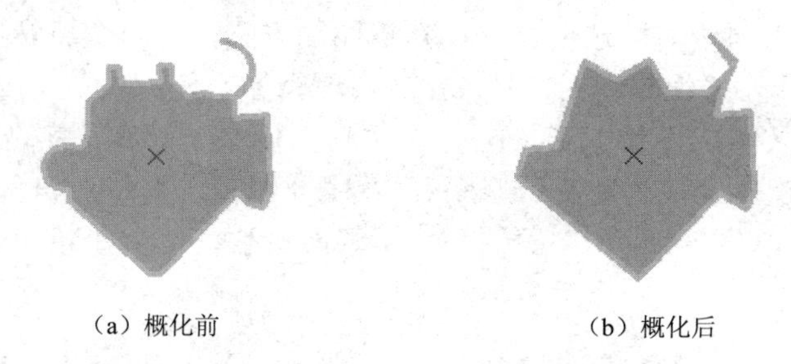

（a）概化前　（b）概化后

图 6.50 概化

4．平滑

平滑可以将要素的直角边和拐角平滑处理为贝塞尔曲线。

操作步骤如下：单击【编辑器】工具条上的【编辑】工具，选择要进行平滑的要素，单击【高级编辑】工具条中的【平滑】，弹出【平滑】对话框，设置最大允许偏移为“10”，单击【确定】按钮完成草图，效果如图 6.51 所示。

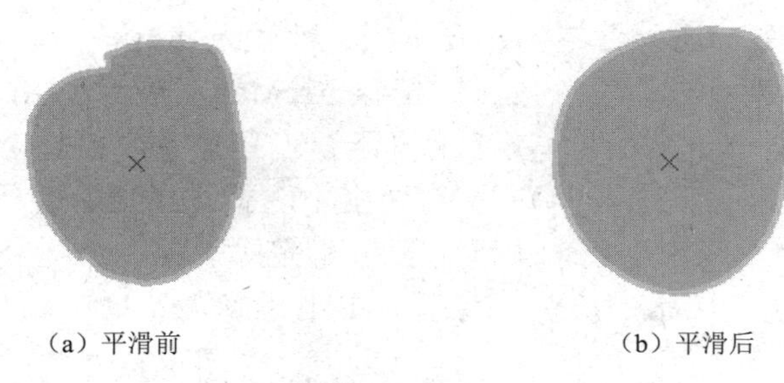

（a）平滑前　　（b）平滑后

图 6.51　平滑

6.1.9　缓冲区

使用缓冲区命令可以在所选点、线或面要素周围创建缓冲区。例如，可以使用缓冲区来显示河流湖泊周围的生态区，距学校的距离或噪声污染的范围。默认情况下，缓冲距离以地图单位表示，也可以通过在输入值后附加距离单位缩写来指定使用其他单位。

例如，利用缓冲区操作完成道路拓宽工作，操作步骤如下。

（1）单击【编辑器】工具条上的【编辑】工具，单击要创建缓冲区的要素。

（2）单击【编辑器】→【缓冲区】，弹出【缓冲】对话框。

（3）以地图单位为单位，输入要素周围的缓冲区距离。

（4）如果地图图层中有要素模板，单击【模板】按钮，选择用于创建新要素的模板；如果没有要素模板，单击要用来创建要素的图层。

（5）单击【确定】按钮，完成要素缓冲区的建立，如图 6.52 所示。

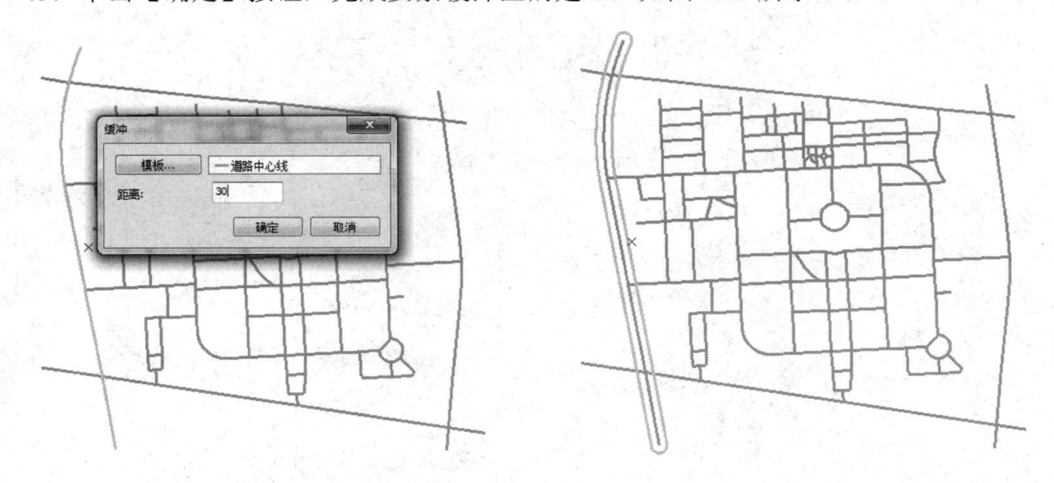

图 6.52　建立缓冲区

6.2　属性编辑

属性编辑包括属性数据结构的编辑和属性内容的修改，其中，属性数据结构的编辑包括字段的新建与删除等，属性内容的修改包括修改单个要素的属性信息和批量修改同一要素类的多个要素的属性信息。在编辑状态下，可通过单击【编辑器】工具条上的【属性】按钮，弹出【属性】对话框，在该对话框中查看和编辑所选要素的属性。

为避免漏输属性数据，通常希望创建要素后立即输入属性信息。ArcMap 提供了新建要素后立即弹出【属性】对话框的设置方法：打开 ArcMap，在“…\第六章\地图编辑”路径下打开“校园地图编辑.mxd”文件。在【编辑器】工具条中，单击【编辑器】→【选项】，弹出【编辑选项】对话框（见图 6.53），在对话框中选择【属性】选项卡，勾选【存储新要素前显示属性对话框】复选框，单击【确定】按钮完成设置。这样，创建要素时就会弹出【属性】对话框，编辑相关要素的属性信息后，单击【确定】按钮，关闭【属性】对话框，即可完成要素的创建。

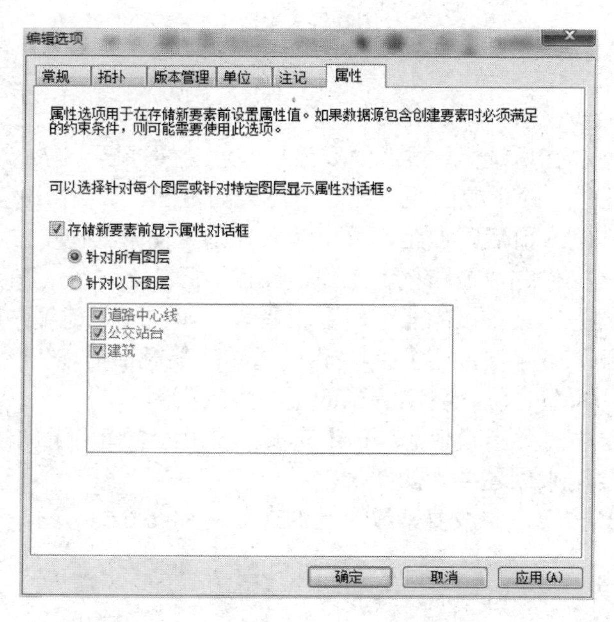

图 6.53 【编辑选项】对话框

6.2.1 编辑属性

可使用【属性】对话框来编辑所选要素及其相关的任何要素或记录的属性，操作步骤如下。

（1）打开 ArcMap，在“…\第六章\地图编辑”路径下，打开“校园地图编辑.mxd”数据。

（2）单击【编辑器】中的【开始编辑】，单击【编辑】工具，选择一个或多个要素。

（3）单击【编辑器】工具条上的【属性】按钮。在【属性】对话框中，选中的要素将列在其所属图层的下面，单击树状列表中的要素编号将显示出所选要素的属性信息，且要素在地图中闪烁，如图 6.54 所示。

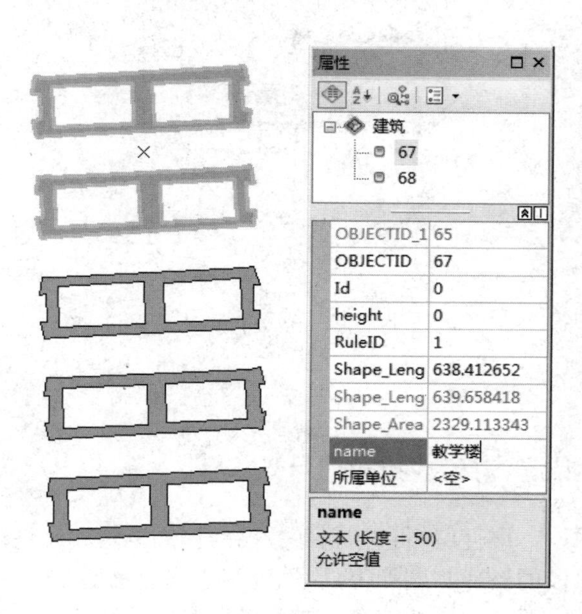

图 6.54 【属性】对话框

（4）若要更改属性字段的排列顺序，单击【属性】对话框工具条中的【按图层顺序显示字段】或【按字母顺序排序字段】工具来更改属性字段的排序。

（5）若要更改某字段的属性值，单击该字段右侧的单元格，然后输入属性值。

（6）若要在【属性】对话框中删除要素，在【属性】对话框中选择要删除的要素，单击鼠标右击，在弹出的菜单中单击【删除】✕，即可实现在【属性】对话框中删除要素。

6.2.2　批量修改属性

可以在【属性】对话框中或在属性表中修改要素属性，既可以修改单个要素的属性，也可以批量修改属性。

1．在【属性】对话框中批量修改属性

在【属性】对话框中，选择多个要修改属性的要素，字段列表中显示所选择要素的公共属性，可通过输入或选择来修改属性，操作步骤如下。

（1）在地图中选择多个要素，然后单击【编辑器】工具条上的【属性】按钮。

（2）在【属性】对话框中可以看到选择的所有要素及其字段列表，字段列表中所有要素的“name”和“所属单位”的属性值都为空。

（3）单击【属性】对话框中的图层“建筑”，从而选择所有选中的要素；也可以按住 Ctrl 键，单击选择需要修改属性的要素。

（4）选择要素之后，在字段列表中把“name”右侧的属性值修改为“教学楼”，把“所属单位”右侧的属性值改为“江西师范大学”（见图 6.55），即完成了在【属性】对话框中批量修改属性的操作。

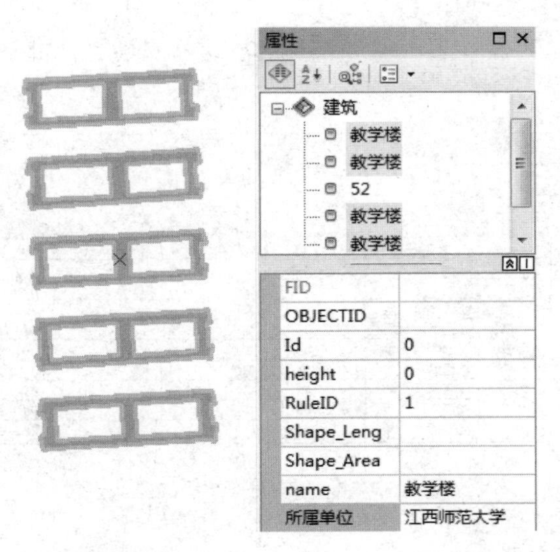

图 6.55　在【属性】对话框中批量修改属性

2．在属性表中批量修改属性

操作步骤如下。

（1）在【内容列表】中右击要编辑的图层“建筑”，单击【打开属性表】。

（2）在属性表中，按住 Ctrl 键选择多个要修改属性的要素。

（3）在要修改属性的列标题“name”上单击鼠标右键，在弹出的菜单中单击【字段计算器】，弹出【字段计算器】对话框。

（4）在弹出的【字段计算器】对话框中，在“name=”下面的方框中输入属性值“教学楼”，如图 6.56 所示，单击【确定】按钮，完成“name”字段属性值的批量修改。

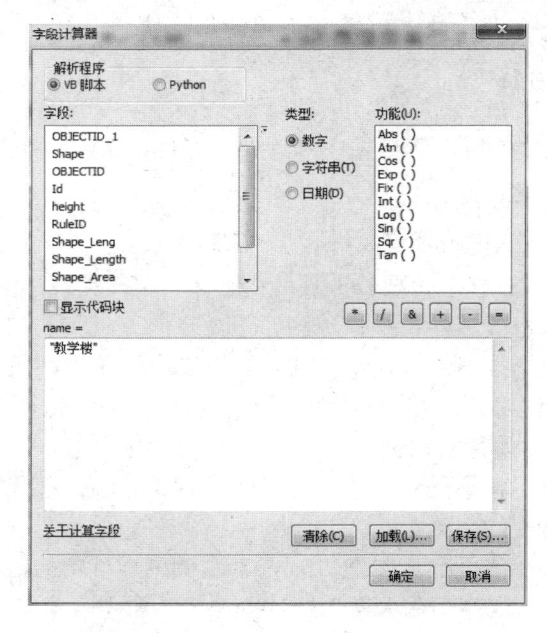

图 6.56 【字段计算器】对话框

（5）依照同样的方法，对属性表中的“所属单位”这一属性进行批量修改，最终结果如图 6.57 所示。

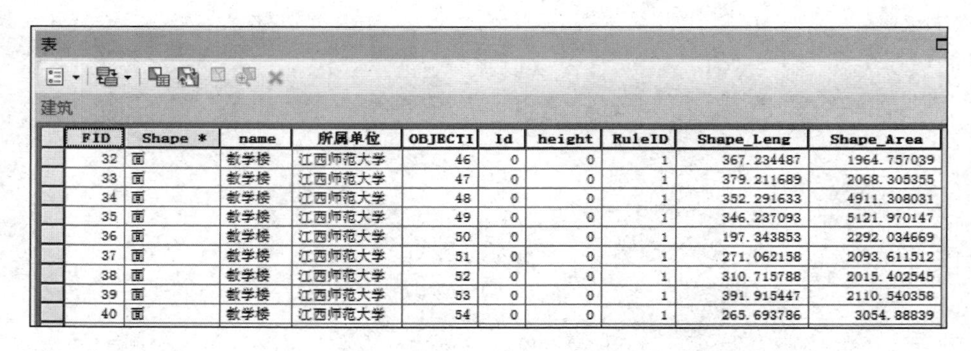
表
建筑

FID	Shape *	name	所属单位	OBJECTI	Id	height	RuleID	Shape_Leng	Shape_Area
32	面	教学楼	江西师范大学	46	0	0	1	367.234487	1964.757039
33	面	教学楼	江西师范大学	47	0	0	1	379.211689	2068.305355
34	面	教学楼	江西师范大学	48	0	0	1	352.291633	4911.308031
35	面	教学楼	江西师范大学	49	0	0	1	346.237093	5121.970147
36	面	教学楼	江西师范大学	50	0	0	1	197.343853	2292.034669
37	面	教学楼	江西师范大学	51	0	0	1	271.062158	2093.611512
38	面	教学楼	江西师范大学	52	0	0	1	310.715788	2015.402545
39	面	教学楼	江西师范大学	53	0	0	1	391.915447	2110.540358
40	面	教学楼	江西师范大学	54	0	0	1	265.693786	3054.88839

图 6.57 批量修改属性后的结果

*6.2.3 在要素间传递属性

在 ArcMap 中，属性传递映射功能支持在要素间对属性进行交互式传递。应用实例的操作步骤如下。

（1）打开 ArcMap，在“…\第六章\地图编辑”路径下，打开“校园地图编辑.mxd”文件。

（2）右击【内容列表】中的“道路中心线”图层，在弹出的菜单中单击【打开属性表】，单击表选项菜单，单击【添加字段】，在弹出的【添加字段】对话框中，将【名称】改为“所属单位”，将【类型】改为“文本”，单击【确定】按钮，关闭对话框。

（3）在【空间校正】工具条中单击【空间校正】下拉菜单中的【属性传递映射】菜单，弹出【属性传递映射】对话框，在对话框中分别设置【源图层】和【目标图层】为“道路中心线”和“建筑”，然后分别单击要进行匹配的字段“所属单位”，单击【添加】按钮，取消勾选【传递几何】复选框，如图6.58所示，单击【确定】按钮，关闭对话框。

图6.58　【属性传递映射】对话框

（4）在“道路中心线”图层中选择某个要素（要传输属性，图层必须是可选图层），并将该要素属性表中的“所属单位”字段属性改为“江西师范大学”。

（5）单击【空间校正】工具条上的【属性传递】工具，将鼠标指针放在源要素（即所选择的线要素）的上方，然后单击，出现一条带有箭头指向的射线，如图6.53所示，然后单击要赋予“所属单位”属性的建筑物，按住Shift可以将属性传递到多个要素。操作完成之后，目标要素的匹配字段的属性将得到更新。

（6）属性传递完成后，可在【识别】对话框中单击目标要素的属性来对其进行验证，如图6.60所示。

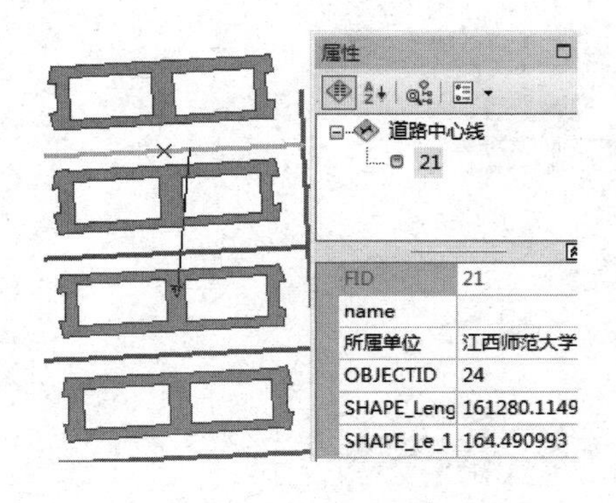

图6.59　属性传递

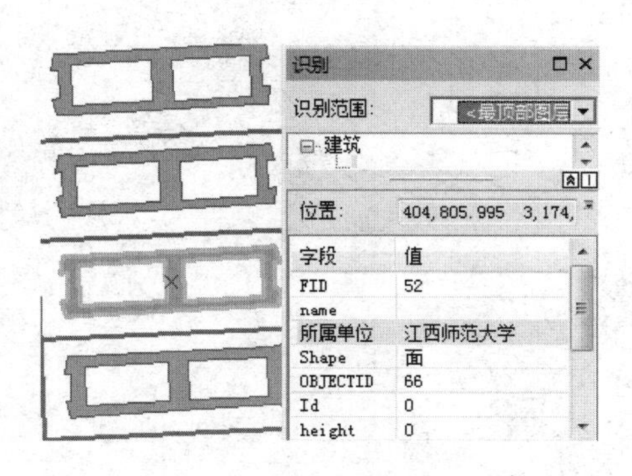

图6.60　验证要素属性

6.3 拓扑编辑

拓扑（Topology）一词来源于希腊文，意思是“形状的研究”，它是指几何对象在进行拉伸或旋转等变换后，位置关系保持不变的特性。拓扑是不同地理实体之间几何关系的表征，它定义了各要素之间空间关联方式的一组规则，通过拓扑关系可以提高空间数据的维护质量。参与构建拓扑的要素仍然是简单要素类，拓扑不会修改要素类的定义，而是用于描述要素的空间关联方式。拓扑关系的创建可以更清晰地反映地理实体之间的逻辑结构关系，它比几何数据更具稳定性，不会随地图投影的变化而变化。

建立拓扑关系的作用主要有：

（1）利用拓扑关系，可以控制地理实体之间共享几何的方式。例如，相邻多边形（如宗地）具有共享边，街道中心线和人口普查区块共享几何，以及相邻的土壤多边形共享边。

（2）根据拓扑关系，不需要利用坐标或者距离，就可以确定一种空间实体相对于另一种空间实体位置关系。

（3）利用拓扑关系，可方便空间要素的查询。例如，查询某条铁路通过哪些地区等。

（4）根据拓扑关系，可以重建地理实体。例如，根据弧段与结点的关联关系重建道路网络，进行最佳路径的选择等。

拓扑编辑是通过使用【拓扑】工具条中的【编辑】工具对空间关联的多个要素进行编辑的。

6.3.1 地理数据库拓扑

1. 拓扑创建

（1）打开 ArcMap，在“…\第六章\拓扑编辑”路径下，添加“个人地理数据库”内“ch6”数据集中的“道路中心线”和“道路”数据。

（2）单击【目录】按钮，打开【目录】窗口，在目录树中，右击“ch6”要素集，在弹出的菜单中单击【新建】→【拓扑】，弹出【新建拓扑】对话框。

（3）在图 6.61 所示的对话框中，输入拓扑名称和拓扑容差，在此使用默认值即可，单击【下一步】按钮。

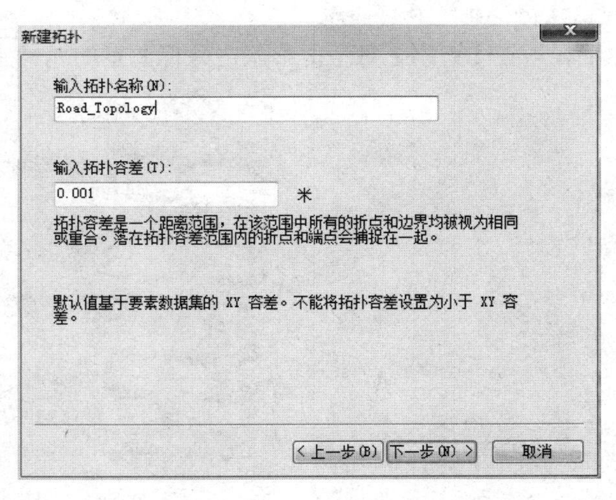

图 6.61 输入拓扑名称和容差

（4）在【选择要参与到拓扑中的要素类】列表框中选择参与创建拓扑的要素类，如图 6.62 所示，单击【下一步】按钮。

图 6.62　选择参与拓扑的要素类

（5）设置参与拓扑的要素类的等级，等级越高，验证拓扑时移动的要素数目越少，如图 6.63 所示，单击【下一步】按钮。

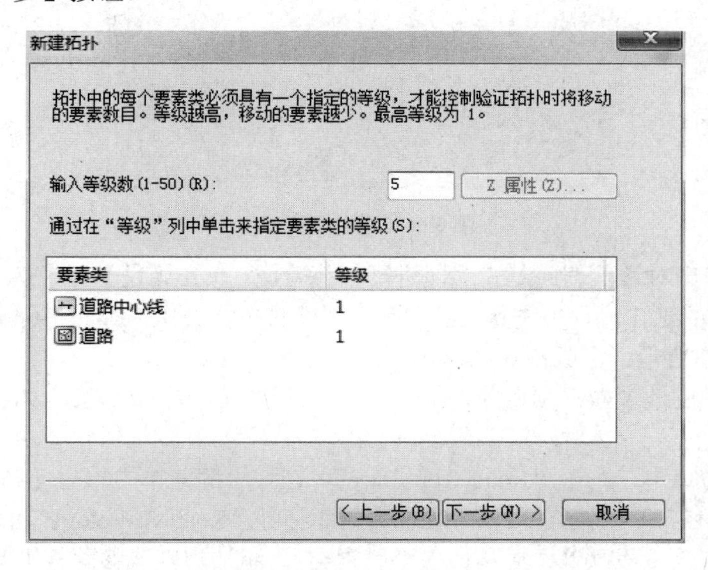

图 6.63　指定要素类等级

（6）单击【添加规则】按钮，弹出【添加规则】对话框，在【要素类的要素】下拉菜单中选择“道路中心线”，在【规则】下拉菜单中选择“不能有伪结点”，单击【确定】按钮，返回上一级对话框；再次单击【添加规则】按钮，弹出【添加规则】对话框，在【要素类的要素】下拉菜单中选择“道路中心线”，在【规则】下拉菜单中选择“必须位于内部”，如图 6.64 所示，单击【确定】按钮，返回上一级对话框，如图 6.65 所示，也可以根据此步骤设计其他规则，单击【下一步】按钮。

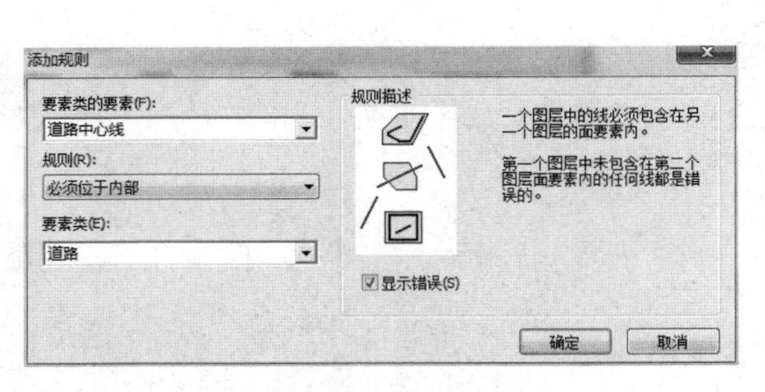

图 6.64 【添加规则】对话框

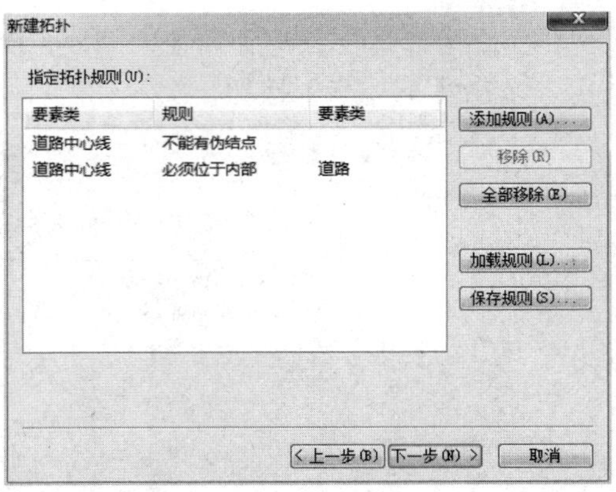

图 6.65 指定拓扑规则

（7）在图 6.66 所示的对话框中查看摘要信息是否存在错误，如有错误，单击【上一步】按钮进行重新设置，确定无误后，单击【完成】按钮。

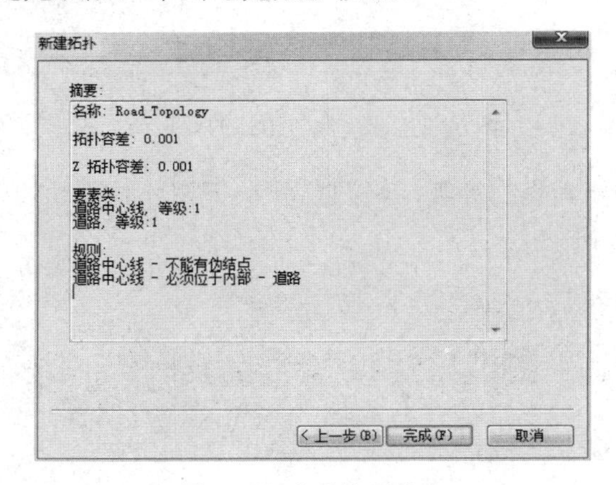

图 6.66 查看摘要信息

（8）稍后将弹出对话框询问是否立即进行拓扑验证，单击【是】可直接进行拓扑验证；单击【否】可在以后的工作流程中进行拓扑验证。新建的拓扑关系“Road_Topology”出现在【目录】中，如图 6.67 所示，完成拓扑创建。

对于创建完成的地理数据库拓扑，可以进行如添加、删除拓扑规则，拓扑重命名等一系列操作。

在【目录】窗口中，右击“Road_Topology”，在弹出的菜单中单击【属性】，弹出【拓扑属性】对话框，如图 6.68 所示，可以对地理数据库拓扑“Road_Topology”的名称、拓扑容差、要素等级数进行修改，还可以添加和移除“要素类”，添加规则或移除规则等。

2. 拓扑验证

地理数据库拓扑创建完成后，可以随时对拓扑的要素类内容进行验证。

在【目录】窗口中，右击“Road_Topology”，在弹出的菜单中单击【验证】即可完成；也可在编辑期间，通过【拓扑】工具条进行拓扑验证。

若 ArcMap 中未显现【拓扑】工具条，在主菜单栏中单击【自定义】→【工具条】→【拓扑】，拓扑工具条就出现在工具条中，如图 6.69 所示。【拓扑】工具只有在编辑状态下才能使用。

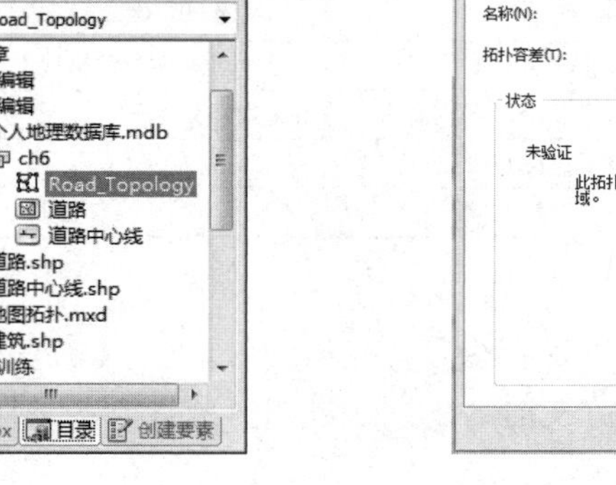

图 6.67　完成拓扑创建

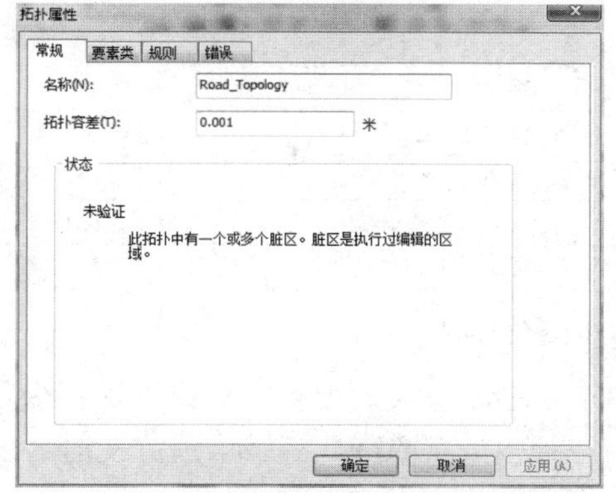

图 6.68　拓扑属性

- 单击【验证指定区域中的拓扑】，然后拖出一个框，框住要验证的区域，将验证处于框内的要素。
- 单击【验证当前范围中的拓扑】，验证当前视图范围内的拓扑。

图 6.69　【拓扑】工具条

操作步骤如下。

（1）在 ArcMap 中添加创建好的地理数据库拓扑“Road_Topology”，在【正在添加拓扑图层】对话框中单击【是】，可将参与拓扑的要素类添加到地图。

（2）单击【编辑器】→【开始编辑】，激活【拓扑】工具条。

（3）单击【拓扑】工具条中的【验证当前范围中的拓扑】即可，如图 6.70 所示，系统将会突出显示违反拓扑规则的错误要素。

3．拓扑检查

进行拓扑验证后，需要查找错误和异常。单击【拓扑】工具条中的【错误检查器】，弹出【错误检查器】对话框，如图 6.71 所示，单击【错误检查器】对话框中的【显示】下拉箭头，将列表中显示的错误限定为给定规则类型的错误（见表 6.9），再单击【立即搜索】即可完成拓扑检查。

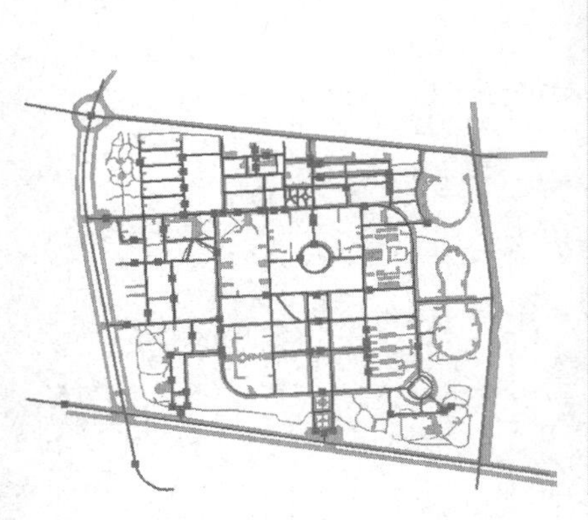

图 6.70　拓扑验证

错误检查器

显示: <所有规则中的错误>　174 个错误

立即搜索　☑错误　☐异常　☑仅搜索可见范围

规则类型	Class 1	Class 2	形状	要素 1	要素 2	异常
不能有伪结点	道路中心线		点	122	123	False
不能有伪结点	道路中心线		点	38	80	False
不能有伪结点	道路中心线		点	81	126	False
不能有伪结点	道路中心线		点	41	42	False
不能有伪结点	道路中心线		点	7	43	False
必须位于内部	道路中心线	道路	折线	2	0	False
必须位于内部	道路中心线	道路	折线	5	0	False
必须位于内部	道路中心线	道路	折线	6	0	False
必须位于内部	道路中心线	道路	折线	7	0	False

图 6.71　【错误检查器】对话框

表 6.9　给定规定类型的错误

规则类型	操　作
要查找所有规则中的错误	单击【显示】下拉箭头，单击【所有规则中的错误】
要查找特定拓扑规则中的错误	单击【显示】下拉箭头，单击【规则】
要查找可见范围中的错误	选中【仅搜索可见范围】
要查找异常	选中【异常】，取消选择【错误】

4．拓扑修复

发现拓扑错误之后，就要对这些错误进行修复。ArcMap 提供了【修复拓扑错误】工具，右击错误，在弹出的菜单中，可以从预定义的修复方法中选择一种方法进行修复，即进行预定义修复。

以“道路中心线-不能有伪结点”为例进行预定义修复，操作步骤如下。

1）使用【错误检查器】进行预定义修复

（1）单击【拓扑】工具条中的【错误检查器】，打开【错误检查器】对话框。

（2）搜索“道路中心线-不能有伪结点”这一规则下的所有错误。

（3）单击列表中要进行修复的错误（选中的错误将在地图上显示为黑色），右击选中的错误，在弹出的菜单中单击【平移至】或【缩放至】，如图 6.72（a）所示。

（4）在列出的修复方法中单击【合并】或【合并至最长的要素】，再次验证拓扑以确保编辑内容正确无误。验证结果如图 6.72（b）所示。

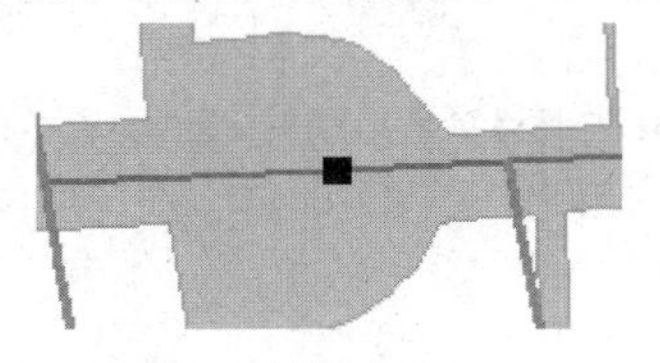

（a）修复前

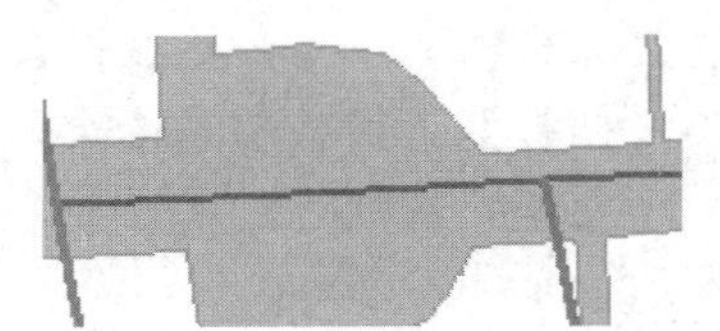

（b）修复后

图 6.72　使用【错误检查器】进行预定义修复

2）使用【修复拓扑错误】工具进行预定义修复

（1）单击【拓扑】工具条上的【修复拓扑错误】工具。

（2）在地图上单击某一要进行修复的错误，单击鼠标右键，在弹出的菜单中单击【合并】或【合并至最长的要素】，如图 6.73（a）所示。

（3）再次验证拓扑以确保编辑内容正确无误，验证结果如图 6.73（b）所示。

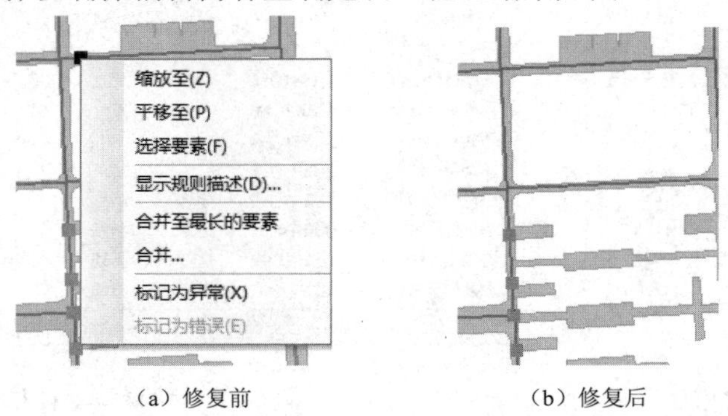

（a）修复前　　（b）修复后

图 6.73　使用【修复拓扑错误】工具进行预定义修复

但并不是所有的错误类型都可以进行预定义修复的，例如，基于“道路中心线-必须位于道路内部”规则创建的拓扑关系，就无法使用此方法。如图6.74（a）所示，菜单中并未列出可修复的方法，针对这种无法进行预定义修复的错误类型，可以使用常规编辑工具对数据进行编辑操作。单击【编辑器】工具条中的【编辑】工具，单击该错误要素，直接将选择的道路中心线拖动到道路中间，然后单击【拓扑】工具条中的【验证当前范围中的拓扑】工具，以确保编辑内容准确无误，验证结果如图6.74（b）所示。

要注意的是，使用常规编辑工具对单个要素进行编辑时，如果这个要素与其他要素共享几何，那么可能会违反拓扑规则而产生新的拓扑错误，如图6.74（b）中产生了新的伪结点，所以需要对脏区域进行拓扑验证，找到并修复错误要素。

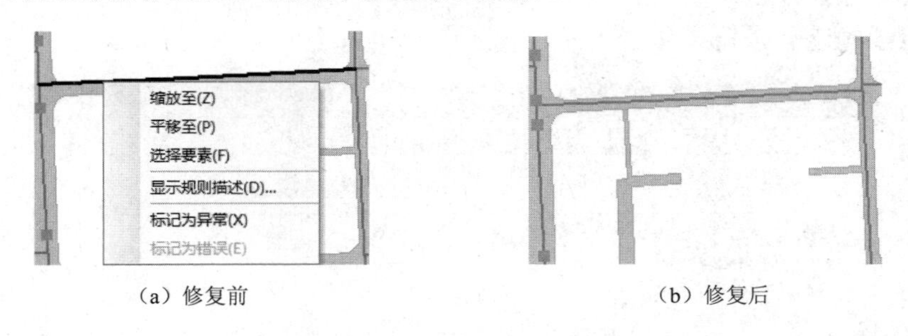

（a）修复前　　（b）修复后

图6.74　使用常规编辑工具进行修复

脏区域是指在建立拓扑关系后，又被编辑、更新过的区域，或者受到添加、删除要素等操作影响的区域。ArcMap会自动创建脏区域并对其进行验证，以查看是否产生新的拓扑错误，从而提高计算机的处理效率。

5．将错误标记为异常

违反拓扑规则的要素最初被标记为拓扑错误，但在必要时，可以将其标记为异常。如造成道路存在伪结点的原因可能是没有一次性录入整条线段，但图中标记为伪结点的并不一定都是错误的。例如，一条线在不应该分成两段或多段的情况下才被称为伪结点。学校相连的道路中有崎岖小路，也有平坦大道，这种情况下，就可以把拓扑错误标记为异常。

操作步骤如下。

（1）在【错误检查器】对话框中单击要标记为异常的错误。

（2）右击该错误，然后在弹出的菜单中单击【标记为异常】。一旦错误被标记为异常，在地图的拓扑图层中该错误就不再以错误符号的形式出现了。如图6.75所示，【错误检查器】对话框中该错误也不存在了。

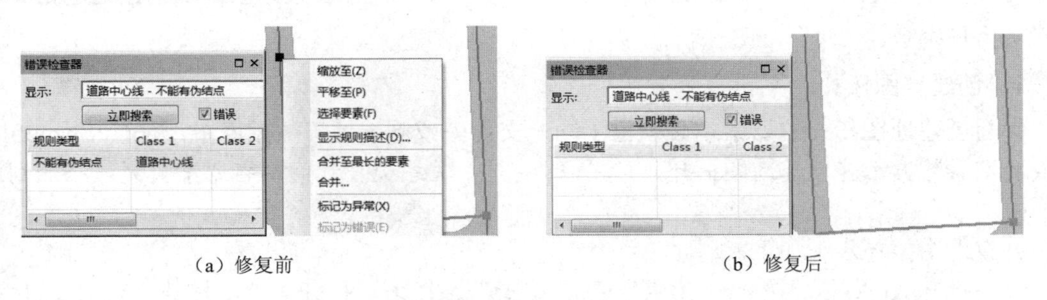

（a）修复前　　（b）修复后

图6.75　将错误标记为异常

6. 生成拓扑错误的汇总信息

在地理数据库拓扑中编辑了图层后，可以生成一个用于汇总数据中其余拓扑错误个数的报表，操作步骤如下。

（1）右击【内容列表】中的拓扑“Road_Topology”，然后在弹出的菜单中单击“属性”选项。

（2）弹出【图层属性】对话框，选择【错误】选项卡。

（3）单击【生成汇总信息】按钮，如图 6.76 所示。

（4）若要将结果导出为文本文件，可单击【导出到文件】按钮，选择要保存文件的位置并命名，单击【保存】按钮。

（5）单击【确定】按钮。

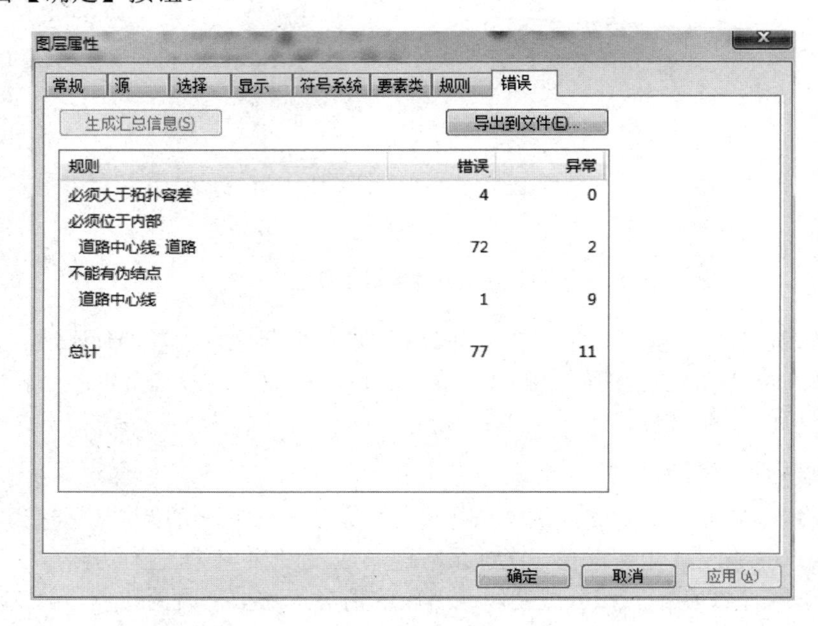

图 6.76　汇总信息

6.3.2　编辑共享要素

许多矢量数据集中都包含相互之间共享几何的要素。例如，森林边界可能在河流边上，湖泊面可能与土地覆盖面、湖岸线共享边界。编辑时，应同时更新重合的要素，以便继续共享几何。这就需要拓扑来实现，可以使用地理数据库拓扑编辑共享要素，也可以创建地图拓扑对共享要素进行编辑。

1. 创建地图拓扑

参与创建地图拓扑的要素类必须位于同一文件夹或同一地理数据库中，任何 Shapefile 文件或要素类数据都能创建地图拓扑，但注记、标注、关系类及几何网络要素类无法添加到地图拓扑中。

创建地图拓扑步骤如下。

（1）打开 ArcMap，在“…\第六章\拓扑编辑”路径下，打开“地图拓扑.mxd”文件。

（2）单击【编辑器】下拉菜单中的【开始编辑】，此时【拓扑】工具条被激活。

（3）单击【拓扑】工具条上的【选择拓扑】工具。

（4）弹出【选择拓扑】对话框，如图 6.77 所示，选择要参与创建地图拓扑的图层。

（5）单击【选项】可查看或更改拓扑容差，拓扑容差定义了边和折点必须接近到何种程度才能被视为重合。

（6）单击【确定】按钮，即可完成地图拓扑的创建。

定义拓扑后，线/弧要素和面要素的轮廓将转换为拓扑边，点要素、线/弧要素的端点及边相交的位置将转换为结点。地图拓扑不涉及任何拓扑规则，因此它不需要进行拓扑验证，并且不会产生任何错误要素。

2．查看共享几何的要素

拓扑元素可以被多个要素共享，在编辑地图时可以查看共享拓扑元素的所有要素。默认情况下，拓扑元素被选中后变为紫红色。

以拓扑线元素为例，操作步骤如下：单击【拓扑】工具条上的【拓扑编辑】工具，选中【共享的拓扑元素】，单击【共享要素】，弹出【共享要素】对话框，如图 6.78 所示，显示出共享该线的所有要素。

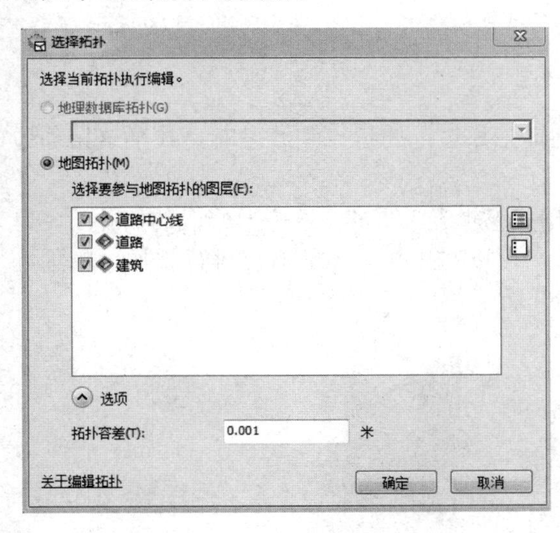

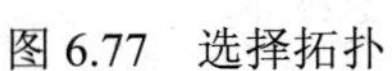

图 6.77　选择拓扑

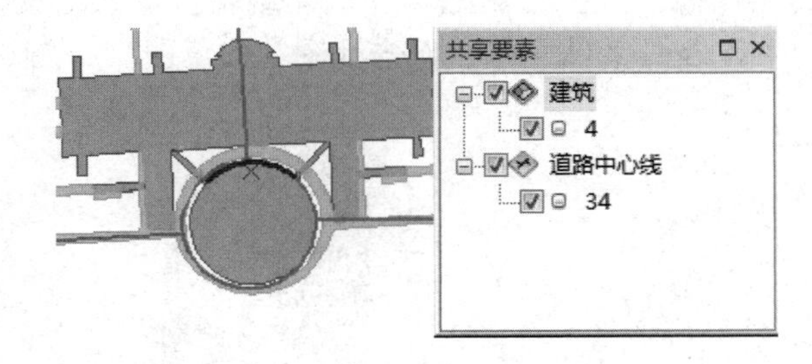

图 6.78　查看共享要素

若在列表中取消选中某要素，在以后进行的编辑中，该要素将不会随之更新。注意，要素的取消状态是暂时的，当拓扑元素不被选中时，取消状态将结束。

3．重新构建拓扑缓存

使用【拓扑编辑】工具选择拓扑元素时，ArcMap 将自动创建拓扑缓存。拓扑缓存可存储位于当前可见范围内的要素的边与结点之间的拓扑关系。如果在地图放大某块较小区域进行编辑后返回到之前的可见范围，新范围内的某些要素可能不会显示在拓扑缓存中。要融入这些要素，需要重新构建拓扑缓存。

构建拓扑缓存的步骤如下：单击【拓扑】工具条上的【拓扑编辑】工具，在地图上单击鼠标右键，在弹出的菜单中单击【构建拓扑缓存】，将构建可见范围内的拓扑缓存。

此时将重新构建当前可见范围中所有要素的边和结点之间的拓扑关系。

4．编辑共享要素

（1）移动拓扑元素。可使用【拓扑编辑】工具选择和移动地理数据库或地图拓扑中的拓扑结点和拓扑边。在移动拓扑边时，应拉伸所有与所选边连接的要素并移动以保持连通性。

操作步骤如下：单击【拓扑】工具条上的【拓扑编辑】工具，单击或拖动方框选择要移动的元素（选中后元素呈紫红色），按住鼠标左键将拓扑边或拓扑结点拖动到新位置。连接拓扑边的两个端点的线段将进行拉伸，进而将拓扑边的端点连接到它们被共享的位置，如图 6.79 所示。

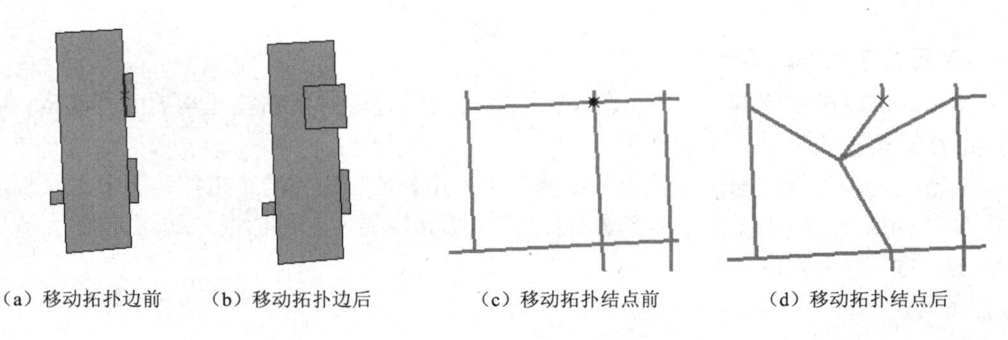

（a）移动拓扑边前　（b）移动拓扑边后　（c）移动拓扑结点前　（d）移动拓扑结点后

图 6.79　移动拓扑元素

（2）修改拓扑边。使用【修改边】工具编辑拓扑边上的折点和线段时，共享该拓扑边的所有要素都将同时进行更新。

操作步骤如下：单击【拓扑】工具条上的【拓扑编辑】工具，选中要修改的拓扑边，单击【修改边】工具，弹出【编辑折点】工具条，可以对拓扑边上的折点进行添加、删除、移动及修改线段等，双击地图完成草图，如图 6.80 所示。

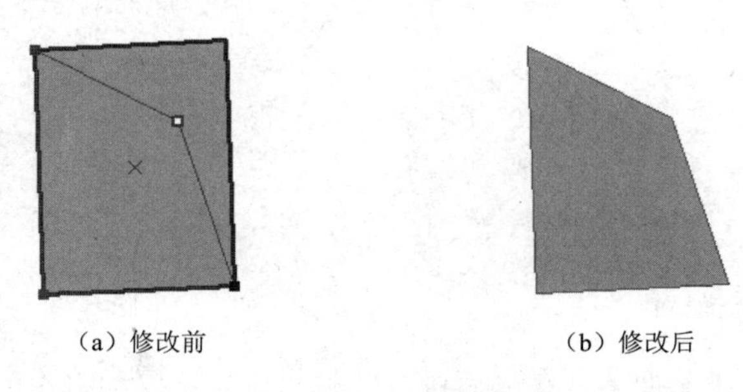

（a）修改前　（b）修改后

图 6.80　修改拓扑边

（3）整形拓扑边。使用【整形边】工具编辑拓扑边时，将同时更新共享该拓扑边的所有要素。要修整多条拓扑边，所选的拓扑边必须形成一条连接的路径。

操作步骤如下：单击【拓扑】工具条上的【拓扑编辑】工具，单击一条拓扑边将其选中，单击【整形边】工具，根据需要在地图上创建一条线，使其与所选中的拓扑边至少交叉两次，双击地图完成草图，如图 6.81 所示。

（4）对齐一条拓扑边以匹配另一条拓扑边。【对齐边】工具可将一条拓扑边与另一条拓扑边快速匹配，使其重合，而不必手动追踪或修整拓扑边。

操作步骤如下：单击【拓扑】工具条上的【对齐边】工具，在地图上随意移动时，鼠

标指针下的拓扑边显示为紫红色虚线，单击需要对齐的拓扑边 a，选中的拓扑边将显示为紫红色实线，单击另一条拓扑边 b，使 a 与 b 对齐，如图 6.82 所示。

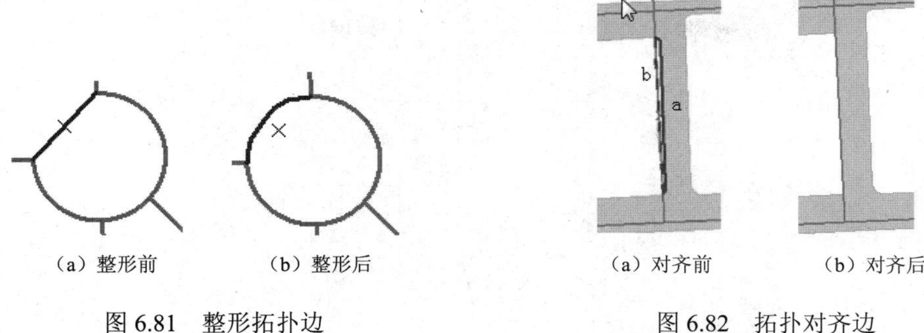

（a）整形前　（b）整形后

图 6.81　整形拓扑边

（a）对齐前　（b）对齐后

图 6.82　拓扑对齐边

6.4　制作正方形网格

6.4.1　背景与目的

在进行图幅分幅或创建地图结合表时，通常需要对规则矩形区域进行分割，本节将围绕创建一个指定位置的 10×10 相等大小的正方形网格（模拟图幅分幅）来展开地图编辑相关功能的综合训练。通过本次训练，读者可熟练掌握要素的创建、折点的编辑、要素的移动、线的偏移和延伸、端点捕捉、面要素的切割、属性编辑、要素的分类标注等。

6.4.2　任务

利用校园数据，完成以下任务。

（1）创建一个名称为“网格”的面状图层，地图投影及坐标系与校园数据一致，并创建字段 Row，数据类型为短整型。

（2）在地图上任意绘制出一个四边形。

（3）将四边形的左下角折点移至坐标（0，0），左上角折点移至坐标（0，3000），右上角折点移至坐标（3000，3000）右下角折点移至坐标（3000，0）。

（4）将修改折点坐标后的四边形进行移动，*X* 方向偏移 403834，*Y* 方向偏移 3172754。

（5）将移动后的正方形裁剪为 10×10 相等大小的正方形网格（边长为 300 m），效果如下。

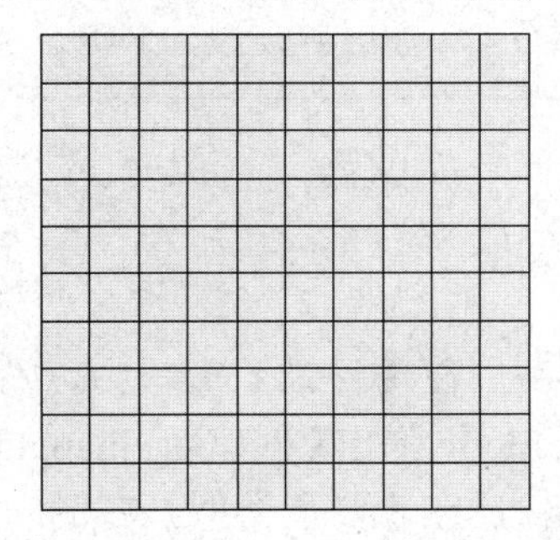

（6）对上图中的每一行的所有正方形的 Row 字段，赋予行数值，比如对第二行的所有正方形，它们的 Row 字段的值被赋予 2，以此类推。

（7）对网格图层进行标注，标注 Row 字段信息，并要求奇数行的正方形上的标注颜色为蓝色，偶数行的正方形上的标注为红色，字体为宋体、大小为 8、加粗样式，效果如下。

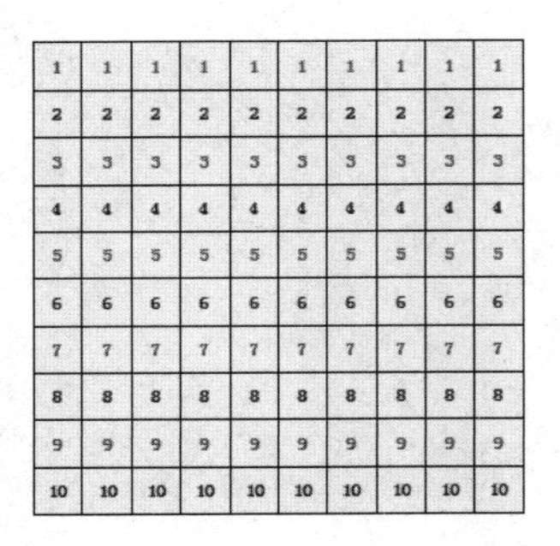

6.4.3 操作步骤

1. 打开实验数据

打开 ArcMap，在“…\第六章\综合训练”路径下打开“校园数据.mxd”文件，如图 6.83 所示。

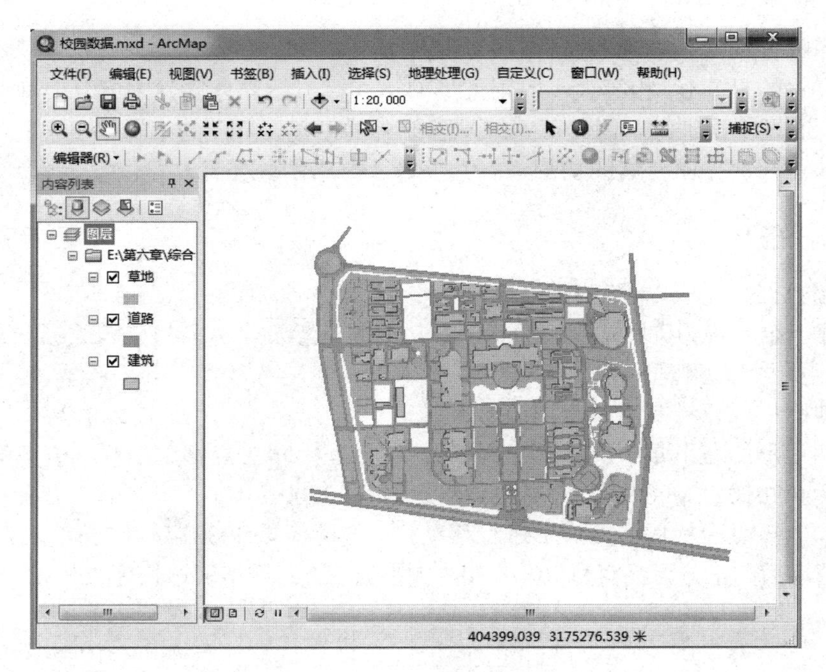

图 6.83　校园数据

2. 创建“网格”图层

（1）单击【目录】窗口按钮，在【目录】窗口中，右击“…\第六章\综合训练”，在弹出的菜单中单击【新建】→【Shapefile】，弹出【创建新 Shapefile】对话框。在【创建新 Shapefile】对话框中，把【名称】改为“网格”，在【要素类型】右侧的下拉菜单中选择“面”，单击【空间参考】中的【编辑】按钮，为新建的“网格.shp”图层创建一个与“校园数据.mxd”相同的投影坐标系，如图 6.84 所示，单击【确定】按钮，完成创建图层操作。

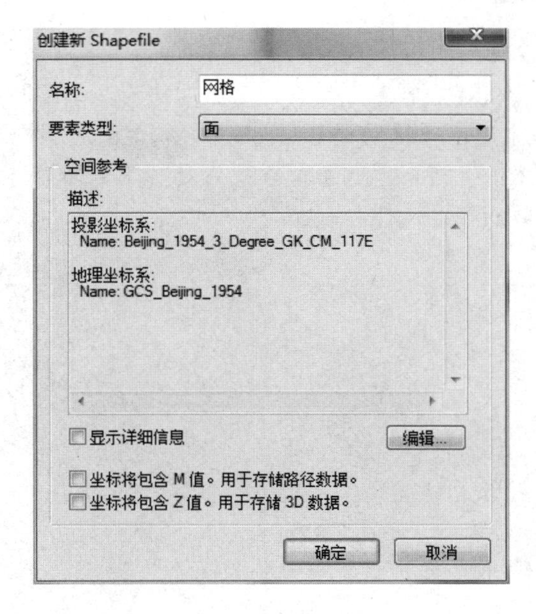

图 6.84　创建“网格.shp”图层

（2）在【目录】窗口中右击“网格.shp”，在弹出的菜单中单击【属性】，在弹出的【Shapefile 属性】对话框中选择【字段】选项卡，创建字段 Row，数据类型为短整型，如图 6.85 所示，单击【确定】按钮，完成操作。

3．创建四边形

单击【编辑器】启动编辑，在【编辑器】工具条中单击【创建要素】工具，在【创建要素】窗口中单击要素模板“网格”，在【构造】工具中单击【面】，在地图任意空白处单击四个点即可创建一个四边形，如图 6.86 所示。

Shapefile 属性

常规　XY 坐标系　字段　索引　要素范围

字段名	数据类型
FID	对象 ID
Shape	几何
Id	长整型
Row	短整型

单击任意字段，可查看其属性。

字段属性

导入(I)...

要添加新字段，请在"字段名称"列的空行中输入名称，单击"数据类型"列选择数据类型，然后编辑"字段属性"。

确定　取消　应用(A)

图 6.85　添加 Row 字段信息

图 6.86　创建四边形

4．移动四边形的折点到指定位置

（1）单击【编辑器】中的【编辑】工具，双击四边形，单击四边形左下角的折点，单击鼠标右键，在弹出的菜单中单击【移动至】，弹出【移动至】对话框。

（2）在【移动至】对话框中，将“X”的坐标设置为 0，将“Y”的坐标也设置为 0（见图 6.87），按 Enter 键，完成折点坐标的移动操作。

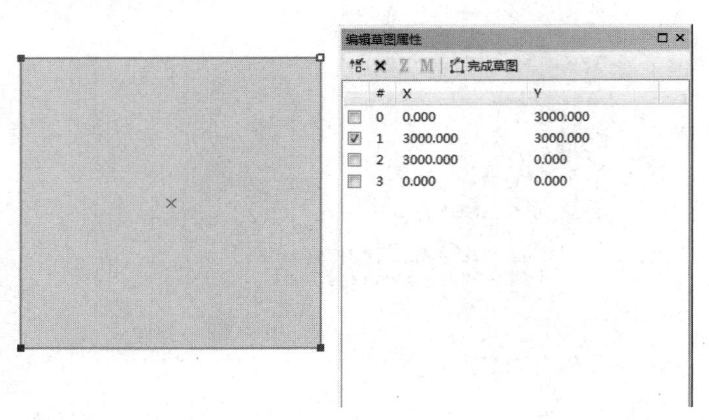

图 6.87　修改折点坐标后的正方形

（3）依照同样的方法，将四边形左上角折点移至坐标（0，3000），右上角折点移至坐标（3000，3000），右下角折点移至坐标（3000，0）。

（4）右击【内容列表】中的“网格”图层，在弹出的菜单中单击【打开属性表】，在打开的【表】窗口中，双击要素，然后地图上显现出修改折点坐标后的正方形。

5．移动正方形至指定位置

将修改折点坐标后的正方形进行移动，使其完全覆盖“校园数据.mxd”。

（1）单击【编辑器】中的【编辑】工具，单击【正方形】，单击【编辑器】中的【移动】，弹出【增量 X、Y】对话框，在对话框中输入 X 方向偏移 403834，Y 方向偏移 3172754，按 Enter 键，完成正方形的移动操作（见图 6.88）。

（2）依据上一步同样的方法，将地图显示出来。右击【内容列表】中的“网格”图层，在弹出的菜单中单击【属性】，弹出【图层属性】对话框，在对话框中选择【显示】选项卡，将【透明度】设置为“50%”，单击【确定】按钮，可以看到网格完全覆盖了校园数据。

图 6.88　移动正方形至指定位置

6．裁剪移动后的正方形

（1）依据创建“网格”图层的方法，创建一个“辅助线”图层。

（2）单击【编辑器】中的【编辑】工具，在【创建要素】窗口中单击要素模板“辅助线”，单击【构造线】工具，在正方形的周围画四条相交的直线 a、b、c、d，利用【端点捕捉】工具，绘制正方形的两条相邻边 e、f，如图 6.89 所示。

（3）单击【编辑器】中的【编辑】工具，按住 Shift 键单击选择 a 和 c 两条线，单击【高级编辑】工具条中的【延伸】工具，单击 f 线的两端，将 f 线要素延伸到 a 和 c 线。依照同样的方法，延伸 e 线，如图 6.90 所示。

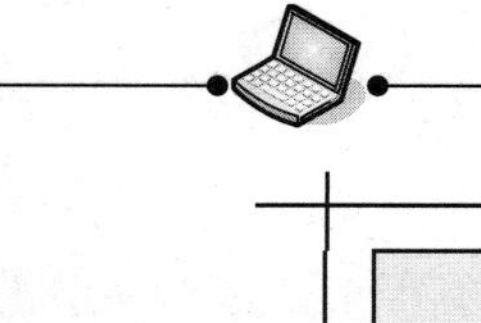

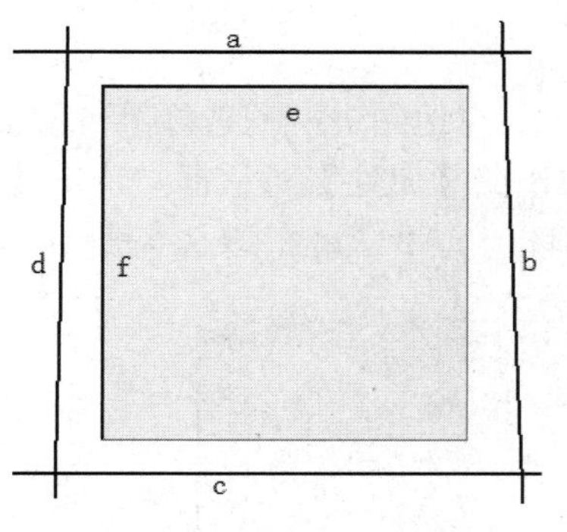

图 6.89　创建辅助线

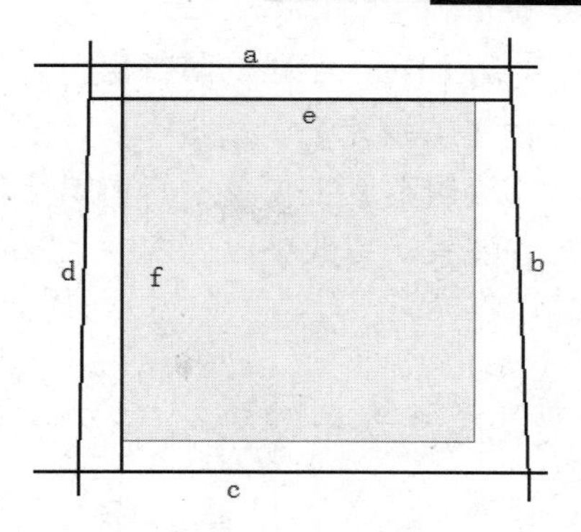

图 6.90　延伸线

（4）单击【编辑器】中的【编辑】工具，单击延伸后的 f 线，单击【编辑器】下拉菜单中的【平行复制】，弹出【平行复制】对话框，如图 6.91 所示，将【距离】设置为“300”，选择在线前进方向的“左侧”复制平行线，单击【确定】按钮，即可实现线的平行复制。可依照同样的方法复制出其余的 8 条平行线。同样，利用【平行复制】工具对延伸后的 e 线进行平行复制，注意是在线前进方向的“右侧”复制平行线，结果如图 6.92 所示。

（5）单击【编辑器】中的【编辑】工具，单击要进行裁剪的正方形，单击【裁剪面】工具，单击【捕捉】工具条中的【端点捕捉】工具，沿着竖直辅助线的方向剪切正方形，将大正方形剪切为 10 个长方形，如图 6.93（a）所示；然后沿着水平辅助线的方向剪切正方形，裁剪结果如图 6.93（b）所示，大正方形被裁剪为 10×10 相等大小的正方形网格（边长为 300 m）。

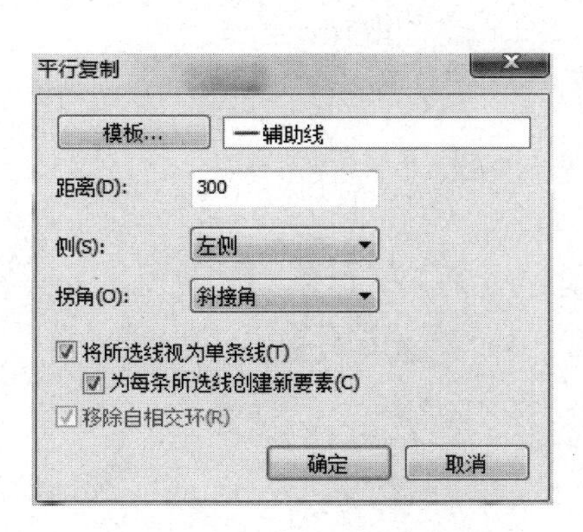

图 6.91 【平行复制】对话框

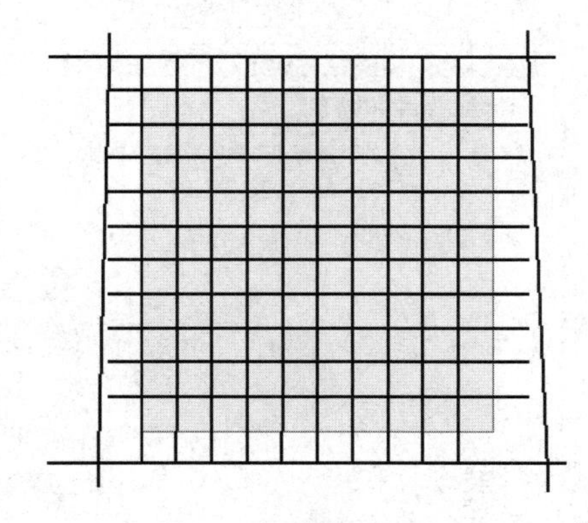

图 6.92 复制平行线

（a）竖直方向

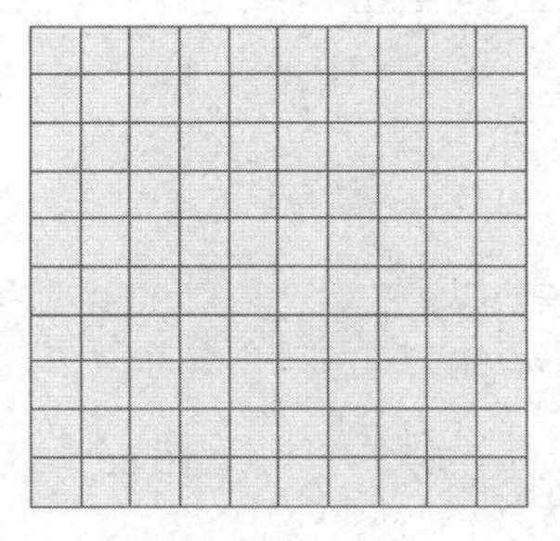

（b）水平方向

图 6.93　在竖直方向和水平方向剪切大正方形

7．批量修改 Row 字段的属性值

（1）单击【编辑器】工具条中的【编辑】工具，在地图中拉框选择第一行的所有小正方形。单击【编辑器】工具条中的【属性】，在弹出的【属性】对话框中单击【网格】，选择列出的全部要素，更改字段列表中“Row”字段属性值为“1”，如图 6.94 所示。

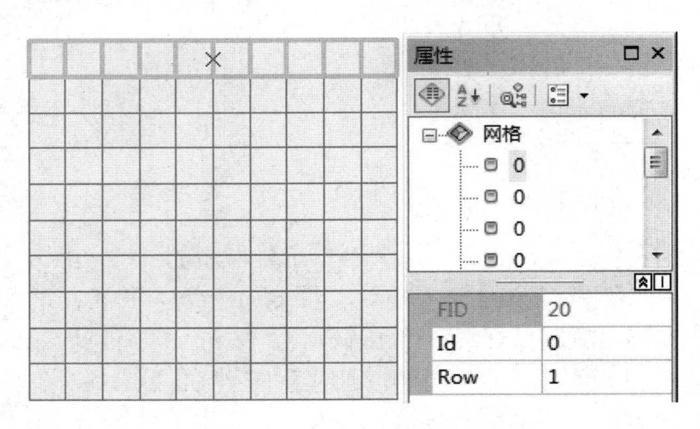

图 6.94　批量修改字段属性

（2）以此类推，依照同样的方法，对每一行正方形的 Row 字段赋予不同的行数值。

（3）右击【内容列表】中的“网格”图层，在弹出的菜单中单击【属性】，弹出【图层属性】对话框，选择对话框中的【标注】选项卡，如图 6.95 所示。

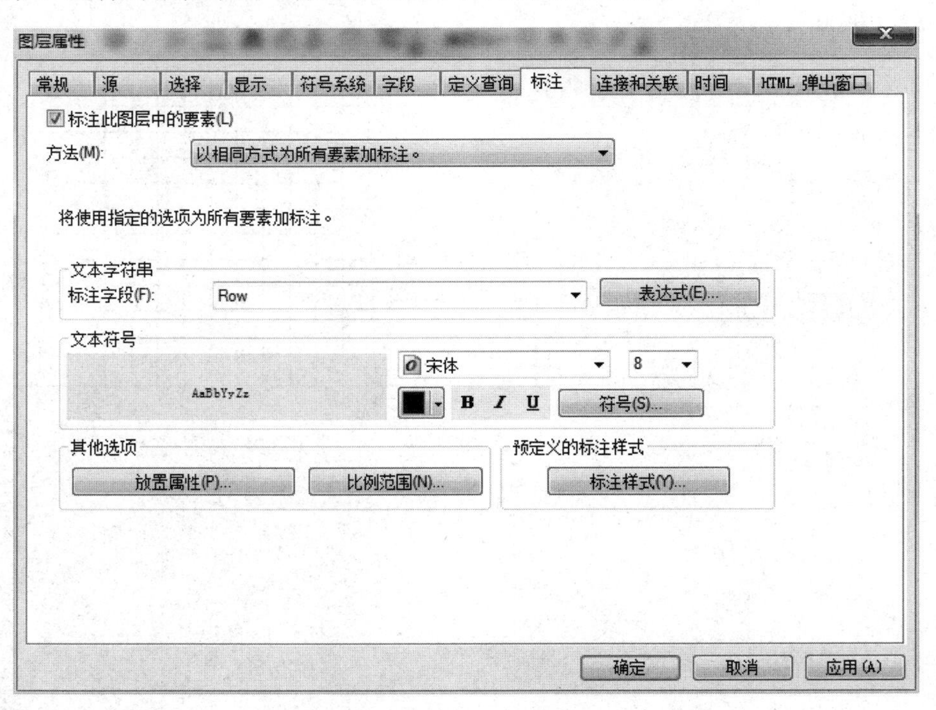

图 6.95　【标注】选项卡

在【标注字段】右侧的下拉菜单中选择“Row”，勾选【标注此图层中的要素】复选框，然后单击【确定】按钮，完成操作，如图 6.96 所示。

1	1	1	1	1	1	1	1	1	1
2	2	2	2	2	2	2	2	2	2
3	3	3	3	3	3	3	3	3	3
4	4	4	4	4	4	4	4	4	4
5	5	5	5	5	5	5	5	5	5
6	6	6	6	6	6	6	6	6	6
7	7	7	7	7	7	7	7	7	7
8	8	8	8	8	8	8	8	8	8
9	9	9	9	9	9	9	9	9	9
10	10	10	10	10	10	10	10	10	10

图 6.96 标注要素

8. 对网格图层进行分类标注

（1）右击【内容列表】中的“网格”图层，在弹出的菜单中单击【属性】，弹出【图层属性】对话框，选择对话框中的【标注】选项卡。

（2）在【方法】右侧的下拉菜单中，选择【定义要素类并且为每个类加不同的标注】。

（3）在【标注字段】右侧的下拉菜单中选择“Row”。

（4）取消勾选【类】右侧在默认情况下的【此类中的标注要素】。

（5）在【图层属性】对话框中，单击【添加】按钮，弹出【输入新的类名称】，在对话框中输入类的名称“odd”，单击【确定】按钮，然后单击【SQL 查询】按钮，在弹出的【SQL 查询】对话框中，单击【加载】按钮，加载“…\第六章\综合训练”路径下的“odd.exp”文件，单击【确定】按钮，如图 6.97 所示。

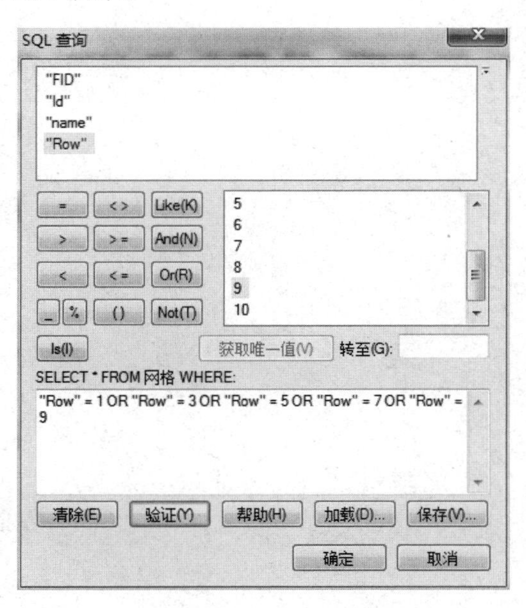

图 6.97 【SQL 查询】对话框

（6）用同样的方式，添加新类“even”，并加载“even.exp”文件。

（7）单击【类】右侧下拉菜单中的“odd”，然后单击【文本符号】框中的【符号】按钮，弹出【符号选择器】对话框，在对话框中，将【颜色】设置为蓝色，【字体】设置为宋体，【大小】设置为 8，单击【样式】中的【加粗】**B**，单击【确定】按钮。

（8）依照同样的方法，设置偶数行的标注文本样式。

（9）单击【图层属性】对话框中的【确定】按钮，完成操作，结果如图 6.98 所示。

（10）“网格”图层与校园相关图层的叠加显示效果如图 6.99 所示。

1	1	1	1	1	1	1	1	1	1
2	2	2	2	2	2	2	2	2	2
3	3	3	3	3	3	3	3	3	3
4	4	4	4	4	4	4	4	4	4
5	5	5	5	5	5	5	5	5	5
6	6	6	6	6	6	6	6	6	6
7	7	7	7	7	7	7	7	7	7
8	8	8	8	8	8	8	8	8	8
9	9	9	9	9	9	9	9	9	9
10	10	10	10	10	10	10	10	10	10

图 6.98　分类标注

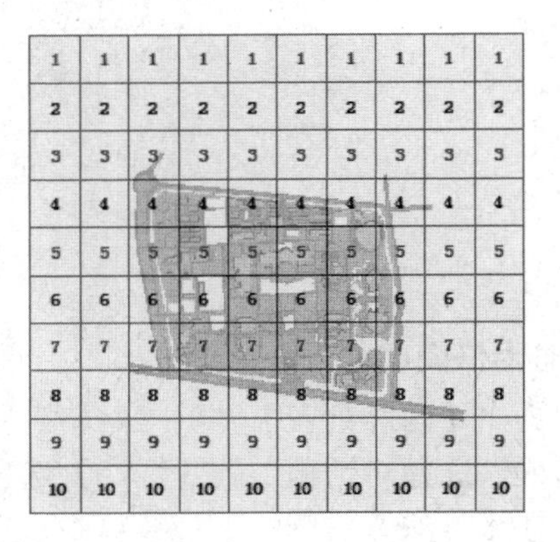

图 6.99　图层叠加效果图

第7章

空间数据处理

空间数据处理是指根据用户的需求对地理空间数据（如矢量数据、遥感影像、野外观测数据、传统纸质地图等）进行数据转换、数据重构、数据提取等操作。本章内容包括：

- 矢量数据空间校正；
- 栅格数据地理配准；
- 影像裁剪；
- 数据转换；
- 地图矢量化；
- 栅格地图矢量化与处理。

7.1 矢量数据空间校正

由于 GIS 系统数据来源的多样化，描述同一地理位置的 GIS 数据会在空间位置上存在差异，或在几何上出现一些变形或旋转，这时可以通过空间校正进行数据校正。空间校正的一个典型应用是对地图矢量化后的结果进行处理。本节介绍的内容包括：

- 坐标转换；
- 橡皮拉伸；
- 接边。

7.1.1 坐标转换

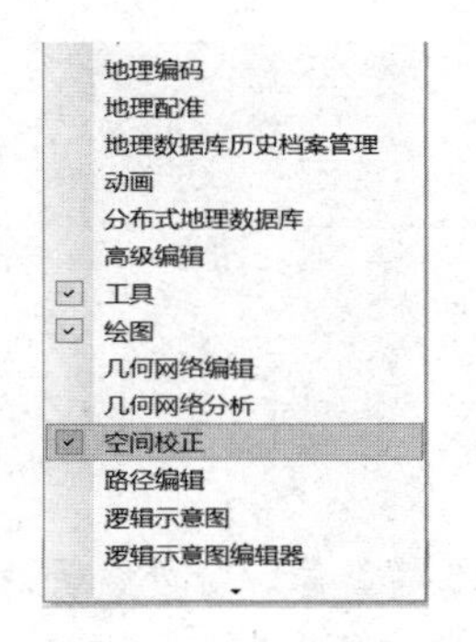

图 7.1 快捷菜单中打开空间校正工具条

空间校正可用于将图层的坐标从一个位置转换到另一位置，此过程涉及基于用户定义的位移链接来缩放、平移和旋转要素。

实例：以“…\第七章\矢量数据空间校正\坐标转换\数据”路径下的地图文档“空间校正变换.mxd”为例进行坐标转换，了解如何通过使用【空间校正】工具条对数据进行坐标转换。操作步骤如下。

（1）启动 ArcMap，打开“…\第七章\矢量数据空间校正\坐标转换\数据”路径下的地图文件“空间校正变换.mxd”。

（2）在 ArcMap 窗口工具条空白处单击右键，在弹出的菜单中单击【空间校正】，如图 7.1 所示。

（3）单击【编辑器】下拉菜单中的【开始编辑】，启动编辑会话，如图 7.2 所示。

图 7.2 【开始编辑】菜单

（4）在【空间校正】工具条中单击【空间校正】→【设置校正数据】，如图 7.3（a）所示，在弹出的对话框中设置参与校正的数据，选中【以下图层中的所有要素】，勾选“待校正数据”复选框，单击【确定】按钮，如图 7.3（b）所示。

(5) 在【空间校正】工具条中单击【空间校正】→【校正方法】→【变换-仿射】，如图 7.4 所示。

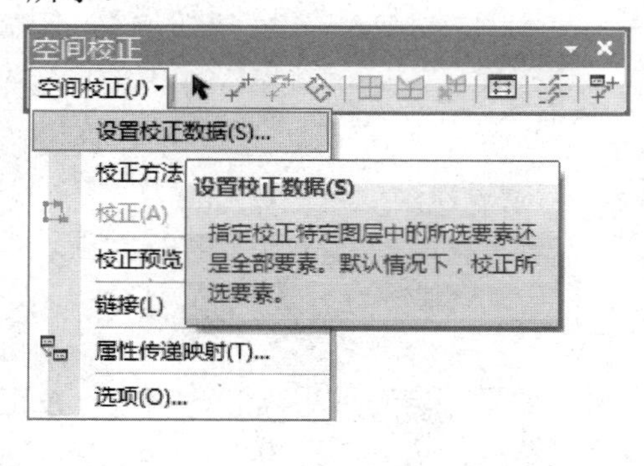

(a)

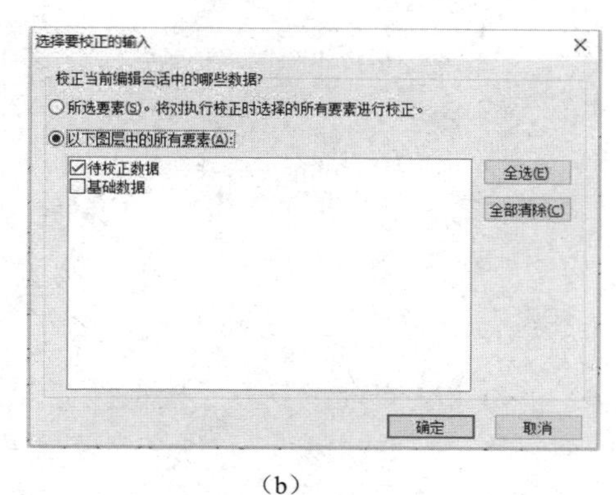

(b)

图 7.3　校正数据设置

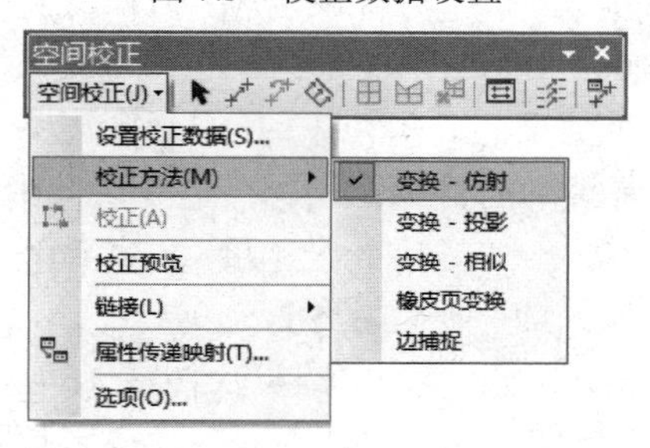

图 7.4　选择校正方法

ArcGIS 提供了三种校正变换的方法，如表 7.1 所示。

表 7.1　校正变换方法对比

变换名称	最少位移链接数	功　能	描　述
仿射	≥3	缩放、旋转、平移、倾斜	对数据进行不同程度的缩放、旋转、平移和倾斜变换
相似	≥2	缩放、旋转、平移	可对数据进行缩放、旋转和平移，但不会只对轴进行缩放，也不会产生任何倾斜。变换前后要素保持原有的横纵比
射影（投影）	≥4	缩放、旋转、平移、倾斜	变换前后共点、共线、相切、拐点以及切线的不连续性保持不变

(6) 在【编辑器】工具条上，单击【编辑器】→【捕捉】→【捕捉工具条】，打开【捕捉】工具条，单击【折点捕捉】工具□，以便准确建立校正链接。单击【空间校正】工具条上的【新建链接位移】工具，单击“待校正数据”图层上的一个点，再单击“基础数据”图层上的对应点，可建立一个链接。按此方法建立至少 6 个链接。当两幅图不在一起、选择链接点比较困难时，可通过在【内容列表】中右击要进行校正的图层，在弹出的菜单中选择【缩放至图层】，显示画面随即缩放至图层范围。

(7) 查看链接表。在【空间校正】工具条上单击【查看链接表】工具，如图 7.5 所示。残差是通过现有点对建立的校正模型计算得到的实际值与拟合值之间的差值。残差越小，校正效果越好。当残差过大时，可通过删除或者修改链接，来提高校正效果。

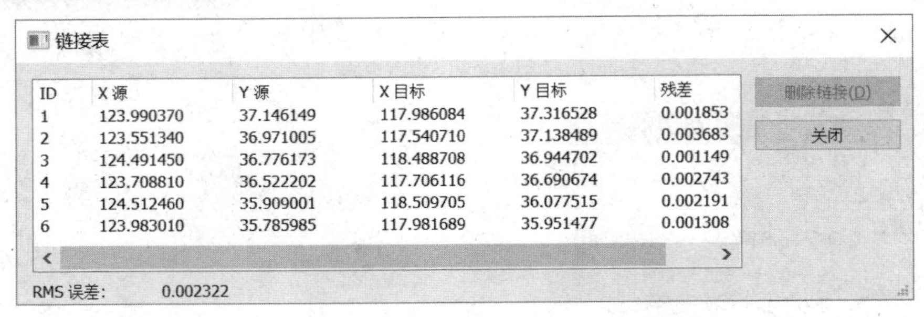

ID	X 源	Y 源	X 目标	Y 目标	残差
1	123.990370	37.146149	117.986084	37.316528	0.001853
2	123.551340	36.971005	117.540710	37.138489	0.003683
3	124.491450	36.776173	118.488708	36.944702	0.001149
4	123.708810	36.522202	117.706116	36.690674	0.002743
5	124.512460	35.909001	118.509705	36.077515	0.002191
6	123.983010	35.785985	117.981689	35.951477	0.001308

图 7.5　查看链接表

（8）单击【空间校正】→【校正预览】，预览校正效果。若对效果满意，则进行校正；若对效果不满意，则返回第（7）步修改链接来提高校正精度，直到满意为止。

（9）单击【空间校正】→【校正】，执行空间校正。

7.1.2　橡皮拉伸

橡皮拉伸常用于两个或多个图层的几何校正，使一个图层与另外一个在空间位置上相近的图层对齐，调整源图层以适应更精确的目标图层。在橡皮拉伸中，表面被逐渐拉伸，并使用保留直线的分段变换来移动要素。要素与位移链接越接近，移动得就越远。对于一些已经对齐的要素，可通过添加【标识链接】保持所在位置不变。

实例：以“…\第七章\矢量数据空间校正\橡皮拉伸\数据”路径下的地图文件“橡皮页变换.mxd”为例进行橡皮拉伸，了解如何通过使用位移链接、多位移链接和识别链接对数据进行橡皮拉伸，实现对实验数据的几何校正。操作步骤如下。

（1）启动 ArcMap，打开“橡皮页变换.mxd”，启动数据编辑。

（2）单击【编辑器】下拉菜单中【开始编辑】，启动编辑会话。

（3）打开【捕捉】工具条，单击【折点捕捉】，设置节点捕捉。

（4）选择菜单【空间校正】→【设置校正数据】，选择“待校正数据”，单击【确定】按钮。

（5）选择菜单【空间校正】→【校正方法】→【橡皮页变换】，如图 7.6 所示。

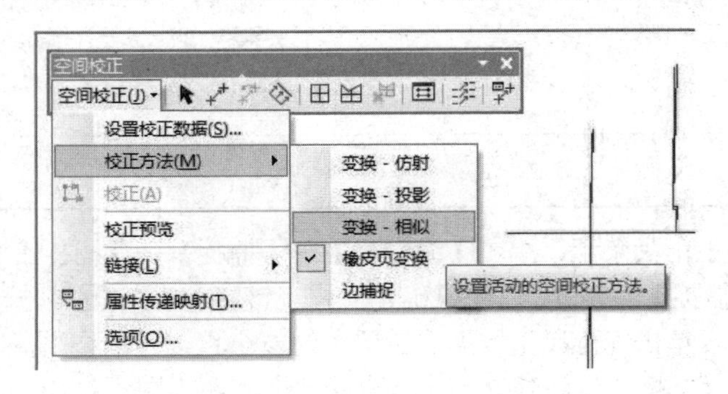

图 7.6　【橡皮页变换】校正方法

（6）选择菜单【空间校正】→【选项】，设置校正方法的属性。在打开的【校正属性】对话框中，选择【常规】选项卡，选择【橡皮页变换】，单击【选项】按钮，打开【橡皮页变换】对话框，选择【自然邻域法】，如图 7.7 所示，单击【确定】按钮，完成设置。橡皮页变换方法如表 7.2 所示。

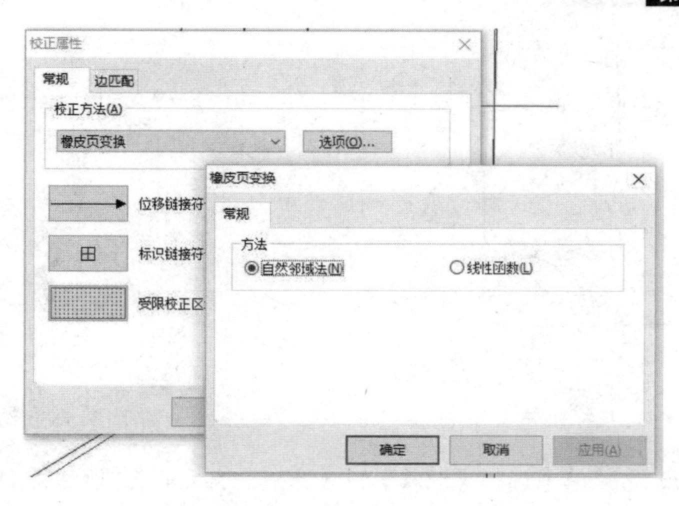

图 7.7　橡皮页变换属性设置

表 7.2　橡皮页变换方法

方 法 名 称	特　　点
线性函数	① 用于快速创建 TIN 表面，但并不真正考虑邻域； ② 线性函数选项执行速度稍快； ③ 当有许多链接均匀分布在校正数据上时，可以生成不错的效果
自然邻域法	① 执行速度稍慢； ② 当位移链接不是很多并且在数据集中较为分散时，得出的结果会更加精确； ③ 当存在一些间距很远的链接时，多使用自然邻域法

（7）单击【空间校正】工具条中的【新建位移链接】工具，在两个图层关键的交叉点创建位移链接，如图 7.8（a）所示。

（8）单击【空间校正】工具条中的【多位移链接】工具，依次选择待校正要素和目标要素，设置链接数为 10，按 Enter 键，如图 7.8（b）所示，该功能多用于对曲线的校正。

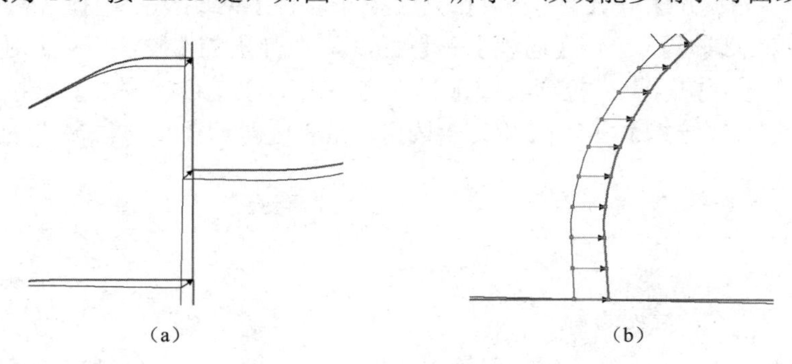

图 7.8　添加位移链接

（9）单击【空间校正】工具条中【新建标识链接】工具田，在不需要进行移动的关键点处创建标识链接，如图 7.9 所示。

（10）选择【空间校正】→【校正预览】可预览校正结果，如果校正结果不满足要求，可通过修改链接来提高校正精度。

（11）选择【空间校正】→【校正】，执行空间校正，校正结果如图 7.10 所示。

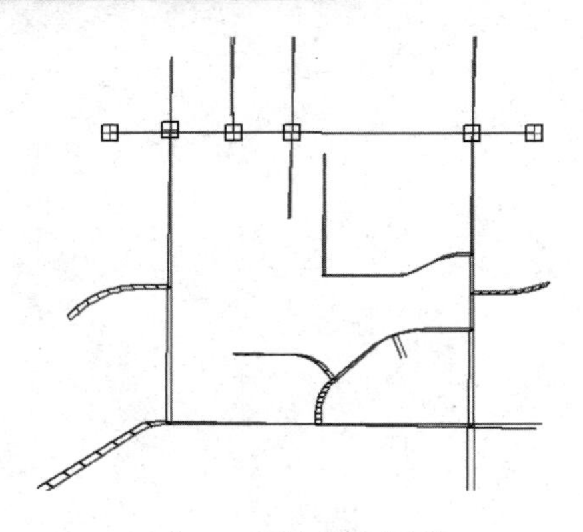

图 7.9　添加标识链接

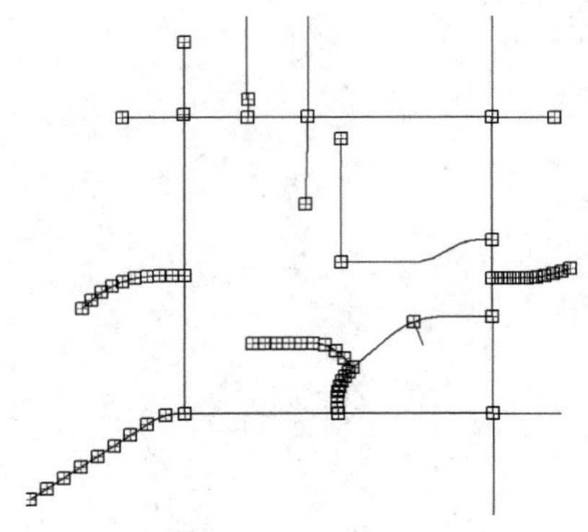

图 7.10　校正结果

（12）在 ArcMap 主菜单中选择【编辑】→【选择所有元素】，然后按 Delete 键，删除校正后的所有链接，保存编辑结果并停止编辑。

7.1.3　接边

接边可用于创建两个相邻图层边的位移链接，在沿相邻图层的边缘将要素对齐。通常对较低精度的要素图层进行调整，而将精度较高的要素图层作为目标图层。

实例：以“…\第七章\矢量数据空间校正\接边\数据”路径下的地图文件“接边.mxd”为例进行接边操作，介绍如何使用【边匹配】工具和设置【边捕捉】属性，实现基于位移链接的空间校正。操作步骤如下。

（1）启动 ArcMap，打开“接边.mxd”，启动编辑。

（2）在【空间校正】工具条中，单击【空间校正】→【设置校正数据】，选择【以下图层中的所有要素】中的“公路 2”，如图 7.11 所示，单击【确定】按钮。

（3）单击【空间校正】→【校正方法】→【边捕捉】，完成校正方法的选择。

（4）单击【空间校正】→【选项】，打开【校正属性】对话框，选择【常规】选项卡，在校正方法中选择【边捕捉】，单击【选项】→【平滑】，在弹出的【校正属性】对话框中选择【边匹配】选项卡，在【源图层】下拉列表中选择“公路 1”，在【目标图层】下拉列表中选择“公路 2”，选中【避免重复链接】，单击【确定】按钮，完成边匹配校正方法属性的设置，如图 7.12 所示。

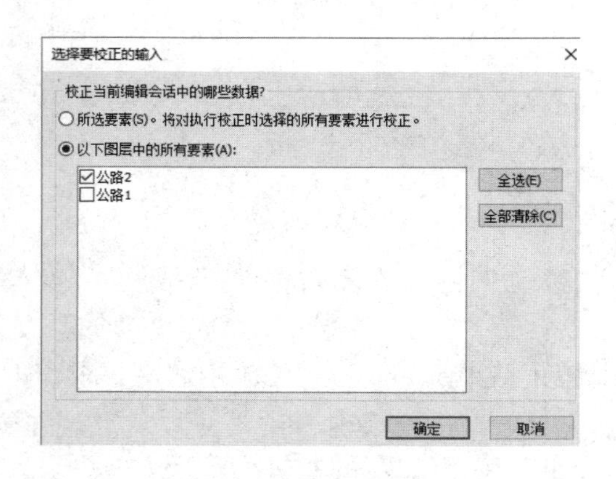

图 7.11　设置校正数据

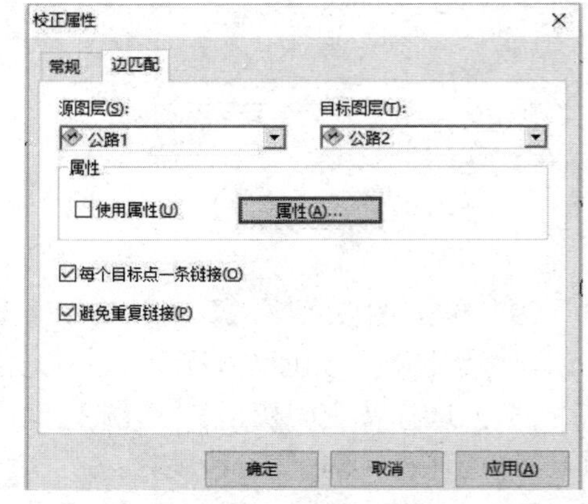

图 7.12　设置校正方法属性

（5）单击【空间校正】工具条中【边匹配】工具，在要素端点的周围拖出一个选框。【边匹配】工具将根据位于选框内的源要素与目标要素来创建多个位移链接，完成位移链接的添加，如图 7.13 所示。

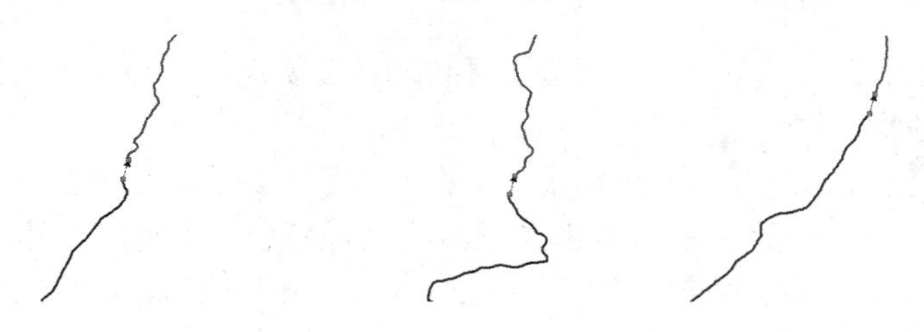

图 7.13　边匹配操作

（6）单击【选择要素】工具，选中边匹配区域要素。

（7）单击【空间校正】→【校正】，执行校正操作，校正结果如图 7.14 所示。

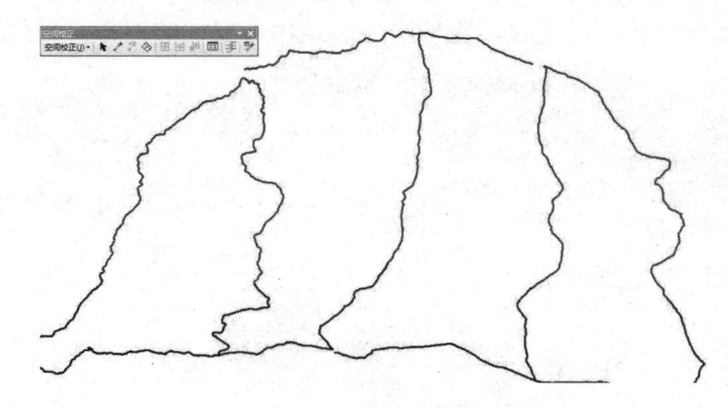

图 7.14　接边操作结果图

（8）在 ArcMap 主菜单中选择【编辑】→【选择所有元素】，所有链接元素将被选中，然后按 Delete 键，删除链接元素，保存结果并停止编辑。

7.2　栅格数据地理配准

栅格数据一般来自地图扫描、航空影像和卫星影像。经过扫描得到的地图通常不包含坐标信息，而航空影像和遥感影像的位置信息通常不够充分，无法与现有的 GIS 数据完全匹配，因此需要使用【地理配准】工具将栅格数据的空间位置与现有数据集进行空间位置匹配，这个过程就是栅格数据地理配准。本节介绍的内容是矢量数据与影像数据的配准。

实例：以“…\第七章\栅格数据地理配准\数据”路径下的地图文件“地理配准.mxd”为例进行影像数据与矢量数据的配准，介绍如何通过使用【地理配准】工具条将影像中各点的位置与矢量数据中已知地理坐标点的位置相连接，从而实现矢量数据与影像数据的配准。操作步骤如下。

（1）启动 ArcMap，打开“地理配准.mxd”文件。

（2）在 ArcMap 窗口的主菜单空白处单击鼠标右键，在弹出的菜单中单击【地理配准】，打开【地理配准】工具条，如图 7.15 所示。

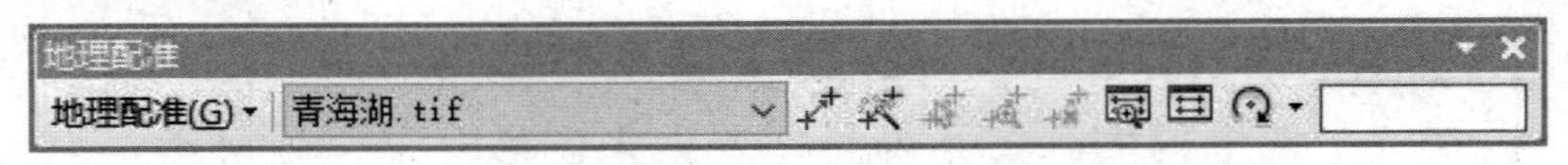

图 7.15 【地理配准】工具条

（3）在【地理配准】工具条中，取消勾选【自动校正】选项，在【图层】下拉选项中选择要进行地理配准的栅格图层。

（4）在【地理配准】工具条中，单击【添加控制点】工具来添加链接，在栅格数据“青海湖.tif”中单击某个已知位置，然后单击矢量图层“青海湖”上对应已知位置（或单击鼠标右键，在弹出【输入 X 和 Y】对话框中输入该点的实际坐标位置）。用相同的方法，在影像上添加多个控制点，形成链接。

（5）单击菜单【地理配准】→【更新地理配准】。更新后，栅格数据的位置和大小发生了变化，可以看见矢量数据与栅格数据“青海湖”重合在一起。

（6）单击【地图配准】工具条中【查看链接表】工具，打开链接表，查看配准结果，如图 7.16 所示。删除残差较大的链接，重新添加满足精度要求的点，直至结果满意为止。

图 7.16 链接表

（7）单击【地理配准】→【校正】，弹出【另存为】对话框，设置【格式】为“IMAGINE Image”格式，如图 7.17 所示。

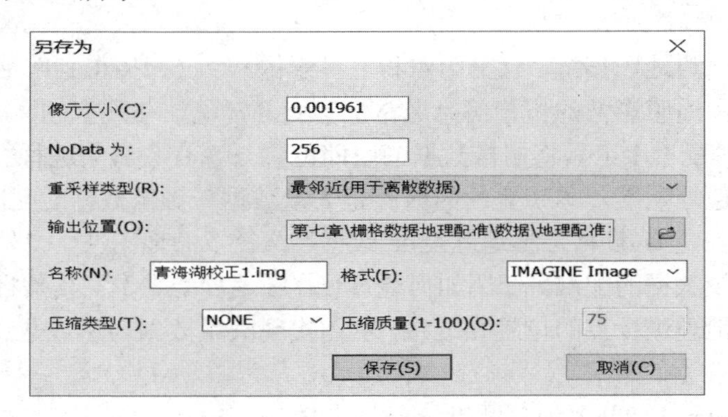

图 7.17 【另存为】窗口

（8）单击【保存】按钮，执行校正，完成地理配准，配准结果如图 7.18 所示。

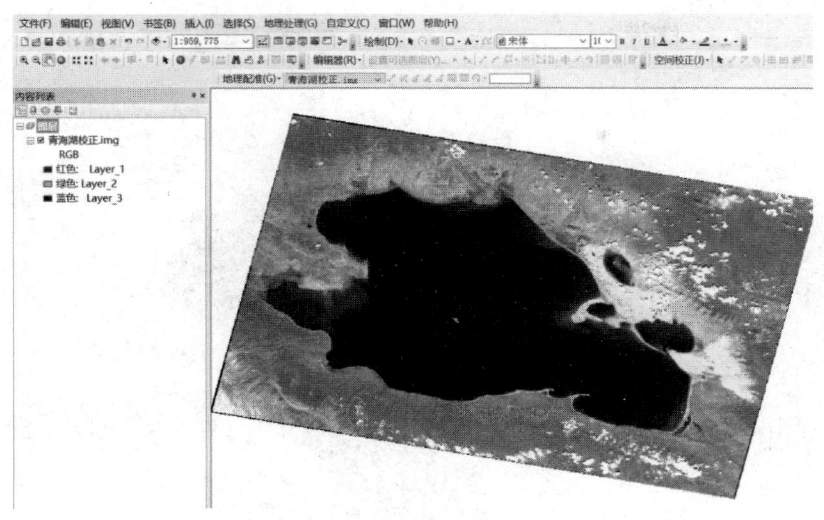

图 7.18　地理配准结果

7.3　影像裁剪

影像裁剪是指根据实际工作或者研究区域的范围，从影像中裁剪出一个或多个新的影像文件。ArcGIS 中的影像裁剪通过输入包含研究区的图形或图像（掩膜）来裁剪出新的影像文件，其范围大小和掩膜与原影像是一致的。例如，可以使用区县行政范围裁剪遥感影像，并制作出该区县行政范围的遥感影像专题图。

影像数据的裁剪有多种方法，如用圆形、点、多边形、矩形，以及利用现有数据裁剪，其中，在 ArcGIS 中最常用的方法有：按掩摸提取进行裁剪，以及利用栅格处理中的裁剪工具进行裁剪。下面以这两种方法为例进行说明。

7.3.1　按掩膜提取进行裁剪

掩膜是指用选定的图像、图形或物体，对待处理的图像（全部或局部）进行遮挡来控制图像处理的区域或处理过程，利用掩膜可识别分析范围内的区域。掩膜效果示意图如图 7.19 所示。

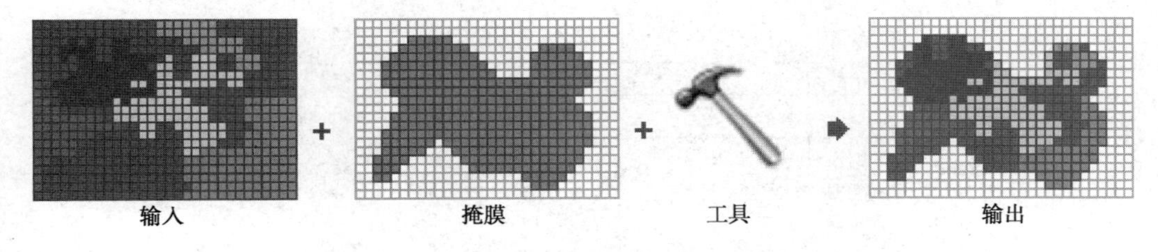

图 7.19　掩膜效果示意图

实例：以“…\第七章\影像裁剪\按掩膜提取进行裁剪\数据”路径下的“南昌市.shp”矢量数据为研究范围，对“江西省影像.tif”（主要是包含了江西省各个地方的高程数据）按膜提取进行裁剪。本节主要介绍 ArcToolbox 工具箱中【按掩膜提取】工具的使用方法，实现对影像数据的裁剪，并利用裁剪所得的“南昌市影像”数据制作南昌市高程分布图。操作步骤如下。

（1）打开 ArcMap，添加“南昌市.shp”数据和“江西省影像.tif”数据，如图 7.20 所示。

图 7.20　添加数据

（2）在 ArcToolbox 工具箱中双击【Spatial Analyst 工具】→【提取分析】→【按掩膜提取】，如图 7.21 所示，弹出【按掩膜提取】对话框，如图 7.22 所示。

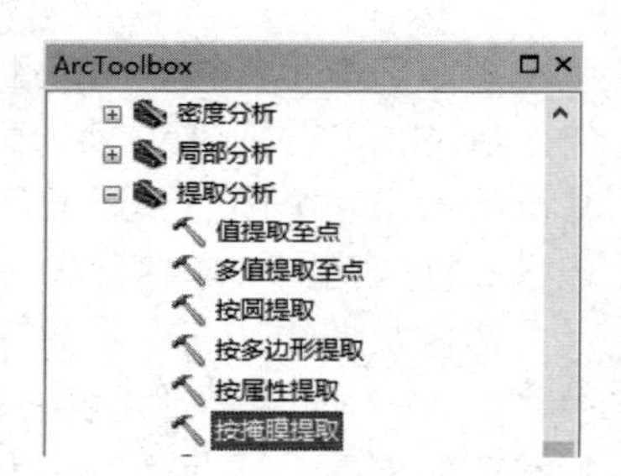

图 7.21　【按掩膜提取】工具

（3）在【输入栅格】下拉列表中选择需要裁剪的栅格数据，即“江西省影像.tif”数据。在【输入栅格数据或要素掩膜数据】下拉列表中选择的数据可以是栅格，也可以是要素数据集。如果是栅格，则定义掩膜时将考虑所有具有值的像元，栅格中的 NoData（不具有值）的像元将视为位于掩膜之外，并且在输出中为 NoData；如果是要素数据集，则会在内部将要素数据集转换为栅格，因此一定要设置适当的像元大小和捕捉栅格。

这里，在【输入栅格数据或要素掩膜数据】下拉列表中选择“南昌市”数据，在【输出栅格】中可以指定输出栅格的保存路径与名称，如图 7.22 所示。

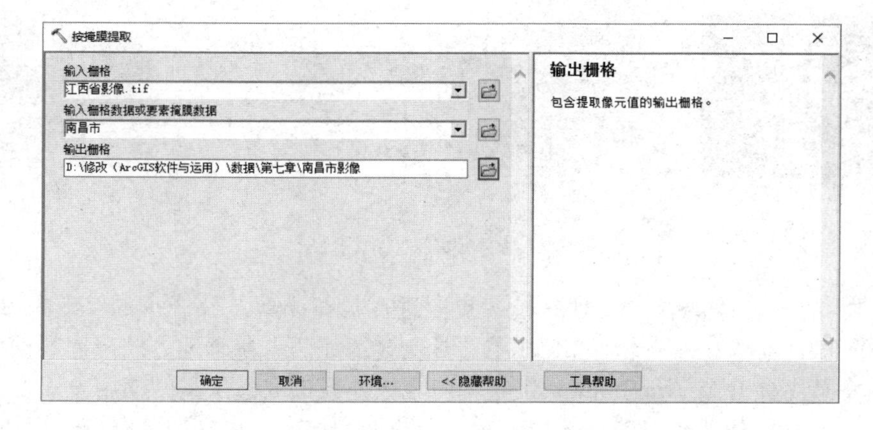

图 7.22　【按掩膜提取】对话框

（4）单击【确定】按钮，即可得到按掩膜提取的结果。

（5）可以利用掩膜之后的南昌市栅格数据，制作南昌市高程分布图。

7.3.2　利用栅格处理中的裁剪工具进行裁剪

实例：以“…\第七章\影像裁剪\利用栅格处理中的裁剪工具进行裁剪\数据”路径下的矢量图层“南昌市.shp”为基准，利用栅格处理中的【裁剪】工具对“江西省影像.tif”进行裁剪。本节主要介绍 ArcToolbox 工具箱中【裁剪】工具的使用方法，使用该工具对影像数据进行裁剪。操作步骤如下。

（1）打开 ArcMap，添加“南昌市.shp”数据和“江西省影像.tif”数据。

（2）在 ArcToolbox 工具箱中双击【数据管理工具】→【栅格】→【栅格处理】→【裁剪】，如图 7.23 所示，弹出【裁剪】对话框，如图 7.24 所示。

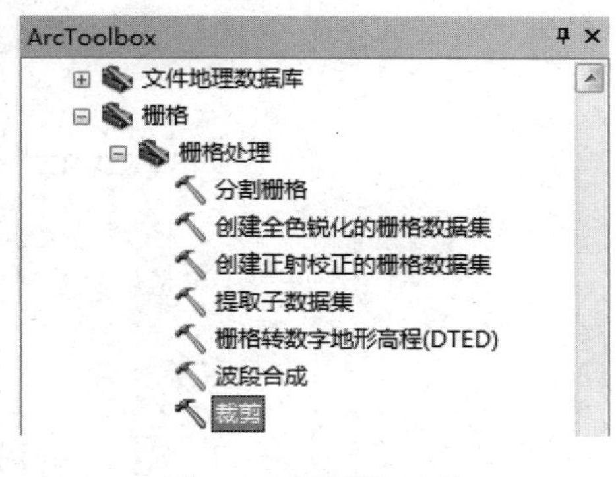

图 7.23 【裁剪】工具

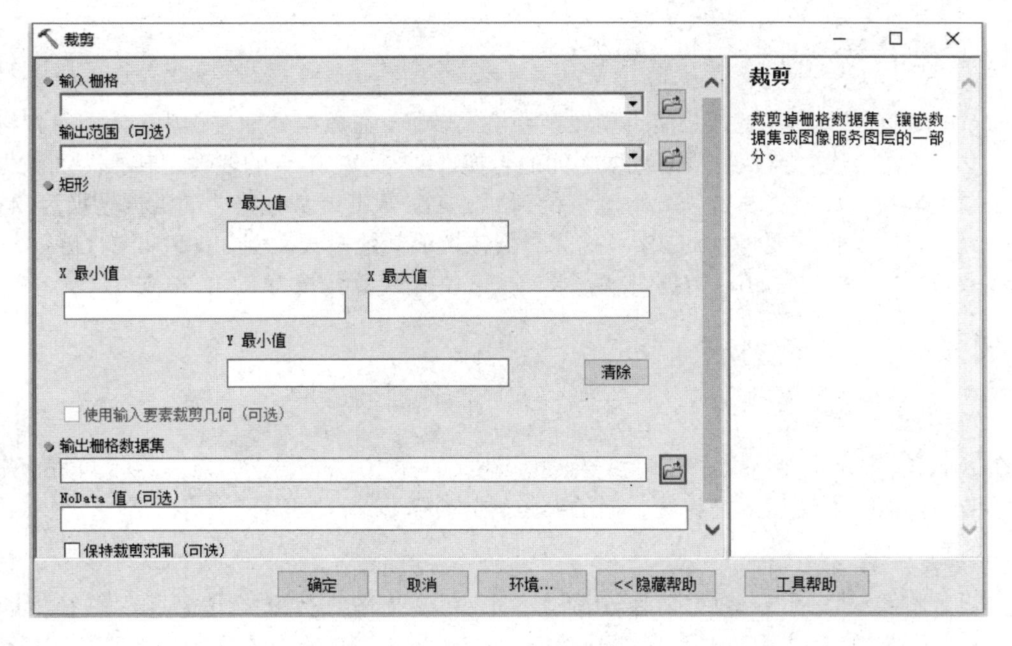

图 7.24 【裁剪】对话框

（3）在【输入栅格】下拉列表中选择需要裁剪的栅格数据，即“江西省影像.tif”数据。在【输出范围（可选）】下拉列表中选择用于范围的栅格数据集或要素类，即“南昌市”数据。在【矩形】区域中可以设置裁剪栅格时所使用的边界范围的四个坐标，也可以单击【清除】按钮将矩形范围重置为输入栅格数据集的范围。勾选【使用输入要素裁剪几何（可选）】，说明使用选定要素类的几何裁剪数据；如果没有选中，就使用最小外接矩形裁剪数据。在【输出栅格数据集】中指定输出栅格的保存路径与名称，其他参数采用默认设置，如图 7.25 所示。

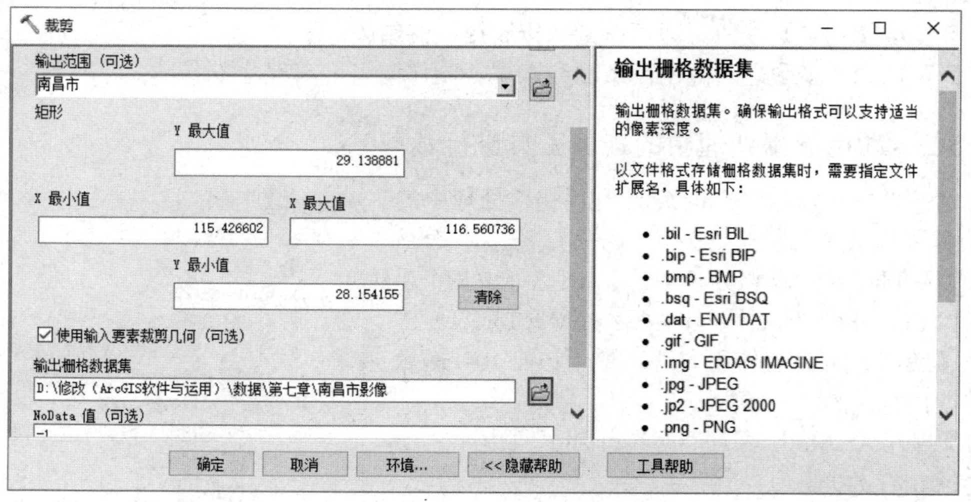

图 7.25 【裁剪】对话框选项设置

（4）单击【确定】按钮，完成影像裁剪。

7.4 数据转换

本节的数据转换主要是指几何类型转换和格式转换。在数据处理过程中，为了得到符合需求的数据，通常会进行点、线和面数据之间的转换。例如，将闭合的线数据转换为面数据。在GIS 数据处理与建库时，通常需要将测量得到的 CAD 数据或其他格式的数据转换为 ArcGIS 数据格式，有时候也需要将 ArcGIS 格式的数据转换成其他格式。例如，若要在 Google Earth 中显示 ArcGIS 中的 Shapefile 数据，就需要将 shp 格式的数据转为 KML 格式。

7.4.1 几何类型转换

1. 转换成点状数据

在 ArcGIS 中，主要有要素转点和要素折点转点两种方法。要素转点是将线、面的几何转到点数据；要素折点转点就是将线、面的结点转到点数据。

1）要素转点

实例：将“…\第七章\数据转换\几何类型转换\转换成点数据类型\数据”路径下的“建筑.shp”面数据转换为点数据。这里主要介绍 ArcToolbox 工具箱中【要素转点】工具的使用方法，实现面数据到点数据的转换。操作步骤如下。

（1）打开 ArcMap，添加“建筑.shp”数据，如图 7.26 所示。

（2）在 ArcToolbox 工具箱中双击【数据管理工具】→【要素】→【要素转点】，如图 7.27 所示，弹出【要素转点】对话框，如图 7.28 所示。

（3）在【输入要素】下拉列表中选择“建筑”数据；在【输出要素类】文本框中指定输出要素保存的路径和名称；勾选【内部（可选）】，表示使用包含在输入要素中的位置作为输出点位置，不勾选【内部（可选）】，表示使用输入要素的中心作为输出点位置。

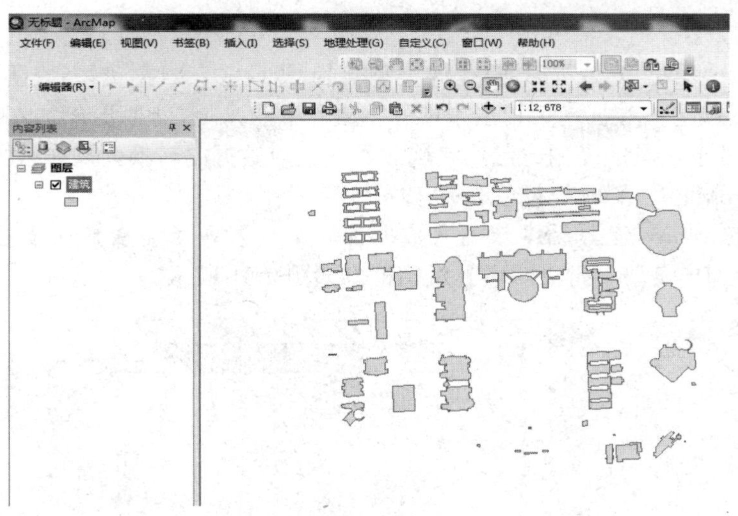

图 7.26　添加数据

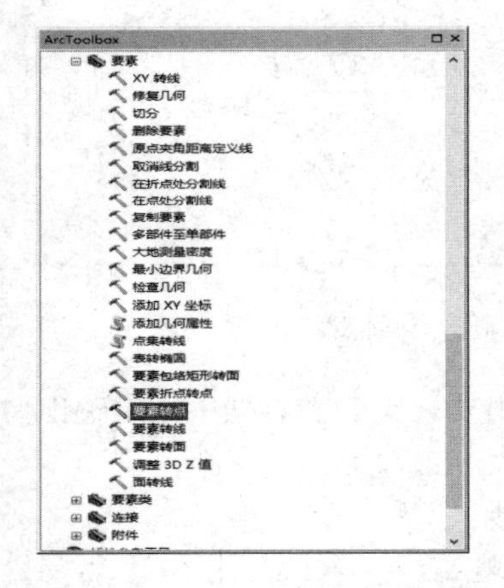

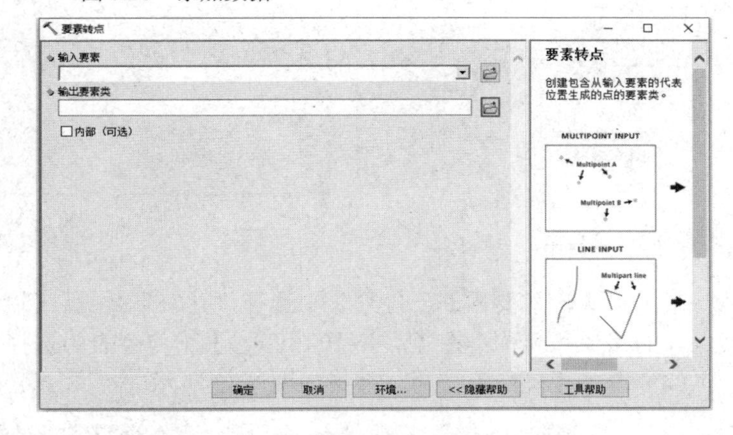

图 7.27 【要素转点】工具

图 7.28 【要素转点】对话框

（4）单击【确定】按钮，完成操作，转换完成的结果如图 7.29 所示。

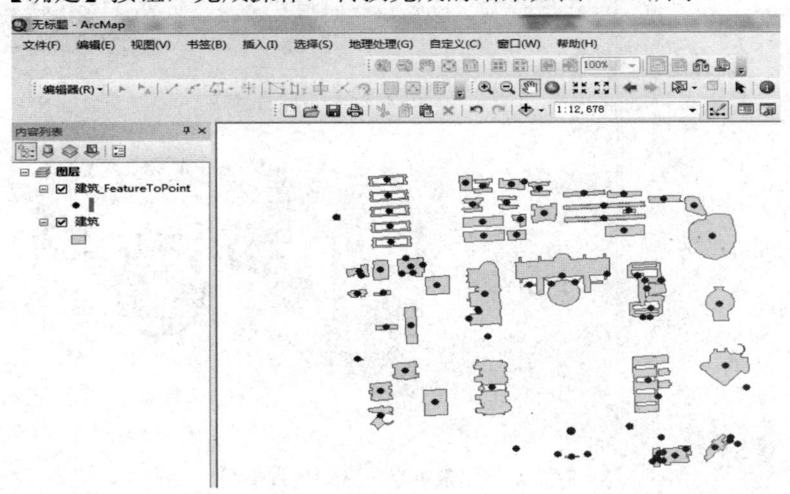

图 7.29　转换结果

2）要素折点转点

实例：将"…\第七章\数据转换\几何类型转换\转换成点数据类型\数据"路径下的"建筑.shp"面数据转换为点数据（模拟由宗地面生成界址点）。这里主要介绍 ArcToolbox 工具箱中【要素折点转点】工具的使用方法，实现面数据到点数据的转换。操作步骤如下。

（1）打开 ArcMap，添加"建筑.shp"数据。

（2）在 ArcToolbox 工具箱中双击【数据管理工具】→【要素】→【要素折点转点】，如图 7.30 所示，弹出【要素折点转点】对话框，如图 7.31 所示。

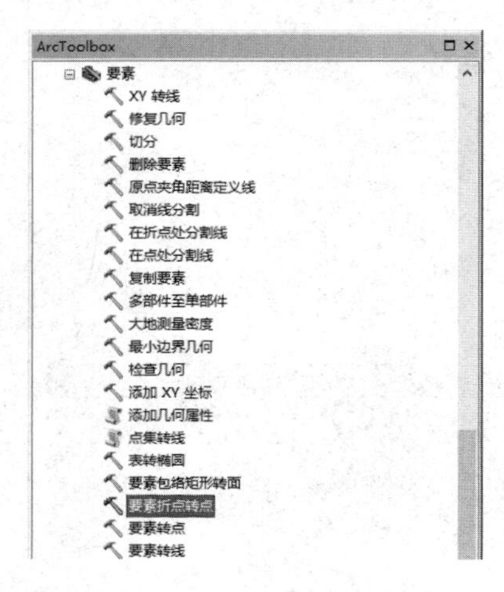

图 7.30 【要素折点转点】工具

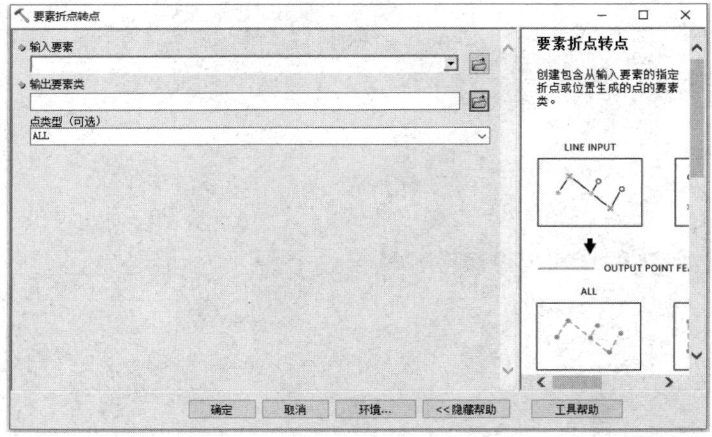

图 7.31 【要素折点转点】对话框

（3）在【输入要素】下拉列表中选择"建筑"数据；【输出要素类】文本框中指定输出要素保存的路径和名称；在【点类型（可选）】下拉列表中选择"ALL"。

（4）单击【确定】按钮，效果如图 7.32 所示。

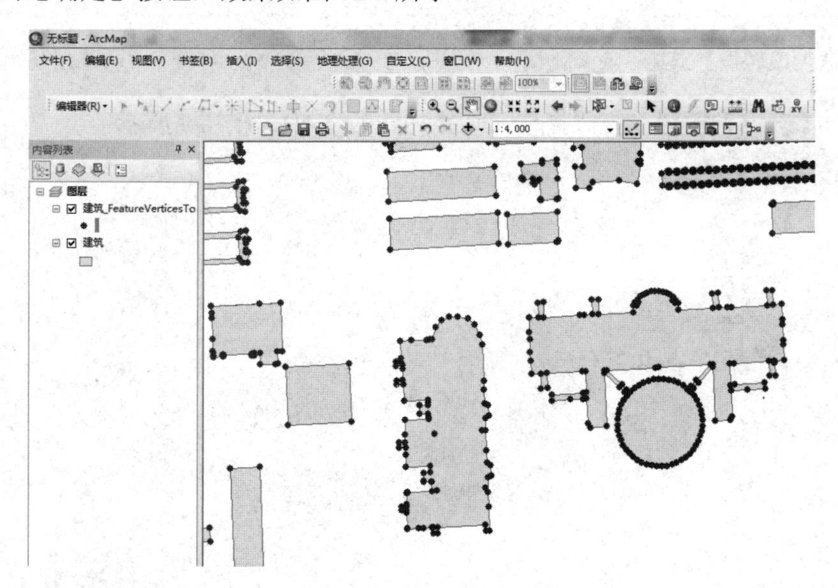

图 7.32 要素折点转点转换效果图

2．转换成线数据

1）要素转线

实例：将“…\第七章\数据转换\几何类型转换\转换成线数据类型\数据”路径下的“大河、湖泊.shp”面数据转换为线数据。这里主要介绍 ArcToolbox 工具箱中【要素转线】工具的使用方法，实现面数据到线数据的转换。操作步骤如下。

（1）打开 ArcMap，添加“大河、湖泊.shp”数据。

（2）在 ArcToolbox 工具箱中双击【数据管理工具】→【要素】→【要素转线】，如图 7.33 所示，弹出【要素转线】对话框，如图 7.34 所示。

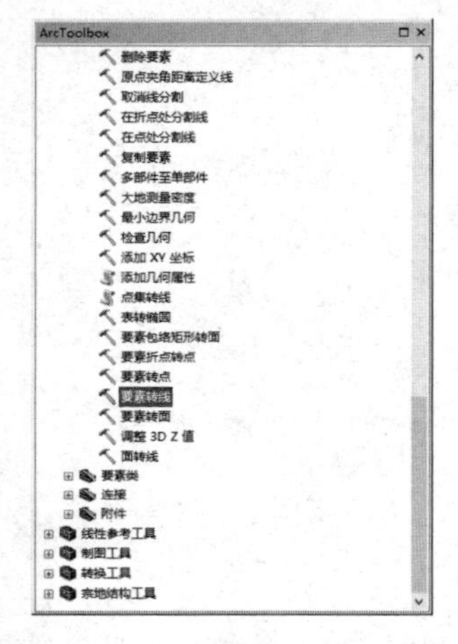

图 7.33 【要素转线】工具

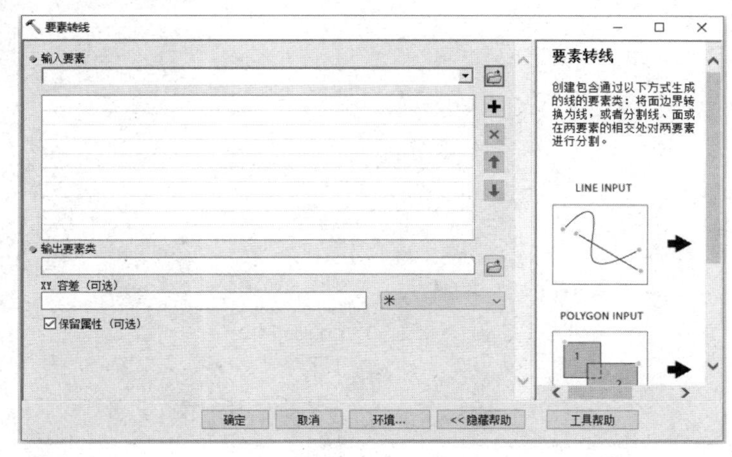

图 7.34 【要素转线】对话框

（3）在【输入要素】下拉列表中选择“大河、湖泊”数据，在【输出要素类】文本框中指定输出要素保存的路径和名称，并勾选【保留属性】。

（4）单击【确定】按钮，完成操作。

2）面转线

（1）打开 ArcMap，添加“大河、湖泊.shp”数据。

（2）在 ArcToolbox 工具箱中双击【数据管理工具】→【要素】→【面转线】，弹出【面转线】对话框，如图 7.35 所示。

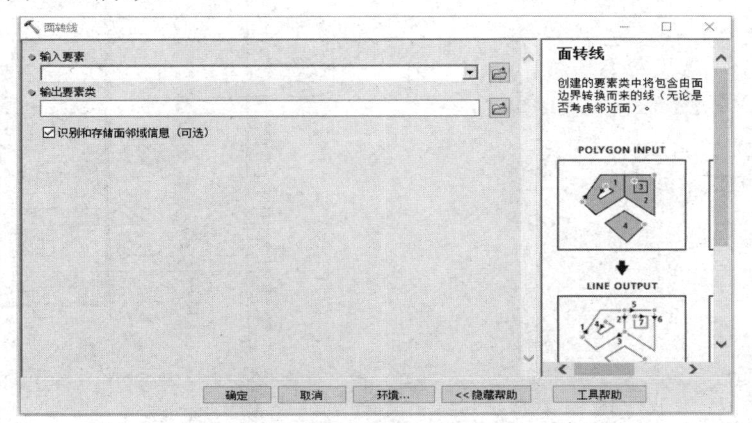

图 7.35 【面转线】对话框

（3）在【输入要素】下拉列表中选择“大河、湖泊”数据，在【输出要素类】文本框中指定输出要素保存的路径和名称。

（4）单击【确定】按钮，完成操作，转换结果如图 7.36 所示。

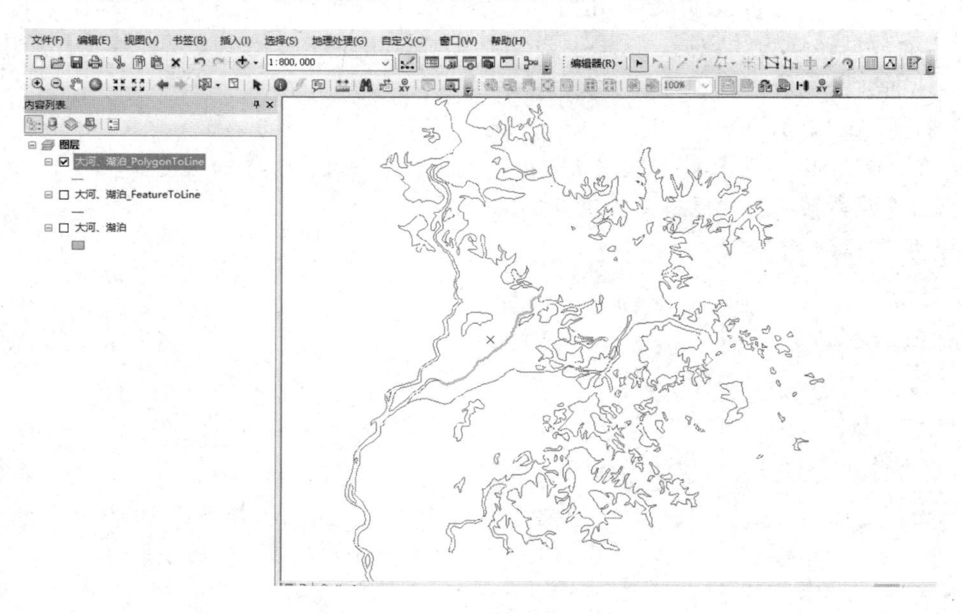

图 7.36 转换结果

注意：要素转线和面转线两种方法均是针对将面数据转换为线数据的，两种方法操作结果相似，但是属性表会有区别，如图 7.37 和图 7.38 所示。当输入要素包含相邻面时，在使用面转线方法的输出结果中，将记录以该折线为共享边线的左、右面要素的 ID 号。

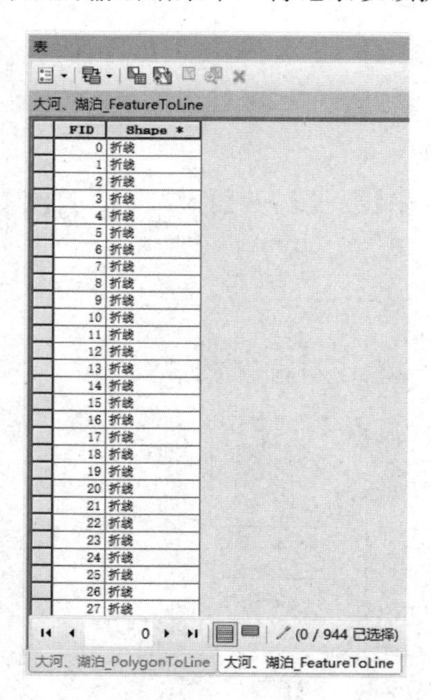

表

大河、湖泊_FeatureToLine

FID	Shape *
0	折线
1	折线
2	折线
3	折线
4	折线
5	折线
6	折线
7	折线
8	折线
9	折线
10	折线
11	折线
12	折线
13	折线
14	折线
15	折线
16	折线
17	折线
18	折线
19	折线
20	折线
21	折线
22	折线
23	折线
24	折线
25	折线
26	折线
27	折线

0 (0 / 944 已选择)

大河、湖泊_PolygonToLine 大河、湖泊_FeatureToLine

图 7.37 【要素转线】工具生成的要素的属性表

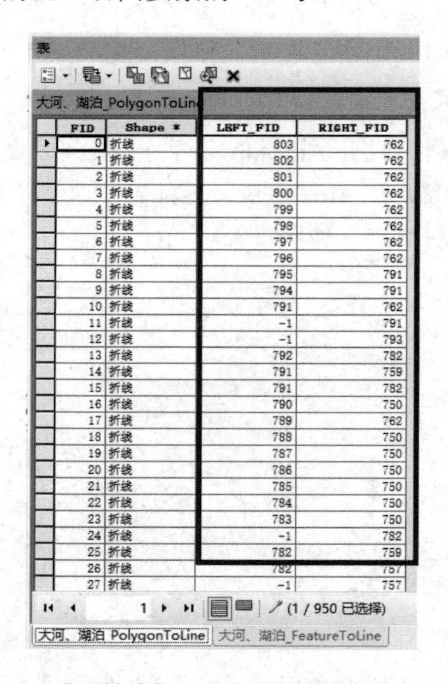

表

大河、湖泊_PolygonToLine

FID	Shape *	LEFT_FID	RIGHT_FID
0	折线	803	762
1	折线	802	762
2	折线	801	762
3	折线	800	762
4	折线	799	762
5	折线	798	762
6	折线	797	762
7	折线	796	762
8	折线	795	791
9	折线	794	791
10	折线	791	762
11	折线	-1	791
12	折线	-1	793
13	折线	792	782
14	折线	791	759
15	折线	791	782
16	折线	790	750
17	折线	789	762
18	折线	788	750
19	折线	787	750
20	折线	786	750
21	折线	785	750
22	折线	784	750
23	折线	783	750
24	折线	-1	782
25	折线	782	759
26	折线	782	757
27	折线	-1	757

1 (1 / 950 已选择)

大河、湖泊_PolygonToLine 大河、湖泊_FeatureToLine

图 7.38 【面转线】工具生成的要素的属性表

3. 转换成面数据

实例：将“…\第七章\数据转换\几何类型转换\转换成面数据类型\数据\”路径下的“roadline.shp”线数据转换为面数据，读者通过该实例可了解和掌握 ArcToolbox 工具箱中【要素转面】工具的使用方法。操作步骤如下。

（1）打开 ArcMap，添加“roadline.shp”数据，如图 7.39 所示。

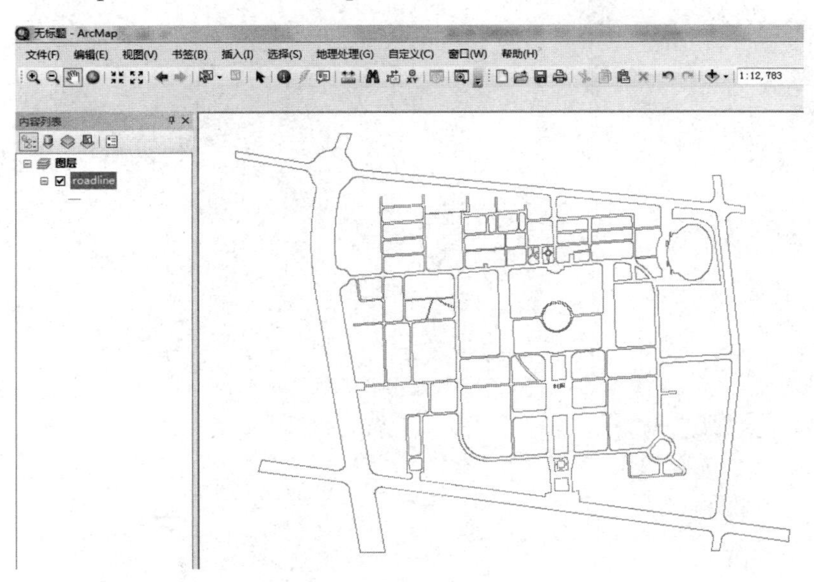

图 7.39　添加数据

（2）在 ArcToolbox 工具箱中双击【数据管理】→【要素】→【要素转面】，弹出【要素转面】对话框，如图 7.40 所示。

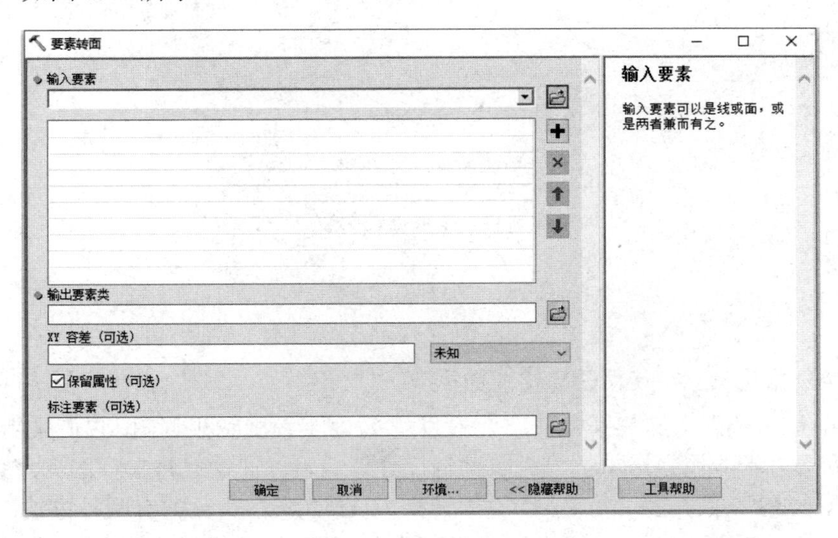

图 7.40 【要素转面】对话框

（3）在【输入要素】下拉列表中选择“roadline”数据，在【输出要素类】文本框中指定输出要素保存的路径和名称，勾选【保留属性（可选）】选项。

（4）单击【确定】按钮，完成操作，转换完成的结果如图 7.41（a）所示，最终经过删除部分非道路要素处理后的面数据如图 7.41（b）所示。

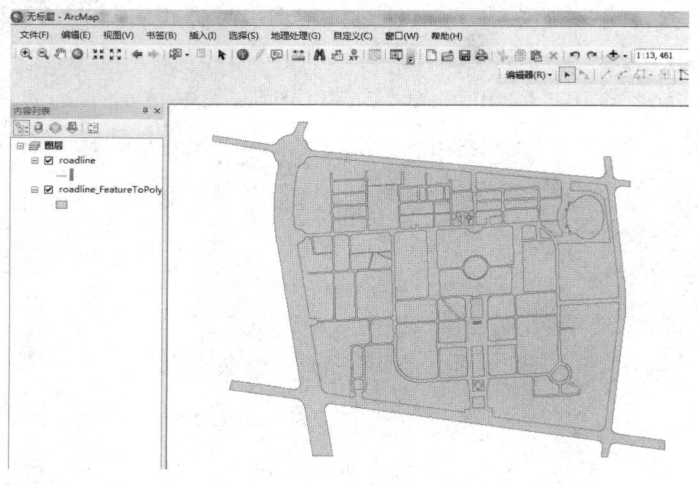

（a）要素转面结果

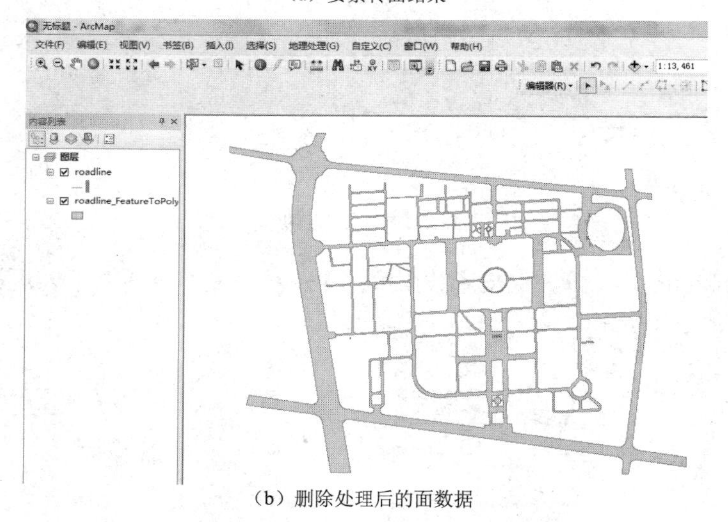

（b）删除处理后的面数据

图 7.41　线数据转面数据

7.4.2　格式转换

1．将 CAD 数据转换为 ArcGIS 格式数据

CAD 数据是一种常用的数据类型，例如，大多数的工程图和规划图，它们采用 CAD 数据。在很多情况下，为了能在 ArcGIS 中对数据进行处理编辑，往往要将工程图和规划图的 CAD 数据转化为 ArcGIS 格式数据。将 CAD 数据转换为 ArcGIS 格式数据有两种方法：一是在地理数据库中直接导入 CAD 数据，二是将 CAD 数据导出到地理数据库中。

1）方法一

（1）打开 ArcCatalog，在左侧的【目录树】展开“…\第七章\数据转换\格式转换\将 CAD

数据转换为 ArcGIS 格式数据\数据”路径下的“山东理工大学地形图完整图.dwg”数据，右击“将 CAD 数据转换为 ArcGIS 格式数据”文件夹，在弹出的菜单中单击【新建】→【文件地理数据库（O）】，在目录树中生成一个文件地理数据库，命名为“山东理工大学”，如图 7.42 所示。

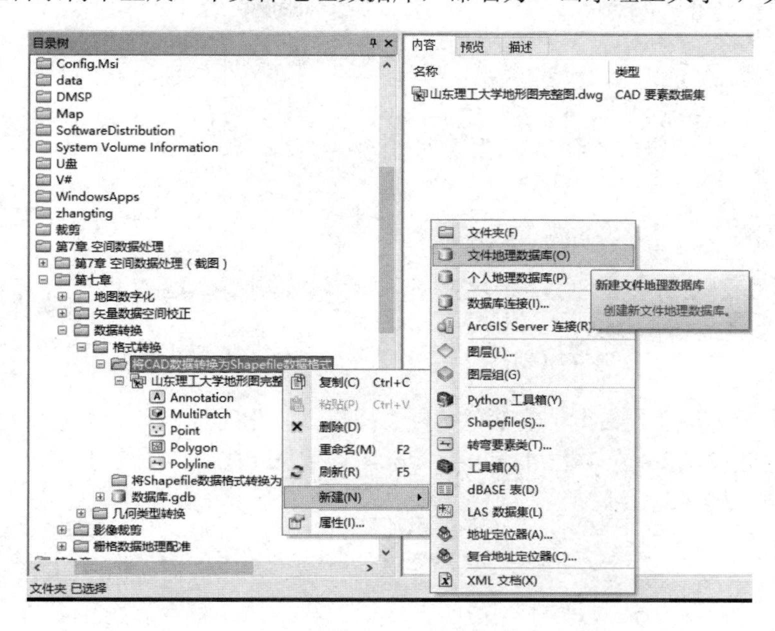

图 7.42　生成文件地理数据库

然后右击“山东理工大学.gdb”，在弹出的菜单中单击【新建】→【要素数据集】，在目录树中生成一个要素数据集，命名为“山东理工大学”，如图 7.43 所示。

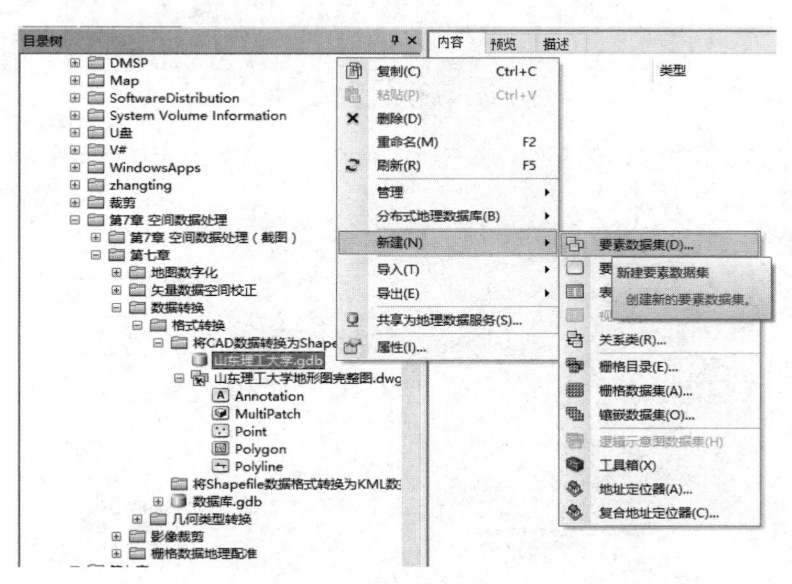

图 7.43　使用要素数据集工具

（2）右击“山东理工大学”要素数据集，在弹出的菜单中单击【导入】→【要素类（多个）】，弹出【要素类至地理数据框（批量）】对话框，如图 7.44 所示。

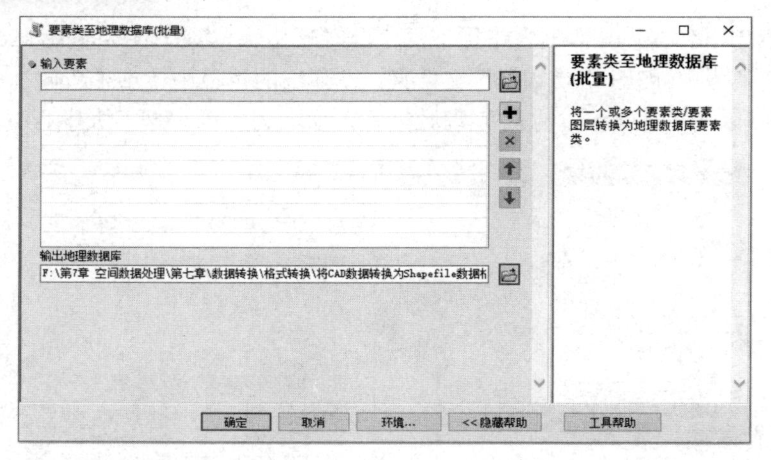

图 7.44 【要素类至地理数据库（批量）】对话框

（3）单击【输入要素】文本框右侧的【】按钮，弹出【输入要素】对话框，添加“山东理工大学地形图完整图.dwg”文件，包括“Point”、“MultiPatch”、“Polygon”、“Polyline”和“Annotation”，如图 7.45 所示。

图 7.45 【输入要素】对话框

（4）单击【添加】按钮，在【要素类至地理数据库（批量）】对话框中单击【确定】按钮，最终的转换效果如图 7.46 所示。

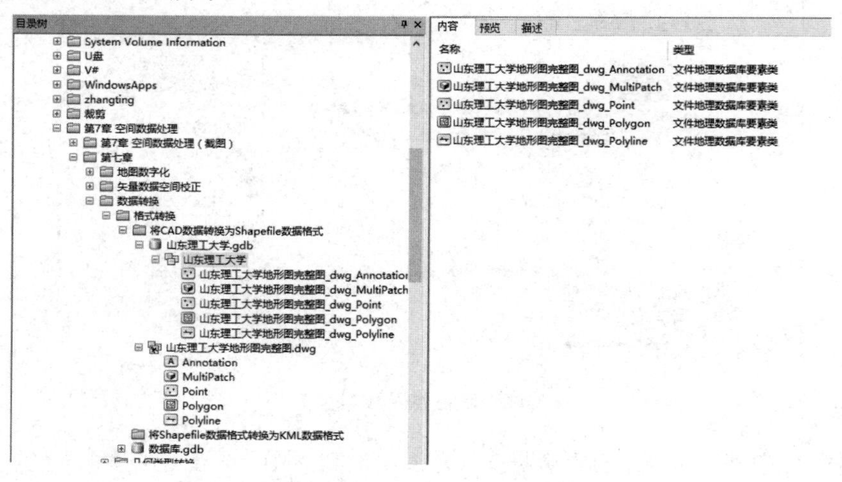

图 7.46 转换为 Shapefile 数据格式

（5）将转换后的数据添加到 ArcMap 中，效果如图 7.47 所示，并可以对转化好的数据用编辑器进行编辑。

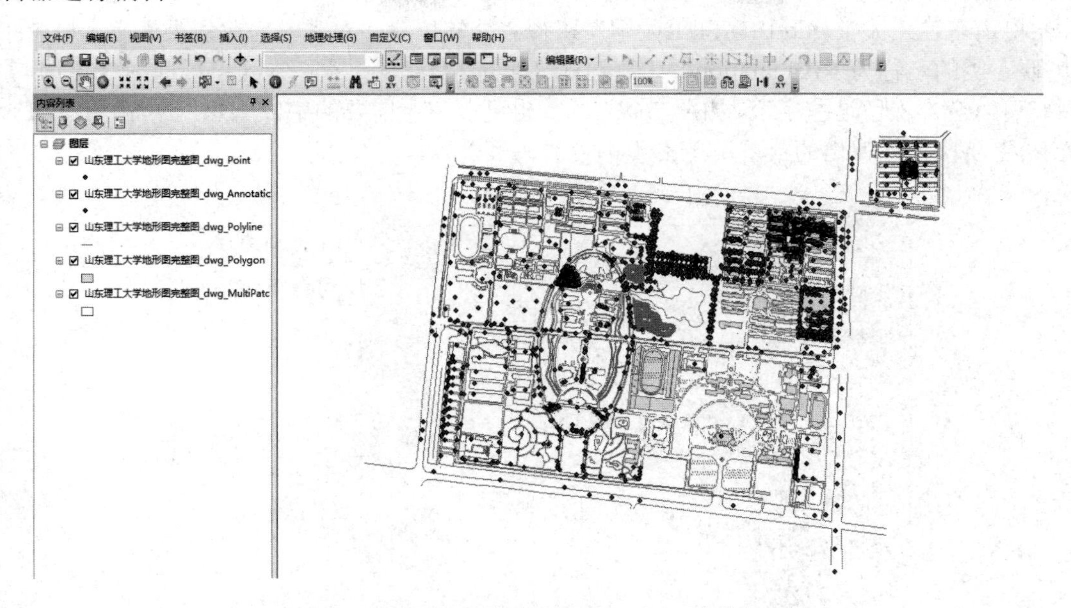

图 7.47　将转换后的数据添加到 ArcMap 中的效果图

2）*方法二*

（1）同方法一的步骤（1）。

（2）在目录树中选择“山东理工大学在弹出的地形图完整图.dwg”数据的“Annotation”（CAD 注记要素类），右击“Annotation”，在弹出的菜单中单击【导出】→【转出至地理数据库（单个）】，如图 7.48 所示。

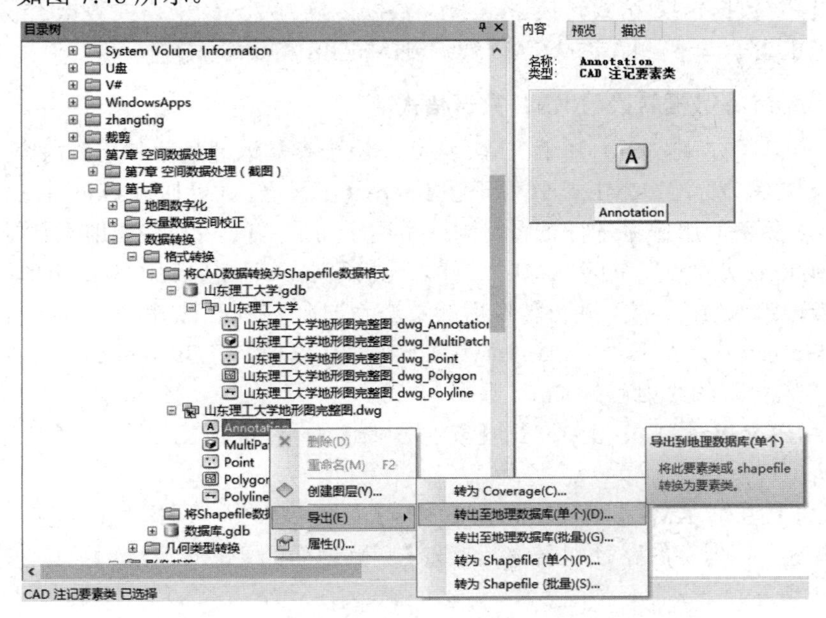

图 7.48　CAD 数据导出到地理数据库

（3）弹出【要素类至要素类】对话框。单击【输出位置】文本框右侧的【📂】按钮，弹出【输出位置】对话框，选择“…\第七章\数据转换\格式转换\将 CAD 数据转换为 ArcGIS 格式数据\结果\山东理工大学.gdb\山东理工大学”路径为存储位置；在【输出要素类】文本框中指定输出要素类的名称为“Annotation”；【表达式（可选）】默认为空；在【字段映射（可选）】区域中，可以全部保留这些字段，如图 7.49 所示，也可以将不需要的字段删除，例如，右击“Entity（文本）”字段，在弹出的菜单中单击【删除】即可。

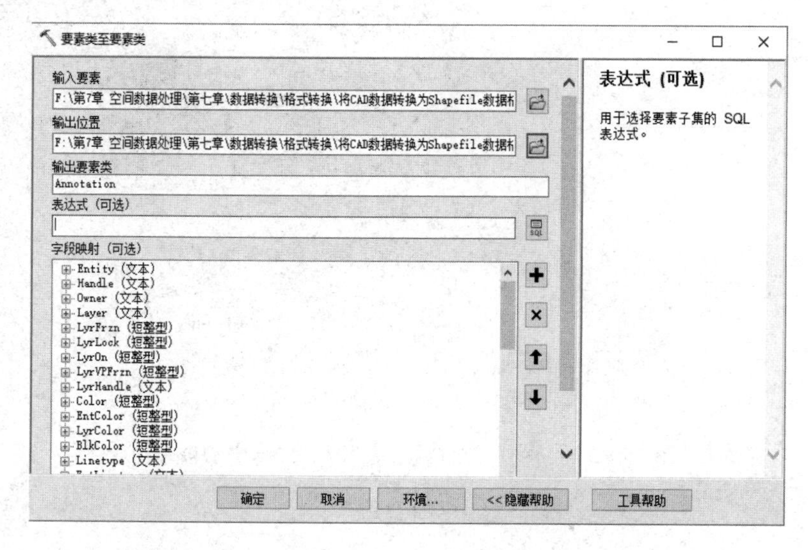

图 7.49 【要素类至要素类】对话框

（4）单击【确定】按钮。

（5）重复步骤（2）、（3）、（4），将“Point”、“MultiPatch”、“Polygon”和“Polyline”导出到“…\第七章\数据转换\格式转换\将 CAD 数据转换为 ArcGIS 格式数据\结果\山东理工大学.gdb\山东理工大学”下，即完成 CAD 数据到 ArcGIS 格式数据转换。

2. 将 Shapefile 数据转换为 KML 数据格式

Keyhole 标记语言（KML）基于 XML 格式，用于存储地理数据和相关内容，是一种开放地理空间联盟（OGC）标准。KML 格式便于在 Internet 上发布，并可通过 Google Earth 和 ArcGIS Explorer 等许多免费应用程序进行查看，因此常用于与非 GIS 用户共享地理数据。KML 文件通常以.kml 或.kmz（表示压缩的 KML 文件）为后缀名。下面的例子将说明如何将 Shapefile 格式的数据转换为 KML 格式，并将转换后的数据添加在 Google Earth 中显示。操作步骤如下。

（1）在 ArcMap 中，打开“…\第七章\数据转换\格式转换\将 Shapefile 数据转换为 KML 数据格式\数据”路径下的“山东省.shp”数据。

（2）在 ArcToolbox 工具箱中双击【转换工具】→【转为 KML】→【图层转 KML】，如图 7.50 所示。

（3）弹出【图层转 KML】对话框，在【图层】下拉列表中，选择“山东省”数据；在【输出文件】中指定文件保存的路径和名称；勾选【紧贴地面的要素（可选）】；其他项选择默认设置，如图 7.51 所示。

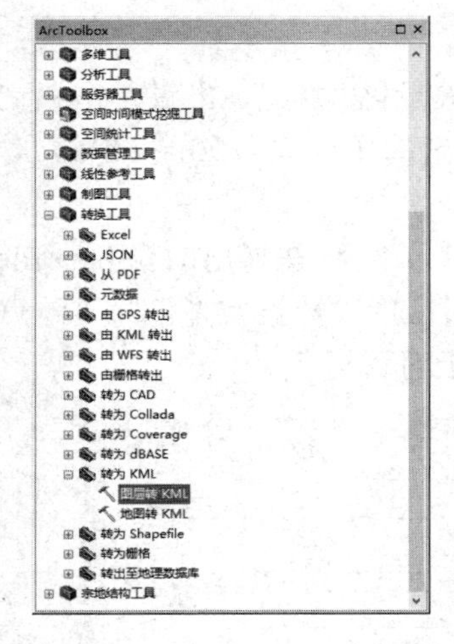

图 7.50 【图层转 KML】工具

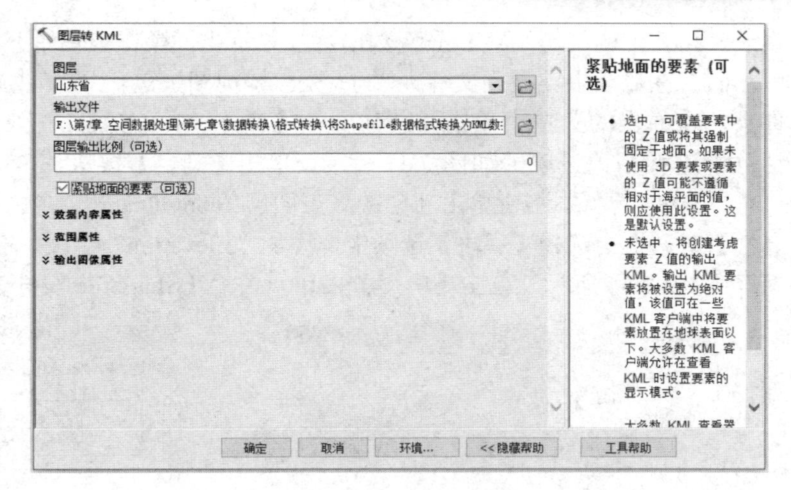

图 7.51 【图层转 KML】对话框

（4）单击【确定】按钮，即可将 Shapefile 格式的数据转换为 KML 格式。

（5）在保存的路径中找到已转换的“山东省_LayerToKML.kmz”数据，右击该数据，在弹出的菜单中单击【打开方式】，选择用 Google Earth 打开该数据，“山东省_LayerToKML.kmz”数据就被加载到 Google Earth 上了。

7.5 地图矢量化

地图矢量化是获取地理数据的重要方式之一。所谓地图矢量化，就是把栅格数据转换成矢量数据的处理过程。ArcScan 是 ArcGIS Desktop 的扩展模块，是栅格数据矢量化的工具集，利用这些工具可以创建要素，将栅格影像矢量化为 Shapefile 格式数据或地理数据库要素类；它还提供简单的栅格编辑工具，可以在进行批量矢量化前，擦除和填充栅格区域，以提高处理效率，减少后续处理的工作量。ArcScan 的正常使用有四个前提条件。

（1）ArcScan 扩展模块必须被激活。在 ArcMap 中，单击主菜单栏中【自定义】→【扩展模块】，如图 7.52 所示，弹出【扩展模块】对话框，勾选【ArcScan】复选框，单击【关闭】按钮，ArcScan 扩展模块被激活。

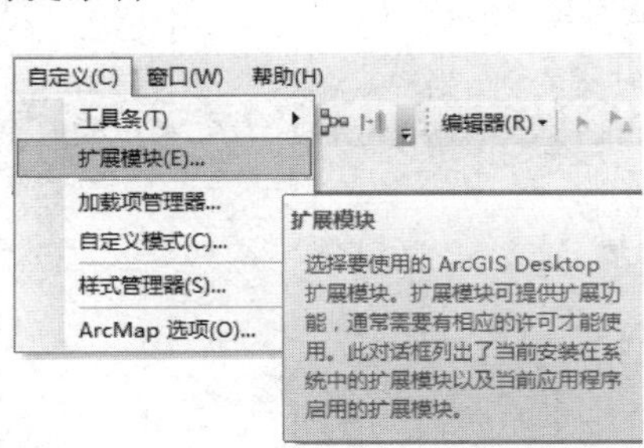

图 7.52 【扩展模块】菜单

（2）ArcMap 中添加了至少一个栅格数据图层和至少一个对应的矢量数据图层，这是为了将变换后的矢量化数据输出结果保存到 Shapefile 格式文件或地理数据库要素类文件。

（3）栅格数据要进行二值化处理。在数字图像处理中，二值图像占有非常重要的地位，图像的二值化有利于图像的进一步处理，使图像变得简单，而且数据量很小，能凸显出感兴趣的目标的轮廓。

（4）必须在【编辑器】中启动【开始编辑】。

7.5.1 等高线矢量化

实例：利用 ArcScan、地图编辑等工具对“…\第七章\地图矢量化\等高线矢量化\数据\等

高线”路径下的“等高线.bmp”数据进行矢量化。操作步骤如下。

（1）在目录中连接到文件夹“…\第七章\地图矢量化\等高线矢量化\数据”，右键单击该文件夹，在弹出的菜单中单击【新建】→【Shapefile（S）】，在弹出的【创建新 Shapefile】对话框中进行相关设置，如图 7.53 所示，单击【确定】按钮。

（2）在目录中，右键单击新建的矢量图层“contour.shp”，单击【属性】，在弹出的【Shapefile 属性】对话框中选择【字段】选项卡，添加“Elevation”字段，对应的“数据类型”为“浮点型”，如图 7.54 所示，单击【应用】按钮，关闭【Shapefile 属性】对话框。

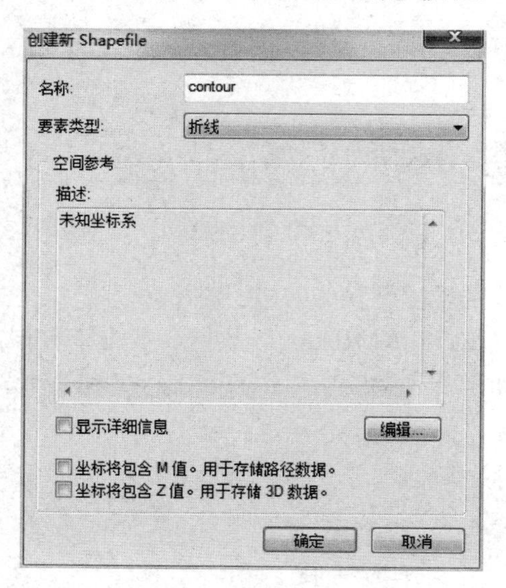

图 7.53 【创建新 Shapefile】对话框

图 7.54 【Shapefile 属性】对话框

（3）打开 ArcMap，添加“等高线.bmp”数据中的 Band_2 数据（在【添加数据】对话框中双击“等高线.bmp”会出现 Band_1、Band_2、Band_3 图层，在此选择“Band_2”进行添加），结果如图 7.55 所示。

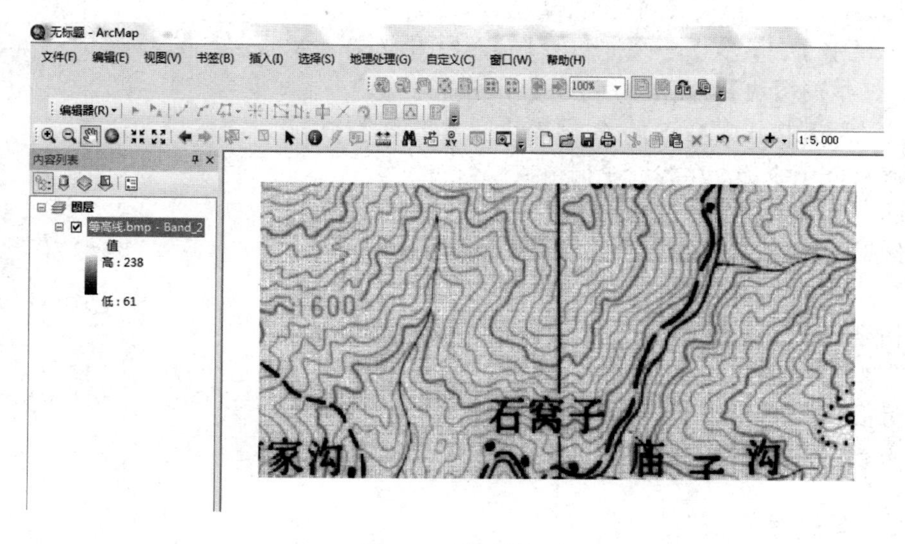

图 7.55 添加数据

（4）为了实现图像的二值化，需要将“等高线.bmp - Band_2”数据导出为“IMAGINE Image”格式。方法如下，在【内容列表】中右键单击“等高线.bmp - Band_2”，在弹出的菜单中选择【数据】→【导出数据】，在弹出的【导出栅格数据】对话框中设置格式、名称及位置等，具体如图 7.56 所示。单击【保存】按钮，并将“等高线.img”图层添加到 ArcMap 中，移除之前的“等高线.bmp - Band_2”图层。

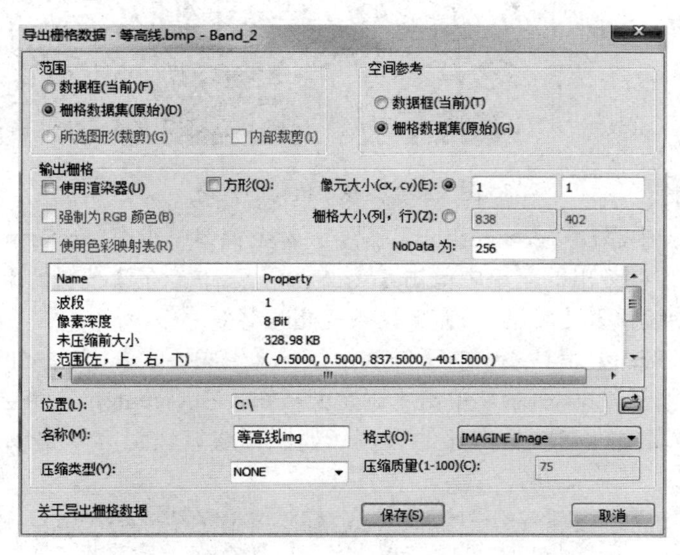

图 7.56　导出栅格数据

（5）对“等高线.img”图层进行二值化处理：右击该图层的属性，在弹出的【图层属性】对话框中选择【符号系统】选项卡，在左侧列表中选择“已分类”，右侧【类别】列表框中选择“2”，单击【分类】按钮，如图 7.57 所示，弹出【分类】对话框，将【中断值】列表框中的第一个数值改为“210”（即使得原图像中灰度小于或等于 210 的像元值归为一类，该值通常需要），然后单击【确定】按钮。在【图层属性】对话框中的【色带】列表框中选择从黑到白变化的色带，单击【确定】按钮。图像二值化后的效果如图 7.58 所示。

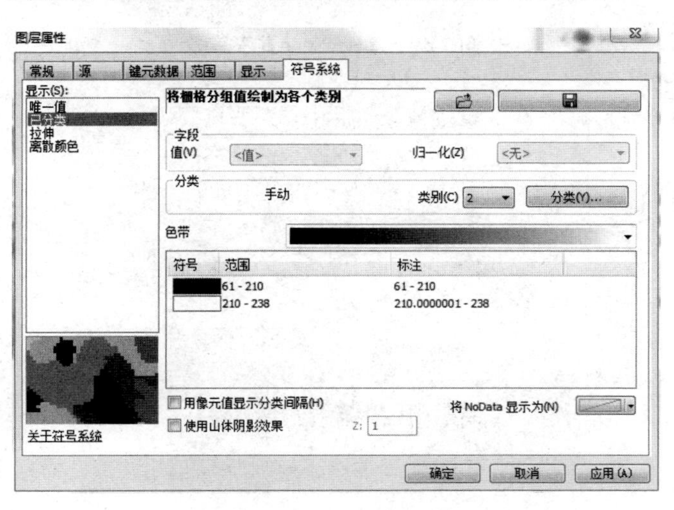

图 7.57　图像二值化

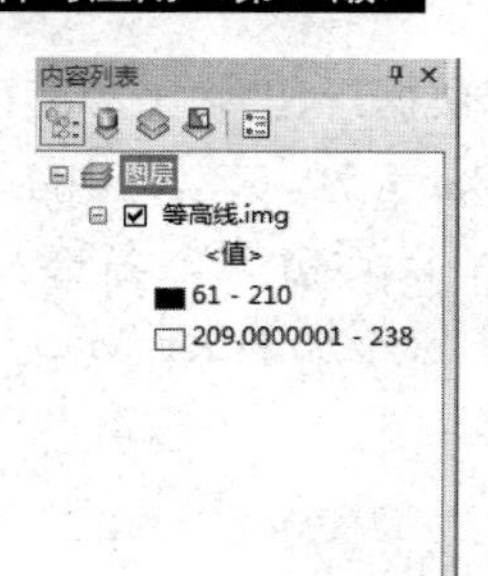

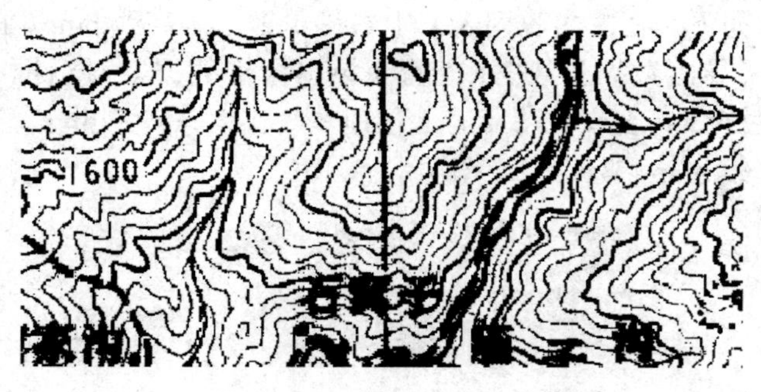

图 7.58　图像二值化的效果

（6）在 ArcMap 中添加“contour.shp”图层。若主窗体中没有 ArcScan 工具条，则右键单击工具条的空白处，在弹出的菜单中单击【ArcScan】菜单。在【编辑器】工具条中单击菜单【编辑器】→【开始编辑】,【ArcScan】工具条变亮时有效。

（7）单击【ArcScan】工具条中的【矢量化】→【生成要素】，如图 7.59 所示，弹出【生成要素】对话框，如图 7.60 所示。单击【确定】按钮，在“contour”图层中会自动生成许多线要素，有些是等高线，有些是由其他噪声（如图幅线、注记等）生成的线要素，效果如图 7.61 所示。

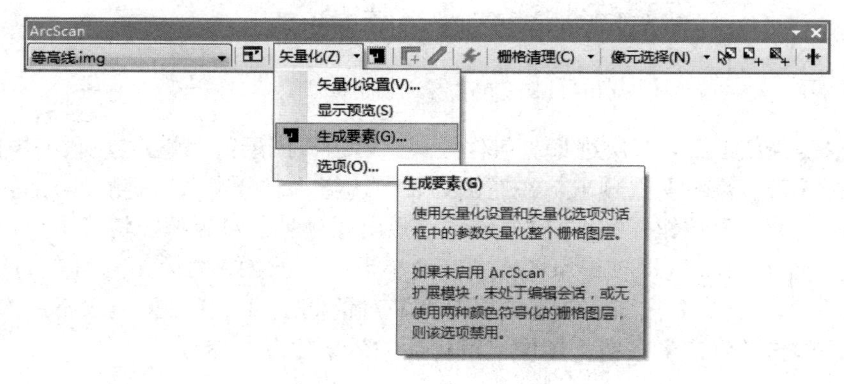

图 7.59　【ArcScan】工具条

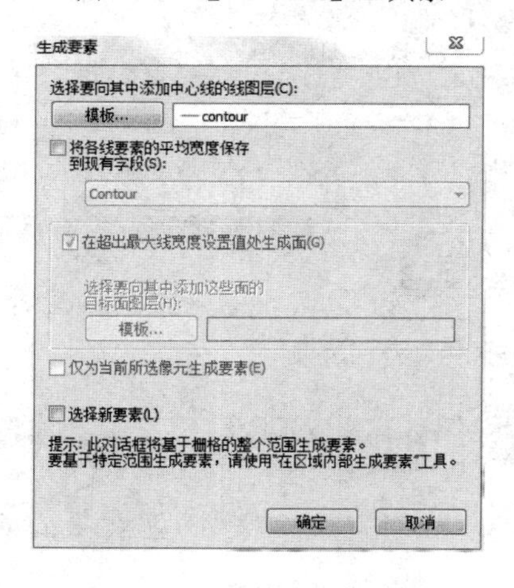

图 7.60 【生成要素】对话框

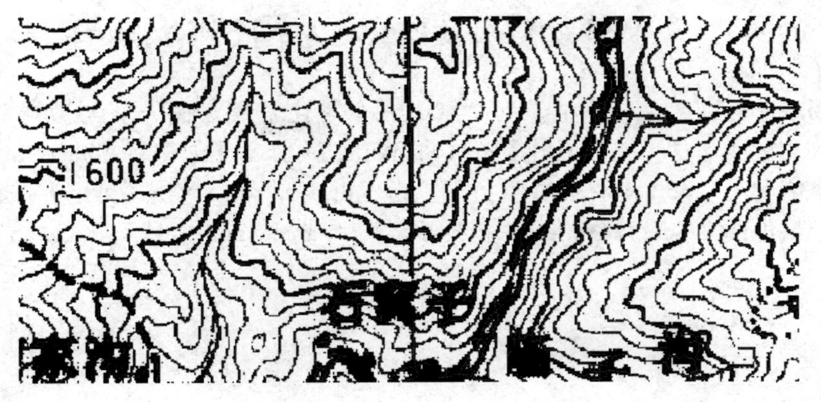

图 7.61　等高线自动矢量化的结果

（8）等高线自动矢量化的结果还存在诸多不足，如生成的很多等高线不完整或断开、注记被矢量化、等高线不光滑以及噪声引起的错误的等高线等，这些还需要人工进行图形编辑、拓扑检查等处理。

（9）在等高线图形处理结果满意后，可对每条等高线赋予高程值。方法如下：选择某条等高线，在【编辑器】工具条中单击【属性】按钮，弹出【属性】对话框，在字段“Elevation”文本框内输入高程值。

（10）检查无误之后，保存编辑内容并停止编辑。部分等高线矢量化及处理后的结果如图 7.62 所示。

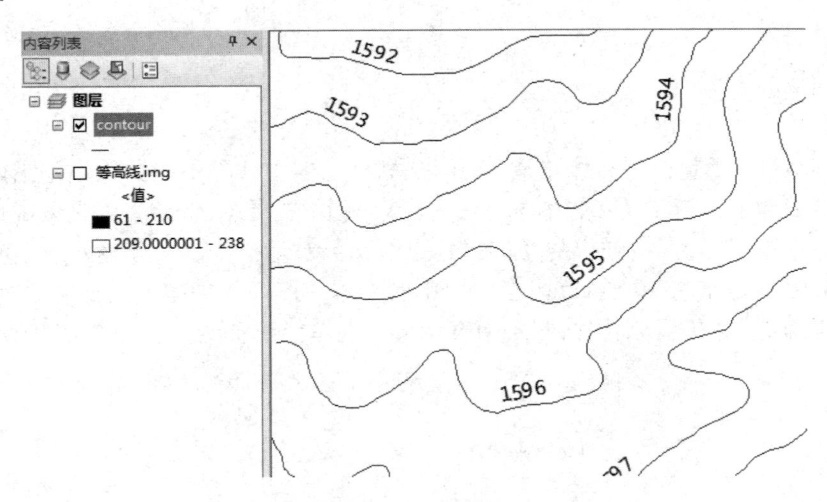

图 7.62　部分等高线矢量化及处理后的结果

注意：【ArcScan】工具条中还提供了矢量化追踪、点间矢量化追踪、形状识别等工具。

7.5.2　宗地全自动矢量化

当栅格地图中各要素不重叠、不相交时，通常可实现栅格地图的全自动矢量化，下面给出实例：利用“…\第七章\地图矢量化\栅格地图矢量化\数据\”路径下的栅格图像“ParcelScan.img”实现宗地块的全自动提取。操作步骤如下。

（1）在 ArcMap 主菜单中单击【自定义】→【工具条】→【ArcScan】，加载【ArcScan】工具条。

（2）在目录中连接到文件夹“…\第七章\地图矢量化\栅格地图矢量化\数据”，右键单击该文件夹，在弹出的菜单中单击【新建】→【Shapefile】，弹出【创建新 Shapefile】对话框，在对话框中设置名称为“parcel”，要素类型设置为“折线”，然后单击【确定】按钮即可。

（3）将栅格地图“ParcelScan.img”和线要素类“parcel.shp”加载到 ArcMap 中，如图 7.63 所示。

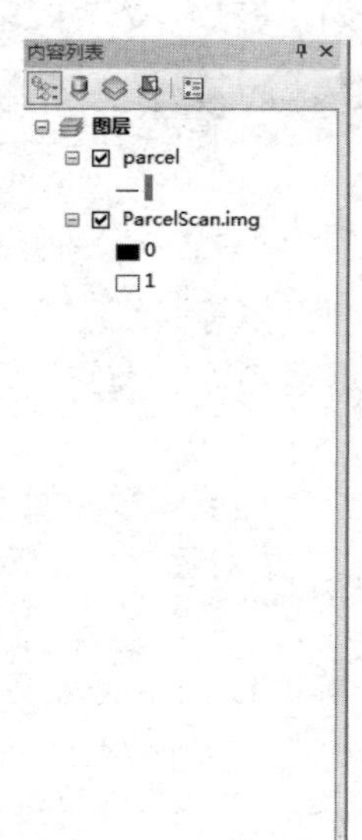

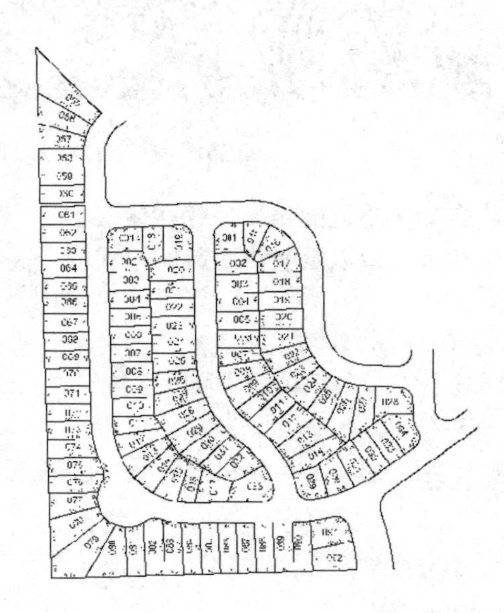

图 7.63　输入数据

（4）在批处理矢量化前进行栅格清理，即从栅格图像中移除不在矢量化范围内的多余像素单元。操作步骤如下：启动【编辑器】→【开始编辑】，在【ArcScan】工具条中单击【像元选择】→【选择相连像元】，在弹出的【选择相连像元】对话框中，在【输入总面积】的文本框中输入值“500”，这将选中表示该栅格图层中的文本（图中的数字）的所有单元，如图 7.64 所示，单击【确定】按钮，则栅格图层中表示文本的单元已被选中，如图 7.65 所示。

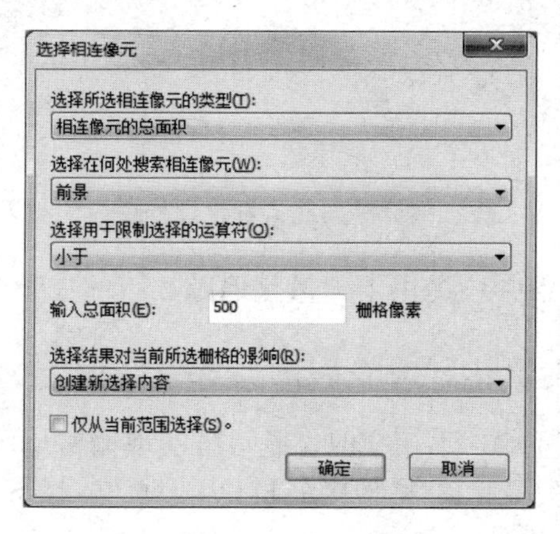

图 7.64　【选择相连像元】对话框

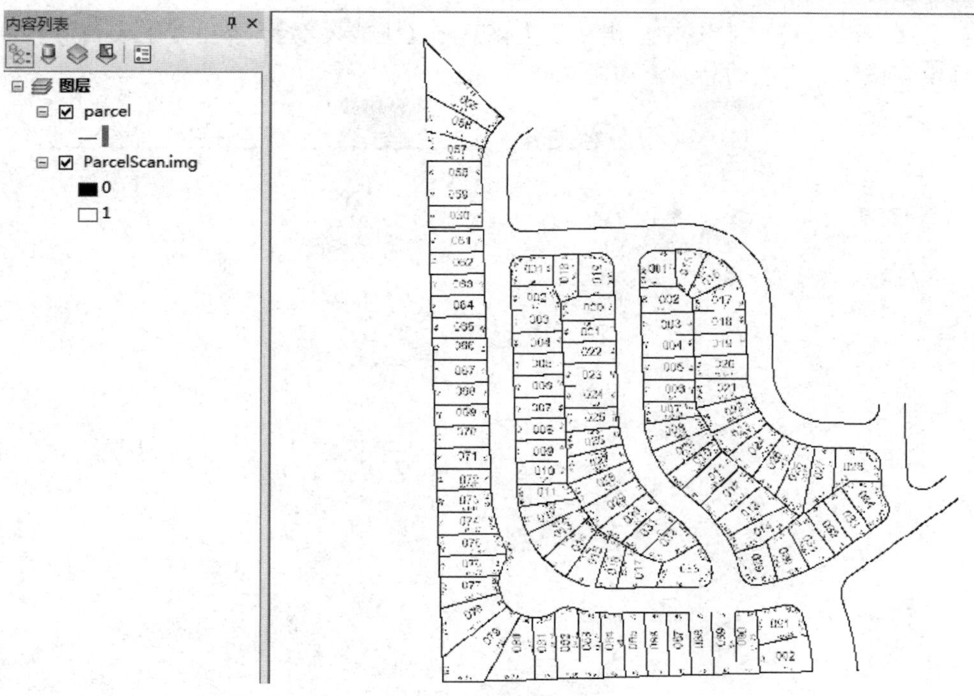

图 7.65　栅格图层中表示文本的单元全被选中

在【ArcScan】工具条中依次单击【栅格清理】→【开始清理】→【擦除所选像元】，则所选像元将被擦除，如图 7.66 所示。

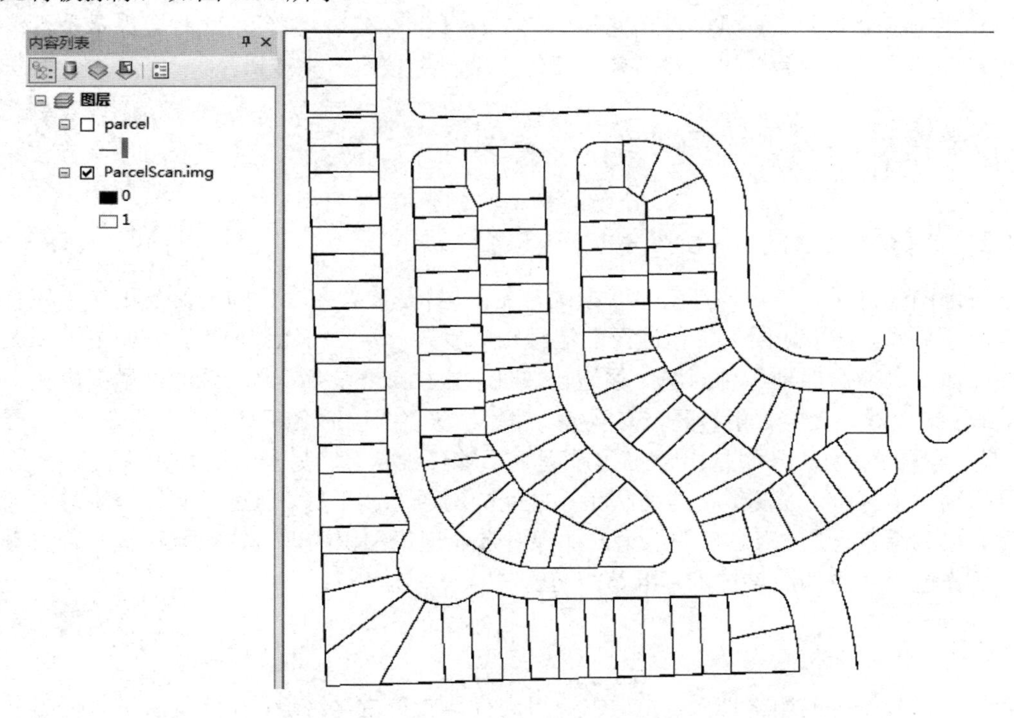

图 7.66　栅格清理结果

（5）在【ArcScan】工具条中单击【矢量化】→【生成要素】，弹出【生成要素】对话框，单击【确定】按钮，生成的新要素如图 7.67 所示。

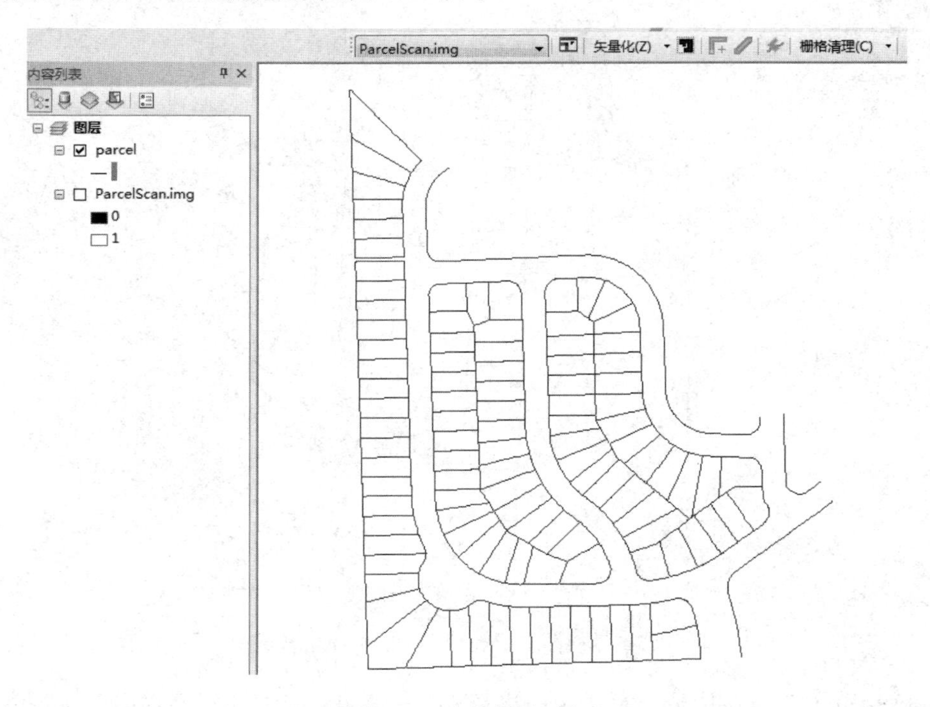

图 7.67　生成的新要素

（6）在【编辑器】工具条中单击【编辑器】→【保存编辑内容】，此时会提示是否保存栅格清理编辑，单击【否】按钮，然后单击【停止编辑】按钮，完成操作。

*7.6　栅格地图矢量化与处理

7.6.1　背景与目的

栅格地图矢量化是采集地理信息数据的常用手段，是读者在今后的学习与工作中极有可能遇到的一项工作。栅格地图矢量化涉及的流程相对复杂，涉及的知识面广，在栅格地图矢量化与处理工作中可能会遇到各种问题，如地物缺失（没画或不完整）、水系边缘呈锯齿状、内部存在小洞、道路线未闭合、相邻区域有重叠、属性缺失、图层命名不规范、字段命名不一致等。造成这些问题的原因一方面是由于工作过程中不够仔细认真，另一方面是由于没有足够重视数据制作要求或标准，以及组员与团队相互之间的沟通协调不好。通过下面综合练习的训练不仅可提升读者综合运用 ArcGIS 的能力，加深对专业理论知识的理解，而且可提高项目分工、管理与协作能力，更加注重技术标准与规范。

7.6.2　任务

老师选择某城区的栅格地图，让学生分组进行地图矢量化。老师在课堂上进行任务分工和技术指导，学生课外完成主要工作。

7.6.3　综合练习实施的主要步骤

步　骤	内　容
1	班级分组，指导老师制订工作要求与标准
2	在全市地图范围按矩形网格划分工作区，各小组负责相应的工作区
3	小组内部任务分工（可按矩形网格划分或按专题图层划分），制订工作流程与标准
4	组员完成各自的内容，由组长督促、检验各成员的工作进展
5	小组内部：检验图层→完善图层→各图层集成
6	抽调组长或相关人员进行小组之间的接边处理，继续完善数据，如消除锯齿、缝隙，补充属性信息等，然后数据检查
7	图层符号化→标注与注记→调整注记显示效果→制图与美化
8	各组撰写工作报告 PPT，进行组答辩与个人答辩，组长与老师联合对成果评价

第8章

GIS 空间分析

空间分析是对地理空间现象的定量研究，其常规能力是操纵空间数据使之成为不同的形式，并且提取其潜在的信息。空间分析是地理信息系统的核心部分，是地理信息系统区别于一般信息系统的本质所在，在地理数据的应用中发挥着举足轻重的作用。从数据模型上看，空间分析可分为矢量数据的空间分析和栅格数据的空间分析两种。

（1）矢量数据的空间分析。

- 缓冲区分析；
- 叠置分析；
- 网络分析；
- 泰森多边形。

（2）栅格数据的空间分析。

- 距离制图；
- 密度制图；
- 像元统计；
- 邻域统计；
- 分区统计；
- 重分类工具；
- 栅格计算。

（3）表面生成与分析。

- 创建表面；
- 表面分析；
- ArcScene 三维可视化。

8.1 矢量数据的空间分析

GIS 不仅能满足使用者对地图的浏览和查看，而且可以解决诸如最近的超市在哪里，周围有哪些商场等有关地理要素空间位置关系的问题，这些都需要用到矢量数据的分析功能。

矢量数据的空间分析是 GIS 空间分析的主要内容之一。由于其具有一定的复杂性和多样性特点，一般不存在模式化的分析处理方法，主要是基于点、线、面三种基本形式。在 ArcGIS 中，矢量数据的空间分析主要集中于缓冲区分析、叠置分析和网络分析。

8.1.1 缓冲区分析

缓冲区是为了识别某一地理实体对周围地物的影响，而在其周围建立的一定宽度多边形区域。缓冲区分析是指以点、线、面实体为基础，自动在其周围一定宽度范围内建立缓冲区多边形图层，然后建立该图层与目标图层的叠加，进行分析而得到所需结果。它是用来确定不同地理要素的空间邻近性或接近程度的一种分析方法。例如，市政部门计划将某条道路拓宽至 60 m，这时需要以道路中心线为基础建立距离为 30 m 的缓冲区，然后分析受到影响的建筑物。下面介绍创建缓冲区的方法并进行相关的分析应用。

1. 使用【编辑器】中的【缓冲区】菜单建立缓冲区

（1）打开“…\第八章\矢量数据的空间分析\缓冲区分析”路径下“缓冲区分析.mxd”文件，在“道路中心线”图层中选择一条道路，效果如图 8.1 所示。

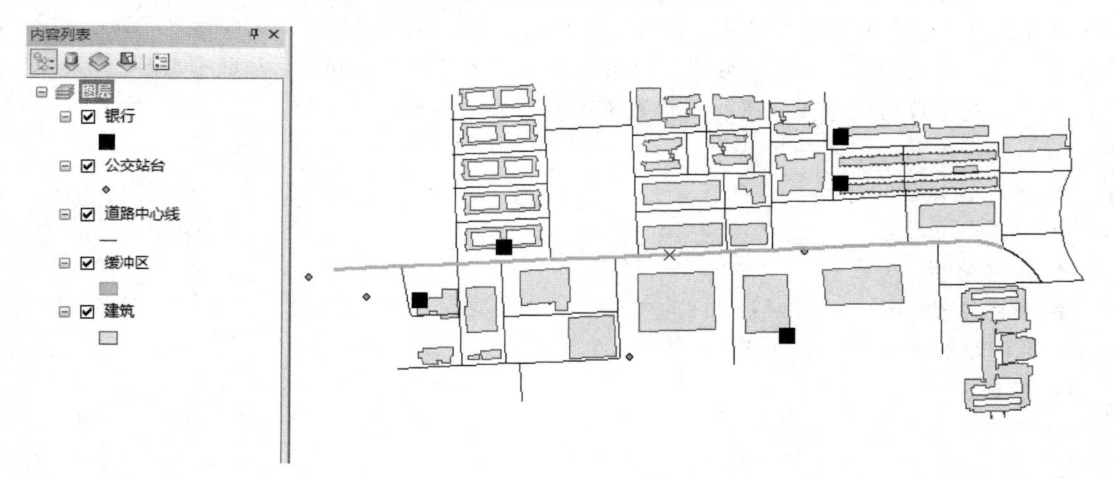

图 8.1 缓冲区分析实验数据

（2）单击【编辑器】工具条中的【编辑器】→【开始编辑】，然后单击【缓冲区】菜单，弹出【缓冲】对话框，单击【模板】按钮，在弹出的【选择要素模板】对话框中选择缓冲区，返回【缓冲】对话框，设置距离为 30，如图 8.2 所示，单击【确定】按钮，在地图显示区显示创建的缓冲区，如图 8.3 所示。

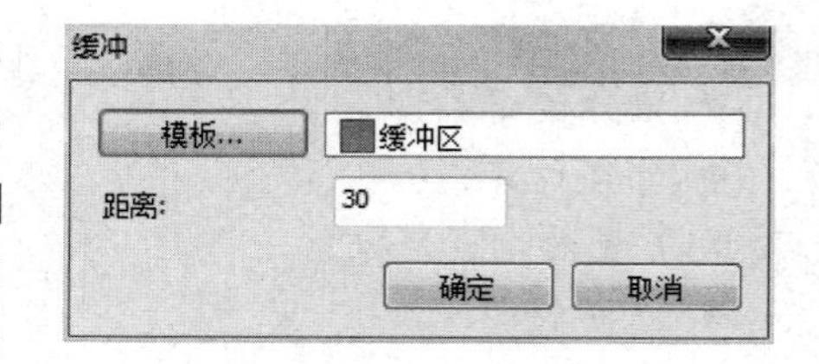

图 8.2 【缓冲】对话框信息设置

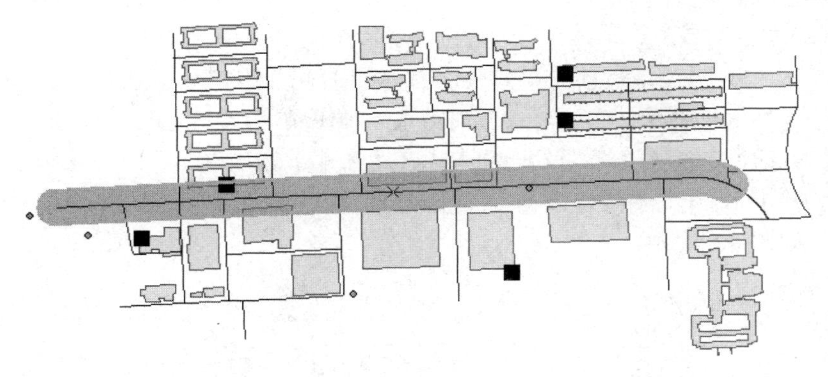

图 8.3　创建的缓冲区

在创建了缓冲区之后，我们便可以利用缓冲区与建筑物进行分析，比如，我们使用空间选择功能查询出哪些建筑与缓冲区相交。具体操作如下。

单击主菜单中的【选择】→【按位置选择】，弹出【按位置选择】对话框，并进行一些信息设置，如图 8.4 所示。单击【确定】按钮，地图中涉及拆迁的建筑物将被选择，如图 8.5 所示。

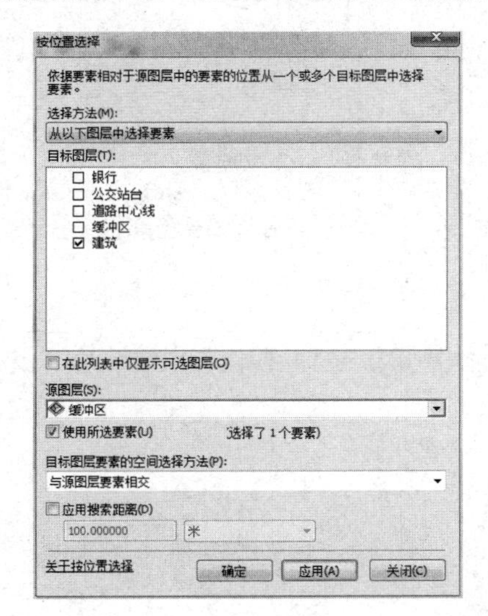

图 8.4 【按位置选择】对话框信息设置

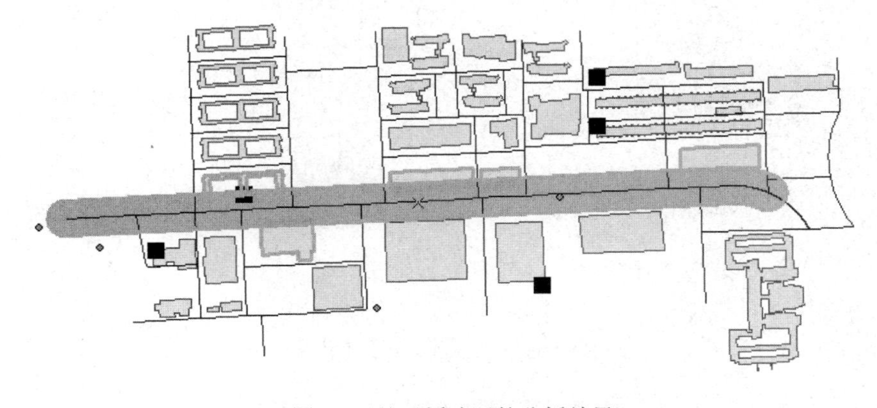

图 8.5　基于缓冲区的分析结果

2. 使用【缓冲区向导】工具建立缓冲区

（1）打开“...\第八章\矢量数据的空间分析\缓冲区分析”路径下“缓冲区分析.mxd”文件。

（2）添加【缓冲区向导】工具：在 ArcMap 窗口中，单击【自定义】→【自定义模式】，弹出【自定义】对话框，选择【命令】选项卡。在【命令】选项卡中，选择【类别】列表中的【工具】；在【命令】列表中选择【缓冲向导】，按住鼠标左键拖动到任意工具条，这里放在【工具】工具条中，如图 8.6 所示。

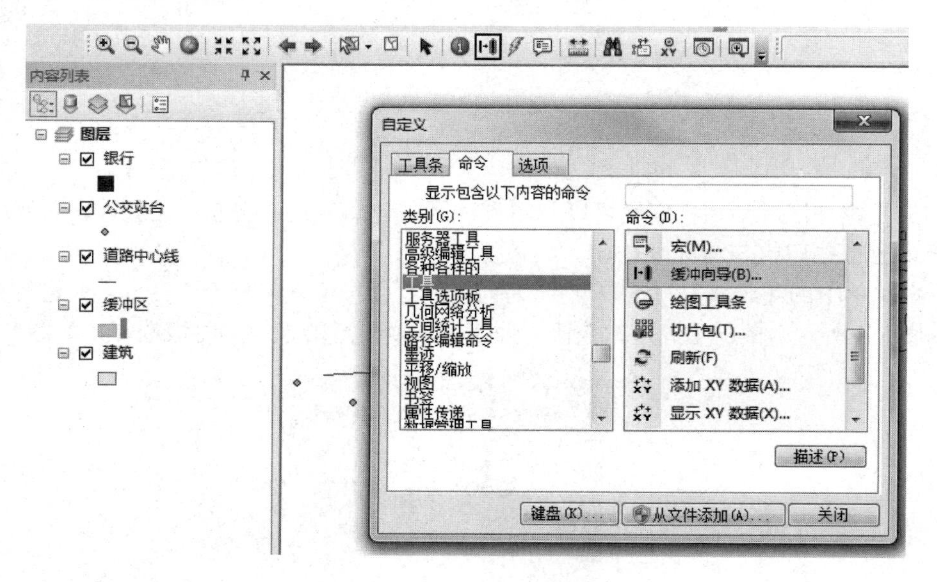

图 8.6　添加【缓冲向导】工具

（3）在工具条中单击【选择要素】按钮，选中待拓宽的道路，如图 8.7 所示。

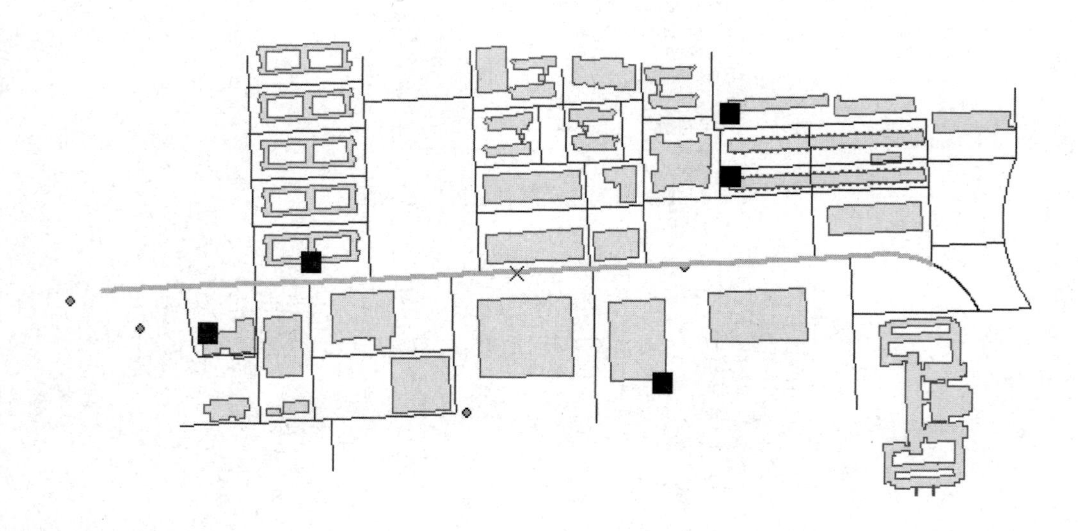

图 8.7　选中要创建缓冲区的道路

（4）单击【工具】工具条中的【缓冲向导】，弹出【缓冲向导】对话框，如图 8.8 所示。选中【图层中的要素】，在下拉列表中选择要建立缓冲区的图层“道路中心线”，勾选【仅使用所选要素】。

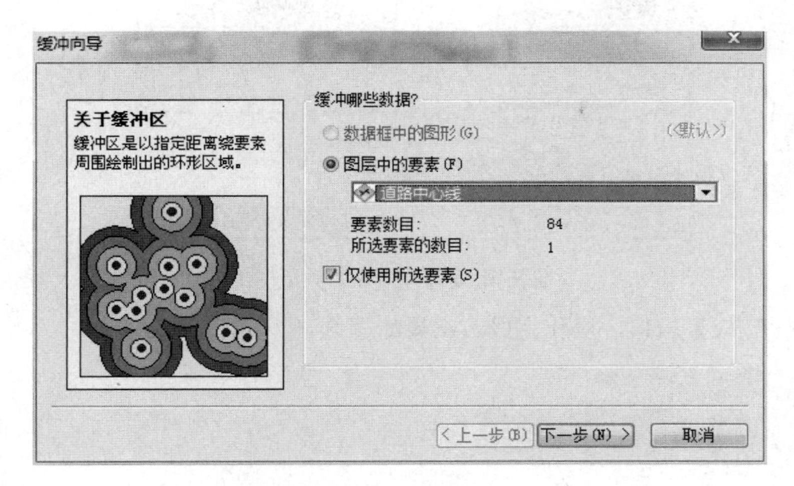

图 8.8 【缓冲向导】对话框 1

（5）单击【下一步】按钮，弹出第二个【缓冲向导】对话框，如图 8.9 所示。

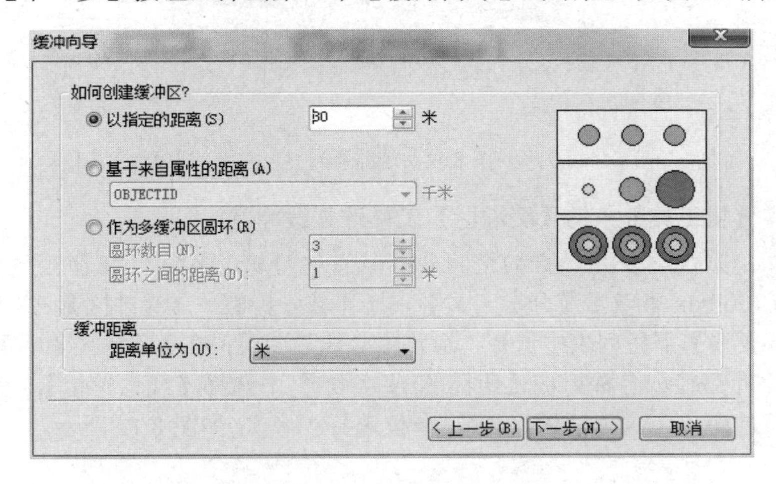

图 8.9 【缓冲向导】对话框 2

在【如何创建缓冲区？】中，有以下三种方式。

- 【以指定的距离】：即输入缓冲距离建立缓冲区。
- 【基于来自属性的距离】：即依据要素中某个字段的值建立缓冲区。
- 【作为多缓冲区圆环】：即建立多级缓冲区。

选中【以指定的距离】选项，设定距离为 30 米。

（6）单击【下一步】按钮，弹出第三个【缓冲向导】对话框。在【融合缓冲区之间的障碍？】中，选择【是】，缓冲区之间重叠的部分就会融合，不显示出边界；选【否】，边界区域不会融合，这里我们选择【是】。选中【保存在新图层中。指定输出 shapefile 或要素类】，并指定输出要素类的保存路径和名称，如图 8.10 所示。

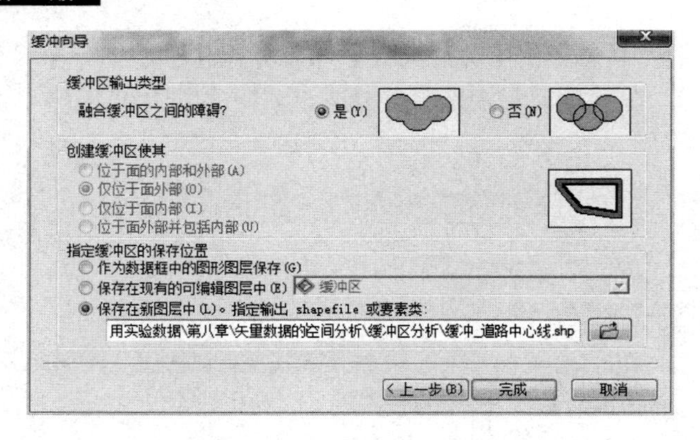

图 8.10 【缓冲向导】对话框 3

（7）单击【完成】按钮，操作完成，结果如图 8.11 所示。

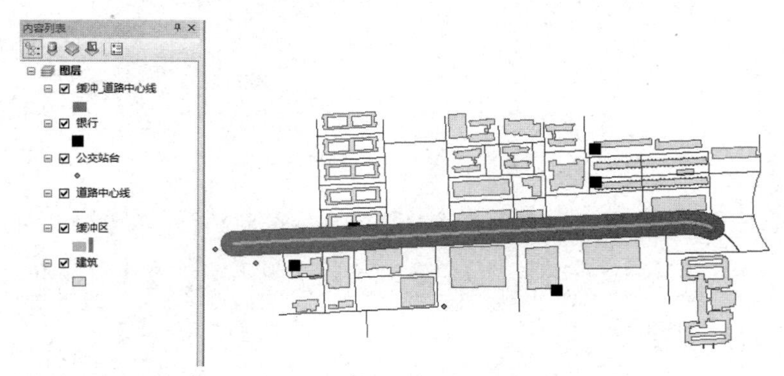

图 8.11 道路缓冲区

*3. 使用【分析工具】中的【缓冲区】工具建立缓冲区

（1）打开“...\第八章\矢量数据的空间分析\缓冲区分析”路径下“缓冲区分析.mxd”文件。

（2）在 ArcToolbox 中双击【分析工具】→【邻域分析】→【缓冲区】，弹出【缓冲区】对话框，在【输入要素】下拉列表中选择“道路中心线”图层；在【输出要素类】文本框中指定输出要素类的保存路径和名称；在【距离[值或字段]】中选择【线性单位】，在文本框中输入一个数值作为缓冲距离，这里输入“30”，单位选择“米”，如图 8.12 所示。

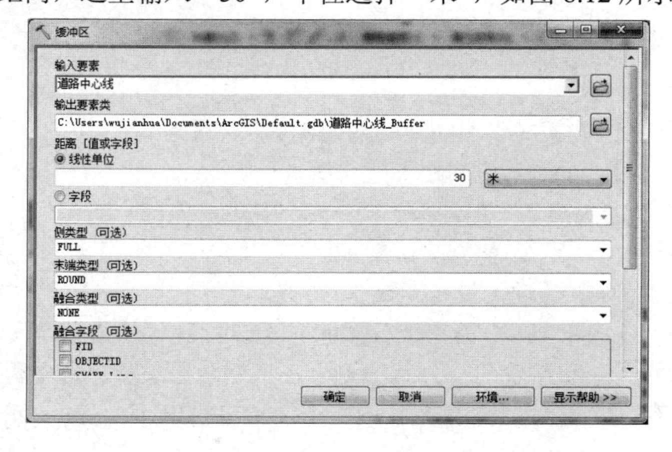

图 8.12 建立缓冲区

在图 8.12 中若选中【字段】并输入要素类的某个属性字段，则每个要素类的缓冲距离等于该要素的这个属性字段的值。

【侧类型（可选）】下有三个选项：FULL、LEFT、RIGHT。

- FULL 指在线两侧建立多边形缓冲区，如果输入的是多边形，也包括其内部区域，默认是此选项。
- LEFT 指在线的拓扑左侧建立缓冲区。
- RIGHT 指在线的拓扑右侧建立缓冲区。

【末端类型（可选）】下有两个选项：ROUND、FLAT。

- ROUND 指在端点处创建半圆缓冲区，默认是该选项。
- FLAT 指在端点处创建矩形缓冲区，此矩形短边的中点与线的端点重合。

【融合类型（可选）】下有三个选项：NONE、ALL、LIST。

- NONE 指不执行融合操作，不管缓冲区之间是否有重合，都完整保留每个要素的缓冲区，默认是该选项。
- ALL 指将所有缓冲区融合成一个要素，去除重合部分，我们选择此选项。
- LIST 指根据给定的字段列表来进行融合，字段值相等的缓冲区才进行融合。

（3）单击【确定】按钮，完成道路中心线缓冲区的创建，如图 8.13 所示。

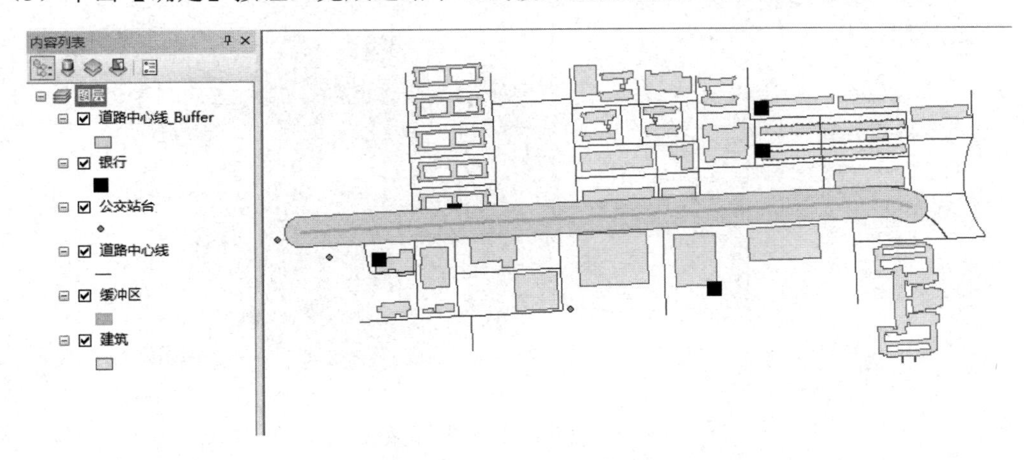

图 8.13　使用【缓冲区】工具建立的缓冲区

4．使用【分析工具】中的【多环缓冲区】工具建立多环缓冲区

在现实世界中，我们有时需要了解某个地理对象周边的其他地理对象或现象的分布情况，比如要查看某公交站点附近的银行网点，这时需要以该公交站点为中心点同时建立多个不同距离（如 100 m、200 m、300 m）的缓冲区，以便探测不同距离范围内是否有银行网点。下面以此为例进行操作说明。

（1）打开“...\第八章\矢量数据的空间分析\缓冲区分析”路径下“缓冲区分析.mxd”文件。

（2）在图上选择某个公交站点。

（3）在 ArcToolbox 中双击【分析工具】→【邻域分析】→【多环缓冲区】，弹出【多环缓冲区】对话框，在【输入要素】下拉列表中选择“公交站台”图层；在【输出要素类】中指定输出要素类的保存路径和名称，依次输入并添加 100、200、300，如图 8.14 所示。

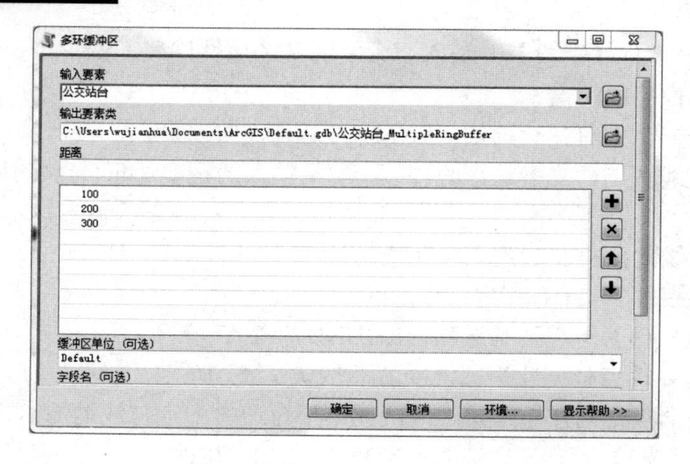

图 8.14 【多环缓冲区】对话框

（4）单击【多环缓冲区】对话框中的【确定】按钮，完成多环缓冲区的创建，不同距离的缓冲区以不同颜色区分，如图 8.15 所示。从图中可以轻易地看出银行网点在缓冲区内的分布情况。

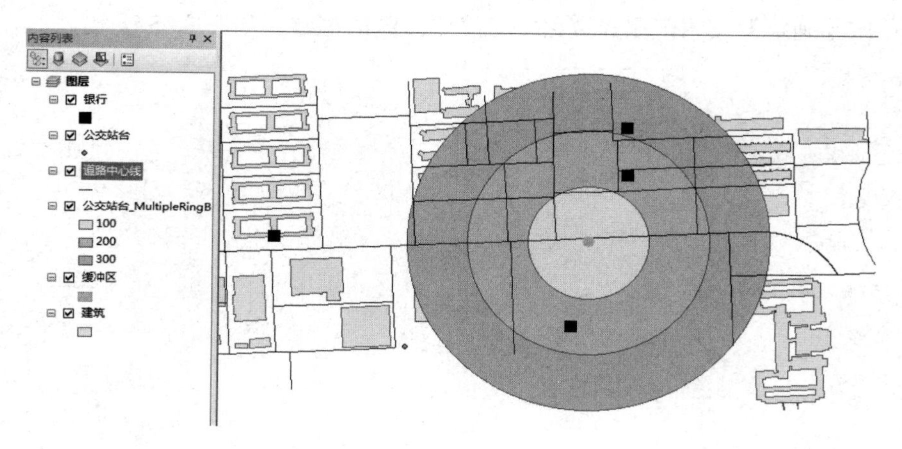

图 8.15 创建的多环缓冲区效果

8.1.2 叠置分析

叠置分析是指在统一的空间坐标系下，通过对包含感兴趣的空间要素对象的多个地理要素图层进行叠加，产生一个新的地理要素图层，该图层综合了原来多个地理要素图层所具有的空间或属性特征。从运算的角度来看，涉及两个或两个以上的地理要素图层之间的逻辑交、逻辑并、逻辑差等基本运算。

1. 擦除

擦除是在输入数据图层中去除与要擦除数据图层相交的部分，形成新的矢量数据图层的过程。擦除要素可以为点、线或面要素，只要输入要素的要素类型等级与之相同或较低。面擦除要素可用于擦除输入要素中的面、线或点要素；线擦除要素可用于擦除输入要素中的线或点要素；点擦除要素仅用于擦除输入要素中的点要素，擦除原理如图 8.16 所示。

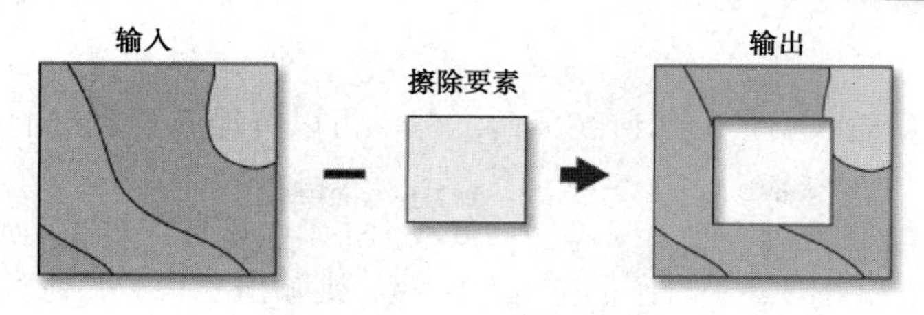

图 8.16　擦除原理图

现有广场和广场中央水池的矢量数据，两要素之间存在重叠部分，为了提取出除水池外，广场的剩余部分，可用擦除操作得到广场内除去水池的剩余部分。操作步骤如下。

（1）打开 ArcMap，在“...\第八章\矢量数据的空间分析\叠置分析\擦除\数据”路径下，添加“广场.shp”和“水池.shp”数据（均为面状要素），在 ArcToolbox 中双击【分析工具】→【叠加分析】→【擦除】，弹出【擦除】对话框，如图 8.17 所示。

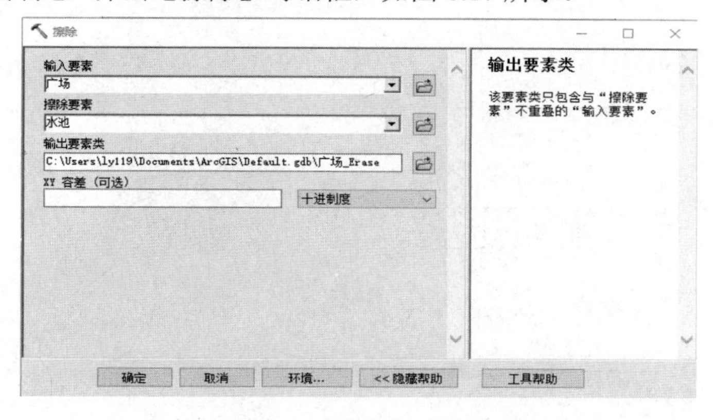

图 8.17　【擦除】对话框

（2）在【输入要素】下拉列表中选择“广场”图层，在【擦除要素】下拉列表中选择“水池”图层，在【输出要素类】中指定输出要素类的保存路径和名称。

（3）单击【确定】按钮，结果如图 8.18 所示。

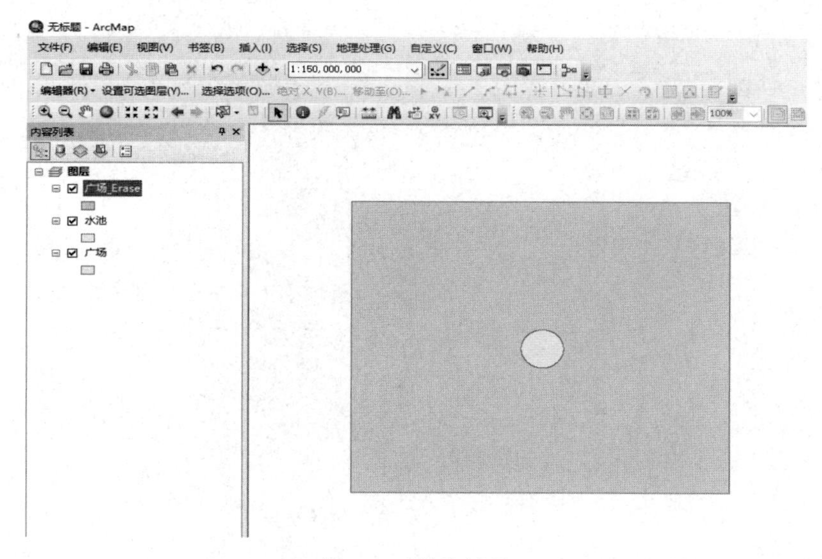

图 8.18　擦除结果

2．相交

相交分析是计算输入要素的几何交集的过程，可以将输入要素类的属性值复制到输出要素类。

输入要素必须是简单要素，如点、多点、线或面，不能是复杂要素，如注记要素、尺寸要素或网络要素。如果输入要素具有不同的几何类型，则输出要素类几何类型默认与具有最低维度几何的输入要素相同。例如，如果一个或多个输入的类型为点，则默认输出类型为点；如果一个或多个输入类型为线，则默认输出类型为线；如果所有输入类型都为面，则默认输出类型为面。

输出类型可以是具有最低维度几何或较低维度几何的输入要素类型。例如，如果所有的输入类型都是面，则输出类型可以是面、线或点。如果某个输入类型为线但不包含点，则输出类型可以是线或点。如果所有的输入类型都是点，则输出类型只能是点。相交原理如图 8.19 所示。

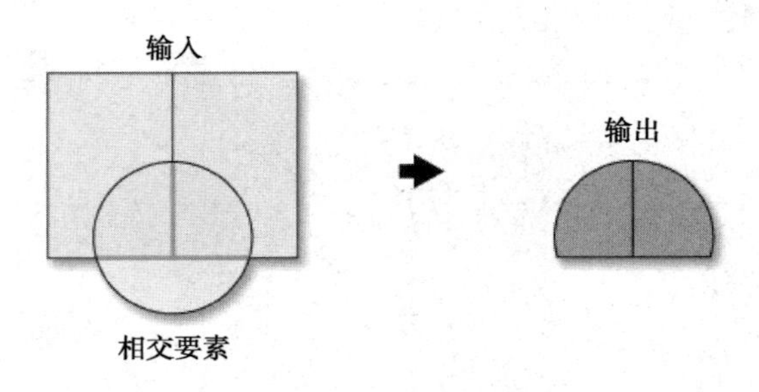

图 8.19　相交原理图

下面以分析一个规划待建的物流园区涉及哪些土地类型以及每类土地占用多少面积为例进行相交操作的说明。操作步骤如下。

（1）打开“...第八章\矢量数据的空间分析\叠置分析\相交\相交分析.mxd”地图文件，数据效果如图 8.20 所示。

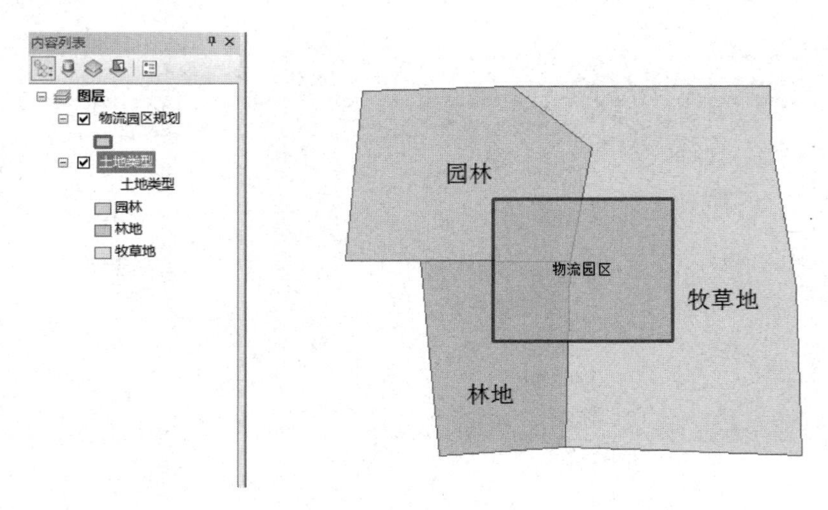

图 8.20　相交操作的实验数据

（2）在 ArcToolbox 中双击【分析工具】→【叠加分析】→【相交】，弹出【相交】对话框，如图 8.21 所示。

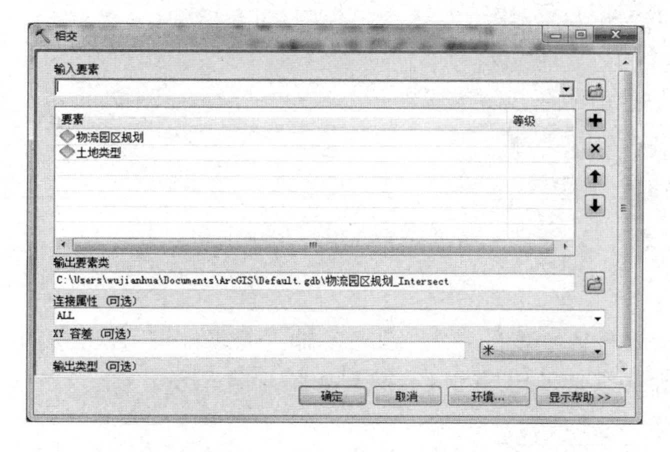

图 8.21 【相交】对话框

（3）在【输入要素】下拉列表中选择“物流园区规划”和“土地类型”图层。
（4）在【输出要素类】中指定输出要素类的保存路径和名称。
（5）【连接属性（可选）】下有三个选项：ALL、NO_FID、ONLY_FID。

- ALL 指输入要素的所有属性都将传递到输出要素类中，默认情况是该选项。
- NO_FID 指除 FID 外，输入要素的其余属性都将传递到输出要素类。
- ONLY_FID 指只有输入要素的 FID 字段将传递到输出要素类。

（6）【XY 容差（可选）】为可选项。
（7）【输出类型（可选）】下有三个选项：INPUT、LINE、POINT。

- INPUT 指将【输出类型】保留为默认值，可生成叠置区域，我们选择此选项。
- LINE 指将【输出类型】指定为“线”，生成结果为线。
- POINT 指将【输出类型】指定为“点”，生成结果为点，结果如图 8.22 所示。

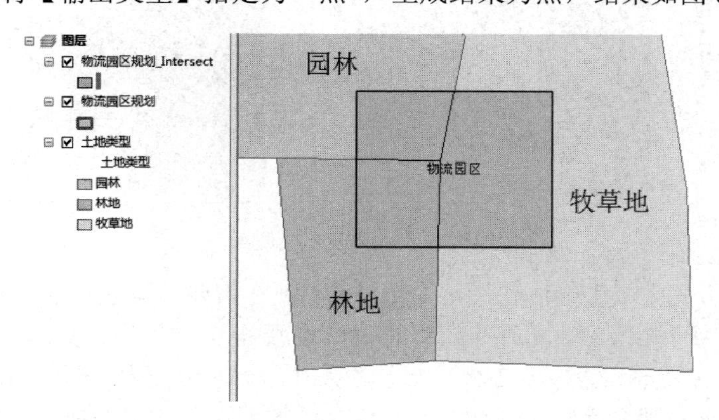

图 8.22　相交结果

（8）单击【确定】按钮，完成操作，如图 8.23 所示，输出图层“物流园区规划_Intersect”具有了两个输入图层的属性。

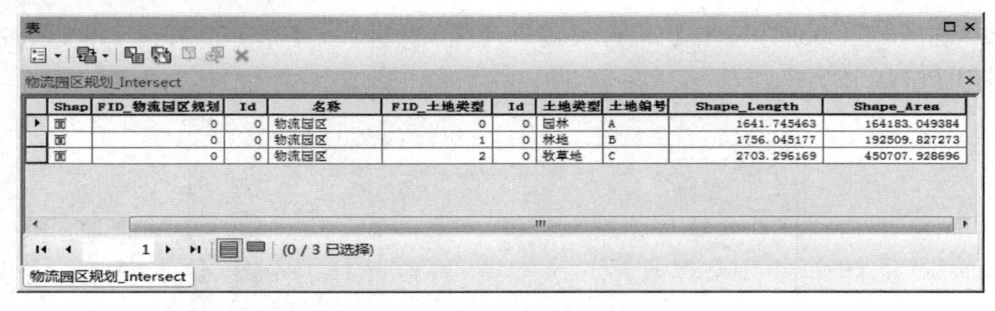

Shap	FID_物流园区规划	Id	名称	FID_土地类型	Id	土地类型	土地编号	Shape_Length	Shape_Area
面	0	0	物流园区	0	0	园林	A	1641.745463	164183.049384
面	0	0	物流园区	1	0	林地	B	1756.045177	192509.827273
面	0	0	物流园区	2	0	牧草地	C	2703.296169	450707.928696

图 8.23　输出图层的属性表

3. 联合

联合分析是指计算输入要素的并集，所有的输入要素都将写入到输出要素类中。在联合分析过程中，输入要素必须是多边形。联合原理如图 8.24 所示。

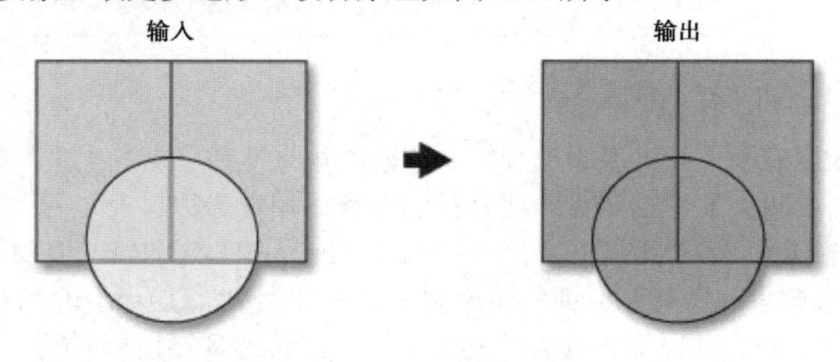

图 8.24　联合原理图

在联合分析中，输出要素中可能会出现被其他要素包围的空白区域，称为间距。我们可以选择是否“允许间隙存在”，如果不允许，间距会被填充；反之，间距将不会填充。间距填充原理如图 8.25 所示。

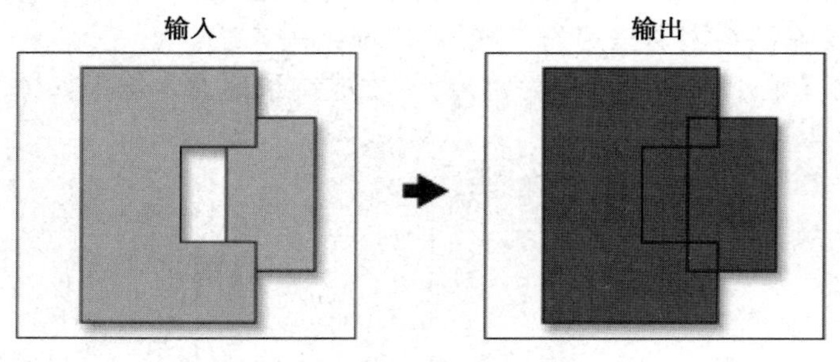

图 8.25　间距填充原理图

例如，对某一研究区域进行居住用地等级评价，现在需要根据超市的服务范围和快递点的服务范围将其划分为 4 个等级，同时在超市和快递点服务范围内为 1 级，只在超市服务范围内为 2 级，只在快递点服务范围内为 3 级，剩余的为 4 级。这时可利用联合工具求出研究区域、超市服务范围和快递点服务范围的并集，再对联合后的图层添加等级属性，即可实现研究区域等级划分，操作步骤如下。

（1）打开 ArcMap，在“...第八章\矢量数据的空间分析\叠置分析\联合\数据”路径下，添加“研究区域.shp”、“超市服务范围.shp”和“快递点服务范围.shp”文件，在 ArcToolbox 中双击【分析工具】→【叠加分析】→【联合】，弹出【联合】对话框，如图 8.26 所示。

图 8.26 【联合】对话框

（2）在【输入要素】下拉列表中依次选择“研究区域”、“超市服务范围”和“快递点服务范围”图层，在【输出要素类】中指定输出要素类的保存路径，设置输出要素名称为“Union.shp”。

（3）在【连接属性（可选）】下选择“ALL”，其他选项默认。

（4）选中【允许间隙存在（可选）】。

（5）单击【确定】按钮，完成操作，操作前后地图对比如图 8.27 和图 8.28 所示。

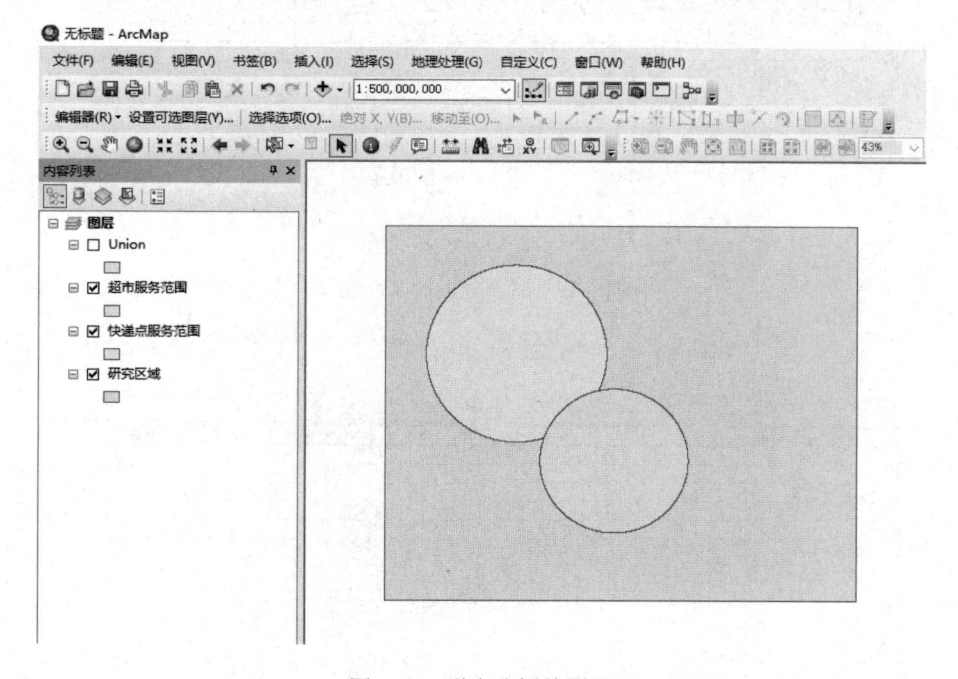

图 8.27　联合分析前图层

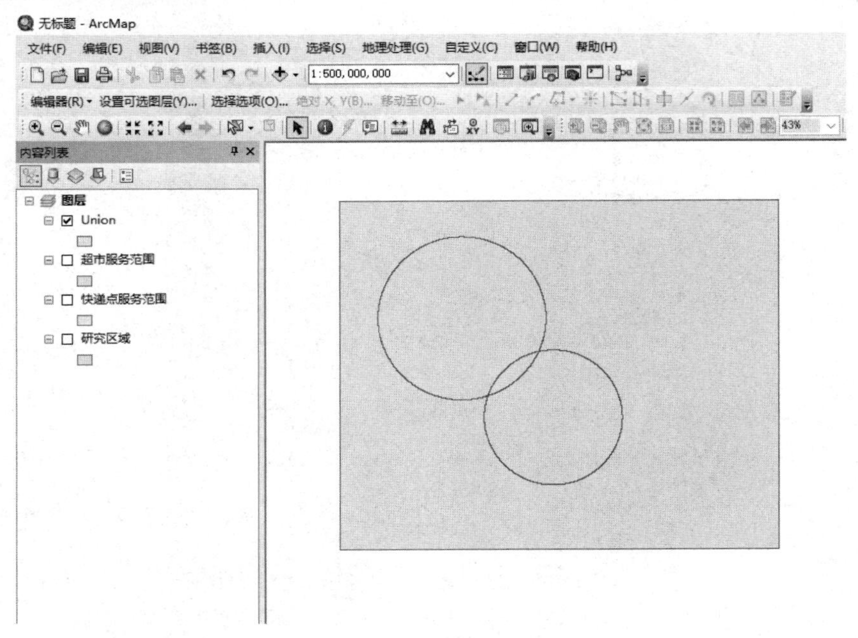

图 8.28　联合分析后图层

（6）联合分析前后属性表对比如图 8.29 和 8.30 所示，其中图 8.29 为联合分析前各图层的属性表，图 8.30 为联合分析后产生的新图层“Union”的属性表，在“Union”图层的属性表中添加“等级”字段，赋予相应的属性值，完成居住用地等级划分。

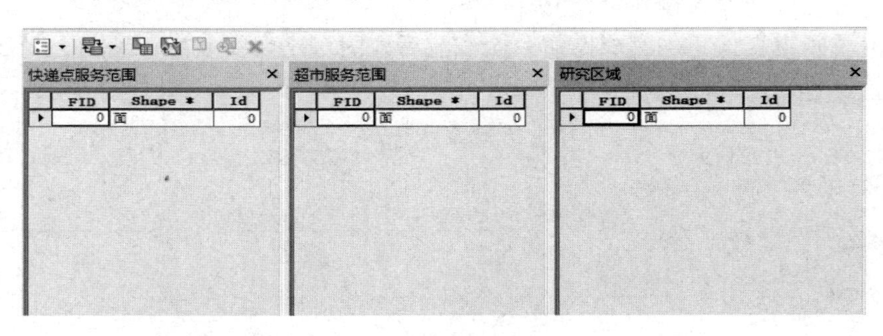

快递点服务范围

FID	Shape *	Id
0	面	0

超市服务范围

FID	Shape *	Id
0	面	0

研究区域

FID	Shape *	Id
0	面	0

图 8.29　联合分析前属性表

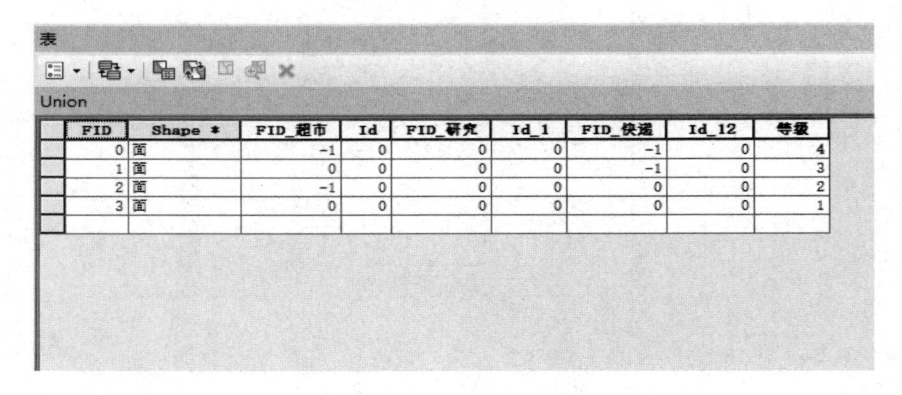

表

Union

FID	Shape *	FID_超市	Id	FID_研究	Id_1	FID_快递	Id_12	等级
0	面	-1	0	0	0	-1	0	4
1	面	0	0	0	0	-1	0	3
2	面	-1	0	0	0	0	0	2
3	面	0	0	0	0	0	0	1

图 8.30　联合后输出图层的属性表

4．标识

标识分析是指计算输入要素和标识要素的集合，输入要素和标识要素的重叠部分将获得标识要素的属性。

输入要素可以是点、多点、线或面，注记要素、尺寸要素或网络要素不能作为输入要素。标识要素必须是面要素，或与输入要素的几何类型相同。标识原理如图 8.31 所示。

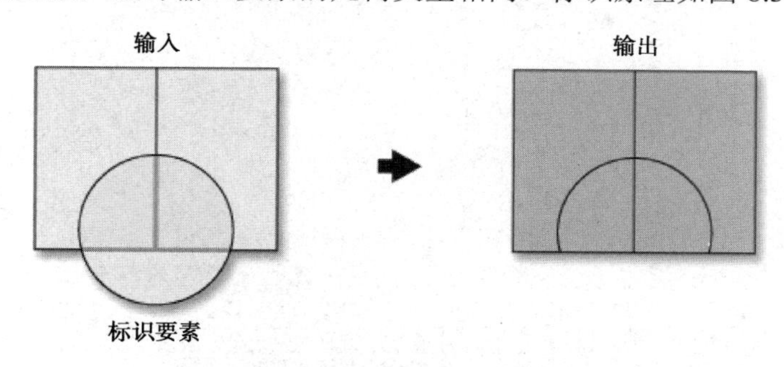

图 8.31　标识原理图

下面以“获取一条公路上不同市级行政区域管辖的路段”为例进行说明，操作步骤如下。

（1）打开 ArcMap，在“…\第八章\矢量数据的空间分析\叠置分析\标识\数据”路径下，添加“公路.shp”和“江西省市级行政区域.shp”数据，在 ArcToolbox 中双击【分析工具】→【叠加分析】→【标识】，弹出【标识】对话框，如图 8.32 所示。

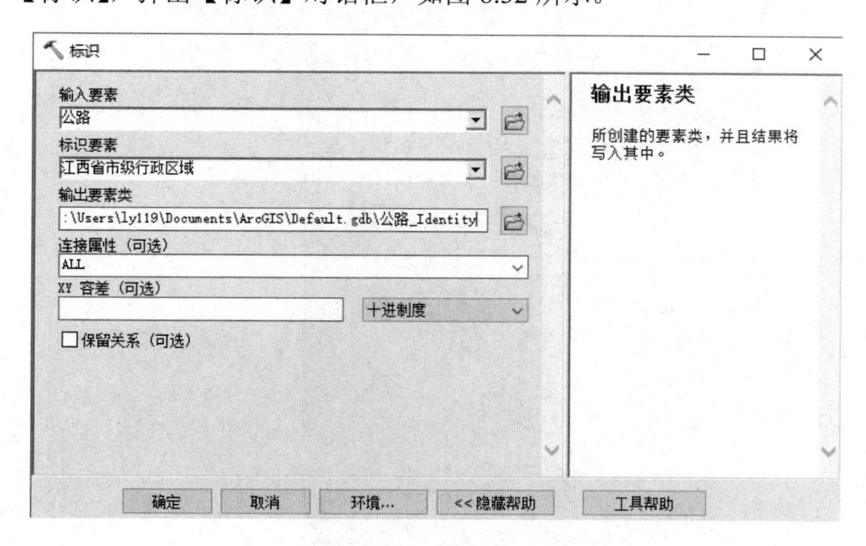

图 8.32　【标识】对话框

（2）在【输入要素】下拉列表中选择“公路”图层，在【标识要素】下拉列表中选择“江西省市级行政区域”图层，在【输出要素类】中指定输出要素类的保存路径和名称。

（3）在【连接属性（可选）】下拉列表中选择“ALL”，其他选项默认。

（4）单击【确定】按钮，完成操作，标识后的公路属性表中出现了市级行政区域属性表中的字段。标识前后属性表对比如图 8.33 和图 8.34 所示。

（5）根据“NAME”字段对标识后的公路进行标注，如图 8.35 所示。

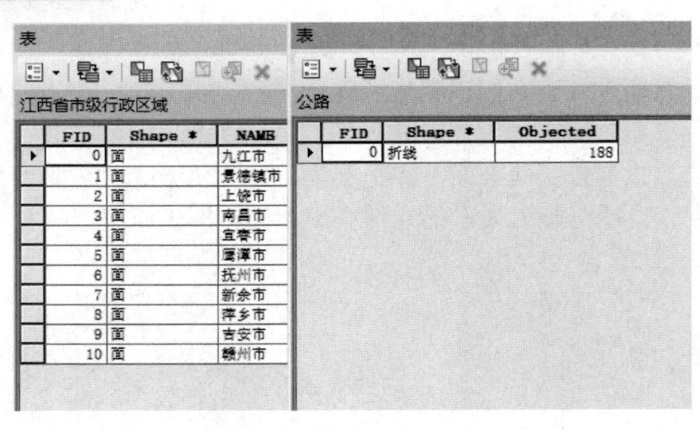

表

江西省市级行政区域

FID	Shape *	NAME
0	面	九江市
1	面	景德镇市
2	面	上饶市
3	面	南昌市
4	面	宜春市
5	面	鹰潭市
6	面	抚州市
7	面	新余市
8	面	萍乡市
9	面	吉安市
10	面	赣州市

表

公路

FID	Shape *	Objected
0	折线	188

图 8.33　标识前属性表

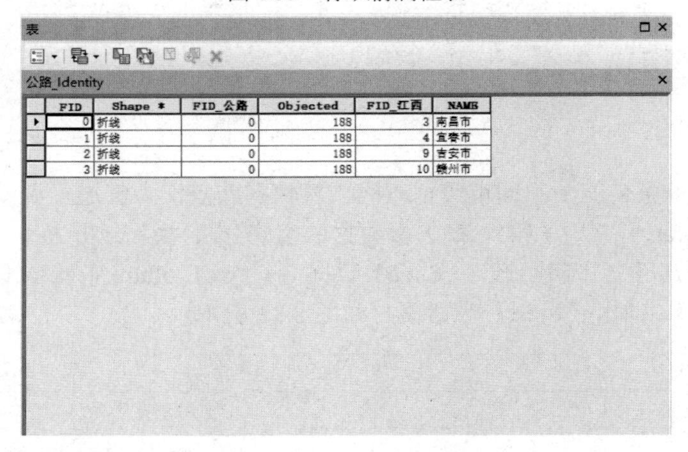

表

公路_Identity

FID	Shape *	FID_公路	Objected	FID_江西	NAME
0	折线	0	188	3	南昌市
1	折线	0	188	4	宜春市
2	折线	0	188	9	吉安市
3	折线	0	188	10	赣州市

图 8.34　标识后属性表

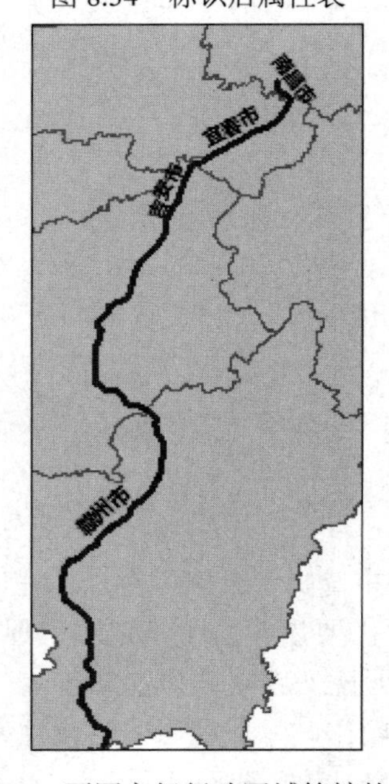

图 8.35　不同市级行政区域管辖的路段

*5．更新

更新分析可用于计算输入要素和更新要素的几何交集，输入要素的属性和几何信息根据更新要素进行更新。

输入要素和更新要素类型必须是面，且此工具不修改输入要素类，生成结果将写入新的要素类中。如果更新要素类缺少输入要素类中的一个（或多个）字段，则输出要素类中将移除缺失字段的字段值。更新原理如图 8.36 所示。

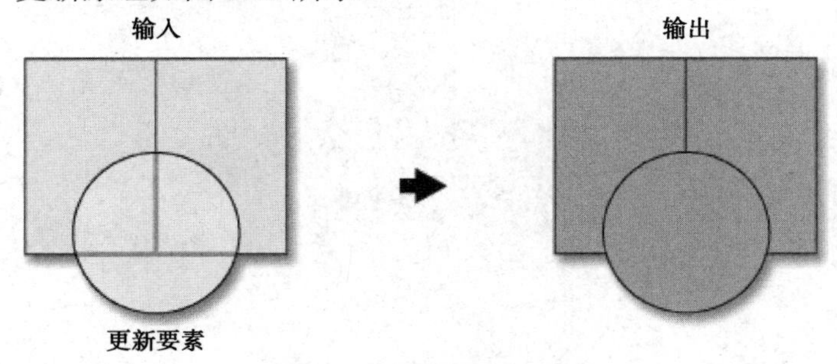

图 8.36　更新原理图

现有一在建住宅小区，已建成 1 栋楼房，利用更新工具可以更新住宅小区的用地信息，操作步骤如下。

（1）打开 ArcMap，在“…第八章\矢量数据的空间分析\叠置分析\更新\数据”路径下，添加“住宅小区.shp”和“楼房.shp”文件，在 ArcToolbox 中双击【分析工具】→【叠加分析】→【更新】，弹出【更新】对话框，如图 8.37 所示。

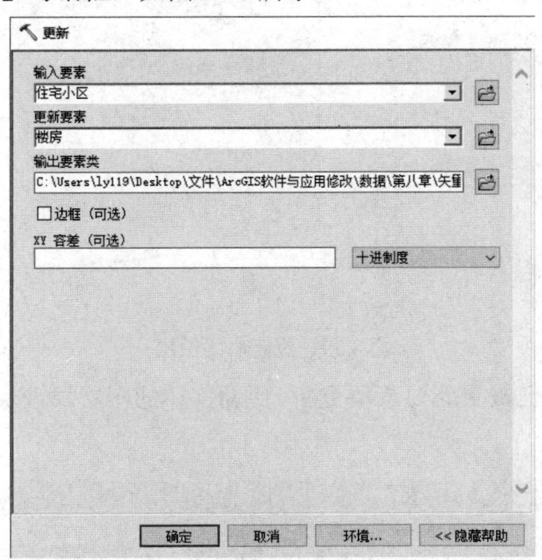

图 8.37　【更新】对话框

（2）在【输入要素】下拉列表中选择“住宅小区”图层，在【更新要素】下拉列表中选择“楼房”图层，在【输出要素类】中指定输出要素类的保存路径和名称。

（3）选中【边框（可选）】，即沿着更新要素外边缘的面边界将被保留，不选中则被删除。

（4）单击【确定】按钮，完成操作，更新前后如图 8.38 和图 8.39 所示。

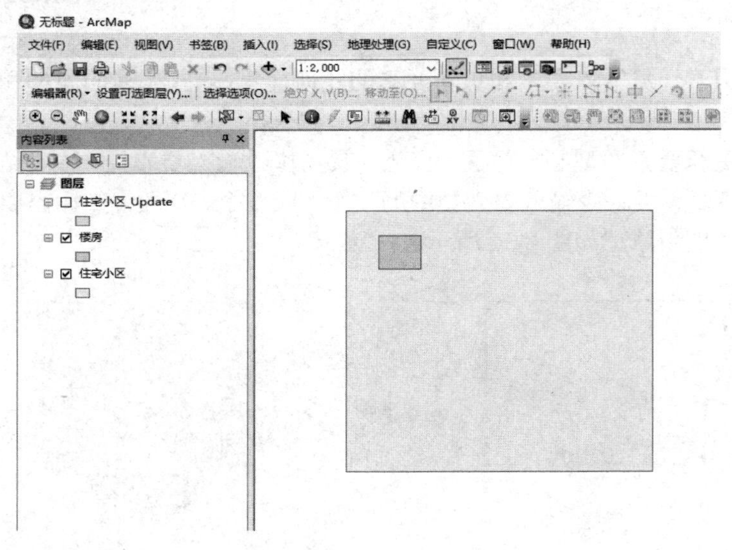

图 8.38　更新前的图层

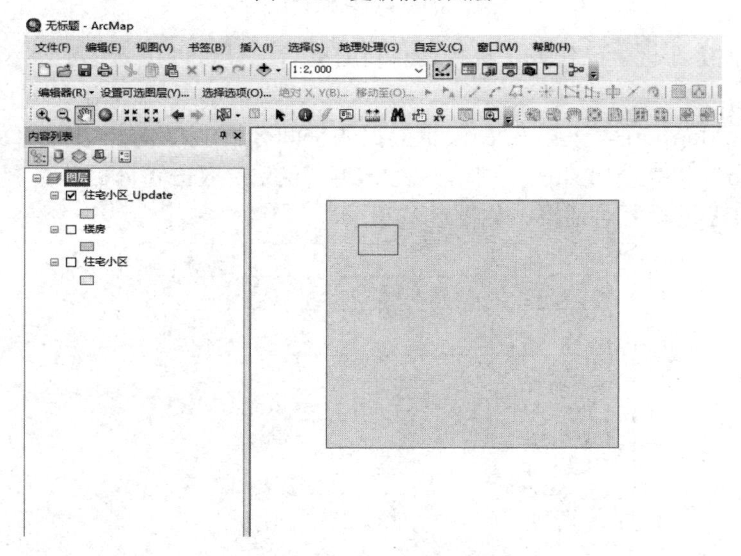

图 8.39　更新后的图层

（5）新图层属性信息已被更新要素所更新，更新前后的图层属性表对比如图 8.40 和图 8.41 所示。

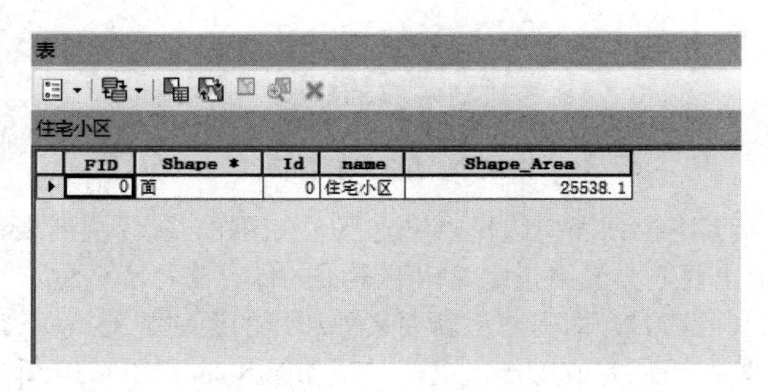

表

住宅小区

FID	Shape *	Id	name	Shape_Area
0	面	0	住宅小区	25538.1

图 8.40　更新前的图形属性表

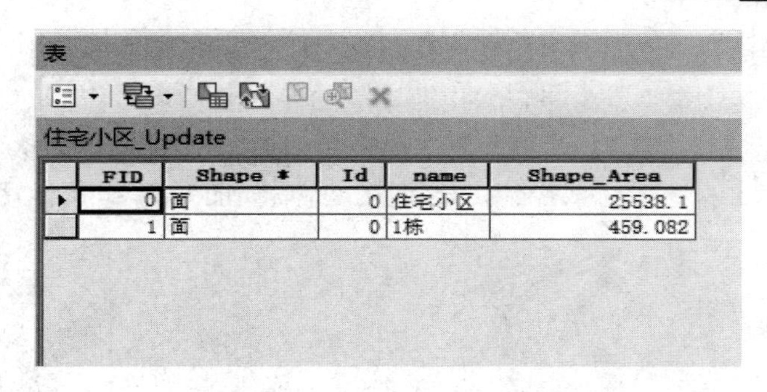

FID	Shape *	Id	name	Shape_Area
0	面	0	住宅小区	25538.1
1	面	0	1栋	459.082

图 8.41　更新后的图层属性表

*6. 交集取反

交集取反分析是指将输入要素和更新要素不重叠的部分输出到新要素类中。输入和更新要素类或要素图层必须具有相同的几何类型，输入要素类的属性值将被复制到输出要素类。交集取反原理如图 8.42 所示。

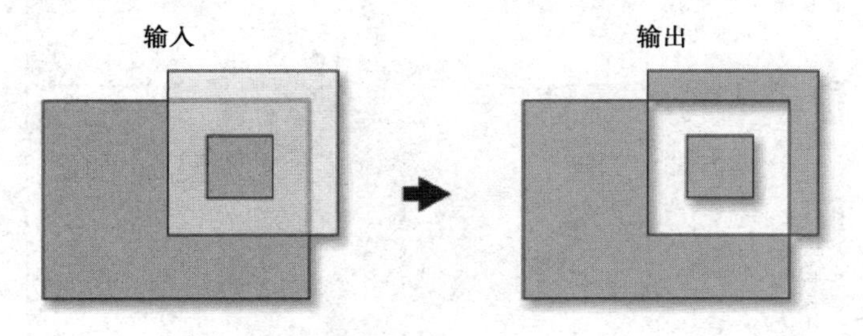

图 8.42　交集取反原理图

利用交集取反可以得到的两个要素重叠之外的部分，以多边形要素为例，操作步骤如下。

（1）打开 ArcMap，在“…第八章\矢量数据的空间分析\叠置分析\交集取反\数据”路径下，添加“input1.shp”和“更新 2.shp”文件，在 ArcToolbox 中双击【分析工具】→【叠加分析】→【交集取反】，弹出【交集取反】对话框，如图 8.43 所示。

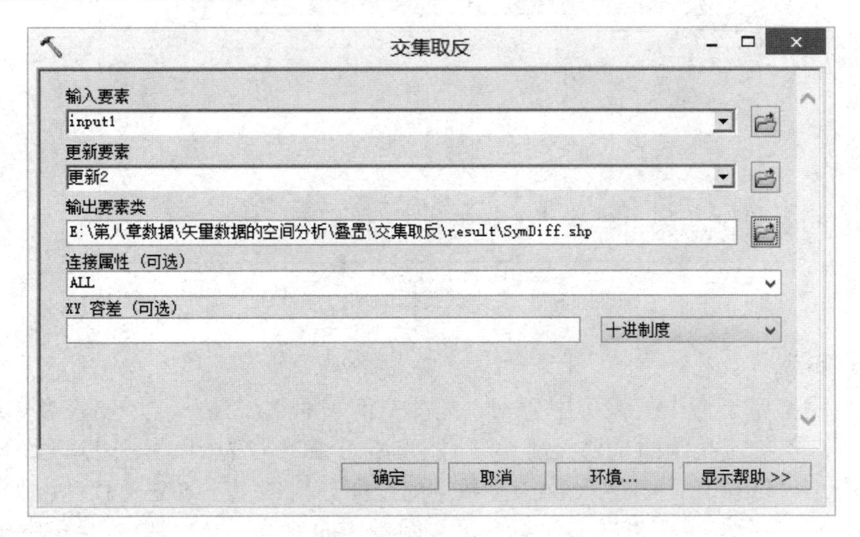

图 8.43 【交集取反】对话框

（2）在【输入要素】下拉列表中选择“input1”图层，在【更新要素】下拉列表中选择“更新 2”图层，在【输出要素类】中指定输出要素类的保存路径和名称。

（3）在【连接属性（可选）】下拉选项中选择“ALL”，其他选项默认。

（4）单击【确定】按钮，完成操作，交集取反前后如图 8.44 和 8.45 所示。

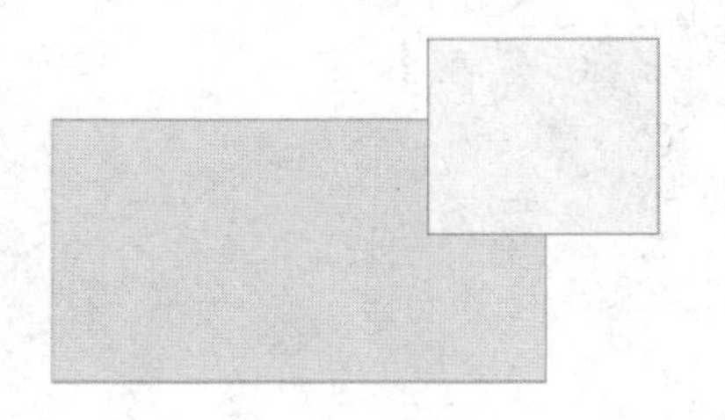

图 8.44　交集取反前的图层

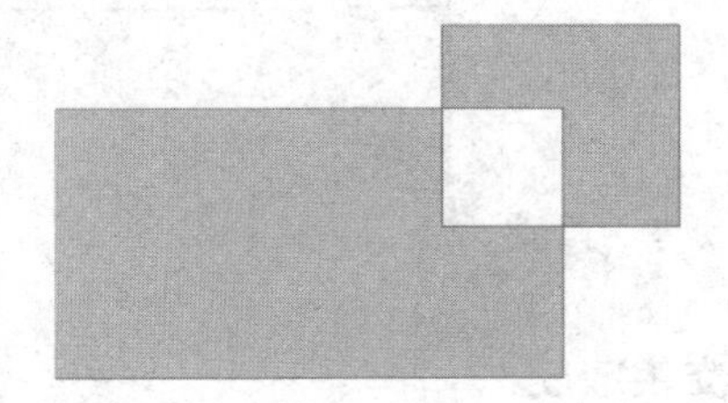

图 8.45　交集取反后的图层

（5）交集取反前后的图层属性表如图 8.46 所示和图 8.47 所示。

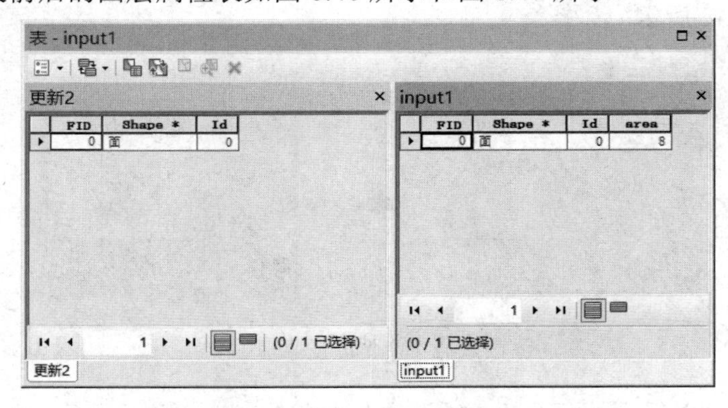

图 8.46　交集取反前的图层属性表

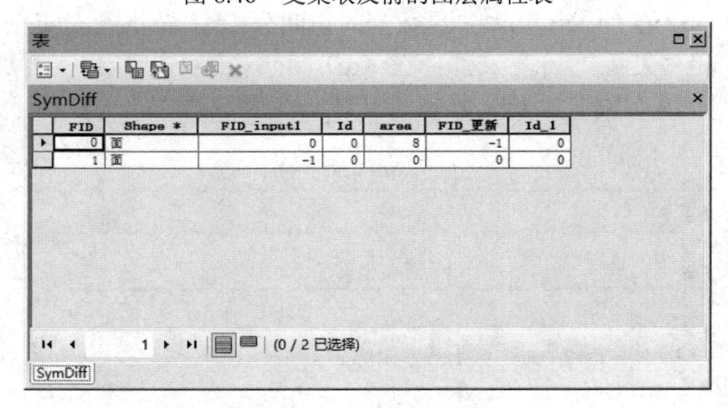

图 8.47　交集取反后的图层属性表

7．空间连接

空间连接是指基于两个要素类中要素之间的空间关系将属性从一个要素类传递到另一个要素类的过程。以判定我国的重要大河、湖泊分别位于哪个省为例，操作步骤如下。

（1）打开 ArcMap，在“…\第八章\矢量数据的空间分析\叠置分析\空间连接\数据”路径下，添加“重要大河、湖泊.shp”和“省级行政区划范围（面）.shp”文件，在 ArcToolbox 中双击【分析工具】→【叠加分析】→【空间连接】，弹出【空间连接】对话框，如图 8.48 所示。

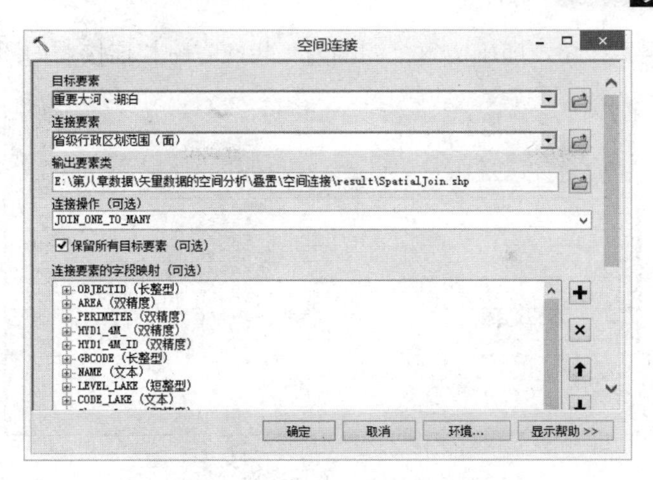

图 8.48 【空间连接】对话框

（2）在【目标要素】下拉列表中选择“重要大河、湖泊”图层，在【连接要素】下拉列表中选择“省级行政区划范围（面）”图层。

（3）在【输出要素类】中指定输出要素类的保存路径和名称。

（4）【连接操作（可选）】下有 JOIN_ONE_TO_ONE 和 JOIN_ONE_TO_MANY 两个选项。

- JOIN_ONE_TO_ONE 指在相同空间关系下，如果一个目标要素对应多个连接要素，就会使用字段映射合并规则对连接要素中某个字段进行聚合，然后将其传递到输出要素类。
- JOIN_ONE_TO_MANY 指在相同空间关系下，如果一个目标要素对应多个连接要素，输出要素类将会包含多个目标要素实例，这里选择此选项。

（5）【匹配选项（可选）】用于定义匹配的条件，只要找到该匹配选项，就会将连接要素的属性传递到目标要素。

- INTERSECT 指如果目标要素与连接要素相交，则将连接要素属性传递到目标要素。
- CONTAINS 指如果目标要素包含连接要素，则将连接要素的属性传递到目标要素。
- WITHIN 指如果目标要素位于连接要素内部，则将连接要素的属性传递到目标要素。我们选择此选项，如图 8.49 所示。
- CLOSEST 指将最近的连接要素的属性传递到目标要素。

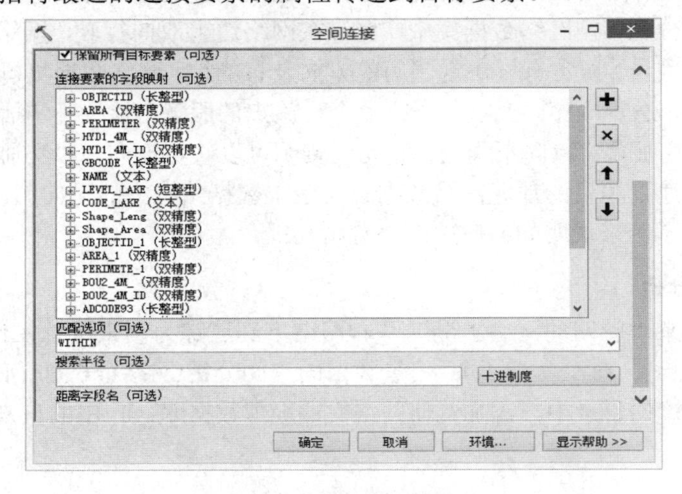

图 8.49 【空间连接】设置

（6）单击【确定】按钮，即确定每个湖泊与其相应省份相连接，如图 8.50 所示。

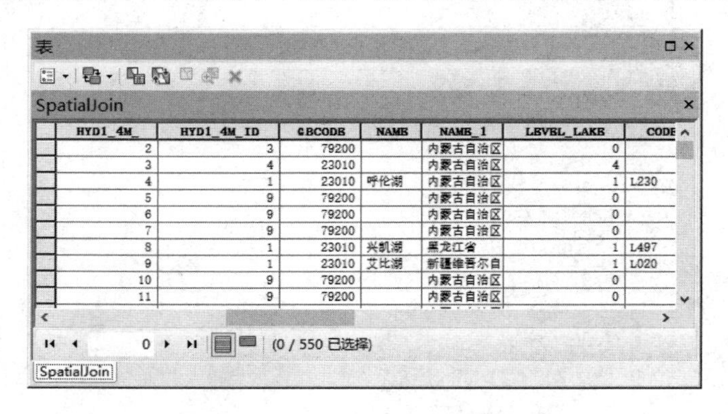

图 8.50　空间连接属性表

8.1.3　网络分析

网络是一种由互联元素组成的系统，如边（线）和连接的交汇点（点）等元素，这些元素用来表示从一个位置到另一个位置的可能路径，例如，人员、资源和货物都将沿着网络行进，汽车和货车在道路上行驶，飞机沿着预定的航线飞行，石油沿着铺设的管道路线输送等。

网络分析是对地理网络、城市基础设施网络进行地理分析和模型化的过程，通过研究和分析资源在网络上的流动和分配情况，解决网络结构及其资源的优化问题。网络分析可以解决诸如资源的最佳分配、最短路径的寻找，以及公共设施的服务范围等问题。

网络可以分为两种类型。

（1）几何网络：几何网络主要用于河流网络分析和公共设施网络分析，如电力、天燃气、下水道等只允许沿边单向同时行进。网络中的代理（如管道中石油的流动）不能选择行进的方向，它行进的路径需要由外部因素来决定，我们可以通过控制外部因素来控制流向，其特征是由源（Source）至汇（Sink），例如，水流的路径是预先设定好的，当然我们可以通过开关阀门来改变流向，但这属于流通规则的内容。几何网络对应于数据结构中的有向图。

（2）网络数据集：网络数据集主要用于道路、地铁等交通网络分析，从而进行路径、服务范围与资源分配等分析。在网络数据集中，允许在网络边上双向行驶，网络中的代理（如在公路上行驶的卡车驾驶员）通常有权决定遍历的方向及目的地。网络数据集可以按照规定时间合理地分配送货路径、送货顺序；确定一个或多个设施点的服务范围；确定居民到达超市或者医院的最短路径。其特征是：流向不确定，流动的资源可以决定流向，如交通系统中流通介质可以自行决定方向、速度和目的地。网络数据集对应于数据结构中的无向图。

下面给出四个示例来说明如何应用网络分析功能。

1. 几何网络分析

下面以计算自来水管网的网络上溯追踪和网络下溯追踪为例来进行操作演示。

（1）打开 ArcMap，在“…\第八章\矢量数据的空间分析\网络分析\几何网络分析\数据”路径下，在文件夹连接的目录中，添加几何网络文件地理数据库.gdb 中的自来水管网络数据集，如图 8.51 所示。

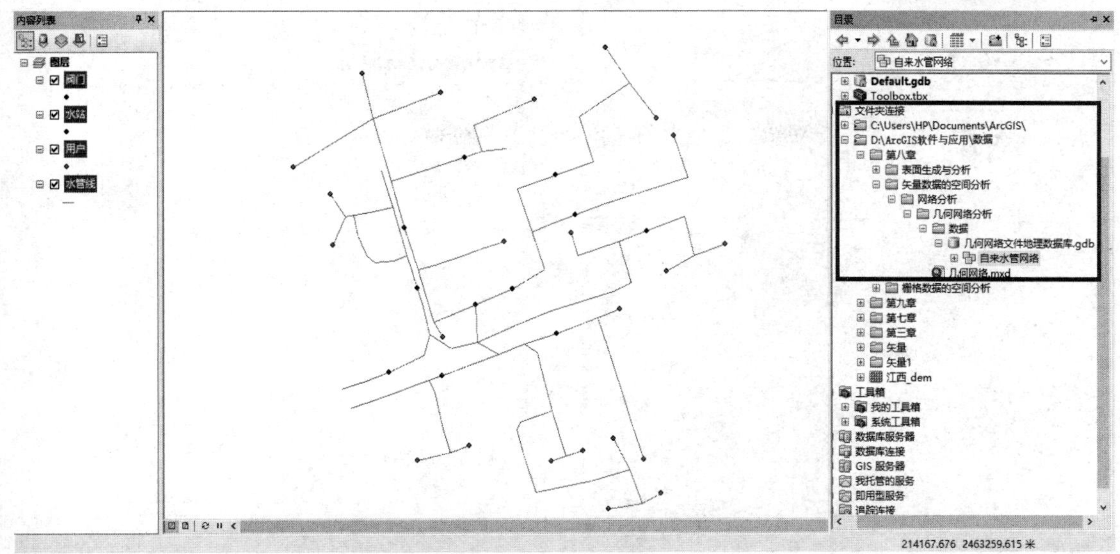

图 8.51　添加数据

（2）在【目录】中，右击【自来水管网络】数据集，在弹出的菜单中单击【新建】→【几何网络】，如图 8.52 所示。

（3）弹出【新建几何网络】对话框，如图 8.53 所示。

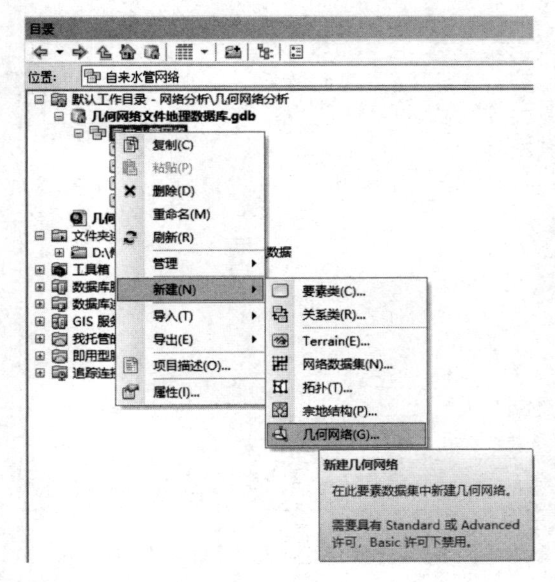

图 8.52　新建几何网络

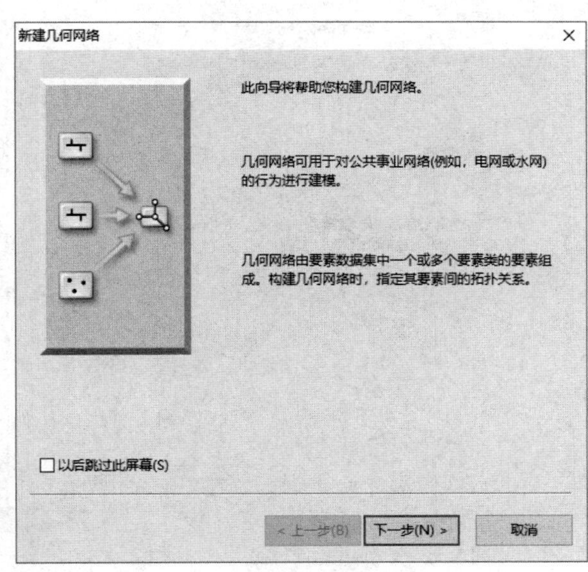

图 8.53　【新建几何网络】对话框 1

（4）单击【下一步】按钮，选择默认设置，如图 8.54 所示。

（5）单击【下一步】按钮，在弹出的【新建几何网络】对话框中单击【全选】按钮，如图 8.55 所示。

（6）单击【下一步】按钮，弹出【新建几何网络】对话框，选择默认设置，如图 8.56 所示。

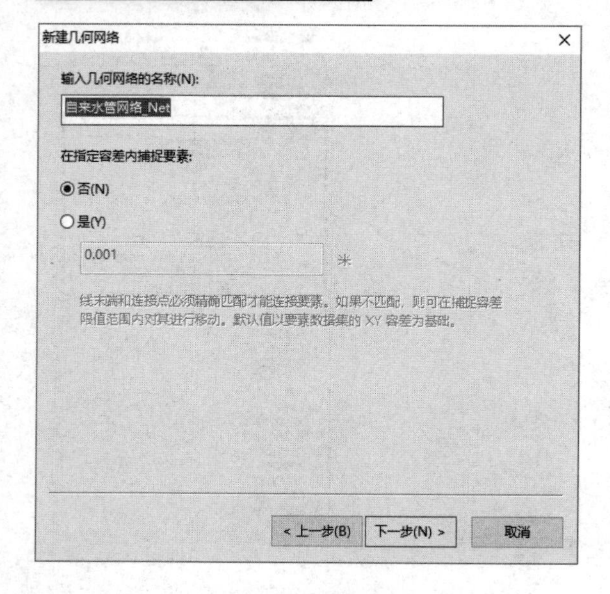

图 8.54 【新建几何网络】对话框 2

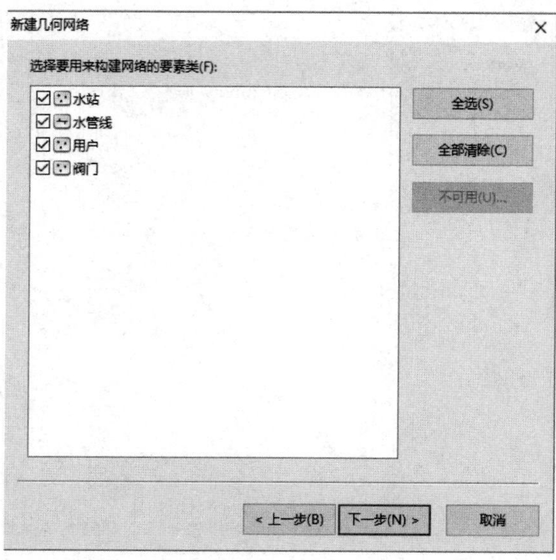

图 8.55 【新建几何网络】对话框 3

（7）单击【下一步】按钮，弹出【新建几何网络】对话框，在对话框中选择水站的源和汇，在该单元格的下拉菜单中选择“是”，如图 8.57 所示。

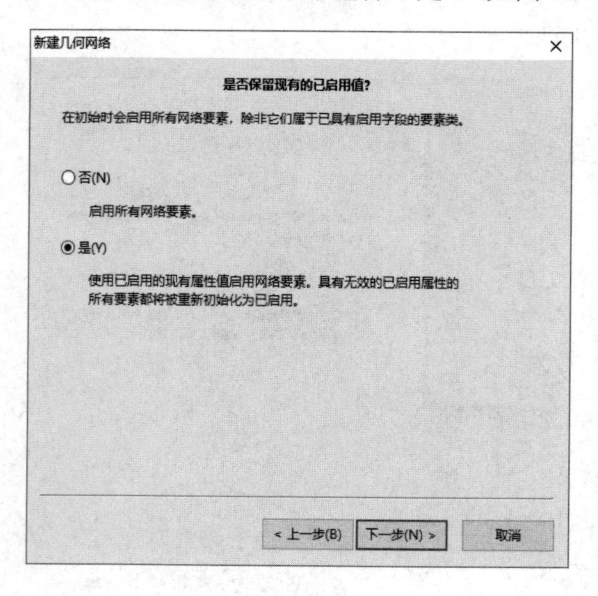

图 8.56 【新建几何网络】对话框 4

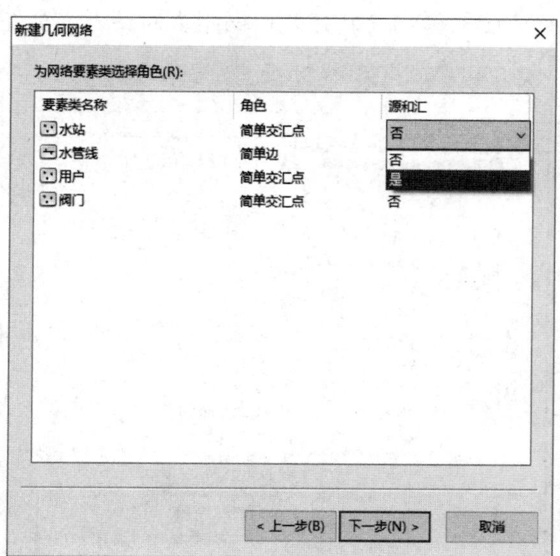

图 8.57 【新建几何网络】对话框 5

（8）单击【下一步】按钮，弹出【新建几何网络】对话框，选择默认设置，如图 8.58 所示。

（9）单击【下一步】按钮，选择默认设置，如图 8.59 所示。

（10）单击【完成】按钮，新建几何网络效果如图 8.60 所示。

（11）在菜单栏中，单击【自定义】→【工具条】→【几何网络分析】，如图 8.61 所示，弹出【几何网络分析】工具条，如 8.62 所示。

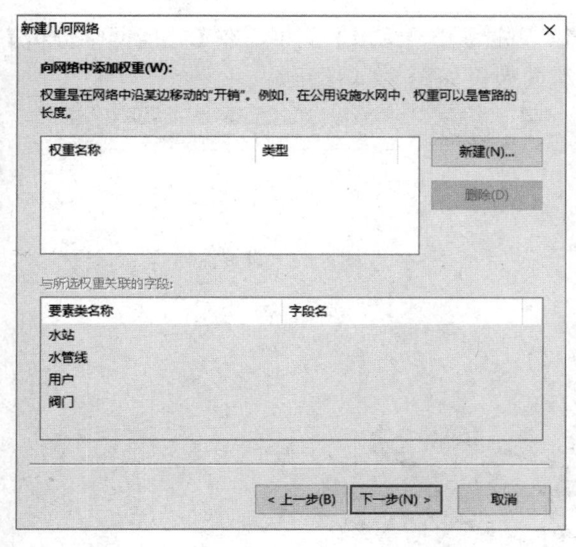

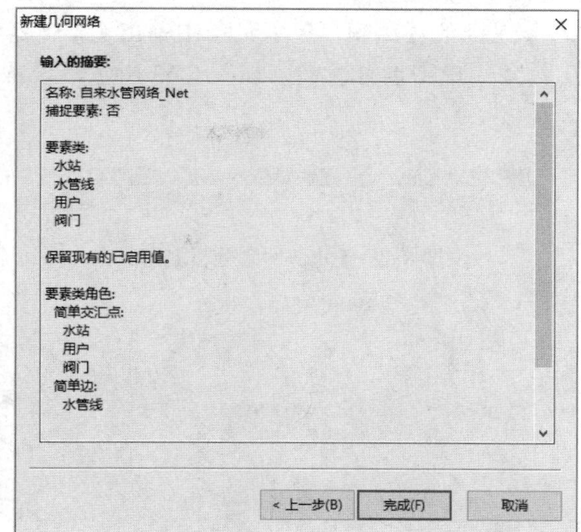

图 8.58 【新建几何网络】对话框 6　　　　图 8.59 【新建几何网络】对话框 7

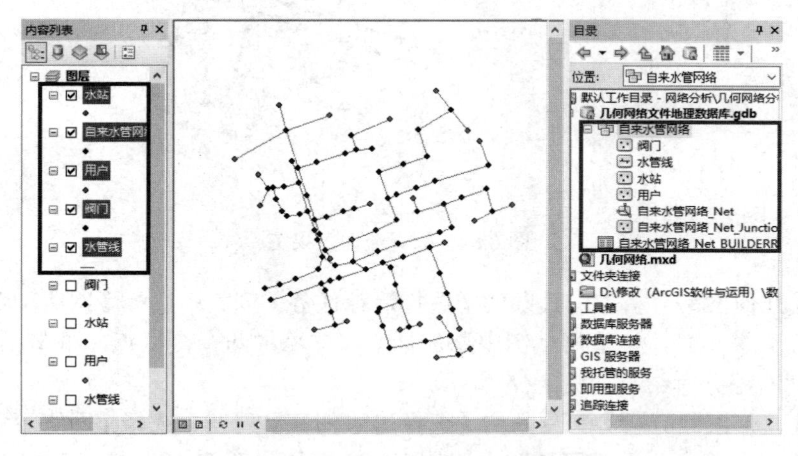

图 8.60 【新建几何网络】效果图

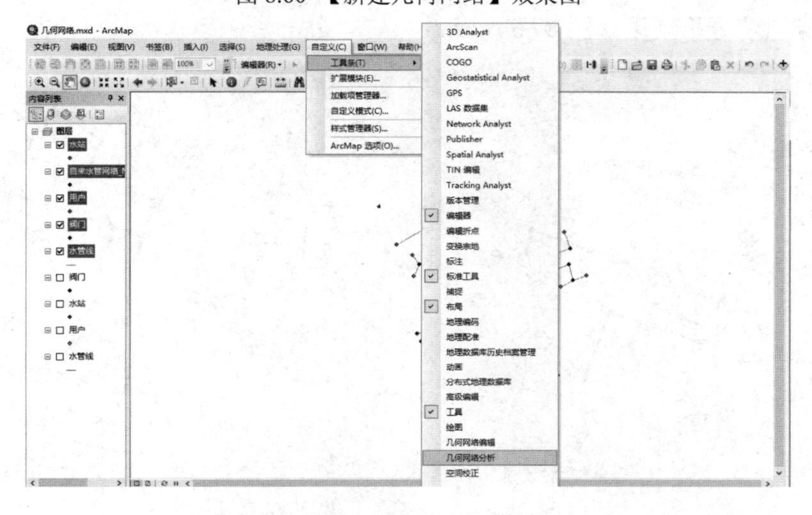

图 8.61　选择几何网络分析工具

（12）在【编辑器】工具条中单击【编辑器】，单击【开始编辑】菜单，在【几何网络分析】工具条中单击设置流向，如图 8.63 所示，设置流向效果如图 8.64 所示。

图 8.62 【几何网络分析】工具条

图 8.63 设置流向

图 8.64 设置流向效果图

（13）在【几何网络分析】工具条的【选择追踪任务】列表中选择【网络上溯追踪】，单击【添加交汇点标记】工具，在管网地图中添加标记，即添加两个交汇点，单击工具条上的【求解】，网络上溯追踪分析结果如图 8.65 所示。

（14）在【几何网络分析】工具条的【选择追踪任务】列表中选择【网络下溯追踪】，单击【添加交汇点标记】工具，在管网地图中添加标记，即添加两个交汇点，单击工具条上的【求解】，网络下溯追踪分析结果如图 8.66 所示。

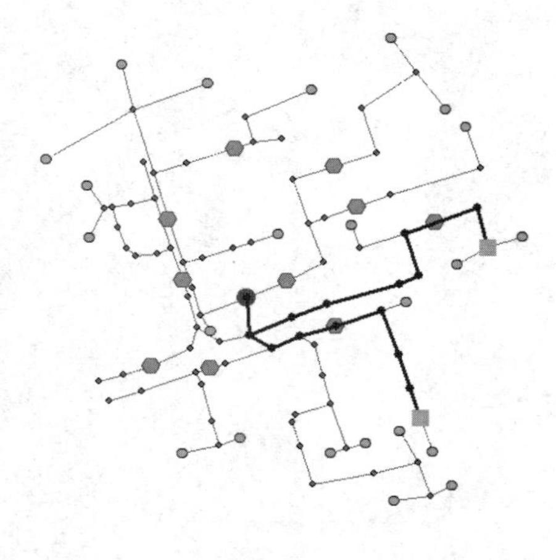

图 8.65 网络上溯追踪结果

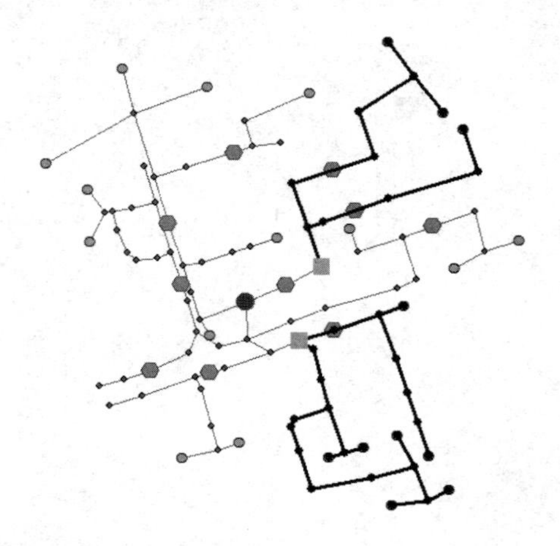

图 8.66 网络下溯追踪结果

2. 最短路径分析

下面以计算江西师范大学瑶湖校区方荫楼到长胜园食堂的最短路径为例来进行操作演示。

（1）打开 ArcMap，在菜单栏依次单击【自定义】→【扩展模块】，弹出【扩展模块】对话框，选中【Network Analyst】，如图 8.67 所示。

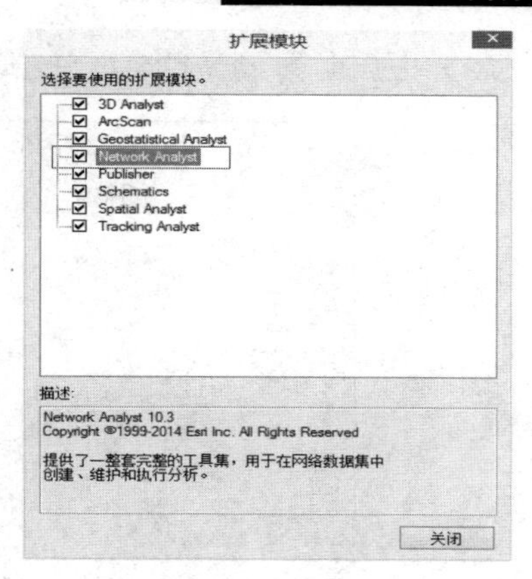

图 8.67 【扩展模块】对话框

（2）在“…\第八章\矢量数据的空间分析\网络分析\最短路径分析\数据”路径下，打开“校园数据.mxd”，在文件夹连接的目录中，找到“道路中心线.shp”，右键单击【新建网络数据集】，弹出【新建网络数据集】对话框，如图 8.68 所示。

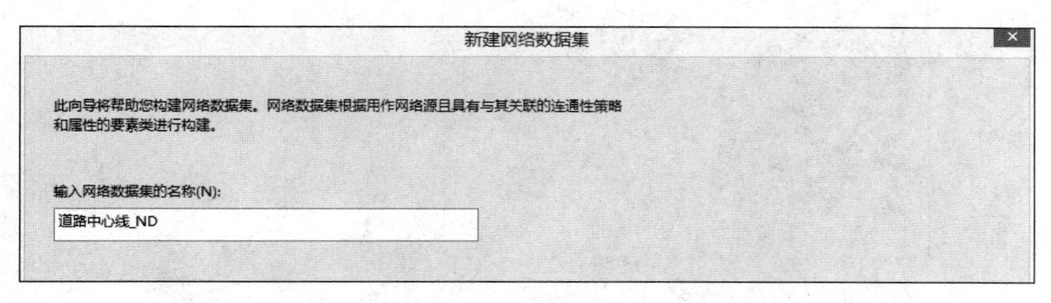

图 8.68 【新建网络数据集】对话框 1

（3）单击【下一步】按钮，如图 8.69 所示。

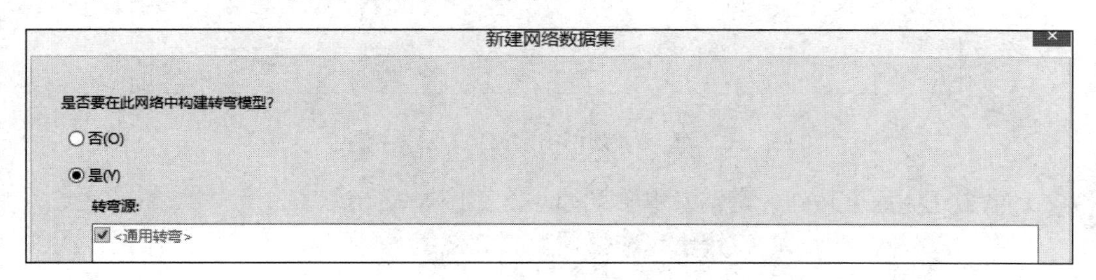

图 8.69 【新建网络数据集】对话框 2

（4）选择【是】选项，单击【下一步】按钮，如图 8.70 所示。

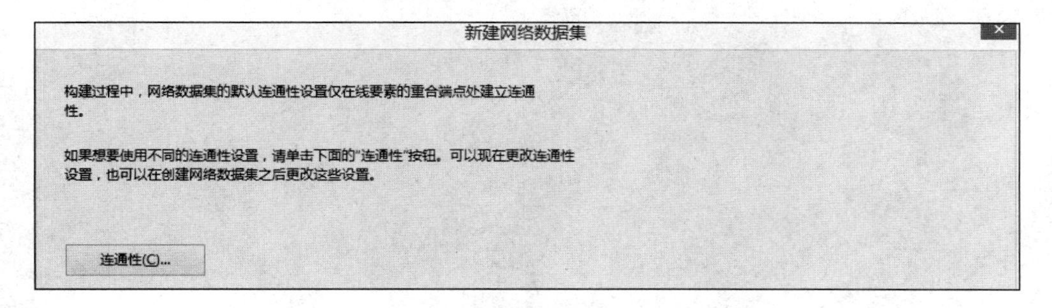

图 8.70 【新建网络数据集】对话框 3

（5）根据向导，一直选择单击【下一步】按钮，选择默认值，最后的界面如图 8.71 所示。

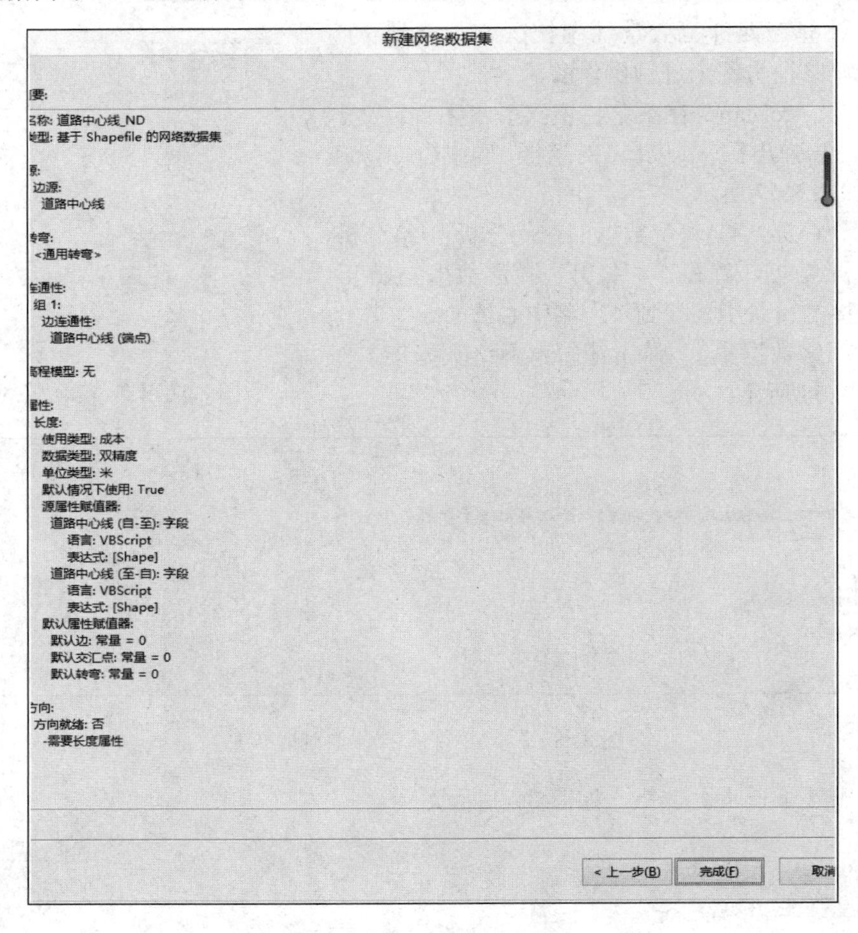

图 8.71 【新建网络数据集】对话框 4

（6）单击【完成】按钮，网络数据集的建立，如图 8.72 所示。

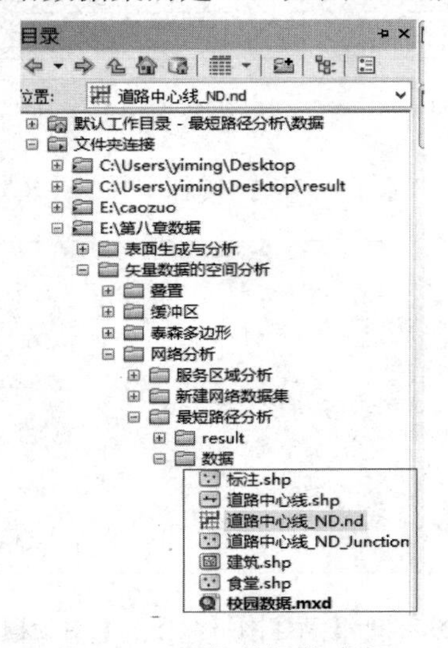

图 8.72 网络数据集建立

（7）单击菜单栏【自定义】→【工具条】→【Network Analyst】，加载【Network Analyst】工具条，如图 8.73 所示。

图 8.73　【Network Analyst】工具条

（8）在【Network Analyst】工具条中单击【Network Analyst】按钮，在下拉菜单中选择【新建路径】，如图 8.74 所示。

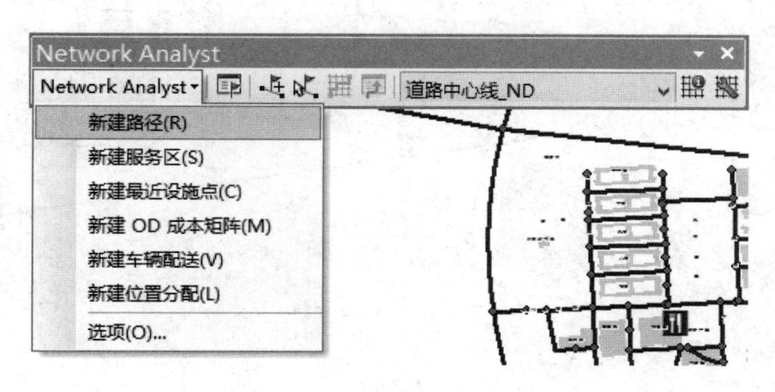

图 8.74　【新建路径】菜单

（9）单击【创建网络位置】按钮，设置停靠点。这里选择“方荫楼”和“长胜园”分别作为起点和终点，如图 8.75 所示。

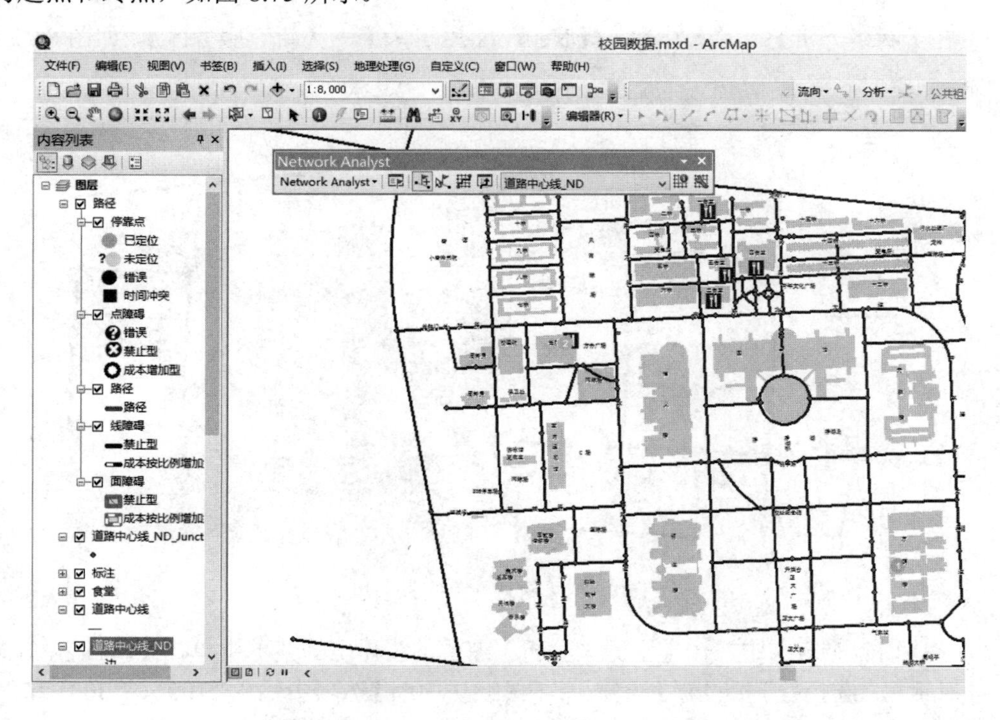

图 8.75　设置起点和终点

（10）单击【求解】按钮，则会生成从方荫楼到长胜园的最短路径，如图 8.76 所示。

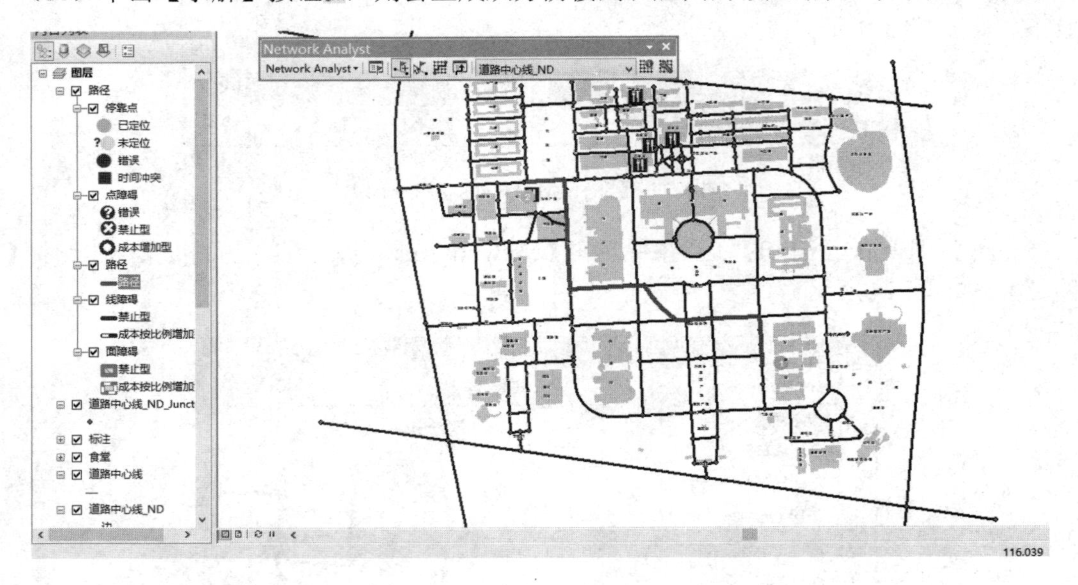

图 8.76　最短路径

3．服务区域分析

下面以创建校园快递点的服务区为例来进行操作演示。

（1）打开“…\第八章\矢量数据的空间分析\网络分析\服务区域分析\数据\校园数据.mxd”地图文件。

（2）在【网络分析】工具条中单击【Network Analyst】→【新建服务区】，如图 8.77 所示。

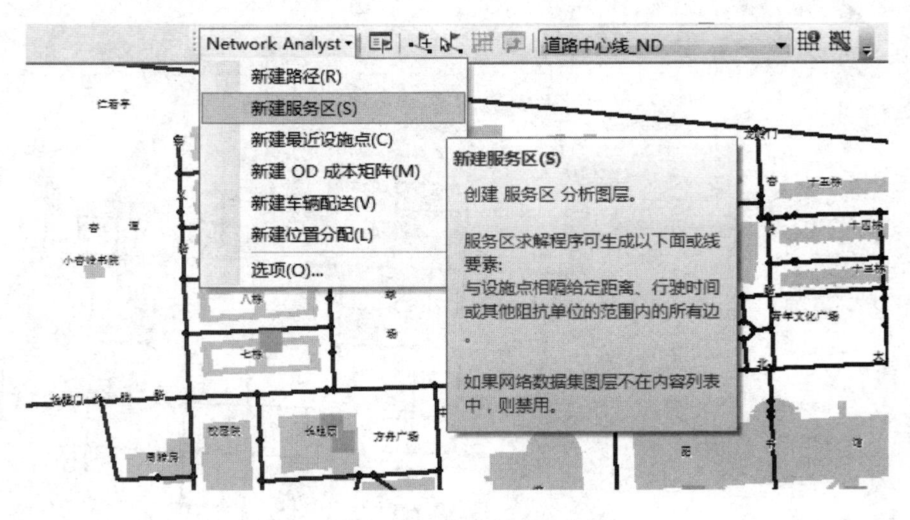

图 8.77　【新建服务区】菜单

（3）在【内容列表】中右击【服务区分析】图层，在弹出的菜单中单击【属性】，打开【图层属性】对话框，选择【分析设置】选项卡，在【默认中断】选项中输入“100”、“300”和“500”，中间用英文逗号隔开，即在分析任务中，不会搜索超过中断值距离范围的区域，如图 8.78 所示。

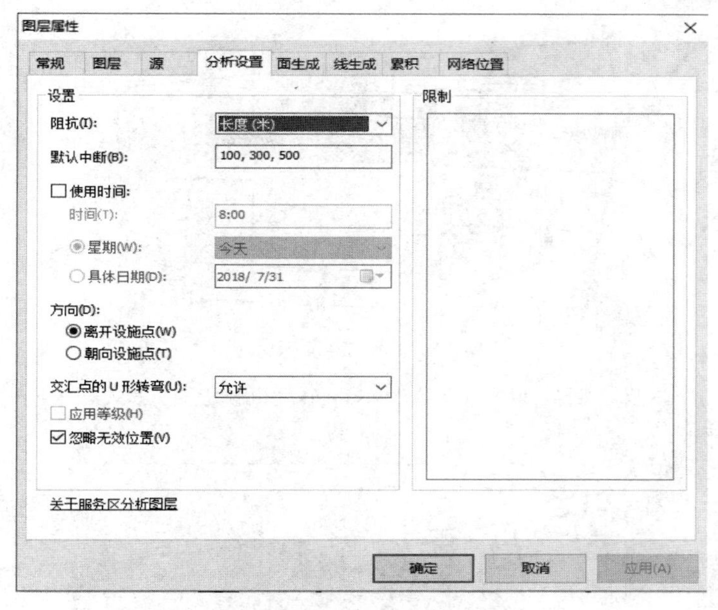

图 8.78 【图层属性】对话框

（4）选择【面生成】选项卡，勾选【生成面】，如图 8.79 所示，单击【确定】按钮，完成设置。

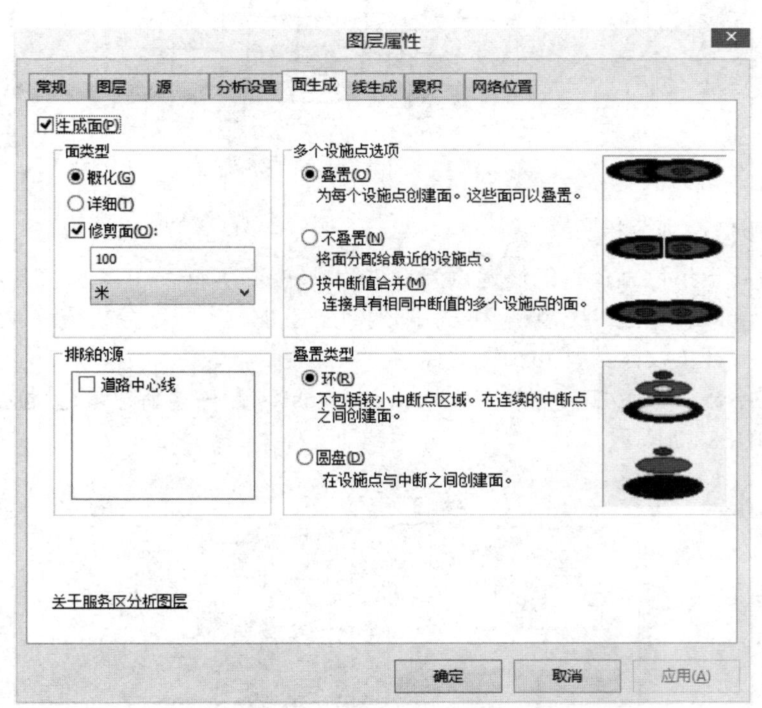

图 8.79　面生成设置

（5）单击【创建网络位置】按钮，确定设施点，这里选择所有快递点，如图 8.80 所示。

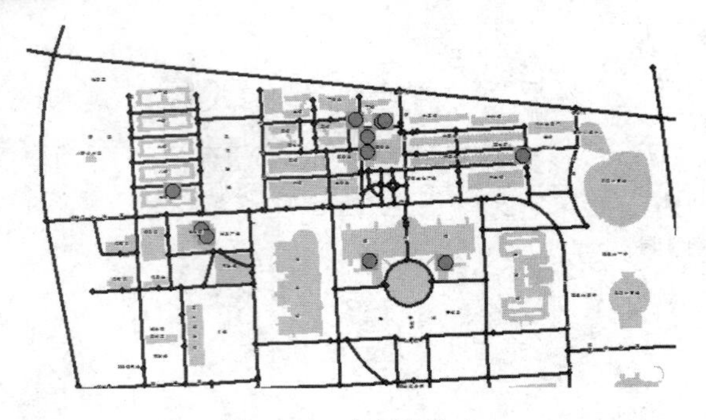

图 8.80　确定设施点

（6）单击【求解】按钮，如图 8.81 所示，不同的颜色的面状图形是由不同中断值产生的服务区域。

图 8.81　快递点服务区域

4．最邻近服务设施分析

下面以查找离学生位置最近的快递点为例进行操作演示。

（1）打开 ArcMap，在“…\第八章\矢量数据的空间分析\网络分析\最邻近服务设施分析\数据”路径下，打开“校园数据.mxd”文件。

（2）在【网络分析】工具条中单击【Network Analyst】→【新建最近设施点】，新建最近设施点图层，如图 8.82 所示。

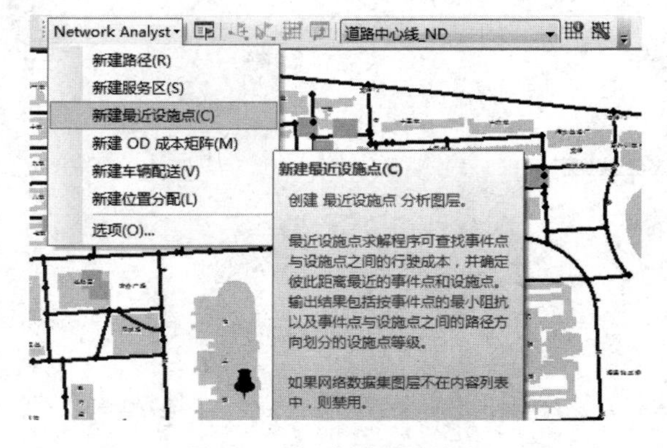

图 8.82　新建最近设施点

（3）在【内容列表】中右击最近设施点图层，在弹出的菜单中单击【属性】，打开【图层属性】对话框，选择【分析设置】选项卡，在【要查找的设施点】文本框中输入“1”，即分析任务可以在限制条件下搜索一定数目的设施点以供选择，如果限制条件下设施点不足，则只返回满足条件的设施点。

（4）勾选【忽略无效位置】，如图 8.83 所示，单击【确定】按钮，完成设置。

（5）单击【Network Analyst】按钮，打开【Network Analyst】对话框，右击【设施点】，在弹出的菜单中单击【加载位置】，如图 8.84 所示，弹出【加载位置】对话框。

图 8.83　分析设置

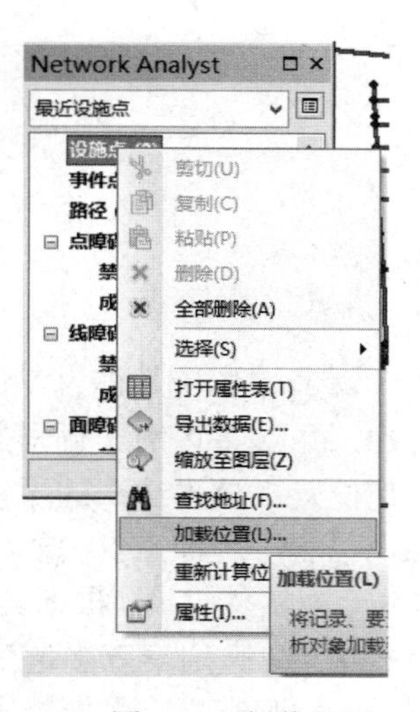

图 8.84　加载位置

（6）在弹出的对话框中，在【加载自】下拉列表中选择“快递”图层，即快递点为设施点，如图 8.85 所示。

（7）单击【确定】按钮，返回【Network Analyst】对话框，按照类似的操作，对【事件点】添加“人员位置”数据，结果如图 8.86 所示。

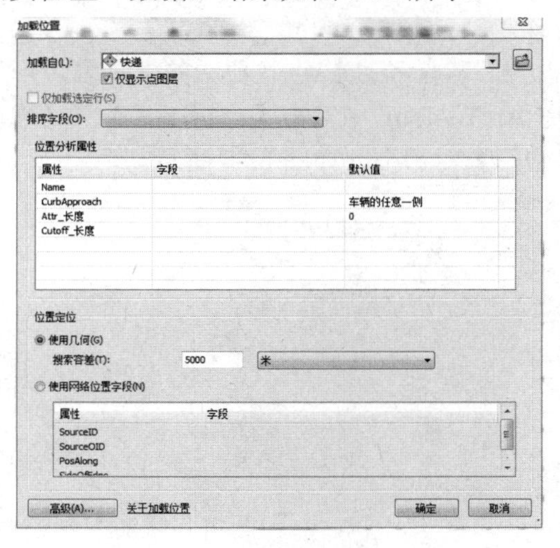

图 8.85　加载快递点数据

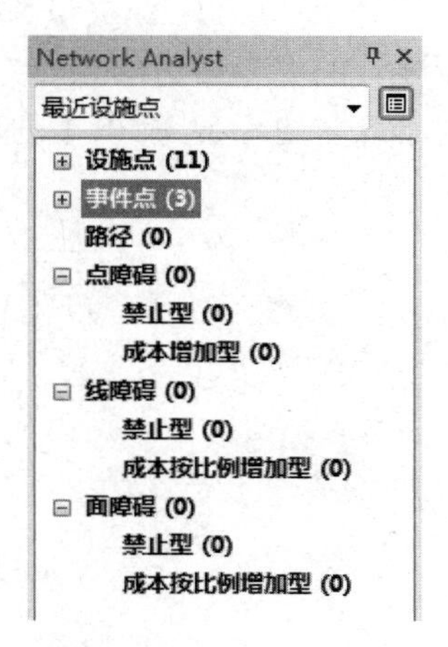

图 8.86　加载人员位置

（8）关闭【Network Analyst】对话框，单击【求解】按钮，结果如图 8.87 所示。

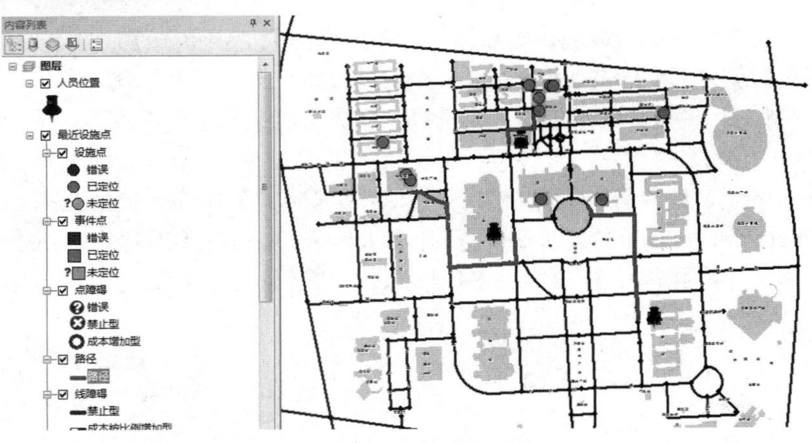

图 8.87 最邻近服务设施分析结果

8.1.4 泰森多边形

泰森多边形（又称为 Voronoi 图）是进行快速插值和分析地理实体影响区域的常用工具，它是由三角形各边的垂直平分线围成的多边形，是对空间平面的一种剖分，其特点是多边形内的任何位置离该多边形的样点的距离最近，离相邻多边形的样点的距离最远，且每个多边形包含且仅包含一个样点。现今，随着对泰森多边形研究的不断深入，泰森多边形的生长元由点实体向线、面实体扩展，根据其生长元的几何类型可将泰森多边形划分为普通泰森多边形和广义泰森多边形。普通泰森多边形的发生元为点集，在实际应用中，当普通泰森多边形无法满足应用需求时，则产生广义泰森多边形，即生长元为线、面或点线面的随机组合。由于泰森多边形在空间剖分上的等分性特征，可应用于空间邻域查询、接近度分析、可达性分析、数据结构、模式识别等方面。

1. 点状要素的泰森多边形

下面以省级行政中心的影响范围为例，进行点状要素（点要素）泰森多边形的构建，操作步骤如下。

（1）打开“…\第八章\矢量数据的空间分析\泰森多边形\点状要素的泰森多边形”路径下的“点状要素的泰森多边形.mxd”文件，在 ArcToolbox 中双击【分析工具】→【邻域分析】→【创建泰森多边形】，弹出【创建泰森多边形】对话框，如图 8.88 所示。

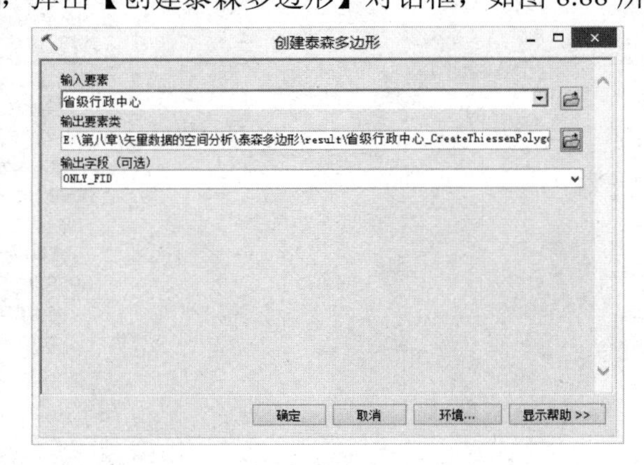

图 8.88 【创建泰森多边形】对话框

（2）在【输入要素】下拉列表中选择“省级行政中心”图层，在【输出要素类】中指定输出要素类的保存路径和名称。

（3）【输出字段】下有两个选项：ONLY_FID 和 ALL。

- ONLY_FID 指仅将输入要素的 FID 字段传递到输出要素类中，默认是该选项。
- ALL 指将输入要素的所有属性都传递到输出要素中。

（4）单击【确定】按钮，完成操作，如图 8.89 所示。

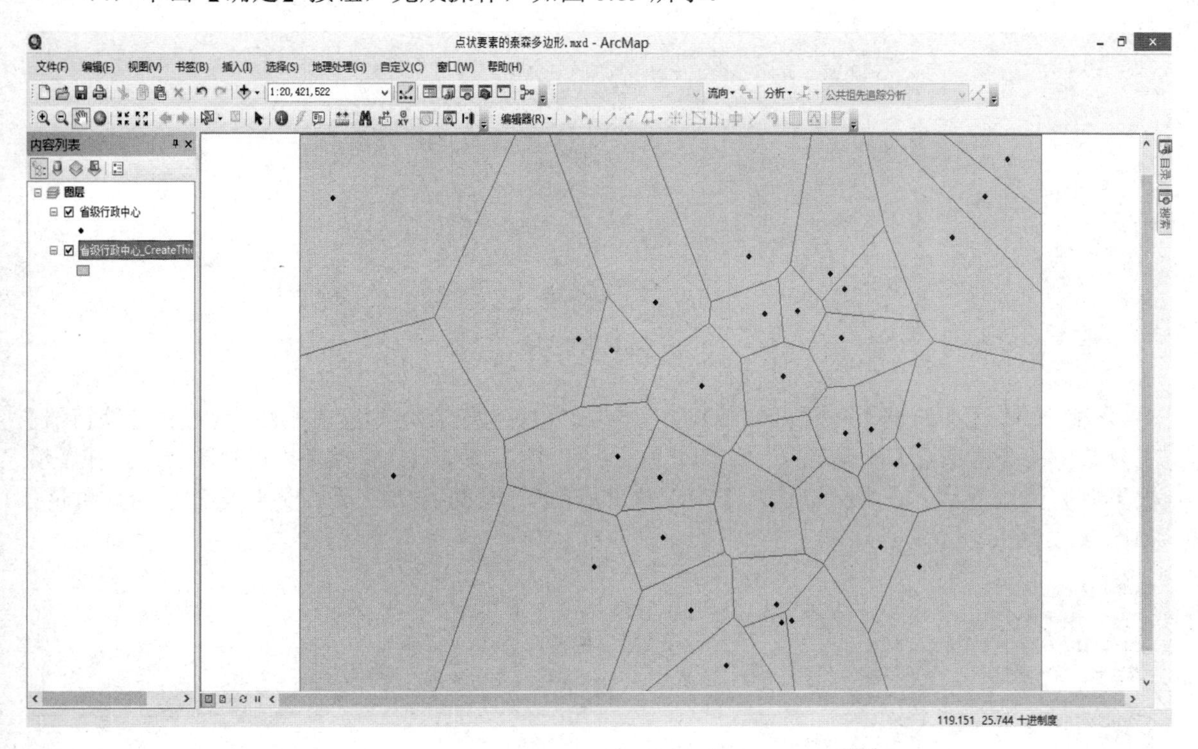

图 8.89　点状要素的泰森多边形

2. 面状要素的泰森多边形

ArcMap 中的【创建泰森多边形】工具仅可用于点状要素，面状要素（面要素）可以通过【要素转线】工具，提取出边界线，再利用【编辑器】中的【构造点】工具生成面状要素的边界点，并以这些点为基础生成泰森多边形，最后将来自同一面状要素边界点的泰森多边形融合，得到面状要素的泰森多边形。下面以“创建居民地的泰森多边形”为例来说明操作步骤。

（1）打开“…\第八章\矢量数据的空间分析\泰森多边形\面状要素的泰森多边形”路径下的“面状要素的泰森多边形.mxd”文件，在 ArcToolbox 中双击【数据管理工具】→【要素转线】，弹出【要素转线】对话框。

（2）如图 8.90 所示，【输入要素】下拉列表中选择“居民地”图层，在【输出要素类】中指定输出要素类的保存路径，设置输出名称为“边界线”，单击【确定】按钮，生成“居民地”的边界线。

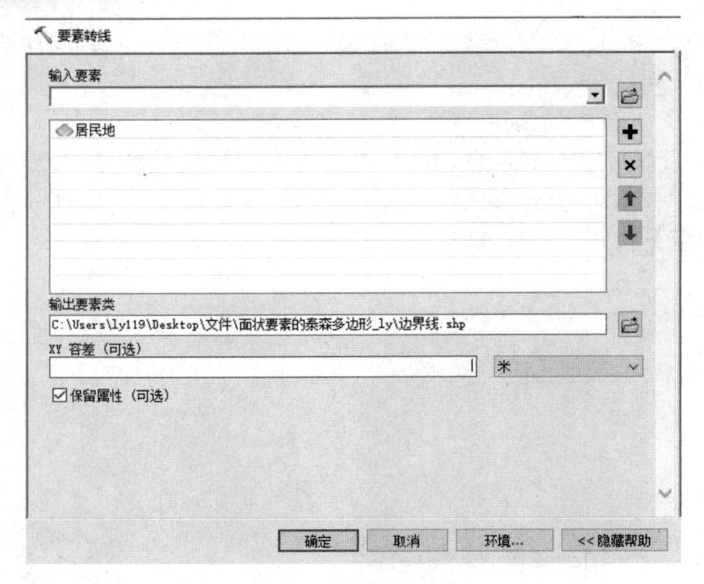

图 8.90 【要素转线】对话框

（3）单击【编辑器】→【开始编辑】，选中“边界线”图层中的其中一个要素，【编辑器】工具条中的【构造点】工具亮起，如图 8.91 所示。单击该工具，弹出【构造点】窗口，在【模板】中选择边界点，在【构造选项】中选择“点数”，根据线状要素长度设置合适的数量值，如图 8.92 所示。

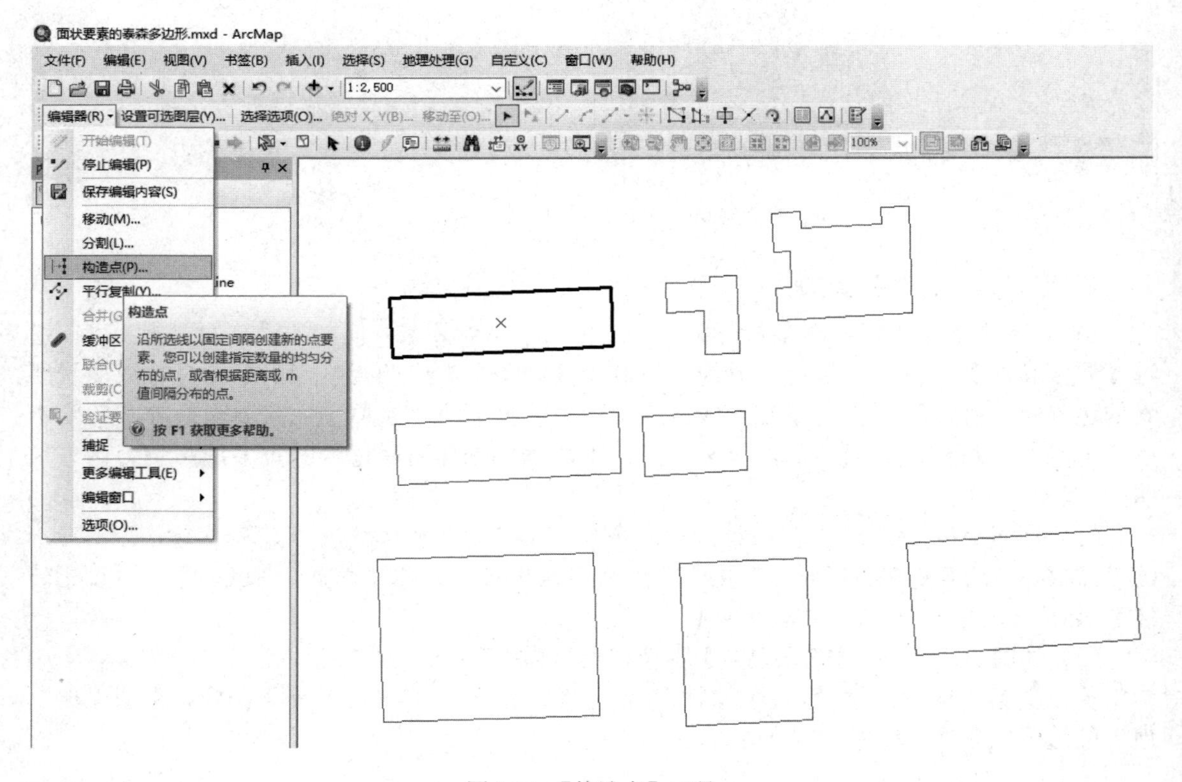

图 8.91 【构造点】工具

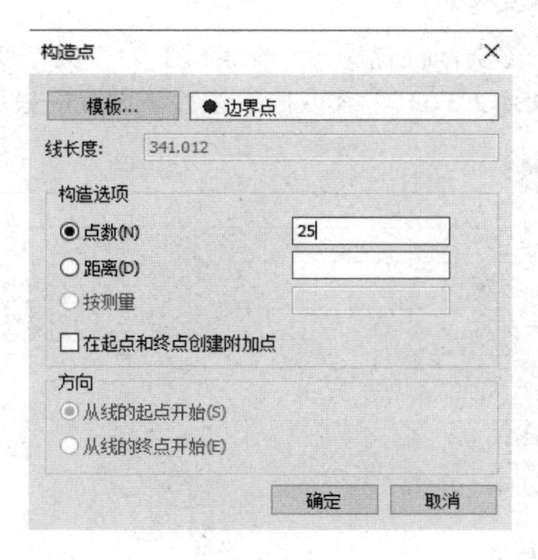

图 8.92　【构造点】对话框

（4）在【构造点】对话框单击【确定】按钮，在被选中的线状要素上生成指定数量的点。在生成边界点的过程中尽量提取出线状要素的折点，可以通过【创建要素】或者【要素折点转点】工具实现。其他线状要素以此类推，最终生成所有边界点，如图 8.93 所示。

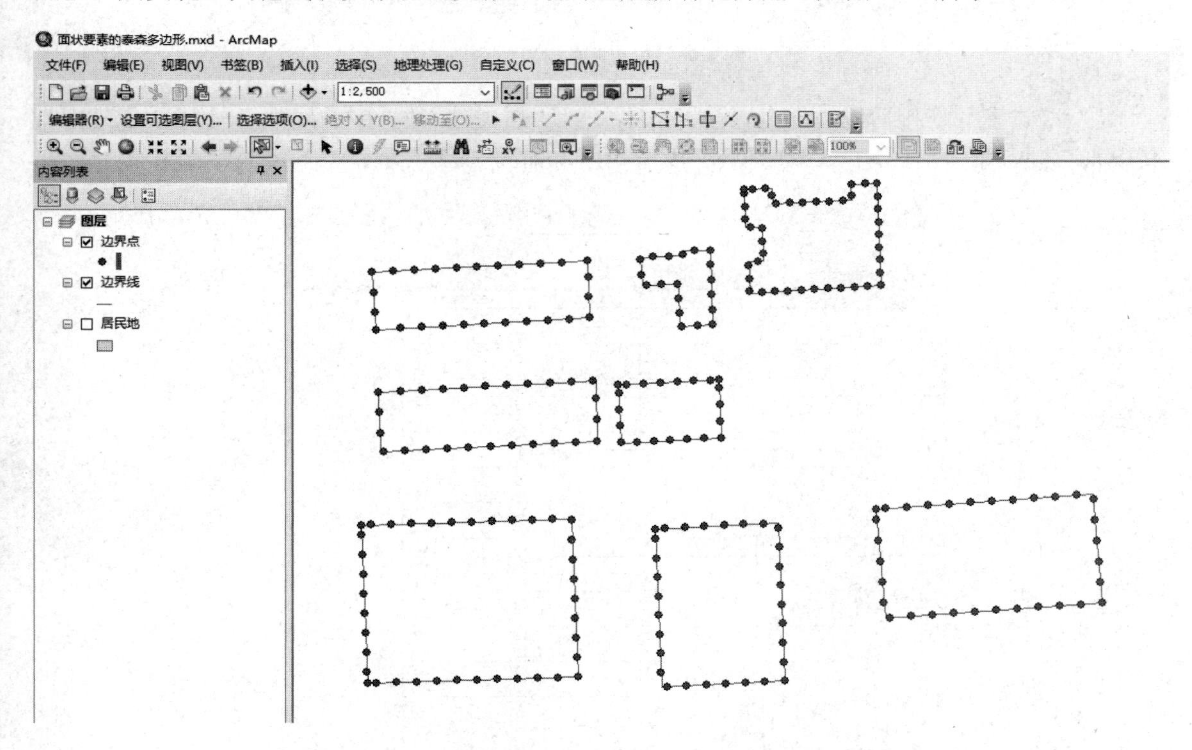

图 8.93　边界线上构造的点

（5）为了方便后续泰森多边形依据属性进行融合，先通过【空间连接】将面状要素的属性连接到边界点上。在 ArcToolbox 中双击【分析工具】→【叠置分析】→【空间连接】，弹出【空间连接】对话框。

（6）如图 8.94 所示，在【目标要素】下拉列表中选择“边界点”图层，在【连接要素】

下拉列表中选择“居民地”图层，设置【输出要素类】为“边界点_SpatialJoin”，在【连接要素的字段映射】中选择“OBJECTID”，其余选项按默认设置，最后单击【确定】按钮，生成新的点要素。

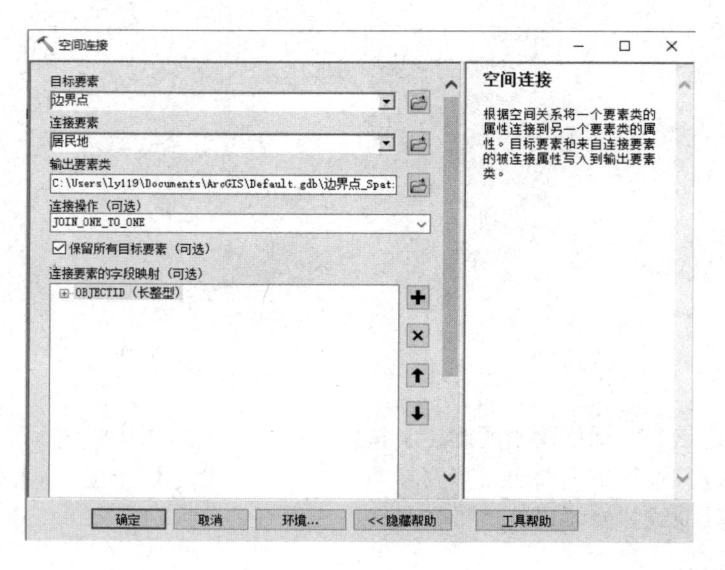

图 8.94 【空间连接】对话框

（7）经过空间连接后的边界点，属性表中新增了“居民地”数据中的属性字段“OBJECTID”，其中来自同一个“居民地”的边界点字段值相同，如图 8.95 所示。

表

边界点_SpatialJoin

FID	Shape *	Join_Count	TARGET_FID	OBJECTID
0	点	1	0	888
1	点	1	1	888
2	点	1	2	888
3	点	1	3	888
4	点	1	4	888
5	点	1	5	888
6	点	1	6	888
7	点	1	7	888
8	点	1	8	841
9	点	1	9	841
10	点	1	10	841
11	点	1	11	841
12	点	1	12	841
13	点	1	13	841
14	点	1	14	841
15	点	1	15	841
16	点	1	16	890
17	点	1	17	890
18	点	1	18	890
19	点	1	19	890
20	点	1	20	890
21	点	1	21	890

1 (0 / 62 已选择)

边界点_SpatialJoin

图 8.95 空间连接后的边界点属性表

（8）打开【创建泰森多边形】对话框，在【输入要素】下拉列表中选择“边界点_SpatialJoin”，在【输出字段】中选择“ALL”，以保证新生成的泰森多边形中也具有“OBJECTD”字段，设置输出名称为“点要素泰森多边形”，最后单击确定生成结果。

（9）在 ArcToolbox 中双击【数据管理工具】→【制图综合】→【融合】，参数设置如图 8.96 所示，在【输入要素】下拉列表中选择“点要素泰森多边形”，设置输出名称为“面要素泰森多边形”，在【融合_字段（可选）】中选择“OBJECTID”，单击【确定】按钮，生成面状要素“居民地”的泰森多边形，如图 8.97 所示。

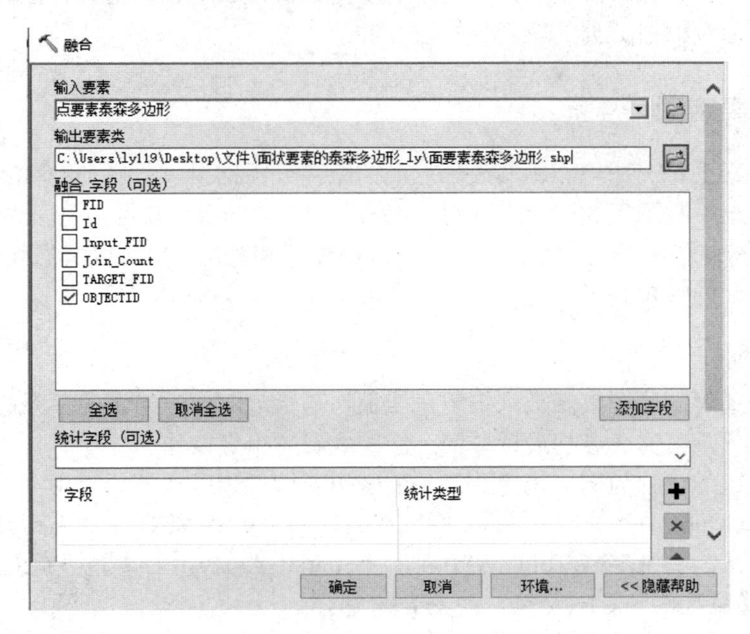

图 8.96　融合

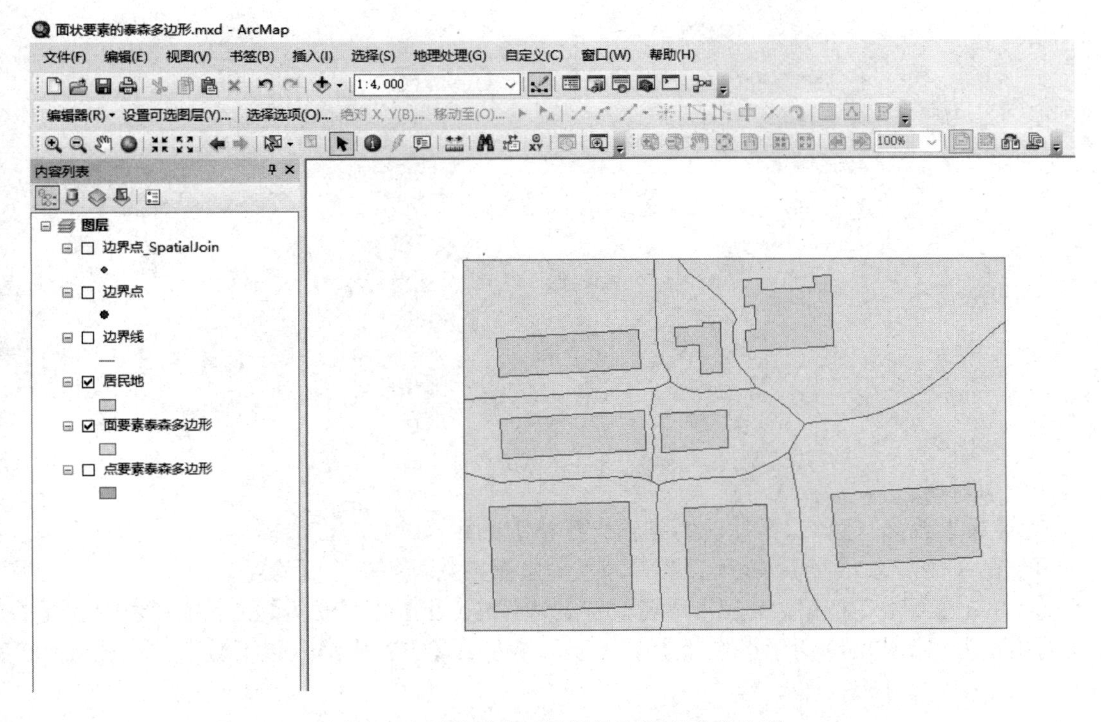

图 8.97　面状要素“居民地”的泰森多边形

8.2 栅格数据的空间分析

栅格数据结构简单、直观，点、线、面等地理实体采用同样的方式存储，便于快速执行叠加分析和各种空间统计分析。基于栅格数据的空间分析在 ArcGIS 中占有重要地位，空间建模的基本过程也是通过栅格数据的空间分析进行的。

8.2.1 距离制图

距离制图是根据每一栅格相距其最邻近源的距离分析结果，得到每一栅格与其邻近源的相互关系的。源是距离制图中的目标或目的地，如学校、商场等，其特征是一系列的点、线、面要素。因此，距离制图便于人们对资源进行合理的配置和利用，也可以根据某些成本因素找到从某地到达目的地的最短路径。

1. 欧氏距离

欧氏距离是通过直线距离函数来描述每个栅格与最近源或一组源的关系的，并按照距离远近分级。运用此工具可完成寻找最近城镇、医院或者超市等操作。

我们以到最近的银行为例来说明此工具的应用，操作步骤如下。

（1）打开 ArcMap，在“…\第八章\栅格数据的空间分析\距离制图\欧氏距离\数据”路径下，添加“银行.shp”文件，在 ArcToolbox 中双击【Spatial Analyst 工具】→【距离分析】→【欧氏距离】，弹出【欧氏距离】对话框，如图 8.98 所示。

（2）在【输入栅格数据或要素源数据】下拉列表中选择“银行”图层，并指定【输出距离栅格数据】的保存路径和名称。

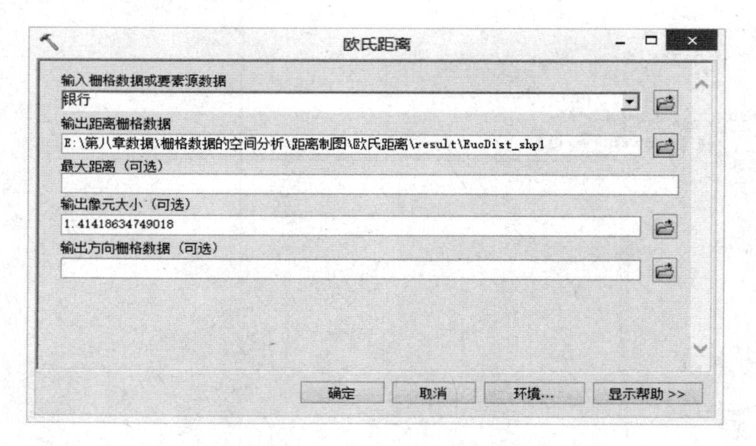

图 8.98 【欧氏距离】对话框

（3）【最大距离（可选）】默认为到输出栅格边的距离。

（4）在【输出像元大小（可选）】中输入输出栅格数据集的单元大小。

（5）单击【环境】按钮，弹出【环境设置】对话框，在【处理范围】的下拉列表中选择【如下面的指定】，如图 8.99 所示。在【上】、【下】、【左】、【右】中输入以下数值，如图 8.100 所示，单击【确定】按钮。

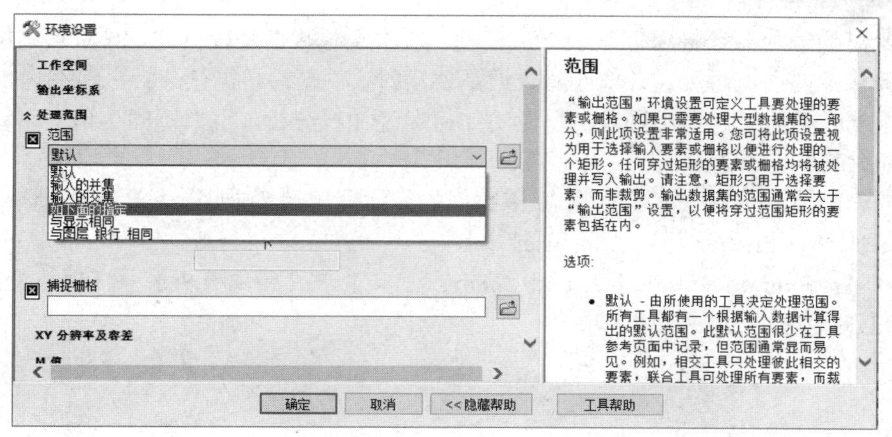

图 8.99　设置处理范围

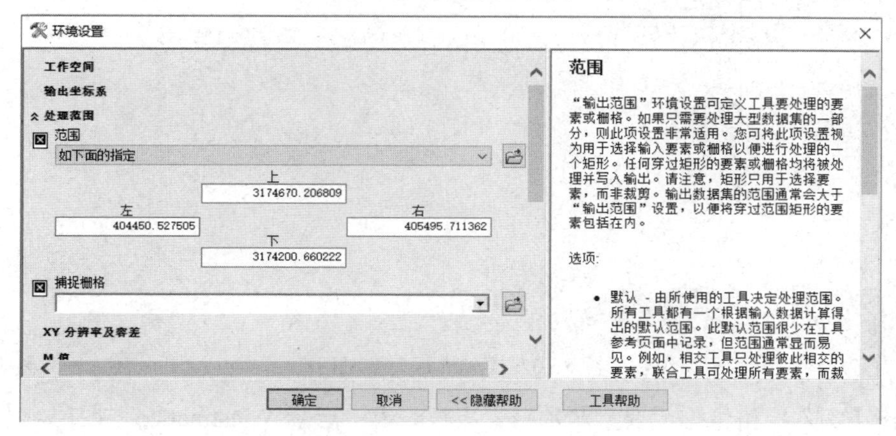

图 8.100　设置【上】、【下】、【左】、【右】的值

（6）单击【确定】按钮，完成操作，如图 8.101 所示。

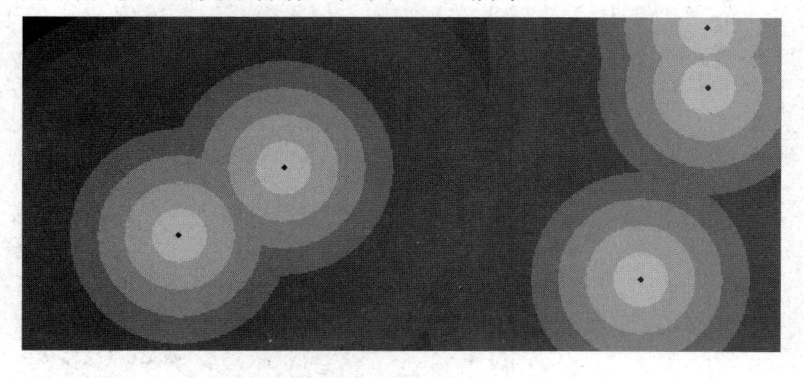

图 8.101　欧氏距离示意图

2．成本距离

成本指到达目标或者目的地所花费的金钱或者时间，通过成本距离加权函数可计算距离最近、成本最低的累加成本。成本距离与欧氏距离类似，不同点在于欧氏距离计算的是位置间的实际距离，而成本距离计算的是到最近源位置的最短加权距离。成本距离在基于地理因素的研究中很有用，如动物的迁徙、顾客的消费行为等。

成本距离的输入源数据可以是要素或栅格，当输入源数据是栅格时，源像元集包括具有有效值的源栅格中的所有像元；当输入源数据是要素时，源位置在执行分析之前在内部转换为栅格。下面以重分类的土地利用图为例，说明如何实现加权分析，根据不同土地类型，我们赋予不同的权重，操作步骤如下。

（1）打开 ArcMap，在“…\第八章\栅格数据的空间分析\距离制图\成本距离\地理数据.gdb\”路径下，添加“destination”和“landuse”文件。

（2）在 ArcToolbox 中双击【Spatial Analyst 工具】→【距离分析】→【成本距离】，弹出【成本距离】对话框，如图 8.102 所示。

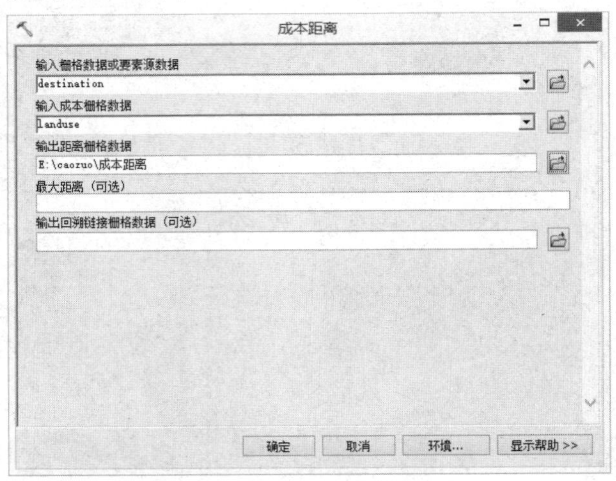

图 8.102 【成本距离】对话框

（3）在【输入栅格数据或要素源数据】下拉列表中选择“destination”图层，在【输入成本栅格数据】下拉列表中选择“landuse”图层。

（4）指定【输出距离栅格数据】的保存路径和名称。

（5）在【最大距离（可选）】中输入的累加成本值不能超过的阈值，若选择【输出回溯链接栅格数据（可选）】，则会生成相应的成本回溯链接栅格数据，这里选择默认选项。

（6）单击【确定】按钮，完成操作，结果如图 8.103 所示。

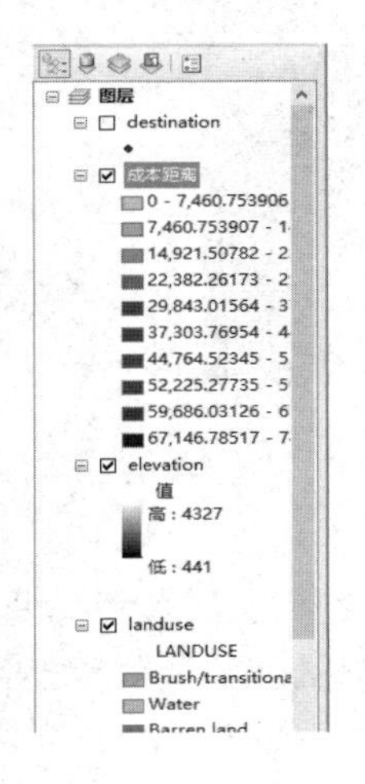

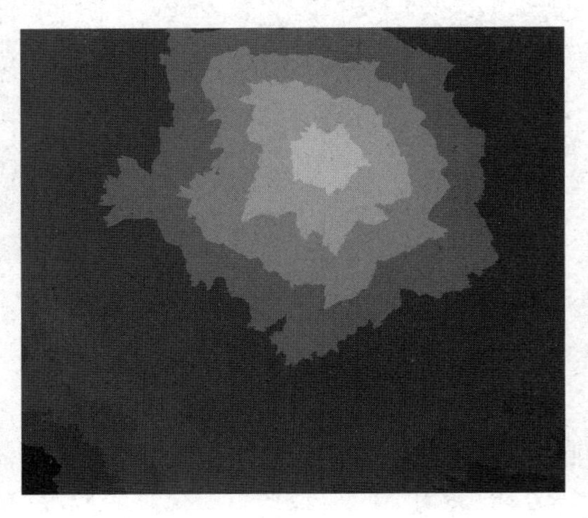

图 8.103　成本距离结果

8.2.2 密度制图

密度制图是指根据输入要素数据集计算整个区域的数据聚集状况，从而产生一个连续的密度表面。该制图方法主要是基于点数据实现的，以每个待计算格网点为中心，进行圆形区域的搜索，进而来计算每个格网点的密度值。

1. 核密度制图

核密度制图对落入搜索区的格网点赋予不同的权重，越靠近中心点，权重越大，越远离中心点，权重越小。我们可以使用“Population”字段根据要素的重要程度赋予某些要素比其他要素更大的权重。

下面以人流量的分布为例来说明核密度制图，操作步骤如下。

（1）打开 ArcMap，添加“…\第八章\栅格数据的空间分析\密度制图\核密度制图\数据\”路径下的“南昌市旅游景点.shp”数据。

（2）在 ArcToolbox 中双击【Spatial Analyst 工具】→【密度分析】→【核密度分析】，弹出【核密度分析】对话框，如图 8.104 所示。

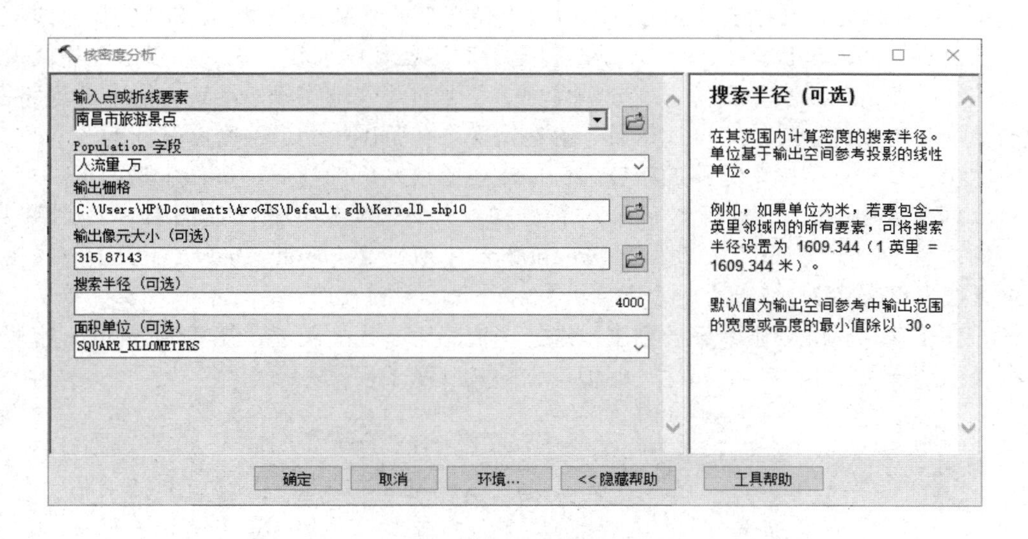

图 8.104 【核密度分析】对话框

（3）在【核密度分析】对话框中，在【输入点或折线要素】的下拉列表中选择“南昌市旅游景点”图层，在【Population 字段】的下拉列表中选择“人流量_万”属性。

（4）在【输出栅格】中指定输出栅格的保存路径和名称。

（5）【输出像元大小（可选）】确定输出栅格数据集的单元大小。

（6）【搜索半径（可选）】确定用于密度计算的搜索半径，这里输入“4000”。

（7）【面积单位（可选）】确定输出密度值的所需面积单位。

（8）单击【确定】按钮，完成核密度制图，即可看到人流量随景点的分布情况，如图 8.105 所示。

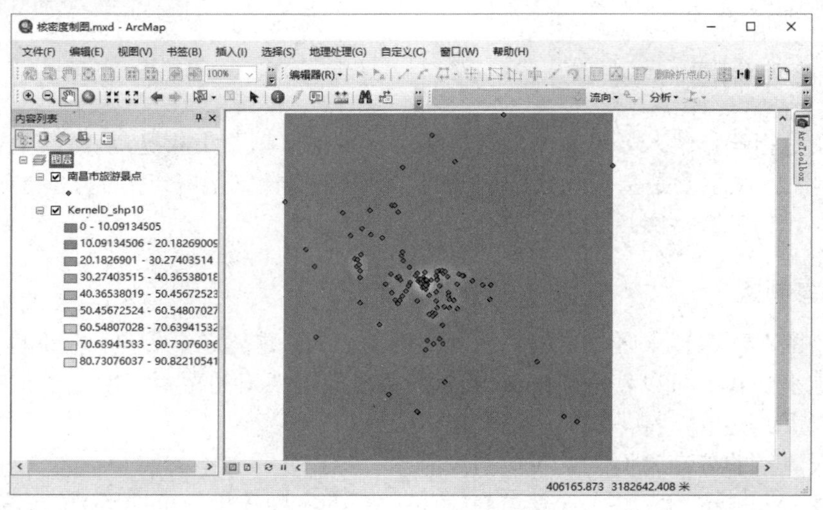

图 8.105　核密度制图

2．线密度制图

理论上，以栅格像元中心为圆心，以搜索半径为半径绘制一个圆，在圆内，每条线上落入圆内的长度乘以“Population”字段赋予的权重，对这些数值求和，最后除以圆面积就得到栅格像元的线密度。在现实中，线密度分析可用于了解对野生动物栖息地造成影响的道路密度，或者城镇中公用设施管线的密度，以及了解在国家森林范围内的道路密度等问题。

下面以计算一定范围内道路的密度为例，来说明线密度的使用，操作步骤如下。

（1）打开 ArcMap，添加在“…\第八章\栅格数据的空间分析\密度制图\线密度制图\数据”路径下的“道路中心线.shp”文件，在 ArcToolbox 中双击【Spatial Analyst 工具】→【密度分析】→【线密度分析】，弹出【线密度分析】对话框，如图 8.106 所示。

（2）在【输入折线要素】下拉列表中选择“道路中心线”图层，在【Population 字段】的下拉列表中选择“LENGTH”属性，即根据它的长度赋予权重。

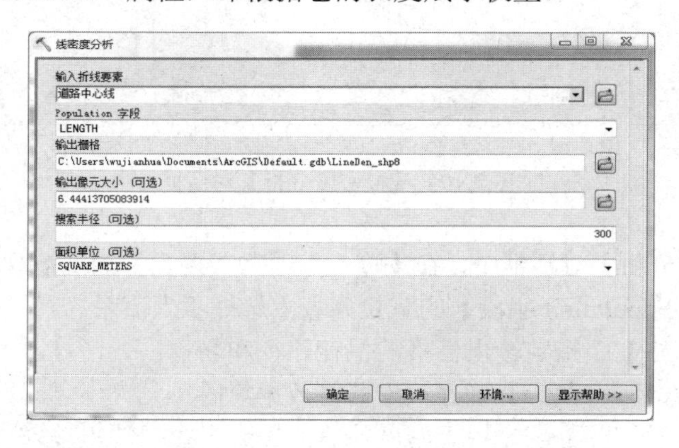

图 8.106　【线密度分析】对话框

（3）在【输出栅格】中指定输出栅格的保存路径和名称。

（4）在【输出像元大小（可选）】和【搜索半径（可选）】中输入输出栅格数据集的单元大小和用于密度计算的搜索半径。

（5）单击【确定】按钮，完成线密度制图，如图 8.107 所示。

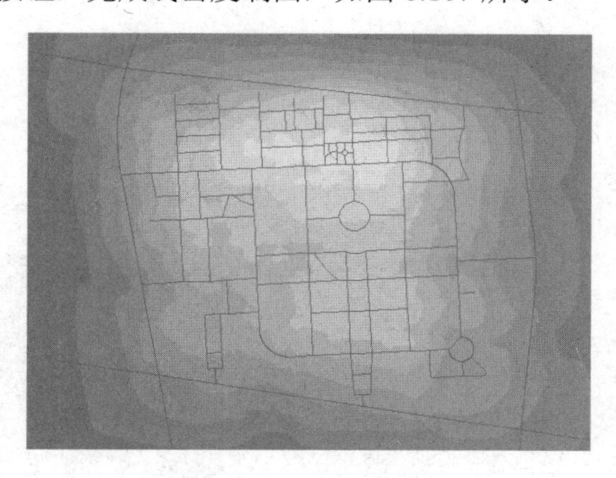

图 8.107　线密度制图

3．点密度制图

点密度工具用于计算每个输出栅格像元周围的点要素的密度。从概念上讲，每个栅格像元中心的周围都定义了一个邻域，将邻域内点的数量相加，然后除以邻域面积，即可得到点要素的密度。该工具可用于查明房屋、野生动物观测值或犯罪事件的密度。

下面以某一动物活动足迹为例进行说明，操作步骤如下。

（1）打开 ArcMap，添加“…\第八章\栅格数据的空间分析\密度制图\点密度制图\数据”路径下的“动物活动.shp”文件，在 ArcToolbox 中双击【Spatial Analyst 工具】→【密度分析】→【点密度分析】，弹出【点密度分析】对话框，如图 8.108 所示。

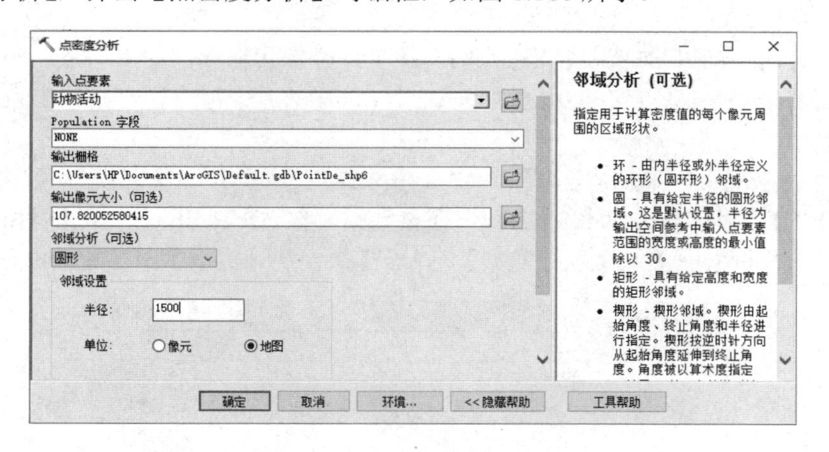

图 8.108　【点密度分析】对话框

（2）在【点密度分析】对话框中，在【输入点要素】的下拉列表中选择“动物活动”图层，在【Population 字段】的下拉列表中选择“NONE”属性。

（3）在【输出栅格】中指定输出栅格的保存路径和名称。

（4）在【输出像元大小（可选）】中输入输出栅格数据集的单元大小。

（5）【邻域分析】指定用于密度计算的每个像元周围的区域形状。有“环形”、“圆形”、“矩形”、“楔形”四种，这里选择“圆形”，【邻域设置】中将【半径】设置为“1500”。

（6）单击【确定】按钮，完成点密度制图，如图 8.109 所示。

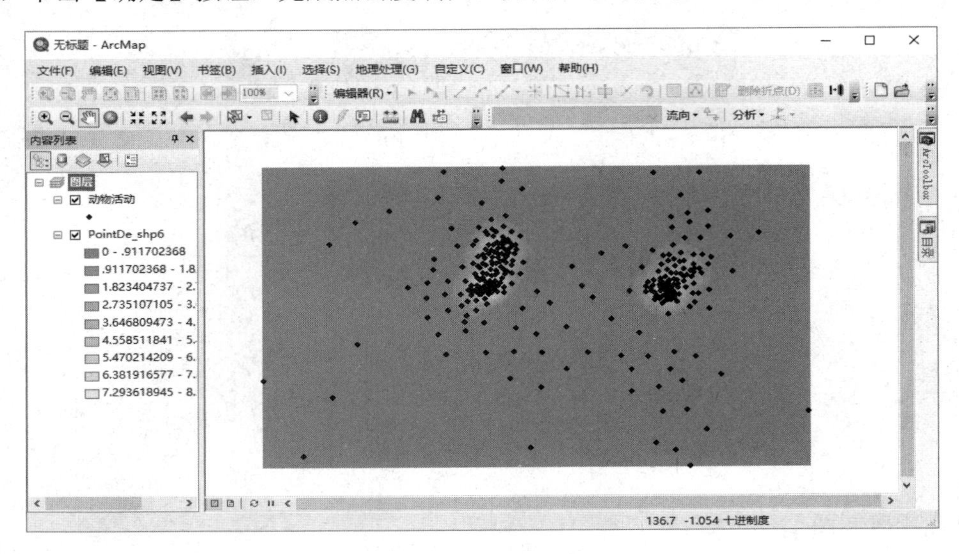

图 8.109 点密度制图

8.2.3 像元统计

对于像元统计，输出栅格每个位置的值均可以作为该位置上所有输入的像元值函数进行计算。像元统计的类型包括众数、最大值、最小值、总和等。通常在处理同一地区不同时期的变化现象时，当多层面栅格数据进行叠合时，就需要对栅格像元进行统计，例如同一地区不同年份的温度波动变化或者同一地区不同年份的人口变化等。

下面以青海湖不同月份的温度变化为例，逐个计算像元输入值的平均值。必须注意的是，如果所有输入都是整型，则输出也是整型；如果任一输入属于浮点型，则输出也为浮点型。

操作步骤如下。

（1）打开 ArcMap，添加“…\第八章\栅格数据的空间分析\单元统计\数据”路径下的“QH20040201.TIF”和“QH20040501.TIF”栅格数据，在 ArcToolbox 中双击【Spatial Analyst 工具】→【局部分析】→【像元统计数据】，弹出【像元统计数据】对话框，如图 8.110 所示。

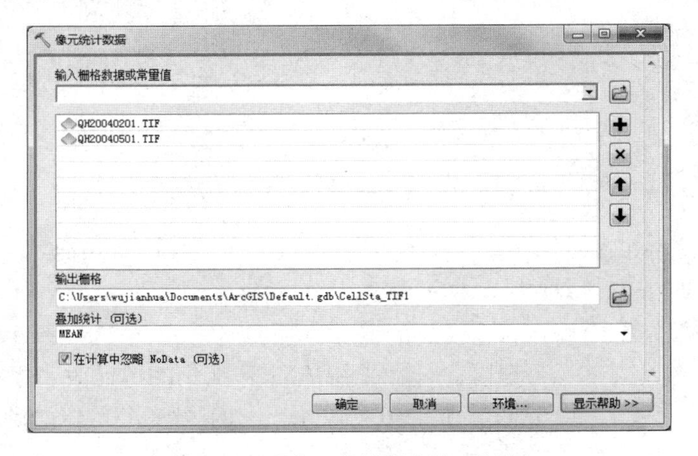

图 8.110 【像元统计数据】对话框

（2）在【输入栅格数据或常量值】中选择栅格数据“QH20040201.TIF”和“QH20040501.TIF”并在【输出栅格】中指定保存路径和名称。

（3）在【叠加统计（可选）】下拉列表中选择统计类型，这里选择“MEAN”，即逐个计算像元输入值的平均值。

（4）单击【确定】按钮，完成操作，如图 8.111 所示。

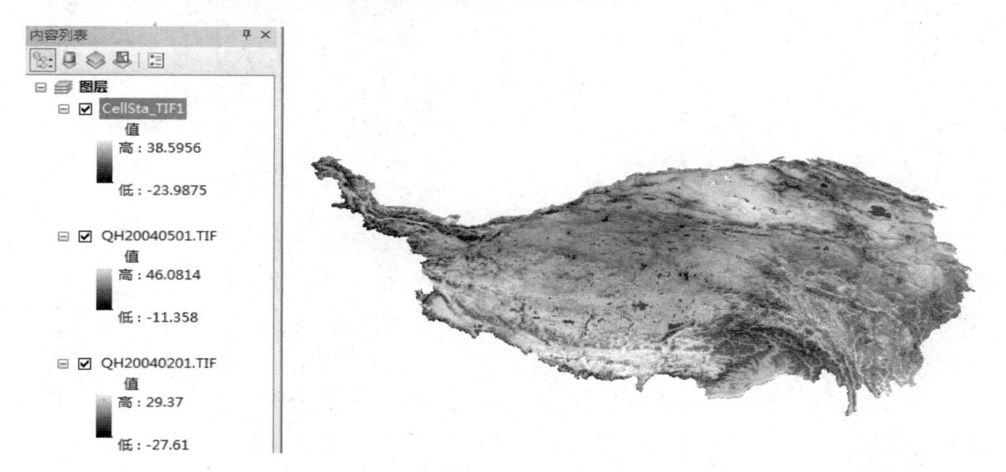

图 8.111 像元统计

8.2.4 邻域统计

邻域统计以栅格数据系统中待计算的栅格为中心，向周围扩展一个有固定分析半径的分析窗口，并在该窗口内进行诸如极值等一系列统计计算，从而得到此栅格的值。例如，邻域统计可以实现在调查土地利用过程中同时获得邻域范围内土地变化，并确定土地利用的稳定性等功能。

ArcGIS 中提供了以下几个邻域分析窗口。

（1）矩形：矩形邻域的宽度和高度单位可采用像元单位或地图单位。

（2）圆形：圆形邻域的大小取决于指定的半径，半径可用像元单位或地图单位标识，以垂直于 x 轴或 y 轴的方式进行测量。

（3）环形：环形邻域需要设置内半径和外半径，半径可用像元单位或地图单位标识，以垂直于 x 轴或 y 轴的方式进行测量。

（4）楔形：选择楔形需要输入起始角度、终止角度和半径三项内容。

邻域统计可以执行以下类别的统计。

（1）焦点统计：焦点统计工具可为每个输入像元位置计算其周围指定邻域内的值的统计数据，主要用来处理具有重叠邻域的输入数据集，如图 8.112 所示。

焦点统计的类型包括众数、最大值、平均值等，在执行过程中将访问栅格中的每个像元，并且根据识别出的邻域范围计算出指定的统计数据。要计算统计数据的像元称为待处理像元，待处理像元的值及所识别出的邻域中的所有像元值都将包含在邻域统计数据的计算中。我们以一个图为例，来说明如何利用焦点统计求邻域内所有值的总和的过程，如图 8.113 所示。

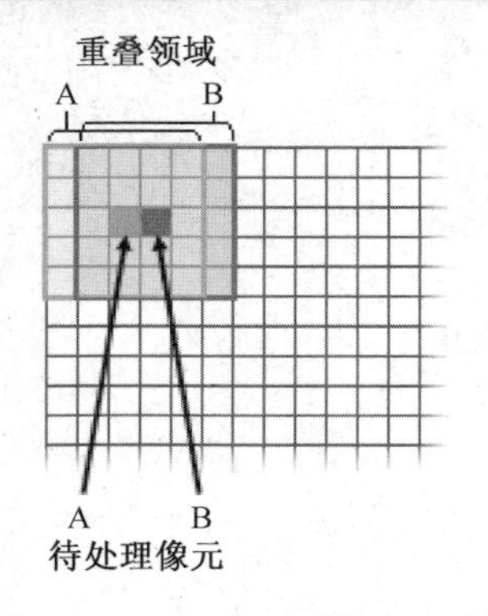

图 8.112　焦点统计示意图

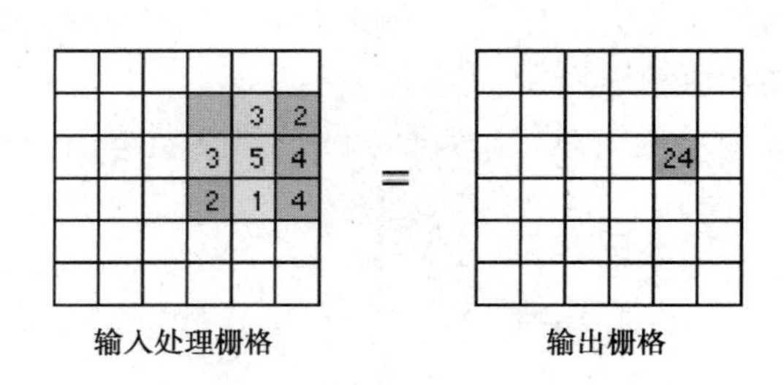

图 8.113　焦点统计求和

在一个 3×3 的区域里，待处理像元的值为 5，它与邻域像元的值的总和为（3+2+3+5+4+2+1+4= 24），因此，把输出栅格中与待处理像元相同的位置指定为 24。

（2）块统计。块统计工具可以为一组固定的非叠置窗口或邻域中的输入像元计算统计数据，为单个邻域或块生成的结果将会分配给包含在指定邻域中的所有像元，主要用来处理非重叠区域的数据集，如图 8.114 所示。

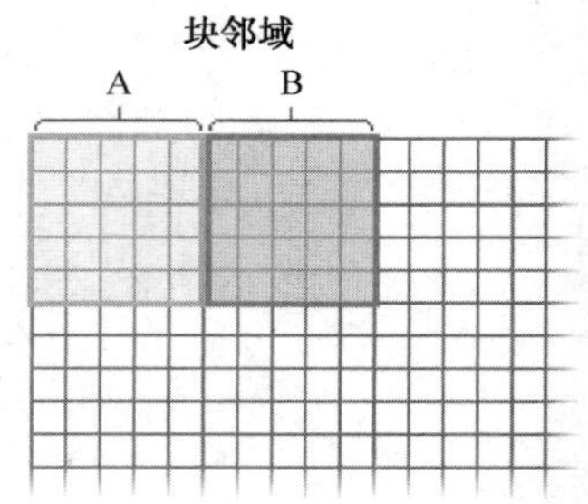

图 8.114　块统计示意图

块统计在邻域内可以计算的统计数据有均值、众数、最大值、中值、最小值、少数、范围、标准差、总和、变异度。单个邻域或块生成的结果将会分配给包含在指定邻域内的所有像元，我们以在指定邻域求最大值为例，如图 8.115 所示。

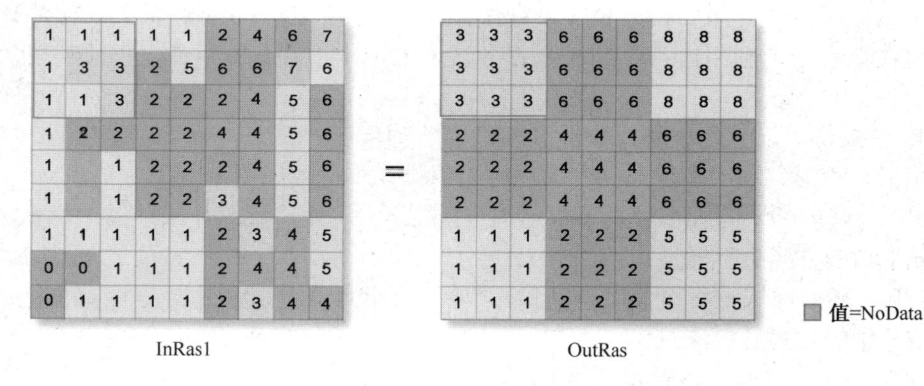

图 8.115　块统计求最大值结果

从图中 InRasl（输入栅格）左上方 3×3 邻域内可以看出，最大值为 3，在 OutRas（输出栅格）同样邻域内，已统计出最大值，其他邻域进行相同的处理，即得到输出栅格的结果。

8.2.5　分区统计

分区统计是作用于区域属性的分析，可计算在另一个数据集的区域内栅格数据值的统计数据，包括计算数值取值范围、最大值、最小值等。区域是指栅格中具有相同值的所有像元，而不论这些像元是否相连。利用分区统计，能够根据一个区域的数据计算分区范围内所包含的另一个栅格数据的统计数据，所以在输出时，同一区域被赋予单一的输出值。例如，如果要了解不同土地利用方式下的坡度信息，以某一土地利用为区域数据集，坡度数据为被统计数据集，就可以进行分区统计。

分区图层展示了定义区域的输入栅格，值图层包含将用于计算每个区域的统计数据的输入。在本示例中，将为每个区域指定输入值的最大值，示意图如 8.116 所示。

在 ArcGIS 中有 10 种统计方法。

- Minimum：在区域出现最小数值。
- Maximum：在区域内出现最大的数值。
- Range：在区域内数值的范围。
- Sum：在区域内出现数值的总和。
- Mean：在区域内出现数值的平均数。
- Variety：在区域内不同数值的个数。
- Majority：在区域内出现频率最高的数值。
- Minority：在区域内出现频率最低的数值。
- Median：在区域内出现数值的中值。
- Standard Deviation：在区域内出现数值的标准差。

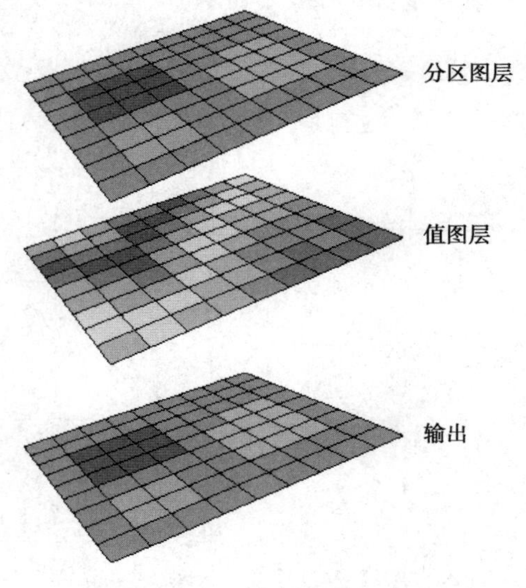

图 8.116　分区统计示意图

*8.2.6　重分类工具

重分类工具用于对原有栅格像元值重新分类，从而得到一组新值并输出。重分类工具包括重分类、查找表、分割、使用表重分类等。

1．重分类

（1）打开 ArcMap，添加“…\第八章\栅格数据的空间分析\重分类\数据”路径下的栅格数据“2.PNG”，在 ArcToolbox 中双击【Spatial Analyst 工具】→【重分类】→【重分类】，弹出【重分类】对话框，如图 8.117 所示。

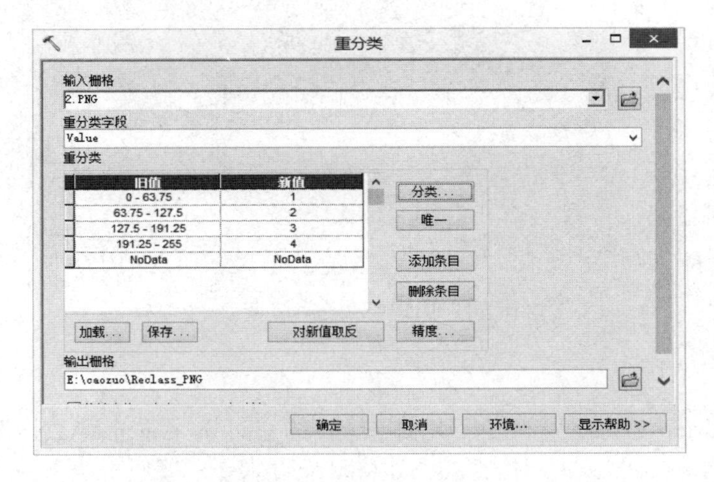

图 8.117　【重分类】对话框

（2）在【输入栅格】下拉列表中选择栅格数据“2.PNG”，在【重分类字段】下拉列表中选择“Value”字段，在【输出栅格】中指定输出栅格的保存路径和名称。

（3）单击【分类】按钮，弹出【分类】对话框，如图 8.118 示。

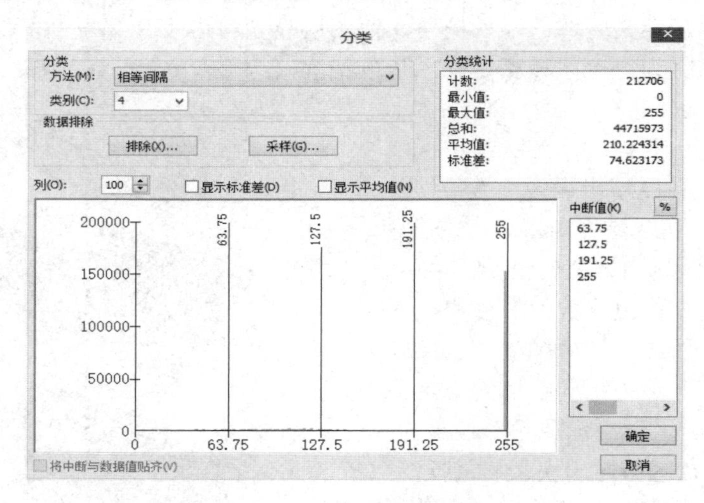

图 8.118 【分类】对话框

（4）在【方法】下拉列表中选择“相等间隔”，在【类别】下拉列表中选择“4”，即以相等间隔重分为 4 类。

（5）单击【确定】按钮，完成操作，如图 8.119 所示。

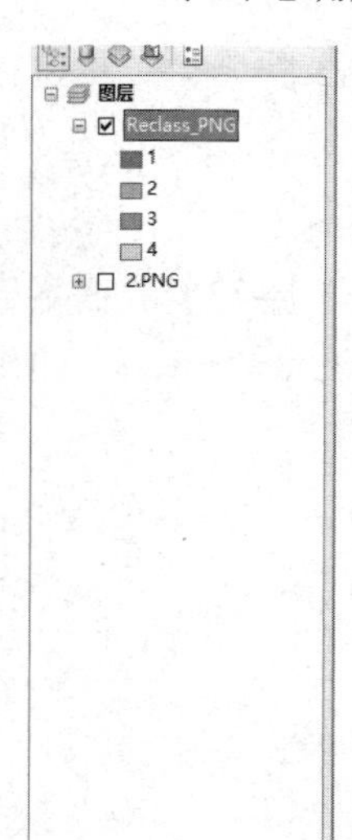

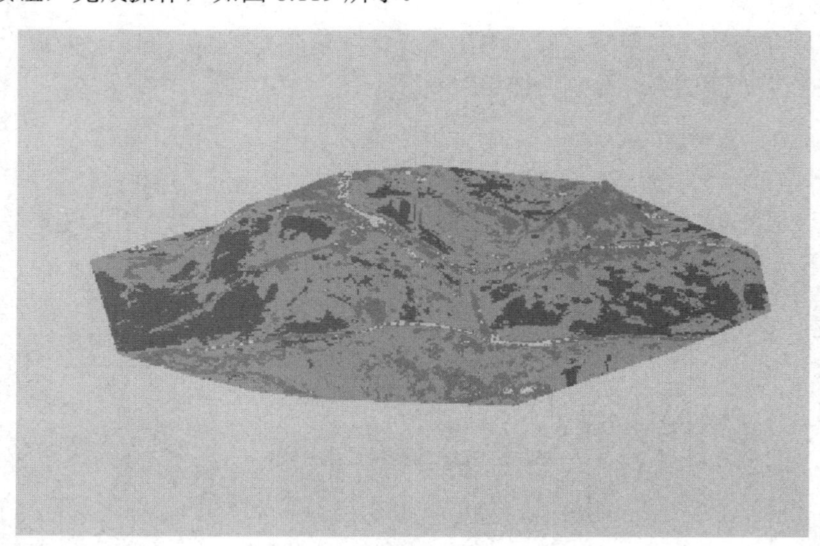

图 8.119 重分类结果

2. 查找表

（1）打开 ArcMap，添加“…\第八章\栅格数据的空间分析\重分类\数据”路径下的栅格数据“2.PNG”，在 ArcToolbox 中双击【Spatial Analyst 工具】→【重分类】→【查找表】中，弹出【查找表】对话框，如图 8.120 所示。

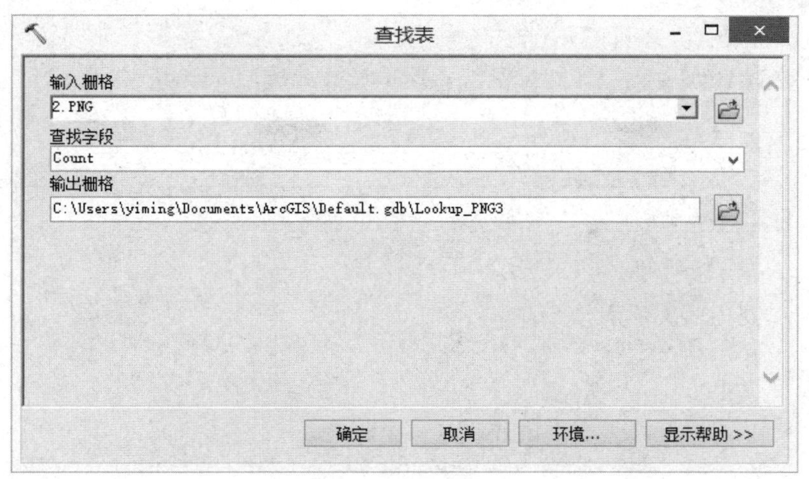

图 8.120　【查找表】对话框

（2）在【输入栅格】下拉列表中选择“2.PNG”图层，在【查找字段】下拉列表中选择“Count”字段，在【输出栅格】中指定输出栅格的保存路径和名称。

（3）单击【确定】按钮，完成操作，属性表如图 8.121 所示。

表

Lookup_PNG3

OBJECTID *	Value	Count
1	1	2
2	2	14
3	3	15
4	4	8
5	5	5
6	6	24
7	7	7
8	8	16
9	9	9
10	10	30
11	12	36

1　(0 / 173 已选择)

Lookup_PNG3

图 8.121　属性表

3．分割

（1）打开 ArcMap，添加“…\第八章\栅格数据的空间分析\重分类\数据”路径下的栅格数据“2.PNG”，在 ArcToolbox 中双击【Spatial Analyst 工具】→【重分类】→【分割】，弹出【分割】对话框，如图 8.122 所示。

（2）在【输入栅格】下拉列表中选择“2.PNG”图层，在【输出栅格】中指定输出栅格的保存路径和名称。

（3）在【输出区域的个数】中输入栅格重分类的区域数量，这里选择 5。

（4）在【分割方法】下有 EQUAL_INTERVAL、EQUAL_AREA 和 NATURAL_BREAKS。

- EQUAL_INTERVAL：等间距分割法。

- EQUAL_AREA：等面积分割法。
- NATURAL_BREAKS：自然分割法，这里选择此选项。

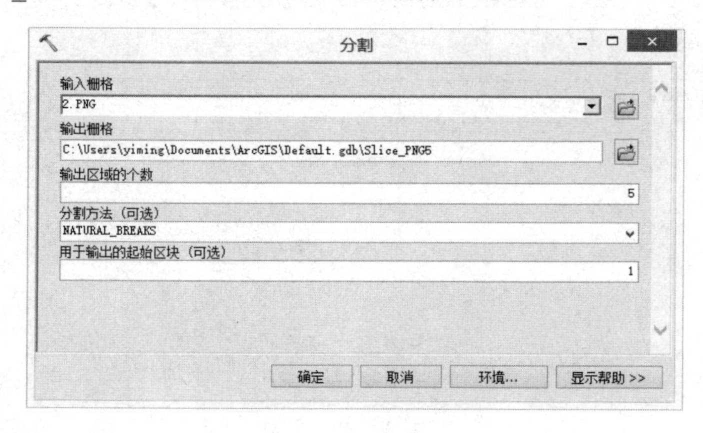

图 8.122 【分割】对话框

（5）单击【确定】按钮，完成操作，如图 8.123 所示。

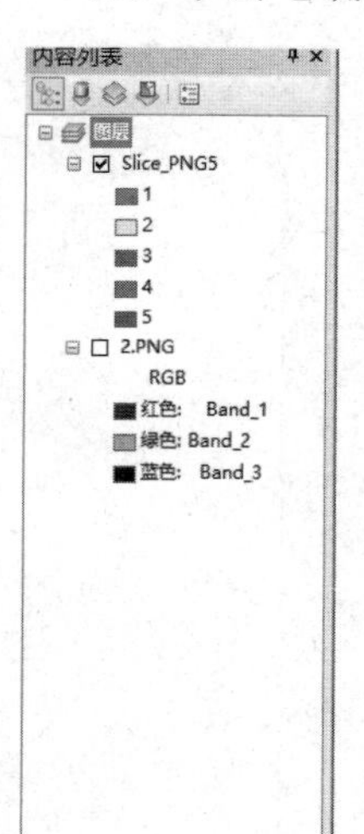

图 8.123 分割结果

（6）查看分割后的属性表，如图 8.124 所示，根据自然分割法分割成了 5 类。

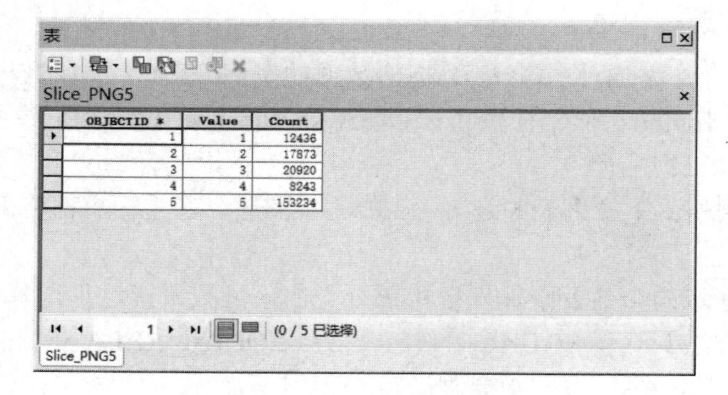

OBJECTID *	Value	Count
1	1	12436
2	2	17873
3	3	20920
4	4	8243
5	5	153234

图 8.124 分割后的属性表

4. 使用表重分类

使用表重分类通过使用重映射表和重分类表将单个值、一定范围内的值、字符串映射为其他值或者 NoData。重映射表可以是 ASCII 文件或者 INFO 表，两者工作方式相同，只是在确定重分类时 ASCII 文件更灵活一些。具体操作如下。

（1）打开 ArcMap，添加“…\第八章\栅格数据的空间分析\重分类\数据\使用表重分类.gdb”路径下的“landuse”和“reclass”文件。其中，reclass 表信息如图 8.125 所示，表中各字段表达的意思是从“from_value”到“to_value”之间的值输出为“output_”。

表

reclass

OBJECTID *	from_value	to_value	output_
1	1	2	1
2	3	4	2
3	5	6	3

1 (0 / 3 已选择)

reclass

图 8.125 reclass 表

（2）在 ArcToolbox 中双击【Spatial Analyst 工具】→【重分类】→【使用表重分类】，弹出【使用表重分类】对话框，如图 8.126 所示。

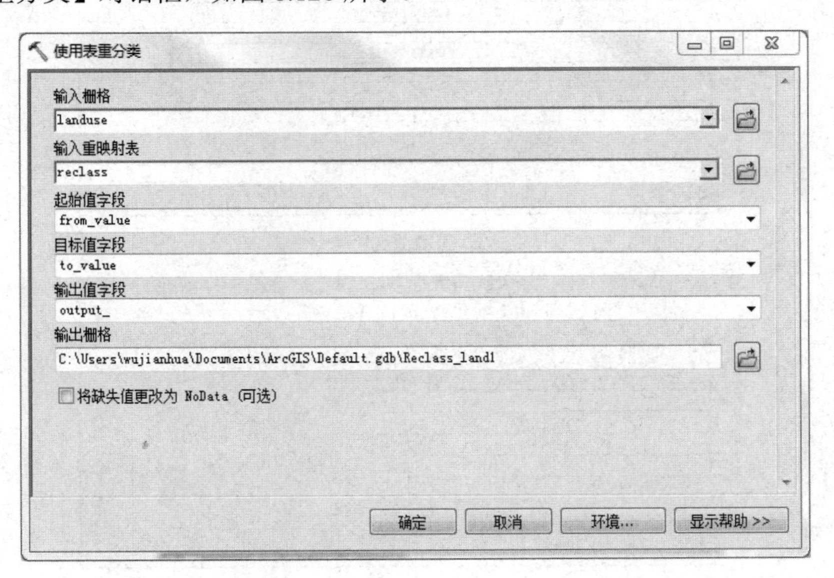

图 8.126 【使用表重分类】对话框

（3）在【输入栅格】下拉列表中选择“landuse”图层，在【输入重映射表】下拉列表中选择“reclass”图层。

（4）在【输出值字段】下拉列表中选择“output_”，即输出此字段的值，其他选项默认。

（5）在【输出栅格】中指定输出栅格的保存路径和名称，单击【确定】按钮，完成操作，如图 8.127 所示。

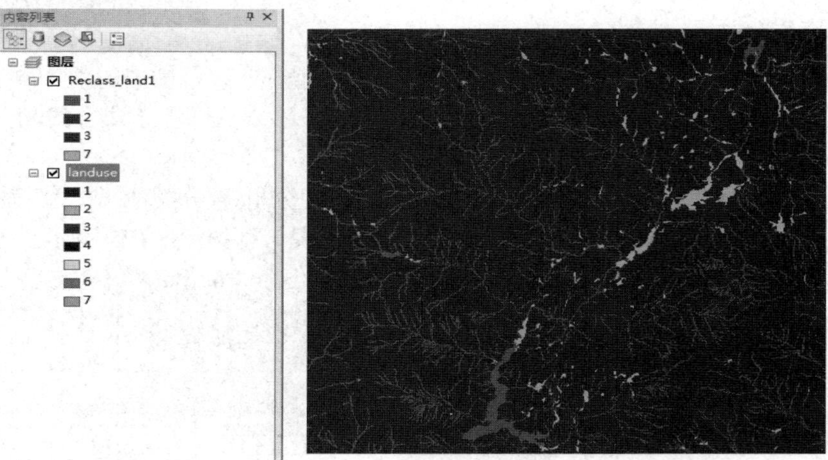

图 8.127　使用表重分类结果图

（6）分类前后属性表对比如图 8.128 所示。

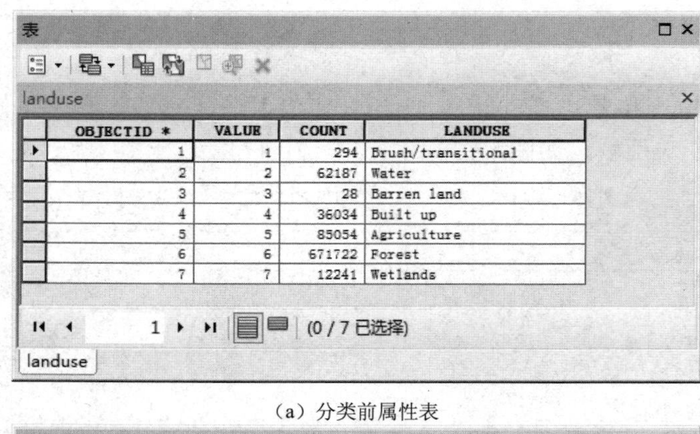

表

landuse

OBJECTID *	VALUE	COUNT	LANDUSE
1	1	294	Brush/transitional
2	2	62187	Water
3	3	28	Barren land
4	4	36034	Built up
5	5	85054	Agriculture
6	6	671722	Forest
7	7	12241	Wetlands

(0 / 7 已选择)

landuse

（a）分类前属性表

表

Reclass_land1

OBJECTID *	Value	Count
1	1	62481
2	2	36062
3	3	756776
4	7	12241

(0 / 4 已选择)

landuse　Reclass_land1

（b）分类后属性表

图 8.128　分类前后属性表

8.2.7　栅格计算

栅格计算是在栅格数据空间分析中进行数据处理和分析时最为常用的方法。利用栅格计算器，可以方便地完成基于数学运算符的栅格运算，使用 ArcGIS 自带的删格数据空间分析函数，可以实现多条语句的同时输入和运行。

1．简单算术运算

简单算术运算主要包括加、减、乘、除四种，可以完成两个或多个栅格数据对应单元之间直接的加、减、乘、除运算。例如，以同年 A 月份与同年 B 月份的气温数据为基础，用 A 月份气温减去 B 月份气温，可以计算出气温的变化。下面以简单算术运算为例来进行说明，具体步骤如下。

（1）打开 ArcMap，添加“…\第八章\栅格数据的空间分析\单元统计\数据”路径下的“QH20040201.TIF”和“QH20040501.TIF”栅格文件，在 ArcToolbox 中双击【Spatial Analyst 工具】→【地图代数】→【栅格计算器】，弹出【栅格计算器】对话框，如图 8.129 所示。

（2）在【地图代数表达式】中输入“"QH20040501.TIF" - "QH20040201.TIF"”。

（3）在【输出栅格】中指定输出栅格的保存路径和名称。

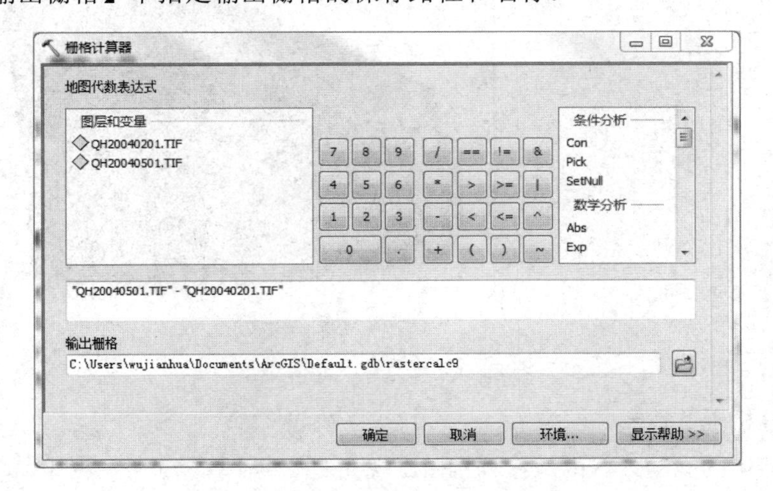

图 8.129 【栅格计算器】对话框

（4）单击【确定】按钮，完成栅格运算，结果如图 8.130 所示。

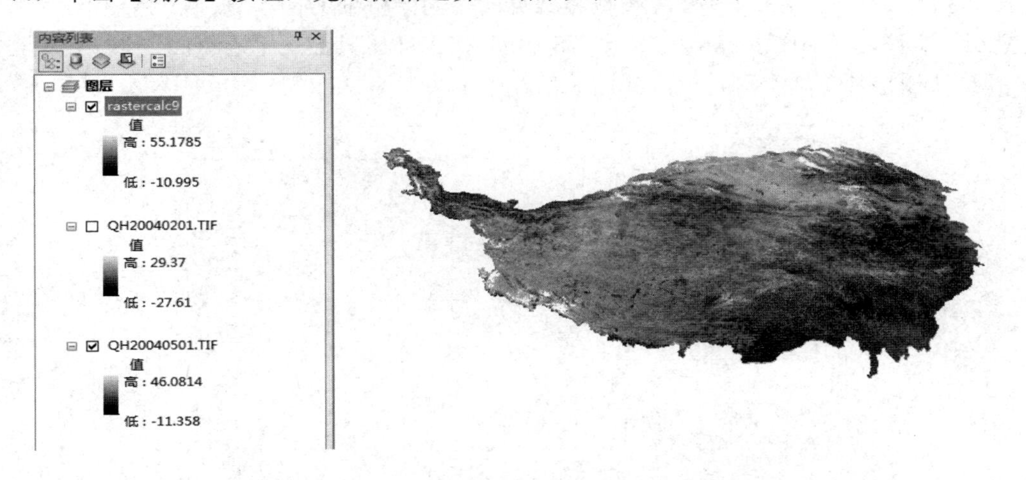

图 8.130 温差计算结果

*2．数学函数运算

栅格计算器除了可以进行简单算术运算，还可以进行更加复杂的数学函数运算，如三角函

数、对数函数和幂函数等。下面以 SquareRoot 函数为例，具体步骤入如下。

（1）打开 ArcMap，在“…\第八章\栅格数据的空间分析\栅格计算\数据”路径下，添加“地面模型.tif”文件，在 ArcToolbox 中双击【Spatial Analyst 工具】→【地图代数】→【栅格计算器】，弹出【栅格计算器】对话框。

（2）在【地图代数表达式】中输入“result=SquareRoot（"地面模型.tif "）”。

（3）在【输出栅格】中指定输出栅格的保存路径和名称。

（4）单击【确定】按钮，完成数学函数运算，输出结果如图 8.131 所示。

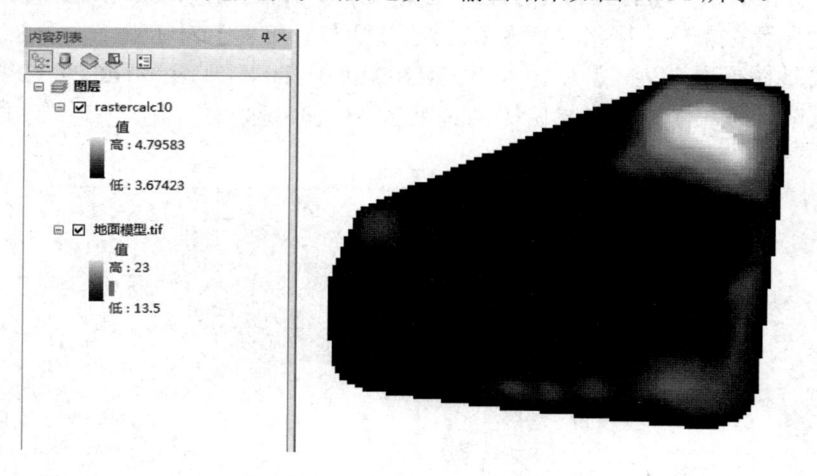

图 8.131　数学函数运算结果

*3. 空间分析函数运算

栅格计算器中的空间分析函数没有直接出现在【栅格计算器】对话框中，需要我们手动输入。空间分析函数支持 ArcGIS 自带的大部分栅格数据分析与处理函数，如栅格表面分析中的 Slope、Hillshade 函数等。这里我们以 Hillshade 函数为例来进行说明，操作步骤如下。

（1）打开 ArcMap，在“…\第八章\栅格数据的空间分析\栅格计算\数据”路径下，添加“地面模型.tif”文件，在 ArcToolbox 中双击【Spatial Analyst 工具】→【地图代数】→【栅格计算器】，弹出【栅格计算器】对话框，如图 8.132 所示。

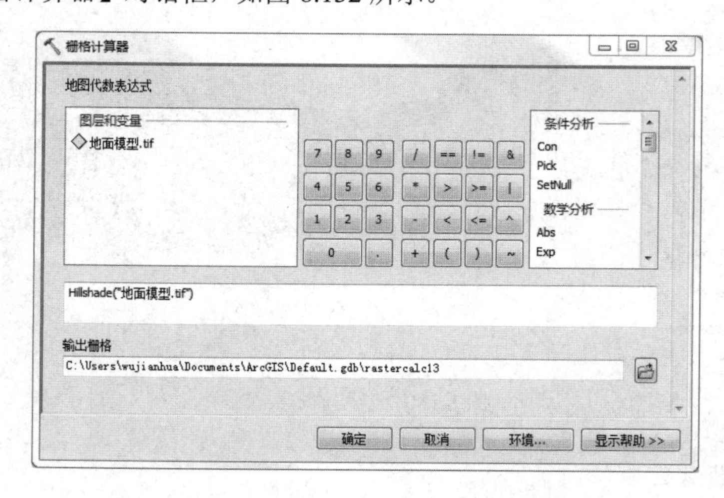

图 8.132 【栅格计算器】对话框（空间分析函数设置）

（2）在【地图代数表达式】中输入“Hillshade（"地面模型.tif"）”。

（3）指定【输出栅格】的保存路径和名称。

（4）单击【确定】按钮，完成空间分析函数运算，输出结果如图 8.133 所示。

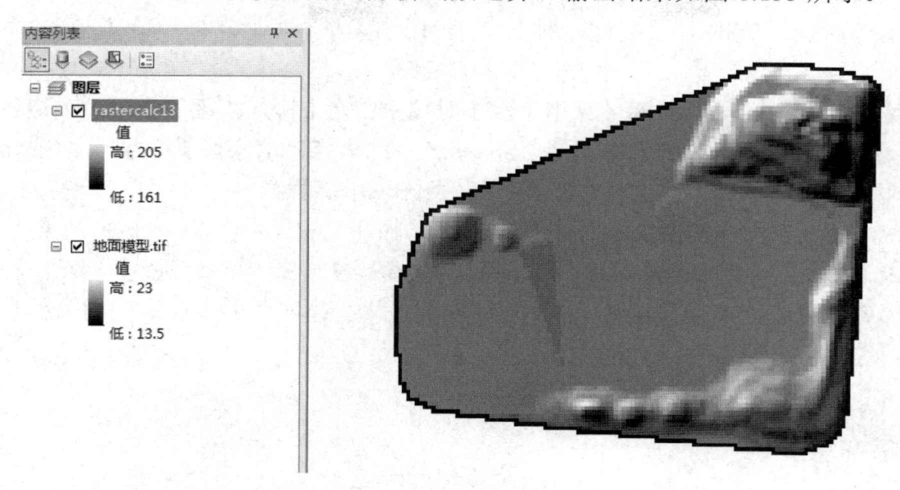

图 8.133　Hillshade 函数计算结果

8.3　表面生成与分析

随着 GIS 技术的不断发展，三维空间分析技术逐步走向成熟，已经成为 GIS 空间分析的重要部分。ArcGIS 具有一个能为三维可视化、三维分析以及表面生成提供高级分析功能的扩展模块——3D Analyst，我们可以用这个模块来创建动态三维模型和交互式地图，从而更好地实现地理数据的可视化和分析处理。

8.3.1　创建表面

ArcGIS 中提供了多种基于矢量要素或基于其他表面（栅格表面、TIN 数据表面和 Terrain 数据集表面等）创建表面的工具。有多种方法可用于创建表面，例如，插入存储在测量点位置的值；根据某区域中各要素的数量插入表示某一指定现象或要素类型密度的表面；基于一个或多个要素获取距离表面（或方向表面）；从其他表面获取一个表面（如从高程表面获取坡度栅格表面）。创建表面在三维分析中非常重要，在 ArcGIS 中可以创建三种类型的表面模型：栅格表面、TIN 表面、Terrain 数据集表面。

1. 创建栅格表面

栅格表面是一组连续值的场域，在各点处的值各不相同。例如，某一区域内的各点可能在高程值或某特定化学物质的浓度等方面都存在差异，这些值中的任意一个都可以在（X，Y，Z）三维坐标系的 Z 轴上表示，这样便可以生成连续的三维表面。

1）由插值法创建栅格表面

（1）打开 ArcMap，在“...\第八章\表面生成与分析\创建表面\创建栅格表面\数据”路径下添加“高程点.shp”文件，在 ArcToolbox 工具箱中双击【3D Analyst 工具】→【栅格插值】，

可以看到有许多插值方法，如“克里金法”、“反距离权重法”、“样条函数法”和“自然邻域法”等。这里选择“克里金法”，它首先考虑的是空间属性在空间位置上的变异分布，确定对一个待插点值有影响的距离范围，然后用此范围内的采样点来估计待插点的属性值。该方法在数学上可对所研究的对象提供一种最佳线性无偏估计（某点处的确定值），如图 8.134 所示。

（2）双击【克里金法】，弹出【克里金法】对话框，在【输入点要素】下拉列表中选择“高程点”，在【Z 值字段】下拉列表中选择“Shape.Z”字段（【Z 值字段】中显示“Elevation”（高程）字段，而在“高程点”数据中“Shape.Z”字段表示高程）。

（3）在【输出表面栅格】文本框中指定保存路径和名称。

（4）在【半变异函数属性】区域中，在【克里金法】中选中“普通克里金”，在【半变异模型】下拉列表中选择“球面函数”，其他参数采用默认选项（更多参数的相关信息，可单击【显示帮助】按钮），如图 8.135 所示。

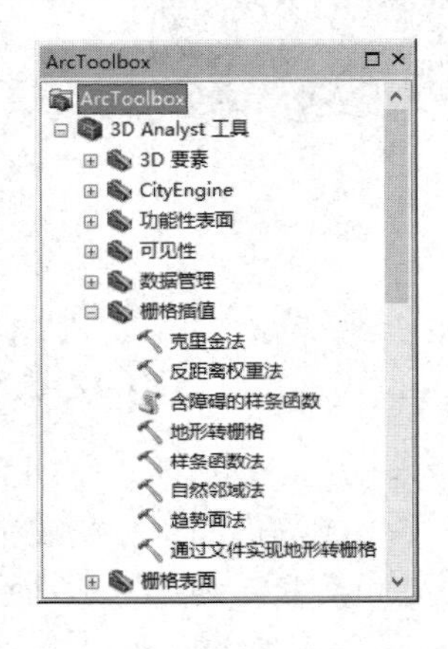

图 8.134 【栅格插值】工具

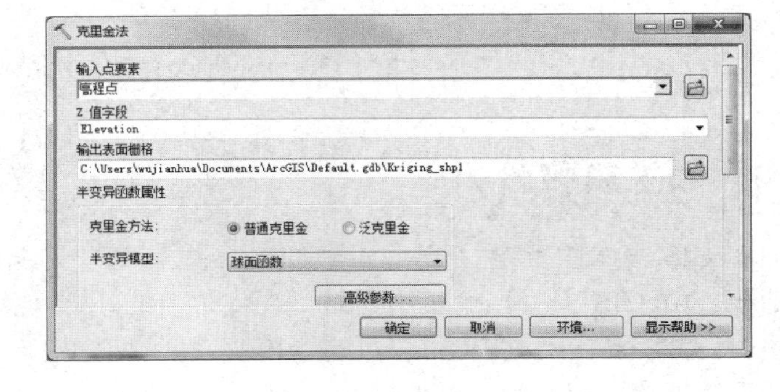

图 8.135 【克里金法】对话框

（5）单击【确定】按钮，结果如图 8.136 所示。

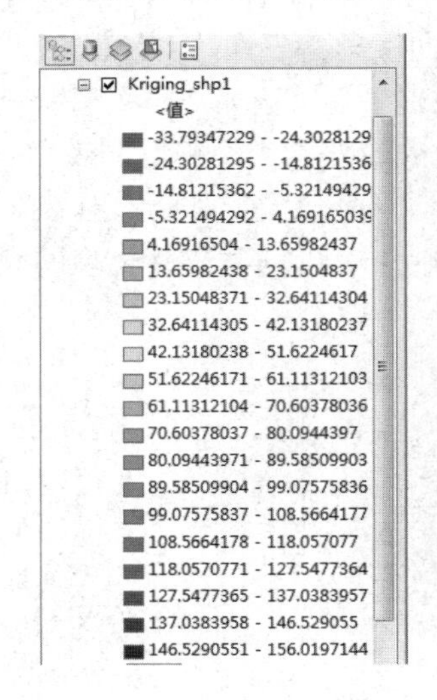

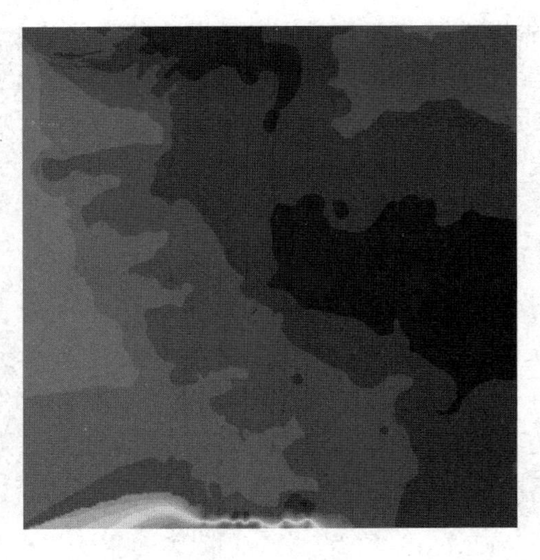

图 8.136 克里金法插值后效果图

2）由 TIN 创建栅格表面

（1）打开 ArcMap，在“...\第八章\表面生成与分析\创建表面\创建栅格表面\数据”路径下添加“tin_地面”文件，在 ArcToolbox 工具箱中双击【3D Analyst 工具】→【转换】→【由 TIN 转出】→【TIN 转栅格】，弹出【TIN 转栅格】对话框。

（2）在【输入 TIN】下拉列表中选择“tin_地面”。

（3）在【输出栅格】文本框中并指定输出栅格的保存路径和名称。

（4）在【输出数据类型（可选）】下拉列表中有“FLOAT”和“INT”两种数据类型，这里选择“FLOAT”。

（5）在【方法（选择）】下拉列表中有“LINEAR”（通过在 TIN 三角形中应用线性插值法来计算像元值）和“NATURAL_NEIGHBORS”（通过在 TIN 三角形中应用自然邻域插值法来计算像元值）两种方法，这里选择“NATURAL_NETGHBORS”。

（6）在【采样距离（可选）】下拉列表中有“OBSERVATIONS 250”（定义输出栅格最长边上的像元数，默认情况下，在距离为 250 的条件下使用此方法）和“CELLSIZE”（定义输出栅格的像元大小）两种采样距离，这里选择“OBSERVATIONS 250”。

（7）在【z 因子（选择）】文本框中输入“1”（高程值保持不变），如图 8.137 所示。

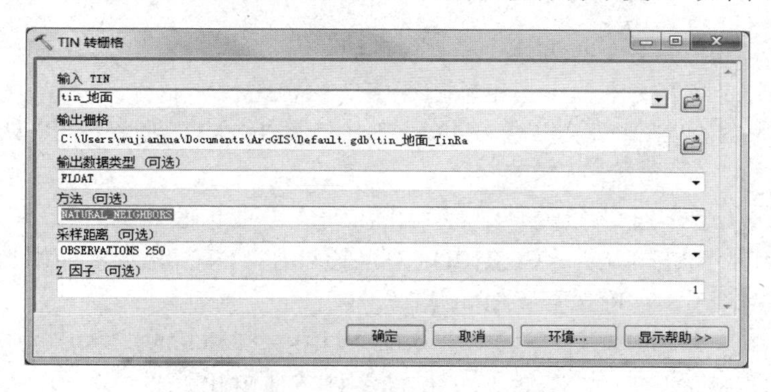

图 8.137 【TIN 转栅格】对话框

（8）单击【确定】按钮，结果如图 8.138 所示。

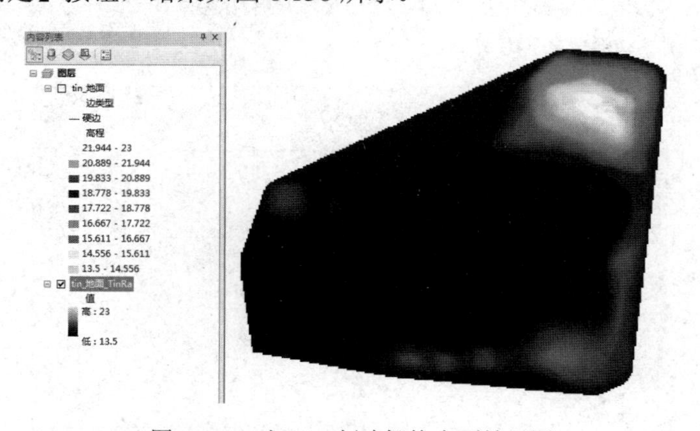

图 8.138 由 TIN 创建栅格表面效果图

3）由 Terrain 创建栅格表面

（1）在“...\第八章\表面生成与分析\创建表面\创建栅格表面\数据\Terrain 数据库.gdb”路

径下添加“Terrain”文件，在 ArcToolbox 工具箱中双击【3D Analyst 工具】→【转换】→【由 Terrain 转出】→【Terrain 转栅格】，弹出【Terrain 转栅格】对话框，如图 8.139 所示。

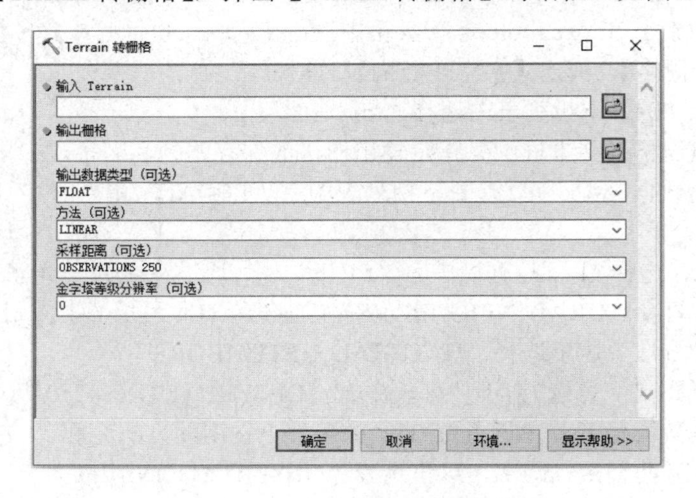

图 8.139 【Terrain 转栅格】对话框

（2）在【输入 Terrain】下拉列表中选择“Terrain”。

（3）在【输出栅格】文本框中指定输出栅格的保存路径和名称。

（4）在【输出数据类型（可选）】下拉列表中有“FLOAT”和“INT”两种数据类型，这里选择“FLOAT”。

（5）在【方法（选择）】下拉列表中有“LINEAR”（通过在 TIN 三角形中应用线性插值法来计算像元值）和“NATURAL_NEIGHBORS”（通过在 TIN 三角形中应用自然邻域插值法来计算像元值）两种方法，这里选择“LINEAR”。

（6）在【采样距离（可选）】下拉列表中有“OBSERVATIONS 250”（定义输出栅格最长边上的像元数。默认情况下，在距离为 250 的条件下使用此方法）和“CELLSIZE”（定义输出栅格的像元大小）两种采样距离，这里选择“OBSERVATIONS 250”。

（7）在【金字塔等级分辨率（可选）】下拉列表中有“0”、“20”、“40”和“80”四个可选参数，这里选择“20”，如图 8.140 所示。

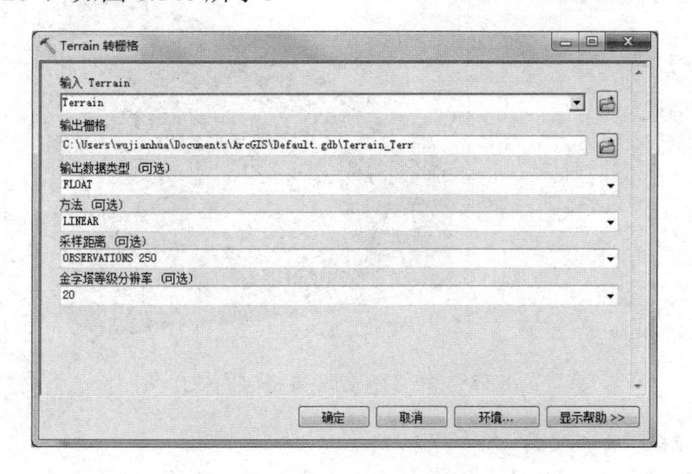

图 8.140 设置【Terrain 转栅格】对话框

（8）单击【确定】按钮，完成操作，如图 8.141 所示。

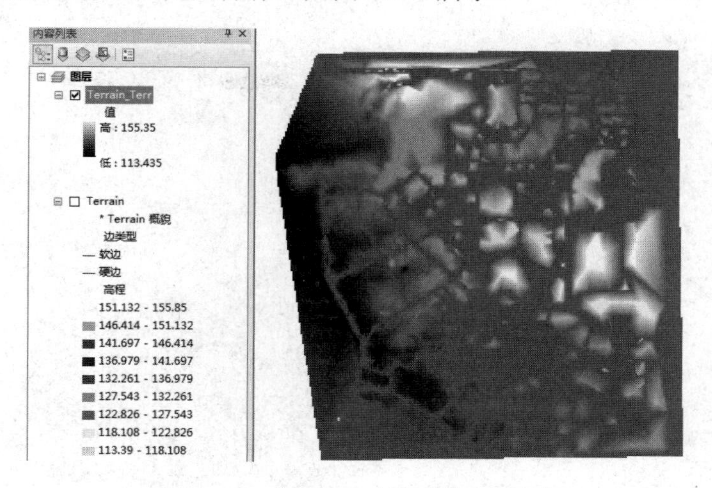

图 8.141　由 Terrain 转栅格表面效果图

2. 创建 TIN 表面

TIN 是以数字方式来表示表面形态的，它是一种矢量结构的数字地理数据，可通过将一系列折点（点）组成三角形来构建，最终形成一个三角网。TIN 表面模型的可用范围没有栅格表面模型那么广泛，且构建和处理也更耗时。由于数据结构非常复杂，处理 TIN 的效率要比处理栅格数据低。但 TIN 通常用于小区域的高精度建模（如在工程应用中），此时 TIN 非常有用，因为它们可用于计算平面面积、表面积和体积。

1）由矢量要素创建 TIN 表面

（1）在“...\第八章\表面生成与分析\创建表面\创建 TIN 表面\数据”路径下添加“高程点.shp”文件，在 ArcToolbox 工具箱中双击【3D Analyst 工具】→【数据管理】→【TIN】→【创建 TIN】，弹出【创建 TIN】对话框。

（2）在【输出 TIN】文本框中指定并输出数据的保存路径和名称。

（3）在【坐标系（可选）】中为 TIN 设置空间参考，这里选择与输入要素一致的坐标系，即“Beijing_1954_3_Degree_GK_CM_114E”。

（4）在【输入要素类（可选）】的下拉列表中选择“高程点”，在【高度字段】选择“Shape.Z”字段，如图 8.142 所示。

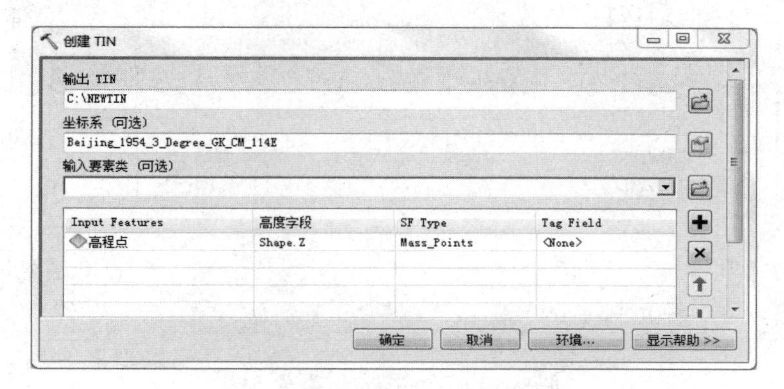

图 8.142　【创建 TIN】对话框

（5）单击【确定】按钮，完成由矢量要素创建 TIN 表面的操作，如图 8.143 所示。

图 8.143　创建 TIN 表面效果图

2）由栅格创建 TIN 表面

（1）打开 ArcMap，在“...\第八章\表面生成与分析\地形.mdb”路径下添加“地面模型”栅格数据，在 ArcToolbox 工具箱中双击【3D Analyst 工具】→【转换】→【由栅格转出】→【栅格转 TIN】，弹出【栅格转 TIN】对话框。

（2）在【输入栅格】下拉列表中选择“地面模型”。

（3）在【输出 TIN】文本框中指定输出数据的保存路径和名称。

（4）【Z 容差（可选）】是指输入栅格与输出 TIN 之间所允许的最大高度差，这里参数采用默认选项。

（5）【最大点数（可选）】是指将在处理过程终止前添加到 TIN 的最大点数，这里参数采用默认选项。

（6）【Z 因子（可选）】是指在生成的 TIN 数据集中与栅格的高度值相乘的因子，这里参数采用默认选项，如图 8.144 所示。

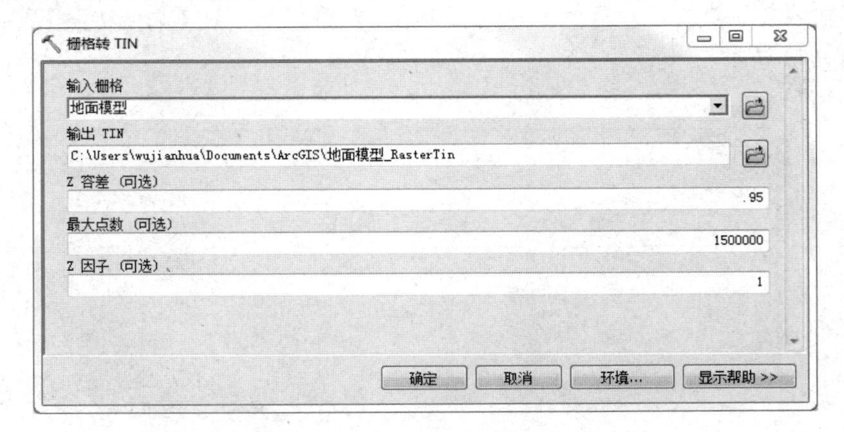

图 8.144　【栅格转 TIN】对话框

（7）单击【确定】按钮，完成由栅格创建 TIN 表面的操作，效果如图 8.145 所示。

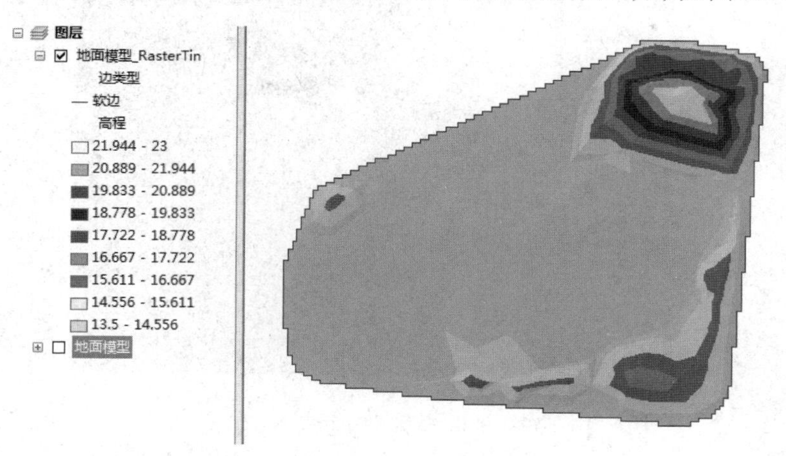

图 8.145　由栅格创建 TIN 表面效果图

3）由 Terrain 数据集创建 TIN 表面

（1）在“…\第八章\表面生成与分析\创建表面\创建 TIN 表面\数据\Terrain 数据库.gdb\Terrain”路径下添加“Terrain”文件，在 ArcToolbox 工具箱中双击【3D Analyst 工具】→【转换】→【由 Terrain 转出】→【Terrain 转 TIN】，弹出【Terrain 转 TIN】对话框。

（2）在【输入 Terrain】下拉列表中选择“Terrain”。

（3）在【输出 TIN】文本框中指定输出数据的保存路径和名称，在【金字塔等级分辨率（可选）】的下拉列表中有“0”、“20”、“40”和“80”四个可选参数，这里选择“20”。

（4）【最大结点数（可选）】是指输出 TIN 中允许结点的最大数量，这里默认值为“5000000”。

（5）【裁剪范围（可选）】是指是否根据分析范围裁剪生成的 TIN。仅当定义了分析范围并且分析范围小于输入 Terrain 范围时，该选项才有效，这里勾选【裁剪范围（可选）】，如图 8.146 所示。

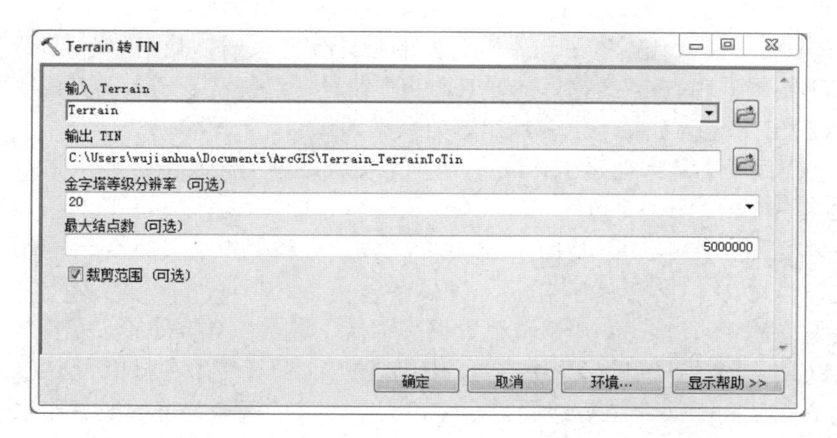

图 8.146　【Terrain 转 TIN】对话框

（6）单击【确定】按钮，完成了由 Terrain 数据集创建 TIN 表面的操作，效果如图 8.147 所示。

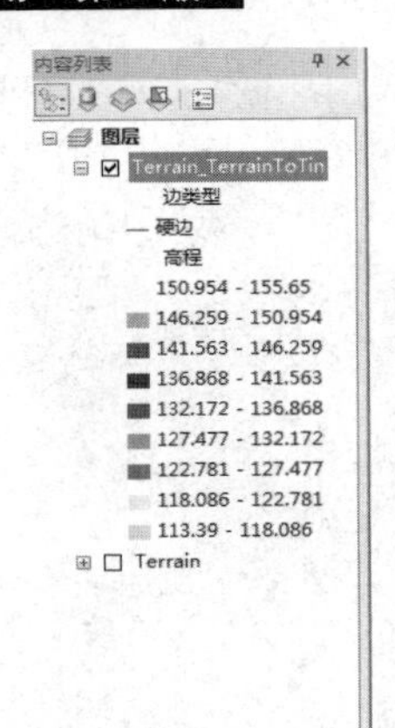

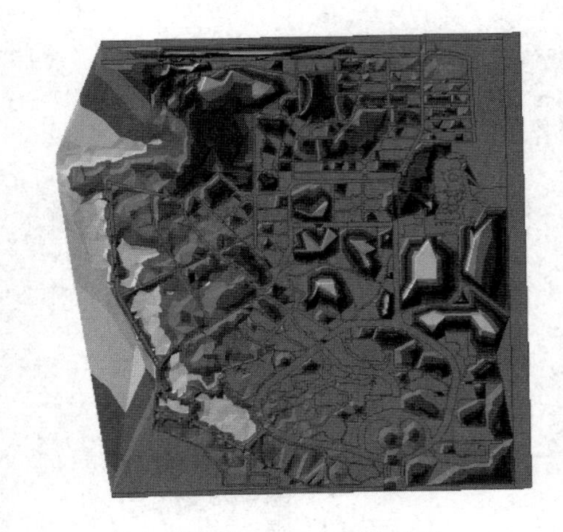

图 8.147　由 Terrain 数据集创建 TIN 表面的效果

*3. 创建 Terrain 数据集表面

Terrain 数据集是管理地理数据库中基于点的大量数据，并动态生成高质量精确表面的有效方法。激光雷达、声纳和高程的测量值在数量上可达几十万甚至数十亿之多，因此，创建 Terrain 数据集表面非常必要。Terrain 数据集存储在地理数据库的要素数据集中，其中包含用于构建 Terrain 数据集的要素。例如，这里利用“道路.shp”和“高程_point.shp”矢量数据生成 Terrain 数据集表面，因此使用的要素（“道路.shp”和“高程_point.shp”矢量数据）必须与 Terrain 数据集在同一个要素数据集中。下面用两种方法来创建 Terrain 数据集表面。

方法一：

创建 Terrain 数据集表面有四个步骤：创建新的数据集、添加 Terrain 金字塔等级、向 Terrain 添加要素类和构建 Terrain。

1）创建新的数据集

（1）打开 ArcCatalog，在 ArcToolbox 工具箱中双击【3D Analyst 工具】→【数据管理】→【Terrain 数据集】→【创建 Terrain】，弹出【创建 Terrain】对话框。

（2）单击【输入要素数据集】文本框右侧的打开文件按钮，找到“…\第八章\创建表面\创建 Terrain 表面\数据\Terrain 数据库.gdb\Terrain”路径，选择“Terrain”要素数据集。

（3）在【输出 Terrain】文本框中指定输出数据的保存路径和名称。

（4）【平均点间距】是指构建 Terrain 时所用数据点之间的平均或近似水平距离，在【平均点间距】文本框中输入“10”。

（5）【最大概貌值（可选）】是指 Terrain 数据集的最粗略表示，类似于缩略图，参数采用默认选项。

（6）【配置关键字（可选）】用来优化数据库存储，通常由数据库管理员配置该关键字。

（7）在【金字塔类型（可选）】中有“WINDOWSIZE”（使用在窗口大小方法参数中指定的条件，通过在根据每个金字塔等级的给定窗口大小定义的区域中选择数据点来执行细化）和“ZTOLERANCE”（通过指定相对于全分辨率数据点的每个金字塔等级的垂直精度来执行细化）两种金字塔类型，这里选择“ZTOLERANCE”。

（8）在【窗口大小方法（可选）】下拉列表中选择“ZMIN”（具有最小高程值的点），其他参数采用默认选项，如图 8.148 所示。

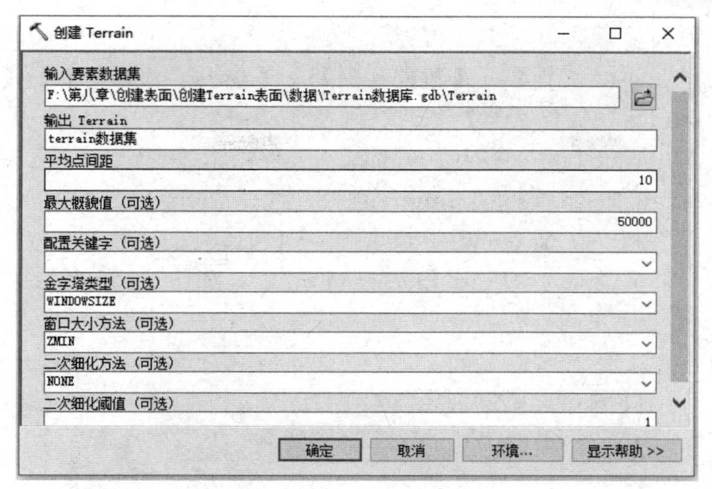

图 8.148 【创建 Terrain】对话框

（9）单击【确定】按钮，完成操作。

2）添加 Terrain 金字塔等级

（1）双击【3D Analyst 工具】→【数据管理】→【Terrain 数据集】→【添加 Terrain 金字塔等级】，弹出【添加 Terrain 金字塔等级】对话框。

（2）单击【输入 Terrain】文本框右侧的打开文件按钮，找到“…\第八章\创建表面\创建 Terrain 表面\数据\Terrain 数据库.gdb\Terrain”路径，选择“terrain 数据集”数据。

（3）在【金字塔等级定义】文本框中输入 Z 容差或窗口大小以及将要添加到 Terrain 数据集的一个或多个金字塔等级的参考比例。可将 Z 容差或窗口大小指定为浮点值，提供的参考比例必须为整数，这些值以空格分隔的数值对形式给出，即每个金字塔等级为一对数值。例如，“20 24000”表示窗口大小为 20，参考比例为 1:24000，或者“1.5 10000”表示 Z 容差为 1.5，参考比例为 1:10000。这里输入了“20 1000”、“40 2000”和“60 3000”三个等级，如图 8.149 所示。

（4）单击【确定】按钮，完成 Terrain 金字塔等级的添加。

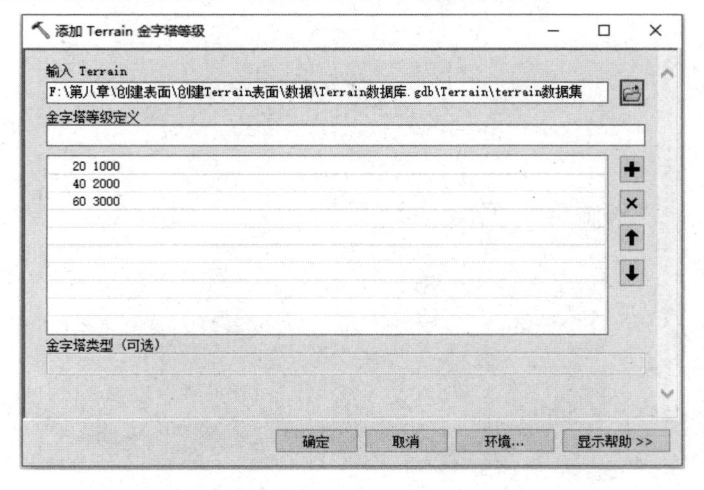

图 8.149 【添加 Terrain 金字塔等级】对话框

3）向 Terrain 添加要素类

（1）双击【3D Analyst 工具】→【数据管理】→【Terrain 数据集】→【向 Terrain 添加要素类】，弹出【向 Terrain 添加要素类】对话框。

（2）单击【输入 Terrain】文本框中右侧的打开文件按钮，找到“…\第八章\创建表面\创建 Terrain 表面\数据\Terrain 数据库.gdb\Terrain”路径，选择“terrain 数据集”数据，并在【输入要素类】添加“道路”和“高程_point”矢量数据，并将【高度字段】都改为“Elevation”，将“道路”的【SF Type】字段改为“Hard_Line”（硬断线），如图 8.150 所示。

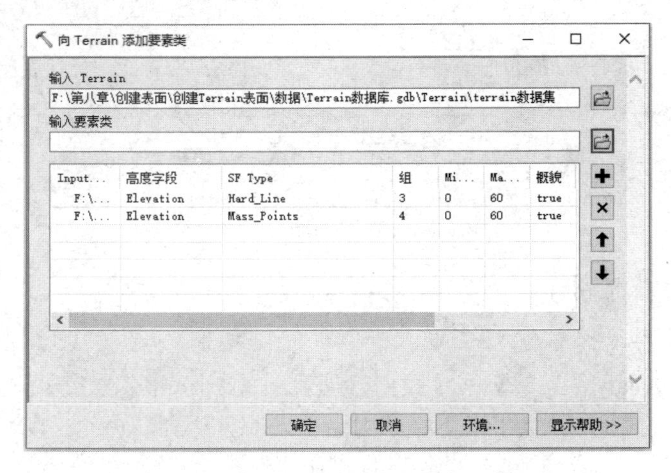

图 8.150 【向 Terrain 添加要素类】对话框

（3）单击【确定】按钮，完成要素类的添加。

4）构建 Terrain

（1）双击【3D Analyst 工具】→【数据管理】→【Terrain 数据集】→【构建 Terrain】，弹出【构建 Terrain】对话框。

（2）单击【输入 Terrain】文本框右侧的打开文件按钮，找到“…\第八章\创建表面\创建 Terrain 表面\数据\Terrain 数据库.gdb\Terrain”路径，选择“terrain 数据集”数据，如图 8.151 所示。

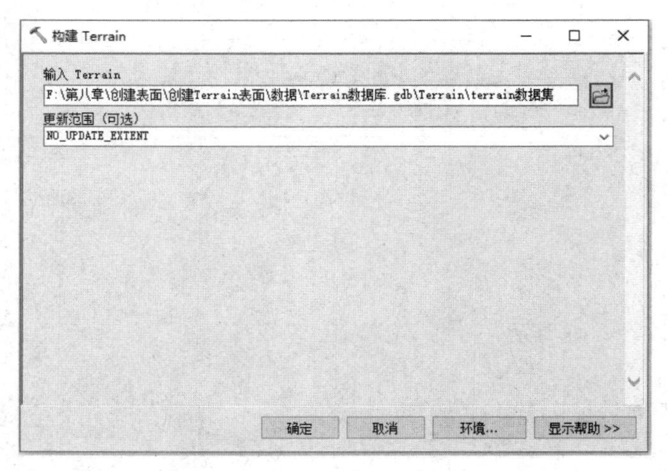

图 8.151 【构建 Terrain】对话框

（3）单击【确定】按钮，完成 Terrain 的构建，将数据添加到 ArcMap 中，随着图层的放大，Terrain 数据信息将更加详尽，效果如图 8.152 和图 8.153 所示。

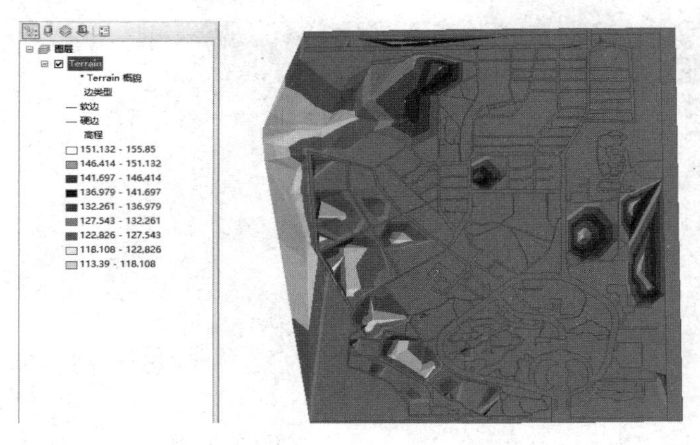

图 8.152　Terrain 表面效果 1

图 8.153　Terrain 表面效果 2

方法二：

（1）打开 ArcCatalog，单击按钮，将数据连接到“…\第八章\表面生成与分析\创建表面\创建 Terrain 表面”路径下，如图 8.154 所示，单击【确定】按钮。

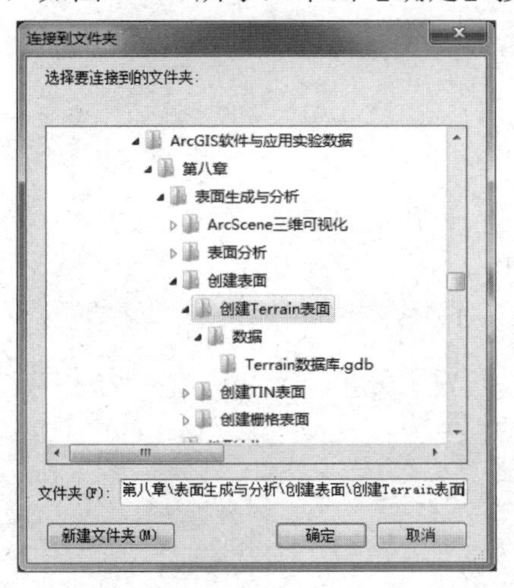

图 8.154　连接数据

（2）在“…\第八章\表面生成与分析\创建表面\创建 Terrain 表面\数据\Terrain 数据库.gdb\Terrain”路径下，右击“Terrain”要素数据集，弹出【新建】菜单，如图 8.155 所示。

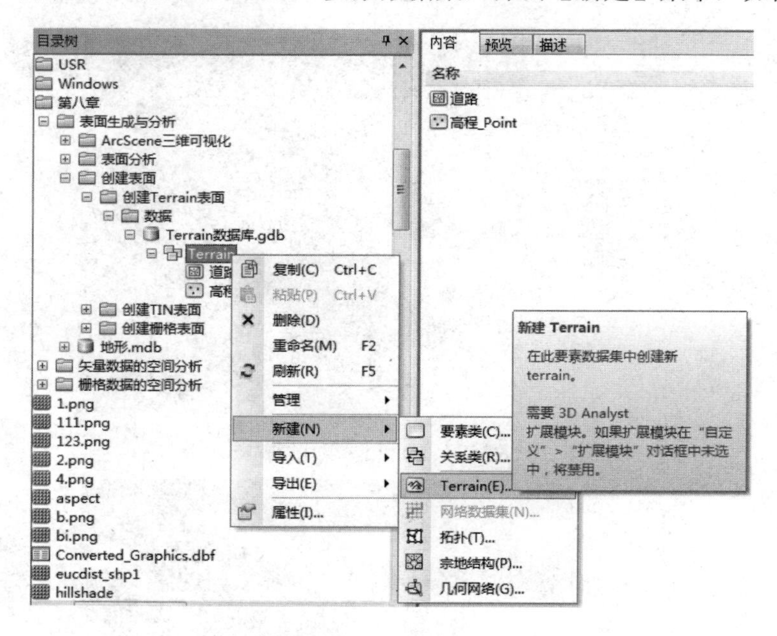

图 8.155 【新建】菜单

（3）单击【新建】→【Terrain（E）】，弹出【新建 Terrain】对话框，在【输入 terrain 的名称（T)：】文本框中输入“Terrain”，在【选择要参与到 terrain 中的要素类】区域中，单击【全选（S)】按钮，在【近似点间距（P)】文本框中输入“10”，如图 8.156 所示。

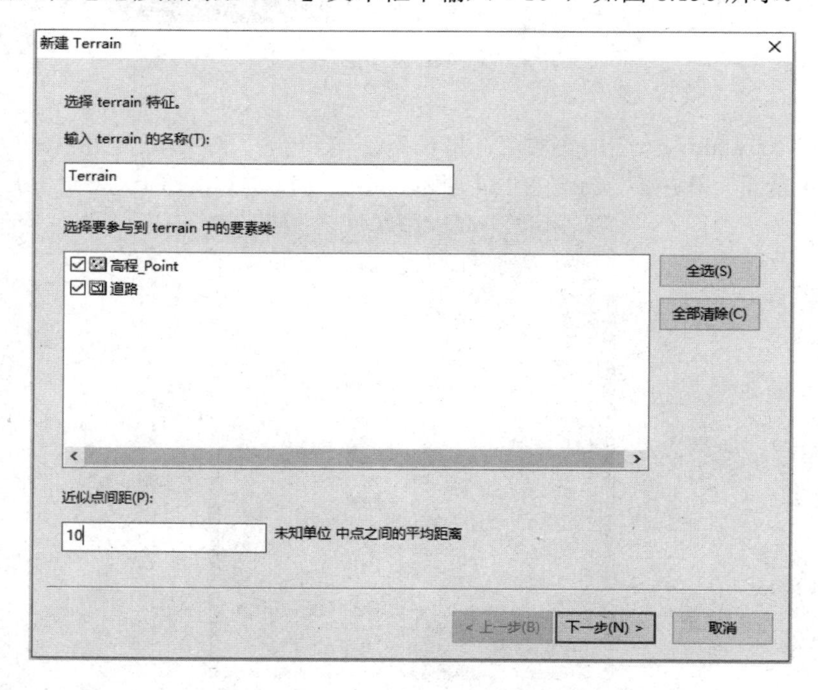

图 8.156 【新建 Terrain】对话框 1

（4）单击【下一步】按钮，弹出【新建 Terrain】对话框，在【通过单击每一列为要素类选择选项】区域中，将“高程_Point”和“道路”要素类的【高度源】改为“Elevation”，将“道路”的【SFType】字段改为“硬断线”，如图 8.157 所示。

新建 Terrain

选择要素类特征。

每个数据源都具有一些设置，用于指示在构建 terrain 时如何使用它。使用下表中的下拉菜单来选择高程源和地表类型。

通过单击每一列为要素类选择选项:

要素类	高度源	SFType
高程_Point	Elevation	离散多点
道路	Elevation	硬断线

高级(A) >>

< 上一步(B)　下一步(N) >　取消

图 8.157 【新建 Terrain】对话框 2

（5）单击【下一步】按钮，弹出【新建 Terrain】对话框，采用默认参数，如图 8.158 所示。

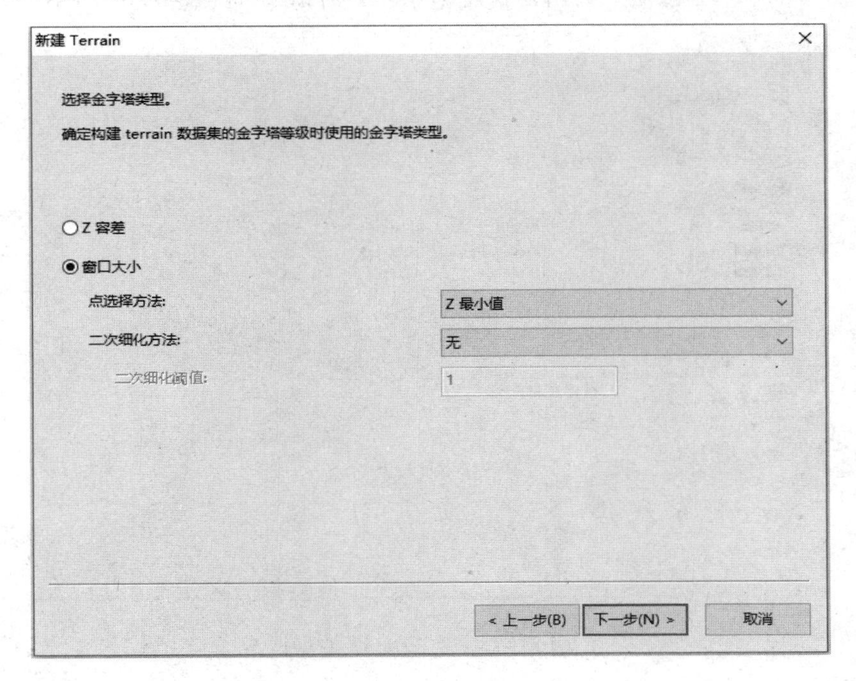

图 8.158 【新建 Terrain】对话框 3

（6）单击【下一步】按钮，弹出【新建 Terrain】对话框，单击【添加】按钮，这里添加三个等级，如图 8.159 所示。

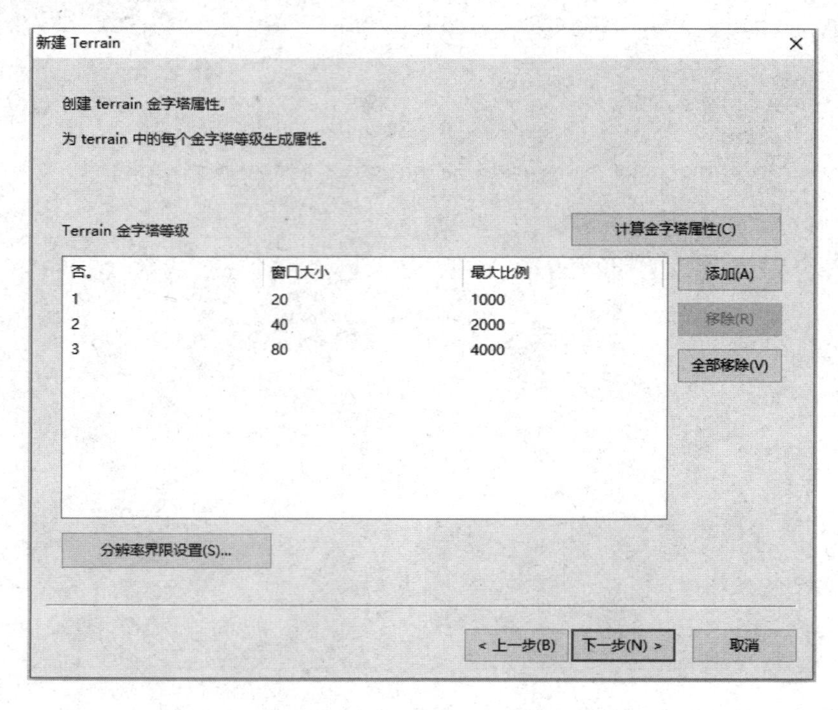

图 8.159 【新建 Terrain】对话框 4

（7）单击【下一步】按钮，弹出【新建 Terrain】对话框，如图 8.160 所示。

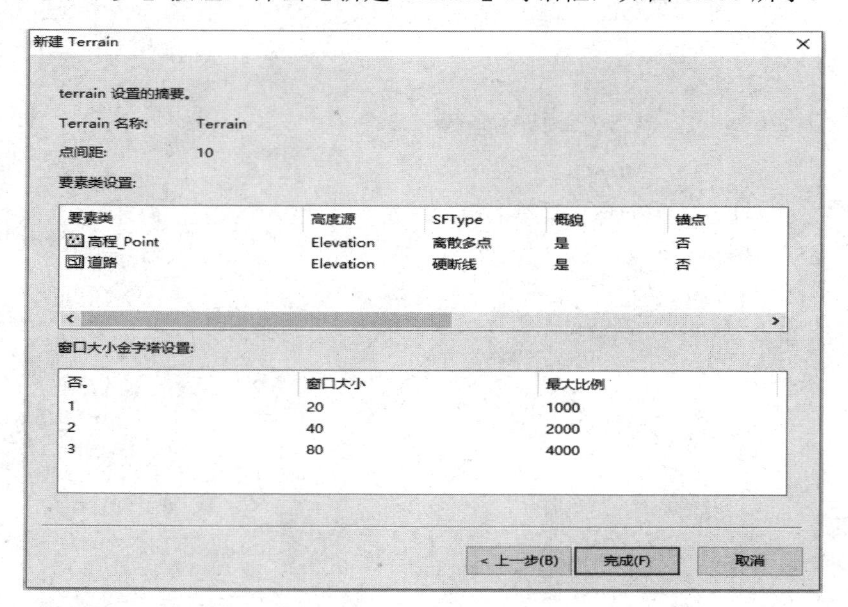

图 8.160 【新建 Terrain】对话框 5

（8）单击【完成】按钮，弹出【创建 Terrain】对话框，如图 8.161 所示。

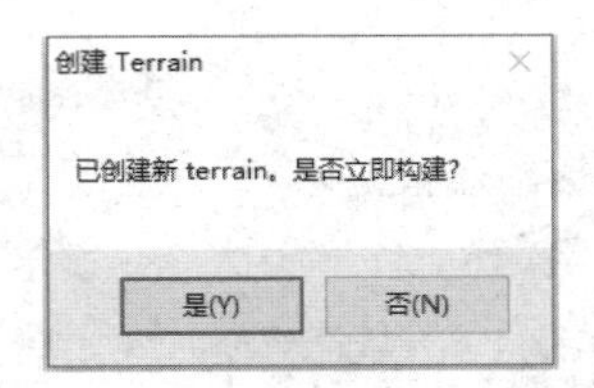

图 8.161 【创建 Terrain】对话框

（9）单击【是】按钮，完成 Terrain 的创建，将数据添加到 ArcMap 中，随着图层的放大，Terrain 数据信息将更详尽，效果如图 8.162 和图 8.163 所示。

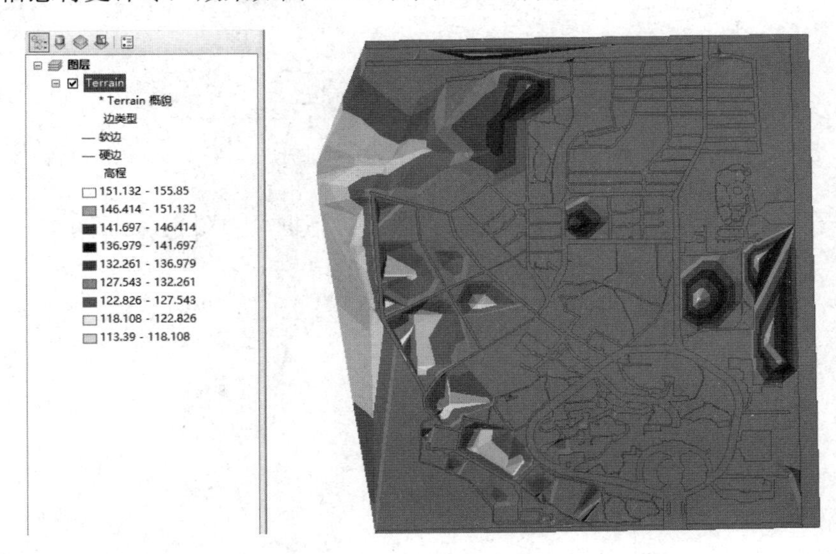

图 8.162　Terrain 表面效果 1

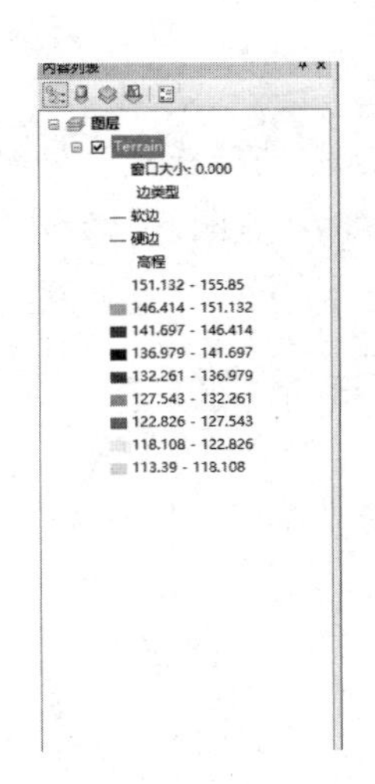

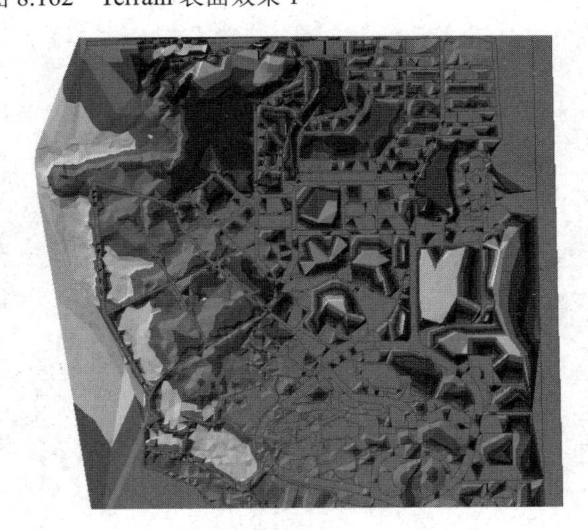

图 8.163　Terrain 表面效果 2

（10）在 ArcMap 中，右击“Terrain”，弹出【属性】菜单，单击【属性】，弹出【图层属性】对话框，并选择【符号系统】选项卡，如图 8.164 所示。

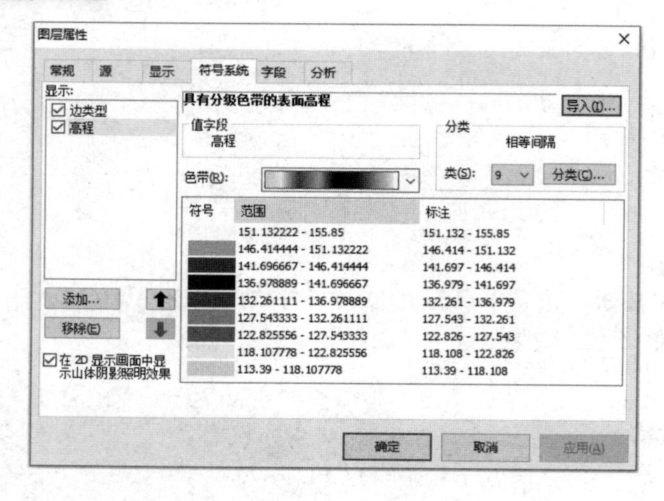

图 8.164 【图层属性】对话框

（11）单击【添加】按钮，弹出【添加渲染器】对话框，如图 8.165 所示。

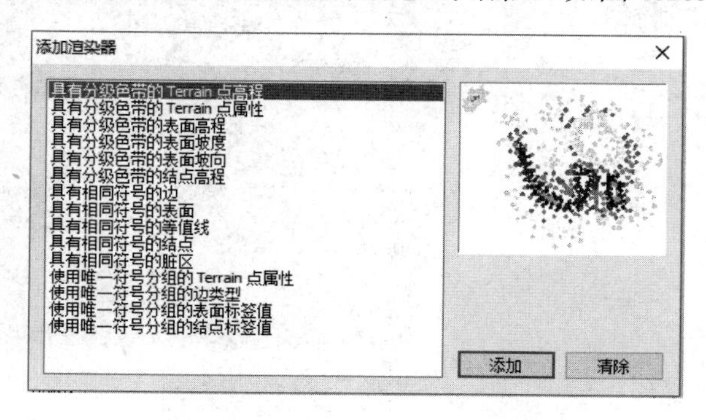

图 8.165 【添加渲染器】对话框

（12）在【添加渲染器】对话框中，有各种的显示效果，这里选择【具有分级色带的表面坡向】，并单击【添加】按钮，在【显示】区域中就多了【坡向】，如图 8.166 所示。

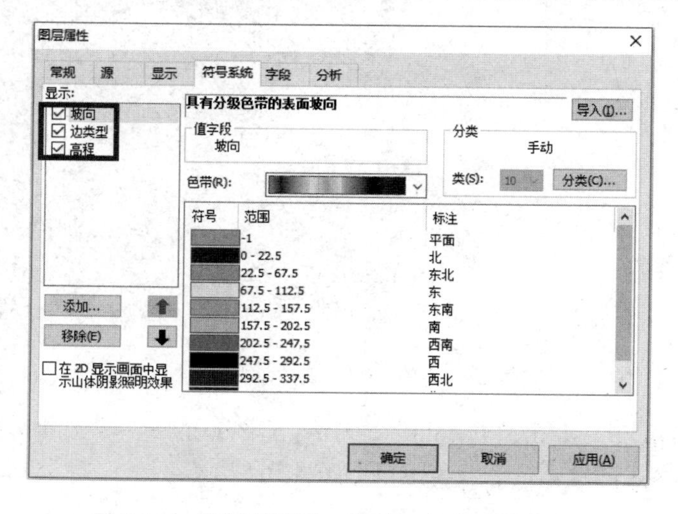

图 8.166 【图层属性】对话框（添加【坡向】）

（13）单击【确定】按钮，效果如图 8.167 所示。

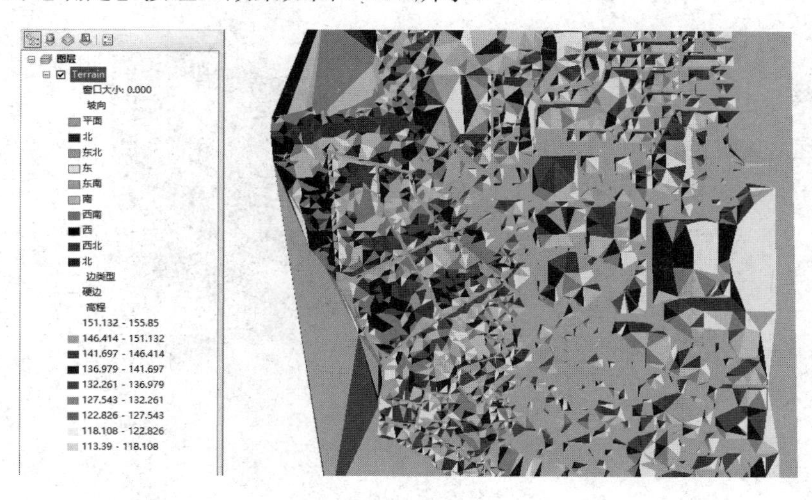

图 8.167　添加坡向的 Terrain 效果图

8.3.2　表面分析

三维表面通常蕴含着丰富的信息，如坡度、坡向、可视域，以及某一处的高度、温度、气压等，因此，对表面进行分析非常重要。

1．坡度

坡度可表明表面上某个位置的最陡下坡倾斜程度。坡度命令可提取输入的表面栅格，并计算出包含各个像元坡度的输出栅格。坡度值越小，地势越平坦；坡度值越大，地势越陡峭。可使用百分比单位计算输出坡度栅格，也可以以度为单位进行计算。具体操作如下。

（1）打开 ArcMap，在“…\第八章\表面生成与分析\地形.mdb”路径下，添加“地面模型”栅格数据。

（2）在 ArcToolbox 工具箱中双击【Spatial Analyst 工具】→【表面分析】→【坡度】，弹出【坡度】对话框。

（3）在【输入栅格】下拉列表中选择“地面模型”。

（4）在【输出栅格】文本框中指定输出栅格数据的保存路径和名称，其他参数采用默认选项，如图 8.168 所示。

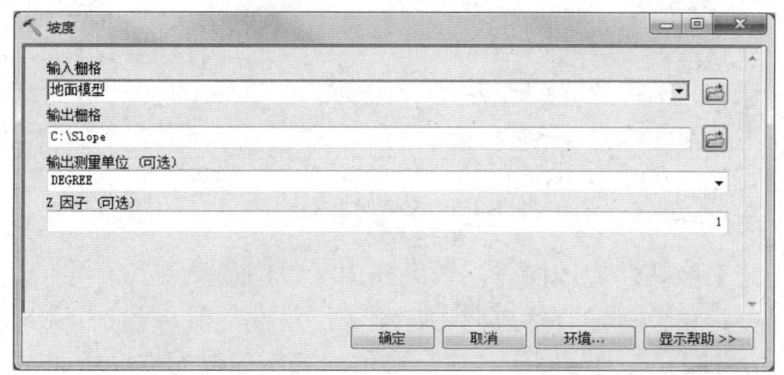

图 8.168　【坡度】对话框

（5）单击【确定】按钮，效果如图 8.169 所示。

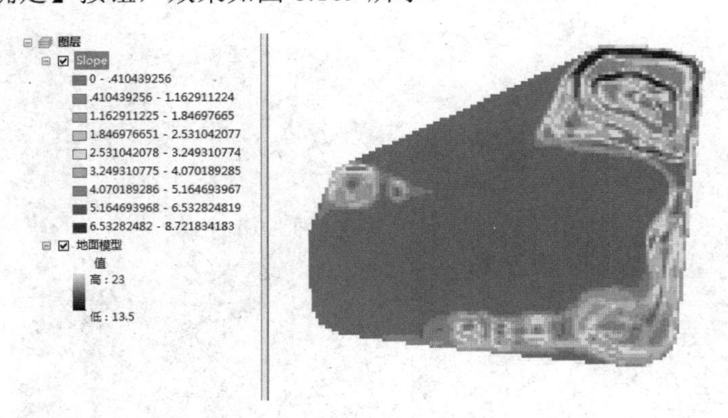

图 8.169　坡度效果图

2. 坡向

坡向的定义为坡面法线在水平面上投影的方向（也可以通俗理解为由高及低的方向），或者说坡度为斜面倾角的正切值，假设为 AO/OB，那么 AB 为斜边，AB 在水平面投影的方位角就是坡向。在统计各地区生物多样性的研究中，坡向可以计算某区域中各个位置的日照强度或者识别地势平坦的区域，以便从中挑选出满足某种需求的区域，例如可供飞机紧急着陆的区域。操作步骤如下。

（1）打开 ArcMap，在“…\第八章\表面生成与分析\地形.mdb”路径下添加“地面模型”栅格数据。在 ArcToolbox 工具箱中双击【Spatial Analyst 工具】→【表面分析】→【坡向】，弹出【坡向】对话框。

（2）在【输入栅格】下拉列表中选择“地面模型”，在【输出栅格】文本框中指定输出栅格数据的保存路径和名称，如图 8.170 所示。

图 8.170 【坡向】对话框

（3）单击【确定】按钮，完成操作，效果如图 8.171 所示。

注意：坡向以度为单位按逆时针方向进行测量，角度范围介于 0°（正北）到 360°（仍是正北，循环一周）之间。坡向格网中各像元的值均表示该像元坡度所面对的方向，平坡没有方向，平坡的值被指定为–1。

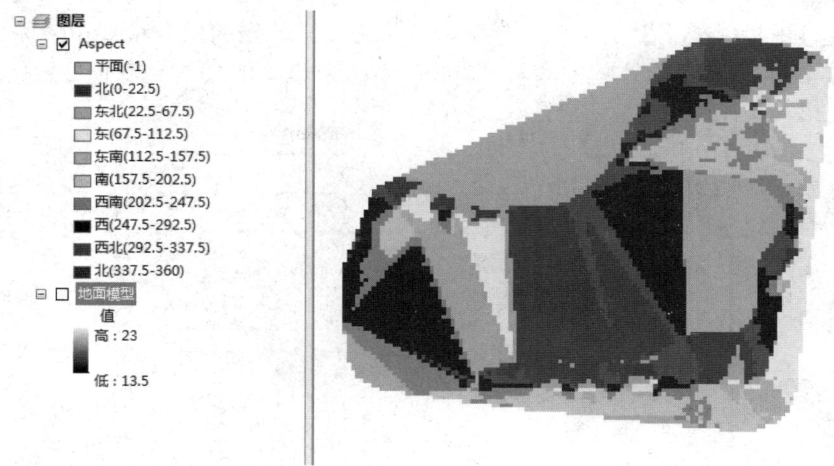

图 8.171　坡向效果图

3．等值线

等值线是指在连续现象（如高程、温度、降雨量、污染程度或大气压力）的栅格数据集中连接等值位置的线，常见有等温线、等压线、等高线和等势线等。等值线是许多人都熟悉的表面表示方式，许多场景应用都会涉及等值线。可通过等值线在要素表中的值来设置等值线的基本高度，可以在 3D 场景中显示等值线，场景中的等值线可增强地形的显示效果。

（1）打开 ArcMap，在“…\第八章\表面生成与分析\表面分析\等值线\数据\等值线.gdb”路径下添加“地面模型.tif”栅格数据，如图 8.172 所示。

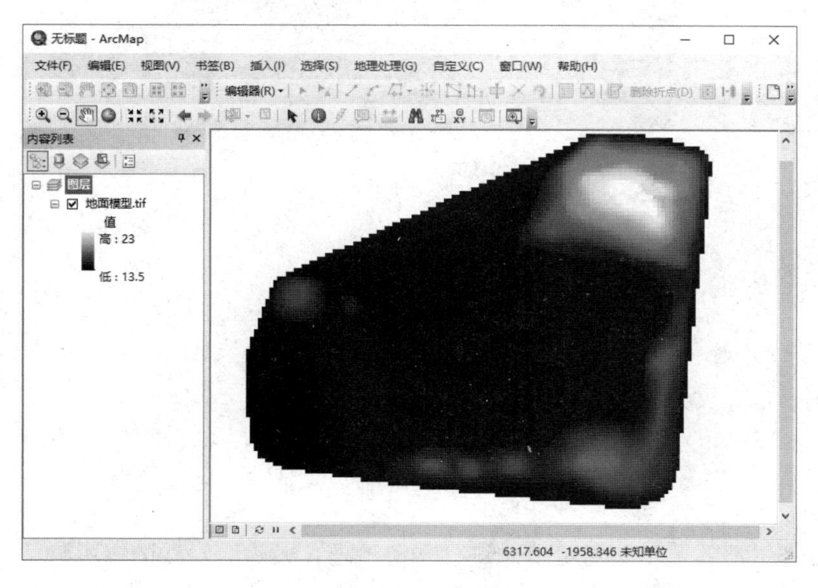

图 8.172　添加数据

（2）在 ArcToolbox 工具箱中双击【Spatial Analyst 工具】→【表面分析】→【等值线】，弹出【等值线】对话框。

（3）在【输入栅格】下拉列表中选择“地面模型.tif”。

（4）在【输出折线要素】文本框中指定输出折线要素数据的保存路径和名称。

（5）在【等值线间距】文本框中输入等值线间距，这里输入“0.5”，其他参数采用默认选项，如图 8.173 所示。

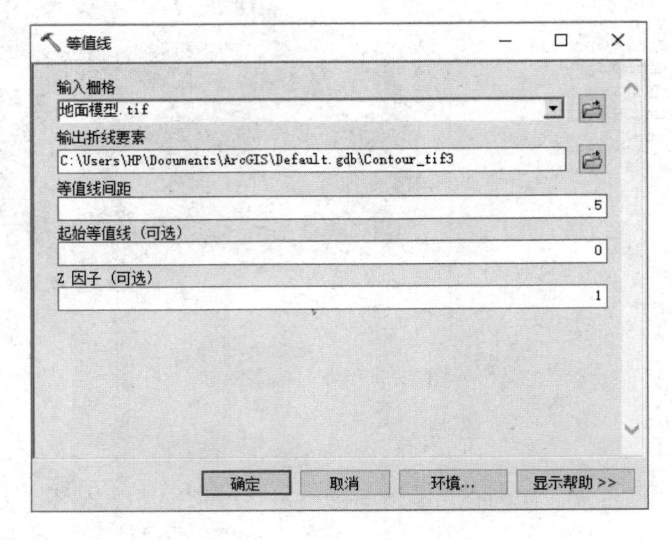

图 8.173 【等值线】对话框

（6）单击【确定】按钮，效果如图 8.174 所示。

图 8.174 等值线效果图

（7）通过【平滑线】工具对等值线进行平滑处理，去除等直线的锯齿状。在 ArcToolbox 工具箱中双击【制图工具】→【制图综合】→【平滑线】，弹出【等值线】对话框。

（8）在【输入要素】中输入等值线，默认【输出要素类】，【平滑算法】设置为“PAEK”，【平滑容差】设置为“30”，其余采用默认设置。

（9）单击【确定】按钮，最终效果如图 8.175 所示。

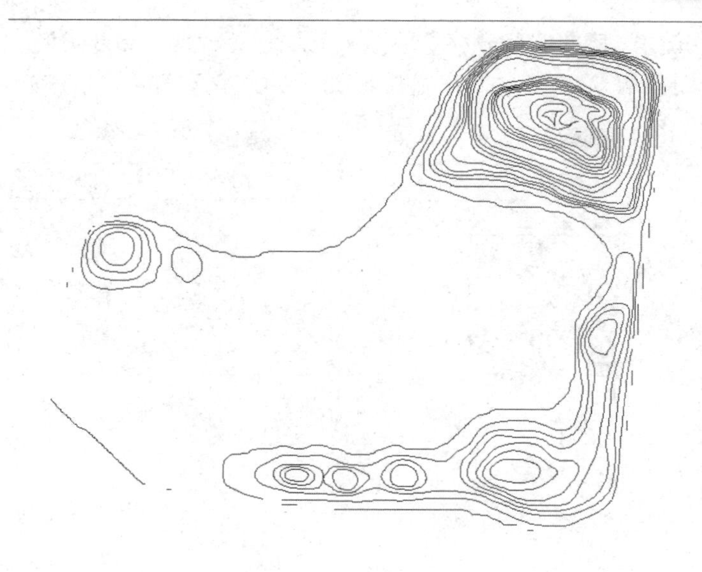

图 8.175　最终等值线效果图

4. 填挖方

填挖方是指通过计算两个不同时间段、给定位置的表面高程差异，通过添加或移除表面材料来修改地表高程的过程。例如，借助于【填挖方】工具，可以识别河谷中出现泥沙侵蚀和沉淀物的区域；计算要移除的表面材料的体积和面积，以及为平整一块建筑用地所需填充的面积；识别在泥流研究中经常被表面材料淹没的区域，从而找到地域稳定、适于构建房屋的安全区域。

1）不同时间段某区域填挖方计算

（1）打开 ArcMap，在“…\第八章\表面生成与分析\表面分析\填挖方\数据”路径下添加“qpointRaster”和“hpointraster”，其中“qpointRaster”为某区域之前的地表高程模型，“hpointraster”为“qpointRaster”对应区域变化之后的地表高程模型，如图 8.176 所示。

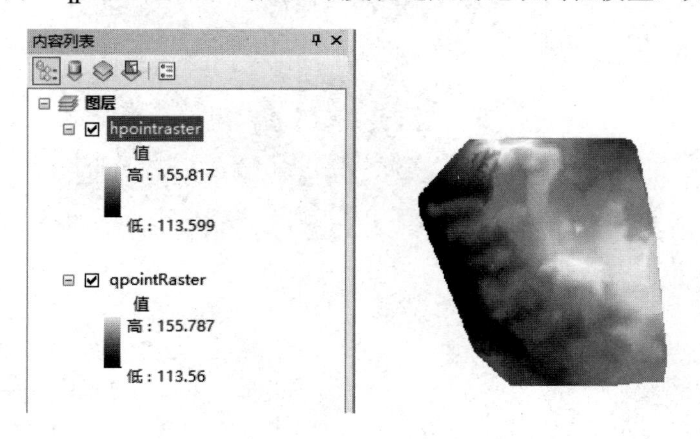

图 8.176　添加数据

（2）在 ArcToolbox 工具箱中双击【Spatial Analyst 工具】→【表面分析】→【填挖方】，弹出【填挖方】对话框。

（3）在【输入填/挖之前的栅格表面】下拉列表中选择“qpointRaster”。

（4）在【输入填/挖之后的栅格表面】下拉列表中选择“hpointraster”。

（5）在【输出栅格】文本框中指定输出栅格数据的保存路径和名称，其他参数采用默认选项，如图 8.177 所示。

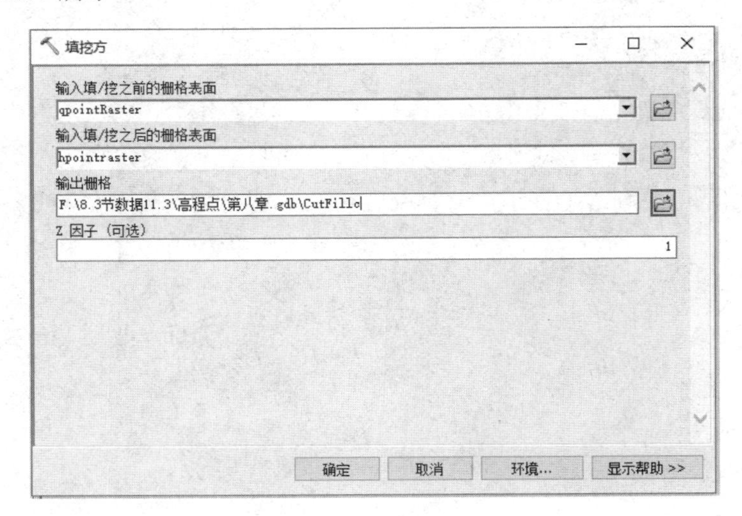

图 8.177 【填挖方】对话框

（6）单击【确定】按钮，效果如图 8.178 所示。

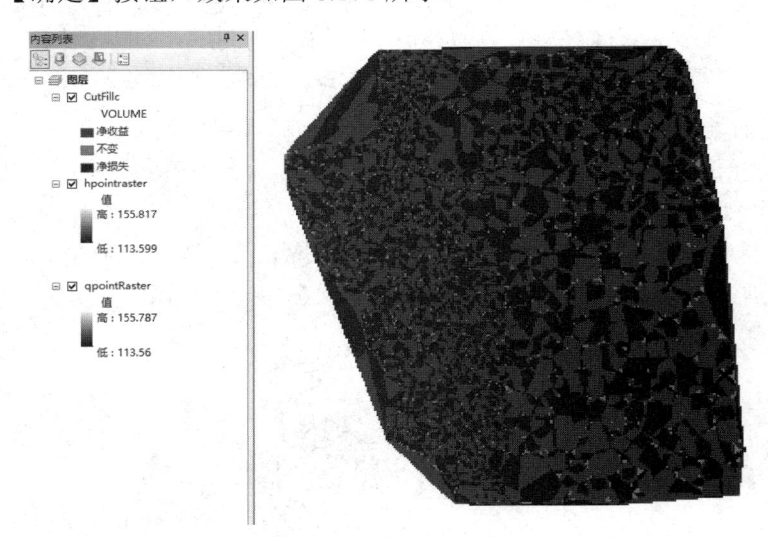

图 8.178 填挖方效果图

2）某区域土地平整时的填挖方计算

（1）在 ArcToolbox 工具箱中双击【Spatial Analyst 工具】→【重分类】→【重分类】，弹出【重分类】对话框。

（2）在【重分类】对话框中的【输入栅格】下拉列表中选择“qpointRaster”，单击【重分类】中的【分类】按钮，弹出【分类】对话框，分类方法选择“自然间段点分级法（Jenks）”，【类别】选择“1”，如图 8.179 所示，单击【确定】按钮。

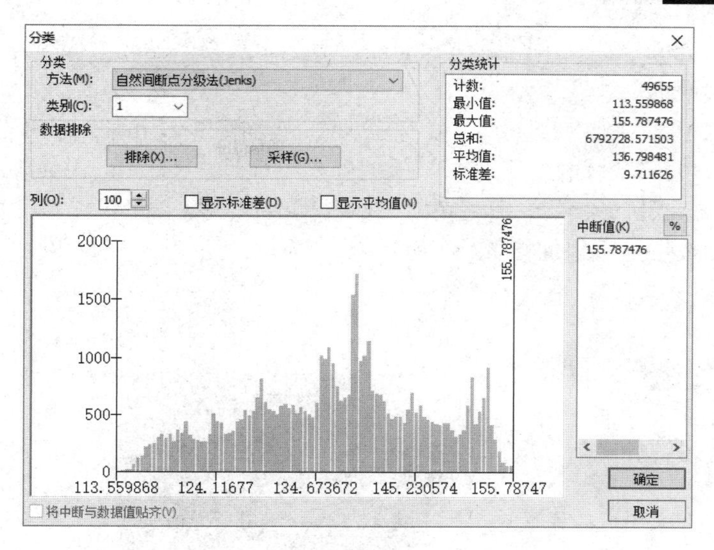

图 8.179　【分类】对话框

（3）在【重分类】对话框的【重分类】中“旧值”输入“113.559868 - 155.787476”，对应的“新值”由“1”改为“144”，如图 8.180 所示，在【输出栅格】文本框中指定输出栅格数据的保存路径和名称，其他参数采用默认选项，单击【确定】按钮，重分类的结果如图 8.181 所示。

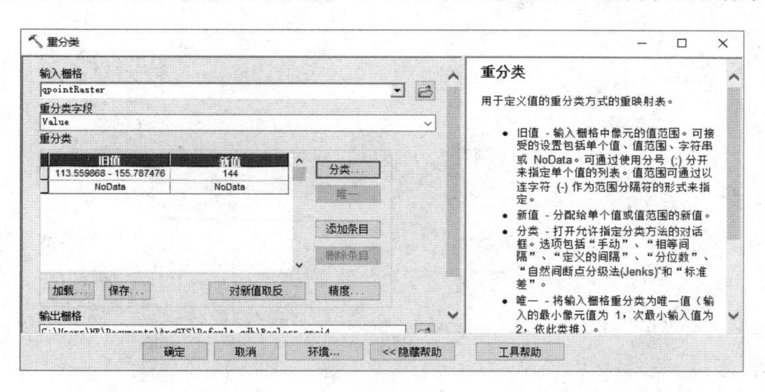

图 8.180　【重分类】对话框

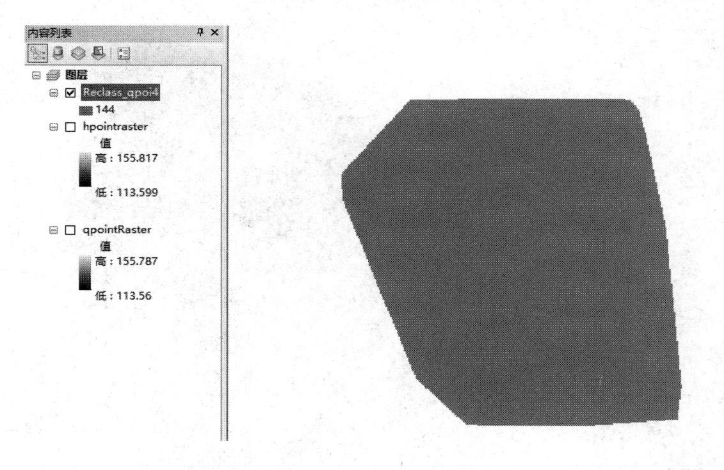

图 8.181　重分类的结果

（4）在 ArcToolbox 工具箱中双击【Spatial Analyst 工具】→【表面分析】→【填挖方】，弹出【填挖方】对话框。

（5）在【输入填/挖之前的栅格表面】下拉列表中选择“qpointRaster”。

（6）在【输入填/挖之后的栅格表面】下拉列表中选择“Reclass_qpoi4”。

（7）在【输出栅格】文本框中指定输出栅格数据的保存路径和名称，其他参数采用默认选项，单击【确定】按钮，效果如图 8.182 所示。

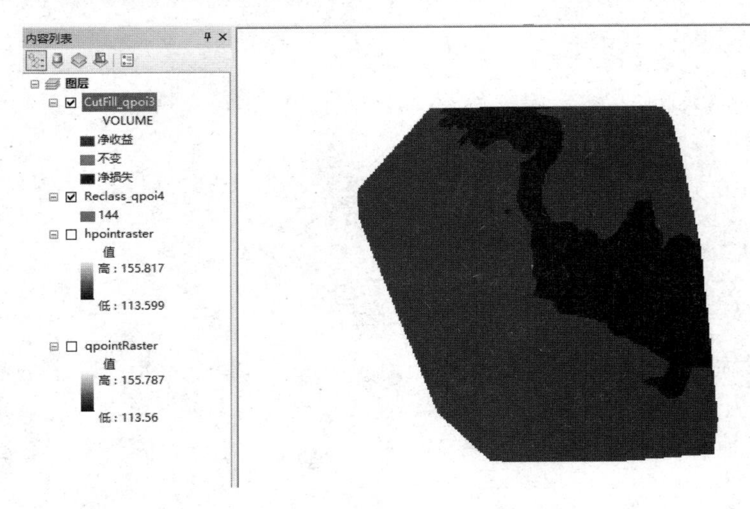

图 8.182　填挖方效果图

5．山体阴影

山体阴影工具通过为栅格中的每个像元确定照明度，可获取表面的假定照明度。通过设置假定光源的位置以及计算与相邻像元相关的每个像元的照明度值，即可得出假定照明度。在进行分析或图形显示时，特别是使用透明度时，山体阴影工具可大大增强表面的可视化。

（1）打开 ArcMap，在“…\第八章\表面生成与分析\表面分析\山体阴影\地形.mdb”路径下添加“地形”栅格数据，如图 8.183 所示。

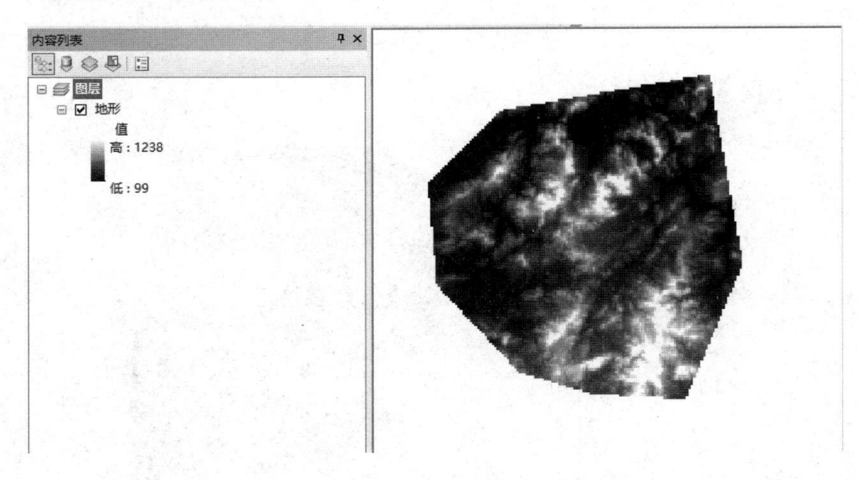

图 8.183　添加数据

（2）在 ArcToolbox 工具箱中双击【Spatial Analyst 工具】→【表面分析】→【山体阴影】，弹出【山体阴影】对话框。

（3）在【输入栅格】下拉列表中选择“地形”。

（4）在【输出栅格】文本框中指定输出栅格数据的保存路径和名称，其他参数采用默认选项，如图 8.184 所示。

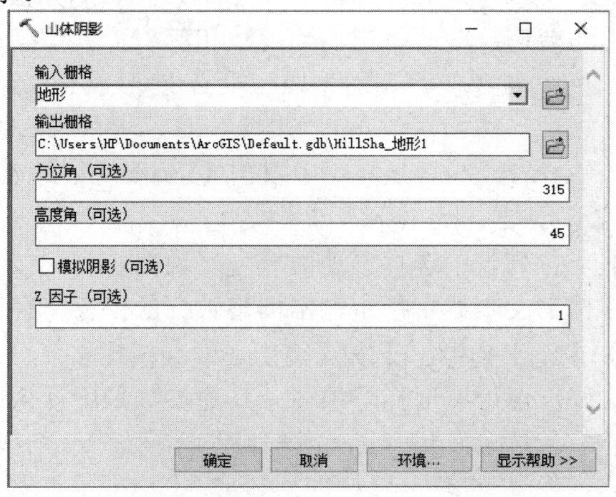

图 8.184 【山体阴影】对话框

（5）单击【确定】按钮，效果如图 8.185 所示。

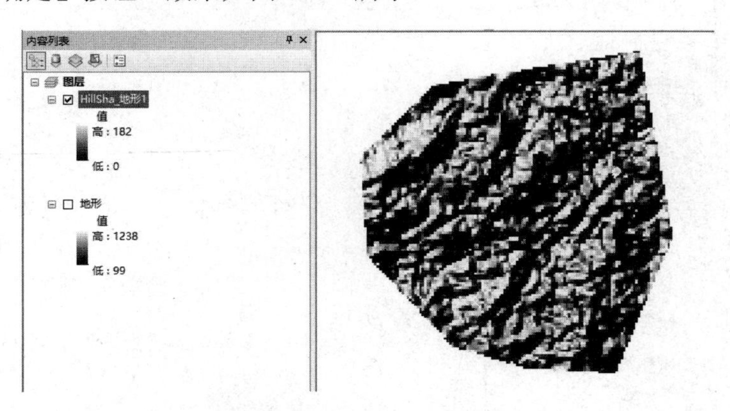

图 8.185　山体阴影效果图

注意：在制作一些专题图时，可以使用山体阴影效果来增强地图的可视化效果，如图 8.186 和图 8.187 所示。

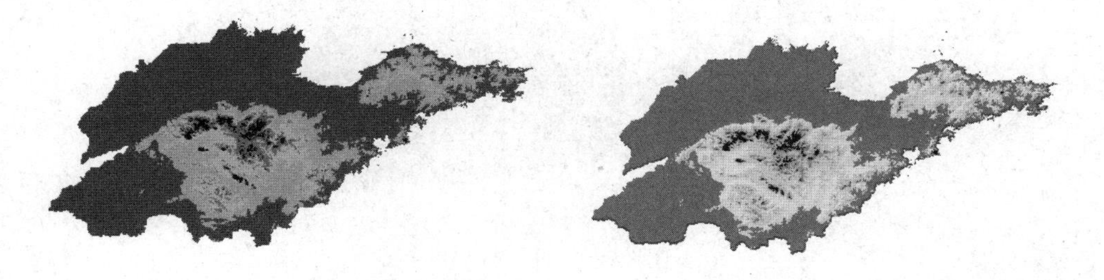

图 8.186　使用山体阴影之前的效果　　　图 8.187　使用山体阴影之后的效果

*6．曲率

曲率是表面的二阶导数，亦可称之为坡度的坡度。曲率为正说明该像元的表面向上凸，曲率为负说明该像元的表面开口朝上凹入，曲率为 0 说明表面是平的。可供选择的输出曲率类型为：剖面曲率（沿最大斜率的坡度）和平面曲率（垂直于最大坡度的方向）。从应用的角度看，曲率工具的输出可用于描述流域盆地的物理特征，从而便于理解侵蚀过程和径流形成过程。剖面曲率将影响流动的加速和减速，进而将影响到侵蚀和沉积。具体操作如下。

（1）打开 ArcMap，在“…\第八章\表面生成与分析\地形.mdb”路径下添加“地面模型”栅格数据。

（2）打开 ArcMap，在 ArcToolbox 工具箱中双击【Spatial Analyst 工具】→【表面分析】→【曲率】，弹出【曲率】对话框。

（3）在【输入栅格】下拉列表中选择“地面模型”数据。

（4）在【输出曲率栅格】文本框中指定输出栅格数据的保存路径和名称。

（5）在【输出剖面曲线栅格（可选）】和【输出平面曲线栅格（可选）】文本框中指定输出栅格数据的保存路径和名称，也可以选择不填写，其他参数采用默认选项，如图 8.188 所示。

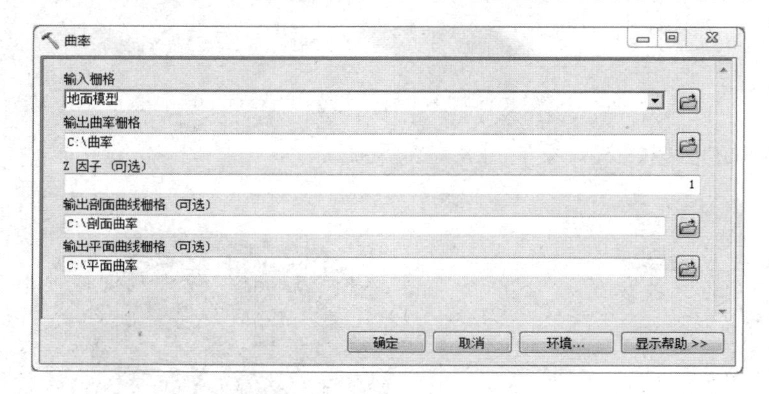

图 8.188 【曲率】对话框

（6）单击【确定】按钮，效果如图 8.189 所示。

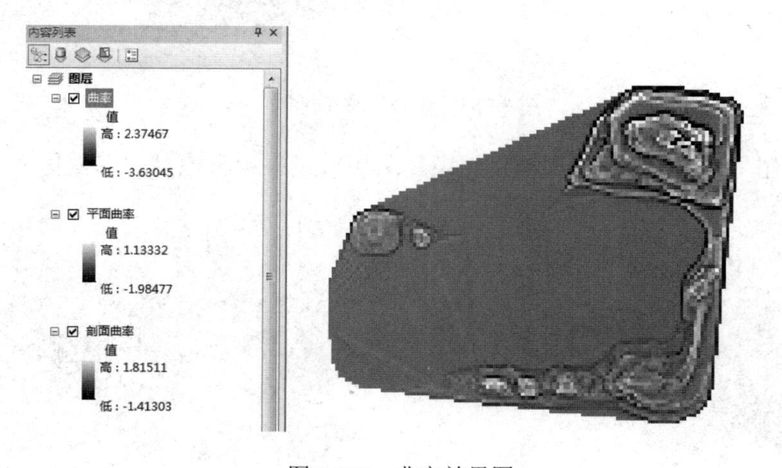

图 8.189 曲率效果图

7. 视域分析

利用可见性分析可以确定对于一组观察点要素是可见的栅格表面的位置，或识别从各栅格表面位置进行观察时可见的观察点。具体操作如下。

（1）打开 ArcMap，在“…\第八章\表面生成与分析\地形.mdb”路径下添加“地面模型”和“观察点”数据，如图 8.190 所示。

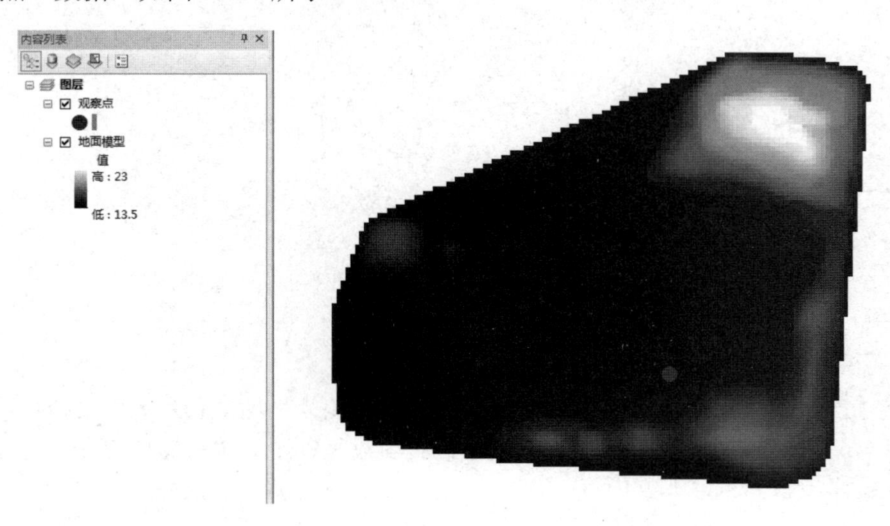

图 8.190 添加数据

（2）在 ArcToolbox 工具箱中双击【Spatial Analyst 工具】→【表面分析】→【视域】，弹出【视域】对话框。

（3）在【输入栅格】下拉列表中选择“地面模型”。

（4）在【输入观察点或观察折线要素】下拉列表中选择“观察点”。

（5）在【输出栅格】文本框中指定输出栅格数据的保存路径和名称，其他参数采用默认选项，如图 8.191 所示。

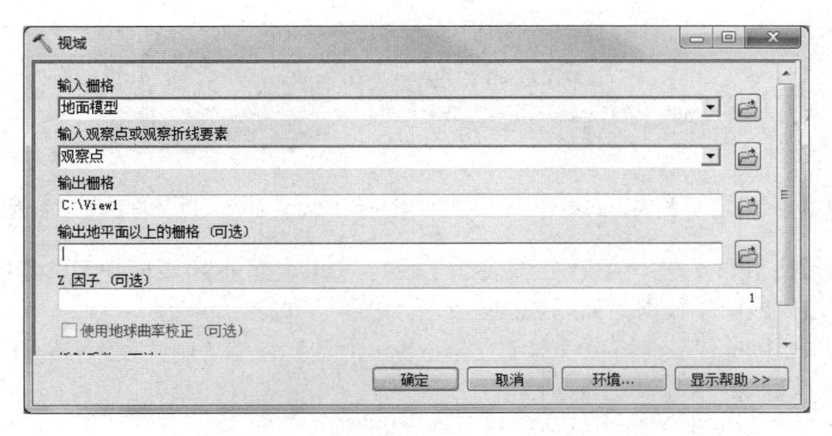

图 8.191 【视域】对话框

（6）单击【确定】按钮，输出结果如图 8.192 所示，其中红色区域为不可见的区域，绿色区域为可见的区域。

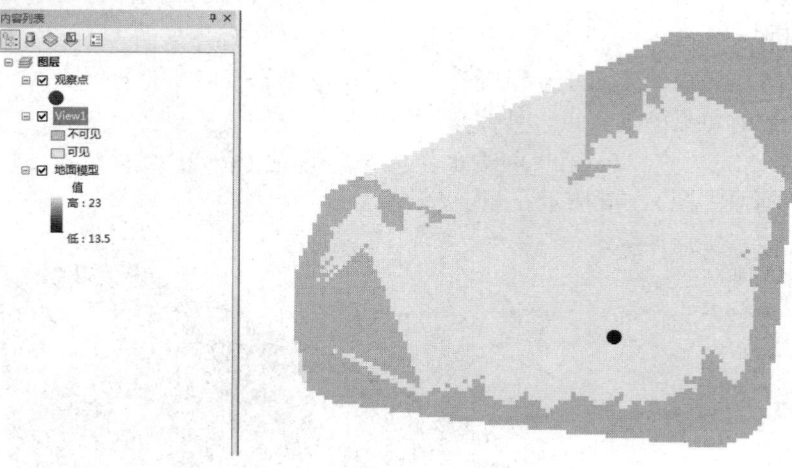

图 8.192　视域分析结果

8. 表面积和体积的计算

该功能可计算表面和参考平面之间区域的面积和体积，如图 8.193 和图 8.194 所示，输出文本文件将存储表面的完整路径、用于生成结果的参数，以及计算得出的面积和体积测量值。示例的具体操作步骤如下。

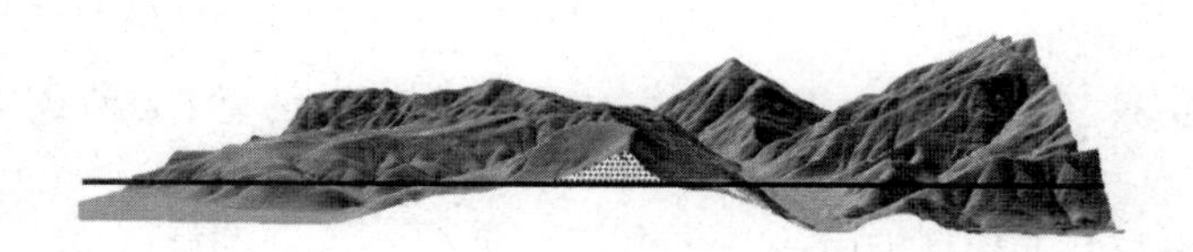

图 8.193　计算参考平面上方的表面在参考平面上的投影面积、表面面积，以及与参考平面围成的区域体积

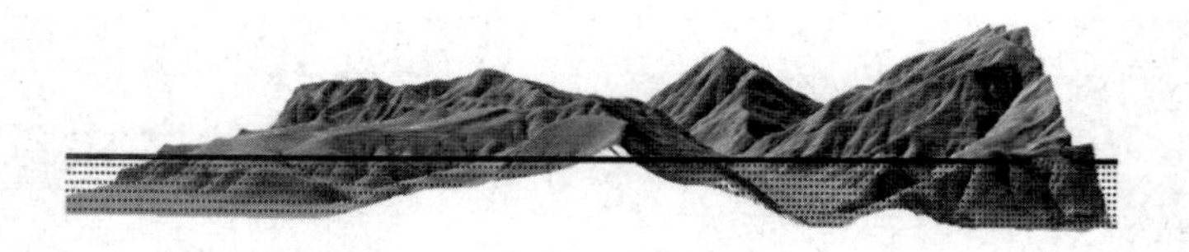

图 8.194　计算参考平面下方的表面在参考平面上的投影面积、表面面积，以及与参考平面围成的区域体积

（1）打开 ArcMap，在“…\第八章\表面生成与分析\表面分析\表面积和体积的计算\数据”路径下添加“tin_地面”数据，如图 8.195 所示。

（2）在 ArcToolbox 工具箱中双击【3D Analyst 工具】→【功能性表面】→【表面体积】，弹出【表面体积】对话框。

（3）在【输入表面】下拉列表中选择“tin_地面”。

（4）在【输出文本文件（可选）】文本框中指定输出文本文件的保存路径和名称。

（5）在【参考平面（可选）】下拉列表中选择“ABOVE”，其他参数采用默认选项，如图 8.196 所示。

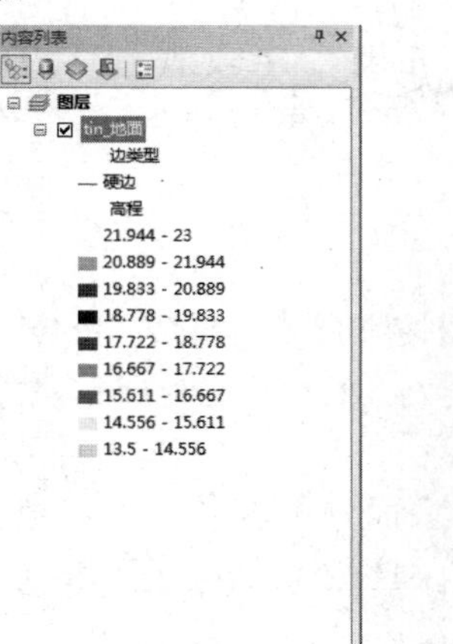

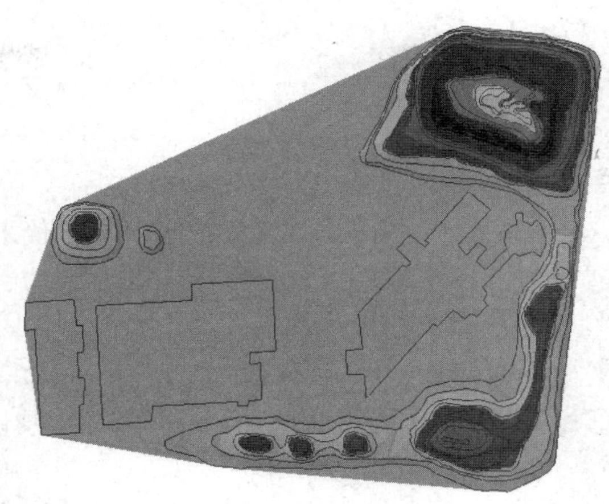

图 8.195　添加数据

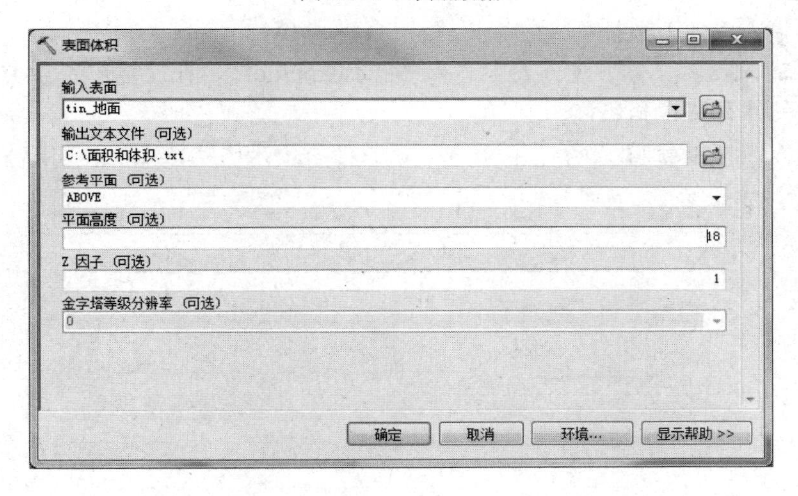

图 8.196　【表面体积】对话框

（6）单击【确定】按钮，完成操作，打开生成的表面和体积属性表即可看到计算出的面积和体积，如图 8.197 所示。

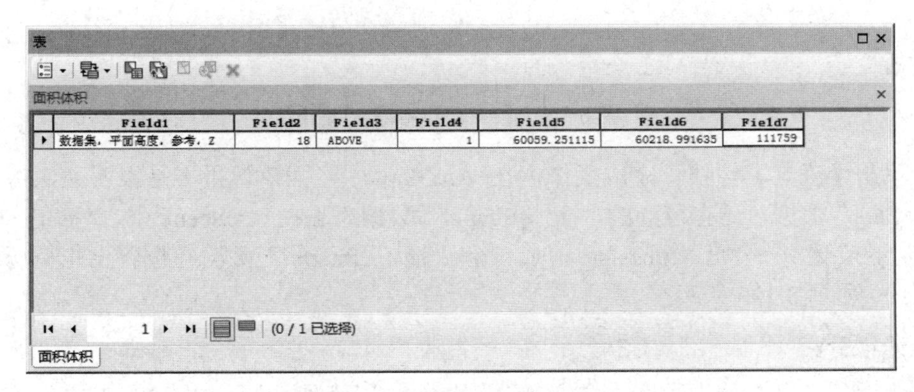

Field1	Field2	Field3	Field4	Field5	Field6	Field7
数据集，平面高度，参考，Z	18	ABOVE	1	60059.251115	60218.991635	111759

图 8.197　表面和体积属性表

注意：“Field2”字段表示默认的平面高度，“Field5”字段表示“2D 面积”，为“60059.251115076”；“Field6”字段表示“3D 面积”，为“60218.991634785”；“Field7”字段表示“体积”，为“111759”。

*9．插值 Shape

插值 Shape 工具可通过为表面的输入要素插入 z 值来将 2D 点、折线（Polyline）或面要素类转换为 3D 要素类。输入表面可以是栅格、不规则三角网（TIN）或 Terrain 数据集，其中输入表面的属性将被复制到输出。

（1）打开 ArcMap，在“…\第八章\表面生成与分析\表面分析\插值 Shape\数据”路径下添加“tin”，在“…\第八章\表面生成与分析\表面分析\插值 Shape\数据\数据库.gdb”路径下添加“lineshapefile_”矢量数据。

（2）在 ArcToolbox 工具箱中双击【3D Analyst 工具】→【功能性表面】→【插值 Shape】，弹出【插值 Shape】对话框。

（3）在【输入表面】下拉列表中选择“tin”。

（4）在【输入要素类】下拉列表中选择“lineshapefile_”，在【输出要素类】文本框中指定输出要素类的保存路径和名称。

（5）在【方法（可选）】选择“LINEAR”，其他参数采用默认选项，如图 8.198 所示。

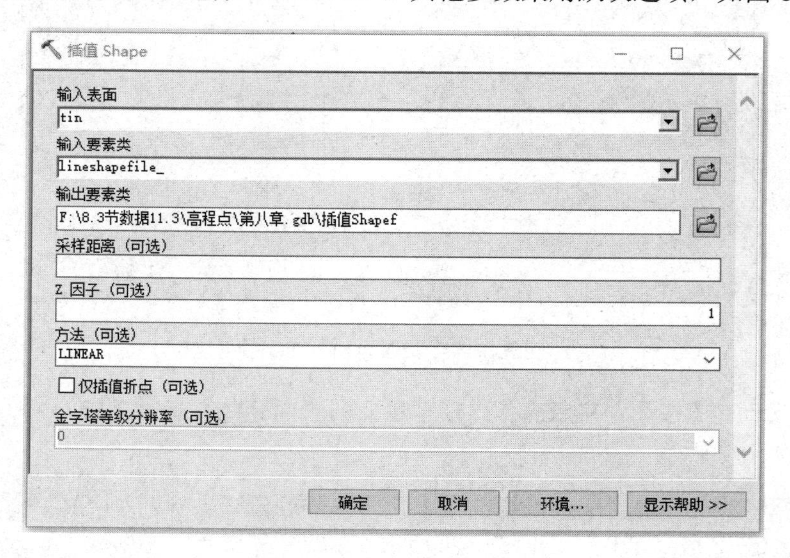

图 8.198 【插值 Shape】对话框

（6）单击【确定】按钮，完成操作，在 ArcMap 中，插值效果不是很明显，将“tin”和“lineshapefile_”数据，还有得到的“插值 Shapef”数据添加在 ArcScene 中，“插值 Shapef”数据依附在“tin”数据表面，“lineshapefile_”和“插值 Shapef”数据在位置上也有所区别，效果如图 8.199 和图 8.200 所示。

10．通视分析

通视分析工具可用于识别某一位置是否从另一位置可见，以及这两个位置之间连线上的中间位置是否可见。一般，前一个位置点定义为观测点，后一个位置点为观测目标。

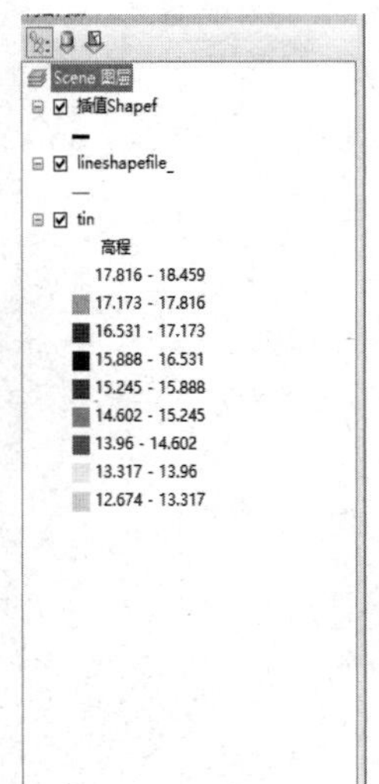

图 8.199　插值 Shape 效果图 1

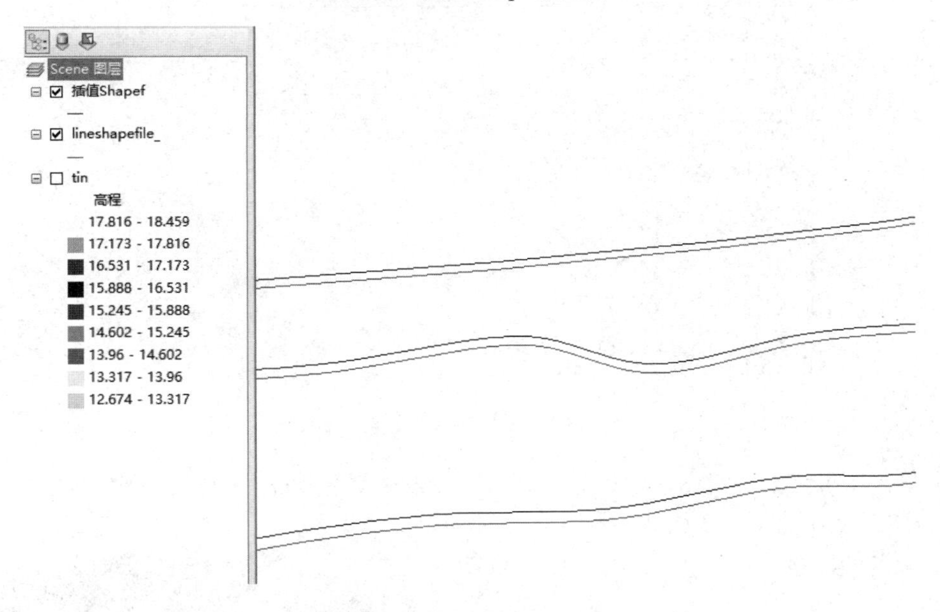

图 8.200　插值 Shape 效果图 2

（1）打开 ArcMap，在“…\第八章\表面生成与分析\表面分析\通视分析\数据”路径下添加“hpointraster.img”栅格数据、“ViewLine.shp”和“视点.shp”矢量数据，如图 8.201 所示。

（2）在 ArcToolbox 工具箱中双击【3D Analyst 工具】→【可见性】→【通视分析】，弹出【通视分析】对话框。

（3）在【输入栅格】下拉列表中选择“hpointraster”。

（4）在【输入线要素】下拉列表中选择“ViewLine”。

（5）在【输出要素类】文本框中指定输出要素类的保存路径和名称，其他参数采用默认选项，如图 8.202 所示。

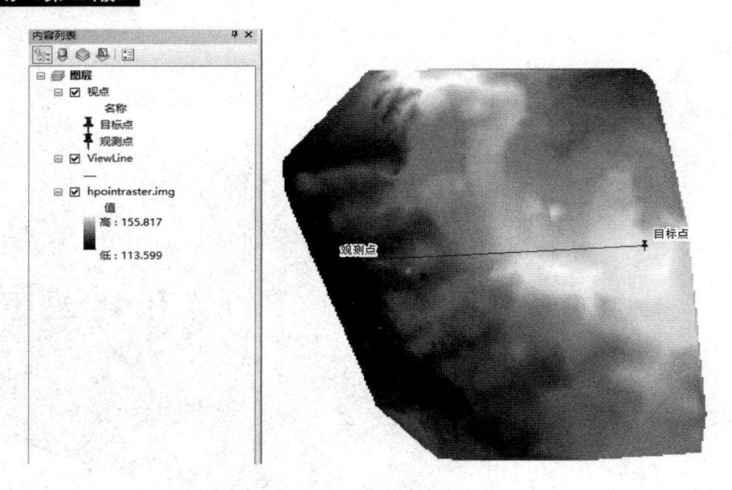

图 8.201 添加数据

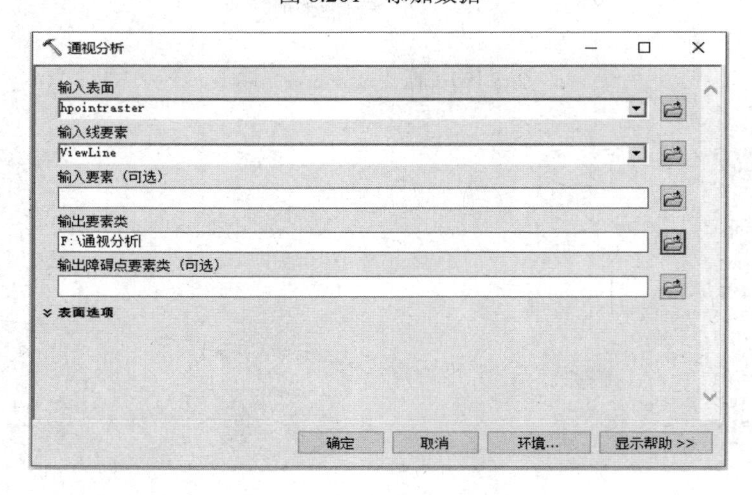

图 8.202 【通视分析】对话框

（6）单击【确定】按钮完成通视分析。为了使效果更直观，可以把原始数据与生成的数据添加在 ArcScene 中查看，效果如图 8.203 所示，其中红色线经过的区域是不可见的，蓝色线经过的区域是可见的。

图 8.203 通视分析效果图

8.3.3 ArcScene 三维可视化

1．二维数据的三维显示

有时为了方便观察和分析，可以将二维（2D）数据进行三维（3D）效果的显示，使其更符合人的视觉感受。在 ArcScene 中添加图层时，具有 3D 几何的要素将自动以 3D 形式进行绘制，但可能有其他未定义 z 值的 2D 数据源需要以 3D 形式显示。要在 3D 模式下查看 2D 数据，需要定义其 z 值，方便其显示。2D 数据的 3D 显示的方式有两种：第一，通过属性进行 3D 显示；第二，地形与影像的叠加。

1）通过属性进行三维显示

（1）打开 ArcScene，在“...\第八章\表面生成与分析\ArcScene 三维可视化\二维数据的三维显示\数据”路径下添加“建筑.shp”矢量数据，如图 8.204 所示。

图 8.204　添加数据

（2）在【内容列表】中右击“建筑”图层，在弹出的菜单中单击【属性】，弹出【图层属性】对话框，选择【拉伸】选项卡，勾选【拉伸图层中的要素。可将点拉伸成垂直线，将线拉伸成墙面，将面拉伸成块体】。

（3）在【拉伸值或表达式】区域中，单击【▦】按钮，如图 8.205 所示，弹出【表达式构建器】对话框。

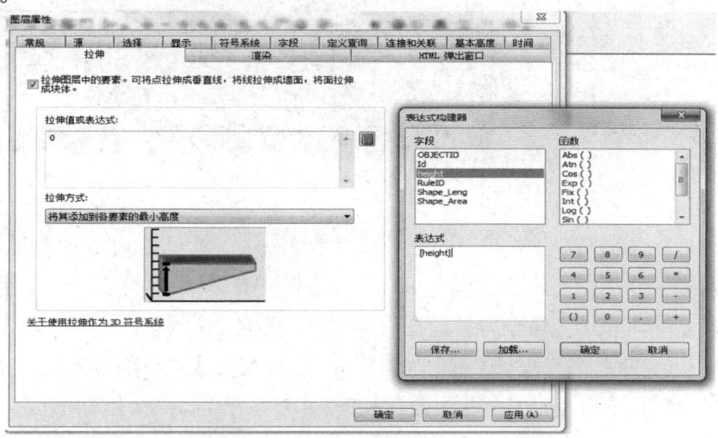

图 8.205　【图层属性】对话框

（4）在【表达式构建器】对话框中，可以在【表达式】文本框中输入所需的数值，这里在字段列表中双击“height”，如图 8.206 所示。

图 8.206　表达式构建器对话框

（5）单击【确定】按钮，完成操作，效果如图 8.207 所示。

2）地形与影像的叠加

（1）打开 ArcScene，在“...\第八章\表面生成与分析\ArcScene 三维可视化\二维数据的三维显示\数据\地形与影像叠加.mdb”路径下添加“地面模型”数据和“影像”数据，如图 8.208 所示。

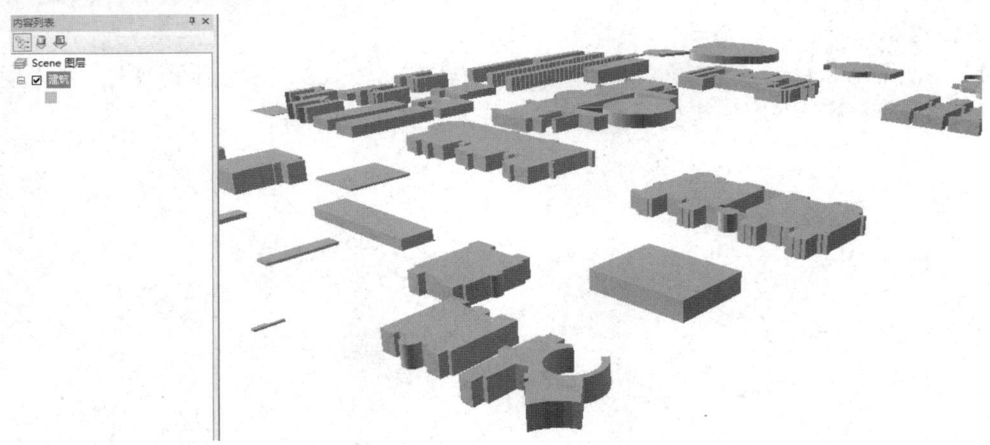

图 8.207　3D 显示效果图

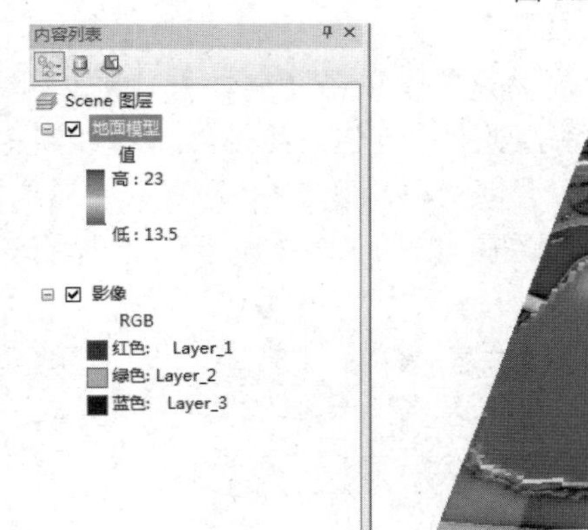

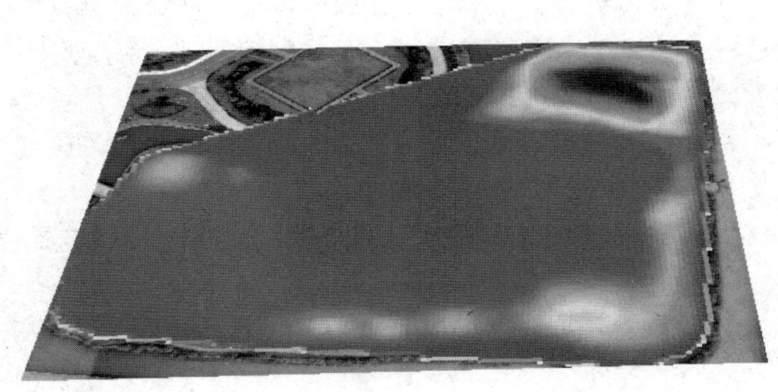

图 8.208　添加数据

（2）在【内容列表】中右击“影像”图层，在弹出的菜单中单击【属性】，弹出【图层属性】对话框，选择【基本高度】选项卡，在【从表面获取的高程】区域下选中【在自定义表面上浮动】，并将【用于将图层高程值转换为场景单位的系数】中【自定义】参数改为“5”（提升高度对比效果）。单击【确定】按钮，效果如图 8.209 所示。

图 8.209　地形与影像叠加效果图

2. 三维动画

1）捕获视图作为关键帧创建动画

（1）打开 ArcScene，在“...\第八章\表面生成与分析\ArcScene 三维可视化\三维动画\数据”路径下，添加“道路”、“道路中心线”、“建筑”和“水系”数据。加载数据后，对“建筑”基于 height 属性值进行高度拉伸。

（2）在主菜单中单击【自定义】→【工具条】→【动画】，加载【动画】工具条，如图 8.210 所示。

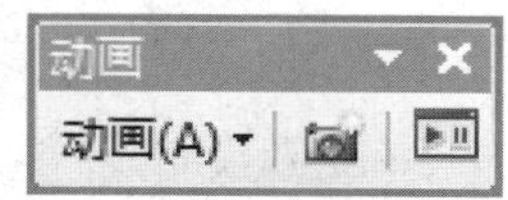

图 8.210 【动画】工具条

（3）在【动画】工具条中，单击【📷】按钮，可创建、显示校园全范围场景的关键帧 1，如图 8.211 所示。

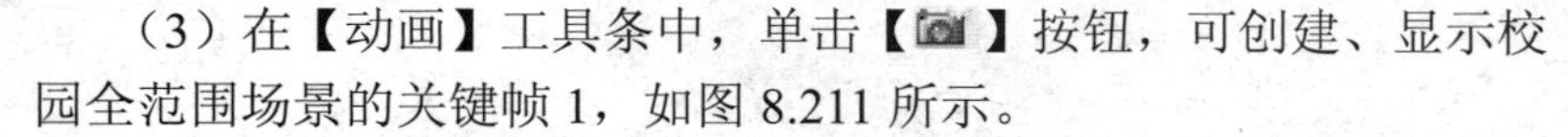

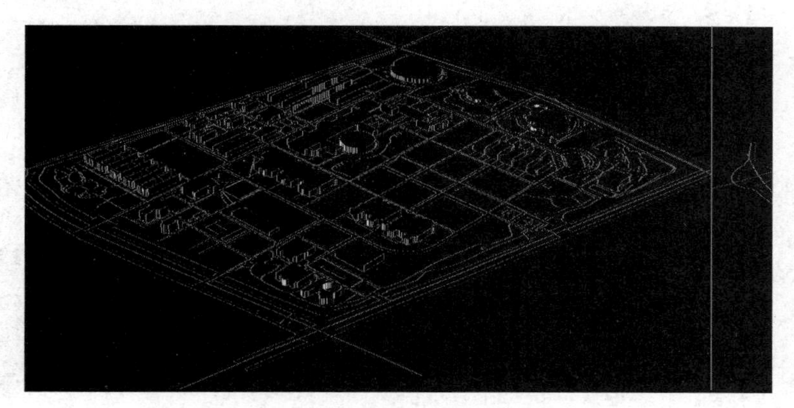

图 8.211 关键帧 1 画面

（4）通过【基础工具】中的放大按钮，将地图放大到某一局部场景，创建关键帧 2，如图 8.212 所示。

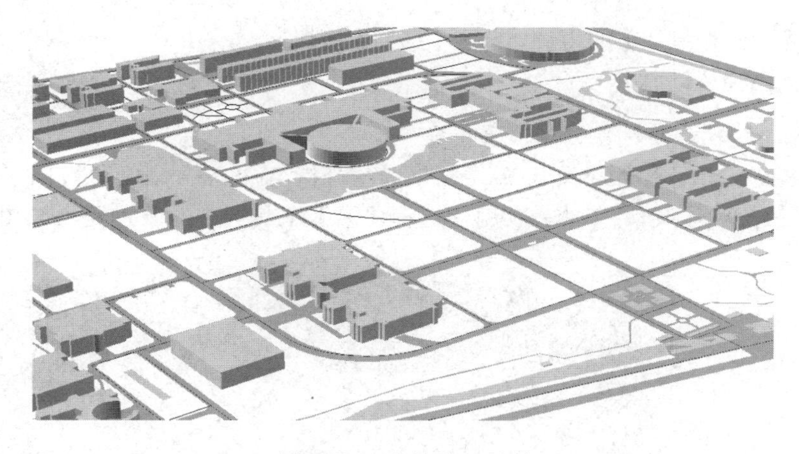

图 8.212 关键帧 2 画面

（5）在【动画】的工具条，单击【▶Ⅱ】按钮，打开【动画控制器】对话框，如图 8.213 所示。

（6）单击【▶】按钮，播放动画。

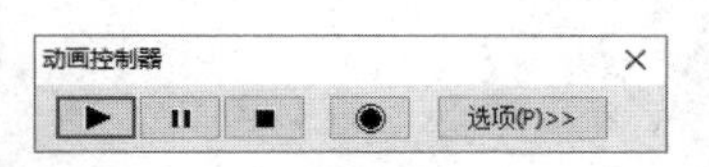

图 8.213 【动画控制器】对话框

2）使用 3D 书签创建动画

（1）在 ArcScene 中，通过滚动鼠标缩放图层到图书馆，创建书签，单击【书签】→【创建】，在弹出【创建书签】对话框中输入“图书馆”，单击【确定】按钮，如图 8.214 所示。

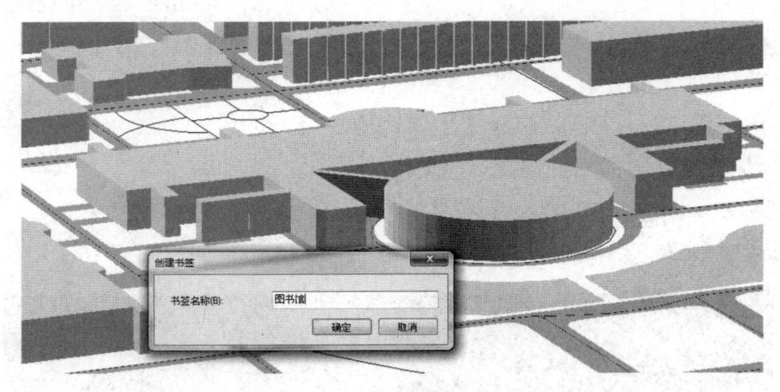

图 8.214　创建书签

（2）然后按步骤（1）的方法，依次创建名为“先骕楼”“方荫楼”“白鹿会馆”“正大广场”“名达楼”“惟义楼”“长胜园”的书签。

（3）在【动画】工具条中，单击【动画】→【创建关键帧】，在弹出的【创建动画关键帧】对话框的【类型】中选择“透视（照相机）”，【从书签导入】中选择“图书馆”，单击【新建】按钮，如图 8.215 所示。

（4）勾选【从书签导入】，依次选中“图书馆”“先骕楼”“方荫楼”“白鹿会馆”“正大广场”“名达楼”“惟义楼”“长胜园”，分别单击【创建】按钮，最后单击【关闭】按钮。

（5）打开【动画控制器】的窗口，单击【选项】按钮，单击【▶】，就会播放动画。

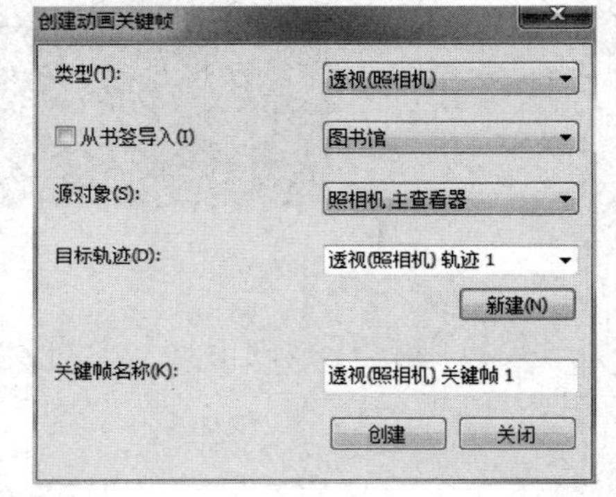

图 8.215　【创建动画关键帧】对话框

3）沿预定义路径移动对象创建动画

（1）打开 ArcScene，在“…\第八章\表面生成与分析\ArcScene 三维可视化\三维动画\数据”路径下添加“三维动画.sxd”文件，利用【选择要素】工具选中一条道路，如图 8.216 所示。

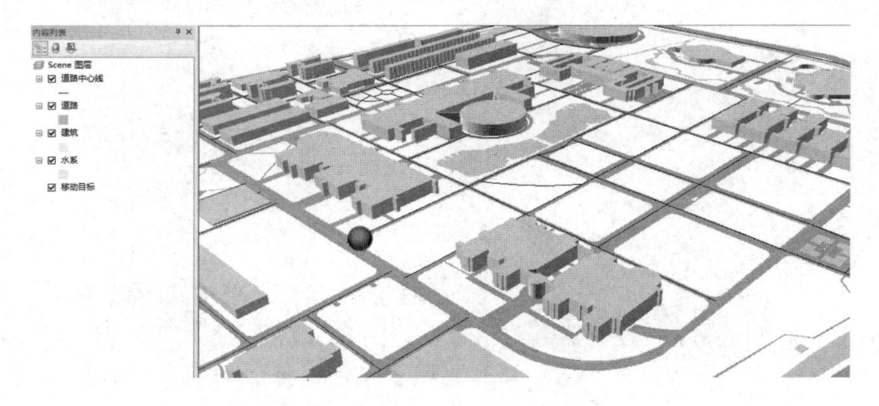

图 8.216　添加数据

（2）在【动画】工具条，单击【动画】→【沿路径移动图层】，弹出【沿路径移动图层】对话框，如图 8.217 所示。

（3）在【图层】下拉列表中选择“移动目标”。

（4）单击【确定】按钮，最后单击【导入】按钮，打开【动画控制器】对话框。

（5）单击【选项】按钮，单击【▶】，播放动画，将会看见绿色球沿着选择的道路运动。

4）根据路径创建动画

（1）在【动画】工具条中，单击【动画】→【根据路径创建飞行动画】，弹出【根据路径创建飞行动画】对话框。

（2）在【垂直偏移】文本框中输入“20.0”。

（3）在【路径目标】区域中选择【沿路径移动观察点和目标（飞越）】，如图 8.218 所示。

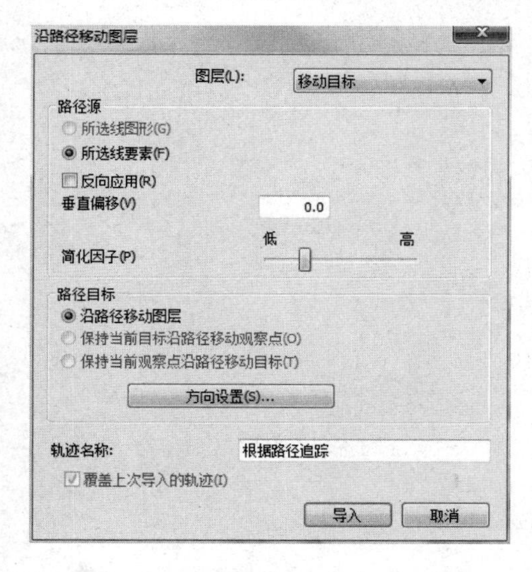

图 8.217 【沿路径移动图层】对话框

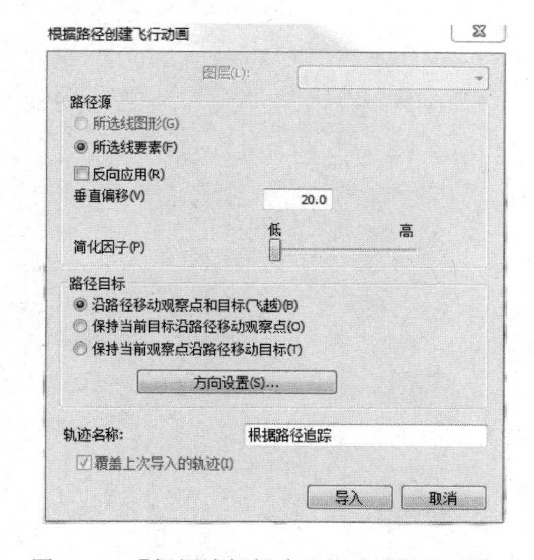

图 8.218 【根据路径创建飞行动画】对话框

（4）单击【导入】按钮，打开【动画控制器】对话框，单击【选项】按钮，单击【▶】按钮，即可播放动画，效果如图 8.219 所示。

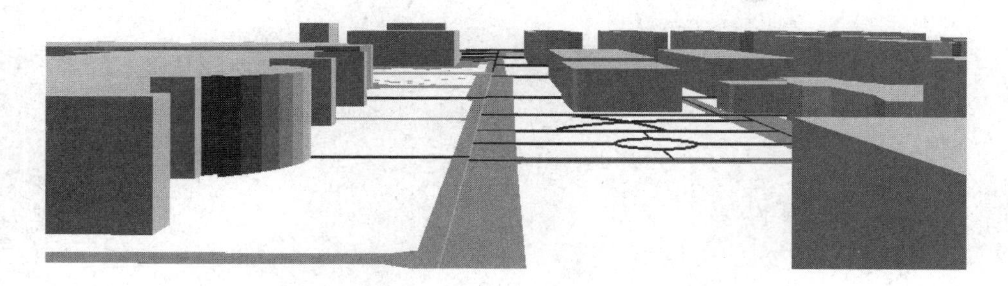

图 8.219　播放动画效果图

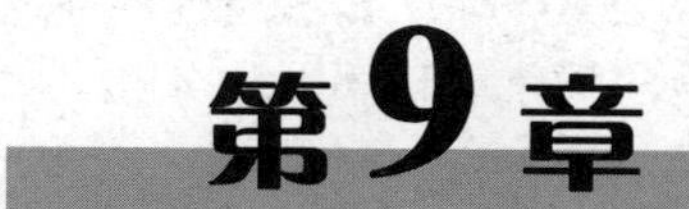

第9章 地图符号化与制图

地图是地理信息的一种图形表达方法，是地理信息动态表达的一种主要手段。地理信息系统诸多用途中最常见的用途就是创建地图，符号化与地图制图有助于向读者传达更详细和生动的地图信息。本章主要介绍地图符号化与地图制图。具体内容包括：

- 地图符号化；
- 地图制图；
- ArcGIS 实用制图技巧；
- 制作指定比例尺的专题地图。

9.1 地图符号化

地图符号是地图上各种形状、大小、颜色的图形和文字的总称，是地图内容体现的一种主要手段，也是地图区别于其他空间环境现象表示方法（如照片、航片等）的一个重要特征。高质量的地图符号是丰富地图内容、增强地图易读性和表达效果的必要前提。符号化是以图形的方式对地图中的地理要素、标注和注记进行描述、分类、排列，以找出并显示定量关系和定性关系的过程。地图符号通常有以下四种分类，如图 9.1 所示。

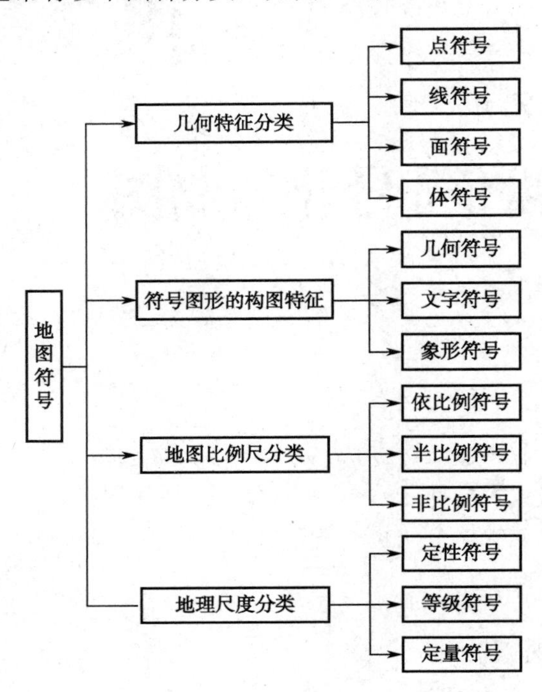

图 9.1　地图符号类型

点要素、线要素和面要素都可以通过要素的属性特征采取单一符号化、类别（定性）符号化、数量（定量）符号化、图表符号化、多个属性符号化等多种表示方法实现数据的符号化，制作出符合用户需求的各种地图。

9.1.1 点要素符号化

1．简单符号化

（1）打开 ArcMap，在“…\第九章\符号化\数据”路径下打开“符号化.mxd”文件，在【内容列表】中，单击“江西省各区县点”图层下的点符号，弹出【符号选择器】对话框，如图 9.2 所示。

（2）如果提供的默认符号不符合要求，可以在【搜索】文本框中输入符号的名称，颜色（如输入红色、绿色等），类型（如输入方形、圆形、三角形等）等进行搜索。

（3）在【当前符号】区域内，可以对符号的参数进行修改，如颜色、大小等；也可以单击【编辑符号】按钮进行更为复杂的编辑，如制作一个由圆点和十字丝组合而成的符号，如图 9.3 所示。

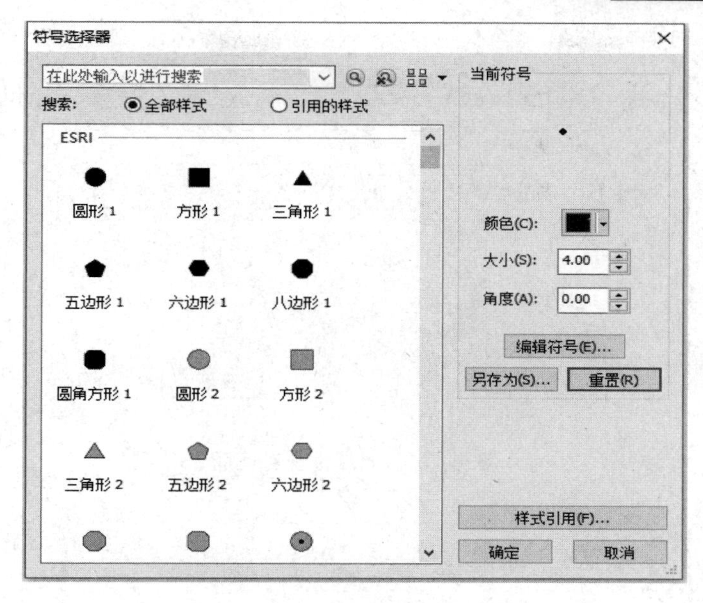

图 9.2 【符号选择器】对话框

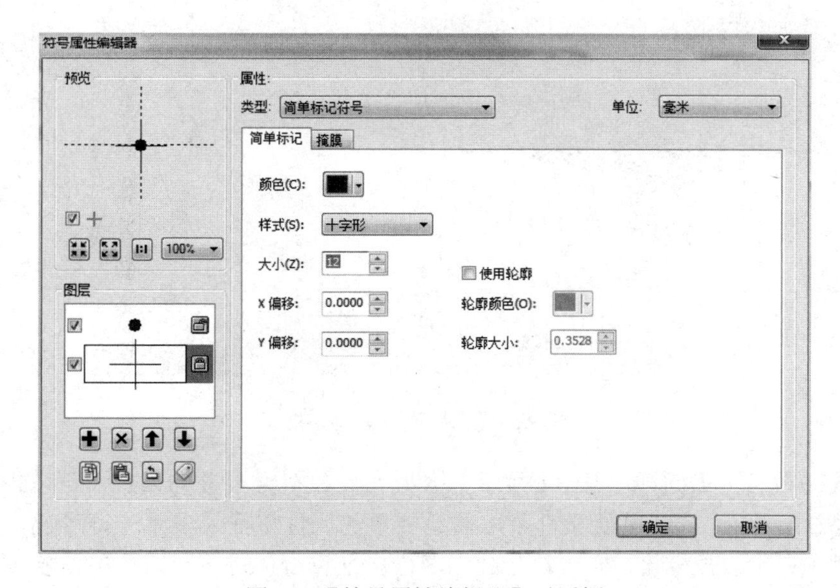

图 9.3 【符号属性编辑器】对话框

（4）单击【符号属性编辑器】对话框中的【确定】按钮。

（5）还可以将编辑好的点符号保存下来，以便下次使用。单击【符号选择器】对话框中的【另存为】按钮，弹出【项目属性】对话框，如图 9.4 所示，设置好名称、类别和样式库，单击【完成】按钮即可实现符号的保存。

（6）单击【符号选择器】对话框中的【确定】按钮，完成点符号化的选择与编辑。

2. 基于符号系统的各种类型符号化

（1）在【内容列表】中选择“江西省各区县点”图层，右击该图层，在弹出的菜单中单击【属性】菜单，弹出【图层属性】对话框，如图 9.5 所示。

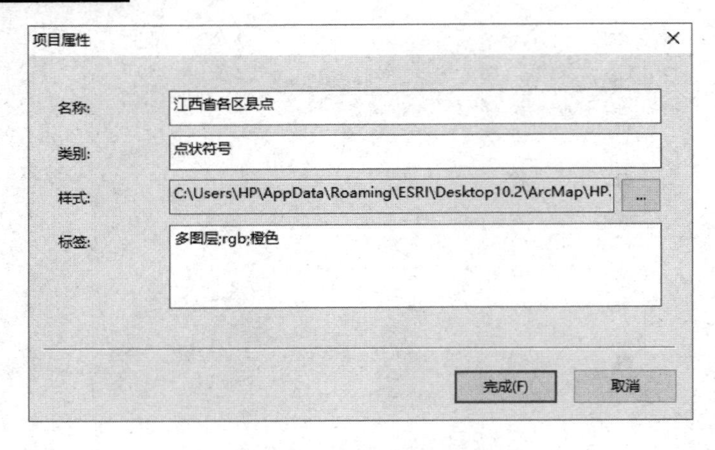

图 9.4 【项目属性】对话框

图 9.5 【图层属性】对话框

（2）在【系统符号】选项卡中，【显示】区域有 5 种符号设置的方式，可以根据需求选择符号化的类型。因为点、线、面要素都可以通过要素的属性特征采取单一符号化、类别（定性）符号化、数量（定量）符号化、图表符号化、多个属性符号化等多种表示方法实现数据的符号化，相关方法的应用会在面要素符号化（点、线、面要素相似）中进行详细的说明，这里不再赘述。

9.1.2 线要素符号化

（1）打开 ArcMap，在“…\第九章\符号化\数据”路径下打开“符号化.mxd”文件，在【内容列表】中，单击“江西省公路”图层下的线符号，弹出【符号选择器】对话框，如图 9.6 所示。

（2）如果提供的默认符号不符合要求，可以在【搜索】文本框中输入符号的名称、颜色、类型等进行搜索。

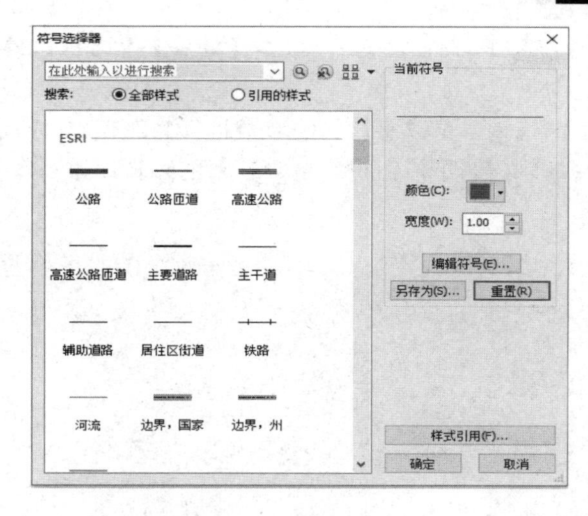

图 9.6 【符号选择器】对话框

（3）在【当前符号】区域内，可以对符号的参数进行修改，如修改线符号的颜色和宽度；也可以单击【编辑符号】按钮进行更为复杂的编辑，如配置折线的两端点箭头的样式、制作实线与虚线组合的线符号等。

（4）还可以将编辑好的线符号保存下来，以便下次使用。单击【另存为】按钮，弹出【项目属性】对话框，进行相关设置即可。

（5）单击【符号选择器】对话框中的【确定】按钮，完成线要素的符号化。

9.1.3　面要素符号化

1．简单符号化

（1）打开 ArcMap，在“…\第九章\符号化\数据”路径下打开“地类图斑.mxd”文件，在【内容列表】中，单击“地类图斑（面）”图层下的面符号，弹出【符号选择器】对话框，如图 9.7 所示。

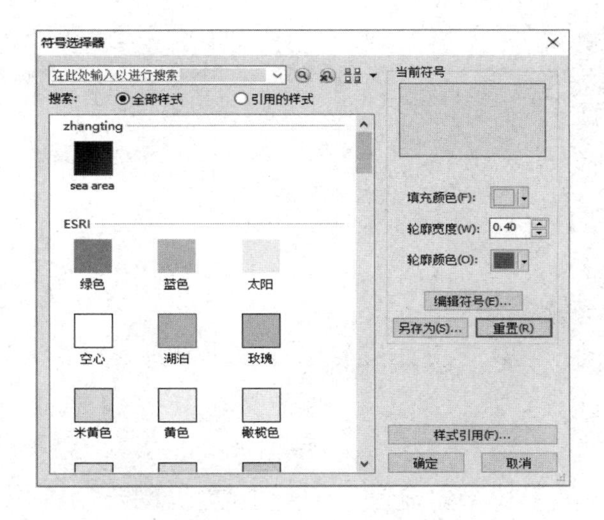

图 9.7 【符号选择器】对话框

（2）如果提供的默认符号不符合要求，可以在【搜索】文本框中输入符号的名称、颜色、类型等进行搜索。

（3）在【当前符号】区域内，可以对符号的参数进行修改，如修改面要素的填充颜色、轮廓颜色等；也可以单击【编辑符号】按钮进行更为复杂的编辑，如制作渐变填充符号、图片填充符号等，如图 9.8 所示。

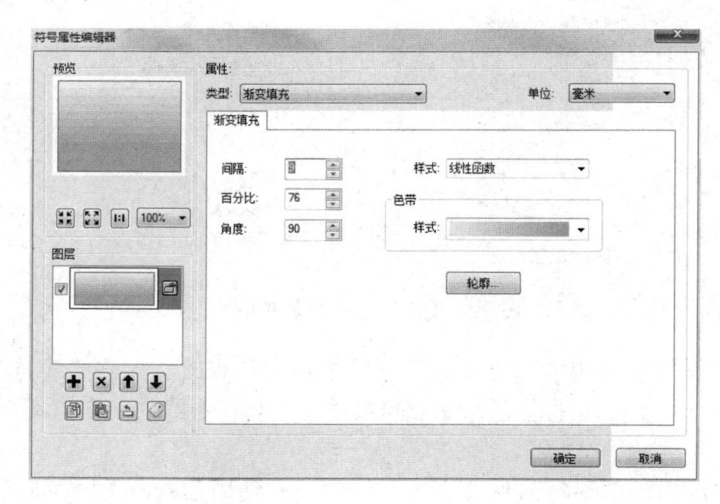

图 9.8 【符号属性编辑器】对话框

（4）单击【符号属性编辑器】对话框中的【确定】按钮。

（5）还可以将编辑好的面符号保存下来，以便下次使用。单击【另存为】按钮，弹出【项目属性】对话框，进行相关设置即可。

（6）单击【符号选择器】对话框中的【确定】按钮，完成的面符号化的选择与编辑。

2. 基于符号系统各种类型符号化

在【内容列表】中选择“地类图斑”图层，右击该图层，在弹出菜单中单击【属性】，弹出【图层属性】对话框，如图 9.9 所示。

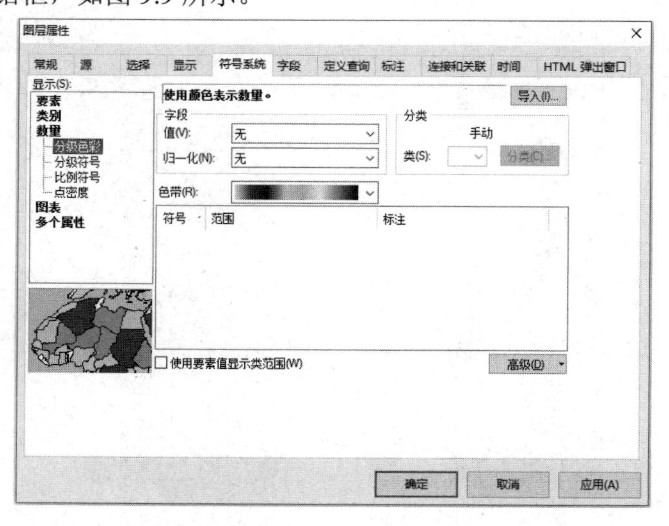

图 9.9 【图层属性】对话框

在【符号系统】选项卡中，【显示】区域有 5 种符号化的方式，与点、线符号相似，但在【数量】节点中多了个【点密度】，5 种符号化的方式分别是：

- 要素。单一符号：使用相同的符号绘制所有要素，但单一符号不能反映地图要素的数量差异。
- 类别。
  - ✧ 唯一值：使用一个字段中唯一值绘制类别。
  - ✧ 唯一值、多个字段：使用唯一值绘制类别，但最多可结合三个字段。
  - ✧ 与样式的符号匹配：通过将字段值与样式中的符号进行匹配来绘制类别。
- 数量。
  - ✧ 分级彩色：将要素属性值按照一定的分类方法分成若干类，使用颜色表示数量，特别适用于面要素类。
  - ✧ 分级符号：将要素属性值按照一定的分类方法分成若干类，使用符号大小表示数量。
  - ✧ 比例符号：不进行分类，使用符号大小来精确表示数量值。
  - ✧ 点密度（只适合面要素类）：用一定大小的点符号表示一定数量的制图要素或表示一定范围内的密度数值。
- 图表。
  - ✧ 饼图：为每个要素绘制饼图，用于表示制图要素的整体性属性与组成部分之间的比例关系。
  - ✧ 条形图/柱状图：为每个要素绘制条形图或柱状图，用于表示制图要素的多项可比较属性或组成部分之间的比例关系。
  - ✧ 堆叠图：绘制每个要素的堆叠图，可以显示不同类别的数量。
- 多个属性。按类别确定数量：使用一个按类别映射的字段和一个数量字段来显示图层。例如，通过一个表示道路类型的属性和另一个表示交通流量的属性来显示道路网络，其中，线的颜色用于表示道路类型，而线的宽度用于表示各条道路上的交通流量。

1）单一符号化

（1）在【图层属性】对话框的【显示】区域，选择【要素】→【单一符号】，单击【符号】色块，弹出【符号选择器】对话框，如图 9.10 所示。

（2）在【符号选择器】对话框中选择合适的符号，这里在【填充颜色】区域选择“米黄色”，其他参数采用默认选项，单击【确定】按钮返回。

（3）再单击【图层属性】对话框中的【确定】按钮，完成单一符号化的设置。

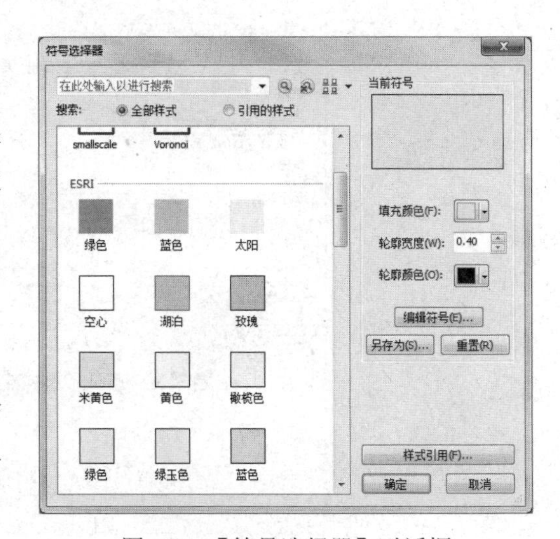

图 9.10 【符号选择器】对话框

2）唯一值

唯一值符号化是基于一个字段的属性值来绘制要素的。例如，针对“地类图斑”图层，根据土地用途分区名称（字段 TDYTFQMC）不同，使用不同样式的符号来表示不同用途的地类。

（1）在【图层属性】对话框的【显示】区域，

选择【类别】→【唯一值】，在【值字段】区域的下拉列表中选择“NAME”字段。

（2）单击【添加所有值】按钮，也可以将【其他所有值】复选框的勾去掉；在【色带】区域的下拉列表选择一种色带，改变符号的颜色，如图 9.11 所示。

（3）单击【确定】按钮，完成图层的符号化。

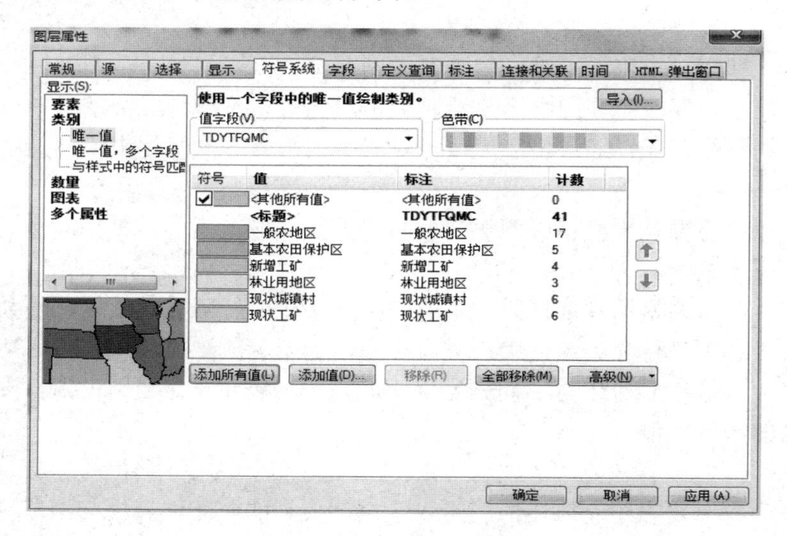

图 9.11 【图层属性】对话框

3）唯一值、多个字段

唯一值、多个字段符号化利用多个字段组合值来进行要素的分类符号化。例如，可以组合使用“XZQHMC”（行政区划名称）和“TDYTFQMC”（土地用途分区名称）字段进行符号化。

（1）在【类别】下，单击选择【唯一值，多个字段】，与“唯一值”符号化的操作方式相似，在【值字段】区域依次选择“XZQHMC”（行政区划名称）和“TDYTFQMC”（土地用途分区名称）字段，如图 9.12 所示。

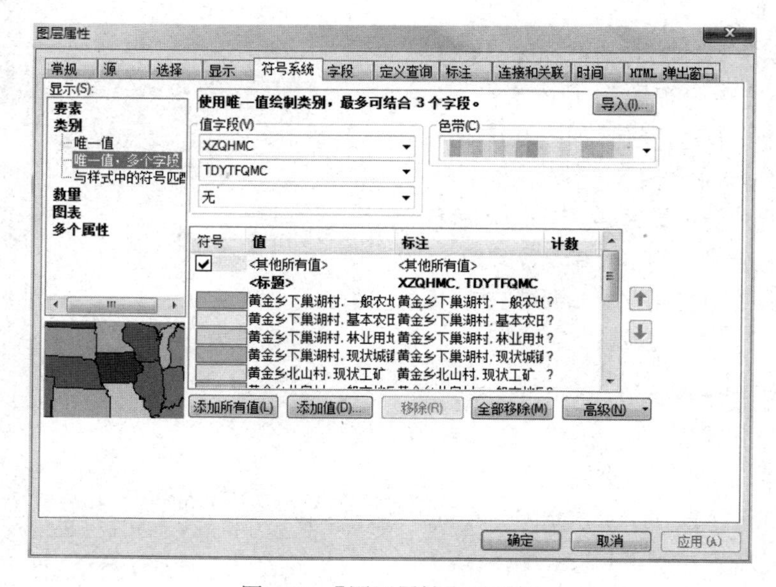

图 9.12 【图层属性】对话框

（2）单击【确定】按钮，完成图层的符号化，41 个面要素被分为 14 类，如图 9.13 所示。

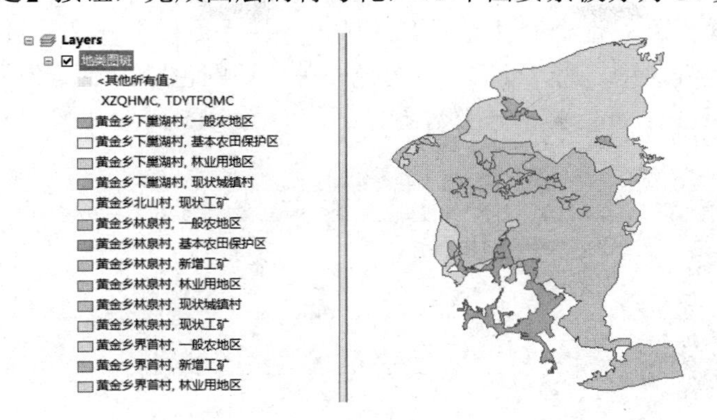

图 9.13 【唯一值，多个字段】符号化的效果图

4）与样式中的符号匹配

符号是在地图显示中使用的图形元素；样式是与主题或应用领域相匹配的符号、颜色及地图元素的集合。在实际应用中，常用已有的符号库中的样式来符号化要素，这里用已有的“DLMC”（地类名称）字段值与“style.style”符号库中的符号名称进行匹配。

（1）在【图层属性】对话框的【显示】区域，选择【类别】→【与样式中的符号匹配】，在【值字段】区域的下拉列表中选择“DLMC”。

（2）在【与样式中的符号匹配】区域中，单击【浏览】按钮，选择“style.style”文件（在“…第九章\符号化\”路径下），单击【符号匹配】按钮，如图 9.14 所示。

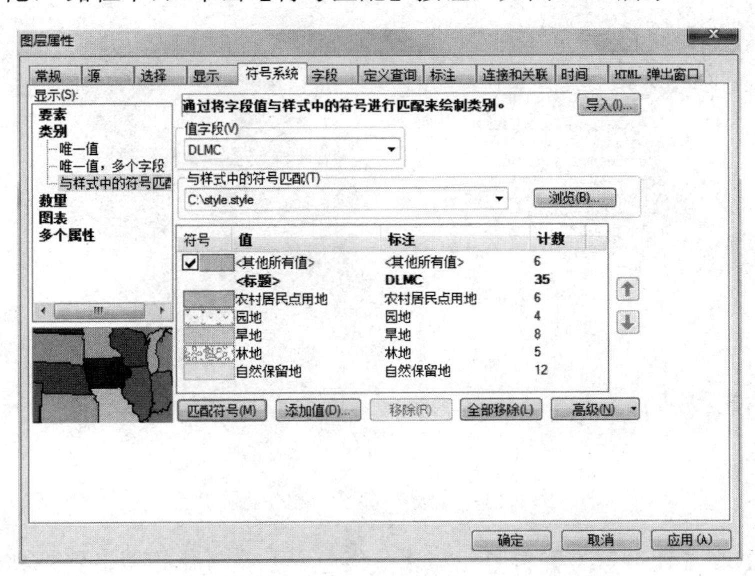

图 9.14 【图层属性】对话框

（3）单击【确定】按钮，完成符号化。

5）分级色彩

当需要对事物进行定量或者数量化绘制时，可以选择使用不同的颜色对图层进行分级色彩

符号化，不同的颜色适合特定的属性值。例如，用不同的颜色来表示不同范围的人口数量。

（1）在【图层属性】对话框的【显示】区域，选择【数量】→【分级色彩】，在【字段】区域中的【值】下拉列表中选择“面积”，选择一种合适的色带；在【分类】区域中，默认的是“自然间断点分级法（Jenks）”，分类数为“6”，如图 9.15 所示。

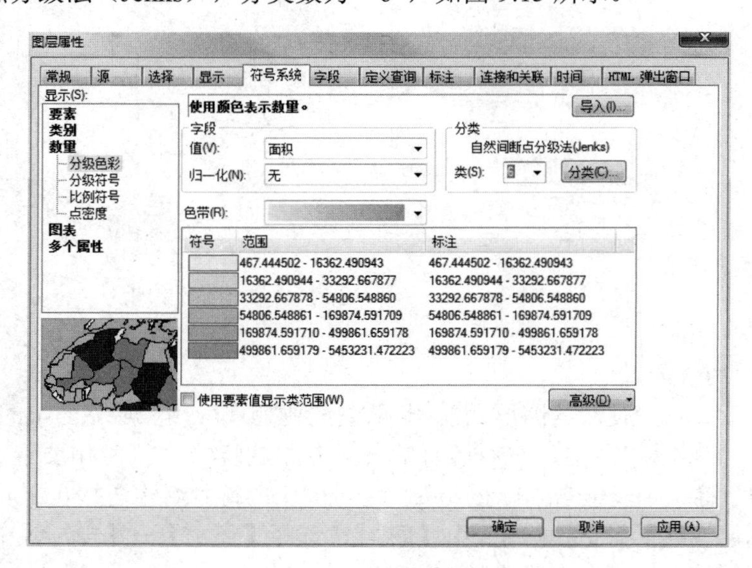

图 9.15 【图层属性】对话框

（2）单击【确定】按钮，完成图层的分级色彩符号化，如图 9.16 所示。

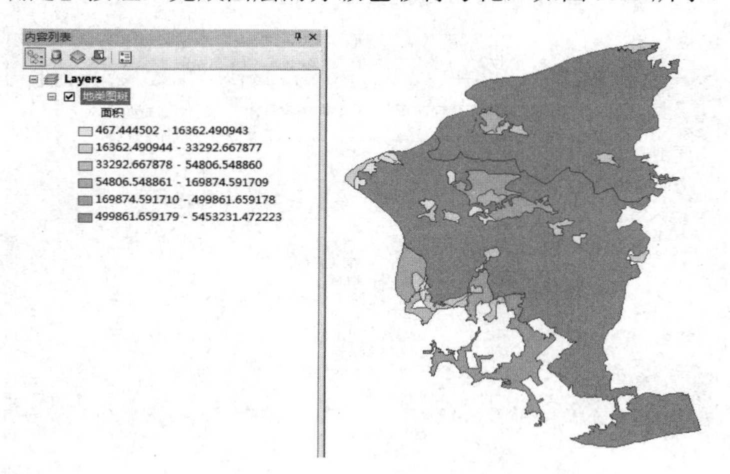

图 9.16 分级彩色符号化的效果图

【分级符号】和【比例符号】符号化与【分级色彩】符号化相似，就不具体介绍了。

6）点密度

可以使用点密度来表示某一区域内的属性量，每个点都表示指定数量的要素。例如，一个点表示 100 人或表示给定区域内的 10 宗盗窃案。点随机分布在每个区域内，它们并不表示实际的要素位置。数值较大的区域点值符号比较多，数值较少的区域点值符号少，结合区域大小本身的差异，可形成合适的点密度图。

（1）打开 ArcMap，打开“…\第九章\符号化\数据”路径下的“符号化.mxd”文件，在内容列表中，右击“江西省地级行政区域范围”图层，在弹出的菜单中单击【属性】，弹出【图层属性】对话框。

（2）在【图层属性】对话框的【显示】区域，选择节点【数量】→【点密度】，在【字段选择】区域中，双击“Shape_Leng”，该属性就进入了右边的列表中，双击右边列表中的【符号】→【所有符号的属性（A）】，如图 9.17 所示，在弹出【符号选择器】对话框中选择一种合适的符号。

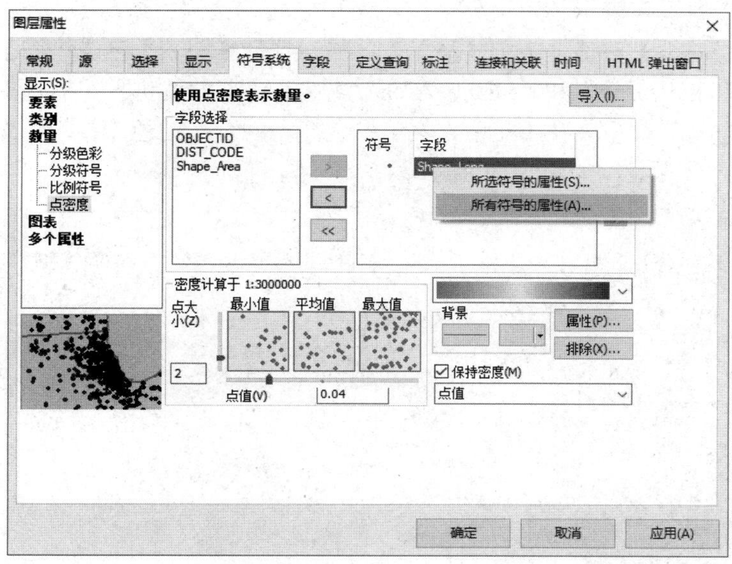

图 9.17 【所有符号的属性（A）】菜单

（3）在【密度计算于 1:1 000 000】的区域中，可以通过【点大小】和【点值】滑动框来调整它们的数值，如图 9.18 所示。

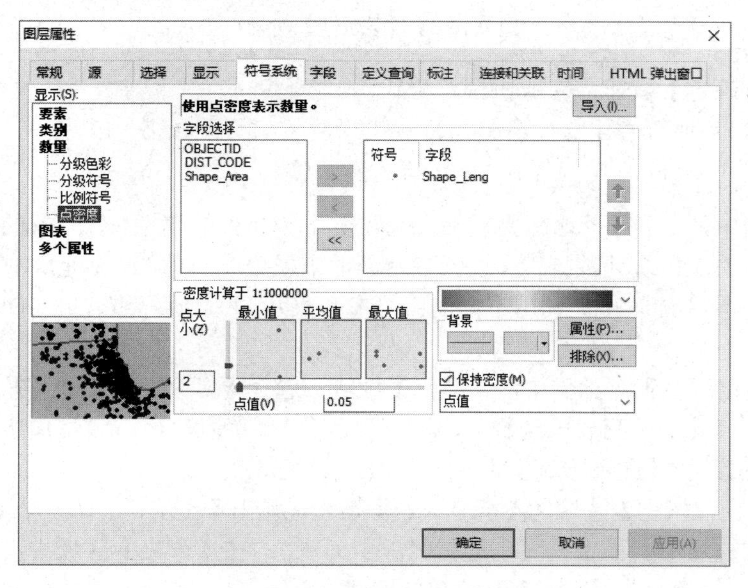

图 9.18 【图层属性】对话框

（4）在【背景】区域可以设置符号的背景或背景的轮廓；勾选【保持密度】，表示地图比例尺发生变化时点密度保持不变。

（5）单击【确定】按钮，完成图层的点密度符号化。

7）饼图

如果要说明各个部分与整体之间的比例关系，则饼图非常有用；如果类别不是很多，则可以使用饼图来加以说明。例如，这里用“江西省地级行政区域范围”图层中的“Shape_Leng”和“Shape_Area”属性来表示各市边界长度与面积之间的比例关系。

（1）在【图层属性】对话框中的【显示】区域，选择【图表】→【饼图】，在【字段选择】区域中，双击“Shape_Leng”和“Shape_Area”属性，该属性就进入了右边的列表中；在【背景】区域可以设置背景颜色；在【配色方案】中选择一种合适的色带；勾选【避免图表压盖】，表示图表之间不会被压盖，如图 9.19 所示。

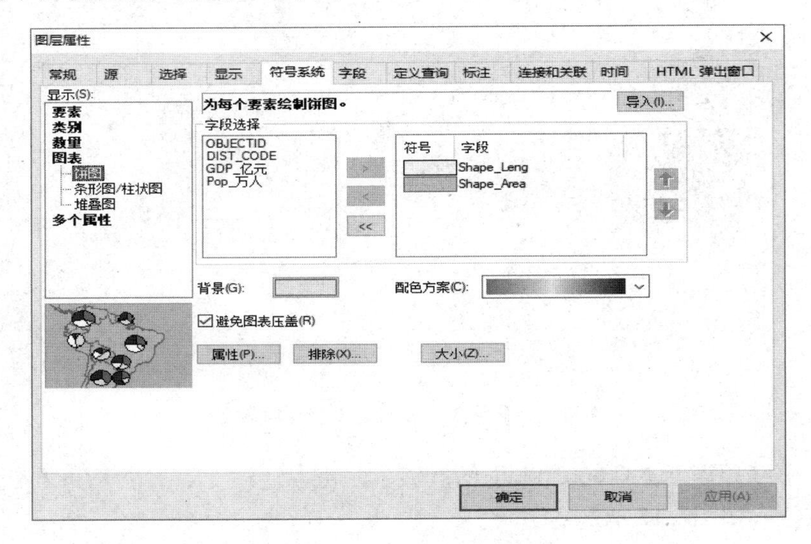

图 9.19 【图层属性】对话框

（2）单击【确定】按钮，完成饼图符号化。

【图表】中的其他符号化与“饼图”符号化相似，就不再介绍。

8）多个属性

在实际应用中，几乎每个地图要素都会包含若干个相关的属性，如一省的行政区划图数据中既包含各地区的人口统计数据，又包含各地区的国民生产总值等，因此，有时候针对要素的单个符号设置是不够的。例如，利用不同的符号参数表示同一地区要素的“GDP_亿元”和“Pop_万人”属性。

（1）在【图层属性】对话框中的【显示】区域，选择【多个属性】→【按类别确定数量】，在【值字段】区域的下拉列表中选择“GDP_亿元”属性字段。单击【添加所有值】按钮，取消【其他所有值】；在【配色方案】区域选择合适的色带。

（2）单击【变化依据】区域的【符号大小】按钮，弹出【使用符号大小表示数量】对话框，在【字段】区域的【值】下拉列表中选择“Pop_万人”；在【分类】区域中，默认的是“自然间断点分级法”，分类数为“5”，如图 9.20 所示。

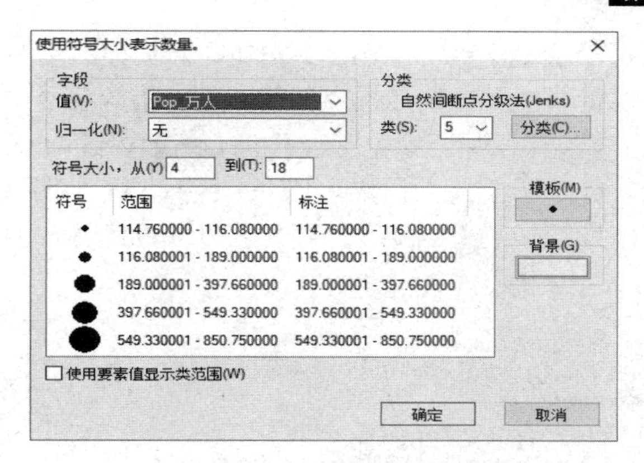

图 9.20　【使用符号大小表示数量】对话框

（3）单击【确定】按钮，关闭【使用符号大小表示数量】对话框。

（4）单击【确定】按钮，可完成多个属性符号化。

9.1.4　制图表达

制图表达是一个要素类的属性，它存储了要素的符号化的信息。使用制图表达，可以在 Geodatabase 中存储要素的符号化信息，并且可以在不改变要素实际图形的情况下，编辑这些符号的外在表现形式。一个要素类可以具有多种制图表达，从而允许用户能够根据不同的应用需求对同一数据进行展示，而无须备份额外的数据。此外，制图表达还可以针对要素类中每个要素的外观进行单独的编辑。

1．创建制图表达

在 ArcMap 的【内容列表】或 ArcCatalog 的【目录树】中，以及在 ArcToolbox 工具箱中使用【制图工具】来创建制图表达。创建制图表达图层必须为数据库中图层。

1）在 ArcMap 的【内容列表】中创建制图表达

（1）打开 ArcMap，打开“…\第九章\制图表达\创建制图表达\数据\建筑.mdb”路径下的“建筑”图层，在【内容列表】中选择“建筑”图层，右击该图层，在弹出的菜单中单击【将符号系统转换为制图表达】，弹出【将符号系统转换为制图表达】对话框，如图 9.21 所示。

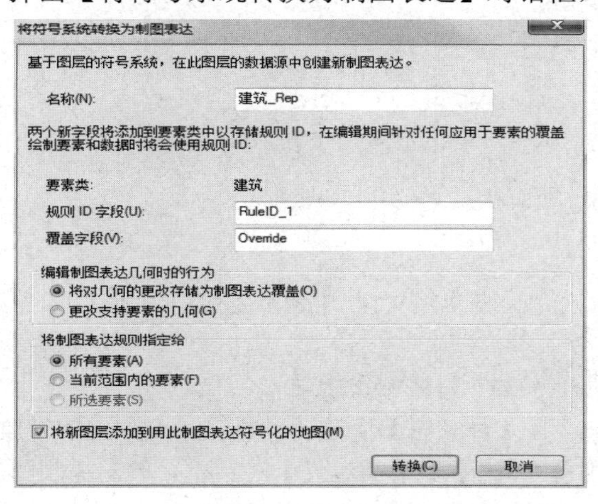

图 9.21　【将符号系统转换为制图表达】对话框

（2）所有选项均采用默认值，单击【转换】按钮，新创建的制图表达“建筑_Rep”被添加到【内容列表】中，右键单击“建筑_Rep”图层，在弹出的菜单中单击【属性】菜单，弹出【图层属性】对话框，单击【添加新填充图层】的【 】按钮，如图 9.22 所示，单击【+】按钮，弹出【几何效果】对话框，选择【面输入】→【移动】，如图 9.23 所示，单击【确定】按钮返回到【图层属性】对话框，将【X 偏移】设置为“0.8 mm”，【Y 偏移】设置为“–0.8 mm”，如图 9.22 所示。

图 9.22　制图规则设置

图 9.23　几何效果

（3）单击【确定】按钮，完成了建筑的制图表达，效果如图 9.24 所示。

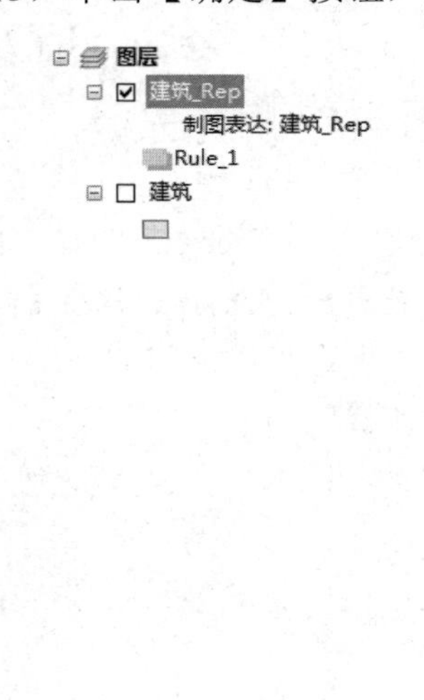

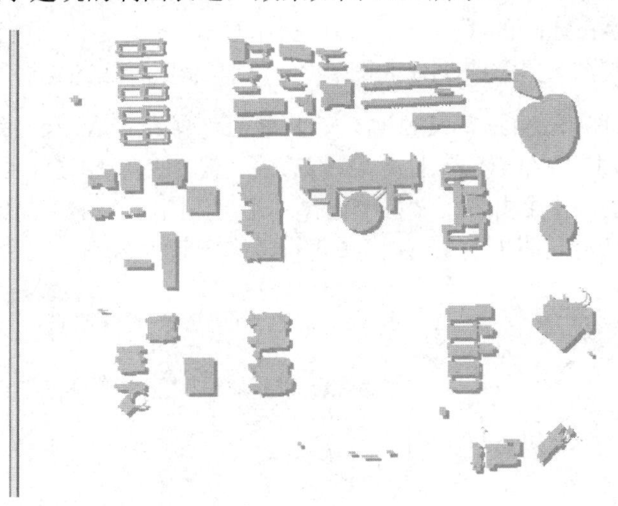

图 9.24　制图表达的效果

2）在 ArcCatalog 的目录树中创建制图表达

（1）打开 ArcCatalog，在【目录树】下选择“建筑.mdb”中的“建筑”图层，右击该图层，在弹出菜单中单击【属性】，弹出【要素类属性】对话框，单击【制图表达】标签，切换到【制图表达】选择卡，如图 9.25 所示。

（2）单击【新建】按钮，弹出【新建制图表达】对话框，如图9.26所示。

（3）所有选项可以采用默认值（也可以根据自己的需求设置），单击【下一步】按钮，弹出【新建制图表达】对话框，在【单色模式】下，【颜色】选择“灰色 50%”，并添加移动效果，如图9.27所示。

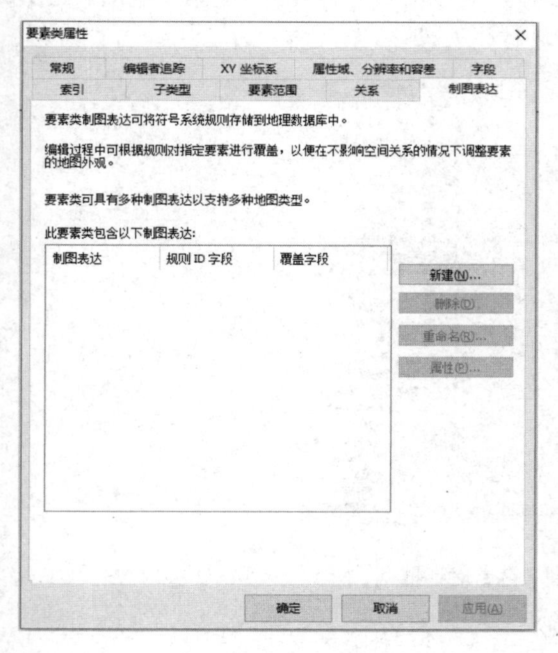

图9.25　【要素类属性】对话框

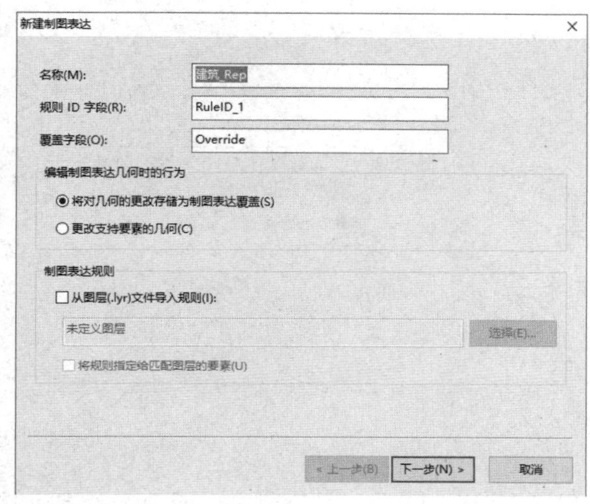

图9.26　【新建制图表达】对话框

（4）单击【完成】按钮，即可完成一个制图表达的创建，如图9.28所示。

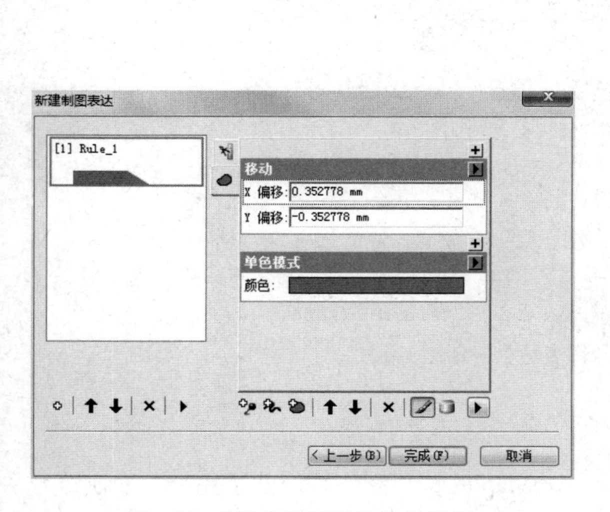

图9.27　【新建制图表达】对话框

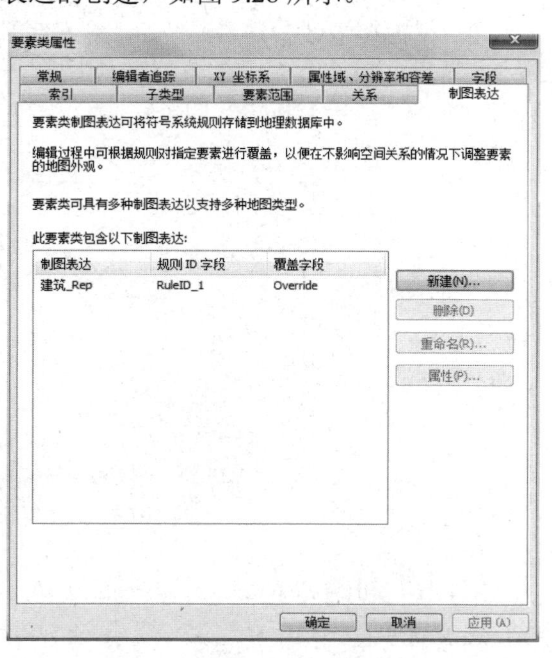

图9.28　【要素类属性】对话框

（5）选中已经创建的制图表达，可以对其进行删除、重命名、属性操作。

（6）单击【确定】按钮，完成制图表达的创建。

3）在 ArcToolbox 工具箱中使用【制图工具】来创建制图表达

（1）在 ArcToolbox 工具箱中，双击【制图工具】→【制图表达管理】→【添加制图表达】，弹出【添加制图表达】对话框，如图 9.29 所示，进行相关设置。

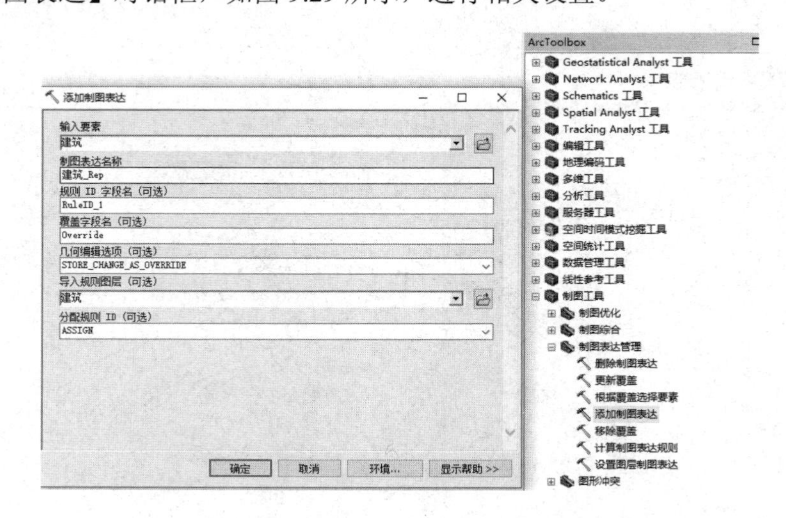

图 9.29 【添加制图表达】对话框

（2）单击【确定】按钮，完成制图表达的创建。

2．删除制图表达

在 ArcToolbox 工具箱中，双击节点【制图工具】→【制图表达管理】→【删除制图表达】，弹出【删除制图表达】对话框，在【输入要素】列表框中选择要删除制图表达的图层，这里选择“建筑”，在【制图表达】下拉列表中选择一个制图表达，这里选择“建筑_Rep”，如图 9.30 所示，单击【确定】按钮，即可完成“建筑_Rep”制图表达的删除。

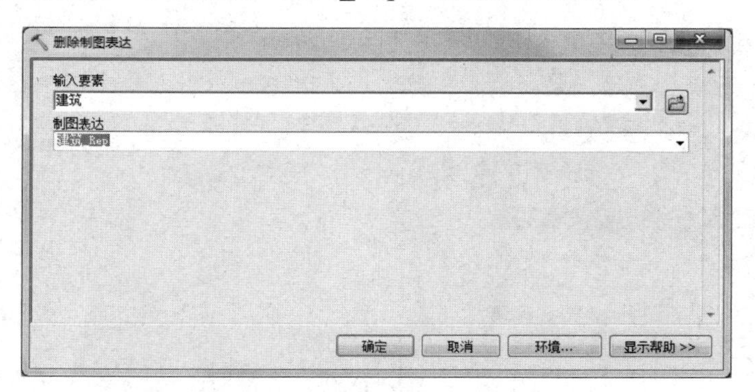

图 9.30 【删除制图表达】对话框

9.1.5 创建符号

创建符号是制图中的一个十分重要的环节，ArcMap 的符号制作系统非常完善。创建符号有两种方式：一是直接创建新的符号，二是在已有的符号上进行修改并加以保存。

1. 创建点符号

（1）打开 ArcMap，在菜单栏中，单击【自定义】→【样式管理器】，如图 9.31 所示。

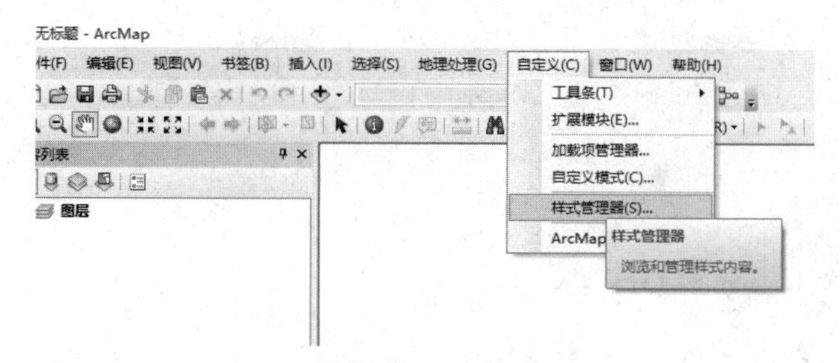

图 9.31 【样式管理器】菜单

（2）弹出【样式管理器】对话框，如图 9.32 所示。

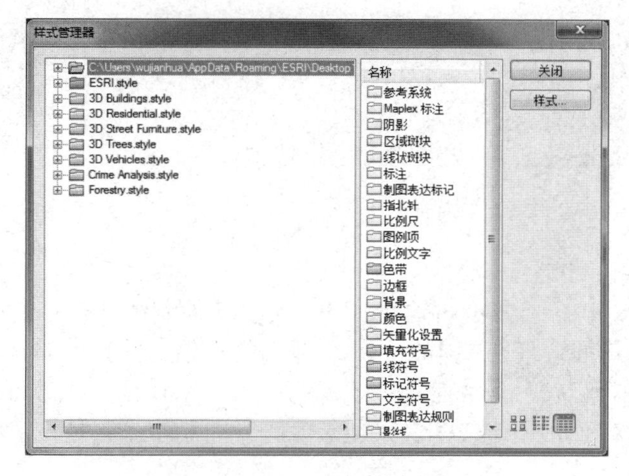

图 9.32 【样式管理器】对话框

（3）单击【样式管理器】对话框中的左侧列表中一个亮起的文件夹，在【名称】列表中右击【标记符号】文件夹，在弹出的菜单中单击【新建】→【标记符号】，如图 9.33 所示。

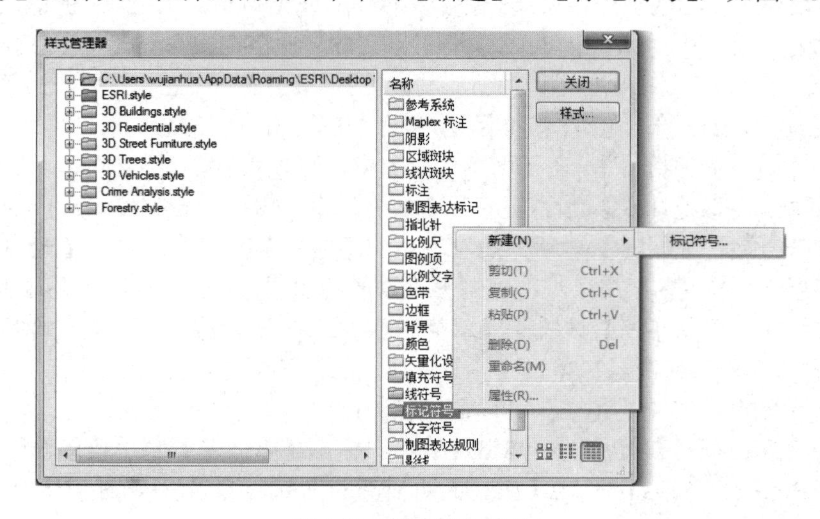

图 9.33 新建标记符号

（4）单击【标记符号】，弹出【符号属性编辑器】对话框，如图 9.34 所示。

（5）在【类型】下拉列表中有多种类型的标记符号，可以根据自己的需求选择，如图 9.35 所示。

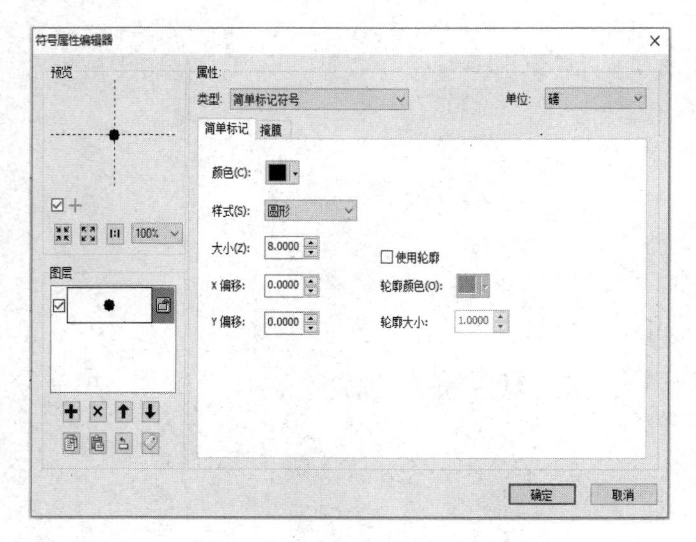

图 9.34 【符号属性编辑器】对话框 1

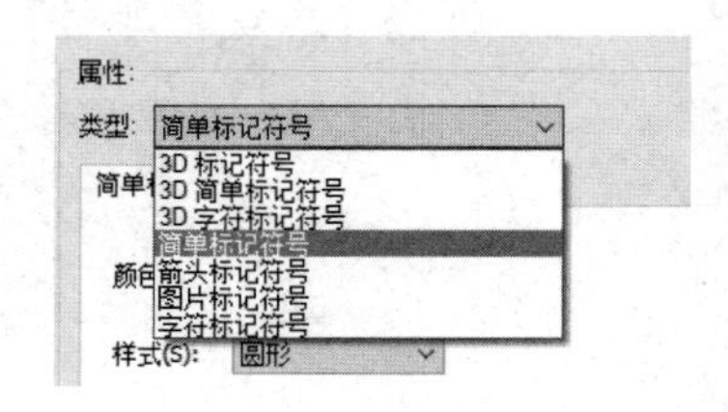

图 9.35 标记符号类型

标记符号有四种标准类型。

- 简单标记符号：由一组具有可选轮廓的、可快速绘制基本符号模式组成的标记符号。
- 字符标记符号：通过任何文本中的字形或系统字体文件夹中的显示字体创建而成的标记符号。这种标记符号最为常用，也最为有效，字体标记符号可以制作出比较符合真实情况的点符号，常用于 POI（兴趣点）符号的制作，它是在字体库文件（.ttf）的基础上进行制作、编辑的。
- 箭头标记符号：具有可调尺寸和图形属性的简单三角形符号。若要获得较复杂的箭头标记，可使用 ESRI 箭头字体中的任一字形创建字符标记符号。
- 图片标记符号：由单个 Windows 位图（.bmp）或 Windows 增强型图元文件（.emf）图形组成的标记符号。Windows 增强型图元文件与栅格格式 Windows 位图不同，属于矢量格式，因此，其清晰度更高且缩放功能更强。

此外，还有 3D 标记符号、3D 简单标记符号、3D 字符标记符号。

（6）选择【简单标记符号】，在【简单标记】中，可以设置颜色、样式、大小等，这里设置【颜色】为“红色”，【样式】为“圆形”，【大小】为“10”，如图 9.36 所示。

（7）在【符号属性编辑器】对话框的左下角的【图层】区域中，单击【+】按钮，就会添加一个新的图层；单击【×】按钮，可以删去不需要的图层；单击【↑】或【↓】按钮，表示可以上移或下移图层；单击【 】按钮，表示复制图层；单击【 】按钮，表示粘贴图层；单击【 】按钮，表示导入其他图层；单击【 】按钮，表示编辑图层标签。

（8）单击【确定】按钮，完成一个标记符号的创建，如图 9.37 所示。

（9）右击【标记符号】符号，在弹出的菜单中单击【重命名】菜单可以修改符号的名称，通过【删除】可以删除符号，通过【属性】可以对符号进行修改，如图 9.38 所示。

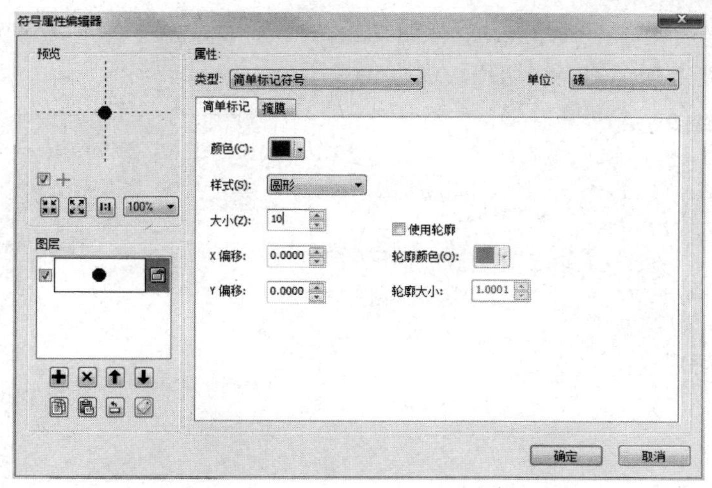

图 9.36 【符号属性编辑器】对话框 2

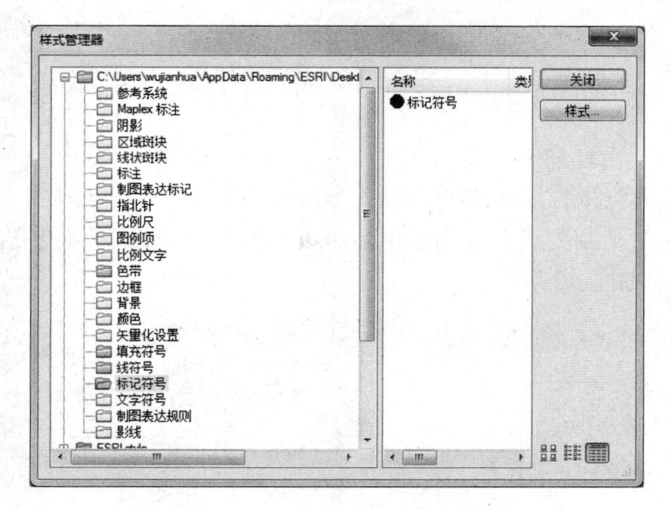

图 9.37　创建的标记符号

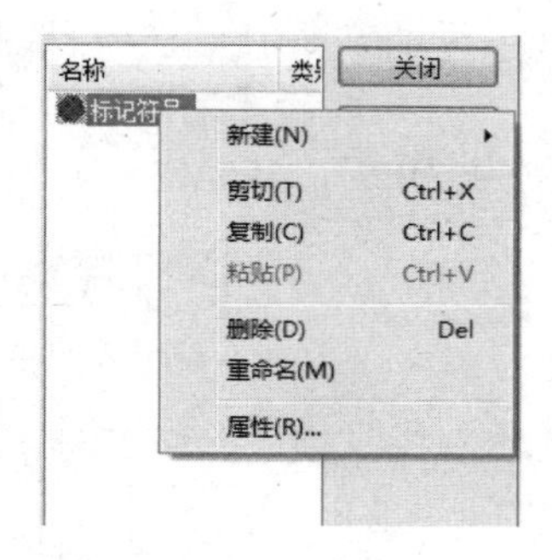

图 9.38　编辑标记符号

2．创建线符号

线符号一般用于绘制线要素数据，如交通网、水系、境界线等，线符号的创建与标记符号的创建大致相似。

在菜单栏中，单击菜单【自定义】→【样式管理器】，在弹出的【样式管理器】对话框中单击左侧列表中一个亮起的文件夹，然后右击【名称】列表中的【线符号】，在弹出的菜单中单击【新建】→【线符号】，弹出【符号属性编辑器】对话框，单击【类型】下拉列表，可见多种类型的线符号，如图 9.39 所示。

线符号有五种标准类型。

- 简单线符号：简单实线或带预定样式的线。
- 制图线符号：通过属性来控制重复虚线样式、线段间连接点和线端头的线符号。
- 混列线符号：由重复的线符号片段组成的线符号。
- 标记线符号：由沿着几何绘制的重复标记模式组成的线符号。

● 图片线符号：由单个 Windows 位图（.bmp）或 Windows 增强型图元文件（.emf）图形在线长度方向上的连续切片组成。

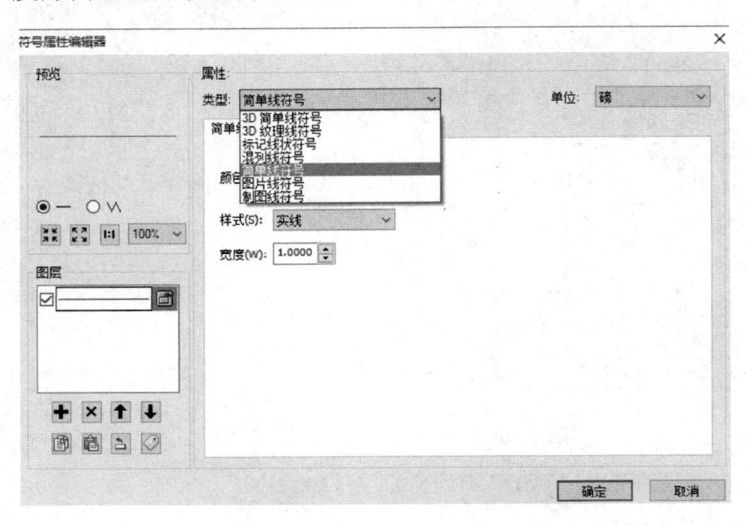

图 9.39　线符号类型

此外，还有 3D 简单线符号、3D 纹理线符号。

下面以制作一个“铁路”线符号为例进行操作说明，操作步骤如下。

（1）选择【制图线符号】类型，在【制图线】选项卡中，可以设置一些属性，【宽度】设置为“0.8”，其他内容取默认选项，如图 9.40 所示。

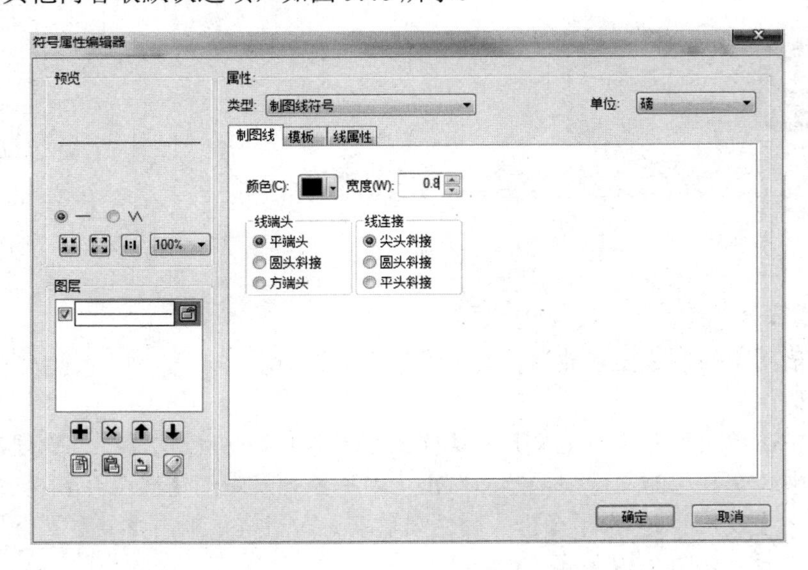

图 9.40　【符号属性编辑器】对话框 3

（2）在对话框的左下侧，单击【➕】按钮，加载一个图层，属性类型选择【混列线符号】，在【制图线】中，可以设置一些属性，【宽度】设置为“4”，其他内容暂时不变，在【模板】选项中，设置虚线线型的间距，如图 9.41 所示。

（3）单击【确定】按钮，完成“铁路”线符号的创建。

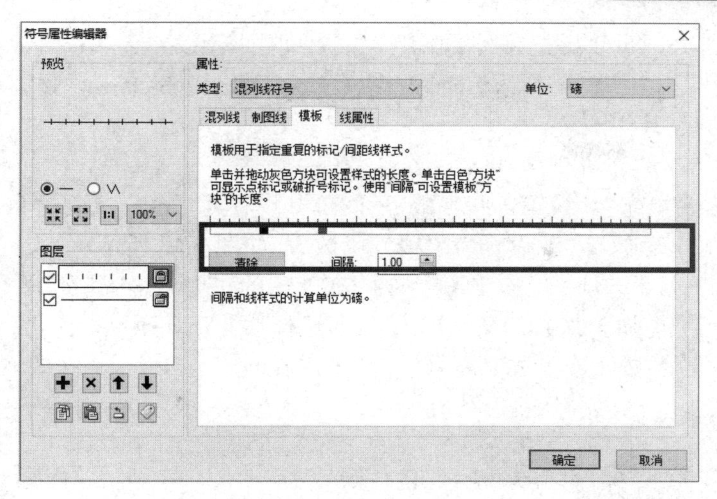

图 9.41 【符号属性编辑器】对话框 4

3. 创建面符号

创建面符号的方法与前面创建标记符号和线符号的方法相似。下面以制作一个“海域”面符号为例进行操作说明，操作步骤如下。

（1）在菜单栏中，单击菜单【自定义】→【样式管理器】，在弹出的【样式管理器】对话框中单击左侧列表中一个亮起的文件夹，然后右击【名称】列表中的【填充符号】，在弹出的菜单中单击【新建】→【填充符号】，弹出【符号属性编辑器】对话框，单击【类型】下拉列表框，可见多种类型的填充符号，如图 9.42 所示。

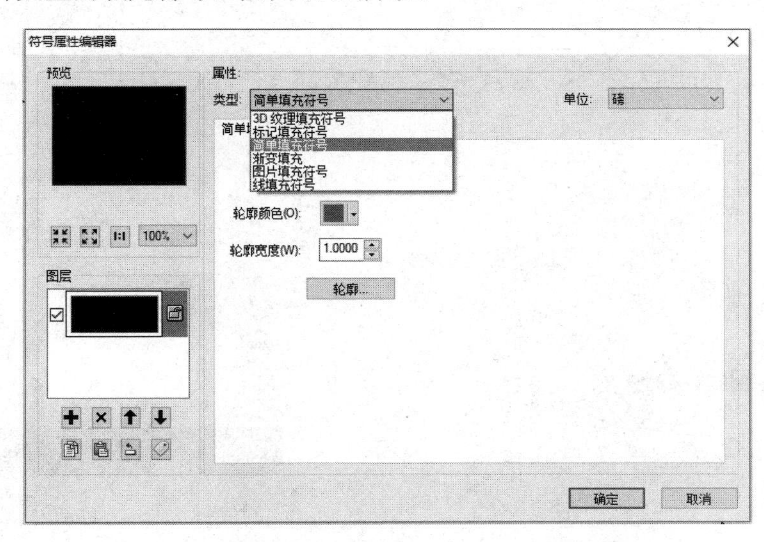

图 9.42 【符号属性编辑器】对话框（面符号类型）

常见的填充符号有五种标准类型。

- 简单填充符号：快速绘制的单色填充。
- 渐变填充：对线性、矩形、圆形或者缓冲区色带进行连续填充。
- 线填充符号：以可变角度和间隔距离排列的等间距平行影线的模式进行填充。

- 标记填充符号：重复标记符号的随机性或等间距模式。
- 图片填充符号：由单个 Windows 位图（.bmp）或 Windows 增强型图元文件（.emf）图形的连续切片组成。

此外，还有“3D 纹理填充符号”。

（2）选择“渐变填充”，设置一些参数，【间隔】设置为“60”，【百分百】设置为“100”，【角度】设置为“135”，【样式】设置为“线性函数”，如图 9.43 所示。

（3）在编辑【色带】选项中，右击【样式】，在弹出的快捷菜单中，选择【属性】，弹出【编辑色带】对话框，【颜色 1】选择深蓝，【颜色 2】选择浅蓝，如图 9.44 和图 9.45 所示。

（4）单击【确定】按钮，完成“海域”面符号的创建。

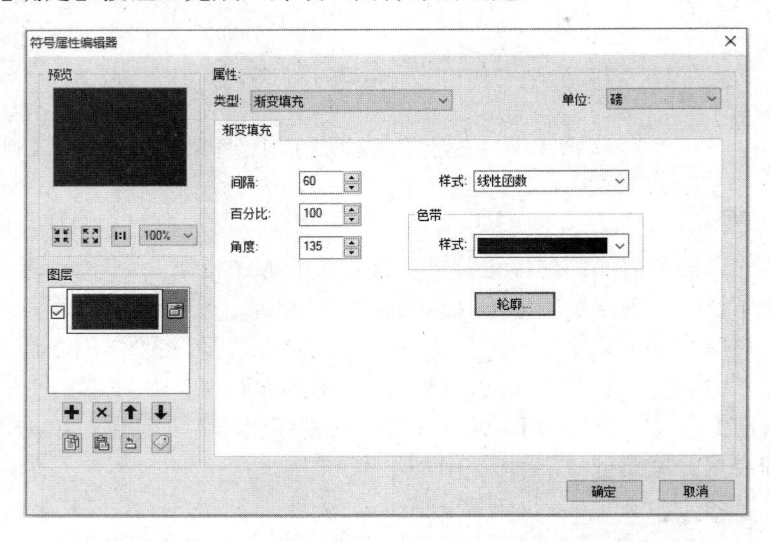

图 9.43 【符号属性编辑器】对话框 5

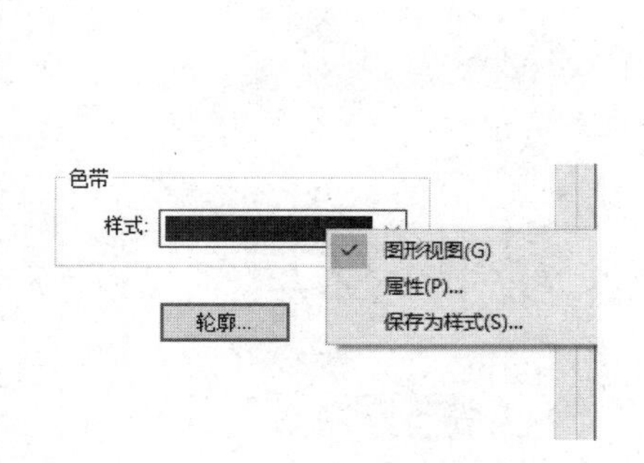

图 9.44 【符号属性编辑器】对话框 6

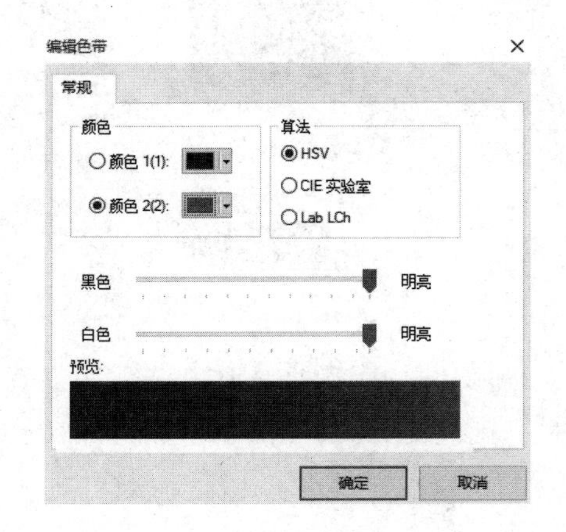

图 9.45 【编辑色带】对话框

9.1.6 创建符号库

（1）打开 ArcMap，在主菜单中单击【自定义】→【样式管理器】，在弹出的【样式管理器】对话框中单击【样式】按钮，弹出【样式引用】对话框，如图 9.46 所示。

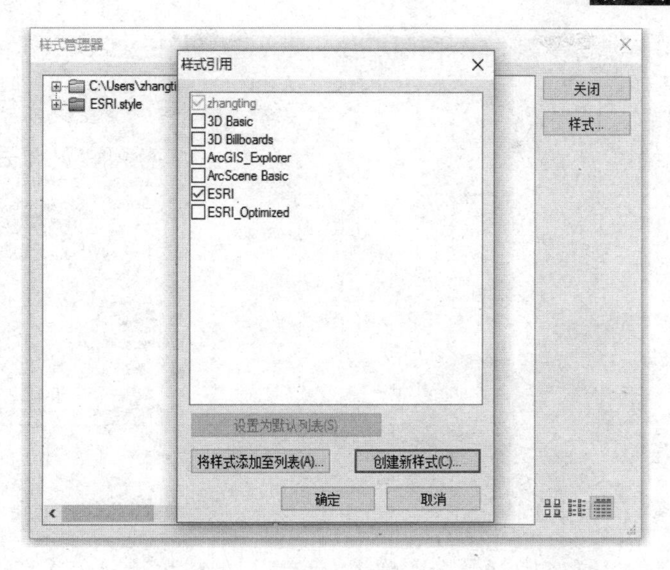

图 9.46 【样式引用】对话框

（2）单击【创建新样式】按钮，弹出【另存为】窗口，填写新建符号库的文件名，如“myStyle”，然后单击【保存】按钮。

（3）单击【样式引用】对话框中的【确定】按钮，完成符号库文件的创建。

9.2 地图制图

本节主要介绍制图模板的设置、制图范围的确定、地图边框与阴影的设置、地图整饰、地图打印输出等。具体内容包括：

- 设置制图模板；
- 确定制图范围；
- 地图边框与阴影；
- 图例；
- 比例尺；
- 比例文本；
- 指北针；
- 图名等文本设置；
- 嵌入图片；
- 地图打印输出。

9.2.1 设置制图模板

在 ArcMap 中提供了自带的地图模板，可以减少地图布局工作量，设置方法有三种。

（1）打开 ArcMap，弹出各种地图模板，还可以加载自己的地图模板，如图 9.47 所示。

（2）也可以在菜单栏，单击【视图】→【布局视图】，如图 9.48 所示，然后在【布局】工具条中，单击【更改布局】按钮，弹出【选择模板】对话框，根据自己的需求选择地图模板，如图 9.49 所示。

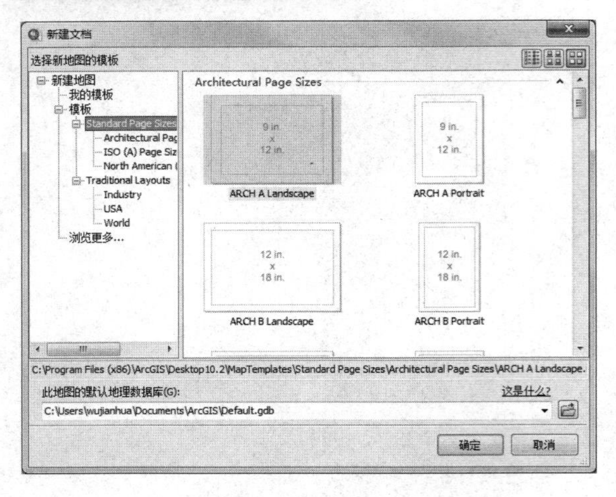

图 9.47 【新建文档】界面

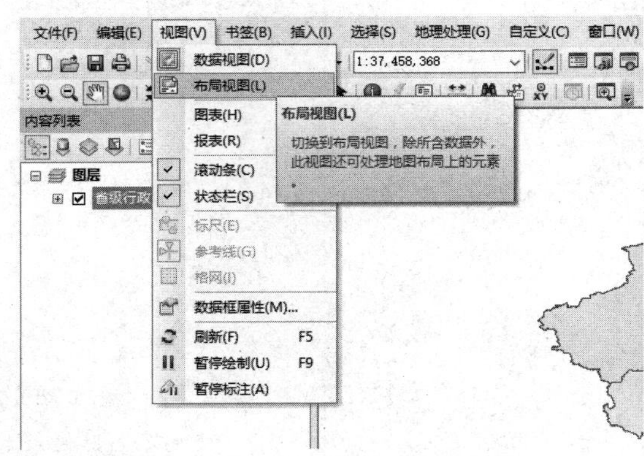

图 9.48 创建【布局视图】

（3）在已启动的 ArcMap 中打开地图模板，也可以通过单击菜单【文件】→【新建】来打开地图模板，如图 9.50 所示。

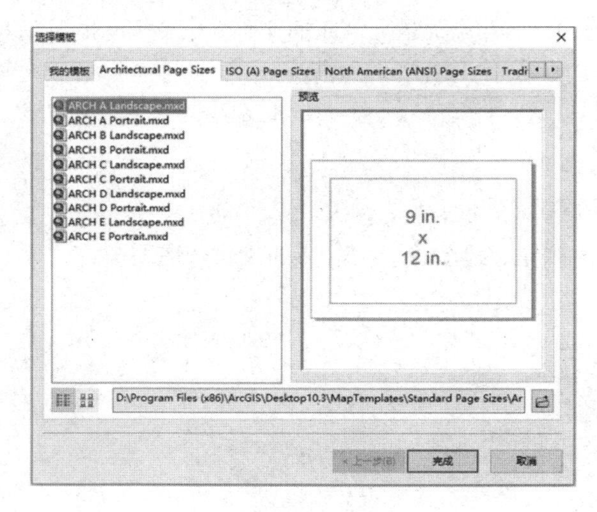

图 9.49 【选择模板】对话框

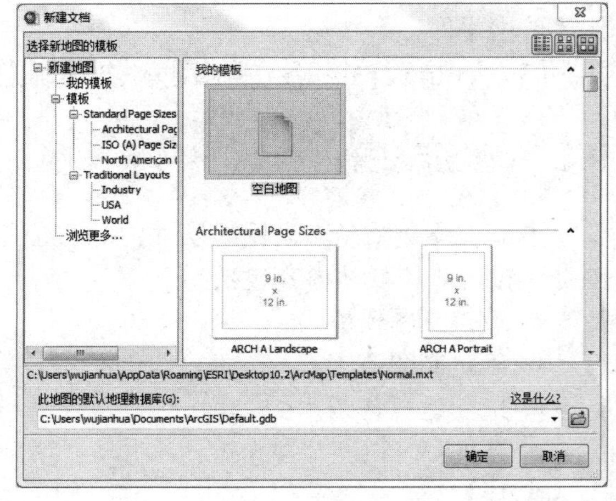

图 9.50 【新建文档】界面（打开地图模板）

9.2.2 确定制图范围

在 ArcMap 的菜单栏中，单击【文件】→【页面和打印设置】，弹出【页面和打印设置】对话框，在【地图页面大小】中，当选中【使用打印机纸张设置】时，尺寸和方向将不能改变；如果想要改变尺寸和方向，可以取消复选框的勾，如图 9.51 所示。

9.2.3 地图边框与阴影

（1）在【内容列表】中，右击【图层】 图层 →【属性】，弹出【数据框 属性】对话框，选择【框架】选项卡，可以对边框和阴影进行设置，如图 9.52 所示。

（2）单击【边框】区域下拉列表，选择边框的样式或者通过单击【样式选择器】按钮进行选择，还可以单击【】按钮来设置和更改相关的属性，如颜色、宽度等。

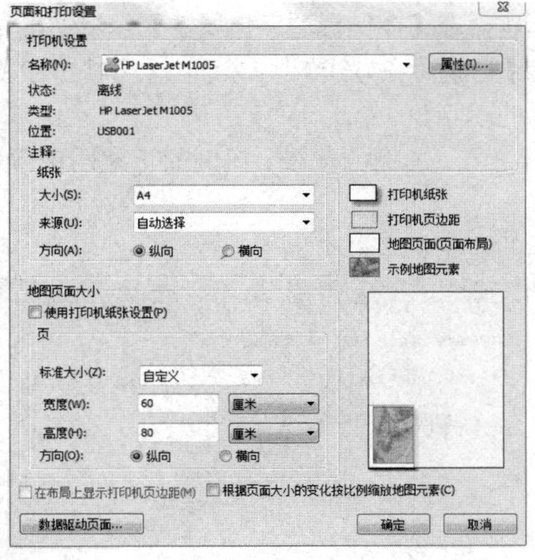

图 9.51 【页面和打印设置】对话框

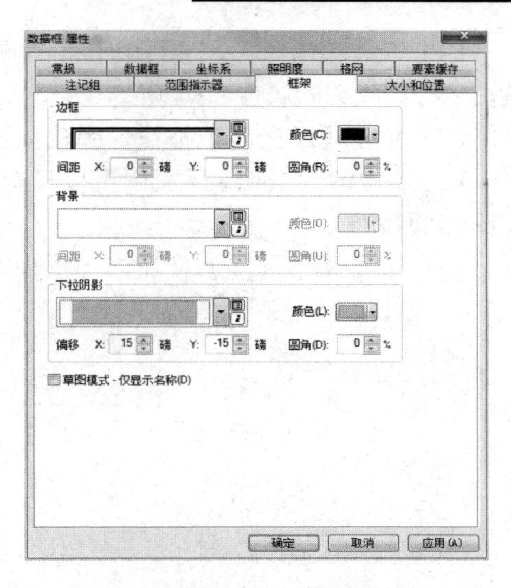

图 9.52 【数据框 属性】对话框

（3）单击【颜色】下拉列表可以设置边框颜色，在下面的【X】、【Y】文本框中，可以设置边框的边距，在【圆角】中可以调整拐角的圆滑程度。

（4）【下拉阴影】的设置与【边框】相似，不再介绍。

9.2.4　图例

图例是地图上表示地理事物的符号，是集中于地图一角或一侧的地图上各种符号和颜色所代表内容与指标的说明，它有助于用户理解地图内容，从而方便地使用地图。

（1）打开“…第九章\地图制图\数据”路径下的“地图制图.mxd”文件，切换到布局视图，在主菜单中单击【插入】→【图例】，弹出【图例向导】对话框，如图 9.53 所示。

（2）在【图例向导】中，有【地图图层】和【图例项】两栏，一般默认两栏中的图层相同。在【地图图层】栏中可以选择包含在【图例项】中的图层，单击【>】按钮，将其添加到【图例项】中；在【图例项】栏中，单击【↑】或【↓】按钮可以调整图层的排序；还可以单击【⤒】或【⤓】按钮使图层置顶或置底；也可以设置【图例】中的列数。单击【预览】按钮，可以查看图例的预览效果。

（3）单击【下一步】按钮，弹出如图 9.54 示的对话框。

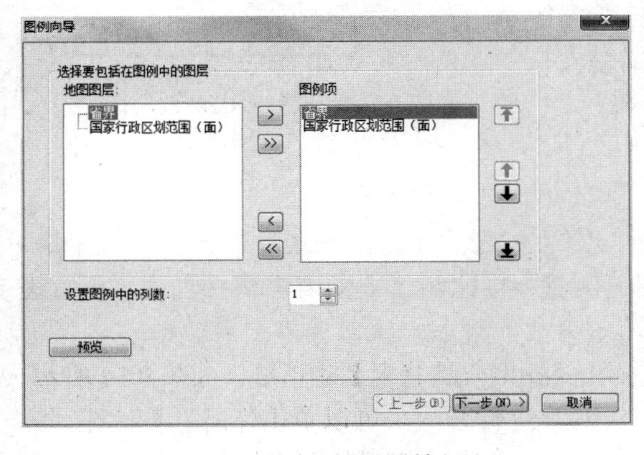

图 9.53 【图例向导】对话框（1）

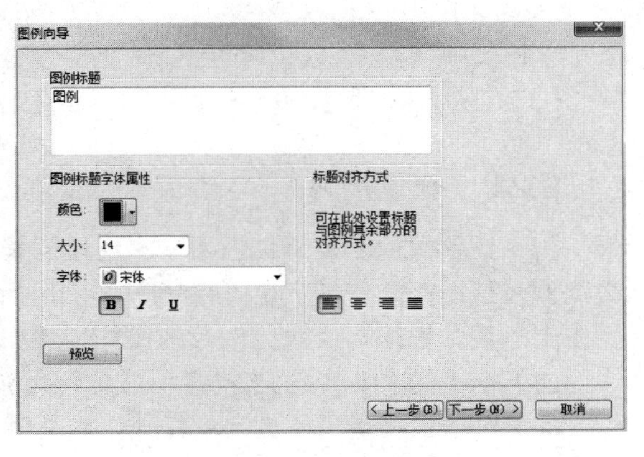

图 9.54 【图例向导】对话框（2）

（4）在【图例标题】文本框中可以输入图例的标题，在【图例标题字体属性】区域中可以设置图例标题相关的属性，如颜色、大小、字体等；在【标题对齐方式】区域可以选择对齐方式。

（5）单击【下一步】按钮，弹出如图 9.55 所示的对话框。

（6）在【图例框架】区域中可以设置图例的边框符号、图例的背景、图例的下拉阴影颜色、间距、圆角等。

（7）单击【下一步】按钮，弹出如图 9.56 所示的对话框。

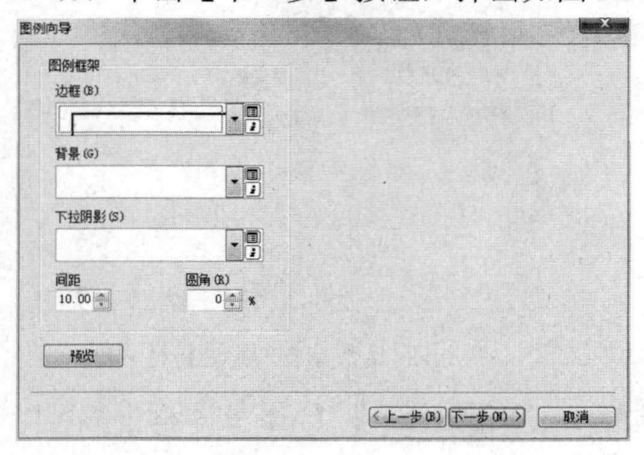

图 9.55 【图例向导】对话框（3）

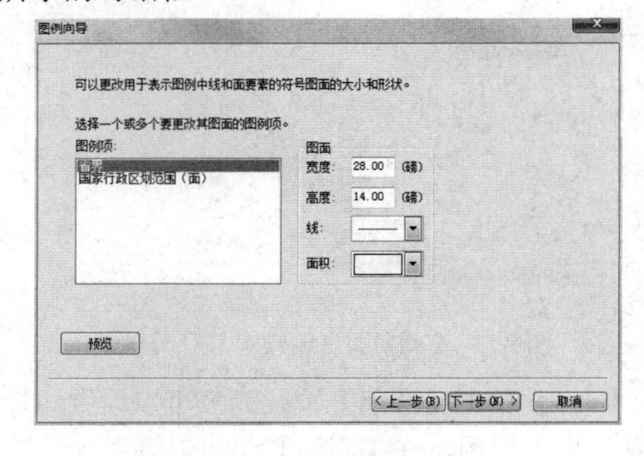

图 9.56 【图例向导】对话框（4）

（8）可以对图例中的线和面要素符号进行图画大小和形状的修改。在【宽度】或【高度】文本框中输入图例方框的宽度或高度，还可以在【线】、【面】下拉列表中选择线、面的样式。

（9）单击【下一步】按钮，弹出如图 9.57 所示的对话框。

（10）在该对话框中可以设置图例各部分之间的间距（这里默认不变）。

（11）单击【完成】按钮，完成图例的插入。图例效果如图 9.58 所示。

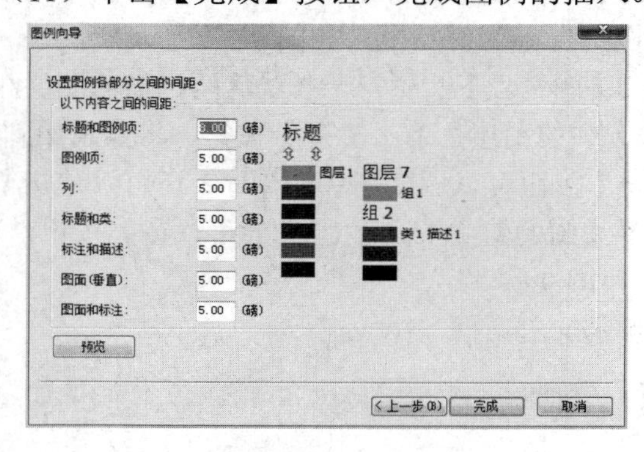

图 9.57 【图例向导】对话框（5）

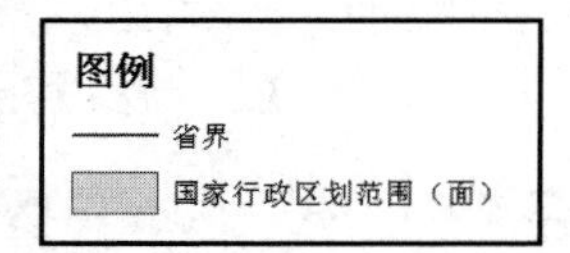

图 9.58 图例效果图

9.2.5 比例尺

地图比例尺用于表示地图上一直线段的长度与它所代表的实际水平距离之比。一般来讲，大比例尺地图内容详细、几何精度高，可用于图上测量；小比例尺地图内容概括性强，不宜进行图上测量。添加与修改比例尺的操作步骤如下。

（1）在主菜单中单击【插入】→【比例尺】，弹出【比例尺选择器】对话框，如图 9.59 所示。

（2）可以选择所需比例尺的样式，如果要对比例尺进行修改，可以单击【属性】按钮，弹出【比例尺】对话框，在【比例与单位】选项卡中，根据所需比例尺的要求进行设置，在【主刻度单位】下拉列表中选择“千米”，在【标注】文本框中输入“公里”；单击【符号】按钮，弹出【符号选择器】对话框，可设置比例尺标注字体的类型。也可以在【数字和刻度】和【格式】选项卡中设置相关参数，其他参数采用默认选项，如图 9.60 所示。

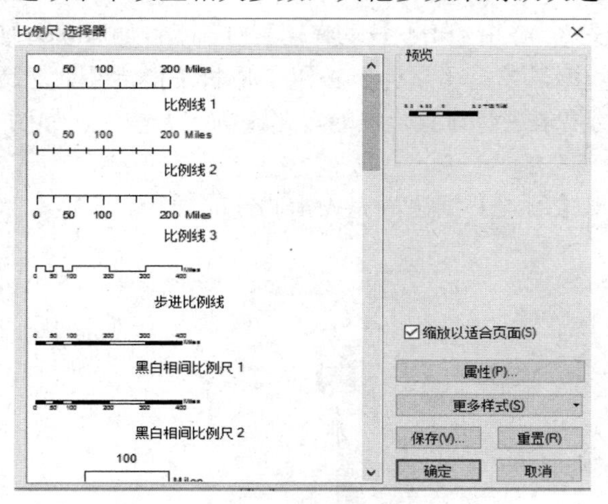

图 9.59　【比例尺选择器】对话框

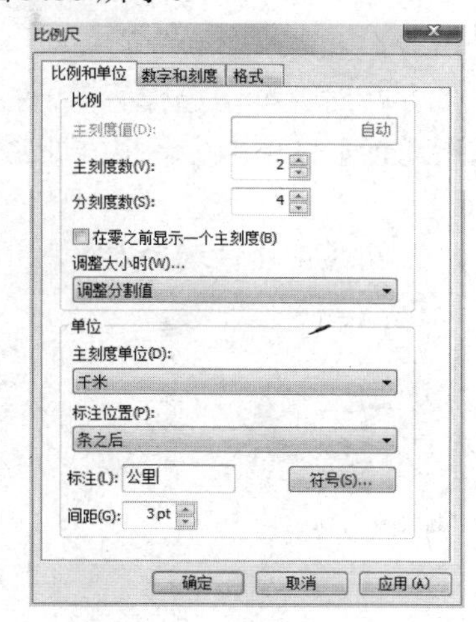

图 9.60　【比例尺】对话框

（3）单击【确定】按钮，完成比例尺参数的相关设置，插入的比例尺效果如图 9.61 所示。

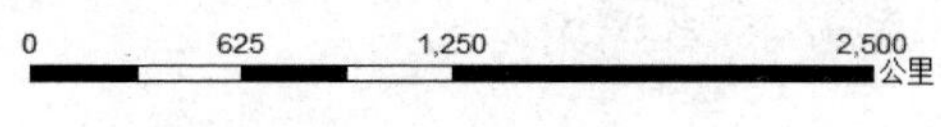

图 9.61　比例尺效果图

9.2.6　比例文本

文本比例尺就是使用文字来表示地图的比例尺。在 ArcMap 中，可使用【比例文本】来创建文本比例尺。

（1）在主菜单中单击【插入】→【比例文本】，弹出【比例文本选择器】对话框，如图 9.62 所示。

（2）选择第一个“1:1,000,000”绝对比例，可以单击【属性】按钮，弹出【比例文本】对话框进行相关修改，这里参数采用默认选项，如图 9.63 所示。

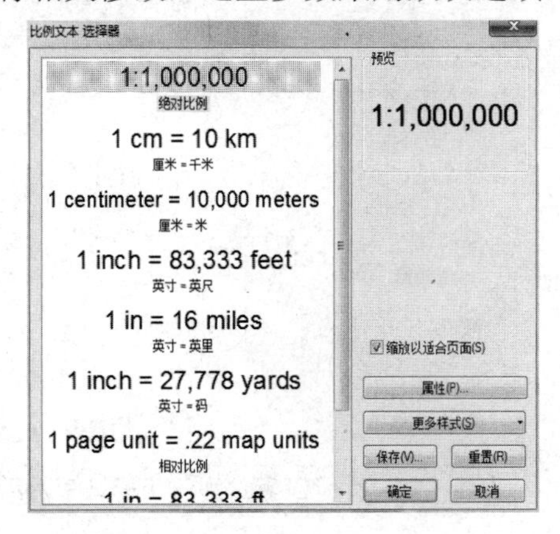

图 9.62　【比例文本选择器】对话框

图 9.63　【比例文本】对话框

（3）在【比例文本选择器】对话框中单击【确定】按钮，完成比例文本的插入。

9.2.7　指北针

（1）在主菜单中单击【插入】→【指北针】，弹出【指北针选择器】对话框，如图 9.64 所示。

（2）在对话框中选择所需的指北针的类型，单击【属性】按钮，弹出【指北针】对话框，在【指北针】选项卡中，根据所需指北针的要求进行设置，然后单击【确定】按钮，如图 9.65 所示。

（3）在【指北针选择器】对话框中单击【确定】按钮，完成指北针的插入。

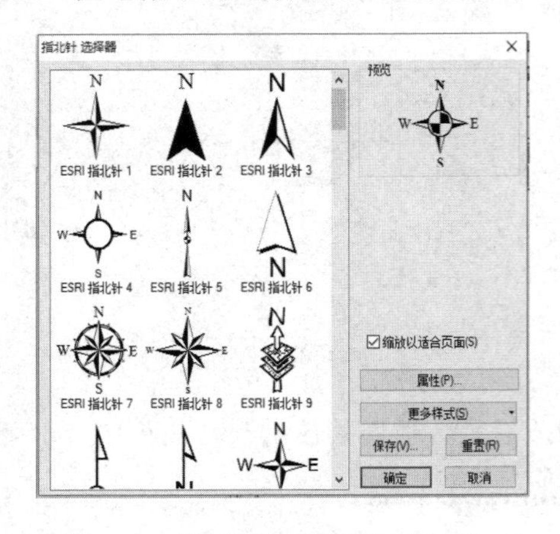

图 9.64 【指北针选择器】对话框

图 9.65　指北针对话框

9.2.8　图名等文本的设置

（1）在主菜单中单击【插入】→【标题】，弹出【插入标题】对话框，如图 9.66 所示。

（2）在【插入标题】对话框的文本框中输入地图的标题，如输入“中国地图”，单击【确定】按钮，有个标题矩形框出现在布局视图中，单击标题矩形框，并按住鼠标左键，将标题矩形框拖动到合适的位置，然后双击鼠标，弹出【属性】对话框，如图 9.67 所示。

图 9.66 【插入标题】对话框

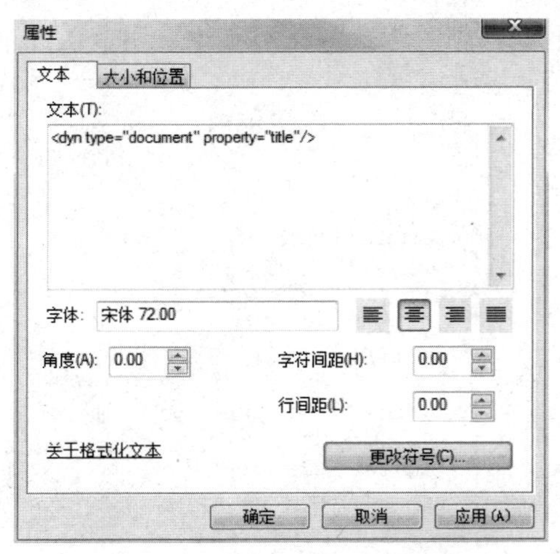

图 9.67 【属性】对话框

（3）对标题文本进行修改，例如，单击【更改符号】按钮，将字体的大小改为 72 并加粗，单击【确定】按钮，完成标题文本的修改。

9.2.9 嵌入图片

在主菜单中单击【插入】→【图片】，弹出【打开】对话框，选择所需的图片，单击【打开】按钮，即可完成图片的嵌入。

9.2.10 地图打印输出

（1）在主菜单中单击【文件】→【打印】，弹出【打印】对话框；还可以在菜单栏单击【文件】→【打印预览】，弹出【打印预览】对话框，再单击【打印】按钮；也可以单击工具条中的【打印】按钮。

（2）进行相关参数的设置，单击【设置】按钮，可以设置打印机的型号和相关参数。在【打印份数】文本框中可以输入打印的份数，其他参数默认不变。

（3）单击【确定】按钮，完成地图的打印。

*9.3 ArcGIS 实用制图技巧

制图者在编制地图和构建页面布局时，会应用到许多设计原则。其中，有五个主要的设计原则：易读性、视觉对比、图形背景组织、层次组织和平衡。其中图形背景组织能够从无定形的背景中自然分离前景中的图形，制图者使用这个设计原则，有助于地图读者专注于地图中的特定区域。提升图形背景组织的方法有很多，如为地图添加羽化、粉饰或阴影等效果。本节介绍的内容包括：

- 制作羽化效果；
- 制作粉饰效果；
- 制作阴影效果；
- 制作浮雕效果；
- 制作光照效果。

9.3.1 制作羽化效果

羽化是指将选区内外衔接的部分虚化。羽化，顾名思义，给人一种柔软的感觉，好比铅笔写的字和毛笔写的字，一个看起来硬朗有劲，一个看起来柔软舒适，而羽化就是让图片边缘看起来更加柔和。羽化效果的操作步骤如下。

（1）打开 ArcMap，添加“…第九章\地图制图\数据”路径下的“省级行政区划范围（面）.shp”和“beijing.shp”数据，在【内容列表】中选择“省级行政区划范围（面）”图层，右击该图层，在弹出菜单中单击【属性】，弹出【图层属性】对话框，选择【标注】标签，切换到【标注】选项卡，勾选【标注此图层中的要素】，在【标注字段】下拉列表中选择“NAME”，将字号设置为“14”，最后单击【确定】按钮，如图 9.68 所示。

（2）将图层缩放到需要羽化的目标位置（如北京市），为了知道想要羽化的范围，可使用测量工具计算一下，确定羽化的范围达到要素边界以外约为 20000 m。

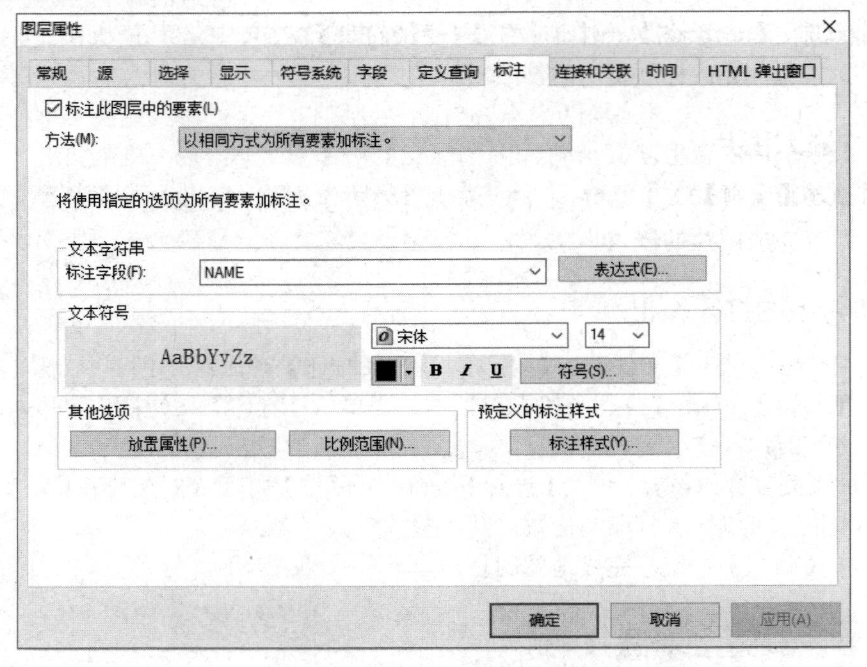

图 9.68 【图层属性】对话框

（3）在主菜单中单击【自定义】→【自定义模式】，弹出【自定义】对话框，选择【命令】选项卡，在【类别】区域中选择“工具”，如图 9.69 所示，最后将【缓冲向导】工具拖曳到【工具】工具条上。

图 9.69 【自定义】对话框

（4）单击【缓冲向导】工具，弹出【缓冲向导】对话框，在【图层中的要素】下拉列表中选择“beijing”，如图 9.70 所示。

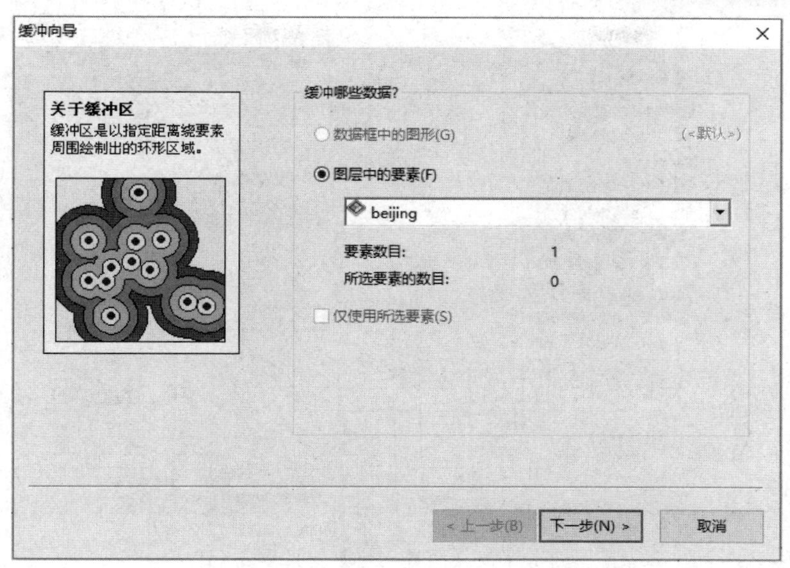

图 9.70 【缓冲向导】对话框 1

（5）单击【下一步】按钮，弹出【缓冲向导】对话框，在【如何创建缓冲区？】中选择【作为多缓冲区圆环】，并在【圆环数目】和【圆环之间的距离】文本框中分别填写“10”、“2”，在【缓冲距离】区域中，在【距离单位为】下拉列表中选择“千米”，如图 9.71 所示。

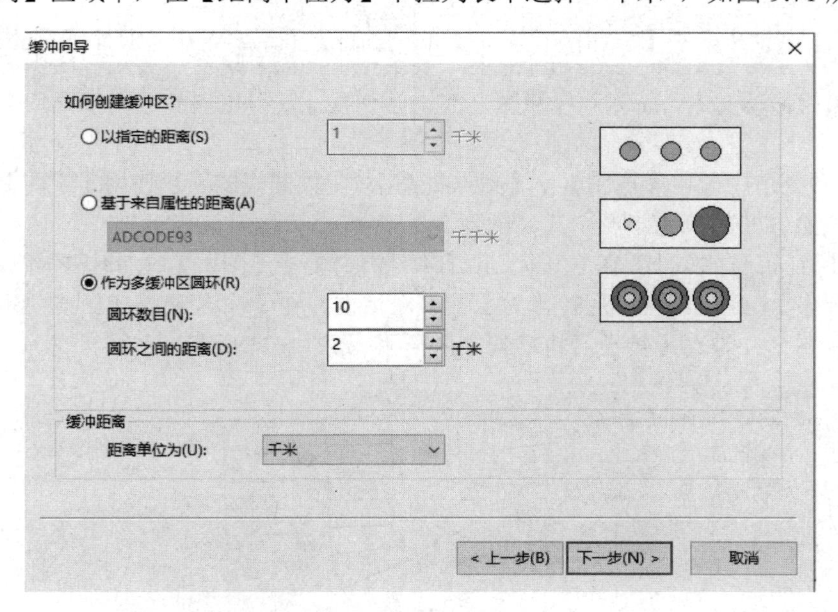

图 9.71 【缓冲向导】对话框 2

（6）单击【下一步】按钮，弹出【缓冲向导】对话框，在【缓冲区输出类型】区域中，【融合缓冲区之间的障碍？】选择【是】，在【创建缓冲区使其】区域中选择【仅位于面外部】，在【指定缓冲的保存位置】区域中选择【保存在新图层中。指定输出 Shapefile 或要素类】并在文本框中指定输出路径和名称，如图 9.72 所示。

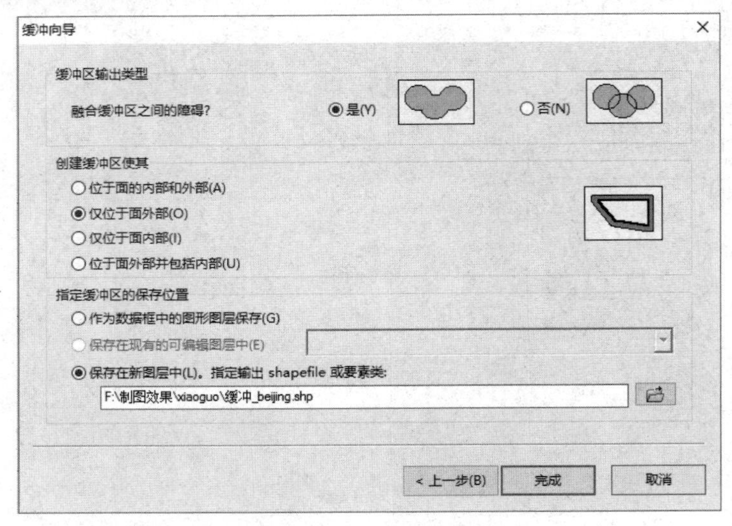

图 9.72 【缓冲向导】对话框 3

（7）单击【完成】按钮即可完成羽化效果。

（8）在主菜单中单击【视图】→【布局视图】，进入布局视图。

（9）在布局视图中，双击数据框，或右击数据框并在弹出菜单中单击“焦点数据框”菜单，如图 9.73 所示。说明：对于焦点数据框，可以在地图布局的上下文环境中对地图进行添加和修改。例如，假设已在数据视图中使用文本工具对某“海洋”进行了标识，但切换到布局视图后，却发现此文本与数据框的边缘过于接近。要更正该问题，只需在布局视图中将该数据框设置为焦点，然后移动文本，而无须在视图之间来回切换。获得焦点的数据框四周会显示一个粗斜线边框。

（10）在主菜单中单击【视图】→【数据视图】，在数据视图下，使用【绘图】工具条上的矩形工具，按照页面的范围画一个几何图形。

（11）切换到布局视图中，在【内容列表】中选择并右击【图层】，在弹出的菜单中单击【将图形转化为要素】，弹出【将图形转化为要素】对话框，在【输出 shapefile 或要素类】中指定输出路径和名称，并勾选【转换后自动删除图形】，如图 9.74 所示。

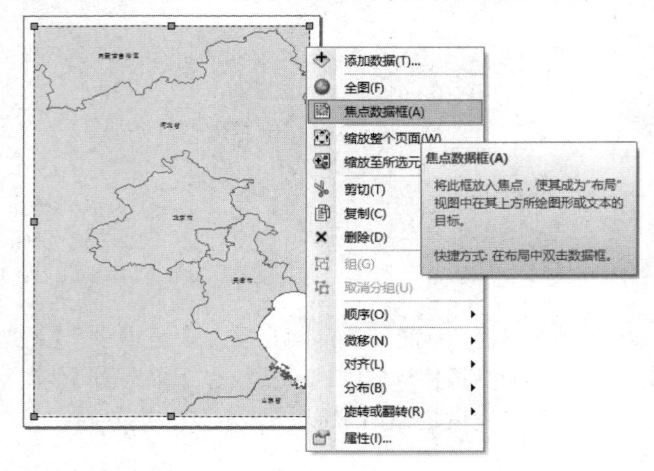

图 9.73 【焦点数据框】菜单

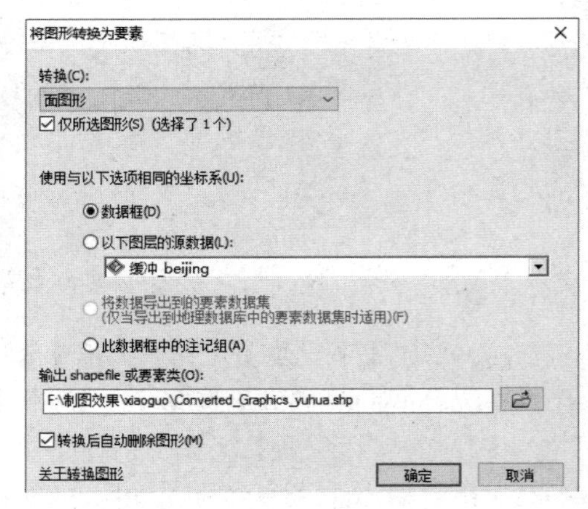

图 9.74 【将图形转化为要素】对话框

（12）单击【确定】按钮即可完成转换。

（13）在 ArcToolbox 工具箱中，双击【分析工具】→【叠加分析】→【联合】，弹出【联合】对话框，如图 9.75 所示。

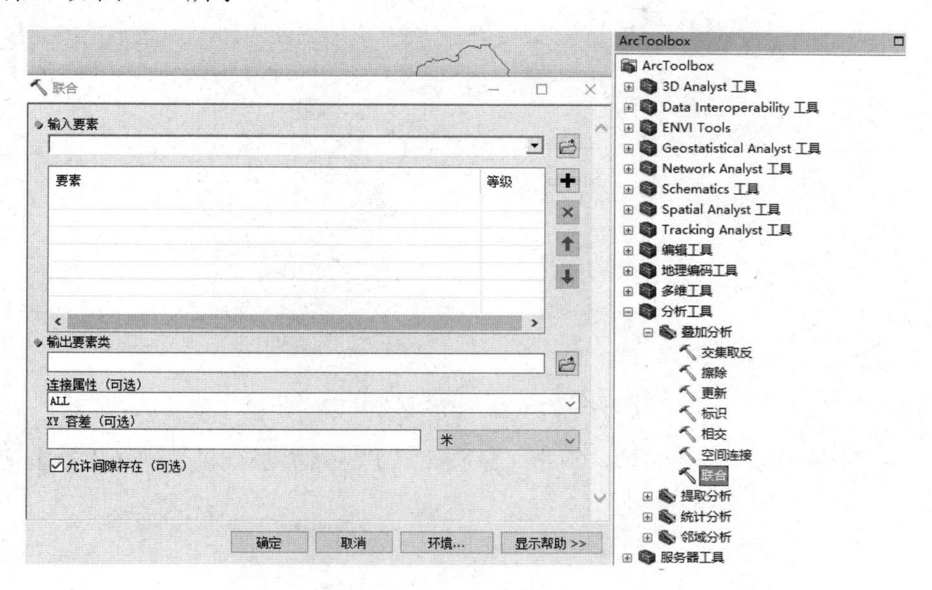

图 9.75　【联合】对话框

（14）在【输入要素】下拉列表中选择“Converted_Graphics_yuhua”和“缓冲_beijing”数据，在【输出要素类】中指定输出路径和名称，其他参数采用默认选项，如图 9.76 所示。

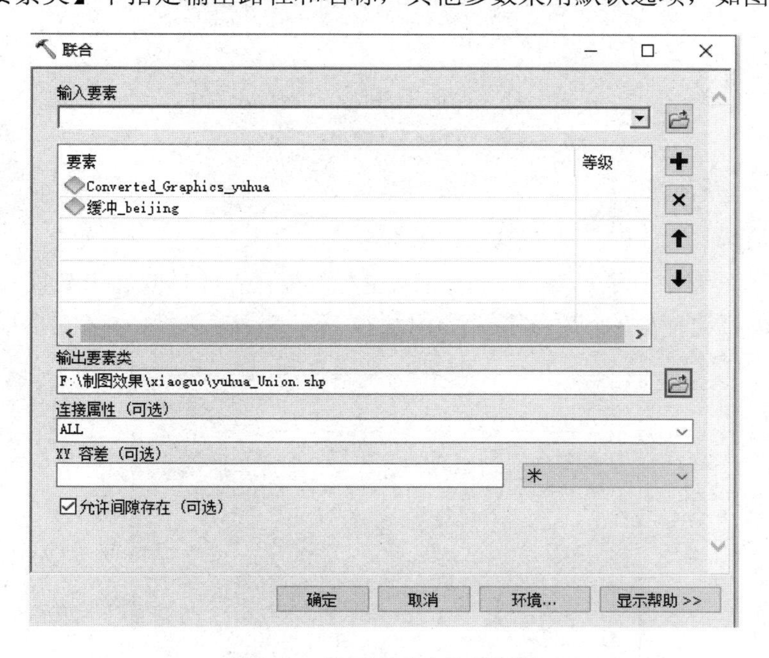

图 9.76　设置【联合】对话框

（15）单击【确定】按钮，联合效果如图 9.77 所示。

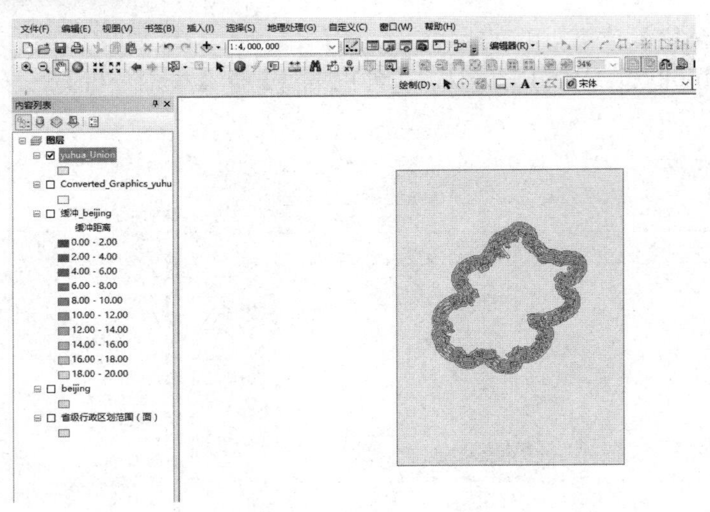

图 9.77 联合操作后效果图

（16）在 ArcToolbox 工具箱中，双击【分析工具】→【叠加分析】→【擦除】，弹出【擦除】对话框，如图 9.78 所示。

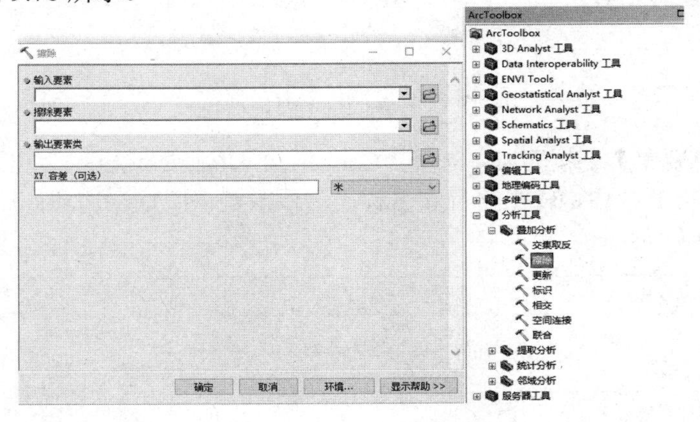

图 9.78 【擦除】对话框 1

（17）在【输入要素】中选择“yuhua_Union”数据，在【擦除要素】选择“beijing”，在【输出要素类】中指定输出路径和名称，如图 9.79 所示。

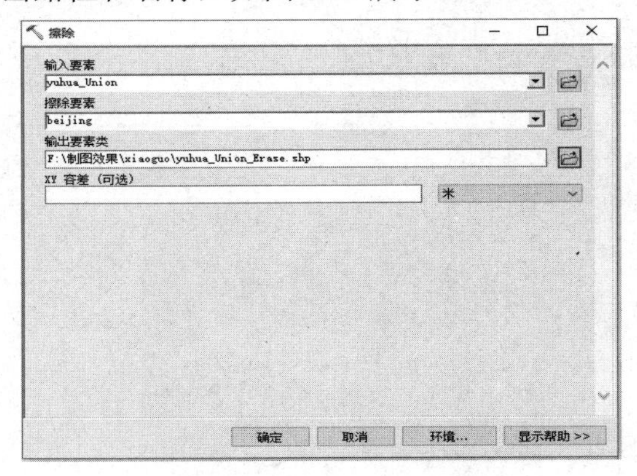

图 9.79 【擦除】对话框 2

（18）单击【确定】按钮，擦除的效果如图 9.80 所示。

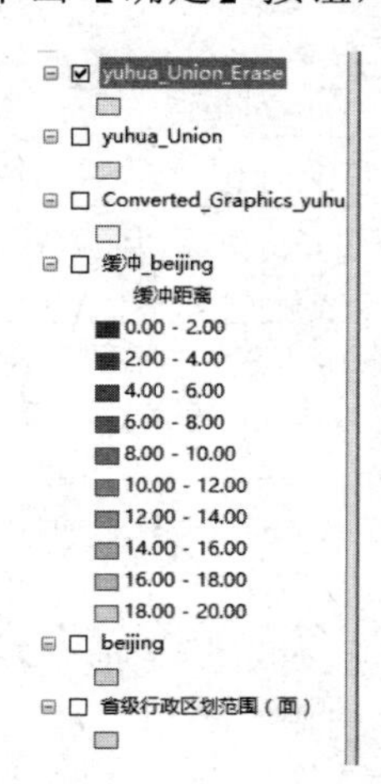

图 9.80　擦除的效果图

（19）在【内容列表】中右击“yuhua_Union_Erase”图层，打开属性表，如图 9.81 所示。

（20）单击【表选项】→【添加字段】，命名新字段为“yuhua”，字段类型为“长整型”，单击【确定】按钮。

（21）右击“yuhua”字段，在弹出的菜单中单击【字段计算器】，弹出【字段计算器】对话框，单击【是】按钮。

（22）弹出【字段计算器】编写界面，在“yuhua=”区域中输入“100-（100 * [FromBufDst]/20）”（这会使离 Buffer 越远的地方越透明），如图 9.82 所示。

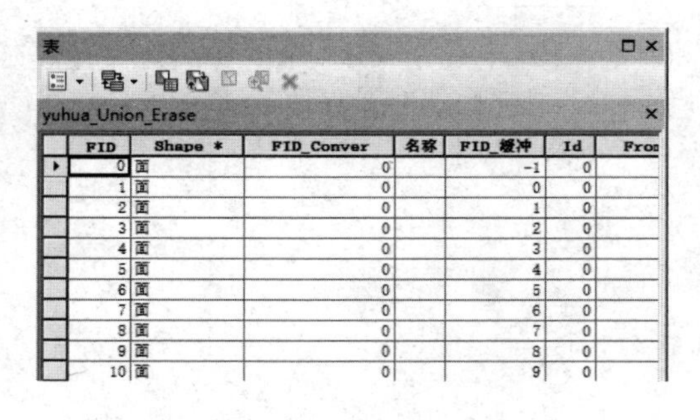

表

yuhua_Union_Erase

FID	Shape *	FID_Conver	名称	FID_缓冲	Id	Fro
0	面	0		-1	0	
1	面	0		0	0	
2	面	0		1	0	
3	面	0		2	0	
4	面	0		3	0	
5	面	0		4	0	
6	面	0		5	0	
7	面	0		6	0	
8	面	0		7	0	
9	面	0		8	0	
10	面	0		9	0	

图 9.81　【表】对话框 1

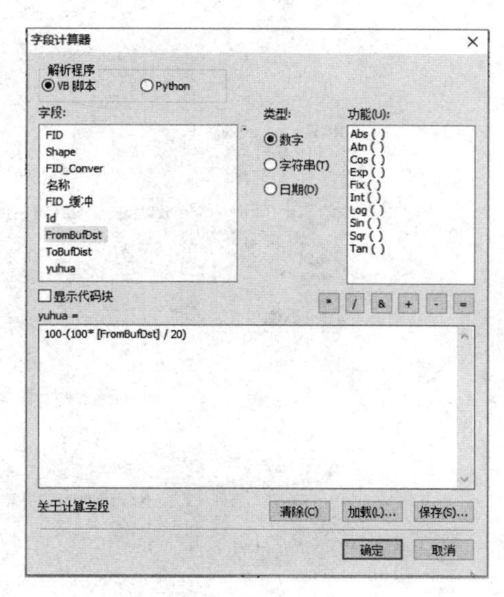

图 9.82　【字段计算器】编写界面

（23）单击【确定】按钮，在【表】对话框中找到“FID_缓冲”为“-1”的记录，即选中边界多边形，使用字段计算器计算其“yuhua”值为 0（使图层内部的透明度为零），如图 9.83 所示。

（24）在【内容列表】中选择“yuhua_Union_Erase”图层，右击该图层，在弹出的菜单中单击【属性】，弹出【图层属性】对话框，选择【符号系统】选项卡，在【显示】区域，选择【要素】中的【单一符号】，将面要素的填充【颜色】改为“白色”，【轮廓线】为“无色”，如图 9.84 所示。

表

yuhua_Union_Erase

名称	FID_缓冲	Id	FromBufDst	ToBufDist	yuhua
	-1	0	0	0	0
	0	0	18	20	10
	1	0	16	18	20
	2	0	14	16	30
	3	0	12	14	40
	4	0	10	12	50
	5	0	8	10	60
	6	0	6	8	70
	7	0	4	6	80
	8	0	2	4	90
	9	0	0	2	100

图 9.83 【表】对话框 2

（25）单击【确定】按钮，关闭【符号选择器】对话框。单击【高级】按钮，选择【透明度】，如图 9.85 所示，弹出【透明度】对话框，如图 9.86 所示，并选择“yuhua”字段用于设置的透明度值，单击【确定】按钮。

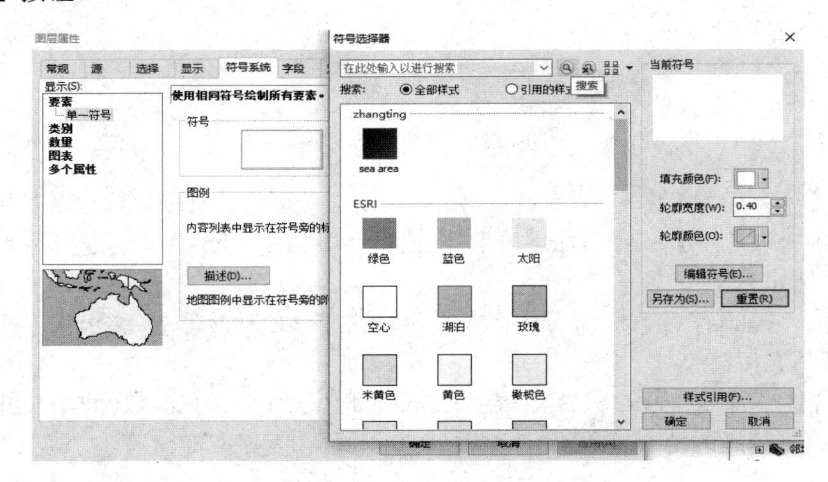

图 9.84 【符号选择器】对话框

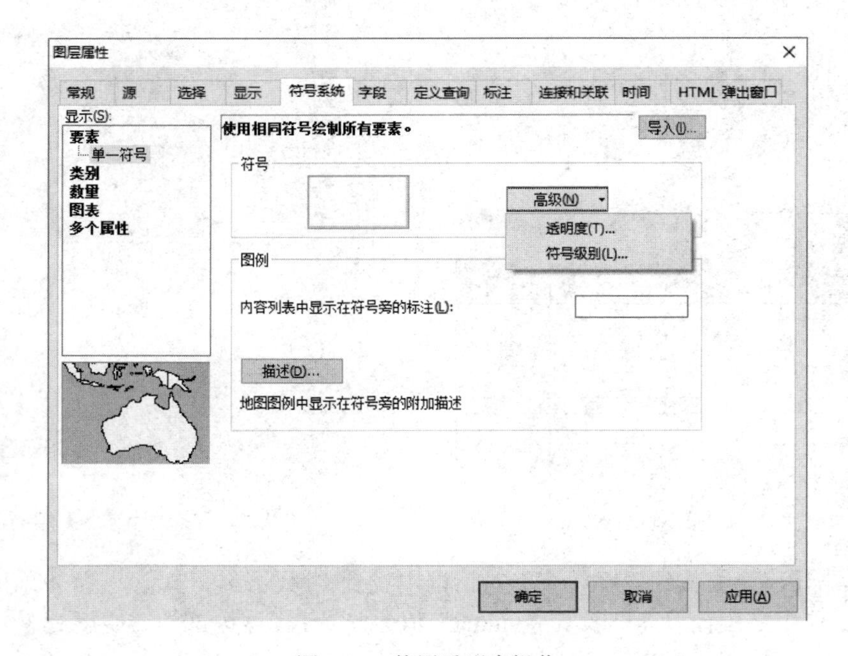

图 9.85 使用透明度操作

(26) 单击【确定】按钮，即可完成羽化。

注意：将“yuhua_Union_Erase”图层叠加在“省级行政区划范围（面）”图层的上面，便出现了羽化的效果。

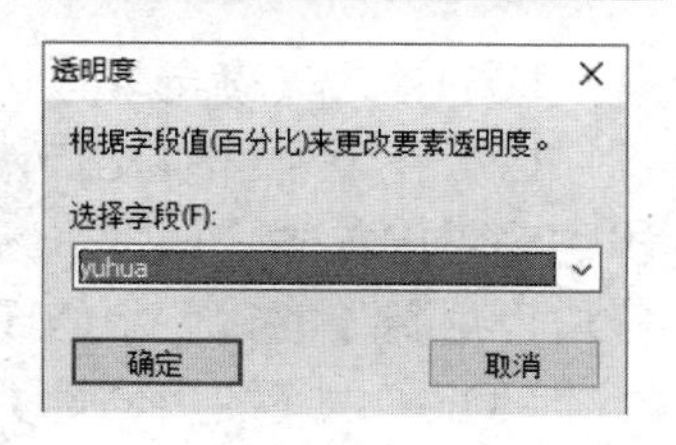

图 9.86 【透明度】对话框

9.3.2 制作粉饰效果

粉饰效果是指针对重点突出区域以外的多边形区域进行的掩膜，在进行掩膜区域符号化时使用白色填充和透明度的效果即可实现。

(1) 打开 ArcMap，添加“省级行政区划范围（面）”、“beijing.shp”、“公路.shp”，在【内容列表】中选择“省级行政区划范围（面）”图层，右击该图层，在弹出的菜单中单击【属性】，弹出【图层属性】对话框，单击【标注】标签，切换到【标注】选择卡，勾选【标注此图层中的要素】，在【标注字段】下拉列表中，选择“NAME”，将字号设为“14”，单击【确定】按钮。

(2) 在主菜单中单击【视图】→【布局视图】，在布局视图中双击数据框，或右击数据框并在弹出菜单中单击【焦点数据框】。

(3) 在主菜单中单击【视图】→【数据视图】，在数据视图下，使用【绘图】工具条上的矩形工具，按照页面的范围画一个几何图形。

(4) 切换到布局视图中，在【内容列表】中选择【图层】，右击【图层】，在弹出的菜单中单击【将图形转化为要素】，弹出【将图形转化为要素】对话框，在【输出 shapefile 或要素类】中指定输出路径和名称，并勾选【转换后自动删除图形】。单击【确定】按钮，生成“Converted_Graphics_fenshi.shp”数据。

(5) 在 ArcToolbox 工具箱中，双击【分析工具】→【叠加分析】→【擦除】，弹出【擦除】对话框，在【输入要素】中选择“Converted_Graphics_fenshi”，在【擦除要素】中选择“beijing”，在【输出要素类】中指定输出路径和名称，如图 9.87 所示。

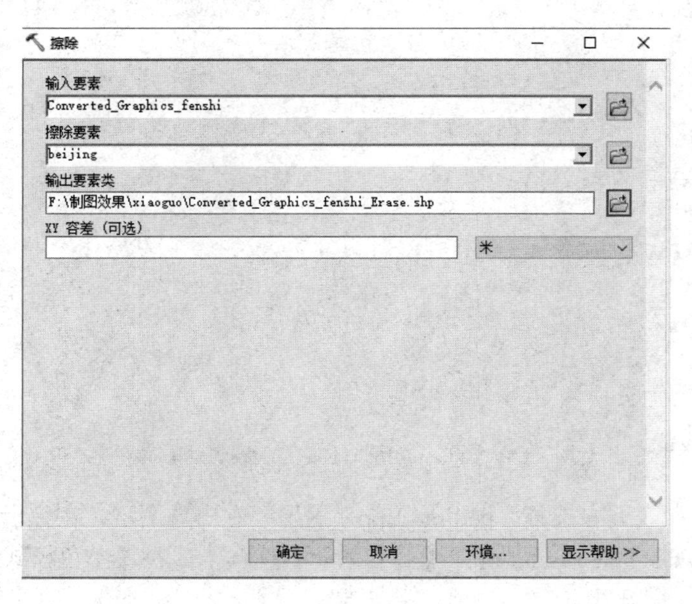

图 9.87 【擦除】对话框

（6）单击【确定】按钮，完成擦除，生成“Converted_Graphics_fenshi _Erase.shp”数据。

（7）在【内容列表】中选择“Converted_Graphics_fenshi_Erase”图层，右击该图层，在弹出的菜单中单击【属性】，弹出【图层属性】对话框，选择【符号系统】选项卡，在【显示】区域，选择【要素】中的【单一符号】，将面要素的填充【颜色】改为“白色”。

（8）单击【图层属性】对话框的【显示】选项卡，将【透明度】设置为“60%”。

（9）单击【确定】按钮，可看到粉饰的效果。

注意：在内容列表中，将“Converted_Graphics_fenshi_Erase”图层叠加在“省级行政区划范围（面）”图层的上面，也可以添加其他的要素，如添加公路图层，将公路图层置于两个图层中间），便出现了粉饰的效果。

9.3.3 制作阴影效果

阴影效果是指设置所绘制图形对象阴影的方向、大小、透明度等，通过使用阴影效果可以突出重点内容。创建阴影的效果包括纯色阴影和渐变阴影。

1. 纯色阴影

（1）打开 ArcMap，在“…第九章\地图制图\数据\数据库.gdb”路径下添加“beijing”数据，在内容列表中右击“beijing”图层，在弹出的菜单中单击【将符号系统转换为制图表达】，弹出【将符号系统转换为制图表达】对话框，如图 9.88 和图 9.89 所示。

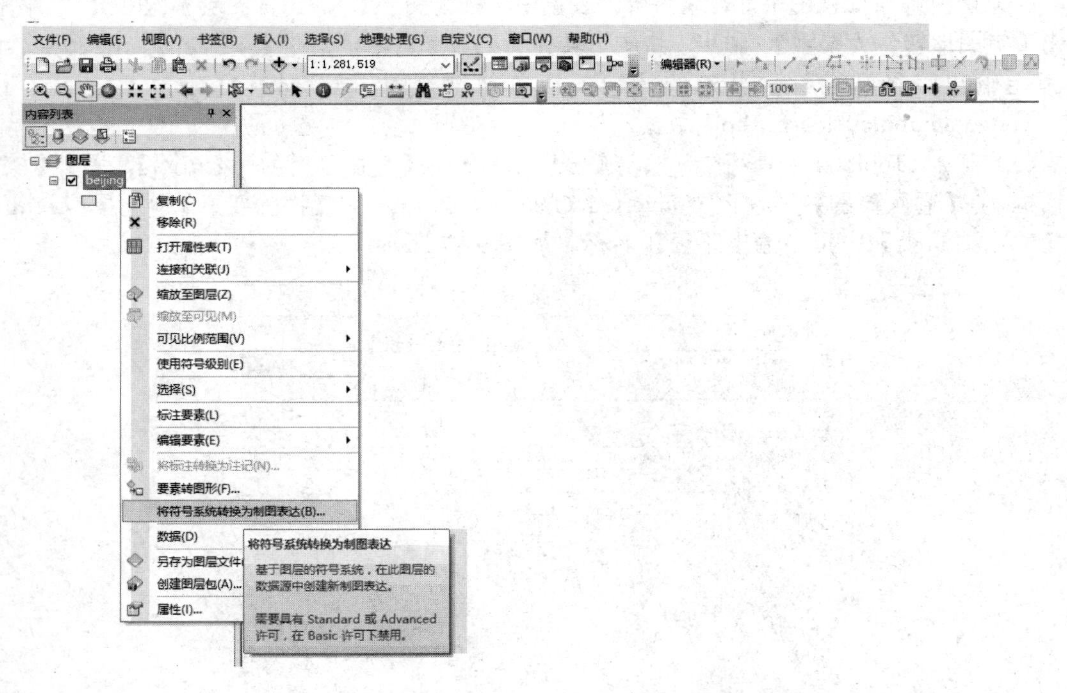

图 9.88 【将符号系统转换为制图表达】菜单

（2）在【内容列表】中选择“beijing_Rep”图层，右击该图层，在弹出的菜单中单击【属性】，弹出【图层属性】对话框，选择【符号系统】选项卡，在【单色模式】区域，将颜色选为“灰色 70%”，如图 9.90 所示。

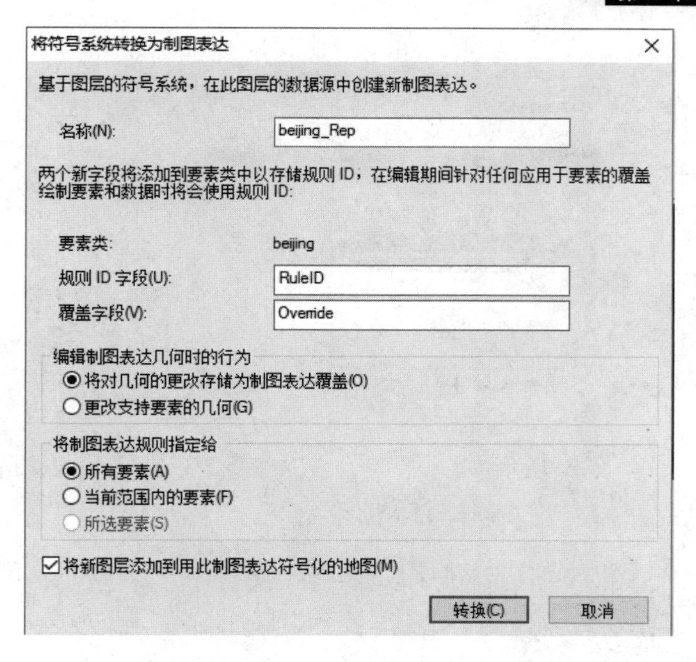

图 9.89 【将符号系统转换为制图表达】对话框

（3）单击【± 】按钮，弹出【几何效果】对话框，双击树节点【面输入】→【移动】，单击【确定】按钮，如图 9.91 所示。

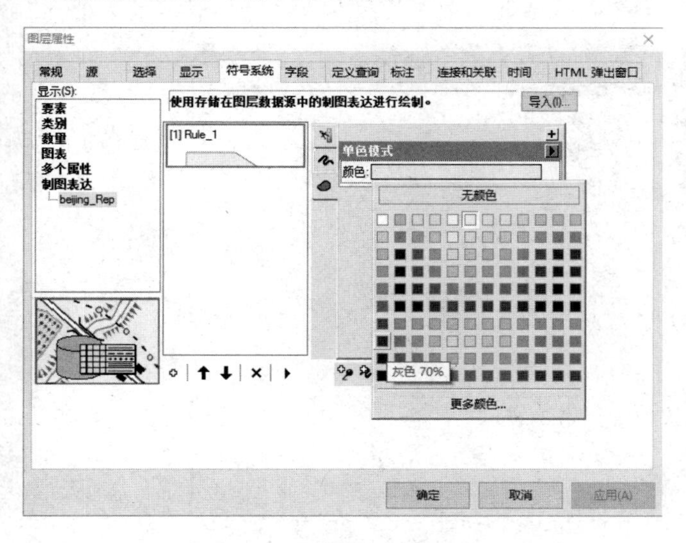

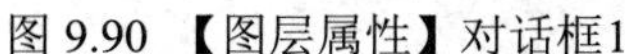
图 9.90 【图层属性】对话框1

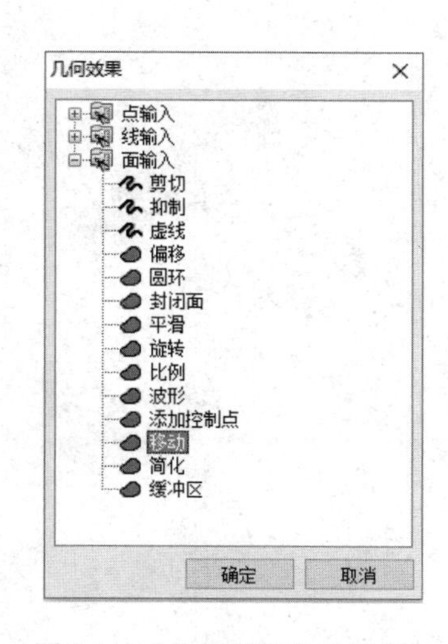

图 9.91 【几何效果】对话框

（4）在【移动】区域中，在【X 偏移】文本框中填写“3pt”，在【Y 偏移】文本框中填写“-3pt”，如图 9.92 所示。

（5）单击【确定】按钮，弹出【警告】对话框，如图 9.93 所示。

（6）单击【确定】按钮，在【内容列表】中，将“beijing”图层置于“beijing_Rep”图层上面，便出现了阴影的效果。

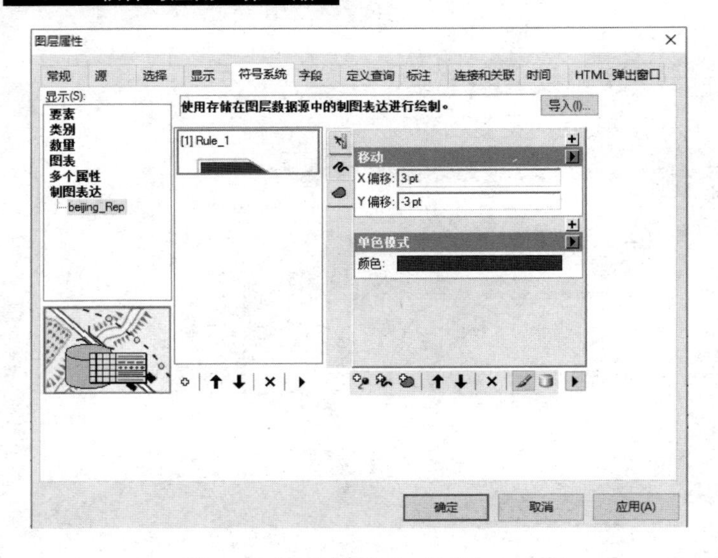

图 9.92 【图层属性】对话框 2

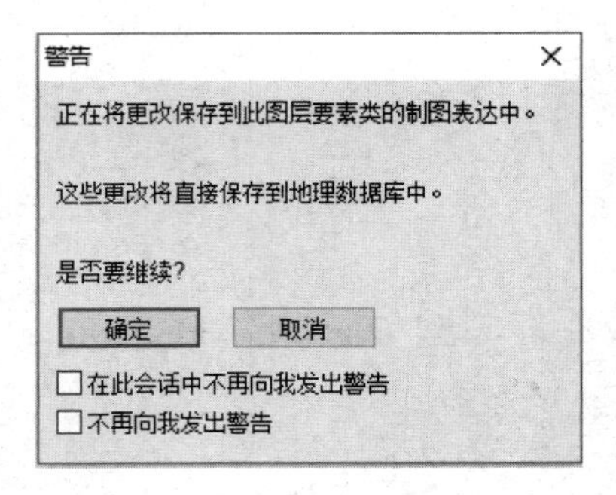

图 9.93 【警告】对话框

2. 渐变阴影

（1）若“beijing”图层已经创建了制图表达，则可在 ArcToolbox 工具箱中通过双击【制图工具】→【制图表达管理】→【删除制图表达】，在弹出的【删除制图表达】对话框中删除制图表达。在【内容列表】中选择“beijing”图层，右击该图层，在弹出菜单中单击【属性】，弹出【图层属性】对话框，选择【符号系统】选项卡，如图 9.94 所示。

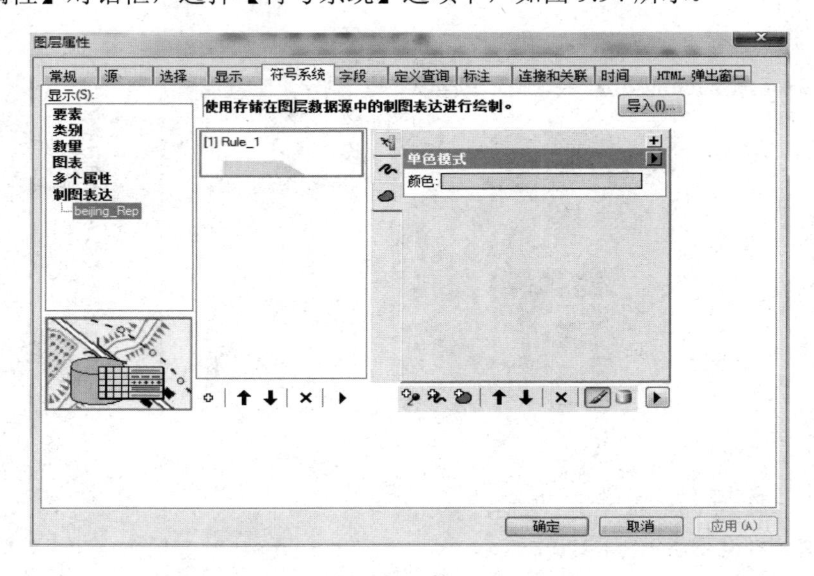

图 9.94 【图层属性】对话框 2

（2）单击【单色模式】区域的右边的【▶】按钮，在菜单中选择【渐变】，将【颜色 1】设为“灰色 10%”，【颜色 2】设为“黑色”，【间隔】设为“100”，【百分比】设为“5”，【角度】设为“0”；单击【± 】按钮，弹出【几何效果】对话框，双击树节点【面输入】→【移动】，单击【确定】按钮。在【移动】区域中，在【X 偏移】文本框中填写“10pt”，在【Y 偏移】文本框中填写“–10pt”，如图 9.95 所示。

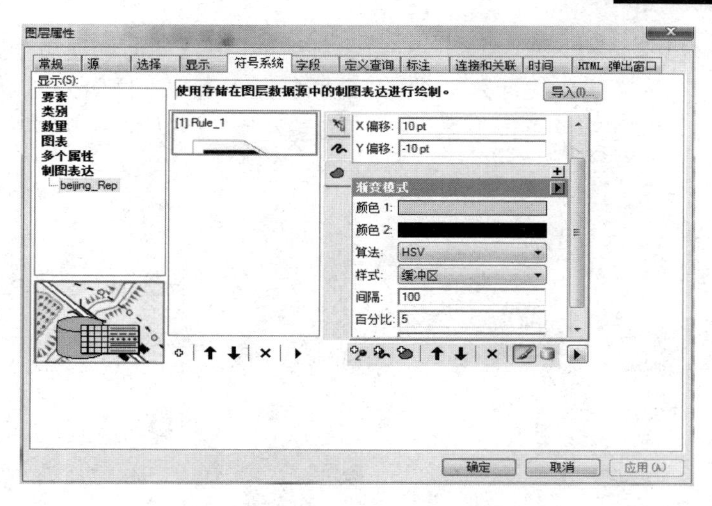

图 9.95 【图层属性】对话框 4

（3）单击【确定】按钮，在内容列表中，将“beijing”图层置于“beijing_Rep”图层上面，便出现了渐变阴影的效果。

9.3.4 制作浮雕效果

通过在 ArcMap 当中进行一些简单的设置和操作，可以制作出具有浮雕效果的多边形，这种效果适合边界不复杂（没有过多细节）的多边形。具体操作步骤如下。

（1）打开 ArcMap，添加“…第九章\地图制图\数据”路径下的“beijing.shp”数据，在【内容列表】中选择“beijing”图层，右击该图层，在弹出的菜单中单击【属性】，弹出【图层属性】对话框，单击【标注】标签，切换到【标注】选择卡，勾选【标注此图层中的要素】，在【标注字段】下拉列表中，选择“NAME”，将字号设为“14”。

（2）单击【缓冲向导】工具，弹出【缓冲向导】对话框，在【图层中的要素】下拉列表中选择“beijing”，如图 9.96 所示。

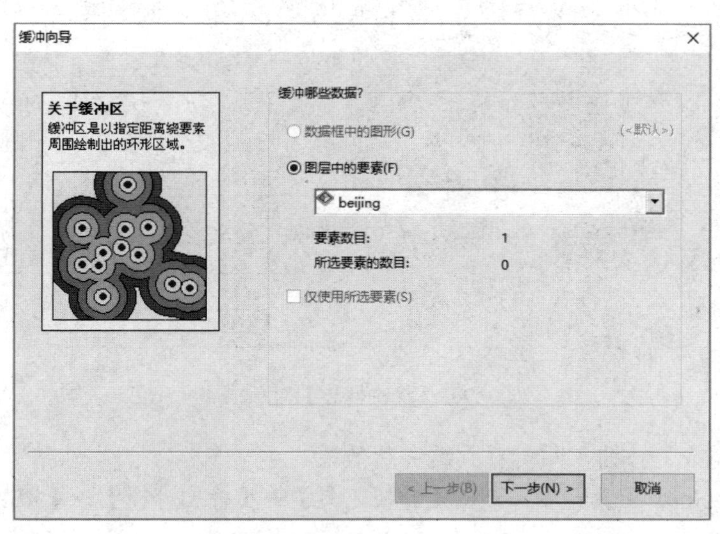

图 9.96 【缓冲向导】对话框 1

（3）单击【下一步】按钮，弹出【缓冲向导】对话框，在【如何创建缓冲区？】中选择【作为多缓冲区圆环】，并在【圆环数目】和【圆环之间的距离】文本框中分别填写“2”、“1”，在【缓冲距离】区域中，在【距离单位为】下拉列表选择“千米”，如图 9.97 所示。

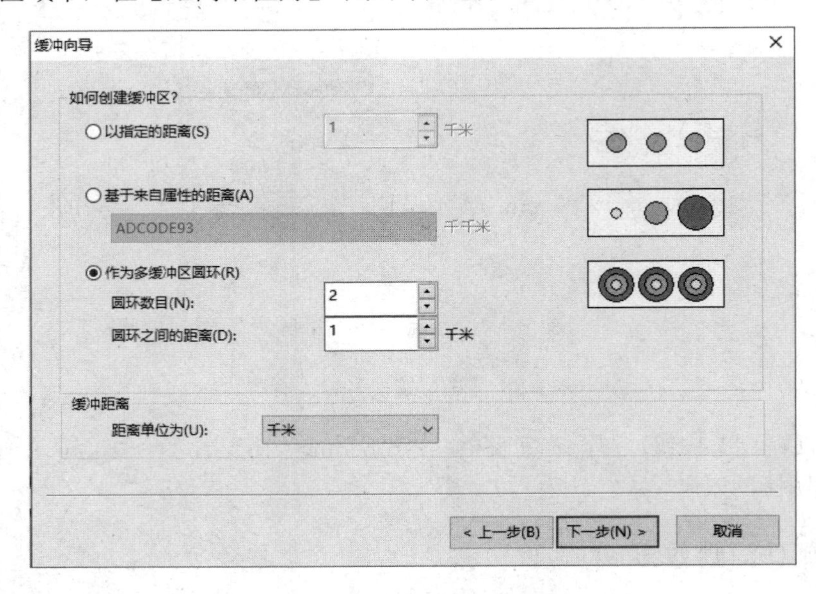

图 9.97 【缓冲向导】对话框 2

（4）单击【下一步】按钮，弹出【缓冲向导】对话框，在【缓冲区输出类型】区域中，【融合缓冲区之间的障碍？】选择【是】，在【创建缓冲区使其】选择【仅位于面内部】，在【指定缓冲的保存位置】选择【保存在新图层中。指定输出 shapefile 或要素类】并在文本框中指定输出路径和名称，如图 9.98 所示。

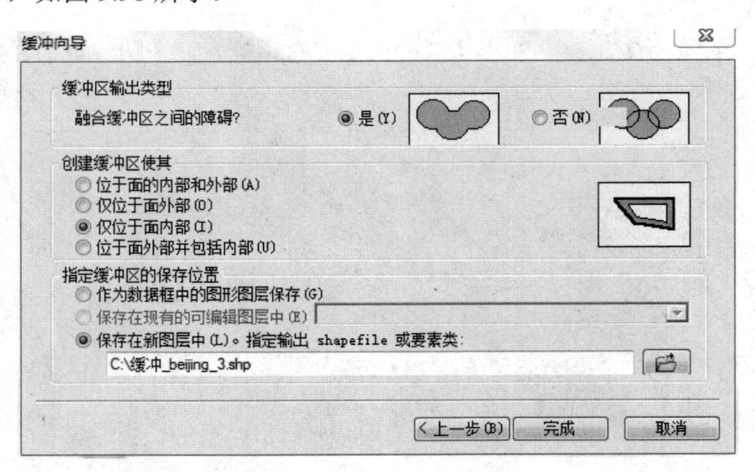

图 9.98 【缓冲向导】对话框 3

（5）单击【完成】按钮，即可看到缓冲后效果。

（6）在 ArcToolbox 工具箱中，双击【分析工具】→【叠加分析】→【擦除】，弹出【擦除】对话框，如图 9.99 所示。

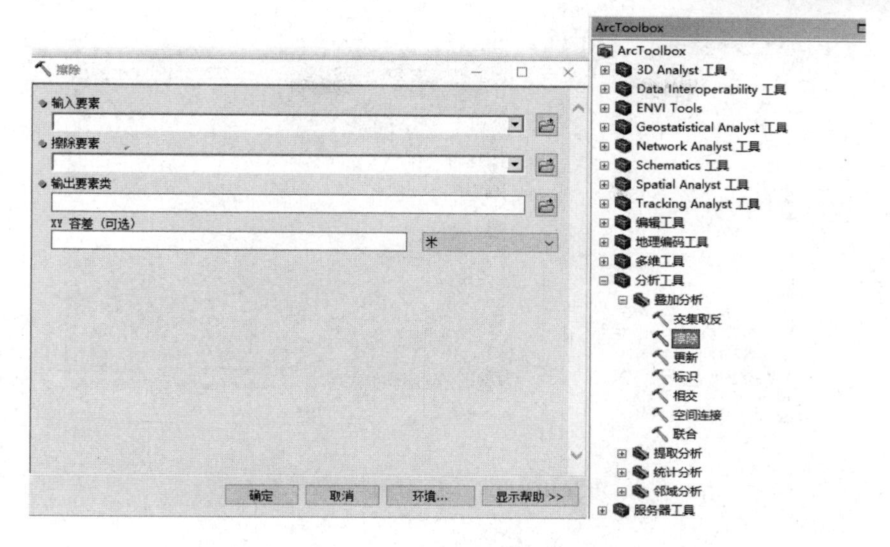

图 9.99 【擦除】对话框 1

（7）在【输入要素】中选择“beijing”数据，在【擦除要素】选择“缓冲_beijing_3”数据，在【输出要素类】中指定输出路径和名称，如图 9.100 所示。

（8）单击【确定】按钮，即可看到擦除后的效果。

（9）在 ArcToolbox 工具箱中，双击【Spatial Analyst 工具】→【距离分析】→【欧氏距离】，弹出【欧氏距离】对话框，在【输入栅格数据或要素源数据】中选择“缓冲_beijing_3_Erase”数据，在【输出距离栅格数据】中指定输出路径和名称，其他参数采用默认选项，如图 9.101 所示。

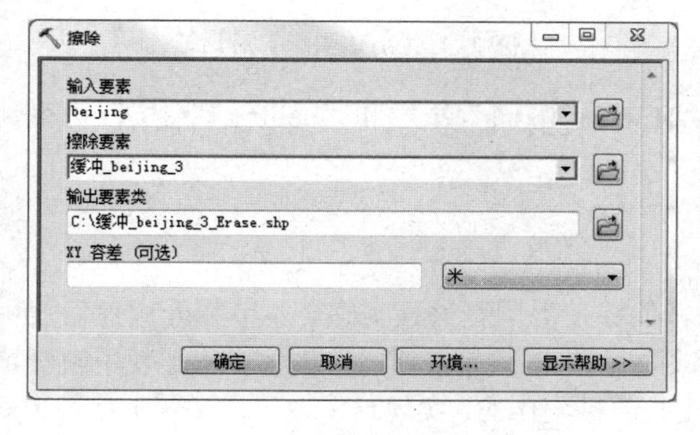

图 9.100 【擦除】对话框 2

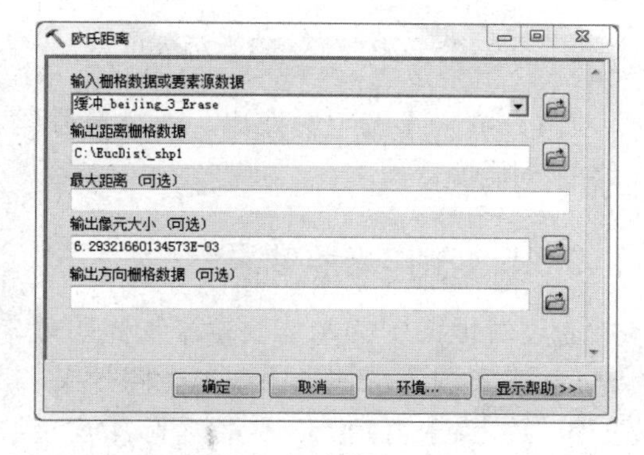

图 9.101 【欧氏距离】对话框

（10）单击【确定】按钮，效果如图 9.102 所示。

（11）在 ArcToolbox 工具箱中，双击【Spatial Analyst 工具】→【提取分析】→【按掩膜提取】，弹出【按掩膜提取】对话框，在【输入栅格】中选择“EucDist_Shp1”，在【输入栅格数据或要素掩膜数据】中选择“beijing”，在【输出栅格】中指定输出路径和名称，如图 9.103 所示。

（12）单击【确定】按钮，即可看到按掩膜提取后的效果。

（13）在 ArcToolbox 工具箱中，双击【Spatial Analyst 工具】→【表面分析】→【山体阴影】，弹出【山体阴影】对话框，如图 9.104 所示。

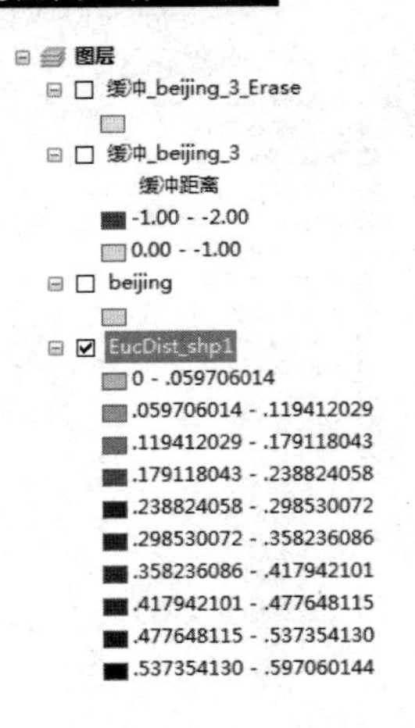

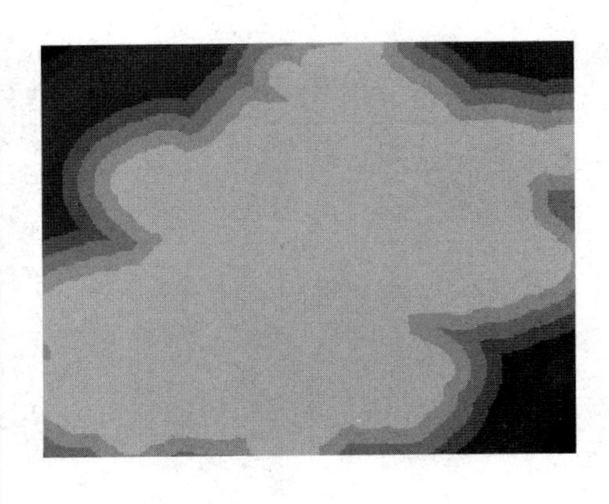

图 9.102　欧氏距离操作后效果

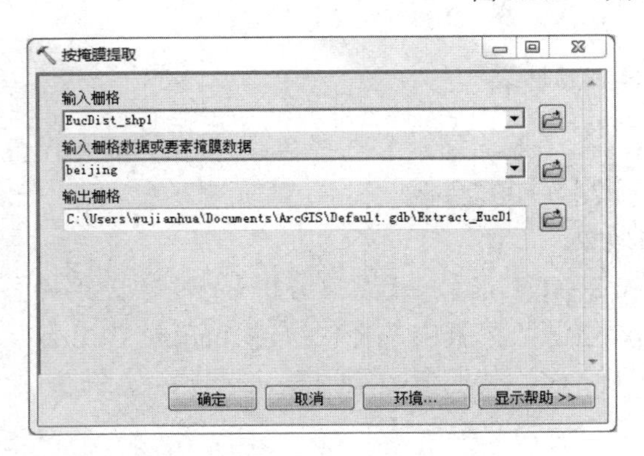

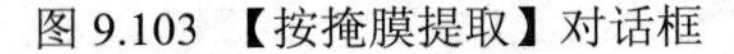

图 9.103 【按掩膜提取】对话框

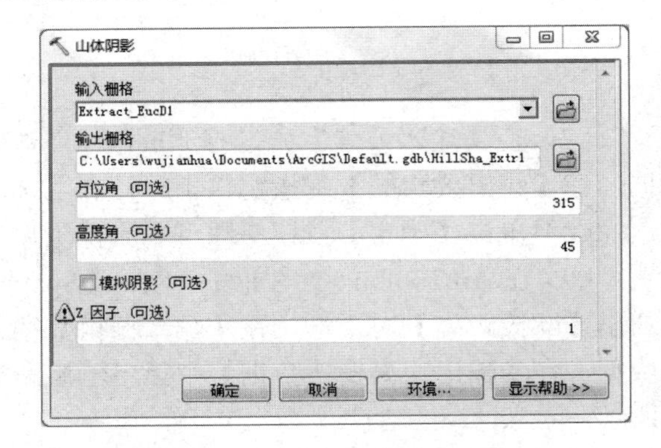

图 9.104 【山体阴影】对话框

（14）单击【确定】按钮，通过符号化“HillSha_Extr1”图层和“beijing”图层，可得到最终的浮雕效果。

9.3.5　制作光照效果

通过对地图中的水体要素添加光照效果，能够使地图更具真实感。本节将介绍如何使用 ArcMap 来实现为水体表面添加光照效果。实际上，光照效果是通过对水体多边形使用渐变填充的符号渲染来得到的，要素渐变填充的角度是随机变化的。实现这个效果，仅需要有水体多边形的要素类即可。首先要使用随机数计算，可以通过添加属性，来区分使用不同角度对要素进行不同的渐变填充的符号化效果。具体操作步骤如下。

（1）打开 ArcMap，添加“…第九章\地图制图\数据”路径下的“省级行政区划范围（面）.shp”和“大河、湖泊.shp”数据。

（2）在内容列表中选择“大河、湖泊”图层，右击该图层，在弹出的菜单中单击【打开属性表】，弹出【表】对话框，单击左上角的【表选项】，弹出菜单并单击【添加字段】，如图 9.105 所示。

（3）在【名称】文本框中输入“sunlights”，【类型】设为“短整型”，单击【确定】按钮，如图 9.106 所示。

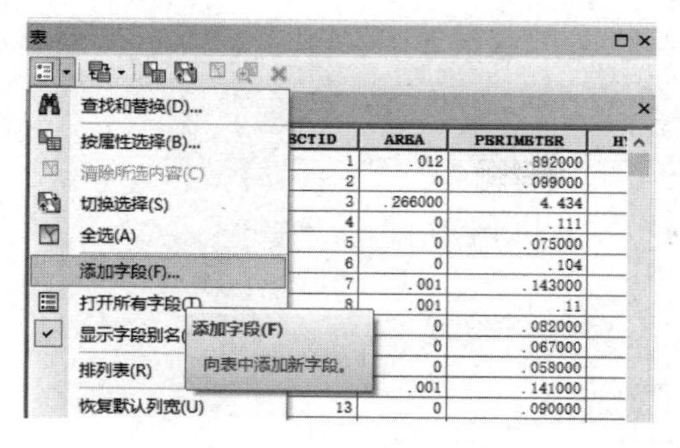

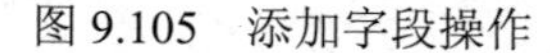

图 9.105　添加字段操作

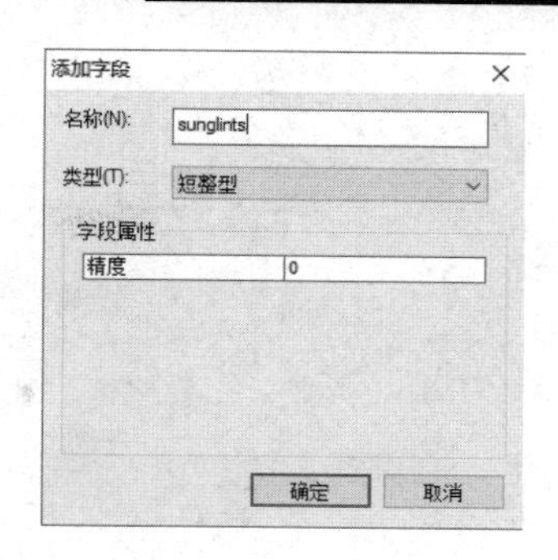

图 9.106 【添加字段】对话框

（4）右击“sunlights”字段，在弹出的菜单中单击【字段计算器】，弹出【字段计算器】对话框，单击【是】按钮，弹出【字段计算器】代码编写界面，在“sunlights =”区域中输入“Fix（Rnd*4）+1”。说明：表达式计算的随机值是从 1 到 4，可以根据需要修改这些值，但需要为每个随机值定义一个新的符号。

（5）单击【确定】按钮，部分计算结果如图 9.107 所示。

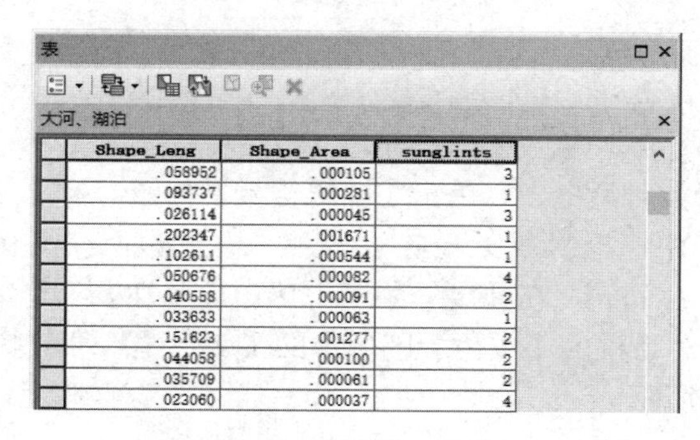

表

大河、湖泊

Shape_Leng	Shape_Area	sunglints
.058952	.000105	3
.093737	.000281	1
.026114	.000045	3
.202347	.001671	1
.102611	.000544	1
.050676	.000082	4
.040558	.000091	2
.033633	.000063	1
.151623	.001277	2
.044058	.000100	2
.035709	.000061	2
.023060	.000037	4

图 9.107 【表】对话框

（6）在【内容列表】中选择“大河、湖泊”图层，右击该图层，在弹出的菜单中单击【属性】，弹出【图层属性】对话框，选择【符号系统】选项卡，在【显示】区域，选择【类别】中的【唯一值】，在【值字段】中选择“sunlights”，单击【添加所有值】按钮，取消勾选【其他所有值】，如图 9.108 所示。

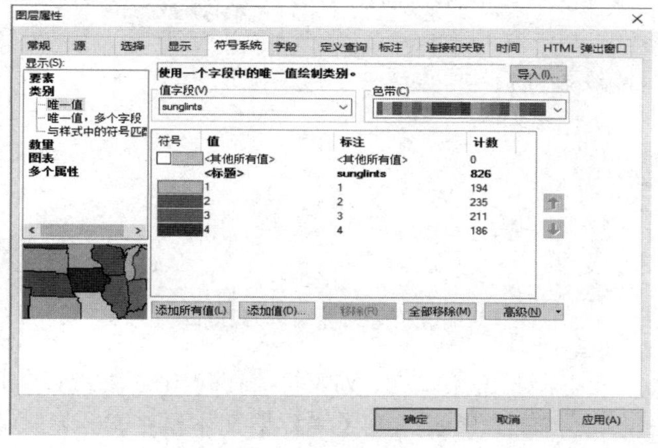

图 9.108 【图层属性】对话框 1

（7）选择“符号 1”，右击该符号，在弹出的菜单中单击【所有符号的属性】，如图 9.109 所示。

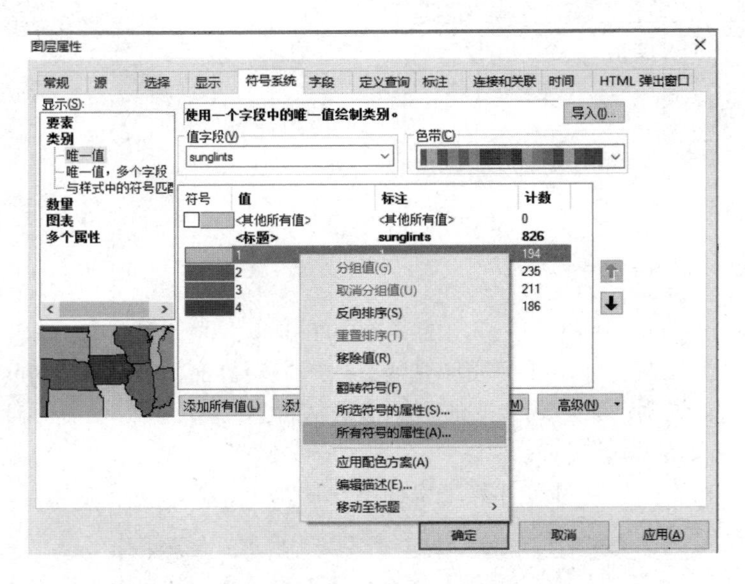

图 9.109 【图层属性】对话框 2

（8）在【符号选择器】对话框中，单击【编辑符号】按钮，弹出【符号属性编辑器】对话框，在【类型】下拉列表中选择“渐变填充”，设置一些参数，如图 9.110 所示。

（9）右击【样式】下拉列表，在弹出的菜单中单击【属性】菜单，弹出【编辑色带】对话框，如图 9.111 所示，在对话框的【颜色】区域中的【颜色 1】列表中选择深蓝，【颜色 2】列表中选择浅蓝，图 9.112 所示。

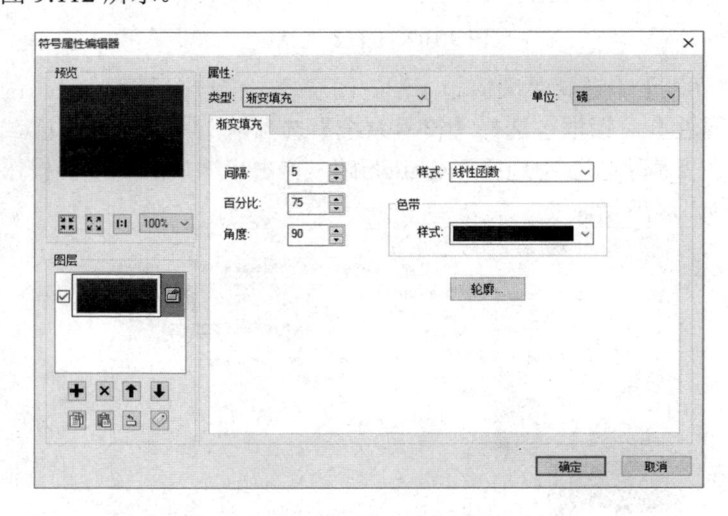

图 9.110 【符号属性编辑器】对话框 1

（10）在【色带】区域中，右击【样式】列表框，在弹出的菜单中单击【保存为样式】，弹出【新色带】对话框，如图 9.113 所示，在【名称】文本框中输入色带名称，单击【确定】按钮。

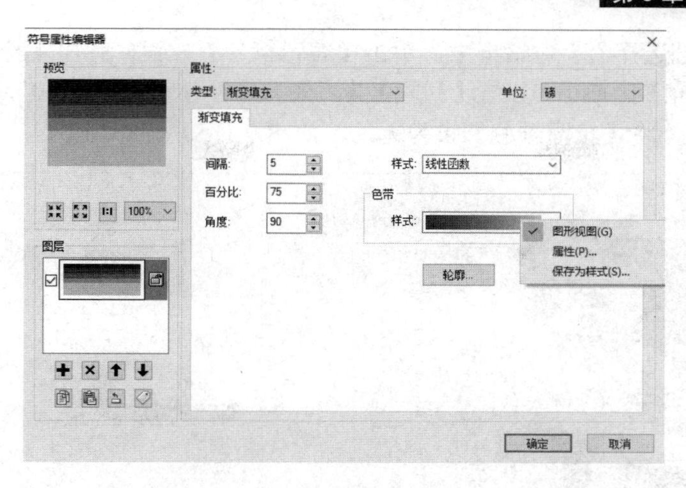

图 9.111 【符号属性编辑器】对话框 2

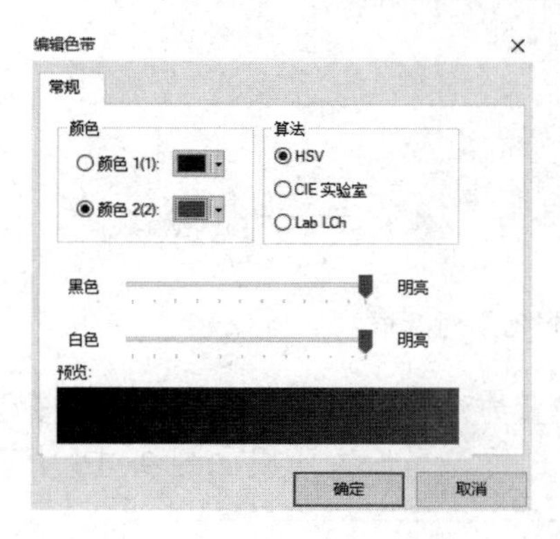

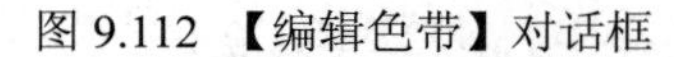

图 9.112 【编辑色带】对话框

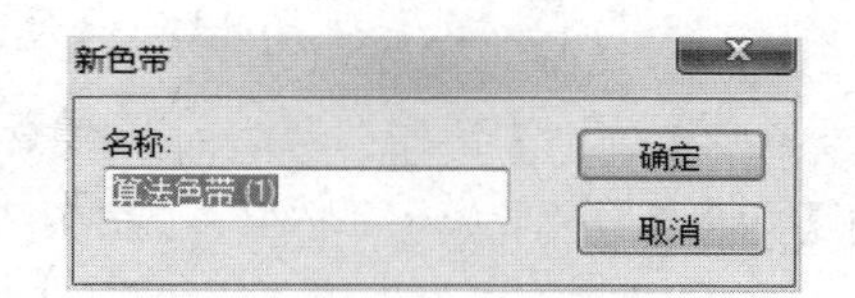

图 9.113 【新色带】对话框

（11）右击“符号 1”，在弹出的菜单中单击【所选符号的属性】，如图 9.114 所示。

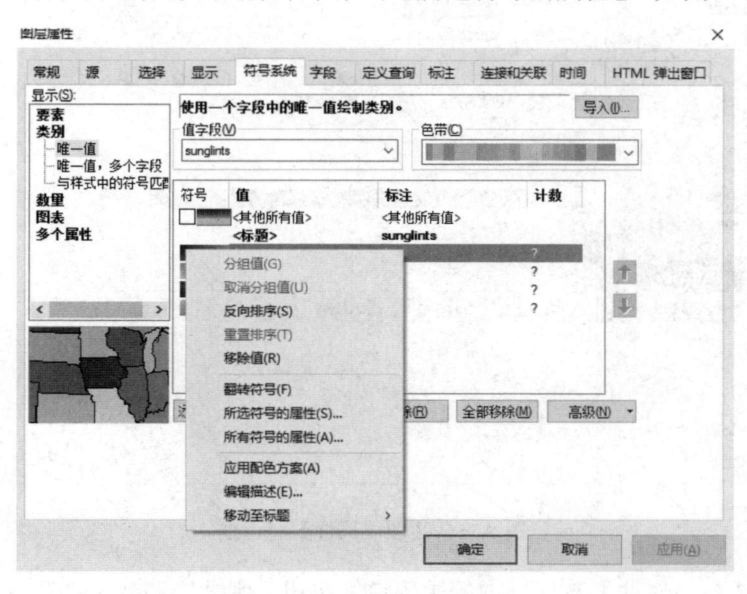

图 9.114　所选符号的属性操作

（12）在【符号选择器】对话框中，单击【编辑符号】按钮，弹出【符号属性编辑器】对话框，在【渐变填充】区域中，设置【间隔】为“50”，【百分比】为“100”，【角度】为“135”，单击【轮廓】按钮，将【轮廓颜色】设为无色，如图 9.115 所示。

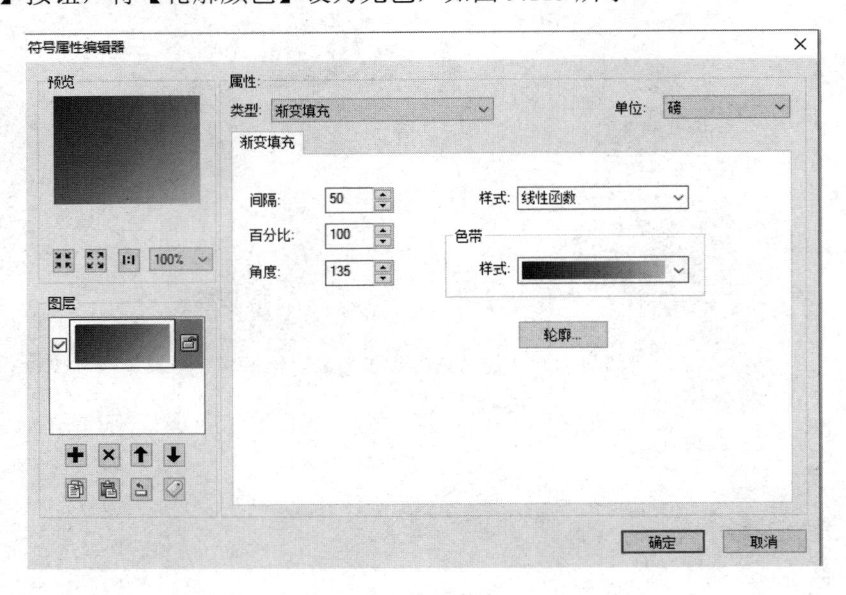

图 9.115 【符号属性编辑器】对话框

（13）单击【确定】按钮，按照对“符号 1”的设置方法，依次将“符号 2”、“符号 3”、“符号 4”的【角度】分别改为“45”、“225”、“315”。最终符号设置效果如图 9.116 所示。

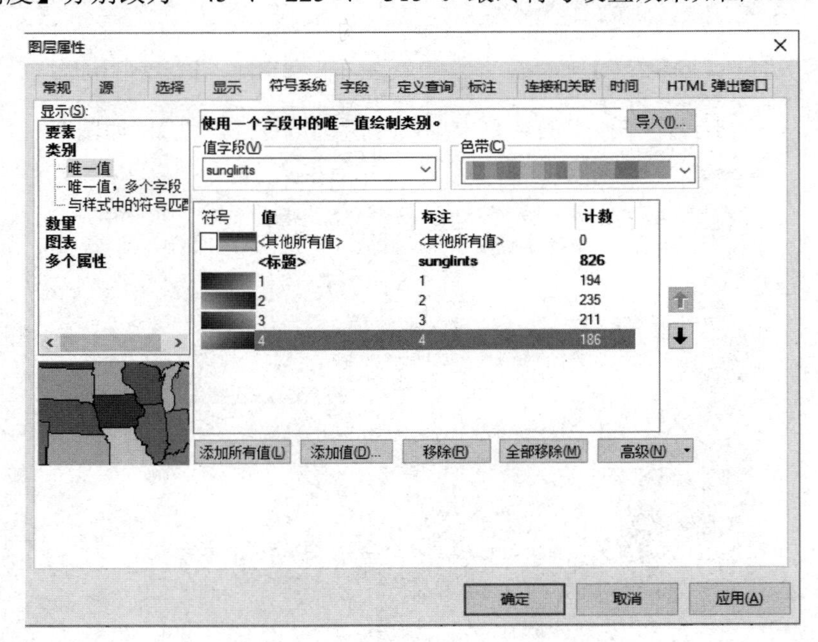

图 9.116 【图层属性】对话框

（14）单击【图层属性】对话框中的【确定】按钮。水体光照效果如图 9.117 所示。

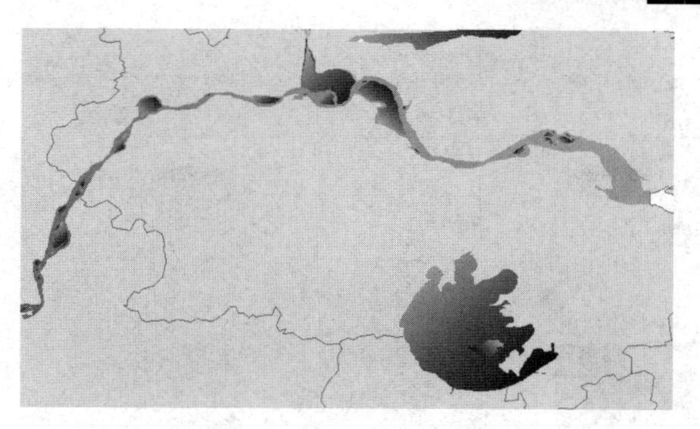

图 9.117　水体光照效果图

9.4　制作指定比例尺的专题地图

9.4.1　背景与目的

地图作为一种信息化的载体，以符号、图形、文字等形式表征大量的地图要素，是人们记录和认识有关自然和社会经济现象的最佳方式。在今后的学习与工作中，难免要制作、使用各式各样的专题地图，因此，有必要学会制作专题地图的一般方法。

9.4.2　任务

利用所给数据，制作一幅江西省地级市行政中心分布图，具体任务及要求如下。

（1）制作比例尺为 1:1000000（1 比 100 万）的图名为“江西省地级市行政中心分布图”的专题图，最后保存为“江西省地级市行政中心分布图.mxd”工程文件，并生成一幅分辨率为 200dpi 的 BMP 格式的图片（数据：在“…\第九章\综合训练\数据”路径下）。

（2）要求对地图数据进行符号化，力图美观合理，突出专题内容。

（3）除了地图数据，地图上的元素至少应包括图名、指北针、图例、比例尺条、比例尺文本，以及制图者与制图日期文本。

（4）要求图面清新美观、字体大小颜色合适、各类元素大小合适、位置摆放合理。

9.4.3　操作步骤

1．打开实验数据

打开 ArcMap，在“…\第九章\综合训练\数据”路径下添加“江西省市级行政中心.shp”、“江西省地级市行政区域范围.shp”以及“江西省省界.shp”数据，并将工程保存为“江西省地级市行政中心分布图.mxd”工程文件。

2．对“江西省市级行政中心”图层进行符号化

（1）在【内容列表】中选择“江西省市级行政中心”图层，右击该图层，在弹出的菜单中单击【属性】，弹出【图层属性】对话框，选择【符号系统】选项卡，在【显示】区域中，单击【类别】，选择【唯一值】，在【值字段】下拉列表中选择“NAME”，单击【添加值】按钮，弹出【添加值】对话框，选择“南昌市”，单击【确定】按钮，如图 9.118 所示。

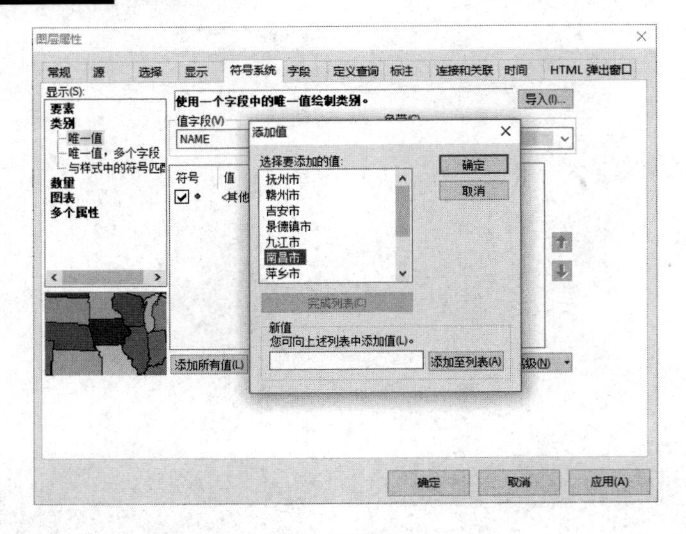

图 9.118 【图层属性】对话框

（2）在【图层属性】对话框中，双击值为“南昌市”的符号，弹出【符号选择器】对话框，选择“星形 1”符号，并将其【颜色】改为“红色（火星红）”，【大小】改为“24”，如图 9.119 所示，设置完参数后，单击【确定】按钮。

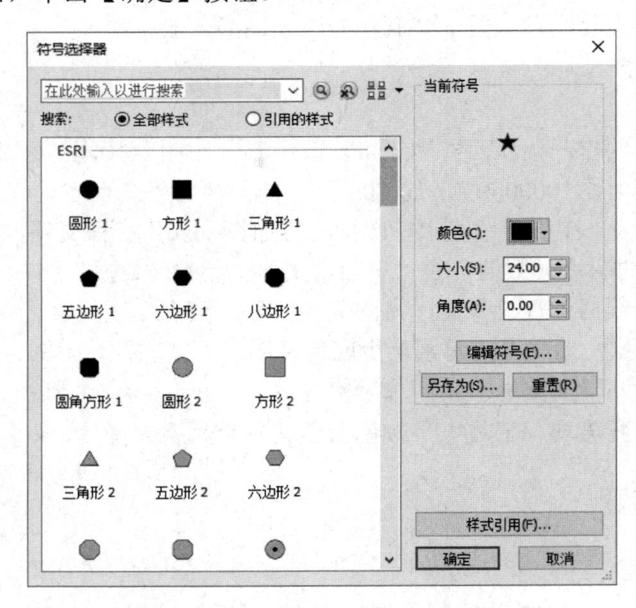

图 9.119 【符号选择器】对话框

（3）双击其他所有值，弹出【符号选择器】对话框，并将其【颜色】改为“芒果色”，【大小】改为“10”，单击【确定】按钮，并将【标注】改为“市级行政中心”。

（4）单击【图层属性】中的【确定】按钮即可完成“江西省市级行政中心”图层符号化。

（5）在【内容列表】中选择“江西省市级行政中心”图层，右击该图层，在弹出的菜单中单击【属性】菜单，弹出【图层属性】对话框，选择【标注】选项卡，勾选【标注此图层中的要素】，在【标注字段】下拉列表中，选择“NAME”，字体大小设置为 14，如图 9.120 所示。

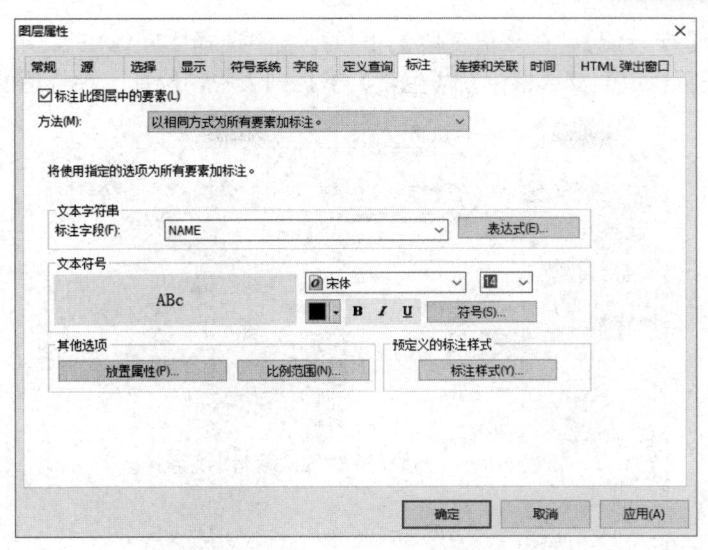

图 9.120 【图层属性】对话框

（6）单击【符号】按钮，弹出【符号选择器】对话框，单击【编辑符号】按钮，弹出【编辑器】对话框，选择【掩膜】选项卡，在【样式】区域，勾选【晕圈】单选项，如图 9.121 所示，单击【确定】按钮。

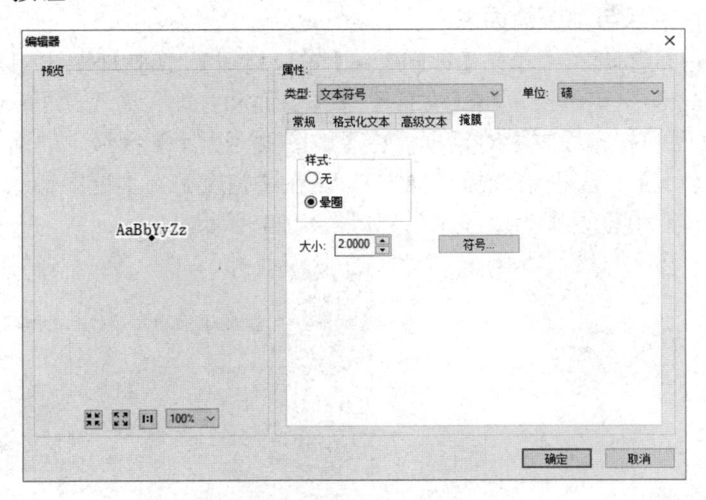

图 9.121 【编辑器】对话框

（7）单击【图层属性】中的【确定】按钮，可完成“江西省市级行政中心”图层的标注。

3．对“江西省省界”图层进行符号化

在【内容列表】中双击“江西省省界”图层的符号，弹出【符号选择器】对话框，在符号列表中选中“边界、国家”符号，单击【确定】按钮即可。

4．对“江西省地级市行政区域范围”进行符号化

（1）在【内容列表】中选择“江西省地级市行政区域范围”图层，右击该图层，在弹出的菜单中单击【属性】菜单，弹出【图层属性】对话框，在【符号系统】的【显示】区域中，单

击【类别】，选择【唯一值】，在【值字段】下拉列表中选择“NAME”，单击【添加所有值】按钮，取消【其他所有值】复选框，在【色带】下拉列表中，选择一种合适的色带，如图 9.122 所示。

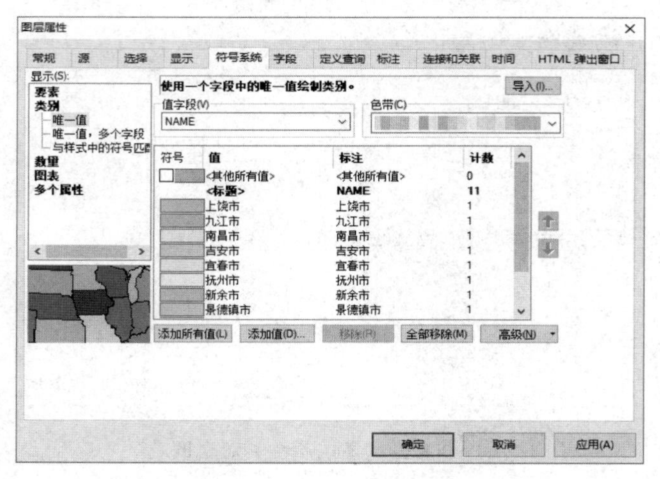

图 9.122 【图层属性】对话框

（2）单击【图层属性】对话框中的【确定】按钮，即可看到图层符号化的效果。

5．设置地图比例尺与地图页面大小

（1）在 ArcMap 的主菜单中单击【视图】→【布局视图】，调整地图比例尺为“1:1000000”。

（2）在 ArcMap 的主菜单中单击【文件】→【页面和打印设置】，如图 9.123 所示。

（3）弹出【页面和打印设置】对话框，在【地图页面大小】区域，取消【使用打印机纸张设置】，在【标准大小】列表框中选择“自定义”，在【宽度】文本框中输入“60”，在【高度】文本框中输入“80”，单位设置为“厘米”，如图 9.124 所示。

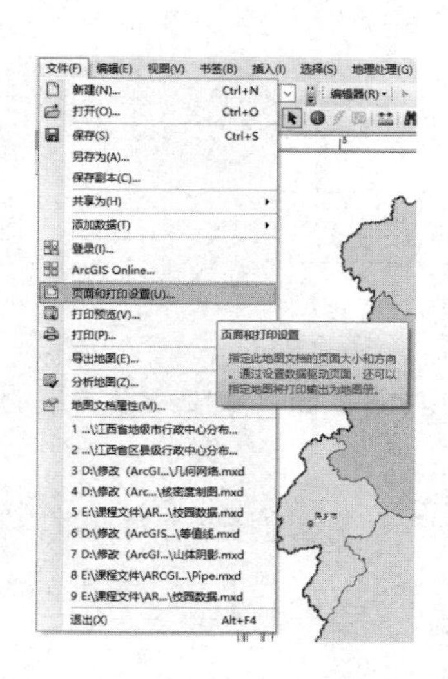

图 9.123 【页面和打印设置】菜单

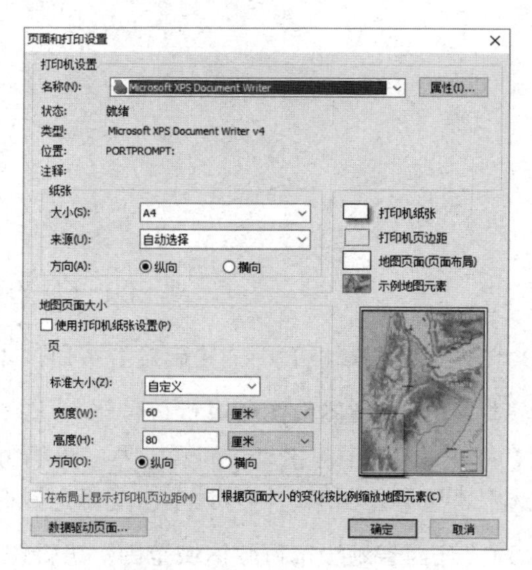

图 9.124 【页面和打印设置】对话框

（4）单击【确定】按钮。

6．添加地图整饰元素

（1）在主菜单中单击【插入】→【标题】，弹出【插入标题】对话框（若地图文档属性对话框中未指定标题则会弹出此对话框），如图 9.125 所示。

（2）在【插入标题】对话框中输入地图的标题“江西省地级市行政中心分布图”，单击【确定】按钮，有个标题矩形框出现在布局视图中，单击标题矩形框，并按住鼠标左键，将标题矩形框拖动到合适的位置，然后鼠标双击，弹出【属性】对话框。

（3）可以在【属性】对话框中对标题文本进行修改。单击【更改符号】按钮，将字体改为“隶书”、【大小】改为“100”、【样式】选择“加粗”，单击【确定】按钮，完成了标题文本的修改，如图 9.126 所示。

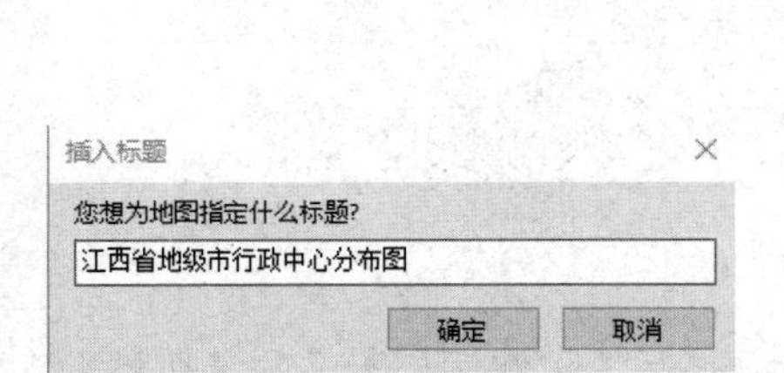

图 9.125 【插入标题】对话框

图 9.126 【符号选择器】对话框

（4）单击【确定】按钮，即可插入标题。

（5）在主菜单中单击【插入】→【图例】，弹出【图例导向】对话框，在【图例导向】中，有【地图图层】和【图例项】两栏，一般默认两栏相同，单击【<】按钮，将“江西省地级市行政区域范围”添加到【地图图层】中，如图 9.127 所示。

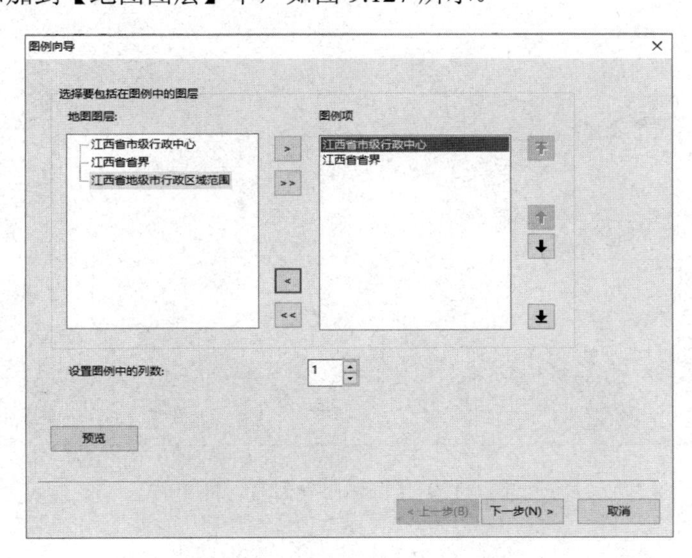

图 9.127 【图例向导】对话框 1

（6）单击【下一步】按钮，弹出如图 9.128 所示的对话框。

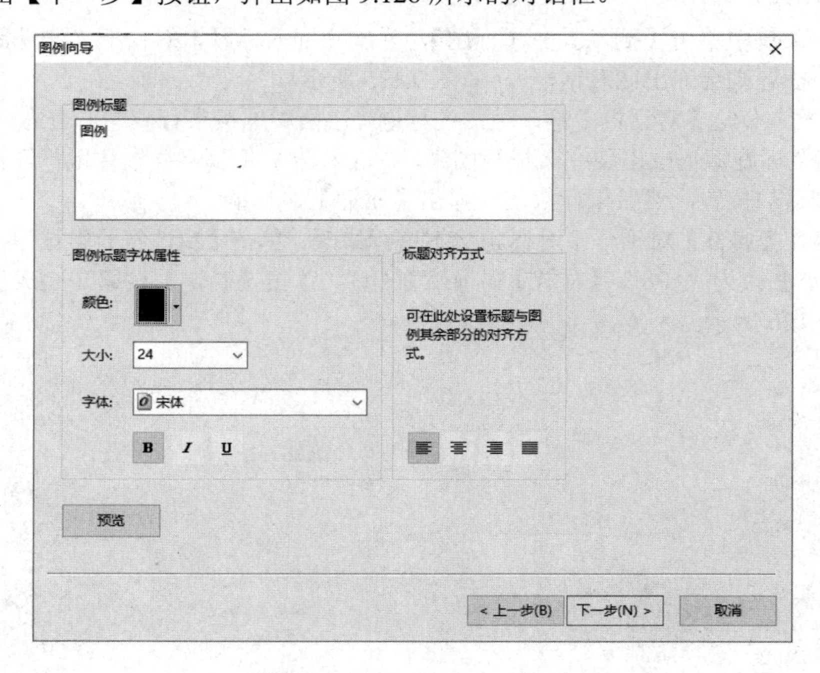

图 9.128 【图例向导】对话框 2

（7）单击【下一步】按钮，弹出【图例向导】对话框，在【图例框架】中的【边框】下拉菜单中选择 1.5 磅，其他参数采用默认选项，如图 9.129 所示。

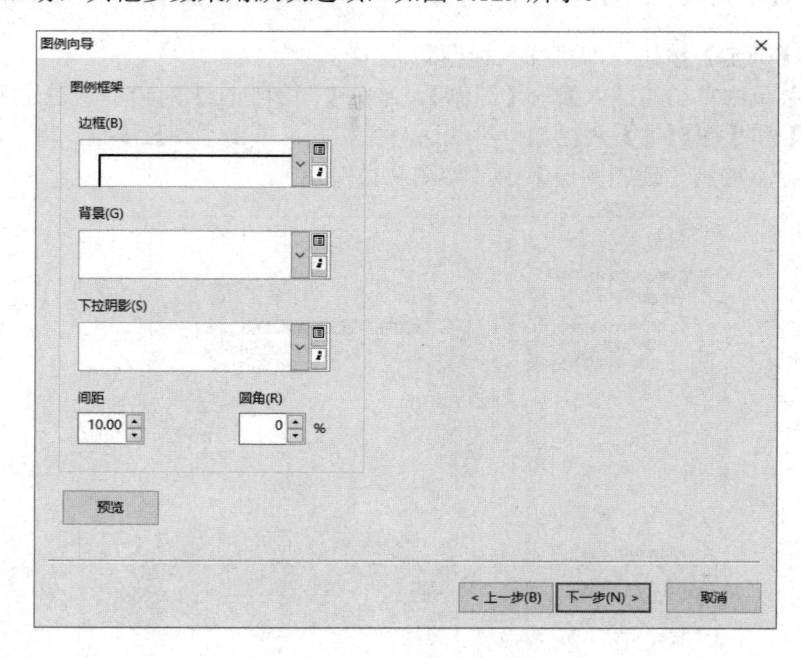

图 9.129 【图例向导】对话框 3

（8）单击【下一步】按钮，弹出如图 9.130 所示的对话框。

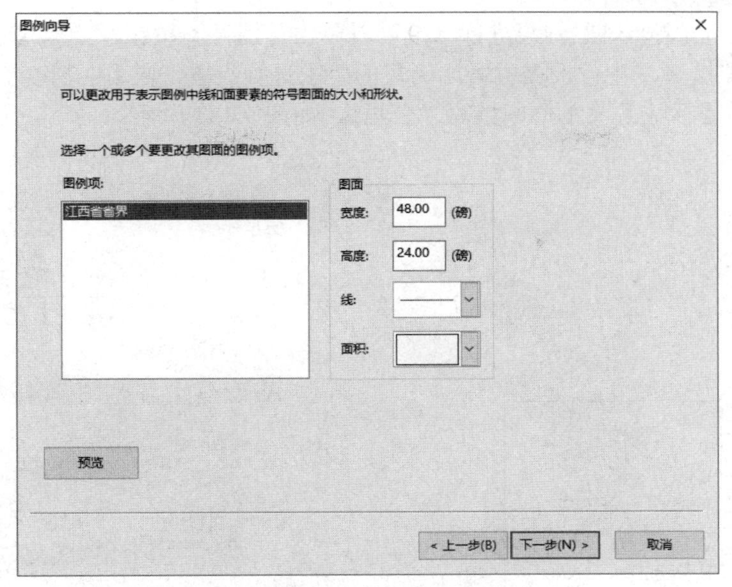

图 9.130 【图例向导】对话框 4

（9）单击【下一步】按钮，弹出如图 9.131 所示的对话框。在该对话框中可以设置图例各部分之间的间距，这里默认不变。

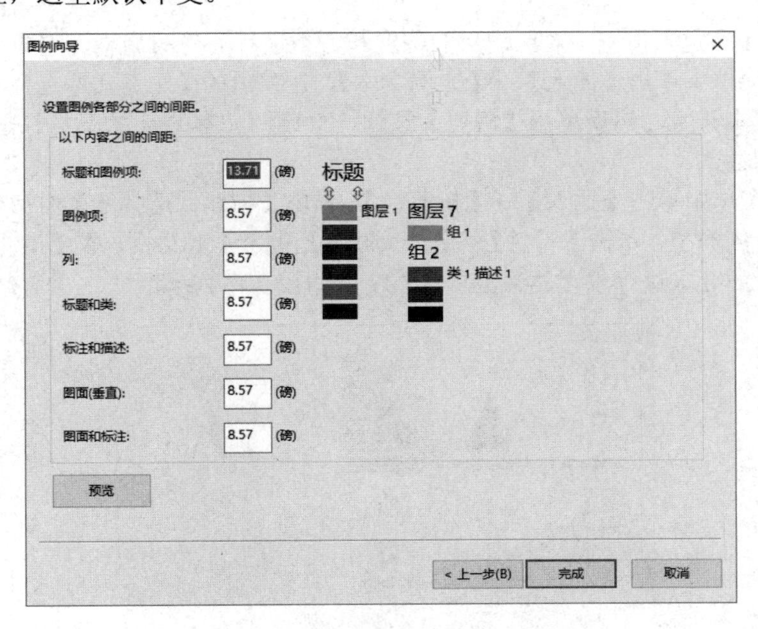

图 9.131 【图例向导】对话框 5

（10）单击【完成】按钮，完成图例的添加，但发现图例中还有“江西省市级行政中心”信息、冗余的“NAME”信息，可通过将【内容列表】中的“江西省市级行政中心”图层中的“江西省市级行政中心”、“NAME”信息删除，从而删除图例中冗余的信息，最后的图例效果如图 9.132 所示。

（11）在主菜单中单击【插入】→【比例尺】，弹出【比例尺选择器】对话框，可以选择所

需比例尺的样式。如果要对比例尺进行修改可以单击【属性】按钮，弹出【比例尺】对话框，在【比例与单位】选项卡中，根据所需比例尺的要求进行设置，在【主刻度单位】下拉列表中选择“千米”，在【标注】文本框中填写“公里”，如图 9.133 所示。

图例

市级行政中心

南昌市

江西省省界

图 9.132　图例效果图

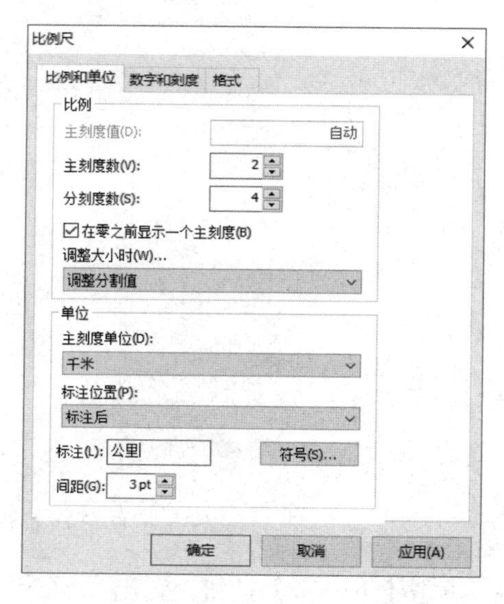

图 9.133 【比例尺】对话框

（12）单击【确定】按钮，对比例尺的位置和大小进行适当的调整，完成比例尺的插入。

（13）在主菜单中单击【插入】→【比例文本】，在弹出的【比例文本选择器】对话框中选择第一个比例文本符号，然后单击【确定】按钮，对比例文本的位置和大小进行适当的调整，完成比例文本的插入。

（14）在主菜单中单击【插入】→【指北针】，弹出【指北针选择器】对话框，在对话框中选择所需指北针的类型，单击【属性】按钮，弹出【指北针】对话框，在【指北针】选项卡中，根据所需指北针的要求进行设置，参数默认不变，如图 9.134 所示。

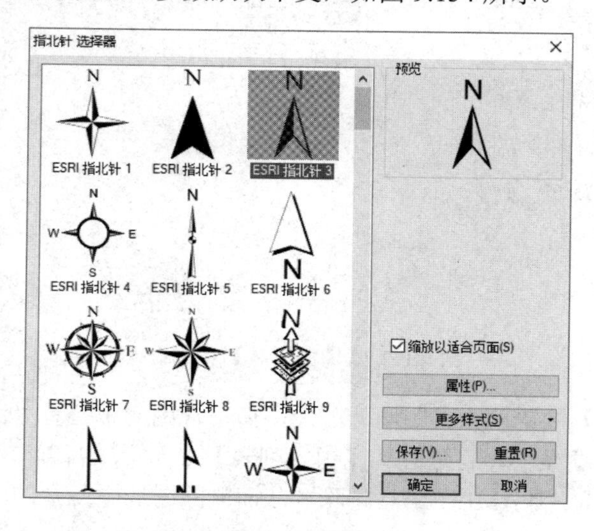

图 9.134 【指北针选择器】对话框

（15）单击【确定】按钮，对指北针的位置和大小进行适当的调整，完成指北针的插入。

（16）在菜单栏单击【插入】→【文本】，在插入的文本框中填入制图者以及制图日期等信息，对插入的文本框位置和大小进行适当的调整，完成制图者，以及制图日期信息的插入。

（17）导出地图：在主菜单中单击【文件】→【导出地图】，弹出【导出地图】对话框，进行相关参数的设置，如图 9.135 所示。

图 9.135 【导出地图】对话框

（18）单击【保存】按钮，即可将地图导出为 BMP 格式的图形文件。

参考文献

[1] ArcGIS 产品．http://www.esri.com/．

[2] ESRI Education User Conference．https://en.wikipedia.org/wiki/ESRI_Education_User_Conference．

[3] ArcGIS．http://baike.baidu.com/link?url=EA7js0JuzzHIrxsPfLLvQUPeIraOnJYUOTzpOFDO2r4TMzw2Qtx2-d0g5Nu9qnydyMj25x9MXP2H9tLyftT-uX_．

[4] ArcGIS 10.3 介绍．http://www.ESRIChina.com.cn/2014/1211/2803.html．

[5] ArcGIS 平台．http://www.ESRIChina.com.cn/newsletter/2015/ArcGIS/10.3/2/．

[6] ESRI 中国信息技术有限公司．ArcGIS 10.4 产品白皮书，2016．

[7] ArcGIS 操作入门教程汇总．http://malagis.com/arcgis-operation-getting-started-summary.html．

[8] ArcGIS 与地图制图相关功能．http://desktop.arcgis.com/zh-cn/arcmap/latest/map/main/ mapping-and-visualization-in-arcgis-for-desktop.htm．

[9] 薛在军，马娟娟，等．ArcGIS 地理信息系统大全．北京：清华大学出版社，2013．

[10] [美]Maribeth Price．ArcGIS 地理信息系统教程（第五版）．李玉龙，等译．北京：电子工业出版社，2012．

[11] 宋小冬，钮心毅．地理信息系统实习教程（第三版）．北京：科学出版社，2013．

[12] 牟乃夏，刘文宝，王海银，等．ArcGIS 10 地理信息系统教程．北京：测绘出版社，2012．